Springer-Lehrbuch

Klaus Bethge
Gertrud Walter
Bernhard Wiedemann

Kernphysik

Eine Einführung

3., aktualisierte und erweiterte Auflage

Prof. Dr. Klaus Bethge
Dr. Bernhard Wiedemann
Institut für Kernphysik
Johann-Wolfgang-Goethe-Universität
Max-von-Laue-Str.1
60438 Frankfurt am Main
Deutschland

bethge@vff.uni-frankfurt.de
wiedemann@ikf.uni-frankfurt.de

Dr. Gertrud Walter
GSI
Gesellschaft für Schwerionen-
forschung mbH
Planckstraße 1
64291 Darmstadt
Deutschland

g.walter@gsi.de

ISBN 978-3-540-74566-2 e-ISBN 978-3-540-74567-9

DOI 10.1007/978-3-540-74567-9

Springer Lehrbuch ISSN 0937-7433

Bibliografische Information der Deutschen Nationalbibliothek
Die Deutsche Nationalbibliothek verzeichnet diese Publikation in der Deutschen Nationalbibliografie; detaillierte bibliografische Daten sind im Internet über http://dnb.d-nb.de abrufbar.

Einbandgestaltung: WMXDesign GmbH Heidelberg
Satz und Herstellung: LE-TEX Jelonek, Schmidt & Vöckler GbR, Leipzig

Gedruckt auf säurefreiem Papier.

9 8 7 6 5 4 3 2 1

springer.com

Dem Andenken an meinen Vater, Paul Bethge, gewidmet, der,
viel zu früh, in einem stalinistischen NKWD-Lager sterben mußte.

Klaus Bethge

Vorwort zur 3. Auflage

Auch die zweite Auflage wurde von Studierenden als Begleitbuch zu einschlägigen Vorlesungen gut aufgenommen. Daher bot es ich an, eine erweiterte, ergänzte und korrigierte Auflage vorzulegen.
Insbesondere die enorme Erweiterung des Periodensystems durch künstliche Produktion von Kernen bis zu Elementen mit der Ordnungszahl 118 bot sich für Ergänzungen an. Herr Prof. Sigurd Hofmann (GSI Darmstadt) hat uns dazu die neusten Daten für diese Ergänzung dankenswerterweise zur Verfügung gestellt.
Die Erweiterung des Nuklidensystems auf viele instabile Isotope veranlasste auch die Entwicklung neuer massenspektrometrischer Methoden, die ebenfalls erörtert werden.
Eine Reihe von Unklarheiten konnte durch Hinweise aufmerksamer Leser beseitigt werden. Auch diesmal ist die gute Zusammenarbeit mit dem Verlag, vor allem mit Herrn Dr. Thorsten Schneider, dankbar zu erwähnen.

Frankfurt am Main, Oktober 2007

Klaus Bethge
Gertrud Walter
Bernhard Wiedemann

Vorwort zur 2. Auflage

Die erste Auflage des Lehrbuches ist sowohl im Kreis der Kollegen, die das Fach Kernphysik lehren, als auch von den Studierenden gut aufgenommen worden. Viele nützliche Hinweise erreichten uns, die wir nach bestem Wissen in diese zweite Auflage aufgenommen haben. Für diese Mitarbeit sowie für die zahlreichen Hinweise auf Satz-, Schreib- und Sachfehler möchten wir allen danken, die uns geschrieben haben. Für die zweite Auflage ist der Autorenkreis erweitert worden, denn eine Reihe von Ergänzungen haben sich in der Lehrpraxis als erforderlich erwiesen. Dies betrifft sowohl den Inhalt als auch die Übungsaufgaben. Neben kleineren Änderungen, die zum besseren Verständnis beitragen sollen, sind zusätzliche Themen, wie Cluster-Emisson, Spin der Nukleonen aber vor allem die Anwendungen kernphysikalischer Methoden in der Medizin aufgenommen worden.

Prof. Dr. Andreas Schäfer (Universität Regensburg) hat wertvolle Ratschläge zur Darstellung des Problems des Nukleonenspins gegeben. Prof. Dr. Joachim Maruhn (Universität Frankfurt/Main) hat wesentlich zur verständlichen Darstellung der Cluster-Emission beigetragen.

Wir danken ferner Prof. Dr. Peter Braun-Munzinger (GSI) für die Zurverfügungstellung des Phasendiagramms der Kernmaterie, Prof. Dr. Fritz Bosch (GSI) für neue Hinweise auf den ß-Zerfall in gebundene Zustände und Prof. Dr. Gerhard Kraft (GSI) für Details der Tumortherapie mit schweren Ionen sowie Prof. Dr. Hans Geissel (GSI) für viele Hinweise und umfangreiche Diskussionen zur Frage des Energieverlustes von Teilchen beim Durchgang durch Materie. Herr Prof. Dr. Ernst W. Otten (Universität Mainz) hat uns dankenswerterweise den kürzlich gemessenen Wert für die Masse des Neutrinos mitgeteilt. Ferner hat uns Dr. Branko Stahl (TU-Darmstadt) wertvolle Anregungen zur Behandlung des Mößbauer-Effekts gegeben.

Unser Dank geht auch an Dr. Dieter Pommerrenig (Universität Frankfurt/Main) und Prof. Dr. Joachim Happ (Universität Mainz) für die kritische Durchsicht der Teile des Manuskripts, die die medizinischen Anwendungen der Kernphysik beinhalten. Herr Dr. Peter Kreisler (Siemens AG, Erlangen) hat für die Darstellung der Kernspinresonanz-Tomographie wertvolle Ratschläge gegeben und uns eine Reihe von Bildern zur Verfügung gestellt. Schließlich danken wir Dr. Dieter Hofmann für die sehr sorgfältige Durchsicht des Gesamtmanuskripts.

Besonderer Dank gebührt erneut Frau Claudia Freudenberger für ihren umfangreichen Beitrag durch die sehr sorgfältige Neugestaltung fast aller Bilder.

Die hervorragende Zusammenarbeit mit dem Springer-Verlag, insbesondere mit Dr. Hans J. Kölsch sowie mit Frau Gertrud Dimler, hat sehr zur termingerechten Fertigstellung der 2. Auflage des Lehrbuches beigetragen. Wir hoffen auf eine ebenso gute Aufnahme wie zuvor.

Frankfurt am Main, November 2000

Klaus Bethge
Gertrud Walter
Bernhard Wiedemann

Vorwort zur 1. Auflage

Die Tendenz moderner kernphysikalischer Forschung ist sehr stark auf die Untersuchung der Zustände der Materie unter extremen Bedingungen ausgerichtet. Zu diesen extremen Bedingungen gehören z.B. die Kerndichte, aber auch die Anregungsenergien, die analog zur Thermodynamik als Temperatur ausgedrückt werden. Dabei sind zwar die Erkenntnisse über den Atomkern, die über ein halbes Jahrhundert gesammelt wurden, als Fundament wichtig, aber die kernphysikalische Forschung dieses halben Jahrhunderts scheint abgeschlossen zu sein. Das Wissen darüber ist in mehreren sowohl deutsch- als auch fremdsprachigen Lehrbüchern niedergelegt. Demzufolge wird die berechtigte Frage gestellt, ob es dann noch nötig ist, ein weiteres Lehrbuch zu schreiben. Diese Frage habe ich mir auch gestellt und bin dem Wunsch des Springer-Verlags nicht enthusiastisch gefolgt, ein weiteres Buch zu schreiben. Eine solche Aufgabe dennoch zu übernehmen, wurde von mehreren Gesichtspunkten motiviert. Das Lehrbuch sollte als kompaktes Lehrbuch mit Übungsaufgaben denjenigen Studenten und Wissenschaftlern, die Kernphysik als Hilfswissenschaft für ihre anderen Aufgaben ansehen, als Leitfaden dienen. Sie, seien es Physiker in der Festkörperphysik, in der Umweltphysik, in technischen Disziplinen, Chemiker, Biologen oder auch Ingenieure, verwenden nukleare Methoden, ohne oftmals die eigentlichen Grundlagen intensiv studiert zu haben. Ihnen etwas an die Hand zu geben, das ihnen die grundlegenden Begriffe und Methoden vermittelt, ist einer der Gründe gewesen, dieses Buch zu schreiben. Für Vorlesungen vor Studenten, die als Studienabschluß das Staatsexamen anstrebten und in deren Lehrplan auch eine Vorlesung über Kernphysik gehört, fand ich es schwierig, ein Lehrbuch, von denen es mehrere ausgezeichnete gibt, zu empfehlen, das die Bedürfnisse nach Wissen über das Gebiet Kernphysik befriedigt, ohne gleich aus seinen Lesern Kernphysiker heranziehen zu wollen.

Dieses Ziel erforderte es, aus dem sehr umfangreichen Material über die Kernphysik, das in über 40 Jahren intensiver sowohl theoretischer als auch experimenteller Forschung erarbeitet worden ist, dasjenige zusammenzustellen, das einen Überblick über den gegenwärtigen Stand des Wissens zu geben verspricht. Ich habe versucht, den roten Faden nicht zu verlieren, neue wichtige Ergebnisse mitaufzunehmen. Dies Bemühen erforderte es aber auch, wichtige Facetten wegzulassen, die durchaus zu unserem Gesamtbild der Kernphysik beigetragen haben. Dazu gehört auch die Erweiterung des Gebietes in die Teilchenphysik. Um das Bild einer Brücke zu benutzen, kann das Fundament eines Pfeilers die Kernphysik darstellen, während den anderen Pfeiler die Physik der Elementarteilchen bildet. Eine Reihe guter Lehrbücher bietet diesen Brückenschlag an, obwohl der Brückenbogen noch nicht konstruiert ist. Da in den meisten überschaulichen Darstellungen der Kern- und Teilchenphysik die Fülle kernphysikalischer Fakten nicht mehr dargestellt werden, soll dieses Buch versuchen, einen der beiden Brückenpfeiler eingehender darzustellen, während der andere hier nur in Umrissen behandelt wird.

Allen Kapiteln sind Übungsaufgaben angefügt, die den Studenten in die Lage versetzen sollen, einzelne Aspekte sich anhand von Rechnung und Überlegung selbst anzueignen. Obwohl die meisten Übungsaufgaben aufgrund des dargebotenen Stoffes bewältigt werden können, gibt es auch einige Aufgaben, die die Zuhilfenahme anderer weiterführender Literatur erfordern.

Während der Niederschrift des Manuskripts haben viele Kollegen mit Diskussionen und kritischer Durchsicht von Teilen des Manuskripts beigetragen, wofür ich insbesondere Prof. Dr. Klaus Stelzer und Prof. Dr. Alwin Schempp danke. Sehr herzlich habe ich mich bei Prof. Dr. Jörg Kummer zu bedanken, der die Schaltung des Kaskadenbeschleunigers noch einmal am Oszillographen überprüft hat, ebenso hat Dr. Matthias Waldschmidt ein für die Darstellung geeignetes γ-Spektrum neu aufgenommen. Beim Datensuchen und dabei die geeignete Darstellung zu finden, haben mir Dipl.-Phys. Alkis Müller und Dipl.-Phys. Ralf Hausner sehr geholfen. Bilder aus der eigenen Forschungsarbeit stellten mir freundlicherweise zur Verfügung: Prof. Dr. Peter Armbruster, Prof. Dr. Gottfried Münzenberg, Dr. Sigurd Hofmann, Dr. Hans-Jürgen Wollersheim, Dr. Klaus-Dieter Groß, Prof. Dr. Fritz Bosch, Prof. Dr. Gerhard Kraft, Helmut Folger (alle GSI), Dr. Horst Baumann, Dipl.-Phys. Frank Link (Institut für Kernphysik der Universität Frankfurt), Dr. Reiner Lieder (KfA Jülich), Prof. Dr. Ulrich Schmidt-Rohr, Dr. R. Repnow (MPI für Kernphysik).

Frau Träumer (MPI für Kernphysik) hat aus alten Negativen die Bilder der Spektrographen angefertigt, und die Pressestelle des IPP hat mir freundlicherweise die Fusionsdiagramme überlassen.

Der ausführliche, tabellarische, historische Überblick enstand durch die Hilfe vieler in- und ausländischer Kollegen, von denen einige oben genannt sind, aber die Hilfe von Prof. Dr. Glen Seaborg (Berkeley) und Dr. A. Ter-Akopian (Dubna) soll hier dankbar erwähnt werden.

Ganz besonders zu danken habe ich Frau Claudia Freudenberger, die unermüdlich die Zeichnungen anfertigte und mit den vielen notwendigen Korrekturen versah, Herrn Dipl.-Phys. Ralph C. Bär, der die umfangreiche Aufgabe übernommen hat, das Manuskript in TEX umzusetzen, sowie Herrn Dr. Bernhard Wiedemann, der über viele Jahre die Übungen zu den Vorlesungen betreut und jeweils dort modernisiert hat, wo eine geschicktere Formulierung angebracht schien. Seiner sorgfältigen Durchsicht des Manuskripts verdanke ich viele wertvolle Hinweise auf Unstimmigkeiten und Fehler.

Viele wichtige Hinweise und Verbesserungsvorschläge verdanke ich Prof. Dr. G. Mairle, Mannheim, Prof. Dr. R. Bock und Dr. G. Siegert (GSI), die das Manuskript mit kritischem Auge gelesen und ihr Votum abgegeben haben.

In Zusammenarbeit mit Dr. H.J. Kölsch vom Springer-Verlag, Heidelberg, wurden viele wichtige Gesichtspunkte zusätzlich berücksichtigt, die wesentlich zum Gelingen beigetragen haben. Dafür sei ihm ganz besonders gedankt.

Frankfurt am Main, Mai 1996 *Klaus Bethge*

Inhaltsverzeichnis

Kästen zur Vertiefung

Glossar der Symbole

A_i	Massenzahlen
$\boldsymbol{A}(r)$	Vektorpotential
$\boldsymbol{B}$	Magnetische Flußdichte
b	Stoßparameter
c	Lichtgeschwindigkeit
D_E	Energiedosis
D_I	Ionendosis
$\boldsymbol{E}$	Elektrische Feldstärke
E	Energie
E^*	Anregungsenergie
E_B	Bindungsenergie
E_S	Separationsenergie
E_γ	Gamma-Energie
e	Elementarladung
$\boldsymbol{F}$	Kraft (force)
f_i	Fragmente
H	Hamilton-Operator, Äquivalenzdosis
h	Plancksches Wirkungsquantum
$\hbar$	$\hbar = h/2\pi$
$\boldsymbol{I}$	Kernspin
$\boldsymbol{j}$	Strom
$\boldsymbol{j}(\boldsymbol{r})$	Stromdichte
k	Wellenzahl
$\boldsymbol{\ell}$	Bahndrehimpuls
m_K	Kernmasse
m_e	Elektronenmasse
m_p	Protonenmasse
m_n	Neutronenmasse
m_u	Masseneinheit
N_0	Anfangsmenge
N_A	Avogadro-Konstante
n_e	Elektronenzustand
n_ν	Neutrinozustand
P	Wahrscheinlichkeit
p_ν	Neutrinoimpuls
p_e	Elektronenimpuls
Q	Wärmetönung, Ladung, Gesamtladung, Quadrupolmoment
Q_0	Inneres Quadrupolmoment
q	Ladungszahl
$\boldsymbol{q}$	Impulsübertrag
r_0	Kernradiusparameter
S	Entropie
$\boldsymbol{s}$	Spin
$\boldsymbol{T}$	Isospin
T	Kinetische Energie, Temperatur, Transmissionsfaktor
T_i	i-te Komponente des Isospins
t	Zeit
$t_{1/2}$	Halbwertszeit
V	Potential
V_0	Potentialtiefe, Zählrohrspannung
W	Energie
W_if	Übergangswahrscheinlichkeit
Y_{λ_μ}	Kugelflächenfunktion
z	Ladungszustand
$Z_\mathrm{a,A}$	Ordnungszahl Projektil/Target
β	Deformationsparameter

Γ	Kanalbreite, Niveaubreite
δ	Deformationsparameter
ε_0	Dielektrizitätszahl
Θ	Trägheitsmoment
λ	Wellenlänge, Zerfallskonstante
$\lambda\!\!\!^-$	$\lambda\!\!\!^- = \lambda/2\pi$
μ	Reduzierte Masse, Magnetisches Moment
μ_B	Bohrsches Magneton
μ_K	Kernmagneton
ν_e	Elektron-Neutrino
ν_{nf}	Thermische Neutronen
π	Parität
ϱ	Materiedichte
$\varrho(E)$	Dichte der Energiezustände
$\varrho(r)$	Ladungsdichte
σ	Wirkungsquerschnitt
σ_{Th}	Thomson-Wirkungsquerschitt
τ	Mittlere Lebensdauer
$\phi(r)$	Potentialverteilung
$d\Omega$	Raumwinkel

1. Einleitung

1.1 Was ist Kernphysik?

Kernphysik ist die Wissenschaft, die sich mit dem Atomkern, seinem Aufbau, seinem Vorkommen, seinen Eigenschaften und seinem Verhalten befaßt. Zunächst fragen wir nach dem Atomkern überhaupt. Als Atomkern bezeichnen wir die zentrale Größe in einem Atom, von dem die Coulomb-Kraft ausgeht, die für den Zusammenhalt des Atoms, d.h. seine Stabilität verantwortlich ist. Da nach unserer heutigen Kenntnis der Atomkern ebenfalls keine monolithische Einheit ist, sondern ein Ensemble von Nukleonen, hat sich die Kernphysik zur Aufgabe gestellt, Strukturen in Atomkernen und die erlaubten energetischen Zustände des Ensembles zu untersuchen.

Da sich die Dimension des Kerns (vgl. Abschn. 2.3) als weit unterhalb mikroskopischer Werte liegend erwiesen hat, muß die Kernphysik Verfahren und Methoden entwickeln, um physikalische Größen in diesen Dimensionen zu erkennen und zu bestimmen. Die rein räumlichen Dimensionen liegen im submikroskopischen Bereich. Die in den Kernen vorwiegend vorkommenden Anregungs- und Bindungsenergien übersteigen hingegen diejenigen, die uns aus der Atomphysik bekannt sind, um mehrere Größenordnungen. Dies berücksichtigend, war es notwendig, die Meßverfahren auf hohe Energien auszurichten. Mit der Entwicklung entsprechender Nachweiseinrichtungen für die experimentelle Untersuchung der Kerne ging die Erarbeitung theoretischer Konzepte, d.h. von Modellen zur Beschreibung der Atomkerne einher. Nur die enge Verzahnung von Theorie und Experiment ermöglichte es, den heutigen Stand des Wissens um den Atomkern zu erreichen.

Die Kernphysik spielt in unseren Vorstellungen vom Aufbau der Materie die zentrale Rolle. Die Existenz der Kerne bestimmt die Struktur der unbelebten wie auch der belebten Natur. Ohne Atomkerne würden wir nicht existieren. Die Atomkerne bestimmen den Aufbau und die Weiterentwicklung des Kosmos. Die Kernphysik beeinflußt in starkem Maß die Vorstellungen und Entwicklungen in anderen Bereichen der Physik, z.B. der Astrophysik (Abschn. 9.2). Die Erkenntnisse aus der Kernphysik leisten Hilfen in der Festkörperphysik durch den Einsatz ganz spezieller Analysenmethoden (Abschn. 9.4).

Die kernphysikalische Forschung begann vor über 100 Jahren (1896) mit der Entdeckung der Radioaktivität durch Henri Antoine Becquerel. In den

100 Jahren, in denen auf diesem Gebiet weltweit gearbeitet wurde, wurde nicht nur unsere Kenntnis über die Kerne vertieft, es hat auch zahlreiche Anstöße zu weiteren wissenschaftlichen und vor allem technischen Entwicklungen gegeben. Die kernphysikalischen Meßmethoden und -einrichtungen werden in der Medizin, der Biologie, der Umweltphysik und ganz allgemein im Bereich der Strahlungsmeßtechnik eingesetzt. Die Teilchen- und Strahlungsdetektoren werden auch gegenwärtig, den erhöhten Anforderungen an Energie- und Ortsauflösung entsprechend, ständig verbessert.

Aus der Aufgabe, die in Detektoren und Nachweiseinrichtungen statistisch eintreffenden Signale zu erfassen und zu verarbeiten, entwickelte sich das Gebiet der Impulstechnik, auf der die gesamte digitale Elektronik einschließlich der Computertechnik basiert. Dazu haben die großen Datenmengen, die bei kernphysikalischen Untersuchungen anfallen, die Entwicklung leistungsfähiger Rechenanlagen wesentlich herausgefordert. Die Anforderungen an die Meßeinrichtungen, z.B. an die Kammern, in denen die Kernreaktionen untersucht werden, haben zu wichtigen Entwicklungen in der Materialkunde beigetragen. Es müssen beispielsweise Vakua einer solchen Größenordnung erreicht werden, daß keine Störungen durch Oberflächenveränderungen auftreten, z.B. bedingen Adsorbatbelegungen auf Oberflächen evtl. störende Energieverluste (vgl. Abschn. 5.1) von beschleunigten Teilchen. Diese Bedingungen haben der Entwicklung der Vakuumtechnik wesentliche Impulse gegeben. Basierend auf kernphysikalischen Erfordernissen wurden Materialien und Evakuierungsmethoden derart weiterentwickelt, daß Vakua im Bereich von 10^{-11} hPa erreicht werden können. Die forcierte Entwicklung von Beschleunigern, die gegenwärtig in vielen Bereichen eingesetzt werden, geht auf die Erfordernisse der Kernphysik zurück.

1.2 Ziele der kernphysikalischen Forschung

Der Atomkern als das zentrale Kraftzentrum des Atoms hat selbst wieder eine Struktur, die sich dadurch manifestiert, daß der Kern Anregungszustände besitzt, in denen sich die durch Kernkraft gebundenen Nukleonen aufhalten können. Diese Struktur der Kerne aufzuklären, ihre Beziehungen sowohl energetischer als auch geometrischer Art festzustellen, gehört zu den zentralen Zielen kernphysikalischer Forschung. Da der Kern existiert und aus seinen Konstituenten, den Protonen und Neutronen aufgebaut ist und zusammengehalten wird, muß es eine Kraft geben, die dafür Ursache ist. Diese Kraft zu finden und sie zu beschreiben, ist fundamental für die Naturerkenntnis. Die Wege, dieses Ziel zu erreichen, sind vielfältig; es gehören dazu eine äußerst präzise Spektroskopie der Energieniveaus der Kerne sowie die experimentelle Bestimmung von weiteren charakterisierenden Größen wie z.B. Bindungsenergien, Anregungszuständen mit ihren Spins und ihren Paritäten. Die theoretische Beschreibung mit möglichst umfassenden Kernmodellen soll schließlich die Bausteine liefern, mit der die vielen Phänomene zu einem konsistenten

Bild zusammengesetzt werden können. Die zweite wichtige Forschungsrichtung ist das Studium der Dynamik von Kernen und ihren Bestandteilen. Die Fragen, die das energetische Verhalten von Kernen in Stößen aufwirft, treten um so stärker in den Mittelpunkt, je klarer wird, daß statische Betrachtungen meist nur eine asymptotische Näherung an das wirkliche Verhalten darstellen. Die Kernphysik ruht, wie in Bild 1.1 illustriert, auf den Säulen Elektrodynamik, Quantenmechanik und spezieller Relativitätstheorie.

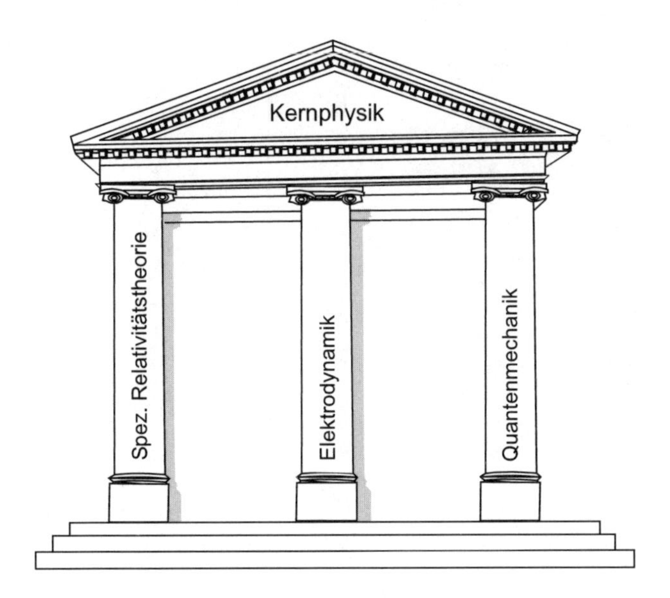

Bild 1.1. Illustration zu den tragenden Säulen der Kernphysik

Ursprüngliche Versuche, ein Modell analog dem Modell des Atoms aufzustellen, das auf einer Kernkraft beruht, die möglichst aus nur einem Potential abgeleitet werden kann, lieferten nicht die erhoffte Beschreibung experimenteller Fakten. Als diese Erkenntnis zumindest in Umrissen klar wurde, begannen die Physiker, sich dem Verhalten der damals so genannten Elementarteilchen zuzuwenden. Die Betrachtung der Materie wesentlich zu erweitern, wurde auch bedingt durch die Erkenntnis, daß es vier fundamentale Wechselwirkungen in der Natur gibt. Die wesentlichen Eigenschaften und der Bereich, in dem diese Wechselwirkungen auftreten, sind in Tabelle 1.1 zusammengestellt. In allen Wechselwirkungen werden Teilchen und Felder postuliert. Dabei sollen die Felder die Wechselwirkung durch Austausch von Feldquanten zwischen Materiefeldteilchen vermitteln. Der Einflußbereich der auftretenden Kräfte kann unterschiedlich sein, so daß die Reichweiten der Wechselwirkungen zu berücksichtigen sind. Die zuletzt der Vollständigkeit halber mitaufgeführte Gravitation hat bisher im Bereich der Kernphysik keine Rolle ge-

Tabelle 1.1. Fundamentale Wechselwirkungen

Wechsel- wirkung	Physikalisches Phänomen	Relative Stärke	Effektive Reichweite (m)	Wechselwirkungs- feldquanten (Spin) (Masse)	Materiefeld Teilchen (Spin)	Art der Wechsel- wirkung zwischen identischen Teilchen
stark	Kernbindung	1	10^{-15}	Gluonen $1\hbar$ 0	Quarks $\frac{1}{2}\hbar$	abstoßend
elektro- magnetisch	Elektrizität Magnetismus Optik aller Wellenlängen	10^{-2}	∞	Photonen $1\hbar$ 0	Quarks, geladene Leptonen $\frac{1}{2}\hbar$	abstoßend
schwach	radioaktiver Zerfall	10^{-5}	10^{-18}	$W^{\pm}$, Z Bosonen $1\hbar$ $\sim$100 GeV	Quarks, Leptonen	abstoßend
Gravitation	gekrümmtes Raum-Zeit- Kontinuum	10^{-38}	∞	Graviton $2\hbar$ 0	Alle Teilchen	anziehend

spielt. Die drei anderen Wechselwirkungen jedoch sind für das Verständnis der Kerne von fundamentaler Bedeutung.

Um die zu einer fast unübersehbaren Menge angewachsene Zahl der Elementarteilchen in ein Schema einordnen zu können, diente ein Modell, das heute *Standardmodell* heißt. Dieses Modell entstand aus Symmetriebetrachtungen; es beruht auf der Konzeption von Unterstrukturen der Nukleonen, die als Partonen mit drittelzahligen Ladungen eingeführt wurden. Von Murray Gell-Mann wurde ihnen der Name „Quark" gegeben. Die Quark-Partonen wechselwirken untereinander durch den Austausch masseloser Gluonen (Leimquanten). Ein Ziel vor allem der theoretischen Forschung auf diesem Gebiet ist es, daraus das Konzept einer Kernkraft zu entwickeln.

Neben der zentralen Frage nach der Natur der Kernkraft fasziniert an kernphysikalischer Forschung auch die Frage nach den Grenzen der Stabilität der Welt, d.h. die Frage, wie weit sich das Periodensystem Mendelejews ausdehnen läßt, beschäftigt Kernphysiker und -chemiker. Mit der Entdeckung sehr stark deformierter, sehr schnell rotierender Kerne, die eine Super- oder auch Hyperdeformation zeigen, wuchs erneut das Interesse, die äußere Form der Kerne zu studieren. Das Hilfsmittel dazu ist die hochauflösende γ-Spektroskopie. Weitere neue Anregungszustände der Kernmaterie wurden vor allem beim Einsatz sehr schwerer hochenergetischer Kerne als Geschoßteilchen gefunden. Ihre detaillierte Erforschung bildet gegenwärtig das Zentrum kernphysikalischer Grundlagenforschung, dem sich zahlreiche Forschergruppen mit großem Enthusiasmus zugewandt haben, um der Existenz eines Quark-Gluon-Plasmas nachzuspüren.

Gegenstand kernphysikalischer Forschungen ist aber auch die ständige Weiterentwicklung von Meßverfahren, um auch neue Detektoren für vielfältige Anwendungen bereitstellen zu können. Mit deutlich zunehmender Tendenz werden kernphysikalische Meßverfahren in vielen Bereichen der physikalischen, technischen und auch medizinischen Forschung angewendet. Der Gesamtumfang der Grundlagenforschung und der Anwendungen hebt die zentrale Bedeutung der Kernphysik hervor.

1.3 Historischer Überblick

Die Entdeckung der Radioaktivität durch Henri Becquerel im Jahre 1896 stellt die Geburtsstunde der Kernphysik dar. Die Entdeckung kurzwelliger elektromagnetischer Strahlung, der Röntgen-Strahlung (1895), durch Wilhelm Conrad Röntgen (1845–1923) entfachte ein fieberhaftes Suchen nach weiteren Strahlungsquellen. Becquerel (1852–1908) untersuchte Lumineszenz-Strahlung von Mineralien, u.a. von Uranoxid UO_2. Dabei stellte er fest, daß Photoplatten, die sich lichtabgeschirmt in der Nähe des Minerals befanden, nach der Entwicklung ebenfalls Schwärzungsspuren zeigten. Er nannte diese Eigenstrahlung des Minerals *Radioaktivität*. Die gleichfalls an der Pariser Universität Sorbonne tätigen Wissenschaftler Pierre Curie (1859–1906) und seine

Frau, die aus Polen stammende Marie Skłodowska (1867–1934), nahmen das Arbeitsgebiet auf und untersuchten ebenfalls Mineralien. Dabei gelang ihnen die Entdeckung einer Reihe weiterer chemischer Elemente, die bis dahin im periodischen System der Elemente fehlten [BET90]. In der Folge beteiligten sich weitere Physiker und Chemiker an der Erforschung des Gebiets, wobei in den nachfolgenden Jahren die folgenden Elemente entdeckt wurden:

1898	Radium	Pierre und Marie Curie
1898	Polonium	
1900	Thorium-Emanation (^{220}Rn)	Ernest Rutherford
1903, 1906	Actinium-Emanation (^{219}Rn)	F. Giesel, Otto Hahn (1906)
1905	Radiothor	Otto Hahn
1918	Protactinium	Otto Hahn, Lise Meitner

Schon im Jahre 1898 haben die beiden in Wolfenbüttel im Schuldienst tätigen Physiker Julius Elster (1854–1920) und Hans Friedrich Geitel (1855–1923) als Erklärung der Radioaktivität eine Elementumwandlung vorgeschlagen. Auch dem Ehepaar Curie war bekannt, daß mehrere Arten radioaktiver Strahlung auftreten, deren Natur jedoch erst in den auf die Entdeckung folgenden Jahren aufgeklärt werden konnte. Becquerel wies in Ablenkversuchen im Magnetfeld nach, daß β-Strahlung ähnlich der Kathodenstrahlung abgelenkt wird. Paul Villard (1860–1934) identifizierte den im Magnetfeld nicht ablenkbaren Anteil der radioaktiven Strahlung, die γ-Strahlung, als elektromagnetische Strahlung. Die Bezeichnungen stellten einen Versuch einer systematischen Benennung der radioaktiven Strahlungen dar, die dann allerdings nicht fortgesetzt werden konnte. Die in Tabelle 1.1 vorgestellten Wechselwirkungen entsprechen, abgesehen von der Gravitation, den radioaktiven Strahlungen. Der α-Zerfall beruht auf der starken, der β-Zerfall auf der schwachen und der γ-Zerfall auf der elektromagnetischen Wechselwirkung.

Als eigentlicher Begründer kernphysikalischer Forschung gilt Ernest Rutherford (1871–1937), der bereits 1908 herausfand, daß die α-Teilchen im Magnetfeld schwächer abgelenkt werden als die β-Strahlen, also eine größere Masse besitzen müssen. In Gasentladungsexperimenten konnte er zeigen, daß die optischen Spektren nach Einfang von Hüllenelektronen denen des Heliums gleich sind, es sich bei α-Teilchen also um doppelt geladene Heliumkerne handelt.

Die von Rutherford angeregten Streuexperimente mit α-Teilchen, die seine Mitarbeiter Hans Geiger (1882–1945) und Ernest Marsden (1889–1970) um 1909 ausführten, lieferten die Erkenntnis, daß der Atomkern auf ein sehr kleines zentrales Gebiet innerhalb eines Atoms beschränkt ist (vgl. Abschn. 2.3). Dabei ist zu bemerken, daß die Rutherford-Streuung nur die Ladungsverteilung, nicht direkt die Massenverteilung angibt. Mit diesem Resultat ließ sich dann das Bohr-Rutherfordsche Atommodell konsistent aufbauen. Bei Ablenkversuchen in elektrischen und magnetischen Feldern fand Joseph John

Thomson (1856–1940), daß verschiedene Elemente mehrere stabile Isotope – ein Begriff (gr. ἴσος τόπος = gleicher Ort), den Frederick Soddy (1877–1956) geprägt hat – besitzen können. Damit war das weite Feld der Massenspektroskopie eröffnet worden.

Rutherford hatte bei den Experimenten mit α-Teilchen erkannt, daß es nicht nur elastische Streuungen gibt, er konnte im Jahre 1919 zeigen, daß auch Elementumwandlungen auftreten. So entdeckte er beim Beschuß von Stickstoff, daß nach der Reaktion sowohl Wasserstoff als auch ein Isotop des Sauerstoffs vorhanden ist; er hatte die Reaktion $^{14}\mathrm{N}(\alpha,\mathrm{p})^{17}\mathrm{O}$ ausgeführt.

Bereits während der Experimente in Manchester, bei denen Geiger die gestreuten α-Teilchen visuell auf einem ZnS-Schirm zählte, begannen Versuche, die Messungen mit Gasionisationszählern zu verbessern. Aus diesen Entwicklungen entstand das Geiger-Müller-Zählrohr.

Die Beschränkung der kernphysikalischen Experimente auf Bestrahlungen mit α-Teilchen fester Energien gab schließlich zu Beginn des Jahrzehnts zwischen 1930 und 1940 den Anstoß, geladene Teilchen auch in elektrischen Feldern zu beschleunigen. Aus drei parallelen Entwicklungen gingen drei Beschleunigertypen hervor, die in den darauffolgenden Jahren zu immer größerer Bedeutung gelangten.

Sir John D. Cockroft (1897–1967) und Ernest Thomas Sinton Walton (1903–1995) entwickelten den auf der Spannungsvervielfachung nach Greinacher beruhenden Kaskadengenerator, der auch gegenwärtig noch immer als Injektor für andere Beschleuniger benutzt wird. Robert van de Graaff (1901–1967) verwendete den Ladungstransport auf einem schnell bewegten isolierenden Band, um hohe Spannungen zu erzeugen, womit der Bandgenerator oder Bandbeschleuniger seinen Einzug in die experimentelle Kernphysik hielt. Ein weiteres Prinzip wurde von Ernest O. Lawrence (1901–1958) mit dem Zyklotron verwirklicht. Dabei laufen geladene Teilchen wiederholt durch das gleiche elektrische Feld, werden dort beschleunigt und setzen dann ihre Bahn, vom elektrischen Feld abgeschirmt, in einem Magnetfeld fort (vgl. Abschn. 5.4).

Rutherford prägte für den einfachsten Kern, den des Wasserstoffs, den Begriff *Proton*. Als zweiter Baustein der Kerne wurde im Jahre 1932 von James Chadwick (1891–1974) das Neutron entdeckt. Darauf fußend entwickelte Werner Heisenberg (1901–1976) die Vorstellung, daß der Kern im wesentlichen aus „Nukleonen“ besteht, die in zwei Zuständen auftreten können, dem des Protons und dem des Neutrons. In Analogie zum halbzahligen Drehimpuls *Spin* nannte er diese beiden Zustände *Isobarenspin-* oder *Isospinzustände*.

Bereits im Jahre 1914 hatte James Chadwick das kontinuierliche Spektrum des β-Zerfalls gemessen, dessen Interpretation erst durch die von Wolfgang Pauli (1900–1958) aufgestellte Neutrinohypothese möglich wurde. Im Jahre 1934 veröffentlichte Enrico Fermi (1901–1954) die erste quantenmechanische Theorie des β-Zerfalls, die aufgrund der eingeführten Vier-Fermionen-Wechselwirkung eine grundlegende Bedeutung erlangte.

Einen wesentlichen Beitrag zum Verständnis der äußeren Eigenschaften der Kerne lieferten Hans Albrecht Bethe (*1906) und Carl Friedrich von Weizsäcker (*1912) mit dem Tröpfchenmodell des Kerns, das die Bindungsenergien der Kerne in Analogie zu einem Flüssigkeitstropfen zu beschreiben gestattet (vgl. Abschn. 3.1). Wichtiges Ergebnis dieser Vorstellung war, daß die Kernkräfte eine Sättigung erfahren, deren Folge eine sehr kurze Reichweite ist. Von den gleichen Autoren wurde auch der CNO-Zyklus der Wasserstoffverbrennung in Sternen, vor allem auch der Sonne, postuliert, womit ein ganz wesentlicher Anstoß für die weitere Entwicklung der Astrophysik gegeben wurde.

Einen weiteren Schritt zur Formulierung einer Kernkraft tat Hideki Yukawa (1907–1981), indem er mit einer rasch abfallenden Exponentialfunktion die kurze Reichweite der Kernkraft beschrieb. Damit konnte diese Kernkraft als Austausch eines Teilchens aufgefaßt werden. Zwar hatten Carl David Anderson (1905–1991) und Seth Henry Neddermeyer (1907–1988) ein Teilchen in der Höhenstrahlung entdeckt, das sie Mesotron nannten, aber dies war nicht der Vermittler der Kernkraft, sondern erst das (1947) von Cecil Frank Powell (1903–1969) ebenfalls in der Höhenstrahlung entdeckte Pion. Viele Daten über die Kerne wurden erarbeitet, so z.B. der Kernphotoeffekt (1937) und die Riesenresonanz (1938), die von Walter Wilhelm Bothe (1891–1957) und Wolfgang Gentner (1906–1980) entdeckt wurden und deren Erklärung Maurice Goldhaber (*1911) und Eugene Wigner (1902–1995) gegeben haben.

Eine bedeutende Entdeckung gelang 1938 Otto Hahn (1879–1968), Lise Meitner (1878–1968) und Friedrich Wilhelm Straßmann (1902–1980), als sie die Entstehung von Bruchstückkernen fanden, wenn Uran mit langsamen Neutronen beschossen wird. Diese für die Erkenntnis der Kernstabilität wichtige Tatsache ist so schnell wie sonst keine Grundlagenentdeckung in die Anwendung umgesetzt worden, sowohl für den friedlichen Einsatz in der elektrischen Energieerzeugung (Kernreaktor) als auch für den militärischen Einsatz in der Atombombe, die mit ihrem Abwurf auf Hiroshima (6.8.1945) und Nagasaki (9.8.1945) den zweiten Weltkrieg beendete.

Experimentell haben Walter Wilhelm Bothe mit der Einführung einer Koinzidenzmeßtechnik für Strahlung, die aus dem Atomkern ausgesandt wird, sowie die intensiven Untersuchungen der Höhenstrahlung durch Viktor Franz Hess (1883–1964) und Werner Kolhörster (1887–1946) wichtige Fortschritte in der Erkenntnis über den Kern gebracht.

Wesentlich war dann jedoch die erste Aufstellung eines Modells des Atomkerns, das die innere Struktur, d.h. die Energiezustände der Kerne zu beschreiben gestattet. Dieses Einzelteilchenmodell des Kerns wurde unabhängig voneinander von Johannes Hans Daniel Jensen (1907–1973), Otto Haxel (1909–1998) und Hans Eduard Suess (1909–1993) sowie Maria Goeppert-Mayer (1906–1972) durch Einführung der starken Spin-Bahn-Kopplung 1949 aufgestellt (vgl. Abschn. 4.2). Dieses erste mikroskopische Modell des Atomkerns hat die kernphysikalische Forschung extrem beflügelt. In großem Umfang wurden die Energiezustände und damit verbunden deren Spin- und Paritätszuordnungen aller Kerne untersucht. So konnten einer stetig verbesserten theoretischen Beschreibung die benötigten Daten geliefert werden. Die magnetischen Dipolmomente und die elektrischen Quadrupolmomente der Kerne konnten sehr präzise in Atomstrahlexperimenten gemessen werden, für die Otto Stern (1888–1968) und Walter Gerlach (1889–1979) die Grundlage schufen, die dann von Isidor Isaac Rabi (1894–1988) vervollkomnet wurde. Aus diesen Messungen war bekannt, daß Kerne auch permanente Deformationen aufweisen können. Das Einzelteilchen-Schalenmodell ist dann auf deformierte Kerne erweitert worden durch Aage Bohr (*1922), Bengt Mottelson (*1926) und Sven Gösta Nilsson (1927–1979), womit auch ein kollektives Verhalten der Nukleonen beschrieben werden kann. Damit ließen sich wesentlich mehr experimentelle spektroskopische Fakten erklären, als es mit dem kugelförmigen Schalenmodell möglich war. Diese Modelle wurden in den nachfolgenden Jahrzehnten sehr erfolgreich auf die Beschreibung der kernphysikalischen Daten angewandt, obwohl auch in dieses Modell keine explizite Kernkraft eingeht.

Eine große Faszination übt stets die Frage nach den Grenzen eines bestehenden Systems aus. Nachdem sowohl aus dem Tröpfchenmodell der Atomkerne als auch aus den Experimenten über die Kernspaltung bekannt war, daß Kerne oberhalb einer noch zu erforschenden Massenzahl instabil sein müssen, begann zunächst in Berkeley unter Glenn Theodore Seaborg (1912–1999) und bald danach in Dubna unter Georgij Nikolajewitsch Flerov (1913–1990) die Suche nach den Grenzen. Das Periodensystem wurde erweitert um die Elemente oberhalb des Uran ($Z = 92$) durch Neutronen-Einfangreaktionen, aber auch durch Reaktionen mit beschleunigten schweren Kernen. Aufgrund dieser Suche war es bis zum Frühjahr 1996 möglich, daß die Gesellschaft für Schwerionenforschung in Darmstadt das Periodensystem bis zum Element $Z = 112$ ergänzen konnte, wobei den Experimenten wesentliche theoretische Vorhersagen zur Seite standen.

Einen fundamentalen Beitrag zu einer einheitlichen Vorstellung über den Atomkern lieferte Murray Gell-Mann (*1929) mit der Quark-Hypothese (1964). Schließlich fanden Abdus Salam (1926–1996), Steven Weinberg (*1933) und Sheldon Lee Glashow (*1932) einen Weg, die elektromagnetische und die schwache Wechselwirkung zur elektroschwachen Wechselwirkung zu vereinen. Die in dieser Theorie als Vermittler der schwachen Wechselwirkung postulierten schweren Bosonen $W^{\pm}$ und Z wurden 1983 von Carlo Rubbia am SPS-Beschleuniger des CERN (Conseil Européen pour la Recherche Nucléaire, heute: European Laboratory for Particle Physics) entdeckt.

Historische Entwicklung

Historische Entwicklung der Kern- und Elementarteilchenphysik

Jahr	Entdecker	Entdeckung	Erstpubl.
1895	**Röntgen,** Wilhelm Conrad (1845-1923), NPP* 1901	Entdeckung der Röntgen-Strahlung	[RÖ95]
	Perrin, Jean-Baptiste (1870-1942), NPP 1926	Entdeckung der Diskontinuität der Materie am Fluß der Kathodenstrahlen	[PE95]
1896	**Becquerel,** Antoine Henri (1852-1908), NPP 1903	Entdeckung der Radioaktivität bei Lumineszenzuntersuchungen an Uran-Mineralien	[BE96]
1897	**Thomson,** Joseph John (1856-1940), NPP 1906	Entdeckung des Elektrons als erstem Elementarteilchen	[TH97]
1898	**Skłodowska,** Marie (1867-1934), NPP 1903, NPC† 1911 **Curie,** Pierre (1859-1906), NPP 1903	Entdeckung der Elemente Radium und Polonium	[CU98]
	Elster, Julius (1854-1920) **Geitel,** Hans Friedrich (1855-1923)	Erklärung der Radioaktivität als Elementumwandlung	[EL98]
1900	**Planck,** Max Karl Erwin Ludwig (1858-1947), NPP 1918	Postulat des Wirkungsquantums	[PL00]
	Rutherford, Ernest (1871-1937), NPC 1908	Entdeckung des Elements Radon, zunächst als Thorium-Emanation (^{220}Rn) bezeichnet	[RU00]
	Becquerel, Antoine Henri	Nachweis der Identität der ß-Strahlen radioaktiver Elemente mit den Kathodenstrahlen in Ablenkversuchen	[BE00]
	Villard, Paul Ulrich (1860-1934)	Entdeckung des magnetisch nicht ablenkbaren Anteils in der radioaktiven Strahlung (γ-Strahlung), Identifizierung als elektromagnetische Strahlung	[VI00]
1901	**Lebedew,** Pjotr Nikolajewitsch (1866-1912)	Experimenteller Nachweis des Lichtdrucks	[LE01]
1902	**Rutherford,** Ernest **Soddy,** Frederick (1877-1956), NPC 1921	Ableitung des radioaktiven Zerfallsgesetzes	[RU02]

*NPP: Nobelpreis für Physik, †NPC: Nobelpreis für Chemie

1903/ 1906	**Giesel,** Friedrich Oskar (1852-1927) **Hahn,** Otto (1879-1968), NPC 1944	Entdeckung der Actinium-Emanation (^{219}Rn)	[GI03] [HA06]
1903	**Ramsay,** William (1852-1916), NPC 1904 **Soddy,** Frederick	Entdeckung, daß Helium in Radiumverbindungen auftritt	[RA03]
1905	**Hahn,** Otto	Entdeckung des Radiothor (^{228}Th)	[HA05]
	Poincaré, Jules Henri (1854-1912)	Einführung des Relativitätsprinzips	[PO05]
	Einstein, Albert (1879-1955), NPP 1921	Lichtquantenhypothese Relativitätstheorie	[EI05a] [EI05b]
1907	**Thomson,** Joseph John	Parabelspektrograph als erstes Massenspektrometer	[TH07]
1908	**Rutherford,** Ernest **Geiger,** Hans Wilhelm (1882-1945)	Identifizierung der α-Strahlung als He^{++}-Kerne, Entwicklung des Spitzenzählers	[RU08]
1909/ 1910	**Rutherford,** Ernest **Geiger,** Hans Wilhelm **Marsden,** Ernest (1889-1970)	Aus Ablenkversuchen von α-Teilchen an Gold wird postuliert, daß der Atomkern nur einen Durchmesser von ca. 10^{-12} cm hat (Rutherford-Streuung)	[GE09] [RU11]
1911	**Geiger,** Hans Wilhelm **Nuttall,** John Mitchell (1890-1958)	Postulierung der Reichweite-Halbwertszeit-Beziehung für α-Strahler	[GE11]
	Hess, Viktor Franz (1883-1964), NPP 1936 **Kolhörster,** Werner (1887-1946)	Entdeckung der Höhenstrahlung	[HE11]
	Wilson, Charles Thomson Rees (1869-1959), NPP 1927	Entwicklung der Expansionsnebelkammer	[WI11]
	Millikan, Robert Andrews (1868-1953), NPP 1923	Messung der Ladung des Elektrons	[MI11]
1913	**Bohr,** Niels Hendrik David (1885-1962), NPP1922	Postulat eines Atommodells, Bestimmung des Energieverlusts geladener Teilchen beim Durchgang durch Materie	[BO13]
	Soddy, Frederick	Einführung des Begriffs Isotopie	[SO13]
	Soddy, Frederick **Fajans,** Kasimir (1887-1975)	Isotopie-Verschiebungssatz	[SO13] [FA13]

1914	**Chadwick,** James (1891-1974), NPP 1935	Messung des kontinuierlichen ß-Spektrums	[CH14]
1918	**Hahn,** Otto **Meitner,** Lise (1878-1968)	Entdeckung des Elements Z = 91, Protactinium	[HA18]
1919	**Aston,** Francis William (1877-1945), NPC 1922	Prototyp des Massenspektrographen	[AS19]
	Rutherford, Ernest	Erste künstliche Kernumwandlung in der Reaktion $^{14}N(\alpha,p)^{17}O$	[RU19]
1920	**Rutherford,** Ernest	Neutronen-Hypothese	[RU20]
	Greinacher, Heinrich (1880-1974)	Spannungsvervielfacher-Schaltung	[GR20]
1921	**Hahn,** Otto	Entdeckung der Kernisomerie	[HA21]
1922	**Compton,** Arthur Holly (1892-1962), NPP 1927	Entdeckung des Compton-Effekts	[CO23]
1923	**de Broglie,** Louis Victor (1892-1987), NPP 1929	Materiewellenhypothese	[DE23]
1924	**Pauli,** Wolfgang (1900-1958), NPP 1945	Postulat des Kernspins des Protons	[PA24]
	Blackett, Patrik Maynard Stuart (1897-1974), NPP 1948	Sichtbarmachung von Kernreaktionen in der Nebelkammer	[BL25]
	Meitner, Lise	Postulat, daß γ-Strahlung stets nur im Gefolge von α- oder ß-Strahlung auftritt	[ME24]
	Bose, Satyendranath (1894-1974)	Postulat der Bose-Statistik	[BO24]
1925	**Pauli,** Wolfgang	Formulierung des Pauli-Ausschließungsprinzips	[PA25]
1926	**Fermi,** Enrico (1901-1954), NPP 1938 **Dirac,** Paul Adrien Maurice (1902-1984), NPP 1933	Formulierung der Fermi-Dirac-Statistik, Fermionen sind Teilchen mit halbzahligem Spin	[FE26] [DI26]
1927	**Heisenberg,** Werner Karl (1901-1976), NPP 1932	Formulierung der Unschärferelation	[HE27]

1928	**Geiger,** Hans Wilhelm **Müller,** Walter (1905-1979)	Entwicklung des Geiger-Müller-Auslösezählrohrs	[GE28]
	Gamow, George Anthony (1904-1968)	Erklärung des α-Zerfalls als Tunnelprozess	[GA28]
	Wideroe, Rolf (1902-1996)	Vorschlag des Betatronprinzips	[WI28]
1929	**Bothe,** Walter Wilhelm (1891-1957), NPP 1954 **Kolhörster,** Werner	Erfindung der Koinzidenz-Meßmethode	[BO29]
1930	**Lawrence,** Ernest Orlando (1901-1958), NPP 1939 **Edlefsen,** Niels Edlef (1893-1971)	Erfindung des Zyklotrons	[LA30]
	Cockroft, John Douglas (1897-1967), NPP 1951 **Walton,** Ernest Thomas Sinton (1903-1995), NPP 1951	Erfindung des Kaskaden-beschleunigers (aufgrund der Greinacher-Spannungs-Vervielfacher-Schaltung)	[CO30]
	Pauli, Wolfgang	Zaghafte Postulierung des Neutrinos (zunächst Neutron genannt)	[PA30]
1931	**van de Graaff,** Robert Jameson (1901-1967)	Erfindung des Bandgenerator-Beschleunigers	[GR31]
	Sloan, David H. (1904-1990) **Lawrence,** Ernest Orlando	Inbetriebnahme des ersten Linearbeschleunigers	[SL31]
1932	**Chadwick,** James	Entdeckung des Neutrons	[CH32]
	Heisenberg, Werner Karl	Einführung des Begriffs „Isospin“, wonach die Kernbestandteile Proton und Neutron zwei Zustände eines Teilchens sind	[HE32]
	Anderson, Carl David (1905-1991), NPP 1936	Entdeckung des Positrons	[AN32]
	Hertz, Gustav Ludwig (1887-1975), NPP 1925	Isotopentrennung mit Diaphragmen-Trennstufen	[HE32a]
	Blackett, Patrick Maynard Stuart **Occhialini,** Giuseppe Paolo Stanislao (1907-1993)	Entwicklung der automatisch triggerbaren Nebelkammer	[BL32]
	Urey, Harold Clayton (1893-1981), NPC 1934	Entdeckung des Deuteriums	[UR32]

1932	**Raman,** Chandrasekhara Venkata (1888-1970), NPP 1930 **Bhagavantam,** S.	Bestimmung des Spin 1 des Photons	[RA32]
1933	**Joliot,** Jean Frédéric (1900-1958), NPC 1935	Entdeckung der Paarvernichtung	[JO33]
1934	**Fermi,** Enrico	Erste Formulierung einer Theorie des ß-Zerfalls	[FE34]
	Joliot-Curie, Irene (1897-1956), NPC 1935 **Joliot,** Jean Frédéric	Erste Erzeugung künstlicher Radioaktivität, des Positronenstrahlers ^{30}P	[JO34]
	Čerenkov, Paul Alexejewitsch (1904-1990), NPP 1958 **Frank,** Ilja Michailowitsch (1908-1990), NPP 1958 **Tamm,** Igor Evgenewitsch (1895-1971), NPP 1958	Entdeckung des Čerenkov-Effekts	[CE34]
	Mattauch, Joseph (1895-1976) **Herzog,** Richard (*1911)	Erfindung des doppelt-fokussierenden Massenspektrometers	[MA34]
	Mattauch, Joseph	Formulierung der Isobarenregel	[MA34a]
	Szilard, Leo (1898-1964) **Chalmers,** T. A.	Entdeckung des Szilard-Chalmers-Effekts	[SZ34]
	Chadwick, James **Goldhaber,** Maurice (*1911)	Entdeckung des Kernphotoeffekts	[CH34]
	Noddack, Ida Eva (1896-1978)	Postulat der Kernspaltung	[NO34]
1935	**Yukawa,** Hideki (1907-1981), NPP 1949	Mesonenhypothese zur Erklärung der Kernkraft	[YU35]
	Bethe, Hans Albrecht (*1906), NPP 1967 **von Weizsäcker,** Carl Friedrich (1912-2007)	Tröpfchenmodell zur Berechnung der Kernmassen	[WE35] [BE36]
1936	**Bohr,** Niels Hendrik David	Compoundkernhypothese als Kernreaktionsmechanismus	[BO36]
	Breit, Gregory (1899-1981) **Wigner,** Eugene Paul (1902-1995), NPP 1963	Theorie der Resonanzen in Kernreaktionen	[BR36]

1937	**Anderson,** Carl David **Neddermeyer,** Seth Henry (1907-1988)	Entdeckung des Myons in Nebelkammeraufnahmen kosmischer Strahlung	[NE37]
	Alvarez, Luis Walter (1911-1988), NPP 1968	Entdeckung des Elektroneneinfangs als radioaktive Zerfallsart	[AL37]
	Bothe, Walter Wilhelm **Gentner,** Wolfgang (1906-1980)	Beobachtung des Kernphotoeffekts an mittelschweren Kernen	[BO37]
	Wheeler, John Archibald (*1911)	Vorschlag des S-Matrix Formalismus	[WH37]
	Schwinger, Julian (1918-1994), NPP 1965	Bestätigung des Spins ½ des Neutrons	[SC37]
1938	**Bethe,** Hans Albrecht **von Weizsäcker,** Carl Friedrich	Entdeckung des CNO-Zyklus als eine Kernreaktionskette in der Energieerzeugung in Sternen	[BE38] [WE38]
	Hahn, Otto **Straßmann,** Friedrich Wilhelm (1902-1980)	Entdeckung der induzierten Kernspaltung	[HA39]
	Clusius, Klaus Paul Alfred (1903-1963) **Dickel,** Georg (*1913)	Anwendung der Thermodiffusion zur Isotopentrennung	[CL38]
1939	**Frisch,** Otto Robert (1904-1979) **Meitner,** Lise	Erste Erklärung der Kernspaltung	[ME39]
	Joliot-Curie, Irene **Joliot,** Frédéric **Kowarski,** Lew (1907-1979) **von Halban,** Hans (1908-1964) **Flerov** Georgij Nikolajewitsch (1913-1990) **Rusinov,** Lew Iljitsch (1907-1960) **Fermi,** Enrico **Szilard,** Leo	Experimenteller Nachweis der Spaltneutronen	[AN39] [HA39a] [RU40] [SZ39]
	Bohr, Niels Hendrik David **Wheeler,** John Archibald	Theorie der Kernspaltung auf der Grundlage eines hydrodynamischen Modells	[BO39]

1940	**Flerov,** Georgij Nikolajewitsch **Petrzhak,** Konstantin Andronowitsch (*1911)	Entdeckung der spontanen Spaltung des Urankerns	[FL40]
	McMillan, Edwin Mattison (1907-1991), NPC 1951 **Abelson,** Philip Hauge (*1913)	Entdeckung des ersten Transuran-Elements Neptunium (Z=93)	[MC40]
	Seaborg, Glenn Theodore (1912-1999), NPC 1951 et al.	Entdeckung des Elements Plutonium (Z=94)	[SE46]
	Alvarez, Luis Walter **Bloch,** Felix (1905-1983), NPP 1952	Messung des magnetischen Moments des Neutrons	[AL40]
1941	**Mattauch,** Joseph	Isomerie-Regeln	[MA41]
	Kerst, Donald William (1911-1993)	Erstes Betatron in Betrieb	[KE41]
1942	**Pauli,** Wolfgang **Dancoff,** Sidney Michael (1914-1951)	Einführung des Begriffs „Nukleon“	[PA42]
	Fermi, Enrico et al.	Erster Kernreaktor in Chicago wird kritisch	[FE44]
1943	**Lawrence,** Ernest Orlando	Elektromagnetische Massentrennung mit Calutrons	[SM45]
1944	**Seaborg,** Glenn Theodore **James,** Ralph Arthur (*1920) **Ghiorso** Albert (*1915)	Entdeckung des Elements Curium (Z=96)	[SE44]
	Veksler, Vladimir Iosifovic (1907-1966) **McMillan,** Edwin Mattison	Erfindung des Synchrotronprinzips und Entdeckung der Phasenfokussierung	[VE45] [MC45]
	Leprince-Ringuet, Louis Marie E. (1901-2000) **Lhéritier,** Michel	Entdeckung des K^+-Mesons	[LE44]
1945	Abwurf der ersten Uran-Bombe	auf Hiroshima am 6. August	
	Abwurf der ersten Plutonium-Bombe	auf Nagasaki am 9. August	

1945	**Seaborg,** Glenn Theodore **James,** Ralph Arthur **Morgan,** Leon Owen (*1919) **Ghiorso,** Albert	Entdeckung des Elements Americium (Z=95)	[SE45]
1946	**Bloch,** Felix **Purcell,** Edward Mills (1912-1997), NPP 1952	Entdeckung der kern-magnetischen Resonanz-spektroskopie (NMR)	[PU46] [BL46]
	Libby, Willard Frank (1908-1980), NPC 1960	Entdeckung des ^{14}C-Gleich-gewichts in der Atmosphäre, Entwicklung der ^{14}C-Alters-bestimmungsmethode	[LI46]
1947	**Kallmann,** Hartmut (1896-1978) **Broser,** Immanuel (*1924)	Entwicklung des Szintillationszählers	[BR47]
	Powell, Cecil Frank (1903-1969), NPP 1950 **Lattes,** Cesare Mansueto Giulio (*1924) **Occhialini,** Giuseppe Paolo Stanislao	Entdeckung der Pionen in Spurenplatten, die der Höhenstrahlung ausgesetzt waren	[LA47] [OC48]
	Marshall, Fitz-Hugh Ball (*1912) **Coltman,** John Wesley (*1915)	Erfindung des Photomultipliers	[MA47]
	Rochester, George Dixon (*1908) **Butler,** Clifford Charles (1922-1999)	Entdeckung der V-Ereignisse	[RO47]
1948	**Haxel,** Otto Philipp Leonhard (1909-1998) **Jensen,** Johannes Hans Daniel (1907-1973), NPP 1963 **Suess,** Hans Eduard (1909-1993) **Goeppert-Mayer,** Maria (1906-1972), NPP 1963	Entdeckung des Einteilchen-Schalenmodells der Atomkerne	[HA48] [GO48]
	Schwinger, Julian Seymour	Theoretischer Wert für g-2	[SC48]
	Snell, Arthur Hawley (*1909) **Miller,** Leonhard Charles	ß-Zerfall des Neutrons	[SN48]
1949	**Keuffel,** Jack Warren (1919-1974)	Entwicklung der Funkenkammer	[KE49]

1949	**Tomonaga,** Sin-Itiro (1906-1979), NPP 1965 **Schwinger,** Julian Seymour **Feynman,** Richard Phillips (1918-1988), NPP 1965	Vollendung der Quantenelektrodynamik	[FE49a] [SC49] [TO48]
	Fernbach, Sidney (*1917) **Taylor,** Theodore Brewster (*1925) **Serber,** Robert (1909-1997)	Einführung des optischen Modells	[FE49]
	McKay, Kenneth Gardiner (*1917)	Erfindung des Germanium Halbleiterzählers	[MC49]
1950	**Rainwater,** James (1917-1986), NPP 1975 **Bohr,** Aage Niels (*1922), NPP 1975 **Mottelson,** Bengt (*1926), NPP 1975	Entwicklung eines kollektiven Kernmodells	[RA50] [BO53]
	Seaborg, Glenn Theodore **Ghiorso,** Albert **Thompson,** Stanley Gerald (1912-1976)	Entdeckung der Elemente Berkelium (Z=97) und Californium (Z=98)	[TH50] [TH50a]
	Reynolds, George Thomas (*1917) et al.	Erfindung des Flüssigkeits-Szintillations-Zählers	[RE50]
	Steinberger, Jack (*1921), NPP 1988 **Panofski,** Wolfgang Kurt Hermann (*1919) **Steller,** Jack Stanley (*1921)	Entdeckung des π^0 und seines elektromagnetischen Zerfalls	[ST50]
1951	**Durbin,** Richard Paul (*1923) **Loar,** Howard Hunt (*1923) **Steinberger,** Jack	Bestimmung des Spins des π^+	[DU51]
	Armenteros, Rafaele et al.	Zerfall der V-Teilchen	[AR51]
1952	**Christofilos,** Nicolas C. (1916-1972) **Courant,** Ernest David (*1920) **Livingston,** Milton Stanley (*1905) **Snyder,** Hartland S. (1913-1962)	Postulat des Prinzips der starken Fokussierung in Ringbeschleunigern	[CH50] [CO52]

1952	**Glaser,** Donald Arthur (*1926), NPP 1960	Erfindung des Prinzips der Blasenkammer	[GL52]
	Anderson, Herbert Lawrence (*1914) et al.	Erster Hinweis auf die Δ-Resonanz	[AN52]
1953	**Hofstadter,** Robert (1915-1990), NPP 1961	Messung der Kernstruktur mit Hochenergie-Elektronenstreuung	[HO53]
	Bonetti, Alberto Mario (*1920) et al.	Erster Hinweis auf geladene Σ-Hyperonen	[BO53a]
	Konopinski, Emil John (*1911) **Mahmoud,** Hormoz Massoud (*1918)	Einführung der Leptonenquantenzahl	[KO53]
	Stückelberg von Breidenbach zu Breidenstein und Melsbach, Ernst Carl Gerlach (1905-1984) **Petermann,** A.	Einführung der Normierungsgruppe	[ST53]
	Dalitz, Richard Henry (*1925)	Spin Null und negative Parität der K-Mesonen	[DA53]
1954	**Ghiorso,** Albert **Thompson,** Stanley Gerald **Seaborg,** Glenn Theodore	Entdeckung der Elemente Einsteinium (Z=99) und Fermium (Z=100)	[GH55]
	Lüders, Gerhart (1920-1995)	Beweis der CPT Invarianz in lokalen Feldtheorien	[LU54]
1955	**Segré,** Emilio Gino (1905-1989), NPP 1959 **Chamberlain,** Owen (1920-2006), NPP 1959 **Wiegand,** Clyde Edward (1915-1996) **Ypsilantis,** Thomas John (1928-2000)	Entdeckung des Antiprotons	[CH55]
	Ghiorso, Albert et al.	Entdeckung des Elements Mendelevium (Z=101)	[GH55a]
	Gell-Mann, Murray (*1929), NPP 1969 **Pais,** Abraham (1918-2000)	Vorhersage des langlebigen Kaons K_L	[GE55]

1955	**Conversi,** Marcello (*1917) **Gozzoni,** Adriano (*1917)	Erfindung der Funkenkammer	[CO55]
1956	**Lee,** Tsung-Dao (*1926), NPP 1957 **Yang,** Chen Ning (*1922), NPP 1957	Hypothese der Nichterhaltung der Parität in der schwachen Wechselwirkung	[LE56]
	Cork, Bruce (*1915) **Lambertson,** Glen Royal (*1926) **Piccioni,** Oreste (*1915) **Wenzel,** William Alfred (*1924)	Entdeckung des Antineutrons	[CO56]
	Nilsson, Sven Gösta (1927-1979)	Kollektives Kernmodell für deformierte Kerne in Einteilchen-Näherung	[NI55]
	Reines, Frederick (1918-1998), NPP 1995 **Cowan,** Clyde Lorrain (1919-1974)	Erster direkter Nachweis des Neutrinos	[CO56a]
	Veksler, Vladimir Iosifovic	Vorschlag einer kollektiven Teilchenbeschleunigung	[VE57]
	Lande, Kenneth (*1932) et al.	Nachweis der K_L-Mesonen	[LA56]
1957	**Wu,** Chien-Shiung (1912-1997)	Experimenteller Nachweis der Nichterhaltung der Parität im ß-Zerfall	[WU57]
1958	**Mößbauer,** Rudolf Ludwig (*1929), NPP 1961	Entdeckung der rückstoßfreien Resonanzabsorption (Mößbauer-Effekt)	[MÖ58]
	Ghiorso, Albert **Sikkeland,** Torbjørn (*1923) **Walton,** John Richard (*1923) **Seaborg,** Glenn Theodore	Entdeckung des Elements Nobelium (Z=102)	[GH58]
	Prowse, Derek J. (*1930) **Baldo-Ceolin,** Massimilla	Hinweise auf das $\overline{\Lambda}$-Hyperon	[PR58]

1959	**Alvarez,** Luis Walter et al.	Hinweis auf das Ξ^0-Hyperon	[AL59]
	Pontecorvo, Bruno Maksimovich (1914-1993)	Unterscheidbarkeit von Elektron- und Muon-Neutrinos	[PO59]
	Regge, Tullio Eugene (*1931)	Einführung der Regge-Pole	[RE59a]
1960	Stanford, Novosibirsk	Erster Elektron-Positron-Speicherring geht in Betrieb	
	Pell, Erik Mauritz (*1923)	Herstellung funktionstüchtiger p-i-n-Halbleiterdetektoren für die ß- und γ-Spektroskopie	[PE60]
	Kang-Chang, W. et al.	Hinweis auf das $\bar{\Sigma}^-$-Hyperon	[KA60]
	Schwartz, Melvin (*1932), NPP 1988	Vorschlag, Neutrinostrahlen zur Untersuchung der schwachen Wechselwirkung einzusetzen	[SC60]
1961	**Ghiorso,** Albert **Sikkeland,** Torbjørn **Larsh,** Almon Elsdon (*1928) **Latimer,** Robert Milton (*1934)	Entdeckung des Elements Lawrencium (Z=103)	[GH61]
	Good, Robert Howard (*1931) et al.	Hinweis auf die K_L-K_S-Regeneration	[GO61]
	Stonehill, David L. (*1936) et al.	Hinweis auf die ρ-Meson Resonanz	[ST61]
	Gell-Mann, Murray (*1929), NPP 1969	„Der achtfache Weg“	[GE61]
	Alvarez, Luis Walter **Maglic,** Bogdan C. (*1932) et al.	Hinweis auf die ω-Meson Resonanz	[MA61]
	Pevsner, Aihud (*1925) et al.	Hinweis auf das η-Meson	[PE61]
1962	**Tripp,** Robert Daniel (*1927) et al.	Bestimmung der Parität des Σ-Hyperons	[TR62]
	Brown, Hugh Needham (*1928) et al.	Hinweis auf die Ξ^--$\bar{\Xi}^+$-Paar-Produktion	[BR62]

1962	**Lederman,** Leon Max (*1922), NPP 1988 **Schwartz,** Melvin **Steinberger,** Jack	Entdeckung des Muon-Neutrinos	[DA62]
1963	**Karnaukhov,** Viktor Alexandrowitsch (*1930) et al.	Entdeckung der verzögerten Protonenemission	[KA63]
	Connolly, Philipp Louis (*1930) et al.	Entdeckung des ϕ-Mesons	[CO63]
1964	**Gell-Mann,** Murray	Quark- Hypothese zum Aufbau der Elementarteilchen	[GE64]
	Zweig, George (*1937)	„Quarks“ als fundamentale Bausteine	[ZW64]
	Flerov, Georgij Nikolajewitsch **Ghiorso,** Albert et.al.	Entdeckung des Elements Z=104	[FL 64] [GH69]
	Dolgoshein, Boris Anatolewitsch (*1930) **Chikovani,** Georgii Ewgeniewitsch (1928-1968)	Erfindung der Streamer-Kammer	[DO64] [CH64a]
	Higgs, Peter Ware (*1929)	„Higgs“-Teilchen	[HI64]
	Barnes, Virgil Everett (*1935) et al.	Hinweise auf das Ω^--Hyperon	[BA64]
	Christenson, James H. (*1937) **Cronin,** James Watson (*1921), NPP 1980 **Fitsch,** Val Logson (*1923), NPP 1980 **Turlay,** René (*1932)	Beobachtung der CP-Verletzung	[CH64]
1965	**Lederman,** Leon Max **Ting,** Samuel Cjao Chung (*1936) et al.	Beobachtung von Antideuteronen	[DO65]
1966	**Budker,** Gersh Itzkowitsch (1918-1977)	Vorschlag, Teilchenstrahlen in Beschleunigern durch Elektronenstrahlen zu „kühlen“	[BU67]

1967	**Salam,** Abdus (1926-1996), NPP 1979 **Weinberg,** Steven (*1933), NPP 1979 **Glashow,** Sheldon Lee (*1932), NPP 1979	Formulierung der vereinigten elektroschwachen Eichfeld-Theorie	[GL61] [SA68] [WE67]
1968	**Panofsky,** Wolfgang Kurt Hermann (*1919) et al.	Entdeckung der Nukleonenstruktur in tiefinelastischen Elektron-Proton-Streuexperimenten	[CO68]
	van der Meer, Simon (*1925), NPP 1984	Vorschlag des Prinzips der stochastischen Kühlung von Teilchenstrahlen	[ME72]
	Charpak, Georges (*1924), NPP 1992	Entwicklung der Proportional-Koordinatenkammer	[CH68]
	Flerov, Georgij Nikolajewitsch **Ghiorso,** Albert et.al.	Entdeckung des Elements Z=105	[FL68] [GH70]
1969	**Nilsson,** Sven Gösta **Greiner,** Walter (*1935) et al.	Vorhersage der Stabilitätsgrenzen superschwerer Elemente	[NI69] [MO69]
	Kapchinskij, Ilja Michailowitsch (1919-1994) et al.	Erfindung des Radio-Frequenz-Quadrupol-Beschleunigers (RFQ)	[KA70]
	Bjorken, James Daniel (*1934)	Entdeckung des Bjorken-Skalierungsverhaltens	[BJ69]
	Friedman, Jerome Isaac (*1930), NPP 1990 **Kendall,** Henry Way (1926-1999), NPP 1990 **Taylor,** Richard Edward (*1929), NPP 1990	Experimenteller Beweis des Bjorken-Skalierungs-Verhaltens in hochenergetischen, inelastischen e-p-Streuereignissen, erster Hinweis auf die Quarkstruktur der Nukleonen	[BL69]
1970	**Cerny,** Joseph (*1936) et al.	Entdeckung der Protonen-Radioaktivität	[CE70]
1971	**Prokoshkin,** Yuri Dmitrijewitsch (1929-1997) et al.	Entdeckung des Antiheliums	[AN70]
	Firestone, Alexander et al.	Beobachtung des $\overline{\Omega}^{+}$-Hyperons	[FI71]

1973	**Lagarrigue,** André **Haidt,** Dieter **Faissner,** Helmut (*1928) et al.	Erster experimenteller Nachweis des neutralen Stroms	[HA73]
1974	**Vischniewsky,** Mechislav E. (1925-1994) et al.	Synthese des Antitritiums in Serpuchow	[VI74]
	Ghiorso, Albert **Oganessian,** Yuri Tsolakowitsch (*1933) et al.	Entdeckung des Elements Seaborgium (Z=106)	[GH74]
	Ting, Samuel Chao Chung (*1936), NPP 1976 **Becker,** Ulrich F. (*1936) **Richter,** Burton (*1931), NPP 1976 **Augustin,** Jean Endes (*1940) et al.	Entdeckung des $J/\psi(1S)$ Teilchens	[AU76] [AU76a]
1975	**Perl,** Martin Lewis (*1927), NPP 1995 et al.	Experimenteller Nachweis des τ-Leptons	[PE75]
1976	**Oganessian,** Yuri Tsolakowitsch **Münzenberg,** Gottfried (*1940) et al.	Entdeckung des Elements Nielsbohrium (Z=107)	[OG76] [MÜ81]
	Goldhaber, Gerson (*1924) et al.	Beobachtung des D^0-Mesons	[GO76]
	Peruzzi, Ida (*1939) et al.	Beobachtung der Erzeugung von D^+- und D^--Mesonen	[PE76]
	Knapp, B. et al.	Beobachtung des Antibaryons $\bar{\Lambda}_c^-$	[KN76]
	Budker, Gersh Itzkowitsch et.al.	Erste experimentelle Strahl-„Kühlung“ mit Elektronen	[BU76]
1977	**Lederman,** Leon Max **Herb,** Stephen W. et al.	Erster experimenteller Hinweis auf das $\Upsilon(1S)$-Meson	[HE77]
1978	**Faissner,** Helmut et al.	Erste Beobachtung der elastischen Streuung von Muon-Neutrinos an Elektronen	[FA78]

1979	**Söding,** Paul (*1933) **Wolf,** Günter Eugen (*1937) **Wiik,** Björn Håvard (1937-1999) et al.	Erste Beobachtung von Gluon-Jets in e^+-e^--Stößen	[BA79]
1980	**Söding,** Paul **Brandelik,** R. et al.	Erste Bestimmung des Gluonen-Spins	[BR80]
1981	**Berkelmann,** Karl (*1933) **Bebek,** Christopher et al.	Erster Hinweis auf das B-Meson	[BE81]
	Basile, M. et.al.	Erster Hinweis auf das Bottom-Baryon Λ_b	[BA81]
1983	**Rubbia,** Carlo (*1934), NPP 1984 et al.	Entdeckung der Feldquanten $W^{\pm}$, Z^0 der schwachen Wechselwirkung	[AR83]
	Aubert, Jean Jacqes et al.	EMC-Effekt	[AU83]
1984	**Münzenberg,** Gottfried **Armbruster,** Peter (*1931) et al.	Entdeckung des Elements Meitnerium (Z=109)	[MÜ84]
	Green, Michael B. **Schwarz,** John H.	Erste Begründung der String-Theorie	[GR84]
1985	**Münzenberg,** Gottfried **Armbruster,** Peter et al.	Entdeckung des Elements Z=107	[MÜ85]
1986	**Münzenberg,** Gottfried **Armbruster,** Peter et al.	Entdeckung des Elements Z=108	[MÜ86]
1988	**Ashman,** J.G. et al.	Komplexe Spin-Struktur des Protons	[AS88]
1989	**Abrams,** Gerald Stanley (*1941)	Hinweis auf nur drei Neutrino-Arten	[AB89]
1994	**Hofmann,** Sigurd (*1944) **Armbruster,** Peter	Entdeckung der Elemente Z=110 und Z=111	[HO95]
	Schneider, Robert (*1963) **Friese,** Jürgen (*1951) et al.	Synthetisierung des doppelt-magischen Kerns ^{100}Sn	[SC95]

Historische Entwicklung

1994	**Abe,** F. et al.	Entdeckung des Top-Quarks in $\bar{p}$-p-Stößen	[AB94]
1995	**Engelmann,** Christian et al.	Synthetisierung des doppelt-magischen Kerns ^{78}Ni	[EN95]
1996	**Hofmann,** Sigurd et al.	Entdeckung des Elements Z=112	[HO96]
1999	**Oganesian,** Yuri Tsolakowitsch **Ninov,** Viktor et al.	Erste Hinweise auf die Elemente Z=114, 116, 118	
2000	**Lundberg,** Byron **DONUT-Kollaboration**	Nachweis des Tau-Neutrinos am Fermilab	

Für die Suche nach historischen Daten und Fakten wurden unter anderem die folgenden Publikationen verwendet:

[1] **V.V. Ezhela et al.**
Particle Physics - One hundred years of discoveries, AIP Press (1996)

[2] **A. Pais**
Inward Bound, Clarendon Press Oxford (1986)

[3] **J. Six, X. Artru**
An Essay of Chronology of Particle Physics until 1965,
J. de Phys. Coll. **C18**, Vol. 43 (1982)

1.4 Begriffe und Nomenklatur

Die an kernphysikalischen Prozessen beteiligten Teilchen sind Atomkerne der im Periodensystem genannten chemischen Elemente. Deshalb werden sie mit dem Symbol dieser Elemente aufgeführt.

Dem chemischen Symbol werden als linke obere Hochzahl die Massenzahl A des Isotops hinzugefügt, und wenn es mehrdeutig sein könnte, links unten die Protonenzahl Z, als rechter unterer Index die Neutronenzahl N, wobei stets $Z + N = A$ gilt:

$$\text{z.B.} \quad {}^{238}_{92}\text{U}_{146} \; .$$

Wenn ein Kern noch einen Teil seiner Atomhülle besitzt, es sich also um ein geladenes Ion handelt, wird der Ladungszustand als rechte obere Hochzahl mit $q+$ angefügt, z.B. ein neun-fach ionisiertes Neon-Ion: Ne^{9+}.

Kernreaktionen, bei denen ein Teilchen a (Projektil) auf einen Kern A (Targetkern) geschossen wird, wobei sich ein Kern B (Restkern) bildet und wegen Impulserhaltung ein weiteres Teilchen b (Ejektil) den Reaktionsbereich verläßt, werden in folgender Form geschrieben:

$$\text{A(a,b)B} \; . \tag{1.1}$$

In anderer Schreibweise lautet diese Reaktion $\text{A} + \text{a} \rightarrow \text{B} + \text{b}$.

Bei elastischen Streuungen ist dann A = B und a = b. Die Kombination von a mit A nennen wir den *Eingangskanal*, die beiden Kerne b und B bilden den *Ausgangskanal* der Kernreaktion oder Streuung. Werden in einer Kernreaktion Eingangs- und Ausgangskanal vertauscht, also die Reaktion B(b,a)A untersucht, so nennt man sie die *inverse Reaktion* zu (1.1). Wird im Eingangskanal jedoch Target- und Projektilkern ausgetauscht, wird die Reaktion *reziprok* genannt. Der Ausgangskanal bleibt unverändert.

Eine wichtige physikalische Größe zur Beschreibung von Kernreaktionen ist der Wirkungsquerschnitt. Er ist ein Maß für die Wahrscheinlichkeit, daß eine Reaktion bzw. eine Streuung eingetreten ist. Er hat die Dimension einer Fläche, die in Einheiten von $1\ \text{b} = 1\ \text{barn} = 1 \cdot 10^{-24}\ \text{cm}^2$ angegeben wird (vgl. Abschn. 2.3 und 6.2).

Die am Aufbau der submikroskopischen Welt beteiligten Teilchen werden (historisch bedingt) einerseits nach Massenbereichen eingeteilt, andererseits nach den Wechselwirkungen, an denen sie beteiligt sind (Tabelle 1.2).

Die Mesonen sind Teilchen aus einem mittleren Massebereich, der nicht genau definiert ist. Zu ihnen gehören u.a. die in der Yukawa-Theorie postulierten stark wechselwirkenden Pionen (Pi-Mesonen), nicht aber die 1937 entdeckten Myonen. Sowohl Baryonen als auch Mesonen unterliegen der starken Wechselwirkung, weshalb beide zusammen auch Hadronen genannt werden. Teilchen dieser Gruppe sind aus Quarks aufgebaut. Leptonen und Baryonen werden, wenn es die Beschreibung z.B. in Erhaltungssätzen erfordert, mit additiven Quantenzahlen L (für Leptonen) und B (für Baryonen) versehen.

Tabelle 1.2. Teilchen

Bezeichnung		Namensursprung	Beispiele
Hadronen		ἁδρός = stark	
	Baryonen	βαρύς = schwer	Nukleonen Σ-, Ξ-, Λ-Teilchen
	Mesonen	μέσος = mittel	Pionen (π-Mesonen) Kaonen (K-Mesonen) ρ-, ω-, B-Mesonen
Leptonen		λεπτός = leicht	Elektronen, Neutrinos, Myonen, Tauonen

Alle bekannten Kerne sind in einer Nuklidkarte oder Isotopentafel erfaßt (Bild 1.2 und farbige Klapptafel).

Diese Tafel ist ein Diagramm, in dem die Zahl der Protonen Z auf der Ordinate und die Zahl der Neutronen N auf der Abszisse aufgetragen wird, so daß jedem Isotop ein Kästchen entspricht. Es enthält ca. 2700 Kästchen, d.h. es sind 2700 Isotope der bisher bekannten 112 Elemente verzeichnet. Der weitaus größte Teil der bekannten Kerne ist instabil, zerfällt also mit einer gemessenen Halbwertszeit (vgl. Abschn. 7.1 bis 7.5). In horizontalen Kästchenreihen zu einer festen Protonenzahl sind die *Isotope* eines Elements angeordnet, vertikale Reihen geben die *Isotone* zu einer festen Neutronenzahl

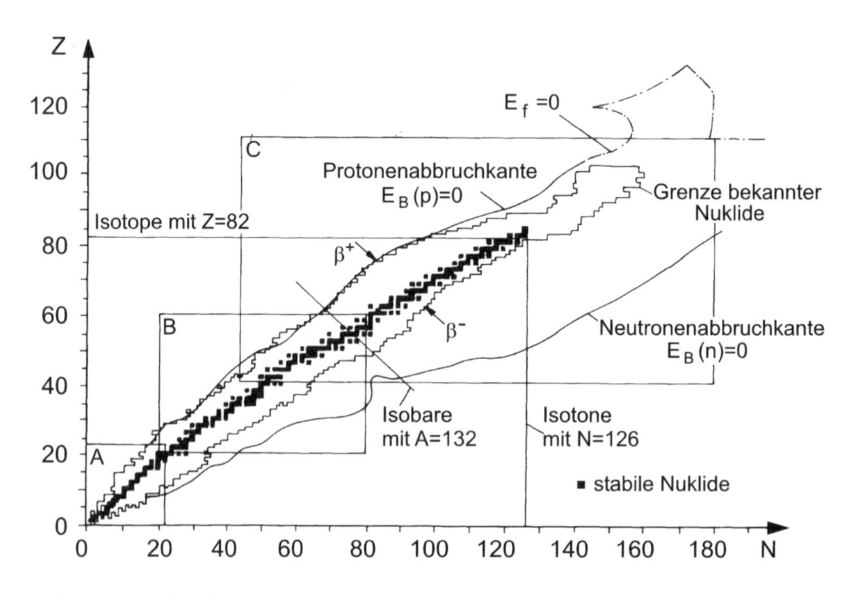

Bild 1.2. Nuklidkarte

an. Linien unter 45° zwischen Protonenachse und Neutronenachse verbinden Kästchen gleicher Massenzahl, sie werden *Isobare* genannt. *Isomere*, wie im Beispiel c) weiter unten erwähnt, sind Kerne, die einen langlebigen angeregten Zustand besitzen.

Der Bereich der überhaupt existierenden Kerne wird durch Stabilitätslinien gekennzeichnet, deren obere Protonen-Abbruchkante und deren untere Neutronen-Abbruchkante genannt wird. Außerhalb dieser Linien gibt es keine Kerne.

Die Kästchen sind außerdem farblich markiert, womit die Zerfallsart des jeweiligen Isotops gekennzeichnet ist. Die stabilen Kerne sind durch schwarze Kästchen bezeichnet. Die ladungsreichen instabilen Kerne, die durch β^+-Emission oder K-Einfang zerfallen, sind oberhalb eines gedachten, durch die schwarzen Kästchen gezogenen Bandes als rote Kästchen eingezeichnet. Unterhalb dieses Bandes sind in blau markierten Kästchen die β^--aktiven Kerne zu finden. Im oberen Massenbereich liegen die Kerne, die durch α-Zerfall (gelb) und diejenigen, die durch spontane Spaltung (grün) zerfallen und sich damit in andere Kerne umwandeln. Kerne, die zusätzlich einen Cluster-Zerfall zeigen (Abschn. 7.2.2), werden in der Nuklidkarte durch purpurgefärbte Ecken im Isotopenkästchen markiert. Die schwarzen Kästchen enthalten außer dem chemischen Symbol die Massenzahl und die Isotopenhäufigkeit sowie den Einfangquerschnitt für langsame Neutronen. Die instabilen Kerne werden durch die Halbwertszeit, die Zerfallsart und die Energien der Zerfallsstrahlung charakterisiert. Kerne, für die mehrere Zerfallsarten bekannt sind, können auch mehrere Farben in ihrem Kästchen zeigen. Der Elektroneneinfang (vgl. Abschn. 7.4) wird mit $E_{\rm K}$ oder ε bezeichnet.
In Bild 1.3 sind Beispiele für Kästchen der Nuklidkarte gezeigt, die nachfolgend erläutert werden:

a) Stabiles Isotop ^{109}Ag mit der natürlichen Isotopenhäufigkeit 48.161%. Rechts ist der Neutroneneinfangquerschnitt für die Reaktion (n,γ) mit langsamen Neutronen in b angegeben. Die Reaktion führt in den Grundzustand (87 b) und in einen angeregten (isomeren) Zustand (4.7 b) des ^{110}Ag. In der linken Spalte ist die Halbwertszeit von 39.6 s eines metastabilen Isomerenzustands im ^{109}Ag angegeben, der durch γ-Strahlung von 88 keV in den Grundzustand übergeht (I_γ). Außerdem werden Konversionselektronen aus diesem Übergang beobachtet (e^-, vgl. Abschn. 7.5.2).
b) Instabiler Kern ^{22}Na, der durch Positronenemission (β^+) mit einer Halbwertszeit von 2.603 a zerfällt. β-Energien von 0.5 und 1.8 MeV treten auf sowie γ-Strahlung mit 1275 keV. Die Wirkungsquerschnitte für die (n,p)- bzw. für die (n,α)-Reaktion betragen 28 000 bzw. 260 b.
c) Instabiler Kern ^{80}Br, mit einem metastabilen Isomerenzustand $^{80\rm m}$Br (linke Spalte), der mit einer Halbwertszeit von 4.42 h durch γ-Emission mit einer Energie von 37 keV in den Grundzustand übergeht (I_γ). Zusätzlich werden bei diesem Übergang auch Konversionselektronen emittiert (e^-). Die rechte Spalte gibt den Zerfall des Grundzustands mit einer

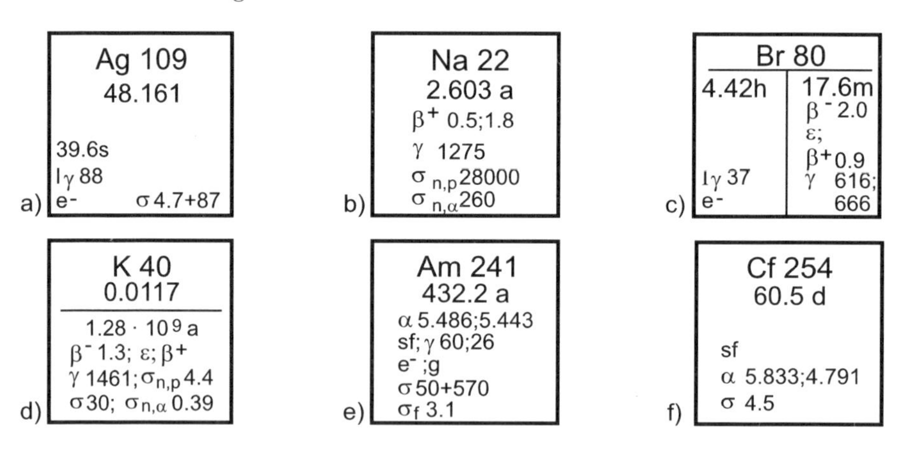

Bild 1.3. Beispiele für einzelne Isotope aus der Nuklidkarte: (**a**) stabiles Isotop, (**b**) β^+-Aktivität, (**c**) isomerer Kern, (**d**) Kern mit mehreren Zerfallsarten, (**e**) α-instabilier Kern, (**f**) spontan spaltender Kern

Halbwertszeit von 17.6 m an. Dieser kann sowohl durch β^--Emission (2.0 MeV) als auch durch β^+-Emission (0.9 MeV) sowie durch 616 keV γ-Emission zerfallen. Zusätzlich tritt Elektroneneinfang ($\varepsilon = E_\mathrm{K}$) auf. Der (n,$\gamma$)-Wirkungsquerschnitt beträgt 666 b.

d) Instabiler Kern ^{40}K mit einer Halbwertszeit von $1.28 \cdot 10^9$ a. Wegen dieser extrem langen Halbwertszeit ist das Isotop mit 0.0117% im natürlichen Isotopengemisch auf der Erde vorhanden. Es zerfällt durch β^--Emission (1.3 MeV), Elektroneneinfang ($\varepsilon = E_\mathrm{K}$) und auch durch β^+-Emission. Eine γ-Linie (1461 keV) wird gemessen. Der Wirkungsquerschnitt der (n,p)-Reaktion beträgt 4.4 b, der der (n,γ)-Reaktion 30 b und der der (n,α)-Reaktion 0.39 b.

e) Instabiler, künstlich hergestellter Kern ^{241}Am mit einer Halbwertszeit von 432.2 a. Der Kern zerfällt durch α-Emission (5.486 und 5.443 MeV), er spaltet spontan (sf), γ-Strahlung mit 60, 26 keV sowie Konversionselektronen treten auf. g bedeutet, daß der Grundzustand des Tochterkerns ^{237}Np zu 95% erzeugt wird. Die (n,γ)-Wirkungsquerschnitte zu zwei angeregten Zuständen im ^{242}Am betragen 50 und 570 b. Der (n,f)-Querschnitt beträgt 3.1 b.

f) Instabiler, künstlich hergestellter Kern ^{254}Cf, der mit einer Halbwertszeit von 60.5 d vorwiegend (99.69%) durch spontane Spaltung und zu 0.31% durch α-Emission (5.833 MeV und 4.791 MeV) zerfällt. Es treten γ-Strahlung (43 keV) sowie Konversionselektronen auf. Die Klammer, in der die γ-Energie angegeben ist, bedeutet, daß die Intensität des γ-Übergangs unter 1% liegt. Der (n,γ)-Wirkungsquerschnitt beträgt 4.5 b.

Die hier gezeigten Beispiele deuten bereits daraufhin, daß in der Nuklidkarte nur ein Bruchteil der Information über einen bestimmten Kern dargestellt werden kann. Für eine umfassende Darstellung der einzelnen Nuklide mit ihren teilweise sehr komplexen Energie- und Zerfallsschemata gibt es umfangreiche Tabellenwerke, die in regelmäßigen Zeitabständen aktualisiert und damit auf den neusten Stand der Forschung gebracht werden ([MA06]).

2. Äußere Eigenschaften der Atomkerne

Die Existenz des Atomkerns wurde von Ernest Rutherford postuliert. Der Beweis wurde als erstes durch Experimente zur Bestimmung von Ladung, Masse und Größe der Atomkerne geführt, wobei wir diese Größen als äußere Eigenschaften der Kerne betrachten. Hierzu dienten zunächst Experimente zur Ablenkung in magnetischen Feldern sowie Streuversuche.

2.1 Ladung der Atomkerne

Erste Hinweise auf die Ladung von α-Teilchen erhielt Rutherford aus Experimenten, in denen α-Teilchen aus einem Radium-Präparat in Magnetfeldern abgelenkt wurden (vgl. Abschn. 7.2). Ihre Ablenkung war geringer als die der ebenfalls emittierten Elektronen, woraus auf eine größere Masse geschlossen wurde. Außerdem wurden sie in die entgegengesetzte Richtung abgelenkt, womit die positive Ladung festlag, denn von Joseph John Thomson wurde 1897 die negative Ladung der Elektronen definiert.

2.2 Masse der Atomkerne

Die genaue Masse der Atomkerne ist erstmals von Francis William Aston bestimmt worden (vgl. [BET05]). Werden Teilchen mit der Ladung q in einer Kombination von elektrischen und magnetischen Feldern abgelenkt, so lassen sich die Geschwindigkeit bzw. der Impuls der Teilchen bestimmen. Im elektrischen Feld ist der Ablenkwinkel α der kinetischen Energie T der Teilchen mit der Anfangsgeschwindigkeit v_0 umgekehrt proportional:

$$\tan\alpha = \frac{qEl}{mv_0^2} = \frac{qEl}{2T} , \tag{2.1}$$

wobei E die elektrische Feldstärke und l die geometrische Länge des Feldes angibt. Im magnetischen Feld ist der Ablenkwinkel φ dem Impuls p der Teilchen umgekehrt proportional:

$$\sin\varphi = \frac{qlB}{p} , \tag{2.2}$$

woraus sich bei einer Kombination von elektrischem und magnetischem Feld eine Selektion nach der Geschwindigkeit ergibt. Bei gleichen Geschwindigkeiten ist dies dann identisch mit einer Selektion nach Massen. Diese Geschwindigkeit muß sehr genau eingehalten werden, um in einem Magnetfeld, z.B. einem Sektorfeld, eine hohe Massenauflösung zu erreichen. Massenspektrometer mit Auflösungsvermögen $m/\Delta m \geq 2000$ erlauben die Massenbestimmungen von Atomkernen, die sich z.T. in ihren Massendefekten (vgl. Abschn. 3.1) um nur wenige Massenbruchteile unterscheiden. Sind die Geschwindigkeiten nicht gleich, so liefert die ionenoptische Abbildung des Sektormagnetfeldes unterschiedliche Bildpunkte, bzw. ein verschwommenes Bild der Quelle. Gebräuchliche Massenspektrometer haben Feldanordnungen, in denen Ionen zunächst durch ein elektrisches Feld zwischen zwei zylindrisch angeordneten Kondensatorflächen bezüglich ihrer Geschwindigkeiten fokussiert werden. Daraufhin werden durch geeignete Spalte störende Komponenten im Strahlengang ausgeblendet. Im sich anschließenden magnetischen Sektorfeld werden dann die Massen getrennt. Diese Anordnung eines Massenspektrometers ist die sog. Mattauch-Herzog-Geometrie, gezeigt in Bild 2.1.

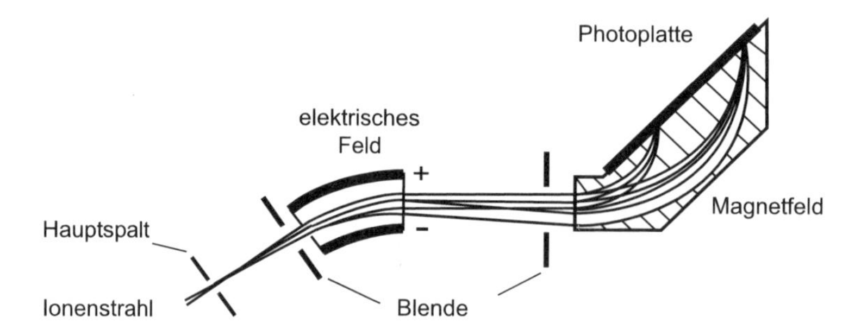

Bild 2.1. Massenspektrometer mit der Mattauch-Herzogschen Feldanordnung

Die Zahl der bekannten Nuklide (Isotope) beträgt gegenwärtig 2962, wozu noch 692 Isomere kommen. Allerdings werden in der Natur nur 278 Isotope gefunden [MA06]. Die übrigen 90% sind künstlich hergestellt und vorwiegend radioaktiv. Um auch sie in unsere Vorstellungen über die Struktur der Kerne einpassen zu können, benötigen wir Angaben über ihre Massen.

Aufgrund ihrer kurzen Halbwertszeiten im Millisekundenbereich lassen sich die Massen der künstlich hergestellten radioaktiven Isotope nicht mit der zuvor beschriebenen massenspektrometrischen Methode bestimmen. Als neue geeignete Methoden wurde die Massenbestimmung in der Paul-Falle [GHO95] sowie die Schottky-Massenspektrometrie entwickelt [LU03].

Die Paul-Falle (Bild 2.2) ist aus der schon länger bekannten Penning-Falle entwickelt worden.

Ionen werden in ein System überlagerter elektrischer und magnetischer Felder eingefangen [GHO95, MAR95]. Das System ist rotationssymmetrisch um die z-Achse. Es besteht aus drei Elektroden, einer Ringelektrode und zwei als Endkappen ausgebildete Elektroden, die die Form von Hyperboloiden haben. In diesen Feldern führen die Teilchen Bewegungen aus, die eine Überlagerung von harmonischen Schwingungen ist, und zwar in z-Richtung, der Axialoszillation, mit der Frequenz

$$\omega_Z = \sqrt{\frac{qeU}{md^2}} \tag{2.3}$$

die von der Wechselspannung $\mathrm{U}_\sim = U + u\,cos\,\Omega \mathrm{t}$ und der Masse m abhängt, d ist ein geometrischer Parameter.

In radialer Richtung tritt die Zyklotronfrequenz $\omega_c = \mathrm{qB/m}$ auf, die durch die Überlagerung zu

$$\omega_+ = \frac{\omega_c}{2} + \sqrt{\frac{\omega_c^2}{4} - \frac{\omega_Z^2}{2}} \tag{2.4}$$

modifiziert wird, einer sehr schnellen Bewegung, verglichen mit der langsamen Magnetronfrequenz

$$\omega_- = \frac{\omega_c}{2} - \sqrt{\frac{\omega_c^2}{4} - \frac{\omega_Z^2}{2}} \quad . \tag{2.5}$$

Demnach gilt $\omega_+ + \omega_- = \omega_c$ und $\omega_+^2 + \omega_-^2 + \omega_Z^2 = \omega_c^2$.
Alle drei Bewegungen sind in Bild 2.2 dargestellt.

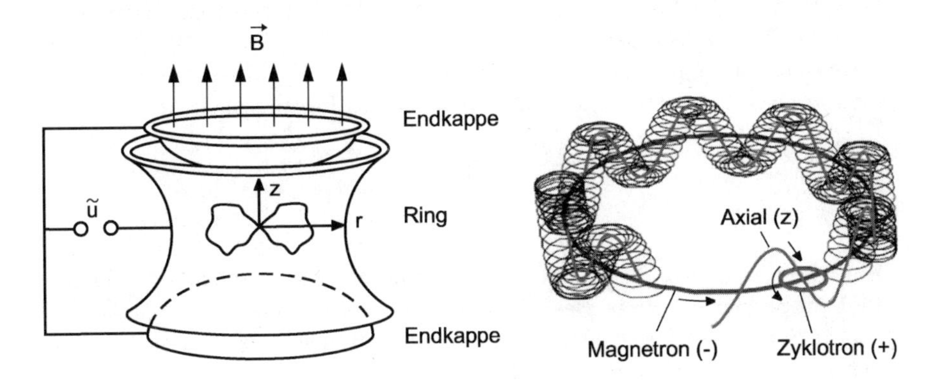

Bild 2.2. Schema der Paul-Falle (links), Teilchenbewegungen (rechts)

Aus der Messung aller drei Frequenzen lässt sich dann die Frequenz ω_c und damit die Masse bestimmen. Mit dieser Methode können Massen von Isotopen mit Halbwertzeiten bis zu Werten von einigen 10 ms gemessen werden. Die relative Genauigkeit der Massenbestimmung mit der Falle erreicht für radioaktive Ionen Werte unter 10^{-7} bis ca. 10^{-8}, während für stabile Isotope bereits Werte um 10^{-11} möglich sind [BL06b].

Kasten 2.1: Zur Definition des Masse-Standards

Für die Masse eines Kerns haben wir nach (3.2) angesetzt:

$$m_{\mathrm{K}}(Z,N)c^2 = Zm_{\mathrm{p}}c^2 + Nm_{\mathrm{n}}c^2 - \Delta m(Z,N)c^2 \,.$$

Demzufolge gilt für die Atommasse:

$$\begin{aligned} m_A(Z,N)c^2 = {} & Z(m_{\mathrm{p}} + m_{\mathrm{e}})c^2 + Nm_{\mathrm{n}}c^2 \\ & - \Delta m(Z,N)c^2 - E_{\mathrm{B}}(\mathrm{e}^-) \,. \end{aligned}$$

Die Bindungsenergie der Elektronen $E_{\mathrm{B}}(\mathrm{e}^-)$ können wir hier vernachlässigen.

Mit den Massen für Proton $m_{\mathrm{p}}c^2 = 938.27231$ MeV und Neutron $m_{\mathrm{n}}c^2 = 939.56563$ MeV erhalten wir für die Masse des Atoms des Kohlenstoffisotops ^{12}C:

$$\begin{array}{rcr} 6 \cdot m_{\mathrm{p}}c^2 & = & 5\,629.6320 \\ 6 \cdot m_{\mathrm{n}}c^2 & = & 5\,637.3938 \\ 6 \cdot m_{\mathrm{e}}c^2 & = & 3.0660 \\ \hline & & 11\,270.0918 \\ -\Delta m(6,6)c^2 & = & 92.1618 \\ \hline & & 11\,177.9300 \end{array}$$

Von der Summe der Massen der einzelnen Bestandteile des neutralen ^{12}C-Atoms haben wir die massenspektroskopisch bestimmte Bindungsenergie (Massendefekt $\cdot\, c^2$) abgezogen.

Wenn wir den verbleibenden Wert für die Atommasse durch 12 dividieren, dann erhalten wir für die atomare Masseneinheit:

$$1\ \mathrm{u} = m_{\mathrm{u}} = 931.4941\ \mathrm{MeV}/c^2 \,.$$

Eine weitere Methode, Massen zu bestimmen, die sich vorwiegend für solche Isotope eignet, die in Beschleunigern in Kernreaktionen erzeugt wurden, wird Schottky-Massenspektroskopie genannt. Die separierten Teilchen werden in einen Speicherring geschossen, in dem sie zahlreiche Umläufe erfahren [GE01, LU03]. In Speicherringen werden die umlaufenden Strahlen „gekühlt", d.h. durch parallel laufende Elektronenstrahlen kann die Transversalgeschwindigkeit stark vermindert werden. Der Strahl passiert bei jedem Umlauf (Umlauffrequenz ca. 1.9 MHz) ein Elektrodenpaar, in dem die umlaufenden positiven Ladungen ein Schottky-Rauschen erzeugen, d.h. der in einer Elektrode induzierte Spiegelstrom wird aufgenommen und verstärkt, liefert somit ein messbares Signal. Das Schottky-Signal wird dann elektronisch weiterverarbeitet. Diese Methode wurde am Speicherring ESR (Experimental Speicherring der GSI) erfolgreich eingesetzt. Speziell bei späterer Verwendung radioaktiver Strahlen bietet dies Verfahren in der Massenbestimmung in Bereiche vorzustoßen, die mit anderen Methoden nicht erreichbar sind, gegenwärtig wurden Werte für die relative Massengenauigkeit von $2 \cdot 10^{-7}$ gemessen [BL06a].

Die Massen werden auf die Masse des häufigsten Isotops des Kohlenstoffs ^{12}C bezogen. Da die Bindungsenergie (vgl. Abschn. 3.1) eine potentielle Energie ist, deren Bezugspunkt sich nur um eine konstante Größe von einem absoluten Wert unterscheidet, wird die Bindungsenergie von 6 Protonen, 6 Neutronen und 6 Elektronen, die das neutrale Atom ^{12}C bilden ($E_B = 92.1618$ MeV), zum Bezugspunkt gewählt, also Null gesetzt. Als Masseneinheit wird dann definiert (vgl. Kasten 2.1):

$$1\,\mathrm{u} = \frac{\frac{1}{12} M_m(^{12}\mathrm{C})}{N_\mathrm{A}} = \frac{1\ \mathrm{g/mol}}{N_\mathrm{A}} = 1.66053873(13) \cdot 10^{-27}\ \mathrm{kg}\ , \tag{2.6}$$

$$1\, m_\mathrm{u} c^2 = 931.494013(37)\ \mathrm{MeV}\ . \tag{2.7}$$

M_m ist die molare Masse, N_A die Avogadro-Konstante. Die angegebenen Werte wurden [MO00] entnommen.

Die Dichte der Kernmaterie wird ebenso wie die Dichte fester Körper durch den Quotienten Masse/Volumen definiert. Ihr Zahlenwert ist in Kasten 2.2 abgeschätzt.

2.3 Größe, Ladungsverteilung, Massenverteilung

Die Größenordnung der geometrischen Abmessungen von Atomkernen läßt sich aus Streuprozessen bestimmen (oder abschätzen). Die Idee dazu stammte von Ernest Rutherford, dessen Mitarbeiter Ernest Marsden und Hans Geiger diese Experimente ca. 1909 in Manchester ausführten. Als Projektile für das Experiment wurden α-Teilchen aus einem Radiumpräparat mit einer Energie von 4.78 MeV verwendet. Diese treffen auf eine Goldfolie, werden an den Goldkernen gestreut und treffen dann auf einen ZnS-Schirm, auf dem jedes auftreffende α-Teilchen einen szintillierenden Lichtblitz hervoruft. Die Lichtblitze wurden visuell aufgenommen, gezählt und registriert.

Wichtigstes Ergebnis war die Erkenntnis, daß auch in Bereichen, in denen man keine Lichtblitze erwartete, einige registriert wurden. Dies war im Bereich von Ablenkwinkeln von 160° bis 170° gegenüber der ursprünglichen Flugrichtung der α-Teilchen der Fall. Rutherford schloß daraus, daß die Ladungen, an denen die α-Teilchen gestreut werden, auf sehr viel kleinerem Raum verteilt sind, als es ursprünglich in einem Atommodell von Joseph John Thompson angenommen wurde. Nach diesem Modell hätte man nur Streuungen in Vorwärtsrichtung erwartet, da man angenommen hatte, die negativ geladenen Ionen seien kontinuierlich in einem See positiver Ionen verteilt, ähnlich wie Rosinen in einem Kuchen.

Kasten 2.2: Dichte der Kernmaterie

Die Dichte der Kernmaterie schätzen wir aus den Radien und Massen von Atomen und Kernen ab:

$$\frac{\text{Kernmateriedichte}}{\text{Materiedichte (fester Körper)}} \propto \frac{\frac{\text{Kernmasse}}{\text{Kernvolumen}}}{\frac{\text{Atommasse}}{\text{Atomvolumen}}} \propto \left(\frac{\text{Atomradius}}{\text{Kernradius}}\right)^3$$

Die Masse der Atome ist identisch mit der Masse der Kerne, wenn man von den Elektronenmassen absieht. Der Atomradius läßt sich näherungsweise angeben mit $r = 1.5 \cdot 10^{-10}$ m [BET90], während sich für den Kernradius aus den Rutherford-Experimenten eine obere Grenze von 10^{-14} m ergibt.
Aus dem Verhältnis

$$\frac{\text{Kernradius}}{\text{Atomradius}} \approx \frac{10^{-14}}{10^{-10}} \approx 10^{-4}$$

folgt

$$\frac{\text{Kerndichte}}{\text{Materiedichte}} \approx 10^{12}\,.$$

Als Mittelwert der Materiedichte setzen wir $\varrho \approx 10\,\text{g/cm}^3 = 10^4\,\text{kg/m}^3$, woraus wir mit obigem Verhältnis der Dichten für die untere Grenze der Kerndichte

$$\varrho_{\text{Kern}} \approx 10^{16}\,\text{kg/m}^3$$

erhalten. Eine genauere Rechnung unter Annahme des in Abschn. 3.1 beschriebenen Tröpfchenmodells ergibt nach [MUS88] für unendlich ausgedehnte Kernmaterie

$$\varrho_{\text{Kern}} = \varrho_0 = 2.96 \cdot 10^{17}\,\text{kg/m}^3 = 0.166\,\text{GeV/(fm}^3c^2)\,.$$

Die mathematische Behandlung, die Rutherford vorschlug, ähnelt dem Kepler-Problem der Newtonschen Mechanik, wobei allerdings, im Gegensatz zu den anziehenden Gravitationskräften, die abstoßenden Coulomb-Kräfte als Zentralkräfte berücksichtigt werden müssen (2.8). Teilchen mit den Ladungen Z_1e und Z_2e erfahren eine abstoßende Coulomb-Kraft. Ihre Bewegungsgleichung läßt sich am einfachsten im Schwerpunktsystem (CM-System) angeben und in ebenen Polarkoordinaten (r, ϕ) lösen. Zur Erinnerung sei hier erwähnt, daß Schwerpunkts- und Laboratoriumskoordinaten als identisch betrachtet werden können, wenn die Masse des Projektils sehr viel kleiner als die des Stoßpartners ist. Die Bewegungsgleichung lautet dann:

$$m\ddot{r} - mr\dot{\phi}^2 = \frac{1}{4\pi\varepsilon_0}\frac{Z_1Z_2e^2}{r^2}\,. \tag{2.8}$$

Die Lösung dieser Gleichung mit den Relativkoordinaten der beiden Stoßpartner ist dann

$$\frac{1}{r} = \frac{1}{b}\sin\phi + \frac{D}{2b^2}(\cos\phi - 1)\ . \tag{2.9}$$

Darin ist b der Stoßparameter sowie $D = Z_1 Z_2 e^2/(4\pi\varepsilon_0 T_\infty)$ mit der kinetischen Energie in großer Entfernung T_∞ und der Dielektrizitätszahl des Vakuums ε_0. Gleichung (2.9) ist die Gleichung einer Hyperbel in Polarkoordinaten (siehe Bild 2.3a). Der Winkel, um den die Teilchen gestreut werden, ist $\vartheta = \pi - \phi$. Er wird als Winkel der Asymptote an die Hyperbelbahn (für $r \to \infty$ wird $\phi \to \pi - \vartheta$) angegeben. Damit erhalten wir für den Stoßparameter folgende Beziehung zum Streuwinkel

$$b = \frac{D}{2}\cot\frac{\vartheta}{2}\ . \tag{2.10}$$

Für Teilchen mit konstantem v bedeutet dies, daß der Streuwinkel um so größer ist, je kleiner der Drehimpuls $L = mvb$, d.h. je kleiner der Stoßparameter. Für $b = 0$ wird $L = 0$, also $\vartheta = \pi$, demzufolge ist der Abstand des Umkehrpunktes der Teilchenbahn vom Streuzentrum durch D gegeben.

Bisher haben wir nur die Kinematik dieses Streuprozesses beschrieben, im Experiment interessiert aber die Zahl der unter einem vorgegebenen Meßwinkel zu erwartenden Teilchen $N(\vartheta)$. Wir wollen dazu, wie in Abschn. 6.2 ausführlich dargelegt, den differentiellen Wirkungsquerschnitt bestimmen (siehe hierzu Bild 2.3b). Dazu gehen wir davon aus, daß ein Strom j von Teilchen in einen Kreisring der Fläche $2\pi b\,\mathrm{d}b$ eintritt und wegen der Kugelsymmetrie des Coulomb-Potentials in das ringförmige Kugeloberflächensegment mit dem Öffnungswinkel $\mathrm{d}\theta = 2\pi\sin\vartheta \mathrm{d}\vartheta$ gestreut wird. Damit ist der Strom erhalten und es gilt:

$$j2\pi b\,\mathrm{d}b = j2\pi\sin\vartheta\sigma(\vartheta)\,\mathrm{d}\vartheta\ . \tag{2.11}$$

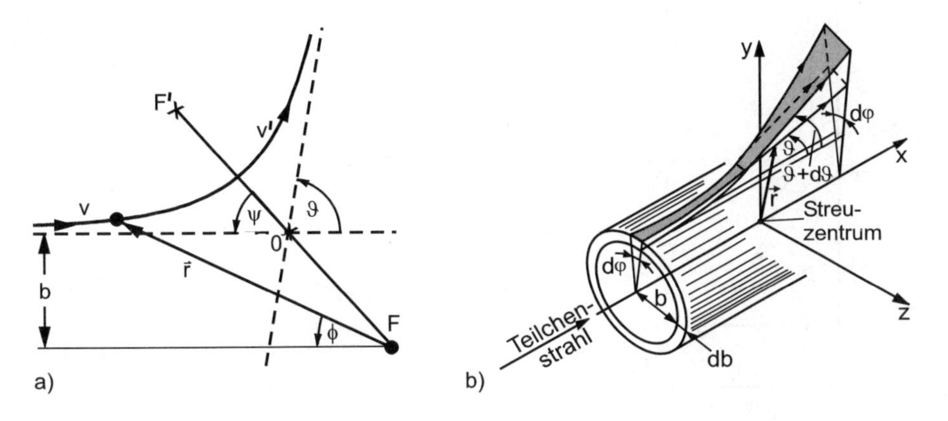

Bild 2.3. (**a**) Schema der Streugeometrie bei Coulomb-Streuung zweier gleichnamiger Ladungen im Laborsystem. F' ist der Brennpunkt der Hyperbel, b der Stoßparameter. Das Streuzentrum befindet sich im Punkt F. (**b**) Veranschaulichung des differentiellen Wirkungsquerschnitts

Daher ist

$$\sigma(\vartheta) = \frac{b}{\sin\vartheta}\left|\frac{\mathrm{d}b}{\mathrm{d}\vartheta}\right| . \tag{2.12}$$

Das Betragszeichen bedeutet, daß die Wahrscheinlichkeit nicht negativ sein kann. Der Ablenkwinkel ϑ ändert sich mit dem Stoßparameter b wie

$$|\mathrm{d}\vartheta| = \left|\frac{\mathrm{d}\vartheta}{\mathrm{d}b}\mathrm{d}b\right| = \frac{4\pi\varepsilon_0 4T_\infty}{Z_1 Z_2 e^2}\sin^2\frac{\vartheta}{2}\,|\mathrm{d}b| . \tag{2.13}$$

Setzen wir (2.12) zusammen mit (2.10) in (2.13) ein, so erhalten wir den differentiellen Rutherford-Wirkungsquerschnitt im Schwerpunktsystem

$$\frac{\mathrm{d}\sigma(\vartheta)}{\mathrm{d}\Omega} = \left(\frac{D}{4}\right)^2 \frac{1}{\sin^4\frac{\vartheta}{2}} = \left(\frac{Z_1 Z_2 e^2}{4\pi\varepsilon_0 4T_\infty}\right)^2 \frac{1}{\sin^4\frac{\vartheta}{2}} . \tag{2.14}$$

Der Wirkungsquerschnitt nimmt, wie Bild 2.4 zeigt, mit wachsendem Streuwinkel über viele Größenordnungen ab.

Der differentielle Wirkungsquerschnitt gibt die Wahrscheinlichkeit an, mit der ein Teilchen unter dem Winkel ϑ in einen Raumwinkel $\mathrm{d}\Omega$ gestreut wird. Der Raumwinkel $\mathrm{d}\Omega$ wird im Experiment durch den Abstand und den Öffnungswinkel des Detektors festgelegt. Mathematisch ist die Wahrscheinlichkeit eine dimensionslose Größe, die Werte zwischen Null und Eins annehmen kann. Der hier verwendete Wirkungsquerschnitt hingegen gibt die Trefferwahrscheinlichkeit der Projektile und Targetteilchen auf eine projizierte Fläche wieder.

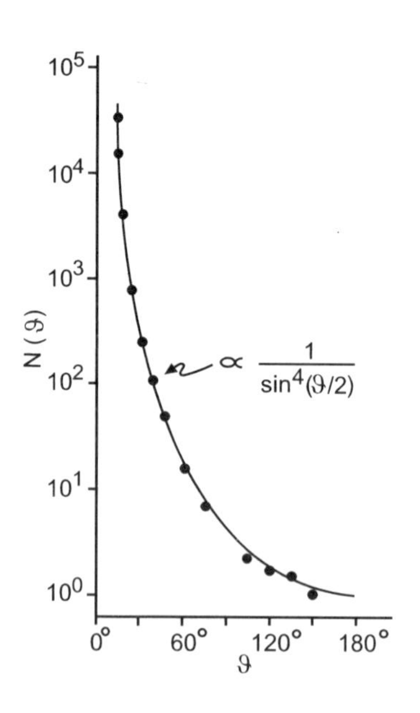

Bild 2.4. Verlauf des Rutherford-Wirkungsquerschnitts

Die Größe der Atomkerne kann aus der oben abgeleiteten Rutherfordschen Streuformel bestimmt werden. Der kleinste Abstand vom Targetkern, den ein Projektil erreichen kann, wird für solche Bahnen angenommen, für die der Stoßparameter $b = 0$ ist. In diesem Fall wird der Streuwinkel $\vartheta = 180°$. Damit ergibt sich als obere Grenze für den Radius eines Atomkerns ein Wert von ca. 10^{-14} m, wenn z.B. α-Teilchen von ca. 5 MeV kinetischer Energie auf Gold-Kerne geschossen werden.

Teilchenstreuung wurde vielfach angewendet, um die räumlichen Abmessungen von Kernen genauer zu bestimmen. Als Projektil verwendete Robert Hofstadter (1956) hochenergetische Elektronen, denen aufgrund der Dualität von Teilchen und Welle mit der Beziehung $p = h/\lambda$ auch eine Wellenlänge, die de Broglie-Wellenlänge, zuzuordnen ist. Da ihre Energie im Bereich relativistischer Energien liegt, muß der Impuls aus der Beziehung

$$E^2 = p^2c^2 + m_e^2c^4 = (T + m_ec^2)^2 \tag{2.15}$$

eingesetzt werden. Die Wellenlänge des Elektrons ist dann

$$ƛ_e = \frac{\lambda_e}{2\pi} = \frac{\hbar c}{\sqrt{T(T + 2m_ec^2)}} \,. \tag{2.16}$$

Setzen wir die Konstanten ein und geben die Energien in der Einheit eV an, so erhalten wir

$$ƛ_e = \frac{1.952 \cdot 10^{-10}}{\sqrt{T(1 + \frac{T}{1.022 \cdot 10^6})}} \text{ m} \,. \tag{2.17}$$

Für Elektronen mit etwa 100 MeV ergibt sich daraus eine Wellenlänge von $ƛ_e = 2 \cdot 10^{-15}$ m. Diese Wellenlänge ist hinreichend, um Elektronenbeugung an den Atomkernen zu erzeugen. Analog der Beugung des Lichts ergeben sich in der Intensitätsverteilung Maxima und Minima. Damit überlagert sich der Coulomb-Streuung eine Diffraktionsstruktur, wie in Bild 2.5 gezeigt.

Die vollständige mathematische Behandlung des Streuprozesses der Elektronen an Kernen erfordert die Einbeziehung des Elektronenspins. Die erweiterte Theorie ist von Neville Francis Mott ausgearbeitet worden. Der daraus resultierende Mott-Streuquerschnitt lautet

$$\frac{d\sigma}{d\Omega} = \frac{Z^2\alpha^2\eta^2c^2}{4\pi\varepsilon_0 4p^2v^2} \frac{1}{\sin^4\frac{\vartheta}{2}} \left[1 - \frac{v^2}{c^2}\sin^2\frac{\vartheta}{2}\right] , \tag{2.18}$$

worin α die Sommerfeldsche Feinstrukturkonstante ist. Der erste Teil der Gleichung ist der Rutherford-Streuquerschnitt für relativistische Teilchen, so daß man auch schreiben kann:

$$\left(\frac{d\sigma}{d\Omega}\right)_{\text{Mott}} = \left(\frac{d\sigma}{d\Omega}\right)_{\text{Ruth.}} \left[1 - \frac{v^2}{c^2}\sin^2\frac{\vartheta}{2}\right] . \tag{2.19}$$

Der Streuquerschnitt wurde für Teilchen mit relativistischen Geschwindigkeiten über die quantenmechanische Störungstheorie erster Ordnung abgeleitet. Der Kernrückstoß ist darin nicht berücksichtigt, die Kernladung ist punktförmig, und der Kernspin wurde als Null angenommen.

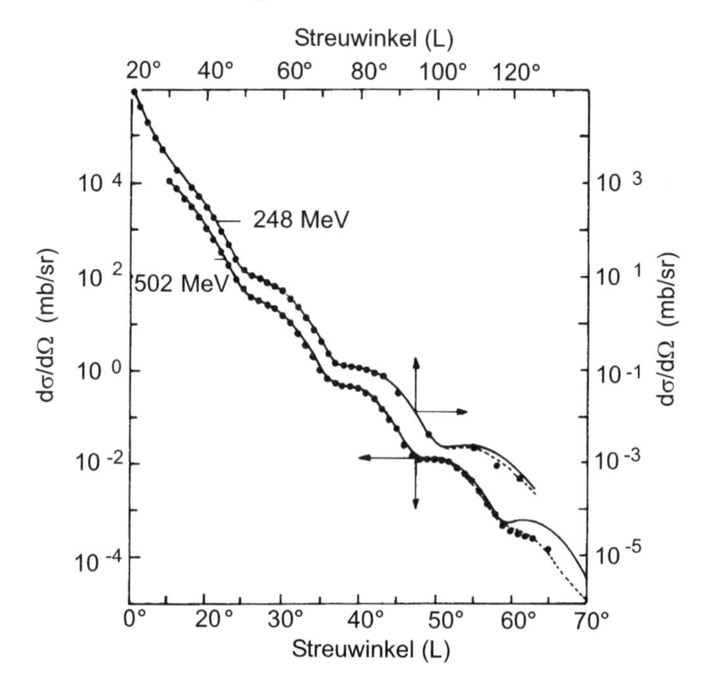

Bild 2.5. Elektronenstreuung an Uran, gemessen bei zwei Energien [HE69]

Der Mott-Streuquerschnitt fällt für große Streuwinkel noch stärker ab, als der Rutherford-Streuquerschnitt. Die Annahme punktförmiger Ladungen ist aber bei ausgedehnten Kernen nicht mehr gerechtfertigt. Bei einem Impulsübertrag $\boldsymbol{q}$ während des Stoßes wird ein kleinerer Wirkungsquerschnitt gemessen, als der Mott-Streuquerschnitt angibt. Diese Abweichung ist auf die ausgedehnte Ladungsverteilung der Kerne zurückzuführen. Diese Tatsache wird berücksichtigt durch einen Formfaktor, der vom Impulsübertrag abhängt, so daß gilt:

$$\left(\frac{\mathrm{d}\sigma}{\mathrm{d}\Omega}\right)_{\text{exp.}} = \left(\frac{\mathrm{d}\sigma}{\mathrm{d}\Omega}\right)_{\text{Mott}} \cdot |F(\boldsymbol{q})|^2 \ . \tag{2.20}$$

Unter den oben erwähnten Voraussetzungen für die Ableitung der Mott-Streuformel kann der Formfaktor $F(\boldsymbol{q})$ als Fourier-Transformierte einer Ladungsverteilung $\varrho(\boldsymbol{r})$ angegeben werden:

$$F(\boldsymbol{q}) = \int e^{\mathrm{i}\boldsymbol{q}\cdot\boldsymbol{r}/\hbar} \varrho(r) \, \mathrm{d}^3\boldsymbol{r} \ . \tag{2.21}$$

Aus dem gemessenen Wirkungsquerschnitt läßt sich dann die Ladungsverteilung durch Inversion der Fourier-Transformation bestimmen. In Tabelle 2.1 sind prinzipielle Fälle für die Ladungsverteilung und den Formfaktor aufgeführt, die in Bild 2.6 illustriert sind.

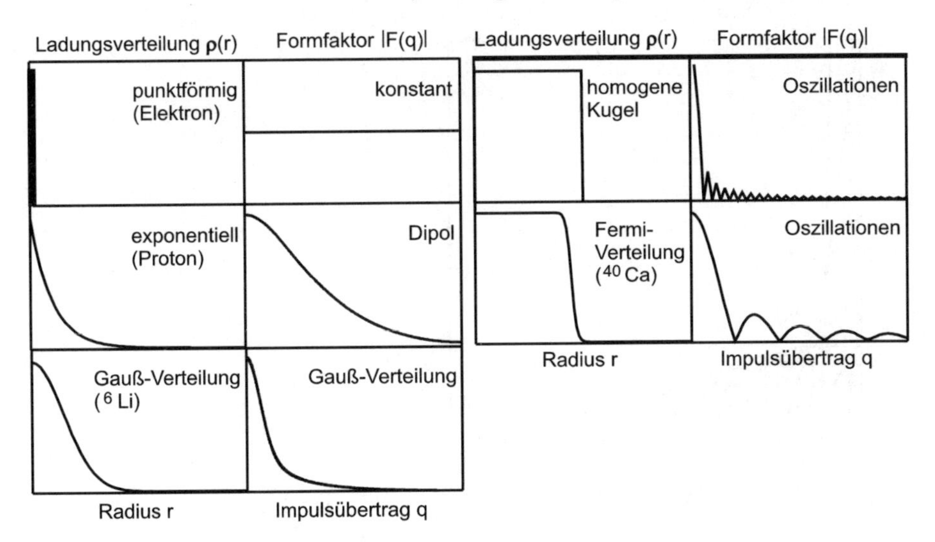

Bild 2.6. Illustration der Beziehung von Ladungsverteilung und Formfaktor. In Klammern sind Beispiele mit angegeben

Das Ergebnis zahlreicher Messungen der Elektronenstreuung an den meisten Kernen des Periodensystems liefert die Ladungsverteilungen, wie sie zusammenfassend in Bild 2.7 dargestellt sind. Die Verteilung der Ladung $\varrho(r)$ läßt sich durch eine Fermi-Verteilung der folgenden Form beschreiben (vgl. Bild 2.8)

$$\varrho(r) = \frac{\varrho_0}{1 + \mathrm{e}^{(r-R_{1/2})/a}} . \tag{2.22}$$

ϱ_0 ist die zentrale Dichte. Der Wert $R_{1/2}$ wird häufig als mittlerer Kernradius definiert, obwohl es Fälle gibt – vor allem bei deformierten Kernen –, in

Tabelle 2.1. Zusammenhang zwischen Ladungsverteilung und Formfaktor für einige kugelsymmetrische Ladungsverteilungen

Ladungsverteilung	$f(r)$	Formfaktor $F(\boldsymbol{q})$	
Punkt	$\frac{1}{4\pi}\delta(r)$	1	konstant
exponentiell	$\left(\frac{a^3}{8\pi}\right)\mathrm{e}^{-ar}$	$\left(\frac{1+\boldsymbol{q}^2}{a^2\hbar^2}\right)^{-2}$	Dipol
Gauß	$\left(\frac{a^2}{2\pi}\right)^{3/2}\mathrm{e}^{-a^2r^2/2}$	$\exp\left(-\frac{\boldsymbol{q}^2}{2a^2\hbar^2}\right)$	Gauß
homogene Kugel	$\begin{cases} C \text{ für } r \le R \\ 0 \text{ für } r > R \end{cases}$	$3\alpha^{-3}(\sin\alpha - \alpha\cos\alpha)$ mit $\alpha = \lvert\boldsymbol{q}\rvert R/\hbar$	oszillierend

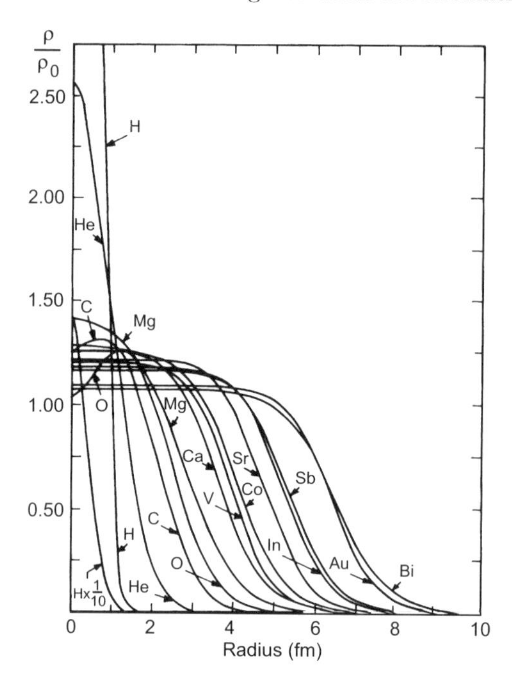

Bild 2.7. Radiale Ladungsverteilungen einiger Atomkerne [HO57]

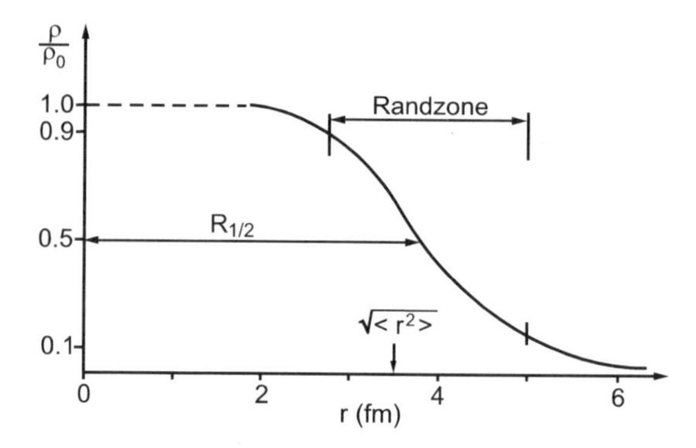

Bild 2.8. Fermi-Verteilung der Ladungsdichte

denen eine davon abweichende Definition die Ergebnisse besser zu beschreiben gestattet. Die Breite a der Randzone ist keine Konstante, auch sie variiert in einer Reihe von Fällen.

Ein weiterer Wert für den Kernradius ist der mittlere quadratische Radius $\langle r^2 \rangle$, der mit der Ladungsverteilung $\varrho(r)$ verknüpft ist:

$$\langle r^2 \rangle = \int_0^\infty r^2 \varrho(r) 4\pi r^2 \, \mathrm{d}r \; . \tag{2.23}$$

Da im Experiment die Messung von Impulsüberträgen oft nur in begrenztem Bereich möglich und somit die Kenntnis der Winkelverteilung des Wirkungsquerschnitts nur unvollständig ist, kann die Ladungsverteilung nicht direkt durch Fourier-Transformation bestimmt werden. In diesen Fällen wird eine Modellverteilung wie z.B. die Fermi-Verteilung angenommen und deren Parameter so variiert, daß berechneter und experimenteller Formfaktor möglichst gut übereinstimmen.

2.4 Übungen

2.1 Berechnen Sie die magnetische Flußdichte für ein Wien-Filter, mit dem 20 keV $^{40}Ar^{+}$-Ionen aussortiert werden sollen, wenn das zum magnetischen Feld gekreuzte elektrische Feld $2 \cdot 10^2$ kV/m beträgt?

2.2 In einem Massenspektrometer sollen die beiden Isotope ^{107}Ag und ^{109}Ag separiert werden. Die einfach geladenen Ionen werden zunächst auf 10 keV beschleunigt und dann in einem 180°-Magnetspektrometer mit einem Radius von 1 m abgelenkt. (a) Welche magnetische Flußdichte wird benötigt? (b) Eingangs- und Ausgangsschlitz sollen die gleiche Weite haben und der Eingangsschlitz auf den Ausgangsschlitz perfekt abgebildet sein. Berechnen Sie die maximale Schlitzweite, mit der eine vollständige Trennung erreicht wird.

2.3 Mit einem homogenen Magnetfeld können die Impulse von geladenen Teilchen selektiert werden. Die Schlitze werden so eingestellt, daß nur Teilchen mit dem Krümmungsradius r durchgelassen werden. Mit der magnetischen Induktion B werden 5.30 MeV α-Teilchen aus dem ^{210}Po-Zerfall durchgelassen. Die magnetische Flußdichte wird auf $2.3B$ erhöht. Bei welcher Energie werden dann Deuteronen durchgelassen?

2.4 Bestimmen Sie die atomare Masse von ^{37}Cl aus den nachfolgend angegebenen gemessenen Massenwerten in Einheiten von 10^{-6} u:

$$m(C_3H) - m(^{37}Cl) = 41\,922.2 \pm 0.3$$
$$m(C_2D_8) - m(^{37}ClH_3) = 123\,436.5 \pm 0.1$$
$$m(C_3H_6O_2) - m(^{37}Cl_2) = 10\,497.24 \pm 0.08$$

Darin bedeuten die Symbole $D \equiv {}^2H$, $C \equiv {}^{12}C$ und $O \equiv {}^{16}O$. Beziehen Sie die Unsicherheiten in den gemessenen Massendubletts in die Rechnung ein.

2.5 Welcher Gesamtstrom einfach geladener Eisenionen ist nötig, um in 24 Stunden 1 g ^{54}Fe in einem Auffänger zu sammeln, wenn die Schlitze so eingestellt sind, daß 60% der von der Quelle emittierten Ionen den Auffänger treffen?

2.6 Mit welcher Energie muß ein α-Teilchen auf einen Silberkern ($A = 107$) geschossen werden, damit sich beide Kerne gerade berühren?

2.7 Die Rutherford-Geiger-Marsdenschen Experimente werden mit ^{16}O-Pro-jektilen an ^{197}Au-Targets wiederholt. Bei einem Streuwinkel von 60° treten im Schwerpunktsystem infolge des Einsetzens der Kernkräfte Abweichungen vom Rutherford-Streuquerschnitt auf. Welche Anfangsenergie haben die ^{16}O-Projektile?

2.8 Der Rutherford-Streuquerschnitt beschreibt die Streuung von Protonen an dünnen $^{232}_{90}$Th-Targets bis zu einer Energie von $T = 4.3$ MeV (im Schwerpunktsystem) zufriedenstellend gut. Berechnen Sie daraus die Reichweite der Kernkräfte, die oberhalb dieser Energie eine Abweichung bewirken.

2.9 Vergleichen Sie die Coulomb-Energie eines ^{238}U-Kerns mit seiner Gravitationsenergie $E_{\mathrm{G}} = \frac{3}{5}\gamma_{\mathrm{G}}\frac{m^2}{R}$.

2.10 Berechnen Sie die Coulomb-Kraft sowie das Verhältnis dieser Kraft zur Gravitationskraft zwischen einem Proton und einem Elektron im Wasserstoffatom, wobei für das Elektron ein 1s-Zustand (Bohr-Radius) angenommen werden soll.

2.11 Es werden Elektronen an ^{197}Au gestreut, wobei die Elektronen die gleiche de Broglie-Wellenlänge wie 6 MeV α-Teilchen haben sollen. Welche Energie haben die Elektronen? Wieviele Maxima treten in der Diffraktionsstruktur auf? Anmerkung: Man beachte den Formfaktor aus Tabelle 2.1 und Bild 2.5.

2.12 Aus einer Ionenquelle werden einfach geladene Li-Ionen (^{6}Li$^+$, ^{7}Li$^+$) extrahiert und in einem elektrischen Feld auf 2 MeV beschleunigt. Sie durchdringen dann eine sehr dünne Metallfolie. Ein Bruchteil wird an dieser Folie um 90° oder mehr (im Laborsystem) gestreut. Alle in diesen Bereich gestreuten Ionen werden aufgefangen. Vergleichen Sie das Isotopenverhältnis der gestreuten Ionen mit dem des einfallenden Strahls. Um wieviel ist ^{6}Li gegenüber ^{7}Li angereichert, wenn als Folie (a) Beryllium, (b) Gold verwendet wird (beide Metalle sind Monoisotope)?

3. Innere Eigenschaften von Atomkernen

Im vorhergehenden Kapitel haben wir die äußeren Eigenschaften der Atomkerne, ihre Masse, deren Verteilung, ihre Ladung und ihre Größe kennengelernt. Wir können sie auch als die kollektiven Eigenschaften einer großen Zahl zusammenhängender Nukleonen betrachten. Diese zusammenhängenden Nukleonen haben jedoch auch individuelle Eigenschaften, die in ihrem Zusammenwirken die inneren Eigenschaften der Atomkerne bestimmen. Insbesondere gehören dazu die Bindungsenergien, die Nukleonenspins und die damit gekoppelten Multipolmomente. Kerne können ebenso wie Atome als zusammengesetzte Systeme angeregt werden. Symmetrieüberlegungen ist zu entnehmen, daß das gesamte zusammengesetzte System auch eine Parität und einen Isospin besitzt. Diese Größen werden nachfolgend erörtert.

3.1 Bindungsenergien – Tröpfchenmodell

Die Masse eines Atoms besteht nicht nur aus der Masse des dazugehörigen Atomkerns m_K und der Masse der Z Elektronen Zm_e, es ist von der Summe dieser Massen die Gesamtbindungsenergie aller Z Elektronen abzuziehen. Die Gesamtmasse des Atoms ist also geringer als die Gesamtmasse seiner Konstituenten. Obwohl diese Betrachtungen nicht unmittelbar einen relativistischen Formalismus erfordern, ist es jedoch notwendig, die Äquivalenz von Masse und Energie zu beachten.

Aus der fundamentalen Tatsache der Existenz der Atome und demzufolge ihrer Kerne folgt, daß es eine Kraft geben muß, die die Konstituenten der Atomkerne, die Protonen und Neutronen, zusammenhält, also eine anziehende Kraft ist. Analog zum Atom bedeutet dies, daß ein Kern eine Masse haben muß, die kleiner ist als die Summe der Massen der Protonen und Neutronen.

$$m_\mathrm{K}(Z,N) \neq Zm_\mathrm{p} + Nm_\mathrm{n} \tag{3.1}$$

oder

$$m_\mathrm{K}(Z,N) = Zm_\mathrm{p} + Nm_\mathrm{n} - \Delta m_\mathrm{K}\ . \tag{3.2}$$

Die Differenz Δm_K der Masse des Kerns zur Summe der Massen aller Protonen und Neutronen, die den Kern bilden, nennen wir den *Massendefekt*.

Aufgrund der Masse-Energie-Beziehung $E = mc^2$ ist der Massendefekt multipliziert mit c^2 gleich der Bindungsenergie. Demnach muß gelten, daß die Bindungsenergie bei der Bildung eines Kerns aus seinen Konstituenten freigesetzt wird, aber sie muß aufgewendet werden, wenn der Kern in seine Konstituenten – die Nukleonen – zerlegt werden soll. Werden durch einen kernphysikalischen Prozeß (s. Abschn. 6.3.2) einzelne Nukleonen oder Gruppen von Nukleonen abgetrennt, dann muß dazu die Bindungsenergie, die wir hier Separationsenergie nennen, aufgewendet werden. Es gilt also

$$E_\mathrm{S} = -E_\mathrm{B} \; . \tag{3.3}$$

Beispielsweise gilt für die Separation eines Protons

$$E_\mathrm{S}(\mathrm{p}) = m_\mathrm{K}(Z,N)c^2 - m_\mathrm{K}(Z-1,N)c^2 - m_\mathrm{p}c^2 \; . \tag{3.4}$$

Ebenso läßt sich die Separationsenergie eines Neutrons berechnen. Als Beispiele seien Werte für die Bleiisotope ^{208}Pb und ^{209}Pb sowie ^{209}Bi genannt:

$$E_\mathrm{S}(\mathrm{n}) = \begin{cases} 7.367 \text{ MeV} & (^{208}\mathrm{Pb}) \\ 3.937 \text{ MeV} & (^{209}\mathrm{Pb}) \end{cases}$$

$$E_\mathrm{S}(\mathrm{p}) = \begin{cases} 8.007 \text{ MeV} & (^{208}\mathrm{Pb}) \\ 3.799 \text{ MeV} & (^{209}\mathrm{Bi}) \end{cases}$$

Während sowohl Proton als auch Neutron im Kern ^{208}Pb stark gebunden sind, halbiert sich die Bindungsenergie fast für die Nukleonen in den Isotopen ^{209}Pb und ^{209}Bi. Eine Analogie zur kleinen Bindungsenergie der Valenzelektronen in den Alkaliatomen liegt nahe.

Bei der Berechnung der Separationsenergie eines α-Teilchens in einem schweren Kern ist zu berücksichtigen, daß nicht nur vier Nukleonen abgetrennt werden, sondern diese selbst ihrerseits durch die Kernkräfte zu einem α-Teilchen gebunden sind. Dadurch wird die Gesamtbindungsenergie vermindert:

$$\begin{aligned} E_\mathrm{S}(\alpha) = {} & m_\mathrm{K}(Z,N)c^2 - m_\mathrm{K}(Z-2,N-2)c^2 \\ & -2m_\mathrm{p}c^2 - 2m_\mathrm{n}c^2 - E_\mathrm{B}(Z=N=2) \; . \end{aligned} \tag{3.5}$$

Die Massendefekte bzw. Bindungsenergien sind aufgrund der in Abschn. 2.2 eingeführten Massennormierung auf den Kern ^{12}C bezogen (2.7). Aus diesem Grunde können die tabellarisch erfaßten Massendefekte positive oder negative Werte annehmen.

Die große Zahl von Nukleonen in den schweren Kernen begründete die Vorstellung, daß ein derart zusammengesetzter Kern sich ähnlich verhalten sollte wie ein Flüssigkeitstropfen, in dem die Wassermoleküle zwar zusammengehalten werden, aber doch Bewegungen ausführen. Da der Wert der Bindungsenergie mit der Zahl der den Kern bildenden Nukleonen steigt, bezieht man die Bindungsenergien auf die Nukleonenzahl. Die gemessenen Werte lassen sich dann, wie in Bild 3.1 gezeigt, als Funktion der Massenzahl darstellen. Danach erreicht die Bindungsenergie pro Nukleon ihren größten Wert um 8 MeV/u im Massenbereich 55–60 u. Dieses Verhalten stellt eine Sättigung der Kernkräfte dar, was bedeutet, daß die anziehende Kraft nicht wesentlich weiter hinausreicht als bis zu den nächsten Nachbarnukleonen. Ein erstes Modell, das diesen Sachverhalt beschreiben konnte, stammt von Hans Albrecht Bethe und Carl Friedrich von Weizsäcker (1935).

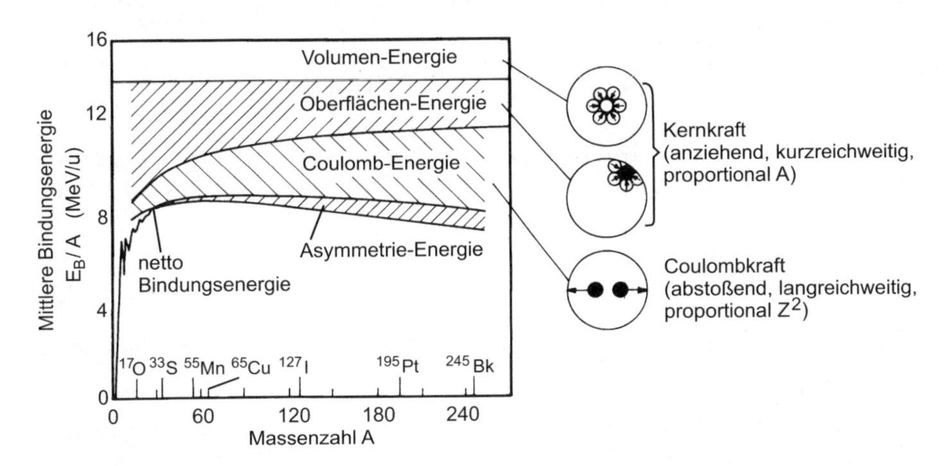

Bild 3.1. Bindungsenergie pro Nukleon als Funktion der Massenzahl

Nach diesen Vorstellungen erfahren nicht alle Nukleonen im Kern die gleichen Kräfte, denn die Teilchen an der Oberfläche haben weniger Nachbarn, die Bindung ist dort gelockerter. Auch lockert die abstoßende Wirkung der Coulomb-Kraft zwischen Protonen die Bindung, ebenso mindert die Asymmetrie in der Zahl der Protonen und Neutronen die Bindungsenergie, was sich vor allem bei den schweren Kernen bemerkbar macht. Schließlich können Paarungskräfte zwischen gleichartigen Nukleonen die Bindung geringfügig verstärken. Die Bindungsenergie E_{B} läßt sich allgemein als eine Summe dieser unterschiedlichen Beiträge schreiben:

$$E_{\mathrm{B}} = E_{\mathrm{B}_1} + E_{\mathrm{B}_2} + E_{\mathrm{B}_3} + E_{\mathrm{B}_4} + E_{\mathrm{B}_5} \,. \tag{3.6}$$

Die einzelnen Terme dieses Ausdrucks haben die nachfolgend genannte physikalische Bedeutung:

Volumenterm $\mathbf{E}_{\mathbf{B}_1}$. Die Kernbindungsenergie wird proportional zum Volumen V des Kerns angenommen. Sie ist der größte Beitrag zur Bindungsenergie

$$E_{\mathrm{B}} \sim A \,, \qquad \text{d.h.} \quad E_{\mathrm{B}_1} = a_{\mathrm{V}} A \,, \qquad \text{mit } a_{\mathrm{V}} > 0 \,. \tag{3.7}$$

Nehmen wir als Volumen das einer Kugel an, also $V = 4\pi R^3/3$, so ergibt sich mit $V \sim A$ für den Radius eines Kerns ganz allgemein

$$R \sim A^{1/3} . \tag{3.8}$$

Die Proportionalitätskonstante ist modellabhängig und wird für das jeweilige Modell diskutiert und angegeben.

Oberflächenterm $\mathbf{E_{B_2}}$. Die Nukleonen eines Kerns, die sich in der Nähe der Oberfläche befinden, erfahren im Mittel eine schwächere Bindung, so daß die Gesamtbindungsenergie um einen zur Oberflächengröße proportionalen Teil vermindert wird:

$$E_{B_2} = E_{B_O} = 4\pi\sigma R^2 = -a_O A^{2/3} , \qquad \text{mit } a_O > 0 . \tag{3.9}$$

Coulomb-Term $\mathbf{E_{B_3}}$. Die positiven Ladungen der Protonen im Kern stoßen sich gegenseitig ab, was ebenfalls zu einer Verminderung der Gesamtbindungsenergie führt:

$$E_{B_3} = E_{B_C} = -a'_C \frac{Z^2}{R} = -a_C \frac{Z^2}{A^{1/3}} , \qquad \text{mit } a_C > 0 \tag{3.10}$$

Die Konstante a_C läßt sich direkt aus der Elektrostatik ableiten, wie in Kasten 3.1 gezeigt.

Asymmetrieterm $\mathbf{E_{B_4}}$. Oberhalb des Kerns ^{40}Ca werden die Kerne mit gleicher Protonen- und Neutronenzahl instabil. Die stabilen Kerne benötigen eine größere Zahl an Neutronen, wie in Bild 1.2 gezeigt. Der Asymmetrieterm, der das Pauli-Prinzip berücksichtigt, hat folgende Form

$$E_{B_4} = \frac{-a_A (N-Z)^2}{A} , \qquad \text{mit } a_A > 0 . \tag{3.11}$$

Seine Form läßt sich im statistischen Kernmodell quantenmechanisch herleiten, wie in (4.25) gezeigt wird. Die Konstante a_A ist ebenfalls negativ.

Paarungsterm $\mathbf{E_{B_5}}$. Dieser Term wird mit verschiedenen Annahmen berechnet, was zu folgenden Ausdrücken führt:

$$E_{B_5} = \pm a_P A^{-1/2} \quad \text{oder} \quad E_{B_5} = \pm a'_P A^{-3/4} , \quad \text{mit } a_P , a'_P > 0 , \tag{3.12}$$

wobei die beiden Konstanten a_P und a'_P unterschiedliche Zahlenwerte annehmen. Kerne mit ungerader Massenzahl A haben ein ungepaartes Nukleon (sogenannte ug- oder gu-Kerne), demzufolge tritt bei diesen Kernen keine Bindungsverstärkung auf. Bei gg- bzw. uu-Kernen tritt eine Paarungsenergie auf, die bei geradem Z und geradem N einen positiven Wert der Proportionalitätskonstanten liefert. Bei ungeradem Z und ungeradem N wird diese Konstante jedoch negativ.

Kasten 3.1: Koeffizient a_C des Coulomb-Terms

Das Coulomb-Potential $U(r)$ einer homogen geladenen Kugel mit Radius r' ist für Abstände $r > r'$, d.h. für Aufpunkte außerhalb der Kugel gegeben:

$$U(r) = \frac{Q}{4\pi\varepsilon_0 r} = \frac{4}{3}\frac{\pi r'^3 \varrho}{r}\frac{1}{4\pi\varepsilon_0} \,. \tag{3.13}$$

Darin ist ϱ die konstante Ladungsdichte. Nehmen wir an, daß wir dem Volumen weitere Ladung von außen zuführen, also $\mathrm{d}Q = \varrho\,\mathrm{d}V$ mit $\mathrm{d}V = 4\pi r'^2\,\mathrm{d}r'$, dann erhalten wir $\mathrm{d}Q = 4\pi r'^2 \varrho\,\mathrm{d}r'$. Um diese Ladung an die Kugel heranzubringen, muß Arbeit geleistet werden, also $\mathrm{d}W = -\mathrm{d}Q[U(\infty) - U(r')] = U(r')\,\mathrm{d}Q$. Um einen Kern mit dem Radius $r' = R$ zu kondensieren, benötigen wir die Gesamtenergie W. Um sie zu berechnen, integrieren wir über den ganzen Weg bis zum Radius der vergrößerten Kugel R und erhalten

$$\begin{aligned} W &= \int_0^R \mathrm{d}W = \int_0^R \frac{4}{3}\pi r'^3 \varrho \frac{1}{4\pi\varepsilon_0 r'} 4\pi r'^2 \varrho\,\mathrm{d}r' \\ &= \frac{4\pi\varrho^2}{3\varepsilon_0}\int_0^R r'^4\,\mathrm{d}r' = \frac{4\pi}{3\varepsilon_0}\varrho^2\frac{R^5}{5} \,. \end{aligned} \tag{3.14}$$

Gehen wir jetzt zum Kern über, dann ist $Ze = \frac{4\pi}{3}R^3\varrho$, woraus folgt:

$$\varrho^2 = \frac{9Z^2e^2}{16\pi^2R^6} \,. \tag{3.15}$$

Also erhalten wir für die gesamte aufzuwendende Arbeit:

$$W = \frac{3}{5}\frac{Z^2e^2}{4\pi\varepsilon_0 R} \,. \tag{3.16}$$

Wenn wir nun für den Kernradius ansetzen: $R = r_0 A^{1/3}$, ergibt sich die Coulomb-Energie zu

$$W = \frac{3}{5}\frac{e^2}{4\pi\varepsilon_0}\frac{Z^2}{r_0 A^{1/3}} = E_{\mathrm{B_C}} \,, \tag{3.17}$$

$$\text{mit} \quad a_C = \frac{3}{5}\frac{e^2}{4\pi\varepsilon_0 r_0} \,. \tag{3.18}$$

Die Zahlenwerte für die Proportionalkonstanten der einzelnen Terme werden aus den gemessenen Bindungsenergien aller Kerne durch eine Anpassung nach der Methode der kleinsten Fehlerquadrate bestimmt. Gegenwärtig gelten folgende Werte:

$$\begin{aligned} a_{\mathrm{V}} &= 15.5\ \mathrm{MeV}, & a_{\mathrm{O}} &= 16.8\ \mathrm{MeV}, \\ a_{\mathrm{C}} &= 0.715\ \mathrm{MeV}, & a_{\mathrm{A}} &= 23\ \mathrm{MeV}, \\ a_{\mathrm{P}} &= 11.3\ \mathrm{MeV}, & a'_{\mathrm{P}} &= 33.4\ \mathrm{MeV}. \end{aligned}$$

Diese Werte sind Mittelwerte, wobei die meisten Kerne aufgrund ihrer inneren Struktur individuelle Abweichungen davon zeigen. In einer erweiterten Form der Massenformel wird die Dicke der Oberflächenschicht des Kerns (vgl. Bild 2.8) berücksichtigt [SE68].

3.2 Spins

Der Eigendrehimpuls oder Spin eines Teilchens charakterisiert, welcher Art der Quantenstatistik dieses Teilchen zugeordnet wird. Darunter verbirgt sich die im Gegensatz zur klassischen Boltzmann-Statistik stehende Tatsache, daß im atomaren und subatomaren Bereich Teilchen ununterscheidbar sind. Es ist also nicht möglich, Teilchen wie im makroskopischen Fall zu markieren. Darüber hinaus lehrt die Quantenphysik, daß es ganzzahlige und halbzahlige Spins in der Natur gibt. Die halbzahligen Spins z.B. der Elektronen haben auf das Pauli-Prinzip geführt, wonach in einem submikroskopischen System (Atom, Kern, Elementarteilchen) keine zwei Teilchen in allen sie charakterisierenden Quantenzahlen übereinstimmen können. Man nennt die statistischen Regeln nach Enrico Fermi und Paul Dirac die Fermi-Dirac-Statistik und demzufolge Teilchen mit halbzahligem Spin Fermionen. Quantenmechanisch bedeutet diese Einteilung auch, daß ihre Wellenfunktionen besondere Eigenschaften haben müssen. Wegen der Ununterscheidbarkeit der Teilchen führt die Vertauschung der Ortskoordinaten zweier Teilchen in einer das gesamte System beschreibenden Wellenfunktion zu einem neuen Zustand, was gleichbedeutend ist mit der Tatsache, daß die Wellenfunktion antisymmetrisch sein muß. Elektronen, Protonen und Neutronen sind Fermionen. Mehrere Teilchen mit ganzzahligen Spins hingegen können durchaus in einer oder mehreren Quantenzahlen übereinstimmen, sich also in ein und demselben Zustand befinden. Sie folgen den Regeln der nach Satyendra Nath Bose und Albert Einstein benannten Bose-Einstein-Statistik und werden Bosonen genannt. Die Wellenfunktionen derartiger Systeme sind symmetrisch, Beispiele hierfür sind das Photon und das Pion.

Für die Entwicklung der Kernphysik war es besonders wichtig, die Klassifizierung der Protonen, d.h. ihren Spin, zu bestimmen. Dazu wurden die Spektren des Wasserstoffmoleküls herangezogen. Die Gesamtwellenfunktion

Ψ des Moleküls setzt sich aus denjenigen der beiden Atome A und B zusammen:

$$\Psi = \psi_{\mathrm{M1}}(A) \cdot \psi_{\mathrm{M2}}(B) \,. \tag{3.19}$$

Der Spin des Kerns sei I. Nach den Regeln der Quantenmechanik gibt es für jeden der Kernspins $2I + 1$ Einstellmöglichkeiten bezüglich einer vorgegebenen Achse, so daß die Komponenten längs dieser Achse die Werte $M = I, I-1, \cdots, -I$ annehmen können. Diese Werte sind den Wellenfunktionen als Indizes hinzugefügt.

Die Zahl der Kombinationsmöglichkeiten der Spins beider Atomkerne ist demzufolge $(2I + 1)^2$, sofern eine Vorzugsrichtung vorliegt. In der Form von (3.19) ist Ψ^2 nicht invariant gegenüber der Vertauschung von A und B, ausgenommen in den $2I+1$ Fällen, in denen M1 = M2, dann ist Ψ symmetrisch. In den verbleibenden $2I(2I+1)$ Fällen müssen wir die Linearkombinationen

$$\Psi = \psi_{\mathrm{M1}}(A)\psi_{\mathrm{M2}}(B) + \psi_{\mathrm{M2}}(A)\psi_{\mathrm{M1}}(B) \,, \tag{3.20a}$$

$$\Psi = \psi_{\mathrm{M1}}(A)\psi_{\mathrm{M2}}(B) - \psi_{\mathrm{M2}}(A)\psi_{\mathrm{M1}}(B) \tag{3.20b}$$

verwenden. Durch Abzählen überzeugt man sich leicht, daß es jeweils $I(I+1)$ symmetrische (3.20a) und $I(I+1)$ antisymmetrische (3.20b) Wellenfunktionen gibt. Damit liegen insgesamt $(I+1)(2I+1)$ symmetrische und $I(2I+1)$ antisymmetrische Wellenfunktionen vor.

Die Gesamtwellenfunktion des zweiatomigen Moleküls enthält zusätzlich noch eine Funktion, die die Relativbewegung der beiden Kerne beschreibt. Diese Relativbewegung ist vom Bahndrehimpuls ℓ abhängig. Wie in Abschn. 3.4 gezeigt, haben Zustände mit geradem Bahndrehimpuls eine positive Parität, solche mit ungeradem dagegen eine negative. Dies wird ausgedrückt durch einen Faktor $(-1)^\ell$.

Wenn die Kerne des zu betrachtenden Moleküls Bosonen sind, muß die Gesamtwellenfunktion gerade sein, d.h. für Zustände mit geradem ℓ kommen nur die $(I+1)(2I+1)$ symmetrischen Funktionen in Betracht und für ungerade Werte von ℓ die $I(2I + 1)$ antisymmetrischen Funktionen.

Das Verhältnis der statistischen Gewichte der Rotationszustände mit geradem ℓ zu denen mit ungeradem ℓ und damit das Verhältnis der Besetzungswahrscheinlichkeiten ist im thermodynamischen Gleichgewicht gegeben durch

$$\frac{W_{\ell,\mathrm{gerade}}}{W_{\ell,\mathrm{ungerade}}} = \frac{(I+1)(2I+1)}{I(2I+1)} = \frac{I+1}{I} \,. \tag{3.21}$$

Wenn die Kerne dagegen Fermionen sind, gilt entsprechend

$$\frac{W_{\ell,\mathrm{gerade}}}{W_{\ell,\mathrm{ungerade}}} = \frac{I}{I+1} \,. \tag{3.22}$$

Aus der unterschiedlichen Intensität aufeinanderfolgender Übergänge in den Rotationsbanden zweiatomiger Moleküle kann man so direkt auf die Statistik der Kerne schließen. Das Ausmessen des Bandenspektrums des Wasserstoffmoleküls lieferte als Ergebnis, daß das Proton den Spin $\frac{1}{2}$ hat. Damit war ein langes Rätseln über den Spin des Protons vor der Entdeckung des Neutrons gelöst [DE27].

Ebenso wie jede auf einer geschlossenen Bahn umlaufende Ladung ein magnetisches Moment besitzt, das mit der Flächenorientierung gekoppelt ist und einen axialen Vektor dargestellt, wird dem Spin ein magnetisches Moment zugeordnet. Dieses Verhalten ist dann auch die Grundlage der Bestimmung des Spins der meisten Kerne gewesen, wie im folgenden Abschnitt erläutert werden wird. In einigen Fällen läßt sich aber der Spin auch direkt aus dem Streuverhalten gleicher Kerne bestimmen, wie nachfolgend erörtert wird. Die Streuung gleicher Kerne, z.B. die Streuung am Coulomb-Potential, wird mit einer zur Rutherford-Streuformel ähnlichen Formel beschrieben, bei der jedoch berücksichtigt wird, daß zwei identische Streuäste – einer für die Streuung in Vorwärtsrichtung, der zweite für die Streuung in Rückwärtsrichtung – existieren. Damit wird die Rutherford-Streuformel symmetrisch, und es tritt ein Interferenzterm auf, der vom Drehimpuls des Systems abhängt. Sie lautet mit dieser Erweiterung:

$$\frac{\mathrm{d}\sigma}{\mathrm{d}\Omega} = \left(\frac{Z^2e^2}{4\pi\varepsilon_0 4T}\right)^2 \left\{\sin^{-4}\frac{\theta}{2} + \cos^{-4}\frac{\theta}{2} + \frac{2}{2I+1}\sin^{-2}\frac{\theta}{2}\cos^{-2}\frac{\theta}{2}\cos\left(\eta\ln\tan^2\frac{\theta}{2}\right)\right\} \tag{3.23}$$

$$\text{mit} \quad \eta = \frac{Z^2e^2}{\hbar^2 v_{\mathrm{rel}}} \,. \tag{3.24}$$

Die Formel wurde erstmalig von Nevil Francis Mott aufgestellt und wird auch nach ihm benannt. Charakteristisch für die Streuung identischer Teilchen ist die Symmetrie um 90°, die zu einem Interferenzglied führt, denn die Amplituden müssen vor der Quadrierung addiert werden. Damit verbunden ist ein Faktor vor dem Interferenzglied, der vom Spin der identischen Teilchen abhängt. Wird der Wirkungsquerschnitt für die Streuung präzise gemessen, so läßt sich aus der Struktur des Streuquerschnitts um den Symmetriepunkt der Spin direkt bestimmen.

Der Spin $I = 0$ zeigt die ausgeprägtesten Strukturen, während größere Spins die Strukturen stark dämpfen. Dennoch kann aus der Struktur z.B. bei der ^{10}B–^{10}B Streuung ein Spin $I \geq 3$ abgeleitet werden (vgl. Bild 3.2).

Die Fülle der Daten über die Spins der Kerne lieferte folgende Systematik für die Grundzustandsspins:

1. Alle Kerne mit geradem A haben einen ganzzahligen Spin. Solche mit geradem Z und geradem N haben den Spin 0.
2. Kerne mit ungeradem A haben einen halbzahligen Spin. Also haben ug- bzw. gu-Kerne den Spin, den das ungepaarte Nukleon besitzt.

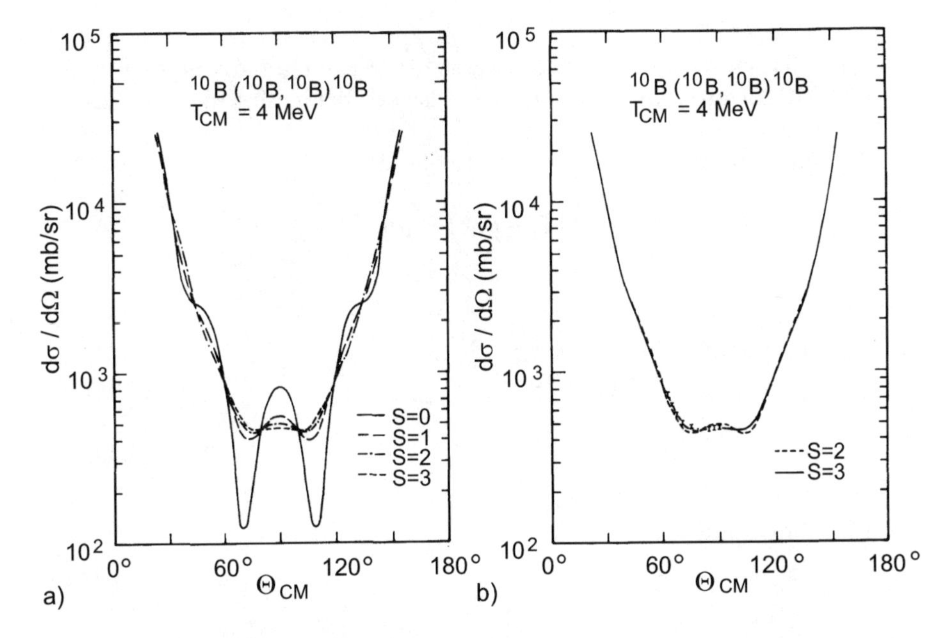

Bild 3.2. Differentieller Wirkungsquerschnitt für Mott-Streuung von ^{10}B an ^{10}B. In (**a**) sind theoretische Werte gezeigt, in (**b**) experimentelle, wobei hier nur die Spins S=2 und S=3 dargestellt sind [BE67]

3. Kerne mit geradem A, aber ungeradem Z und N, sogenannte uu-Kerne, haben einen Spin, der in den Grenzen $|I_Z - I_N| \leq I \leq I_Z + I_N$ liegt.

Kasten 3.2: Minimum-Isobar

Die Massen der Kerne sind potentielle Energien. Um für Kerne mit gleicher Massenzahl A das Minimum, d.h. den stabilsten Kern zu bestimmen, betrachten wir einen Isobarenschnitt durch die Nuklidkarte (Bild 1.2). Die Masse eines Nuklids (Atoms) ist unter Berücksichtigung von (3.6), aber bei Vernachlässigung der exakten atomaren Bindungsenergie, gegeben durch

$$m(Z,A)c^2 = Zm_{\mathrm{H}}c^2 + (A-Z)m_{\mathrm{n}}c^2 - \left(a_{\mathrm{V}}A + a_{\mathrm{O}}A^{2/3} + a_{\mathrm{C}}\frac{Z^2}{A^{1/3}} + a_{\mathrm{A}}\frac{(A-2Z)^2}{A} \pm \delta\right) . \tag{3.25}$$

Darin haben wir mit $m_\mathrm{H}c^2$ die Masse des Wasserstoffatoms bezeichnet. Mit $Zm_\mathrm{H}c^2$ sind dann auch die Elektronenmassen des Nuklids berücksichtigt.
Als Funktion der Ordnungszahl Z ergibt sich dann

$$m(Z,A)c^2 = k_1 A + k_2 Z + k_3 Z^2 \pm \delta \tag{3.26}$$

mit

$$k_1 = m_\mathrm{n}c^2 - (a_\mathrm{V} - a_\mathrm{A} - a_\mathrm{O}A^{1/3}) \,, \tag{3.27}$$

$$k_2 = -[4a_\mathrm{A} + (m_\mathrm{n} - m_\mathrm{H})c^2] \,, \tag{3.28}$$

$$k_3 = \frac{4a_\mathrm{A}}{A}\left(1 + \frac{A^{2/3}}{4\frac{a_\mathrm{A}}{a_\mathrm{C}}}\right) . \tag{3.29}$$

Wir bilden nun

$$\left.\frac{\partial m}{\partial Z}\right|_{A=\mathrm{const}} = 0 = k_2 + 2k_3 Z_\mathrm{stabil} \,, \tag{3.30}$$

woraus folgt

$$Z_\mathrm{stabil} = -\frac{k_2}{2k_3} \,. \tag{3.31}$$

Setzt man nun die Zahlenwerte der Koeffizienten ein, erhält man für das Z des stabilsten Kerns

$$Z_\mathrm{stabil} = \frac{A}{1.972 + 0.0150\,A^{2/3}} \,. \tag{3.32}$$

Aus dieser Rechnung ergibt sich kein ganzzahliger Wert von Z_stabil, so daß der nächstliegende ganzzahlige Wert von Z zu einem oder in einigen Fällen auch zu zwei stabilen Kernen zur Massenzahl A gehört.

Ohne den Asymmetrieterm würden sich bei einem vorgegebenen Z unrealistische Werte für A ergeben.

Anhand dieser Darstellung lassen sich insbesondere die stabilen Kerne im β-Zerfall bestimmen (vgl. Bild 7.18). Bei gg- und uu-Kernen finden wir wegen des zusätzlichen Terms zwei Parabeln, deren Scheitelwerte um den doppelten Wert der Paarungsenergie δ gegeneinander verschoben sind.

3.3 Elektrische und magnetische Momente

Viele der Kerneigenschaften haben ihre Ursachen nicht in den Kernkräften, sondern in den schwächeren elektromagnetischen Kräften. Während die Kernkräfte die Struktur der Kerne sowie die Bewegung und Verteilung der Nukleonen bestimmen, beeinflussen elektromagnetische Wirkungen diese Größen wesentlich schwächer. Es sollte deshalb möglich sein, mit elektromagnetischen Sonden einige der Eigenschaften der Kerne zu bestimmen. Jede Verteilung elektrischer Ladungen oder ihrer Bewegungen erzeugt elektrische und magnetische Felder. In der klassischen Theorie des Elektromagnetismus wird, wie Bild 3.3 gezeigt, eine Potentialverteilung durch Messen des Potentials an einem Punkt P bestimmt, wobei sich für das Potential folgender Ausdruck ergibt:

$$\Phi(\boldsymbol{r}) = \frac{1}{4\pi\varepsilon_0} \int\limits_V \frac{\varrho(\boldsymbol{r}')}{|\boldsymbol{r}-\boldsymbol{r}'|}\, \mathrm{d}^3 r' \, . \tag{3.33}$$

Darin ist $\varrho(r')$ die Ladungsdichte in einem zu betrachtenden Volumen V, z.B. in dem zu untersuchenden Kern. Die Entwicklung des Ausdrucks

$$\frac{1}{|\boldsymbol{r}-\boldsymbol{r}'|} = \frac{1}{\sqrt{r^2 + r'^2 - 2rr'\cos\alpha}} \tag{3.34}$$

nach Potenzen von $\frac{1}{r}$ führt zu folgender Reihe (Multipolentwicklung):

$$\frac{1}{r}\sum_{\ell=0}^{\infty}\left(\frac{r'}{r}\right)^{\ell} P_\ell(\cos\alpha) \, , \tag{3.35}$$

die Reihe der Multipole genannt wird. Darin sind: ℓ die Ordnung des Multipols, $P_\ell(\cos\alpha)$ die Legendre'schen Polynome.

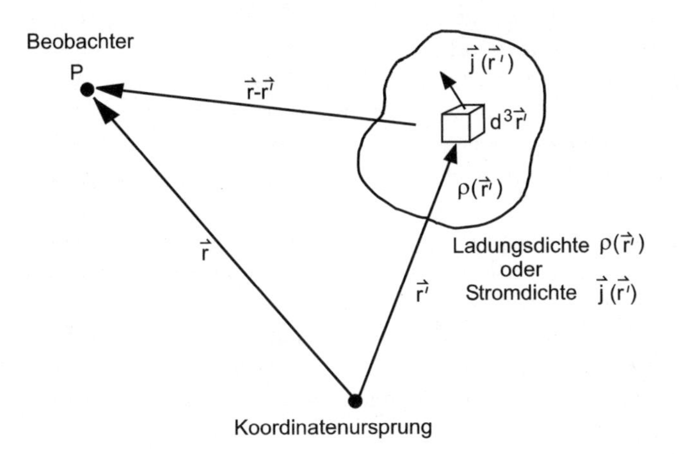

Bild 3.3. Ladungsdichte $\varrho(\boldsymbol{r}')$ bzw. Stromdichte $\boldsymbol{j}(\boldsymbol{r}')$ im Volumenelement $\mathrm{d}^3 r'$

Die Koeffizienten der Potenzen von $1/r^{\ell+1}$ werden Multipolmomente genannt. Sie können Verteilungen von Ladungen $\varrho(r')$ oder von Strömen $\boldsymbol{j}(r')$ beschreiben, je nachdem, ob es sich um elektrische oder magnetische Multipole handelt. Die ersten Terme der Multipolentwicklung haben folgende physikalische Bedeutung:
$\ell = 0$ Monopolterm:

$$\varPhi_{\mathrm{M}}(r) = \frac{\int \varrho(r')\,\mathrm{d}^3r'}{r} = \frac{Q}{r} \tag{3.36}$$

mit der Gesamtladung $Q = \int \varrho(r')\,\mathrm{d}^3r'$ (Monopolmoment).
$\ell = 1$ Dipolterm:

$$\varPhi_{\mathrm{D}}(r) = \frac{\int \varrho(r')z'\,\mathrm{d}^3r'}{r^2} \tag{3.37}$$

mit dem Dipolmoment $D = \int \varrho(r')z'\,\mathrm{d}^3r'$.
$\ell = 2$ Quadrupolterm:

$$\varPhi_{\mathrm{Q}}(r) = \frac{1}{2}\frac{\int \varrho(r')(3z'^2 - r'^2)\,\mathrm{d}^3r'}{r^3} \tag{3.38}$$

mit dem Quadrupolmoment $Q_0 = \int \varrho(r')(3z'^2 - r'^2)\,\mathrm{d}^3r'$.

Die in den Nennern stehenden Potenzen der Abstandsvariablen r nehmen von Term zu Term um 1 zu. Einige Beispiele sollen dies verdeutlichen. Die Felder erhalten wir durch Gradientenbildung aus den Potentialen

$$\boldsymbol{F}_i = -\,\mathrm{grad}\,\varPhi_i\,, \quad \text{mit } i = \mathrm{M}, \mathrm{D}, \mathrm{Q}, \ldots \tag{3.39}$$

Das Feld einer Punktladung verändert sich proportional zu $1/r^2$, dem Koeffizienten ordnet man ein nulltes Moment zu, das Monopolmoment heißt und das gleich der gesamten Ladung ist. Das Dipolmoment (erstes Moment) als Koeffizient des zweiten Terms ist mit einem Feld verknüpft, das sich proportional $1/r^3$ verändert, entsprechend gibt es weitere Momente, die zu Feldern gehören, die mit steigender Potenz des Abstandes abnehmen. Allgemein variieren die Multipolmomente mit zunehmender Ordnung wie $1/r^n$, wodurch deren zugehörige Felder sich wie $1/r^{n+1}$ verändern. Analog zu den eben erwähnten elektrischen Multipolmomenten läßt sich das Vektorpotential $\boldsymbol{A}(r)$ in eine Reihe entwickeln, deren Koeffizienten dann magnetische Multipolmomente darstellen, die mit der Verteilung der Ströme verknüpft sind. Eine wesentliche Ausnahme bildet jedoch der magnetische Monopol, der nach bisheriger Erkenntnis nicht existiert, denn magnetische Pole treten immer gepaart auf, nicht einzeln. Wir wollen uns zunächst mit den einfachsten Momenten beschäftigen, die zur Beschreibung der Kerneigenschaften wichtig sind. Bei den elektromagnetischen Übergängen in Kernen werden jedoch die höheren Multipolmomente zu behandeln sein.

3.3.1 Magnetisches Dipolmoment

Eine bewegte Ladung erzeugt ein magnetisches Moment, das wiederum auf andere Ladungen einwirkt. Das einwirkende Potential $\boldsymbol{A}(\boldsymbol{r})$ wird in der klassischen Elektrodynamik Vektorpotential genannt. Für dieses Potential gilt:

$$\boldsymbol{A}(\boldsymbol{r}) = \frac{\mu_0}{4\pi} \int \frac{\boldsymbol{j}(\boldsymbol{r}')}{|\boldsymbol{r} - \boldsymbol{r}'|} \, \mathrm{d}^3 r' \, . \tag{3.40}$$

Daraus ergibt sich die magnetische Induktion: $\boldsymbol{B}(\boldsymbol{r}) = \boldsymbol{\nabla} \times \boldsymbol{A}(\boldsymbol{r})$. Nach einigen Umformungen [JAC86] erhält man für die Entwicklung des Vektorpotentials

$$\boldsymbol{A}(\boldsymbol{r}) = \frac{\mu_0}{4\pi} \left[\frac{1}{r} \int \boldsymbol{j}(\boldsymbol{r}') \, \mathrm{d}^3 r' + \frac{1}{r^3} \int \boldsymbol{j}(\boldsymbol{r}')(\boldsymbol{r} \cdot \boldsymbol{r}') \, \mathrm{d}^3 r' + \ldots \right] . \tag{3.41}$$

Wenn wir die Stromdichte $\boldsymbol{j}(\boldsymbol{r}')$ als eine lokal begrenzte (wie z.B. im Kern, vgl. Bild 3.3), divergenzfreie Stromverteilung annehmen, folgt nach kurzer Zwischenrechnung, in der wir das Integral partiell integrieren,

$$\int \boldsymbol{j}(\boldsymbol{r}') \, \mathrm{d}^3 r' = 0 \, . \tag{3.42}$$

Damit erhalten wir als ersten nichtverschwindenden Term der Entwicklung (3.41)

$$\boldsymbol{A}(\boldsymbol{r}) = \frac{\mu_0}{4\pi} \frac{\boldsymbol{r}}{r^3} \int \boldsymbol{j}(\boldsymbol{r}') \cdot \boldsymbol{r}' \, \mathrm{d}^3 r' \, . \tag{3.43}$$

Formen wir diesen Ausdruck um, so erhalten wir

$$\boldsymbol{A}(\boldsymbol{r}) = \frac{\mu_0}{4\pi} \frac{1}{2r^3} \left[\boldsymbol{r} \times \int \boldsymbol{j}(\boldsymbol{r}') \times \boldsymbol{r}' \, \mathrm{d}^3 r' \right] . \tag{3.44}$$

Verkürzt lautet dieser Ausdruck für den ersten nichtverschwindenden Term desVektorpotentials

$$\boldsymbol{A}(\boldsymbol{r}) = \frac{\mu_0}{4\pi} \frac{\boldsymbol{\mu} \times \boldsymbol{r}}{r^3} + \ldots \, , \tag{3.45}$$

wobei wir zur Abkürzung das magnetische Dipolmoment

$$\boldsymbol{\mu} = \frac{1}{2} \int [\boldsymbol{r}' \times \boldsymbol{j}(\boldsymbol{r}')] \mathrm{d}^3 r' \tag{3.46}$$

eingesetzt haben. Wenn die Stromdichte durch die Bewegung geladener Teilchen der Masse m, der Ladung e und der Geschwindigkeit v hervorgerufen wird, enthält der Ausdruck (3.46) unter dem Integral sowohl die Ladungsverteilung als auch das Vektorprodukt $\boldsymbol{r}' \times \boldsymbol{v}'$, das für ein geladenes Teilchen mit dem Drehimpuls ℓ gerade gleich ℓ/m ist.

In der quantenmechanischen Beschreibung ist die Ladungsdichte durch $e|\psi(\boldsymbol{r}')|^2$ gegeben. Die Stromdichte wird durch Produkte der Wellenfunktionen definiert, deshalb ergibt sich für das magnetische Dipolmoment folgender Ausdruck:

$$\boldsymbol{\mu} = \frac{e}{2m} \int \psi^*(r') \boldsymbol{L} \psi(r') \, \mathrm{d}^3 r' \,. \tag{3.47}$$

Darin ist $\boldsymbol{L}$ der Operator des Bahndrehimpulses. Wir finden hier also die Verknüpfung des magnetischen Momentes mit dem Bahndrehimpuls. Da der Bahndrehimpuls in kartesischen Koordinaten drei Komponenten hat, wird auch der Vektor des magnetischen Moments drei Komponenten haben, deren z-Komponente

$$\mu_z = \frac{e\hbar}{2m} L_z \tag{3.48}$$

lautet. Die Wahl der Vorzugsrichtung entspricht einer in der Quantenmechanik gepflegten Konvention [SCH98]. Da L_z auch die Quantenzahl der z-Komponente des Drehimpulses ist, muß die Größe $e\hbar/2m$ die Dimension eines magnetischen Momentes haben. Setzt man für die Masse die Nukleonenmasse ein, dann ergibt sich eine Größe, die *Kernmagneton* heißt und folgenden Zahlenwert hat:

$$\mu_\mathrm{K} = \frac{e\hbar}{2m_p} = 3.15245 \cdot 10^{-8} \frac{\mathrm{eV}}{\mathrm{T}} \,. \tag{3.49}$$

Dieser Wert wäre zu vergleichen mit dem aus der Atomphysik bekannten Bohrschen Magneton

$$\mu_\mathrm{B} = \frac{e\hbar}{2m_e} = 5.78838 \cdot 10^{-5} \frac{\mathrm{eV}}{\mathrm{T}} \,. \tag{3.50}$$

Wenden wir die vorhergehenden Begriffe auf die Nukleonen an, so können wir für einzelne Nukleonen die Bahndrehimpulse unmittelbar bezeichnen. Für Bahndrehimpulse eines gekoppelten Ensembles werden die Bezeichnungen L für den Gesamtdrehimpuls und S für den Gesamtspin verwendet. Betrachten wir zusätzlich den Spin s eines Teilchens, der kein klassisches Analogon hat, so müssen wir den Ausdruck für das magnetische Moment erweitern:

$$\boldsymbol{\mu} = (g_\ell \boldsymbol{\ell} + g_s \boldsymbol{s}) \mu_\mathrm{K} \,. \tag{3.51}$$

Darin sind die g-Faktoren g_ℓ und g_s die gyromagnetischen Faktoren, die mit dem Bahndrehimpuls bzw. dem Spin verknüpft sind, in Einheiten des Kernmagnetons $\mu_\mathrm{K} = e\hbar/(2m_\mathrm{p})$. Der Bahndrehimpuls und der Spin addieren sich zum Gesamtdrehimpuls I: $\boldsymbol{I} = \boldsymbol{L} + \boldsymbol{S}$. Für alle Kombinationen können die möglichen Werte der magnetischen Dipolmomente numerisch berechnet werden. Das magnetische Moment des Kerns mit dem Spin I lautet dann:

$$\boldsymbol{\mu}_I = \frac{e\hbar}{2m} \boldsymbol{I} g_I = \frac{g_I \mu_\mathrm{K}}{\hbar} \boldsymbol{I} \,. \tag{3.52}$$

Speziell für die beiden Zustände des Nukleons liefert diese Betrachtung folgende Werte: Aus der quantenmechanischen Behandlung des Drehimpulses erhält man für das skalare Produkt aus Bahndrehimpulsvektor $\boldsymbol{\ell}$ und Spinvektor $\boldsymbol{s}$ bei Ersetzen der Quadrate der Operatoren durch ihre Eigenwerte

$$\langle \boldsymbol{\ell} \cdot \boldsymbol{s} \rangle = \frac{\hbar^2}{2}\big[j(j+1) - \ell(\ell+1) - s(s+1)\big] \,. \tag{3.53}$$

Bahndrehimpuls und Spin können sich zueinander parallel ($\uparrow\uparrow$) und antiparallel ($\uparrow\downarrow$) einstellen, woraus sich für das Produkt folgende Werte ergeben:

$$(\boldsymbol{\ell} \cdot \boldsymbol{s})_{\uparrow\uparrow} = \tfrac{\hbar^2}{2}\left[(\ell + \tfrac{1}{2})(\ell + \tfrac{3}{2}) - \ell(\ell+1) - \tfrac{3}{4}\right] = \tfrac{\hbar^2}{2} \cdot \ell \tag{3.54a}$$

$$(\boldsymbol{\ell} \cdot \boldsymbol{s})_{\uparrow\downarrow} = \tfrac{\hbar^2}{2}\left[(\ell - \tfrac{1}{2})(\ell + \tfrac{1}{2}) - \ell(\ell+1) - \tfrac{3}{4}\right] = -\tfrac{\hbar^2}{2}(\ell+1) \,. \tag{3.54b}$$

Die g-Faktoren für Proton und Neutron wurden mit den in Abschn. 3.3.2 erörterten Methoden bestimmt, ihre gegenwärtig genauesten Werte sind danach in Einheiten des Kernmagnetons μ_{K}

$$g_\ell(\mathrm{p}) = 1.0 \,, \qquad g_s(\mathrm{p}) = 5.58552(12) \,,$$
$$g_\ell(\mathrm{n}) = 0.0 \,, \qquad g_s(\mathrm{n}) = -3.8256 \,.$$

Daraus folgen die magnetischen Momente:

$$\mu(\mathrm{p}) = +2.7928456\, \mu_{\mathrm{K}} \,, \qquad \mu(\mathrm{n}) = -1.913042\, \mu_{\mathrm{K}} \,.$$

Mit den g-Faktoren für die einzelnen Zustände kann man daraus für jeden Kernspin I den Wert des zugehörigen magnetischen Moments bestimmen. Für gu- und ug-Kerne ergeben sich für jeden Kerndrehimpuls I des ungepaarten Nukleons Wertebereiche, die Schmidt-Linien oder Schmidt-Werte genannt werden. Sie sind als Histogramm in Bild 3.4 für beide Gruppen von Kernen dargestellt. Die experimentell ermittelten Werte sind ebenfalls eingetragen. Die meisten dieser Werte liegen zwischen den Schmidt-Werten, die als Grenzwerte zu betrachten sind (vgl. Abschn. 4.2).

Physikalische Größen, wie z.B. das magnetische Moment, lassen sich durch ihre Wirkung darstellen, meistens durch Wechselwirkung mit einem Feld. Die Wechselwirkung des magnetischen Moments mit einem Magnetfeld hat eine Änderung eines Energiezustands zur Folge. Die durch den Kernspin erzeugten magnetischen Momente haben auch eine Wirkung auf das Elektronensystem der Atome. Es tritt demnach eine Energieverschiebung auf, die durch das Skalarprodukt

$$\Delta W_{\mathrm{magn.}} = -\mu_I \langle |\boldsymbol{B}(0)| \rangle \cos\big(\boldsymbol{\mu}_I, \boldsymbol{B}(0)\big) = \Delta W_{IJ} \tag{3.55}$$

beschrieben wird. Darin ist $\boldsymbol{B}(0)$ das von der Elektronenhülle am Kernort ($r = 0$) erzeugte magnetische Feld, abhängig von $\boldsymbol{J}$, dem Gesamtdrehimpuls der Elektronenhülle.

So wie der Magnetismus eines bewegten Elektrons im Atom eine Wechselwirkung mit dem magnetischen Spinmoment dieses Elektrons hat, was zu

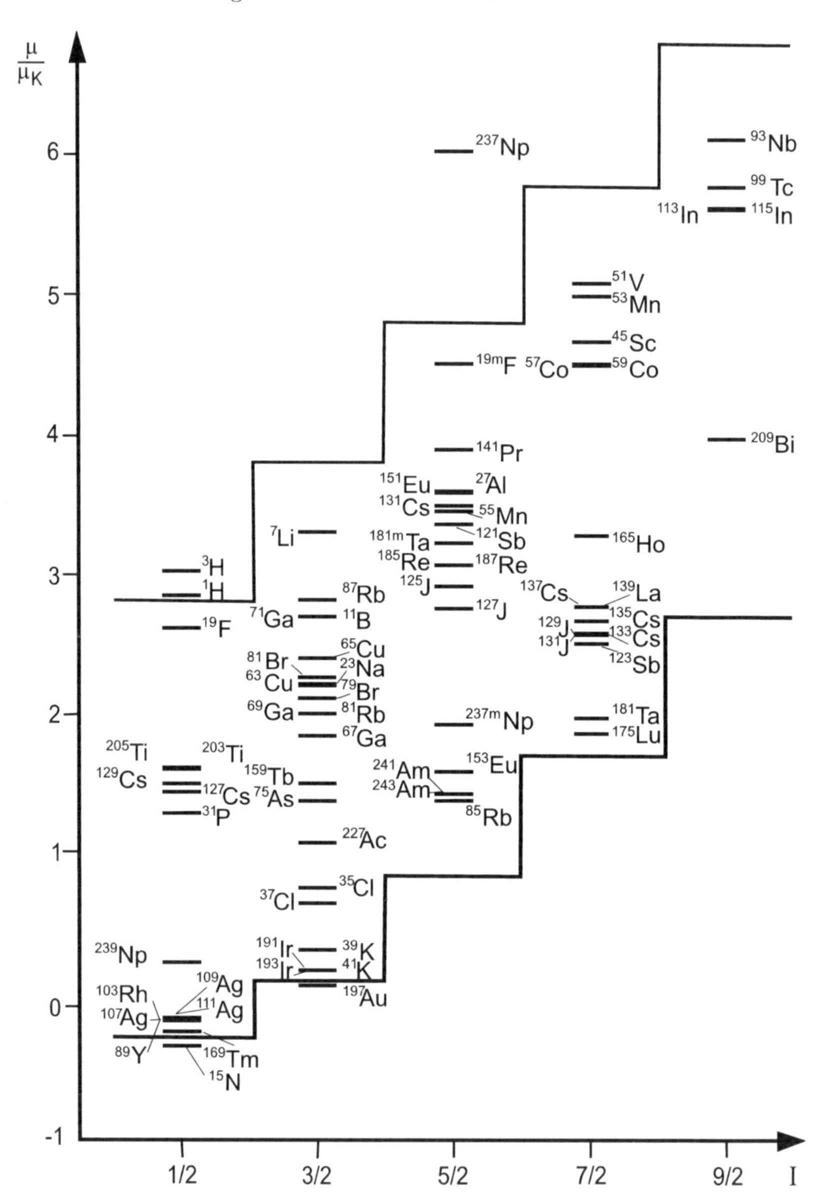

Bild 3.4. Magnetische Momente von ug- und gu-Kernen.
(**a**) Magnetische Momente von ug-Kernen. Die Schmidt-Werte geben nur die Werte des Einzelteilchen-Modells wieder (vgl. Abschn. 4.2). Die gemessenen Werte werden im Modell nur dann wiedergegeben, wenn Teilchenkorrelationen berücksichtigt werden

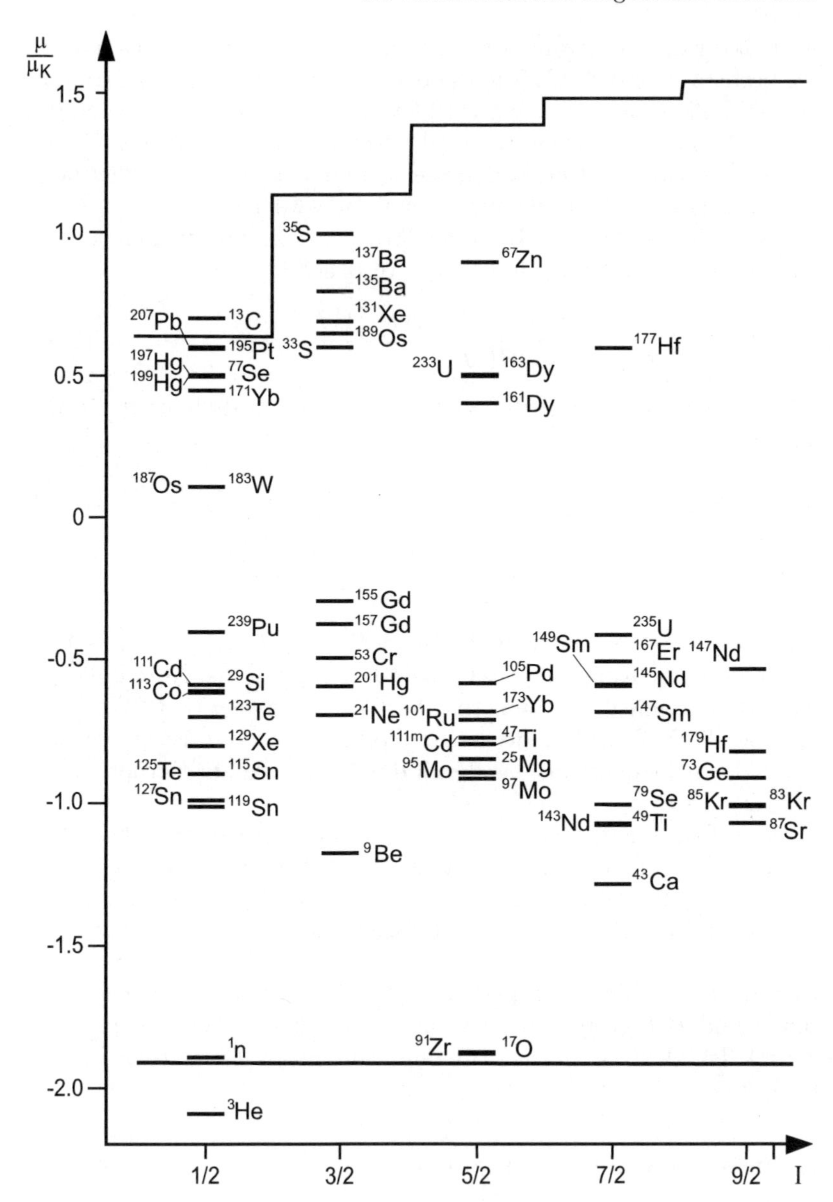

Bild 3.4. (**b**) Magnetische Momente von gu-Kernen

einer Feinstruktur der Spektrallinien in atomaren Spektren führt, kann auch das magnetische Moment der Kerne die energetische Lage von Spektrallinien beeinflussen. Diese Beeinflussung wird Hyperfeinwechselwirkung genannt. Sie bietet die Möglichkeit, Eigenschaften der Kerne, d.h. Momente der Strom- oder Ladungsverteilung im Kern, zu messen. Mit genügend hoch auflösenden Spektralapparaten sind diese Momente gemessen worden.

Die Theorie liefert für die Hyperfeinstruktur von Spektrallinien, einschließlich der atomaren Terme, folgenden Ausdruck:

$$W_F = W_J + A\frac{C}{2} + B\frac{\frac{3}{4}C(C+1) - I(I+1)J(J+1)}{2I(2I+1)J(2J+1)} \, . \tag{3.56}$$

Darin ist W_J der Feinstrukturterm, der zum Gesamtdrehimpuls J der Atomhülle gehört.

$$\Delta W_{\mathrm{magn}} = \Delta W_{JI} = \frac{AC}{2} \, , \tag{3.57}$$

$$\Delta W_{\mathrm{el}} = \Delta W_Q = B\frac{\frac{3}{4}C(C+1) - I(I+1)J(J+1)}{2I(2I-1)J(2J-1)} \, . \tag{3.58}$$

Die Konstanten haben folgende Bedeutung: $C = F(F+1) - I(I+1) - J(J+1)$ beinhaltet die Kopplung des Gesamtdrehimpulses der Atomhülle mit dem Gesamtdrehimpuls des Atomkerns, $\boldsymbol{F} = \boldsymbol{I} + \boldsymbol{J}$. $A = \boldsymbol{\mu} \cdot \langle \boldsymbol{B}(0) \rangle / (\boldsymbol{I} \cdot \boldsymbol{J})$ beschreibt die Wechselwirkung der magnetischen Momente des Atomkerns mit dem mittleren Magnetfeld, das durch die Atomhülle am Kernort $r = 0$ erzeugt wird.

Der Faktor B in (3.56) gibt die Wechselwirkung eines elektrischen Quadrupolmoments Q mit dem Mittelwert der Komponente eines elektrischen Feldgradienten $\langle V_{zz}(0) \rangle$ am Kernort an, $B = eQ\langle V_{zz}(0) \rangle$. Dieser Term tritt nur dann auf, wenn der Kern eine von der Kugelsymmetrie abweichende Form hat.

Aus der Spektroskopie von Hyperfeinstrukturen der Spektrallinien können Werte für A und B bestimmt werden, aus denen das magnetischen Dipolmoment und das elektrische Quadrupolmoment abgeleitet werden können [KOP56].

3.3.2 Elektrisches Quadrupolmoment

Die Entwicklung des elektrischen Potentials einer Ladungsverteilung liefert die elektrischen Multipolmomente. Das Dipolmoment (3.37) einer Ladungsverteilung ist proportional dem Produkt aus Ladung und Abstand. Der Abstand ist eine gerichtete Größe, und demzufolge müßten Werte unterschiedlichen Vorzeichens existieren, abhängig von der Wahl des Koordinatensystems. Dies ist aus Symmetriegründen aber für die allgemeine Eigenschaft des Kerns nicht möglich, demzufolge besitzen Kerne keine statischen elektrischen Dipolmomente. Der nächste Term der Entwicklung (3.38) ist jedoch unabhängig

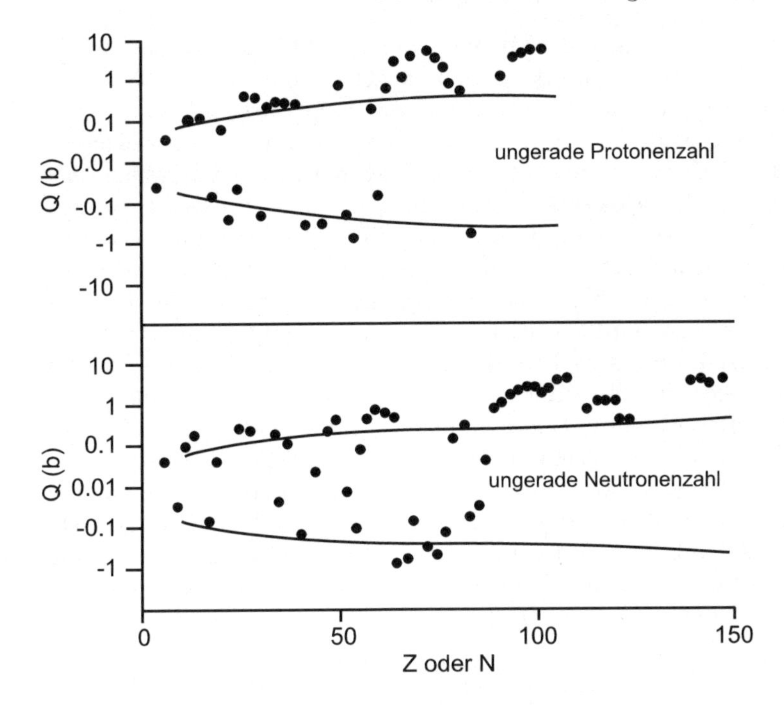

Bild 3.5. Quadrupolmomente (in Einheiten von $1\text{b} = 10^{-28}\text{m}^2$). Die durchgezogenen Linien sind Schalenmodellwerte (vgl. Abschn. 4.2.2).

vom Vorzeichen von r, so daß ein elektrisches Quadrupolmoment existieren kann. Das elektrische Kernquadrupolmoment aus (3.38) kann auch wie folgt

$$eQ = e \int r'^2 \left(3\cos^2\theta - 1\right) \varrho_{\text{K}}(r')\, \text{d}^3r' \tag{3.59}$$

geschrieben werden.
Darin ist θ der Polarwinkel in einem körpereigenen Koordinatensytem, $\varrho_{\text{K}}(r')$ die Kernladungsdichte. Permanente Deformationen von Kernen, die durch ein elektrisches Quadrupolmoment bestimmt werden, heißen *prolat* für $Q > 0$ (zigarrenförmige Deformation) und *oblat* für $Q < 0$ (diskusförmige Deformation). Q hat die Dimension einer Fläche, die ein Maß für die Abweichung von der Kugelform ist. In Bild 3.5 sind gemessene Quadrupolmomente sowohl für Kerne mit ungerader Protonenzahl als auch ungerader Neutronenzahl dargestellt.

3.3.3 Experimentelle Methoden

Die Momente in den Grundzuständen der Kerne sind vor allem mit einer von Isidor Isaac Rabi eingeführten Atomstrahlmethode gemessen worden. Die von Rabi benutzte Apparatur ist im Schema in Bild 3.6 gezeigt. Ein

Atomstrahl tritt von links in die Magnetfeldanordnung ein, die aus drei Feldern besteht. Die Felder A und B sind inhomogene Magnetfelder, sogenannte Stern-Gerlach-Felder (nach Otto Stern und Walter Gerlach), die so angeordnet sind, daß ihre Feldrichtung gleich, die Gradienten aber entgegengesetzt gerichtet sind. Zwischen beiden ist das C-Feld, ein homogenes Magnetfeld eingeschoben. Im Bereich des C-Feldes kann zusätzlich ein hochfrequentes Wechselfeld überlagert werden. Teilchen aus einem Atomstrahlofen, die ein magnetisches Moment besitzen, treten in das A-Feld und erfahren darin eine Kraft, die sie zur Achse hin ablenkt. Sie passieren zwischen A- und C-Feld eine auf der Achse angeordnete Blende. Wegen des entgegengesetzt gerichteten Feldgradienten im B-Feld werden die Atome wiederum zur Achse hin abgelenkt und erreichen sie im Punkt D, an dem ein Atomstrahldetektor steht. Wird im Bereich des C-Feldes nun ein hochfrequentes Magnetfeld eingestrahlt, dann gehen die Atome in Zustände über, die ein anderes magnetisches Moment besitzen, werden deshalb im B-Feld unterschiedlich von den ungestörten Atomen abgelenkt und erreichen den Detektor nicht. Am Detektor wird als Funktion der Hochfrequenzfeldstärke eine Absorptionslinie auftreten. Aus der gemessenen Feldstärke können so die magnetischen Momente bestimmt werden.

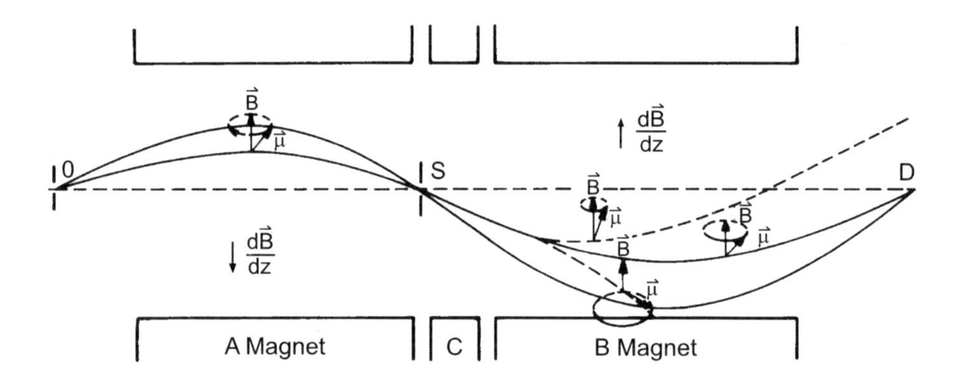

Bild 3.6. Rabi-Apparatur zur Bestimmung magnetischer Dipolmomente

Die *Kernspinresonanzmethode* nach Felix Bloch und Eduard Mills Purcell wird ebenfalls benutzt, um magnetische Dipolmomente von Kernen zu bestimmen. In einem homogenen Magnetfeld stellt sich ein Kernspin I so ein, daß seine Komponenten $m_I\hbar$ in Richtung des Feldes die $2I+1$ möglichen Werte $I, I-1, \ldots, -I$ annehmen. Mit dem gyromagnetischen Verhältnis g_{N} des Kerns ist die Wechselwirkungsenergie zwischen dem magnetischen Moment und dem Magnetfeld gegeben durch:

$$\Delta W_{\mathrm{magn}} = -\langle \boldsymbol{\mu}_I \cdot \boldsymbol{B} \rangle = -m_I \cdot g_{\mathrm{I}} \cdot \boldsymbol{\mu}_{\mathrm{K}} \cdot \boldsymbol{B} \,. \tag{3.60}$$

Die Energieaufspaltung in die $2I + 1$ Zustände ist äquidistant. Bei Einstrahlung elektromagnetischer Strahlung geeigneter Frequenz ist ein Übergang von einem m-Zustand zum nächsthöheren Zustand möglich. Die Frequenz muß dann gleich der Energiedifferenz zweier benachbarter m-Zustände ($\Delta m_I = \pm 1$) sein:

$$\Delta E(\Delta m_I = \pm 1) = h\nu_{\mathrm{L}} = g_I \mu_{\mathrm{K}} B \, . \tag{3.61}$$

Diese Frequenz ν_{L} ist die Larmor-Frequenz, d.h. die Präzessionsfrequenz eines Kernspins im Magnetfeld. Eine anschauliche Herleitung ist im Kasten 3.3 angefügt.

Kasten 3.3: Magnetisches Moment

Ein magnetisches Moment erfährt im Magnetfeld ein Drehmoment

$$\boldsymbol{D} = \boldsymbol{\mu} \times \boldsymbol{B} = g_{\mathrm{I}} \mu_{\mathrm{K}} \hbar^{-1} \boldsymbol{I} \times \boldsymbol{B} \, . \tag{3.62}$$

Die zeitliche Änderung des Drehimpulses $\boldsymbol{I}$ ist gleich dem Drehmoment $\mathrm{d}\boldsymbol{I}/\mathrm{d}t = \boldsymbol{D}$, wobei $\mathrm{d}\boldsymbol{I}/\mathrm{d}t$ senkrecht auf $\boldsymbol{I}$ steht, also zwar die Richtung, aber nicht den Betrag von $\boldsymbol{I}$ ändert. $\mathrm{d}\boldsymbol{I}/\mathrm{d}t$ steht auch senkrecht auf $\boldsymbol{B}$, womit eine Präzession von $\boldsymbol{I}$ um $\boldsymbol{B}$ verbunden ist.
Die Umlaufzeit T der Präzessionsbewegung ist gegeben durch

$$\left| \frac{\mathrm{d}I}{\mathrm{d}t} \right| T = 2\pi |\boldsymbol{I}| \sin\varphi \, . \tag{3.63}$$

Dabei ist φ der Winkel zwischen $\boldsymbol{I}$ und $\boldsymbol{B}$.
Somit erhält man

$$g_{\mathrm{I}} \mu_{\mathrm{K}} \hbar^{-1} |\boldsymbol{I}| \cdot \boldsymbol{B} \sin\varphi T = 2\pi |\boldsymbol{I}| \sin\varphi \, . \tag{3.64}$$

Daraus ergibt sich die Umlaufzeit

$$T = \frac{h}{g_{\mathrm{I}} \mu_{\mathrm{K}} B} \, , \tag{3.65}$$

woraus die Frequenz ν_{L} folgt:

$$\nu_{\mathrm{L}} = \frac{1}{T} = \frac{g_{\mathrm{I}} \mu_{\mathrm{K}} B}{h} \, . \tag{3.66}$$

Dies ist die *Larmor-Frequenz* für die Bewegung des Spins im Magnetfeld.

3.3.4 Die Spins und magnetischen Momente von Proton und Neutron

Sowohl mit der Atomstrahlmethode Rabis als auch der Kernresonanzmethode (engl. NMR = nuclear magnetic resonance) nach Bloch und Purcell lassen sich die g-Faktoren für das Proton messen. Während die Methode von Rabi, wie oben geschildert, einen Atomstrahl, d.h. freie Teilchen benötigt, können in der Kernresonanzmethode nach Bloch und Purcell die Kerne in eine flüssige oder feste Umgebung eingebaut sein. Die Resonanz wird als Absorption einer Hochfrequenz beobachtet. Die Apparatur ist in Bild 3.7 wiedergegeben. Wir nehmen als Beispiel ein Kohlenwasserstoffmolekül an, das viele Wasserstoffatome enthält. Ein statisches Magnetfeld $\boldsymbol{B}$ definiert die z-Achse eines Koordinatensystems. Bezüglich dieser Achse kann der Kernspin des Protons ($I = \frac{1}{2}\hbar$) in der Sprache der Richtungsquantelung parallel oder antiparallel ausgerichtet sein. Die magnetischen Quantenzahlen dieser Zustände sind dann $m_I = \pm\frac{1}{2}$. Die zusätzlichen Energien der beiden Zustände sind $\pm\boldsymbol{\mu}_\mathrm{p}\boldsymbol{B}$, d.h. die Differenz

$$\Delta E = 2(\boldsymbol{\mu}_\mathrm{p} \cdot \boldsymbol{B}) = 2\frac{1}{2}g_I(\mathrm{p})\mu_\mathrm{K}B\,. \tag{3.67}$$

Wird nun mit der eingezeichneten Spule, die ein zeitlich veränderliches Magnetfeld erzeugt und damit Energie mit der Frequenz $\nu = 2\mu_\mathrm{p}B/h$ zugeführt, absorbieren die Protonen diese Energie, so daß sie von einer Spin-Orientierung in die andere übergehen können. Bei Übergang in die ursprüngliche Spinorientierung geben sie diese Energie wieder ab und induzieren in der Spule ein Magnetfeld, das ebenfalls gemessen werden kann. Nehmen wir ein mittleres statisches Feld von $B = 1$ T an, so ergibt sich als Resonanzfrequenz $\nu = 42.5$ MHz. Mit diesem Verfahren läßt sich das magnetische Moment des Protons bestimmen, die Methode wird aber auch benutzt, um bei bekanntem magnetischen Moment des Protons Magnetfelder mit sehr hoher Präzision

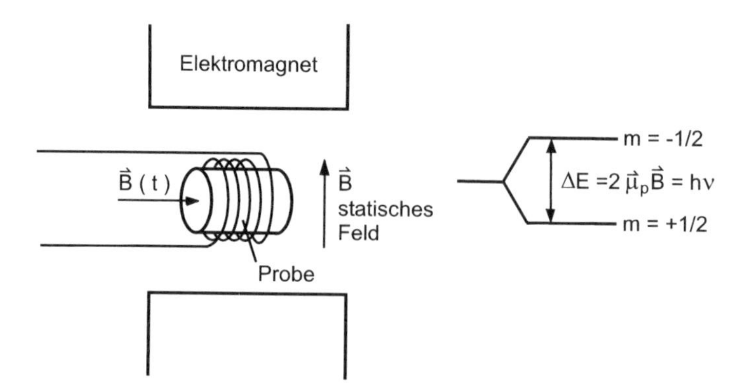

Bild 3.7. Schema der Messung der magnetischen Kernresonanz

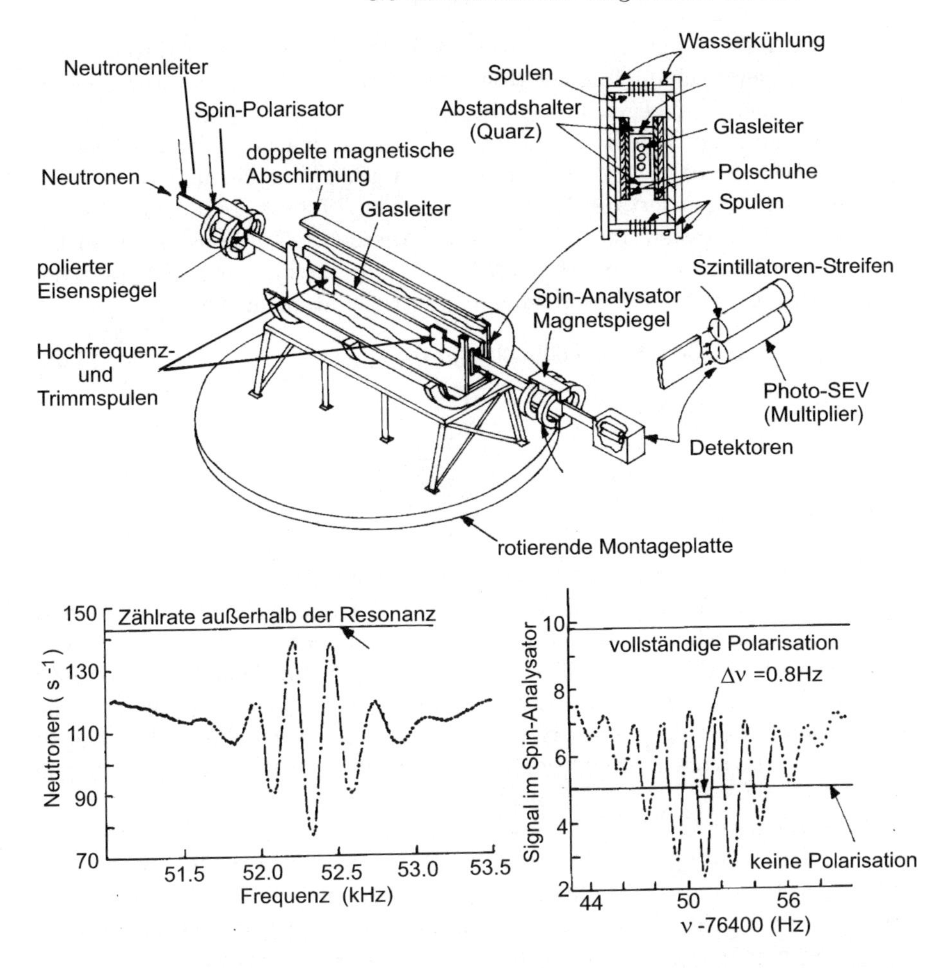

Bild 3.8. Resonanzverhalten von Neutronen (*links*) und Protonen (*rechts*) [GR79]. Im oberen Teil des Bildes ist der experimentelle Aufbau dargestellt.

zu messen und zu regulieren. Das Verfahren wird ferner zur Strukturaufklärung unterschiedlicher chemischer Substanzen angewendet (vgl. Abschn. 9.4.2), und es bildet die Grundlage des medizinischen Diagnoseverfahrens der Kernspin-Tomographie (siehe Abschn. 9.5.5).

Das magnetische Moment des Neutrons wurde an polarisierten Neutronen gemessen, wobei der Effekt der Spin-Rotation benutzt wurde [GR79]. Dazu wurde durch die gleiche Apparatur (Bild 3.8) entweder ein Neutronenstrahl oder ein Protonenstrahl geleitet, um die mit dem gleichen Meßverfahren erhaltenen Resultate direkt vergleichen zu können. Die Apparatur ist deshalb auf eine drehbare Platte montiert. Neutronen aus einem Kernreaktor werden in einem Neutronenleiter durch Polarisator und Analysator transportiert. Die

Neutronen haben eine Geschwindigkeit von ca. 180 m/s. Die Protonen werden als Wasserströmung in einer Röhre durch die gleiche Apparatur geleitet. Innerhalb eines gut gegen äußere Felder abgeschirmten Teils der Apparatur wird dann die Spin-Rotation durch Einstrahlung der Larmor-Frequenz $\nu_{\mathrm{L}} = \mu B/Ih$ bewirkt. Rotiert der Spin um 180° oder ein ungerades Vielfaches davon, registriert die Nachweisapparatur Minima, bei Vielfachen der vollständigen Rotation um 360° Maxima. Aus den in Bild 3.8 gezeigten Ergebnissen ließ sich das Verhältnis $R \equiv -\mu_{\mathrm{n}}/\mu_{\mathrm{p}}$ bestimmen und daraus der gegenwärtig genaueste Wert für das magnetische Moment des Neutrons

$$\mu_{\mathrm{n}} = (-1.91304184 \pm 0.00000088)\,\mu_{\mathrm{K}} \tag{3.68}$$

angeben.

3.4 Parität

Die Energiezustände der Kerne werden im Rahmen quantenmechanischer Behandlung durch Wellenfunktionen beschrieben. Diese Wellenfunktionen sind aber auch Wahrscheinlichkeitsamplituden, die es erlauben, Verteilungen von meßbaren physikalischen Größen (Observablen) anzugeben. Solche Größen sind die Energie, der Impuls, der Drehimpuls, aber auch das magnetische Dipolmoment oder das elektrische Quadrupolmoment. Die Wellenfunktionen müssen also Lösungen zu mehreren, unterschiedlichen Eigenwertgleichungen sein.

Eine wichtige Eigenschaft dieser Funktionen ist die räumliche Symmetrie, die uns bereits im Zusammenhang mit den unterschiedlichen Statistiken begegnet ist. Die Spiegelsymmetrie besagt, daß eine Funktion $\psi(\boldsymbol{r})$ ihre Eigenschaft im Prinzip ändern kann, wenn man von $\boldsymbol{r}$ zu $-\boldsymbol{r}$ übergeht. Diesen Übergang nennen wir Paritätsoperation. Soll aber das System, das wir mit der Wellenfunktion beschreiben, bei dieser Operation ungeändert bleiben, so ergeben sich für die Symmetrie der Funktion Bedingungen. Die Observablen, d.h. die physikalischen Größen, mit denen wir unser System charakterisieren, werden im wesentlichen als Kombination mit der Wahrscheinlichkeit $|\psi|^2$ beschrieben. Wenn dann z.B. für eine Funktion wie etwa ein Potential gilt $V(\boldsymbol{r}) = V(-\boldsymbol{r})$, dann muß ebenfalls $|\psi(\boldsymbol{r})|^2 = |\psi(-\boldsymbol{r})|^2$ gelten. Daraus folgen im wesentlichen zwei Konsequenzen. Als erste Konsequenz folgt zunächst

$$\psi(-\boldsymbol{r}) = \pm\psi(\boldsymbol{r})\,. \tag{3.69}$$

Die Paritätsoperation führt die Funktion entweder in sich über, dann nennen wir die Parität der Funktion positiv oder gerade, wird die Funktion in ihr Negatives überführt, dann heißt die Parität der Funktion negativ oder ungerade. Wird ein Potential $V(\boldsymbol{r})$ durch die Paritätsoperation nicht geändert, dann müssen die zugehörigen Wellenfunktionen, die einen stationären Zustand beschreiben, eine feste Parität haben. Es treten keine Paritätsmischungen auf.

Wie aus der Behandlung des Wasserstoffatoms bekannt ist, wird im dreidimensionalen Raum die Winkelabhängigkeit der Zustände mit Kugelflächenfunktionen beschrieben. Die Paritätsoperation bedeutet also eine Drehung um π. Damit gilt:

$$Y_{\ell m_\ell}(\pi - \theta, \varphi + \pi) = (-1)^\ell Y_{\ell m_\ell}(\theta, \varphi) . \tag{3.70}$$

Es tritt also eine Phase $(-1)^\ell$ auf. Zentrale Potentiale, die nur vom Betrag des Abstandsvektors abhängen, sind also invariant gegen die Paritätsoperation. Die zugehörigen Wellenfunktionen haben feste Paritäten und zwar ungerade, wenn ℓ ungerade, und gerade, wenn ℓ gerade ist. Wellenfunktionen für Systeme aus vielen Teilchen sind Produkte der Wellenfunktionen für die einzelnen Teilchen. Die Parität der Gesamtwellenfunktion wird gerade sein, wenn mit ihr eine beliebige Zahl von Teilchen mit gerader Parität oder eine gerade Anzahl von Teilchen mit ungerader Parität beschrieben wird. Entsprechend wird die Parität der Gesamtwellenfunktion ungerade sein, wenn damit eine ungerade Zahl von Teilchen mit ungerader Parität dargestellt wird. Zuständen in Kernen werden definierte Paritäten zugeordnet. Angezeigt werden sie als Hochzahlen an den Gesamtdrehimpulsen, also z.B. 0^+, $\frac{5}{2}^+$, $\frac{3}{2}^-$. Die Bestimmung der Parität wird in Abschn. 7.5 erörtert.

Die zweite Konsequenz der Paritätsregel beinhaltet den umgekehrten Schluß: Wenn für ein System gilt $|\psi(\boldsymbol{r})|^2 \neq |\psi(-\boldsymbol{r})|^2$, dann folgt auch $V(\boldsymbol{r}) \neq V(-\boldsymbol{r})$, was besagt, daß das System hinsichtlich der Paritätsoperation nicht invariant ist. Ein wichtiges Beispiel dafür wird in Abschn. 7.4.6 am β-Zerfall erläutert.

3.5 Anregungsenergien

Der Kern als zusammengesetztes System aus Protonen und Neutronen muß innere Freiheitsgrade besitzen. Alle den Kern bildenden Nukleonen werden in Modellen (vgl. Abschn. 4.2) mit einem bindenden Potential beschrieben, wobei ihnen als Fermionen (vgl. Abschn. 3.2) Quantenzahlen für die Energie, den Bahndrehimpuls, den Spin und die Parität (vgl. Abschn. 3.4) zugewiesen werden. Damit erhalten wir ein Energieniveauschema für jedes einzelne Isotop. Die angeregten Energiezustände können von einem Zustand höchster potentieller Energie, dem Grundzustand, durch Aufnahme gequantelter Energiebeträge erreicht werden. Diese Energiebeträge können von einzelnen Nukleonen aufgenommen werden (Einzelteilchenanregung) oder auch von Nukleonengruppen (Cluster- oder Fragmentanregung). Die Wellenfunktionen, die diese angeregten Zustände beschreiben, stellen meist Mischungen mehrerer möglicher Konfigurationen dar, die zur gleichen Energie gehören, sind also Überlagerungen von Wellenfunktionen.

Ebenso wie beim Atom eine Ionisationsgrenze existiert, oberhalb derer ein Elektron aus dem Atomverband losgelöst werden kann, gibt es im Kern eine energetische Grenze, oberhalb derer die bindende Kernkraft überwunden wird, so daß ein Nukleon oder eine Nukleonengruppe den Kern verlassen kann. Diese Bindungsenergie bzw. Separationsenergie wurde in Abschn. 3.1 mit dem Tröpfchenmodell beschrieben. Die Bestimmung der Niveauschemata von Kernen ist eine der Hauptaufgaben der experimentellen Kernphysik, weil sich an der Reproduzierbarkeit der energetischen Zustände durch eine theoretische Beschreibung die Gültigkeit der Theorie prüfen läßt.

Um einzelne Konfigurationen der Anregungszustände zu bestimmen, werden gezielt Experimente mit unterschiedlichen Projektilen ausgeführt, wie die Diskussion der Kernreaktionen (vgl. Abschn. 6.3.2) zeigt. Jeder angeregte Zustand eines Kerns wird durch die Energie, den Spin und die dazugehörige Parität und in den meisten Fällen durch den Isospin (vgl. Abschn. 3.6) charakterisiert. Die Energie wird durch das Spektrum der bei einer Kernreaktion gemessenen Ejektile bestimmt, der Spin und die Parität ergeben sich aus Winkelverteilungen der Ejektile (direkte Reaktionen) oder/und der emittierten γ-Strahlung.

3.6 Isospin

Nach der Entdeckung des Neutrons durch James Chadwick im Jahre 1932 schlug Werner Heisenberg vor, die beiden bekannten Bausteine des Atomkerns, das Proton und das Neutron, als zwei Zustände eines Teilchens, des Nukleons, aufzufassen. Diese Hypothese ließ sich durch die in den nachfolgenden Jahrzehnten experimentell gefundenen Fakten glänzend bestätigen. Da sich die beiden Zustände des Nukleons nur durch die Ladung und eine geringe Massendifferenz unterscheiden, bedurfte es eines Formalismus, der es gestattet, dieser Unterscheidung eine mathematische Form zu geben. Da es sich hier um nur zwei Zustände des Nukleons handelt, bietet sich also ein Formalismus an, wie wir ihn von der Behandlung des Spins kennen. Außerdem wollen wir, um näheres über die Kernkräfte zu erfahren, Kerne gleicher Massenzahl A, aber unterschiedlicher Ordnungszahl betrachten. Die Größe, mit der wir uns jetzt vertraut machen wollen, nennt man deshalb *Isobarenspin*, oder abgekürzt *Isospin*, mit der Bezeichnung $\boldsymbol{T}$ (nicht zu verwechseln mit der kinetischen Energie).

Analog zum Spin treten auch beim Isospin Komponenten T_i auf, deren dritte Komponente T_3 in einem Isospinraum anschaulich definiert ist als Differenz von Protonen- und Neutronenzahl:

$$T_3 = \frac{1}{2}(Z - N) = \frac{1}{2}(A - 2N) = -\frac{1}{2}(A - 2Z) \,. \tag{3.71}$$

Für $T = \frac{1}{2}$ gibt es die Komponenten $T_i = \pm\frac{1}{2}$, für $T = 1$ liegen die Komponenten $T_i = -1, 0, +1$ vor.

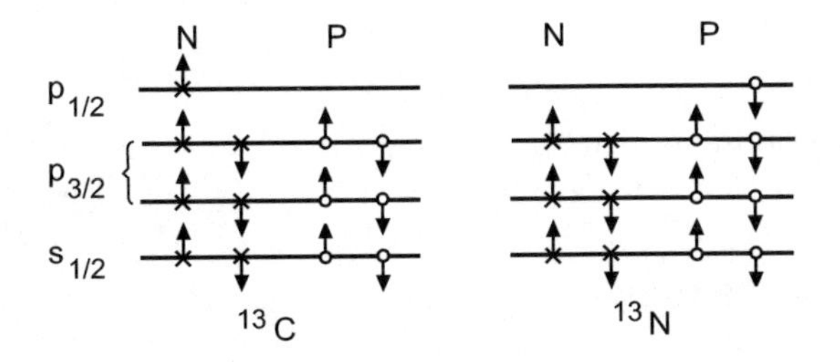

Bild 3.9. Niveaus der Spiegelkerne ^{13}C ($T_3 = -\frac{1}{2}$) und ^{13}N ($T_3 = +\frac{1}{2}$) (schematisch)

Als Beispiel wählen wir ein Paar Spiegelkerne aus, die wir anhand Bild 3.9 erläutern. Wir gehen vom Kern ^{12}C aus und addieren einmal ein Proton und erhalten den Kern ^{13}N, das andere Mal addieren wir ein Neutron und erhalten ^{13}C. Beide Kerne haben verschiedene Bindungsenergien, denn ^{13}N zerfällt durch β^+-Emission in ^{13}C, wobei die Energie von 2.2 MeV freigesetzt wird. Schreiben wir diesen Energiebetrag der Coulomb-Energie des zusätzlichen Protons in N zu und berücksichtigen wir die Massendifferenz zwischen Proton und Neutron, dann erhalten wir fast identische Bindungsenergien für beide Kerne. Nach (3.16) ist die Coulomb-Energie des zusätzlichen Protons (homogen geladene Kugel angenommen)

$$\Delta E_{\mathrm{C}} = \frac{1}{4\pi\varepsilon_0}\frac{3e^2}{5R}\left[Z^2 - (Z-1)^2\right] . \tag{3.72}$$

Die totale Differenz der Bindungsenergien ist dann

$$\Delta E_{\mathrm{B}} = \Delta E_{\mathrm{C}} - (M_{\mathrm{n}} - M_{\mathrm{p}})c^2 . \tag{3.73}$$

Dieses Verhalten deutet darauf hin, daß die Kraft zwischen Proton und ^{12}C und Neutron und ^{12}C die gleiche ist. Dieses Faktum nennt man Ladungssymmetrie der Kernkräfte. Bezüglich der Kernkraft spielt die Coulomb-Energie keine Rolle. Die Symmetrie der Zustände ist deutlich zu erkennen. Demzufolge können wir annehmen, daß die p-p Kräfte gleich den n-n Kräften sind. Das bedeutet aber, daß auch die n-p Kräfte den vorher genannten gleich sein müssen. Die Kernkräfte sind demnach ladungsunabhängig.

Aus der Differenz der Coulomb-Energien von Spiegelkernen läßt sich auch der Radiusparameter r_0 abschätzen. Wegen

$$R = r_0 A^{1/3}$$

erhalten wir

$$r_0 = \frac{1}{4\pi\varepsilon_0}\frac{3e^2}{5\Delta E_{\mathrm{C}}}\frac{2Z-1}{A^{1/3}} . \tag{3.74}$$

3.7 Übungen

3.1 Berechnen Sie die Separationsenergien für Neutronen und Protonen von gg-Kernen und gu-Kernen in der Umgebung von $N = 82$ (z.B. ^{138}Ba, ^{139}La, ^{140}Ce, ^{141}Pr).

3.2 Schätzen Sie mit Hilfe des Mott-Streuquerschnittes (3.23) ab, wie genau ein Streuexperiment auszuführen ist, um den Spin $I = 2$ eines Kerns eindeutig zu bestimmen. Hinweis: Berechnen Sie die Wirkungsquerschnitte zu benachbarten Spinwerten und berechnen Sie aus der Differenz $|\eta \ln(\tan^2(\theta/2))|$.

3.3 Nehmen Sie 12 Protonen und 13 Neutronen (separiert und in Ruhe) und füge Sie diese zu folgenden Kernen zusammen: (a) zu einem ^{12}C- und einem ^{13}C-Kern, (b) zu einem ^{25}Mg-Kern. Welche Energie wird in diesen Fällen frei?

3.4 Von einem Kern der Masse $m(Z, N)$ mit Z Protonen und N Neutronen wird ein α-Teilchen mit der Masse $m(2, 2)$ abgespalten. Vom gleichen Kern werden nacheinander zwei Neutronen und zwei Protonen abgelöst. Wie groß ist die Energiedifferenz zwischen diesen beiden Prozessen? Wie erhält man die Energiedifferenz einfacher, ohne den Kern $m(Z, N)$ zu betrachten?

3.5 Wenn ein kugelförmiger Wassertropfen mit einem Radius $R = 1.5$ mm die Dichte von Kernmaterie hätte, welche Masse würde er beinhalten?

3.6 Berechnen Sie den Radiusparameter r_0 aus der Coulomb-Energiedifferenz für die Spiegelkerne ^{15}O–^{15}N.

3.7 Zeigen Sie, daß die Energie der Ionen, die mit gleicher Ladung und den Anfangsbedingungen $x_i(0) = 0$; $x_{i,t}(0) = 0$ für $i = 1, 2, 3$ in ein elektrostatischen Feld eintreten, auf ihren Trajektorien allein durch das elektrische Potential $\phi(x_j(0))$ am Eintrittsort festgelegt wird.

3.8 Berechnen Sie die Massen für die Isobarenpaare ^{113}(Cd–In), ^{187}(Os–Re), ^{123}(Sb–Te) und diskutieren Sie die mögliche Radioaktivität.

3.9 Berechnen Sie mit Hilfe der Massenformel die Neutronen-Separationsenergie für den Kern $^{51}_{21}$Sc.

3.10 Berechnen Sie das Verhältnis der Hauptachsen a und b für den Kern ^{176}Lu aus dem elektrischen Quadrupolmoment $Q = 7 \cdot 10^{-24}$ cm^2. Hinweis: Verwenden Sie $a = r_0 A^{1/3}$ mit $r_0 = 1.4$ fm.

3.11 Ein Kubikmillimeter Erdöl enthält ca. 10^{20} Protonen und befindet sich in einem homogenen, zeitlich konstanten Magnetfeld, dem ein mit niedriger Frequenz moduliertes paralleles Zusatzfeld überlagert ist. Die Richtung dieser Felder gibt die Quantisierungsachse vor, bezüglich der sich das magnetische Dipolmoment und der Kernspin der Protonen einstellen. Senkrecht zur Quantisierungsachse wird elektromagnetische Hochfrequenzstrahlung der passenden Lamor-Frequenz mit einer Zusatzspule eingespeist. Immer dann, wenn durch Variation des parallelen Zusatzfeldes die Resonanzbedingung erfüllt ist, führen Spinumklapp-Prozesse durch stimulierte Hochfrequenz-Absorption und -Emission zu einer Umbesetzung der magnetischen Unterniveaus. Ohne Hochfrequenz-Feld befindet sich die Probe im thermodynamischen Gleichgewicht. Wegen der kleinen Besetzungsdifferenz ist es erforderlich, die Resonanzkurve periodisch zu durchfahren. Sobald sich eine Gleichbesetzung der magnetischen Unterzustände eingestellt hat, gibt der Hochfrequenz-Sender keine Leistung mehr ab. Die Zahl der absorbierten und emittierten Hochfrequenz-Quanten ist gleich. Durch Relaxationsprozesse geht die durch Absorption erreichte Gleichbesetzung immer wieder verloren und die thermodynamische Gleichgewichtsverteilung stellt sich wieder ein. Berechnen Sie die von der Erdölprobe dem Hochfrequenz-Feld entnommene Energie beim einmaligen Durchfahren der Resonanzkurve für die Lamor-Frequenz 40 MHz. Vergleichen Sie diese Energie mit der Energie im Hochfrequenz-Schwingkreis. Dazu soll von der Kapazität 50 pF und der Spannungsamplitude 2 V ausgegangen werden.

3.12 Geben Sie die Anzahl und Art der Hyperfeinstruktur-Komponenten zu folgenden Grundzuständen an: (a) $^3\mathrm{H}(^2\mathrm{S}_{1/2}, I = \frac{1}{2})$, (b) $^6\mathrm{Li}(^2\mathrm{S}_{1/2}, I = 1)$, (c) $^9\mathrm{Be}(^1\mathrm{S}_0, I = \frac{3}{2})$, (d) $^{14}\mathrm{N}(^4\mathrm{S}_{3/2}, I = 1)$, (e) $^{15}\mathrm{N}(^4\mathrm{S}_{3/2}, I = \frac{1}{2})$, (f) $^{35}\mathrm{Cl}(^2\mathrm{S}_{3/2}, I = \frac{3}{2})$.

3.13 Berechnen Sie den Proportionalitätsfaktor g_j und bestimmen Sie die „Schmidt-Werte“.

4. Kernmodelle

Die große Zahl an Erscheinungen und Verhaltensweisen der Atomkerne, d.h. die Anregungszustände sowie die inneren Bewegungen müssen mit mathematisch und physikalisch konsistenten Modellen beschrieben werden. Die Qualität und der Gültigkeitsbereich einer Theorie werden daran gemessen, inwieweit die Phänomene richtig wiedergegeben und experimentell nachprüfbare Folgerungen vorhergesagt werden.

Die weltweiten Forschungsarbeiten über den Atomkern, in denen über mehrere Dekaden umfangreiches Material zusammengetragen wurde, haben bisher kein einheitliches Modell aufzustellen erlaubt, mit dem der Aufbau der Kerne in allen Facetten schlüssig zu beschreiben ist. Viele Fakten, die bisher über den Kern zusammengetragen wurden, beschreiben den Kern in bestimmten Situationen, jedoch das Ziel, auch für die Kernkräfte ein Potentialgesetz zu finden, konnte bis heute nicht erreicht werden. Dazu fehlen offenbar noch viele Kenntnisse über das die einzelnen Nukleonen beschreibende Modell, das auf dem die Nukleonen bildenden Subsystem aus Quarks beruht. Auf der Quarkhypothese beruhende Modelle für den Atomkern werden gegenwärtig erarbeitet.

Die Ansätze zur modellmäßigen Beschreibung der Kernstrukturen basieren auf unterschiedlichen Voraussetzungen. Sie lassen sich in ein grobes Schema fassen, wobei jedoch keine scharfen Abgrenzungen existieren. Leichte Kerne mit Protonen- und Neutronenzahlen unterhalb 20 (Bereich A in Bild 1.2) werden mit mikroskopischen Ansätzen von Potentialen beschrieben, die aus der Nukleon-Nukleon-Wechselwirkung, z.B. einer phänomenologischen Kernkraft, abgeleitet sind. Nur angeregte Energiezustände im Bereich einiger MeV lassen sich theoretisch wiedergeben. Das Problem liegt in der Behandlung der zahlreichen Freiheitsgrade und der dadurch sehr komplizierten Lösung der Vielteilchen-Schrödinger-Gleichung.

Für einen weiten Bereich der Beschreibung mittelschwerer Kerne (im Bild 1.2 mit B bezeichnet) haben sich phänomenologische Modelle wie z.B. das Einzelteilchen-Schalenmodell (vgl. Abschn. 4.2) als geeignete Näherung erwiesen.

Schließlich wird versucht, die schweren Kerne (Bereich C in Bild 1.2) mit statistischen Methoden zu beschreiben, die auf der Annahme mittlerer Felder beruhen, wie sie aus Potentialen ableitbar sind, die durch die Dichteverteilung der Nukleonen erzeugt werden.

Jedes der Modelle erlaubt, einzelne Fakten den experimentellen Werten entsprechend zu erklären, z.B. niedrig liegende Anregungszustände, andere Erscheinungen können jedoch nicht richtig wiedergegeben werden. Diejenigen Modelle, die eine möglichst große Zahl an Phänomenen zu beschreiben gestatten, kommen der Wirklichkeit nahe. Dieses Kapitel behandelt einige der gegenwärtig erfolgreich angewandten Kernstrukturmodelle, z.B. auch Kollektivmodelle, wie sie bereits im Abschn. 3.1 mit dem Tröpfchenmodell der Atomkerne erläutert wurden, das die Bindungsenergien gut beschreibt. Zu den Kollektivmodellen gehört auch das Fermi-Gas-Modell (Abschn. 4.1). Die dynamischen Modelle werden zur Behandlung der Kernreaktionen herangezogen, wie z.B. das Optische Modell, mit dem Potentiale aus der elastischen Streuung abgeleitet werden. Diese werden benutzt, um die Veränderungen der Kernstruktur in Reaktionen zu berechnen (vgl. Abschn. 6.3.3).

4.1 Thomas-Fermi-Modell

Das von Llewellyn Hilleth Thomas und Enrico Fermi entwickelte Modell des Atomkerns beschreibt die Konstituenten des Kerns, die Nukleonen, als ein statistisches Ensemble.

Die Nukleonen sind Teilchen mit dem Spin $\frac{1}{2}$.[1] Eine große Zahl gleichartiger Teilchen, die *Fermionen* genannt werden, folgt demgemäß der Quantenstatistik nach Fermi und Dirac. Dieses System von Fermionen wird wie ein Gas unabhängiger Teilchen behandelt, mit der Voraussetzung, daß genügend viele Nukleonen einbezogen werden. Es liefert Mittelwerte für physikalische Größen, die um so genauer sind, je größer die Zahl der Nukleonen ist. In diesem Modell wird ein Potential vorausgesetzt, das abschnittsweise konstant ist, weshalb sich ein Kastenpotential als geeignet erweist. Für diesen Potentialtopf gilt

$$V(r) = \begin{cases} -V_0 & 0 \leq r \leq R \\ 0 & r > R \end{cases} . \tag{4.1}$$

Die Energien der Nukleonen können in dem entsprechenden Volumen von $-V_0$ bis 0 reichen, ihre kinetischen Energien also von 0 bis V_0. Die hier verwendete Ausdrucksweise beruht auf der Vorstellung, daß gebundene Zustände in einem System in einem vom Potential 0 bis zum Potential V_0 vorkommen können. Zustände zu Potentialen $V > 0$ werden als ungebundene, z.T. auch als Streuzustände bezeichnet.

Wir betrachten zunächst nur den Einschluß von Teilchen in einem Kasten, ohne ein explizites Potential einzuführen, um deren Energien zu bestimmen.

[1] Dieser umgangssprachliche Ausdruck wird für Teilchen mit dem Spin $\frac{1}{2}\hbar$ bzw. die Projektion auf eine Vorzugsrichtung $\pm\frac{1}{2}\hbar$ verwendet.

Die zeitunabhängige Schrödinger-Gleichung für Teilchen in einem Kastenpotential lautet in drei Dimensionen

$$-\frac{\hbar^2}{2m}\Delta\psi_n = -\frac{\hbar^2}{2m}\left(\frac{\partial^2\psi_n}{\partial x^2} + \frac{\partial^2\psi_n}{\partial y^2} + \frac{\partial^2\psi_n}{\partial z^2}\right) = E_n\psi_n \,. \tag{4.2}$$

Mit dem Ansatz

$$\psi_n(r) = X_n(x)Y_n(y)Z_n(z) \tag{4.3}$$

läßt sich die Gleichung separieren, wobei wir die Gesamtenergie E aufteilen in drei Anteile

$$E_n = E_{nx} + E_{ny} + E_{nz} \,. \tag{4.4}$$

Wir erhalten dann drei Gleichungen der Form $\partial^2 X_n/\partial x^2 = -k_n^2 X_n$ mit

$$k_n = \hbar^{-1}\sqrt{2mE_n} \,. \tag{4.5}$$

Die Lösung dieser Gleichung

$$\begin{aligned} X_n &= A_n \mathrm{e}^{\mathrm{i}k_n x} + B_n \mathrm{e}^{-\mathrm{i}k_n x} \\ &= A_n(\cos k_n x + \mathrm{i}\sin k_n x) + B_n(\cos k_n x - \mathrm{i}\sin k_n x) \end{aligned} \tag{4.6}$$

läßt sich durch Einsetzen bestätigen.

Die unterschiedlichen, durch den Index n sowie die Konstanten A und B gekennzeichneten Lösungen werden durch die Randbedingungen festgelegt. Als Kasten nehmen wir einen Würfel mit der Kantenlänge a an (für alle drei Dimensionen gleich, wodurch die Rechnungen sich vereinfachen, was jedoch keine Beschränkung der Allgemeinheit darstellt). Die Randbedingungen lauten:

$$X_n(x) = Y_n(y) = Z_n(z) = 0 \qquad \text{für } x = y = z = \pm\frac{a}{2} \,.$$

Die in (4.6) angegebenen Sinus- bzw. Cosinus-Funktionen haben an den Kastengrenzen Nullstellen, wie es in Bild 4.1 für $n = 1, 2, 3$ gezeigt ist. Mit diesen Randbedingungen erhalten wir dann die vollständigen normierten Lösungen

$$X_n^+ = \frac{2}{\sqrt{2a}}\cos k_n^+ x \,, \qquad X_n^- = \frac{2\mathrm{i}}{\sqrt{2a}}\sin k_n^- x \,, \tag{4.7}$$

mit $k_n^+ = \frac{\pi n^+}{a}$ für $n^+ = 1, 3, 5, \cdots$ und $k_n^- = \frac{\pi n^-}{a}$ für $n^- = 0, 2, 4, \cdots$.

Damit erhalten wir die möglichen Energien der Teilchen im Kastenpotential:

$$E_{nx} = \frac{\hbar^2}{2m}k_n^2 = \frac{1}{2m}\left(\frac{\pi n_x \hbar}{a}\right)^2 \,. \tag{4.8}$$

Da die Lösungen für alle drei Dimensionen identische Form haben, ergeben sich die möglichen Gesamtenergien als

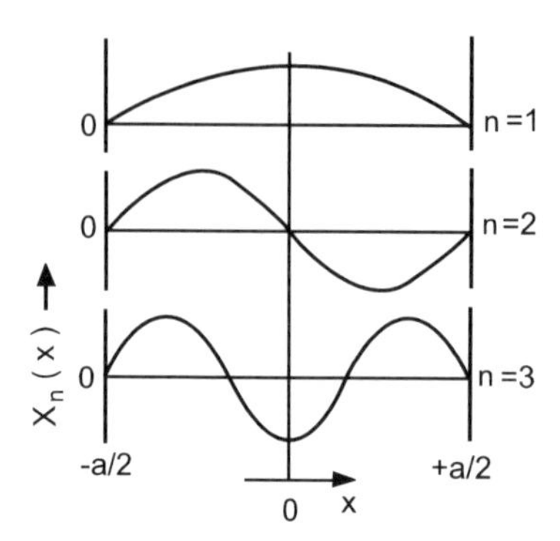

Bild 4.1. Wellenfunktion im Kastenpotential

$$E_n = E_{nx} + E_{ny} + E_{nz} = \frac{1}{2m}\left(\frac{\pi\hbar}{a}\right)^2 \left(n_x^2 + n_y^2 + n_z^2\right) . \tag{4.9}$$

Aus den Energien der Teilchen folgen dann auch die Impulse:

$$p^2 = 2mE = \left(\frac{\pi\hbar}{a}\right)^2 \left(n_x^2 + n_y^2 + n_z^2\right) . \tag{4.10}$$

In einem dreidimensionalen rechteckigen Koordinatensystem mit den Achsen n_x, n_y, n_z stellen die Gitterpunkte, die sich für die ganzzahligen n ergeben, die zulässigen Energieeigenwerte des Teilchens im Kasten dar. Aus den Werten der Wellenzahlen k ergeben sich die $n = \frac{ak}{\pi} = \frac{ap}{\pi\hbar}$. Wenn wir nun ein Volumenelement $\Delta\Omega$ dieses Raumes bilden, so ist dies

$$\Delta\Omega \propto \lambda^3 \propto a^3 p^3 . \tag{4.11}$$

Ein Volumenelement, das sowohl Orts- als auch Impulskoordinaten enthält, nennen wir Phasenraumelement, das einen Raum von sechs Dimensionen aufspannt. Jeder Gitterpunkt des n-Raumes entspricht einem Eigenzustand des Teilchens unter gewählten Randbedingungen.

Um die Gesamtzahl aller möglichen Zustände zu bestimmen, nehmen wir eine Kugel im n-Raum an, die den Radius $\varrho^2 = n_x^2 + n_y^2 + n_z^2$ hat. Für große Werte von n liegen die Werte genügend dicht, um die Zustände als kontinuierlich verteilt anzusehen. Demgemäß befinden sich in einer Kugelschale $\mathrm{d}\Omega = 4\pi\varrho^2\,\mathrm{d}\varrho$

$$\mathrm{d}n = \frac{1}{8}\,\mathrm{d}\Omega = \frac{1}{2}\pi\varrho^2\,\mathrm{d}\varrho \tag{4.12}$$

Zustände. Der Faktor $\frac{1}{8}$ ist eingefügt worden, weil physikalische Zustände nur aus positiven n-Werten bestehen, entsprechend einem Oktanten der Kugel.

Mit $\varrho = ap/(\pi\hbar)$, $\mathrm{d}\varrho = a/(\pi\hbar)\,\mathrm{d}p$ erhalten wir dann

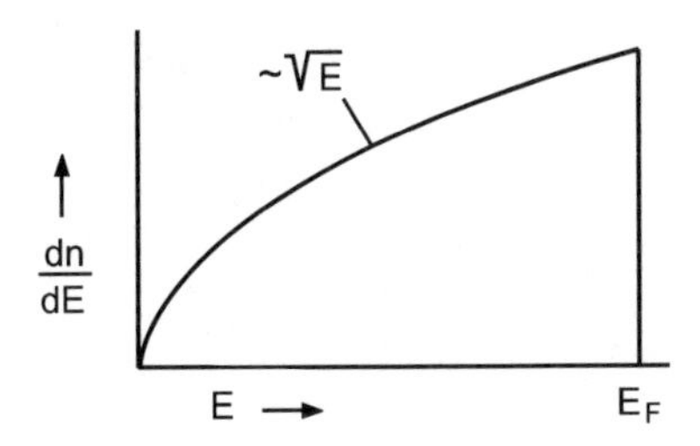

Bild 4.2. Zustandsdichte für ein Fermi-Gas (E_{F} ist die Fermi-Grenzenergie)

$$\mathrm{d}n = \frac{\tau p^2}{2\hbar^3\pi^2}\,\mathrm{d}p\,. \tag{4.13}$$

Darin wurde das geometrische Volumen des Potentialwürfels $a^3 = \tau$ gesetzt. Gleichung (4.13) gibt an, wieviele Zustände pro Impulsintervall $\mathrm{d}p$ für ein Teilchen existieren, das sich frei im Innern des dreidimensionalen Rechteck-Potentials bewegen kann. Diese Zustandsdichte können wir durch ein Abzählverfahren bestimmen.

Zur Vollständigkeit müssen wir auch noch den Spin der Nukleonen berücksichtigen. Jeder der durch das obige Verfahren abgezählten Zustände kann aufgrund des Pauli-Prinzips mit zwei Teilchen entgegengesetzter Spins besetzt werden.

Wir können die Verteilung nach Impulsen auch in eine solche der Energien umwandeln, indem wir $p^2 = 2mE$ bzw. $p^2\,\mathrm{d}p = \sqrt{2m^3E}\,\mathrm{d}E$ in (4.13) einsetzen:

$$\mathrm{d}n = m^{3/2}\left(\sqrt{2}\pi^2\hbar^3\right)^{-1}\tau\sqrt{E}\,\mathrm{d}E \equiv c_1\tau\sqrt{E}\,\mathrm{d}E\,. \tag{4.14}$$

Die Formel (4.14) gibt die Besetzung der Energiezustände bis zu einer maximalen Energie an, die Fermi-Energie E_{F} genannt wird. Die Formel ist exakt gültig nur für die absolute Temperatur $T = 0$ K. Bei endlicher Temperatur $T > 0$ ergibt die Fermi-Dirac-Statistik, daß auch Zustände mit Energien größer E_{F} besetzt werden. In Bild 4.2 ist der Verlauf der Energiezustandsdichte nach (4.14) gezeigt, in Bild 4.3 die Besetzungswahrscheinlichkeit, die für einen besetzten Zustand 1, für einen unbesetzten 0 ist. Der „Wahrscheinlichkeitskasten" weicht für $T > 0$ von der Rechteckform ab. Alle Verteilungen haben für $E = E_{\mathrm{F}}$ den Wert $\frac{1}{2}$. Für $E_{\mathrm{F}} = kT$ ergibt sich ein fast linearer Verlauf.

Wir können nun den Zusammenhang zwischen der Fermi-Energie und der Zahl der Nukleonen im Kern herstellen. Die Anzahl der Protonen wird mit Z, die der Neutronen mit N bezeichnet. Alle Protonen und Neutronen lassen sich dann durch folgende Ausdrücke erfassen:

$$N = \int_0^{p_{\mathrm{F}}(\mathrm{n})} \frac{\mathrm{d}N}{\mathrm{d}p}\,\mathrm{d}p\,, \qquad Z = \int_0^{p_{\mathrm{F}}(\mathrm{p})} \frac{\mathrm{d}Z}{\mathrm{d}p}\,\mathrm{d}p\,. \tag{4.15}$$

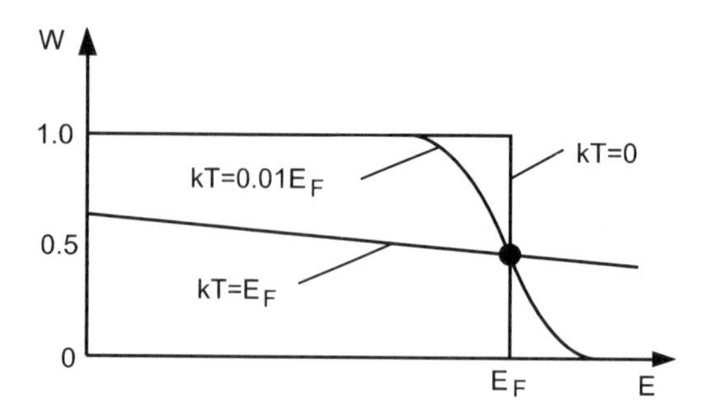

Bild 4.3. Besetzungswahrscheinlichkeit als Funktion der Anregungsenergie

Wenn wir den Ausdruck (4.13) einsetzen (mit $n = N$ bzw. Z) und integrieren, dann erhalten wir (multipliziert mit 2, wegen des Spins):

$$N = \frac{p_F^3(n)V_\mathrm{K}}{3\pi^2\hbar^3}\,, \qquad Z = \frac{p_F^3(p)V_\mathrm{K}}{3\pi^2\hbar^3}\,, \tag{4.16}$$

wobei wir statt des Zellenvolumens τ jetzt das Kernvolumen V_K benutzen. Aus diesen beiden Ausdrücken erhalten wir die Impulse der Protonen und Neutronen bei der Fermi-Energie, wobei wir $E_\mathrm{F} = p_\mathrm{F}^2/(2m)$ und für das Kernvolumen $V_\mathrm{K} = \frac{4}{3}\pi A r_0^3$ gesetzt haben.

$$\begin{aligned} p_\mathrm{F}(\mathrm{p}) &= \sqrt[3]{\frac{9\pi}{4}}\frac{\hbar}{r_0}\sqrt[3]{\frac{Z}{A}}\,, \quad E_\mathrm{F}(\mathrm{p}) = \left(\frac{9\pi}{4}\right)^{2/3}\frac{\hbar^2}{2mr_0^2}\left(\frac{Z}{A}\right)^{2/3}\,,\\ p_\mathrm{F}(\mathrm{n}) &= \sqrt[3]{\frac{9\pi}{4}}\frac{\hbar}{r_0}\sqrt[3]{\frac{N}{A}}\,, \quad E_\mathrm{F}(\mathrm{n}) = \left(\frac{9\pi}{4}\right)^{2/3}\frac{\hbar^2}{2mr_0^2}\left(\frac{N}{A}\right)^{2/3}\,. \end{aligned} \tag{4.17}$$

Setzt man in diesen Ausdrücken $m \approx m_\mathrm{n} \approx m_\mathrm{p}$ und für $r_0 = 1.4$ fm ein, so erhält man

$$E_\mathrm{F}(\mathrm{n}) = 38.6\left(\frac{N}{A}\right)^{2/3}\mathrm{MeV}\,, \qquad E_\mathrm{F}(\mathrm{p}) = 38.6\left(\frac{Z}{A}\right)^{2/3}\mathrm{MeV}\,.$$

Die totale Energie einer Nukleonensorte (hier N' genannt) ergibt sich aus folgendem Ausdruck:

$$E_0(N') = \int_0^{E_\mathrm{F}} E\frac{\mathrm{d}N'}{\mathrm{d}E}\,\mathrm{d}E = \int_0^{E_\mathrm{F}} E\frac{\mathrm{d}N'}{\mathrm{d}p}\frac{\mathrm{d}p}{\mathrm{d}E}\,\mathrm{d}E\,, \tag{4.18}$$

wobei sich die Energieintegration bis zur Fermi-Energie E_F erstreckt. Berücksichtigen wir (4.14) und (4.17), so ergibt sich

$$E_0(N') = \frac{3}{10}\left(\frac{9\pi}{4}\right)^{2/3}\frac{\hbar^2}{mr_0^2}\frac{N'^{5/3}}{A^{2/3}} = C\frac{N'^{5/3}}{A^{2/3}} = \frac{3}{5}N'E_\mathrm{F}\,. \tag{4.19}$$

Dabei haben wir die Konstante $C = \frac{3}{10}\left(\frac{9\pi}{4}\right)^{2/3}\hbar^2/(mr_0^2)$ gesetzt.
Für Kerne aus N Neutronen und Z Protonen ergibt sich

$$E_0(Z,N) = C\frac{\left(N^{5/3} + Z^{5/3}\right)}{A^{2/3}} . \tag{4.20}$$

Für Kerne mit $N = Z = \frac{A}{2}$ tragen beide Nukleonenarten gleiche Anteile zur Gesamtenergie bei, d.h. es gilt

$$E_0(Z=N) = \frac{2C}{A^{2/3}}\left(\frac{A}{2}\right)^{5/3} = 2^{-2/3}CA . \tag{4.21}$$

Für Kerne mit $Z \neq N$ ergibt sich zu (4.21) eine Differenz:

$$\Delta E_0(Z,N) = \frac{C}{A^{2/3}}\left[Z^{5/3} + N^{5/3} - 2\left(\frac{A}{2}\right)^{5/3}\right] \tag{4.22}$$

$$= \frac{C}{A^{2/3}}\left(\frac{A}{2}\right)^{5/3}\left[\left(1 - \frac{N-Z}{A}\right)^{5/3} + \left(1 + \frac{N-Z}{A}\right)^{5/3} - 2\right] . \tag{4.23}$$

Wenn $A > N - Z$, können wir die Klammerausdrücke in eine Reihe entwickeln:

$$(1 \pm x)^{5/3} = 1 \pm \frac{5x}{3} + \frac{10x^2}{18} \pm \frac{10x^3}{162} + \cdots \tag{4.24}$$

Vernachlässigen wir den zu x^3 proportionalen Term und wenden dieses Ergebnis auf (4.23) an, so erhalten wir:

$$\Delta E_0(Z,N) = \frac{5}{9}\frac{C}{2^{2/3}}\frac{(N-Z)^2}{A} . \tag{4.25}$$

Der Unterschied der Gesamtenergie von Kernen mit $Z = N$ zu Kernen mit $Z \neq N$ ist eine quadratische Funktion des Überschusses oder Defizits an Neutronen. Diesen Ausdruck haben wir bereits im Asymmetrieterm B_4 bei der Diskussion der Bindungsenergie der Kerne im Rahmen des Tröpfchenmodells (3.11) kennengelernt.

Der in Kernreaktionen (vgl. Kap. 6) auftretende Zwischenkern oder Compoundkern läßt sich ebenfalls als Fermi-Gas beschreiben, allerdings bei einer sehr viel höheren Temperatur. Die Dichte der Energiezustände oberhalb der Fermi-Energie nimmt stark zu, wie die nachfolgende Überlegung zeigt.

Für ein Fermi-Gas mit n Teilchen liefert die statistische Thermodynamik folgende Abhängigkeit der Energie von der Temperatur:

$$E(T) = E_0 + \frac{3\pi^2 n^2}{20E_0}(kT)^2 + \cdots , \tag{4.26}$$

wobei E_0 die Grundzustandsenergie bei $T = 0$ ist. Höhere Potenzen der Temperatur werden nicht berücksichtigt, so daß wir uns auf Energien unter 5 MeV beschränken. Mit der Boltzmann-Konstanten $k = 0.861 \cdot 10^{-10}$ MeV/K entspricht 1 MeV $= 1.16 \cdot 10^{10}$ K. Mit der Beziehung (4.19) können wir nun die Anregungsenergie bestimmen:

$$E^* = E(T) - E_0 = \frac{3\pi^2}{20}\frac{n^2}{E_0}(kT)^2 = a(kT)^2 \,, \tag{4.27}$$

dabei ist $a = 3\pi^2 n^2/(20E_0) = \pi^2 n/(4E_\mathrm{F})$ eine systemspezifische Konstante.

Für ein Nukleonengas mit zwei verschiedenen Teilchenarten müssen zwei Konstanten eingeführt werden: $a_\mathrm{n} = 0.103A$, $a_\mathrm{p} = 0.147A$ in MeV. Aus beiden erhalten wir dann für die Anregungsenergie

$$E^* = (a_\mathrm{n} + a_\mathrm{p})(kT)^2 = 0.25A(kT)^2 \,. \tag{4.28}$$

Die Dichte der Energiezustände wurde von Lew Davidowitsch Landau mit der Entropie S verknüpft

$$S = k \ln \frac{\varrho(E^*)}{\varrho(E_0)} \,. \tag{4.29}$$

Hierin ist $\varrho(E)$ die Dichte der Energieniveaus. Thermodynamisch ist die Entropie S mit der Temperatur T wie folgt verknüpft:

$$S = \int_0^T \frac{\mathrm{d}E}{T} \,. \tag{4.30}$$

Benutzen wir nun die Beziehung (4.28), aus der folgt $\mathrm{d}E^* = ak^2T\ \mathrm{d}T$, so erhalten wir für die Entropie

$$S = 2ak^2 \int_0^T \mathrm{d}T = 2ak^2T = 2k\sqrt{aE^*} \tag{4.31}$$

und schließlich für die Niveaudichten

$$\varrho(E^*) = \varrho(E_0) \exp\left\{2\sqrt{aE^*}\right\} \,. \tag{4.32}$$

Für $A = 100$ und eine Anregungsenergie von $E = 8$ MeV wird $\varrho(8\ \mathrm{MeV})/\varrho(E_0) \approx 3 \cdot 10^8$.

4.2 Einzelteilchenmodell – Schalenmodell der Atomkerne

Ein Modell des Atomkerns muß nicht nur die globalen Eigenschaften eines statistischen Ensembles wie im Tröpfchen- oder Thomas-Fermi-Modell beschreiben, es müssen auch die individuellen Kerneigenschaften wie Anregungsenergien und magnetische Momente beschrieben werden. Dazu konnte mit dem Einzelteilchen-Schalenmodell ein wesentlicher Schritt getan werden.

4.2.1 Einzelteilchenmodell in sphärischen Koordinaten

Die Erkenntnis, daß es im Atomkern keine zentrale Quelle eines Potentials gibt, wie es im Atom der Fall ist, bereitete für die Aufstellung eines Modells des Atomkerns große Schwierigkeiten. Dennoch lieferte die Erforschung der Atomkerne eine große Fülle empirischen Materials, das einer Erklärung bedurfte. Eine wichtige Erkenntnis war, daß sowohl einige Protonenzahlen als auch Neutronenzahlen ausgezeichnet zu sein schienen. Da der physikalische Ursprung dieses Verhaltens zunächst nicht bekannt war, nannte man sie *magische Zahlen*. Diese Zahlen sind $Z = 2, 8, 20, 28, 50, 82$; $N = 2, 8, 20, 28, 50, 82, 126$. Nachfolgend sind einige der Fakten genannt, die 1949 bekannt waren und diesem Namen zugrunde liegen.

1. Die intensive Erforschung der Isotopie der Elemente zeigte, daß die Elemente, deren Ordnungszahl einer magischen Zahl entsprach, sich dahingehend auszeichnen, daß sie mehr stabile Isotope besitzen als andere. Dies ist besonders ausgeprägt im Vergleich mit ihren unmittelbaren Nachbarn (Bild 4.4a).

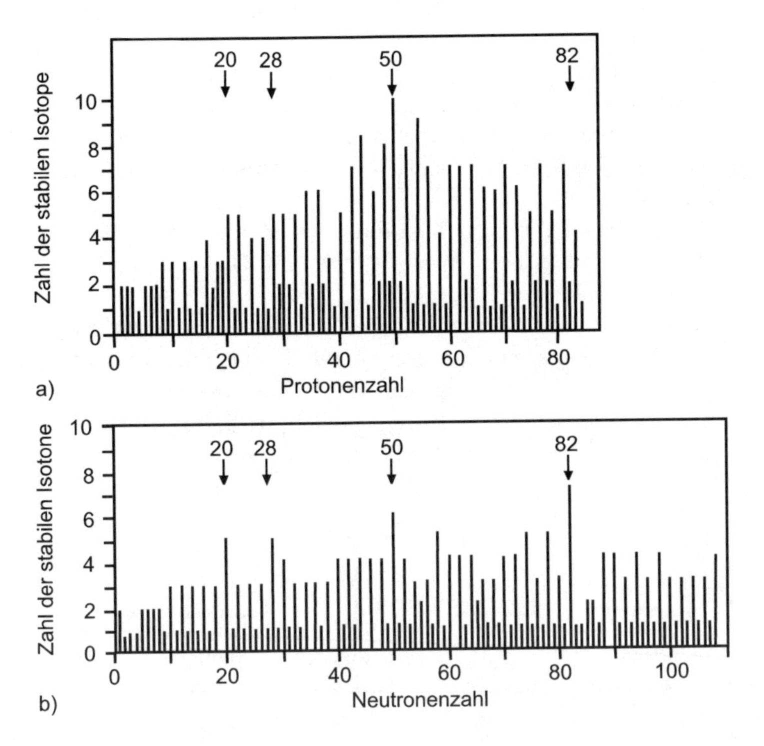

Bild 4.4. Häufigkeit magischer (**a**) Protonen- und (**b**) Neutronenzahlen

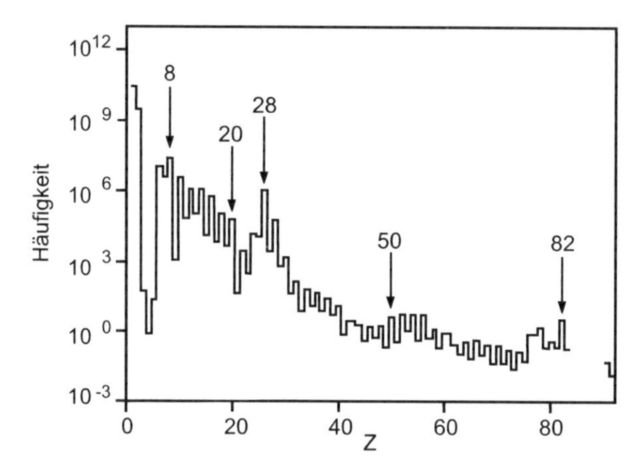

Bild 4.5. Elementhäufigkeit im Kosmos

2. Auch treten bei magischen Zahlen besonders viele Isotone, d.h. Kerne mit gleicher Neutronenzahl zu verschiedenen Ordnungszahlen auf (Bild 4.4b).
3. Die Messung der irdischen und kosmischen Häufigkeitsverteilungen der chemischen Elemente lieferte ausgeprägte Maxima an Stellen magischer Protonenzahlen, während andere Elemente nur in ganz geringer Menge gefunden wurden (Bild 4.5, man beachte die logarithmische Auftragung; siehe auch Bild 9.8).
4. Die Energie der ersten angeregten Zustände nimmt an den Stellen der magischen Zahlen besonders hohe Werte an, wie am Beispiel der Umgebung des ^{208}Pb in Bild 4.6 gezeigt.
5. Die Einfangquerschnitte für Neutronen sind besonders klein für Kerne mit magischer Neutronenzahl. Hingegen zeigen Kerne mit Neutronenzahlen um eins kleiner als eine magische Zahl einen besonders großen Einfangquerschnitt. Beispiele: $\sigma(^{137}_{56}\mathrm{Ba}_{81}) = 5.1$ b, $\sigma(^{138}_{56}\mathrm{Ba}_{82}) = 0.35$ b, $\sigma(^{207}_{82}\mathrm{Pb}_{125}) = 0.7$ b, $\sigma(^{208}_{82}\mathrm{Pb}_{126}) = 0.0005$ b.

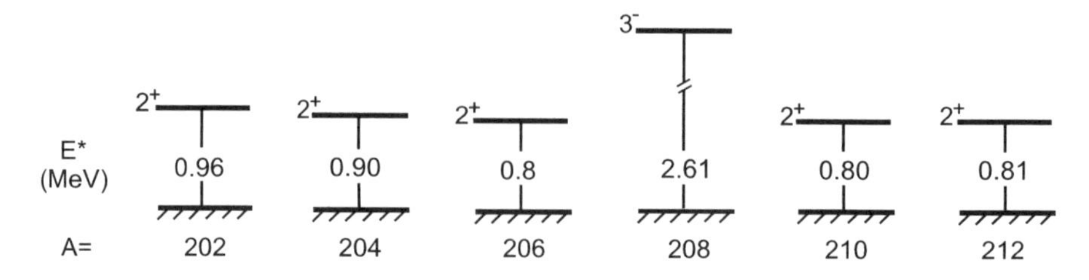

Bild 4.6. Energien der ersten angeregten Zustände in der Umgebung von ^{208}Pb

6. Die Separationsenergien für Protonen und Neutronen sind für Kerne, deren Protonen- bzw. Neutronenzahl gerade einer magischen Zahl entsprechen, besonders groß (vgl. Bild 4.7). Dieses Verhalten erinnert an die hohen Ionisationsenergien der Elektronenhülle bei Edelgasatomen. Beispiel: $S_{\rm n}({}^{16}_{8}{\rm O}_8) = 15.663$ MeV, $S_{\rm n}({}^{17}_{8}{\rm O}_9) = 4.143$ MeV, $S_{\rm p}({}^{40}_{20}{\rm Ca}_{20}) = 8.329$ MeV, $S_{\rm p}({}^{41}_{21}{\rm Sc}_{20}) = 1.086$ MeV.

Zur theoretischen Beschreibung der Kerne im Einzelteilchenmodell wird eine Schrödinger-Gleichung benutzt. Der Hamilton-Operator lautet

$$H = \sum_i \left[-\left(\frac{\hbar^2}{2m} \right) \Delta_i \right] + \sum_{i<j} V_{ij} \,, \tag{4.33}$$

wobei V_{ij} die Potentiale der Wechselwirkung zwischen den Nukleonen sind, mit $\sum_{ij} V_{ij} = \frac{1}{2} \sum_{i \neq j} V(r_{ij})$, weil jede Zweiteilchenwechselwirkung nur ein-

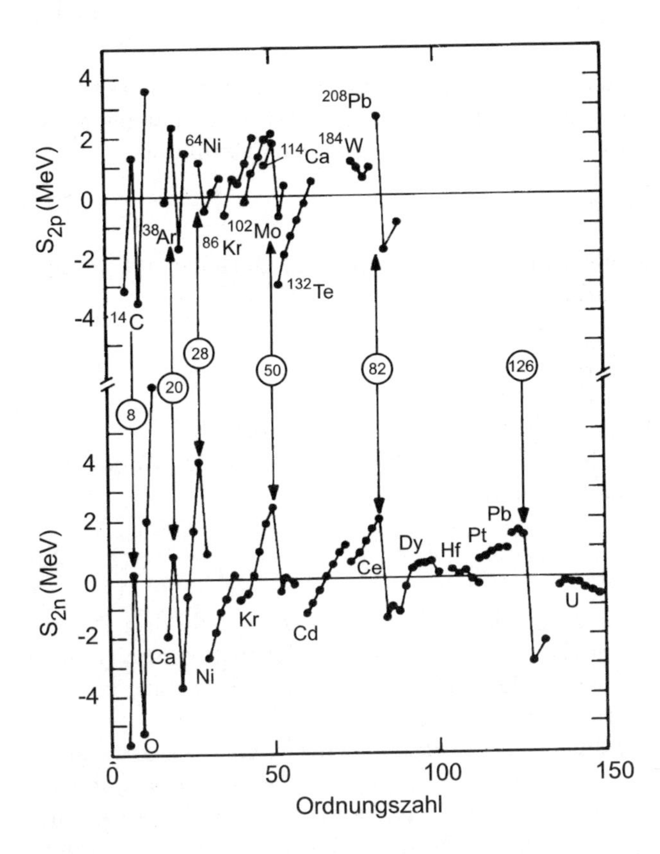

Bild 4.7. *Oberer Bildteil*: Separationsenergien für zwei Protonen für Isotone. *Unterer Bildteil*: Separationsenergien für zwei Neutronen für Isotope. Bei den magischen Zahlen ändern sich die Bindungsenergien besonders stark

mal gezählt wird. Im Operator ersetzen wir die V_{ij} durch abstandsabhängige Potentiale $V(\boldsymbol{r}_i)$, woraus der Hamilton-Operator folgt:

$$H = \sum_i [T_i + V(\boldsymbol{r}_i)] + \left[\sum_{ij} V(\boldsymbol{r}_{ij}) - \sum_i V(\boldsymbol{r}_i)\right] . \tag{4.34}$$

Darin ist

$$\sum_i T_i = \sum_i \left(-\frac{\hbar^2}{2m_N}\Delta_i\right) \tag{4.35}$$

die kinetische Energie. Für die weitere Behandlung, die wir hier nicht explizit ausführen, wird dann angenommen, daß die Restwechselwirkung, auf die weiter unten noch eingegangen wird,

$$V_{\mathrm{R}} = \sum_{ij} V(\boldsymbol{r}_{ij}) - \sum_i V(\boldsymbol{r}_i) \tag{4.36}$$

vernachlässigt werden kann, so daß sich die Nukleonen nur in einem abstandsabhängigen mittleren Potential befinden. Unter den abstandsabhängigen Potentialen lassen sich nur das Potential des harmonischen Oszillators

$$V_{\mathrm{os}}^{(r)} = -V_0 + \frac{m_{\mathrm{N}}}{2}(\omega_0 r)^2 \tag{4.37}$$

mit der Masse des Nukleons m_{N} und einer Frequenz ω_0, die angepaßt werden kann, und das Kastenpotential

$$V_{\mathrm{K}} = \begin{cases} -V_0 & r \leq R \\ \infty & r > R \end{cases} \tag{4.38}$$

analytisch behandeln. Beide Potentiale sind unendlich hoch.

Ein wesentlich realistischeres Potential ist das von Roger D. Woods und David S. Saxon eingeführte Potential

$$V_{\mathrm{WS}}(r) = -\frac{V_0}{1 + \mathrm{e}^{(r-R)/a}} , \tag{4.39}$$

das aber nur einer numerischen Behandlung zugängig ist. Alle drei Potentiale sind in Bild 4.8 gezeigt. Die Berechnung der in diesen Potentialen auftretenden Energieniveaus liefert die in Bild 4.9 gezeigten Resultate für das Kastenpotential und das Oszillatorpotential.

Die Lösungen der Schrödinger-Gleichung ergeben Energieniveaus, die aber nur die magischen Zahlen 2, 8, 20 als Schalenabschlüsse erklären können. Bei einer größeren Zahl von Nukleonen im Kern ergeben sich andere als die magischen Zahlen. Das Oszillatorpotential liefert für alle Niveaus konstante Abstände.

Die richtigen Schalenabschlüsse wurden 1949 unabhängig voneinander einerseits von Otto Haxel, Johannes Hans Daniel Jensen und Hans Eduard

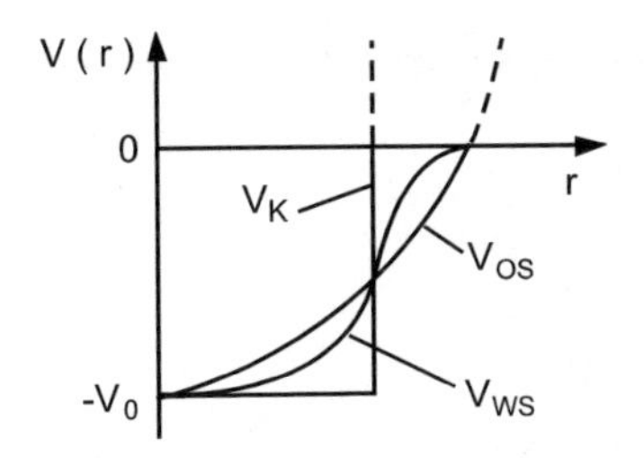

Bild 4.8. Potentialformen im Einzelteilchen-Schalenmodell

Suess, andererseits von Maria Goeppert-Mayer gefunden. Der entscheidende Gedanke war eine Analogie zur Atomhülle, in der die auf elektromagnetischer Wechselwirkung beruhende Spin-Bahn-Kopplung des Elektrons eine bedeutende Rolle spielt, denn sie führt zu der experimentell beobachteten Aufspaltung von Spektrallinien, die als Feinstruktur bezeichnet wird. Eine ebensolche Spin-Bahn-Kopplung wurde auch für die starke Wechselwirkung der Nukleonen eingeführt, wobei ℓ, s, j den Bahndrehimpuls, den Spin und den Gesamtdrehimpuls des einzelnen Nukleons darstellen:

$$\boldsymbol{j} = \boldsymbol{\ell} + \boldsymbol{s} \,, \qquad j_+ = \ell + \tfrac{1}{2} \,, \qquad j_- = \ell - \tfrac{1}{2} \,. \tag{4.40}$$

In den beiden letzten Gleichungen ist der Spin des Nukleons parallel oder antiparallel zum Bahndrehimpuls angegeben. Für das abstandsabhängige Potential eines einzelnen Teilchens im Potential eines anderen gilt dann der Ansatz:

$$V(r_i) = V_0(r) + V_{\ell s}(r_i)(\boldsymbol{\ell} \cdot \boldsymbol{s}) \,. \tag{4.41}$$

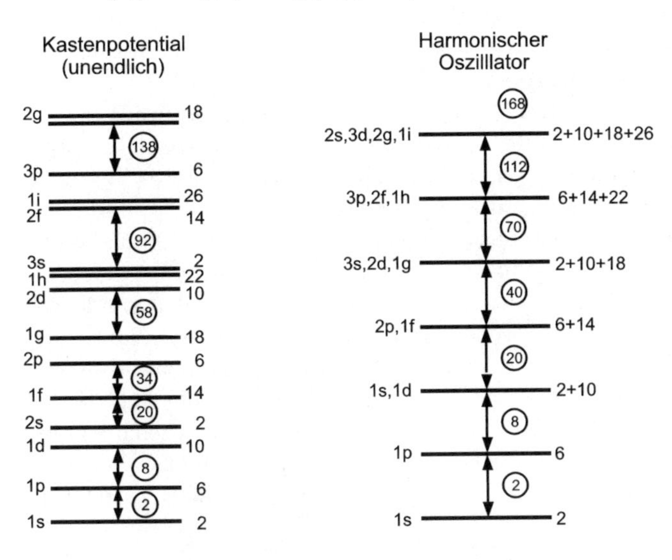

Bild 4.9. Schalenmodellzustände mit Kasten- und Oszillatorpotential berechnet

Der Betrag des Produkts der beiden Vektoren kann über den Erwartungswert in den Eigenzuständen von j berechnet werden (vgl. 4.40):

$$\langle \boldsymbol{\ell} \cdot \boldsymbol{s} \rangle = \frac{1}{2} \Big[\langle \boldsymbol{j}^2 \rangle - \langle \boldsymbol{\ell}^2 \rangle - \langle \boldsymbol{s}^2 \rangle \Big] \hbar^2 \tag{4.42}$$

$$= \frac{1}{2} \Big[j(j+1) - \ell(\ell+1) - s(s+1) \Big] \hbar^2 \,. \tag{4.43}$$

Für j_+ und j_- erhält man $\ell/2$ und $-(\ell+1)/2$. Damit folgt für das Potential:

$$V(r_i) = V_0(r_i) \cdot \begin{cases} +\dfrac{\ell}{2} V_{\ell s} & \text{für } j_+ \\ -\dfrac{\ell+1}{2} V_{\ell s} & \text{für } j_- \,. \end{cases} \tag{4.44}$$

Mit diesem Spin-Bahn-Potential ergeben sich dann für ein $V < 0$ und $V_{\ell s} < 0$ die in Bild 4.10 dargestellten Niveaus.

Die radiale Abhängigkeit des Spin-Bahn-Potentials wird analog demjenigen im Atom angesetzt:

$$V_{\ell s}(r) \propto \frac{1}{r} \frac{\mathrm{d}V(r)}{\mathrm{d}r} \,. \tag{4.45}$$

Dieser Ansatz beinhaltet die Annahme, daß das Spin-Bahn-Potential an der Kernoberfläche dominant ist.

Die starke Spin-Bahn-Kopplung, d.h. die Kopplung des Spins eines Nukleons mit seinem eigenen Bahndrehimpuls aufgrund des Kernpotentials, bewirkt also eine selektive Verschiebung von Energieniveaus zu höheren oder niedrigeren Werten, so daß sich Lücken im Niveauschema ergeben, die genau an den Stellen auftreten, die den magischen Zahlen entsprechen (siehe Bild 4.10). Auch diese Argumentation basiert auf Anschauungen, die aus dem Atom-Modell übernommen wurden.

Ferner zeigt sich, daß Zustände mit höherem Gesamtdrehimpuls j energetisch niedriger liegen als die mit kleinem Gesamtdrehimpuls, also die $\mathrm{p}_{3/2}$-Zustände liegen tiefer als die $\mathrm{p}_{1/2}$-Zustände, ein entgegengesetztes Verhalten zum Atom. Dies bedeutet auch, daß bei einem Aufbau der Kerne aus den einzelnen Nukleonen diejenigen Zustände mit größerem Drehimpuls zuerst besetzt werden. Das einfache Einzelteilchen-Schalenmodell liefert auch die richtige Erklärung für die magnetischen Momente der Grundzustände von ug- und gu-Kernen. Die magnetischen Momente werden jeweils durch das ungepaarte Nukleon bestimmt und sind in Bild 3.4 durch die Schmidt-Werte dargestellt (Histogramm). Die Werte der Bahndrehimpulse oberhalb $\ell = 1$ werden ebenfalls analog dem Atommodell mit Buchstaben bezeichnet und zwar: ℓ=2: d, ℓ=3: f, ℓ=4: g, ℓ=5: h, ℓ=6: i. Aus diesen Buchstaben wird als rechter unterer Index der Gesamtdrehimpuls, also entweder j_+ oder j_- (4.40), angefügt.

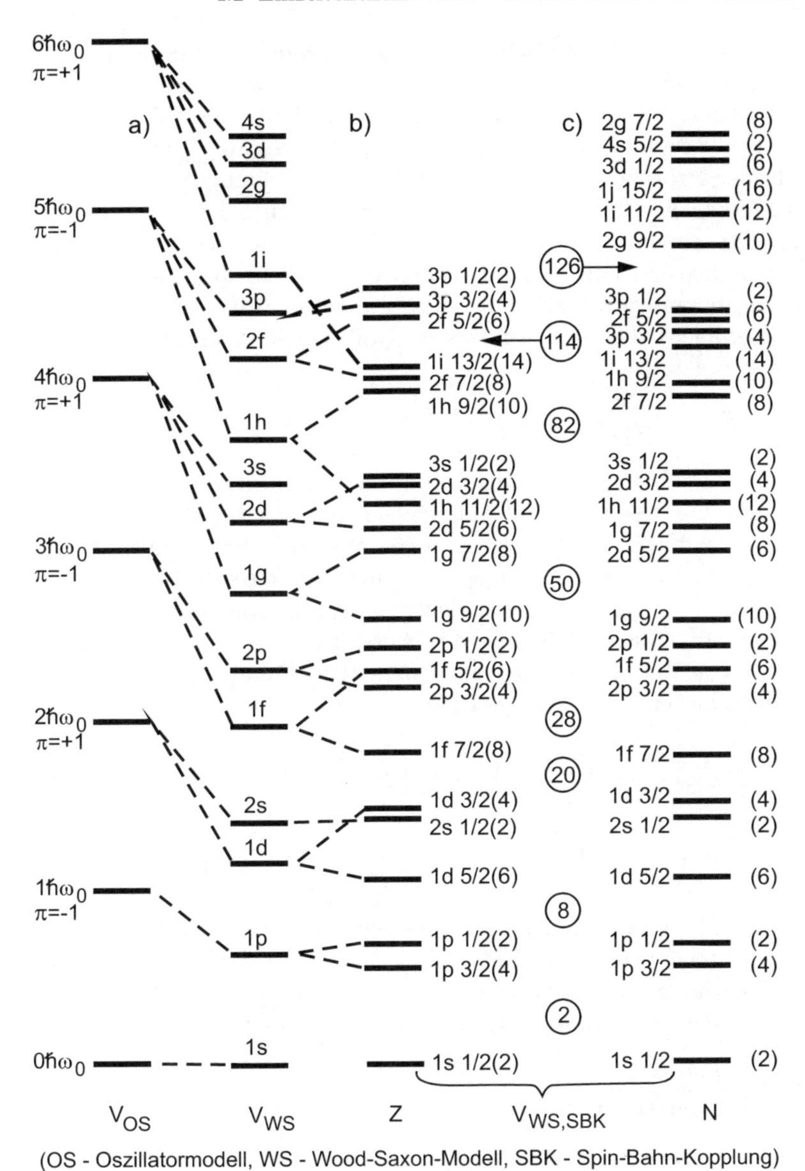

Bild 4.10. Schalenmodellzustände unter Berücksichtigung der Spin-Bahn-Kopplung

Die mit dem Einzelteilchen-Schalenmodell berechneten Energiezustände sind für Protonen und Neutronen fast gleich, wenn man den Einfluß des Coulomb-Potentials unberücksichtigt läßt. Dieses Verhalten läßt sich am Beispiel von Spiegelkernen belegen. Spiegelkerne sind solche Kernpaare, bei denen die Zahl der Protonen und Neutronen vertauscht sind, also wie in Abschn. 3.6 am Beispiel ^{13}C–^{13}N und schematisch hier (Bild 4.11) am Beispiel ^{15}N–^{15}O mit experimentell bestimmten Energieniveaus gezeigt wird.

Mit Hilfe der aus dem Schalenmodell berechneten Wellenfunktionen lassen sich ebenfalls Übergangswahrscheinlichkeiten angeben. Für elektromagnetische Übergänge liefert das Modell folgende Größen (vgl. Abschn. 7.5):

$$\lambda(L) = \frac{1}{\tau(L)} = \frac{8\pi(L+1)}{L[(2L+1)!!]} \frac{1}{\hbar} \left(\frac{E_\gamma}{\hbar c}\right)^{2L+1} B(L) \,. \tag{4.46}$$

Darin ist L der Drehimpuls, E_γ die Energie der Photonen, $(2L + 1)!! = 1 \cdot 3 \cdot 5 \cdots (2L + 1)$. Die $B(L)$ sind Matrixelemente, aus denen die Energieabhängigkeit sowie die Drehimpulskopplungen absepariert worden sind.

Für Einzelteilchenanregungen ergeben sich für elektrische bzw. magnetische Übergänge (zur Definition von elektrischen und magnetischen Multipolübergängen vgl. Abschn. 7.5) folgende Ausdrücke, die zuerst im Endzustand für $\ell = 0$ von Viktor Weißkopf berechnet wurden und die deshalb auch als Weißkopf-Einheiten bezeichnet werden:

$$B(EL) = \frac{e^2}{4\pi}\left(\frac{3R^L}{L+3}\right)^2 \quad \text{für elektrische Multipole,} \tag{4.47}$$

$$B(ML) = 10\left(\frac{\hbar}{M_\mathrm{p} c R}\right)^2 B(EL) \quad \text{für magnetische Multipole.} \tag{4.48}$$

Die Größen $B(EL)$ und $B(ML)$ sind reduzierte Matrixelemente [SCH98]. R liegt in der Größenordnung des Kernradius und M_p ist die Protonenmasse. Die in den Experimenten beobachteten Übergangswahrscheinlichkeiten werden meistens zu den Weißkopf-Einheiten in Relation gesetzt:

$$|M|^2 = \frac{\Gamma_\gamma(\mathrm{exp.})}{\Gamma_\gamma(\mathrm{Weißkopf})} \,. \tag{4.49}$$

Generell lassen sich aus bisherigen Messungen folgende Schlüsse ziehen:

- Für M1- und E1-Übergänge sind alle beobachteten $|M|^2 < 1$. Die Übergänge sind langsamer als die Einteilchenübergänge, woraus auf Konfigurationsmischungen (vgl. Abschn. 4.2.3) geschlossen wird.
- In leichten Kernen ist $|M|^2 \approx 3\%$ für isospinerlaubte E1-Übergänge.
- In leichten Kernen haben M1-Übergänge Matrixelemente in der Größe von $|M|^2 \approx 15\%$.
- E2-Übergänge haben sowohl in leichten wie auch schweren Kernen generell $|M|^2 > 1$, häufig Werte, die das 10- bis 100-fache des Einzelteilchenwertes

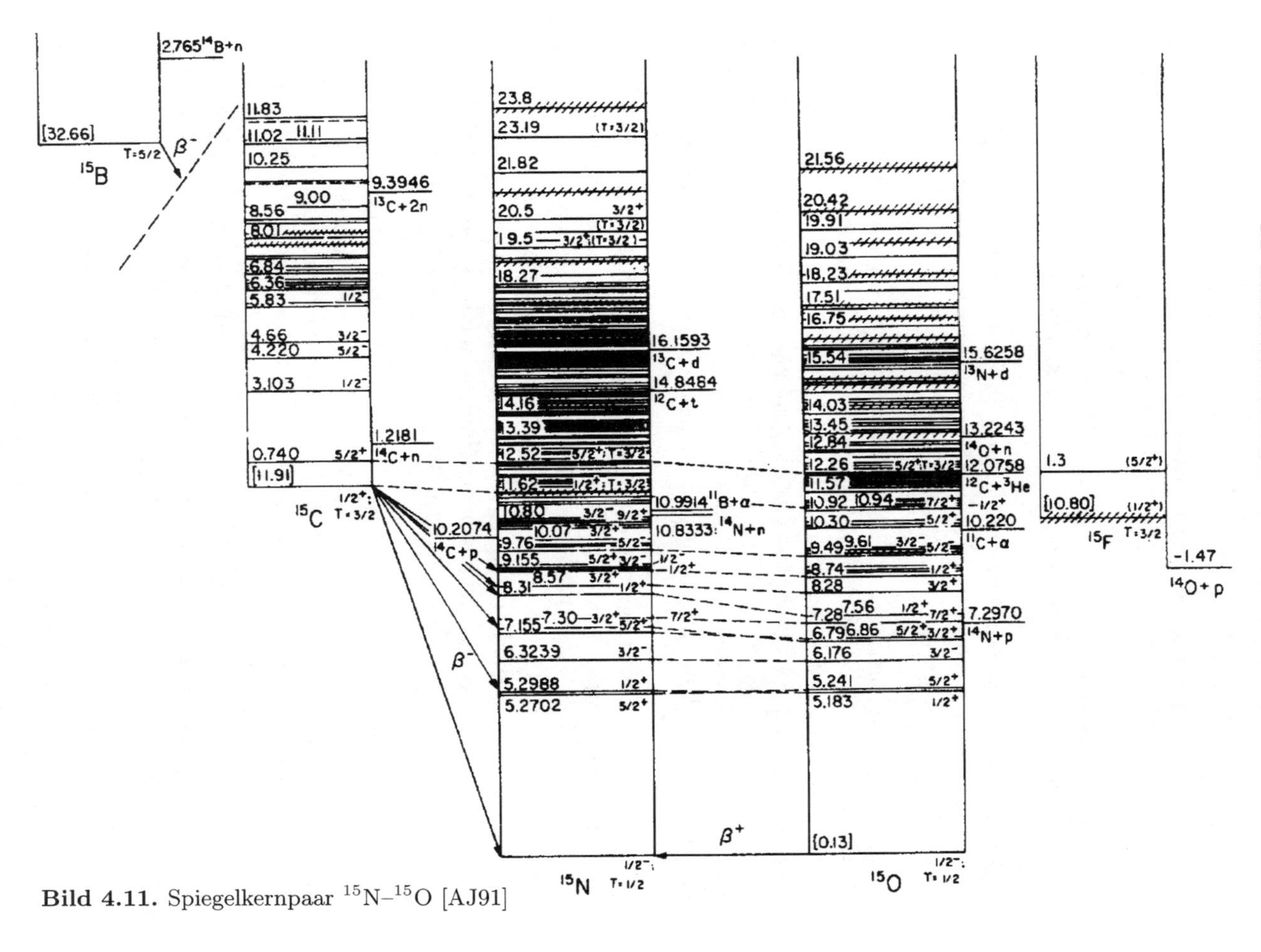

Bild 4.11. Spiegelkernpaar ^{15}N–^{15}O [AJ91]

betragen. Dies wird insbesondere bei Kernen beobachtet, bei denen auch eine starke Quadrupoldeformation existiert.
- Die meisten Multipolübergänge zu höherem L weisen weniger Variationen im $|M|^2$-Wert auf als Dipol- und Quadrupolübergänge. Für einige E3-Übergänge wurden vergrößerte Werte für $|M|^2$ gefunden.
- Übergänge einzelner Protonen oder Neutronen können nicht unterschieden werden.
- Das Einzelteilchen-Schalenmodell wurde durch die genauen Untersuchungen zahlreicher Kernreaktionen, in denen ein Nukleon ausgetauscht wird, experimentell bestätigt (vgl. Abschn. 6.3.2).

Generell zeigt sich, daß die Energieniveaus des Grundzustandes eines Kerns mit dem Einzelteilchen-Schalenmodell unter Annahme eines realistischen Kernpotentials, das durch die Dichteverteilung der Nukleonen erzeugt wird, recht gut beschrieben werden können. Da sich die Schrödinger-Gleichung allerdings in der Regel nicht mehr analytisch lösen läßt, werden in einem selbst-konsistenten Variationsverfahren nach Hartree-Fock die Wellenfunktionen und die zugehörigen Energieeigenwerte numerisch bestimmt [SCH98].

Die Güte eines Kernmodells wird, wie bereits erwähnt, daran gemessen, inwieweit es die experimentellen Ergebnisse zumindest näherungsweise wiedergeben kann. Dies gilt zunächst für die Energieniveaus des Grundzustandes, dann aber auch für Größen wie das magnetische Moment oder das Quadrupolmoment und für die Berechnung der Energieniveaus angeregter Zustände. Jetzt müssen die Wechselwirkungen der Nukleonen untereinander berücksichtigt werden, die als Restwechselwirkungen in (4.36) zunächst vernachlässigt wurden.

Hierzu werden Schalenmodell-Rechnungen mit zunehmenden Computer-Kapazitäten stets verfeinert, denn dies erlaubt es, die Basis der für die Berechnung benötigten Komponenten einer Wellenfunktion ständig zu erweitern. Als Beispiel dafür soll das magnetische Moment des Kerns ^{29}Si dienen.

Wie bereits in (3.52) angegeben ist mit dem Kernspin I das magnetische Moment μ_I des Kerns verknüpft. In den Bildern 3.4a und b sind die experimentell bestimmten magnetischen Momente gezeigt. Im Vergleich zu dem treppenförmigen Histogramm der Schmidt-Werte, die nur Extremwerte darstellen, weichen die realen Werte ab. Im einfachen Einzelteilchen-Schalenmodell müßte z.B. der Kern ^{29}Si ein magnetisches Moment haben, das durch das „Valenzneutron" bestimmt wird, denn der Kernrumpf wird durch ^{28}Si gebildet, das eine abgeschlossene $d_{5/2}$ Schalenstruktur besitzt. Also sollte der Wert $\mu_{s_{1/2}} = -1.91\mu_K$ sein, wohingegen $\mu_{exp} = -0.555\mu_K$ gemessen wurde. Wenn in den theoretischen Modellen die Basis der Rechnungen erweitert wird, d.h. die vollständige $d_{5/2}$ Konfiguration einbezogen wird, nähern sich die theoretischen Werte den experimentellen wesentlich an, Wildenthal [WI84] erhielt unter Berücksichtigung der vollständigen sd-Konfiguration als Wert $\mu_{sd} = -0.502\mu_K$, ein Wert, der dem experimentellen Wert nahe kommt.

Dieses Beispiel soll zeigen, daß das einfache Einzelteilchen-Schalenmodell beträchtliche Erweiterungen erfordert, um eine realistische Beschreibung der Eigenschaften der Kerne zu liefern. Anschaulich deutet dies auf einen beträchtlichen Einfluß des Bahndrehimpulses im Kern hin sowie auf mögliche Beiträge höherer Resonanzzustände [BR91].

4.2.2 Einzelteilchenmodell in deformierten Potentialen

Wir haben in Abschn. 3.3 die Ergebnisse der optischen Hyperfeinstrukturuntersuchungen kennengelernt, aus denen für eine ganze Reihe von Kernen folgte, daß sie ein statisches elektrisches Quadrupolmoment besitzen. Dieses Ergebnis ist gleichbedeutend mit einer Deformation der Kerne. Wenn wir im vorhergehenden Abschnitt angenommen haben, daß sich die Nukleonen in einem gemittelten Potential bewegen, so war damit impliziert, daß es sich dabei um ein kugelförmiges Potential handelt. Die Berechnung der Energieniveaus in deformierten Kernen läßt sich für ein Oszillatorpotential leicht einsehen, man geht dabei vom harmonischen zum anharmonischen Oszillator über. Der Hamilton-Operator hat dabei die Form

$$H = -\frac{\hbar^2}{2m}\Delta + V_{\mathrm{N}}(r) = H_0 + C(\boldsymbol{\ell}\cdot\boldsymbol{s}) + D\boldsymbol{\ell}^2 \,. \tag{4.50}$$

Darin ist

$$V_{\mathrm{N}}(r) = \frac{m}{2}\left[\omega^2(x^2+y^2) + \omega_z^2 z^2\right] + C(\boldsymbol{\ell}\cdot\boldsymbol{s}) + D\boldsymbol{\ell}^2 \,. \tag{4.51}$$

Der Deformationsparameter δ wird für ein Rotationsellipsoid mit der großen Achse a und der kleinen Achse b definiert:

$$\delta = \frac{b-a}{R_0}\,, \qquad R_0 = \frac{a+b}{2}\,. \tag{4.52}$$

Die mit diesem zuerst von Sven Gösta Nilsson ausgearbeiteten Modell berechneten Energieniveaus sind für die niedrigsten Zustände als Funktion des Deformationsparameters in Bild 4.12 aufgetragen. Darin stellt die Seite negativer Deformation die Kerne mit oblater Form, die mit positiver Deformation die Kerne mit prolater Form dar. Die Deformation $\delta = 0$ entspricht dem von uns zuvor erörterten kugelförmigen Kern. Bild 4.12 zeigt, daß für deformierte Kerne die Einzelteilchenniveaus beträchtliche Verschiebungen erfahren können.

4.2.3 Teilchenkorrelationen

Ergänzend zu den beiden vorhergehenden Abschnitten ist nun noch die Frage zu beantworten, ob die einzelnen Nukleonen auch Korrelationen untereinander haben. Ähnlich wie in der Atomphysik die Elektronenzustände in den

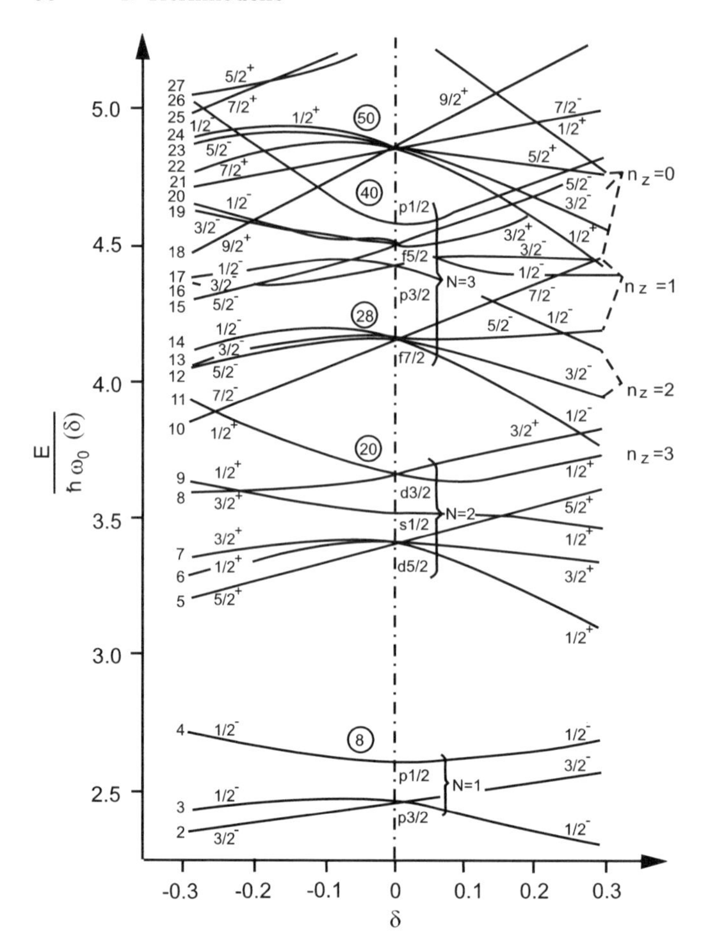

Bild 4.12. Verlauf der Einzelteilchenniveaus als Funktion des Deformationsparameters (nach Nilsson [NI55])

einzelnen Schalen dem spektroskopischen Symbol vorangestellt werden, bezeichnen wir kernphysikalische Zustände getrennt für Protonen π und Neutronen ν mit dem Gesamtdrehimpuls $n\ell j$ und setzen die Zahl x oder y der Nukleonen als Hochzahl dazu, also $(\pi n\ell j)^x$ und $(\nu n'\ell' j')^y$. Zur Erläuterung betrachten wir das Bild 4.13, in dem schematisch Konfigurationen mit einer möglichen Verteilung von 4 Nukleonen einer Art auf die einzelnen Niveaus gezeigt sind.

Charakteristisch für die Korrelationen sind die unterschiedlichen Kopplungsmöglichkeiten der Drehimpulse j der einzelnen Nukleonen. Aus diesem Grunde werden die vielen bekannten und vermessenen Energiezustände meistens keine „reinen“ Einteilchenzustände sein, sondern sie werden aus der Überlagerung mehrerer oder auch vieler Konfigurationen entstehen.

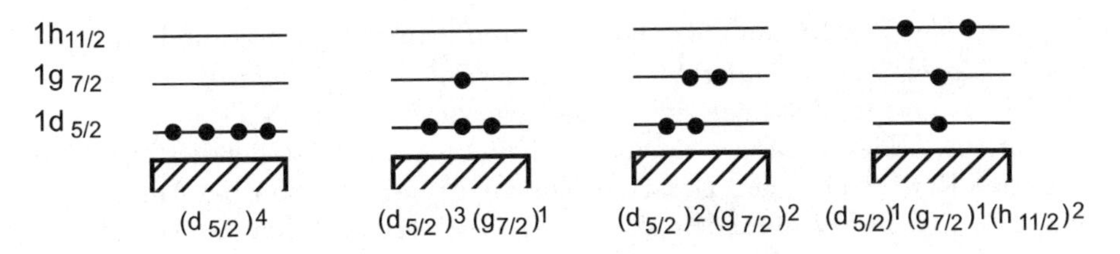

Bild 4.13. Kopplungen zwischen Nukleonen. Der schraffierte Teil deutet abgeschlossene Schalen an

Wir wollen dies an zwei Beispielen erläutern: Wir betrachten dazu zunächst den instabilen Kern ^{130}Sn, der mit 50 Protonen eine abgeschlossene Protonenschale hat sowie mit 80 Neutronen eine nichtabgeschlossene Neutronenschale (82), der also zum Schalenabschluß zwei Neutronen fehlen. Dem Schalenmodellschema entnehmen wir, daß die Protonen in einer $g_{9/2}$-Schale, die Neutronen in einer $h_{11/2}$-Schale angeordnet sind. Der Grundzustandsspin des Kerns ist nach dem Einteilchenschalenmodell 0^+, beide Nukleonenarten sind gepaart. Wenn wir diesen Kern anregen (vgl. Bild 4.14), müssen wir mindestens ein Paar aufbrechen. Heben wir eines der $g_{9/2}$-Protonen oder eines der $h_{11/2}$-Neutronen in die nächst höhere Schale an, müssen wir einen großen Energiebetrag aufwenden, um die Energielücke zur nächsten Hauptschale zu überwinden. Wir können aber auch in den Zuständen $s_{1/2}$ oder $d_{3/2}$, beides Zustände gerader Parität, z.B. ein Neutronenpaar aufbrechen und dann dieses Neutron in die freien Positionen in der $h_{11/2}$-Schale einfügen. Damit hätten wir ein Neutron in der $s_{1/2}$- oder $d_{3/2}$-Schale und 11 in der

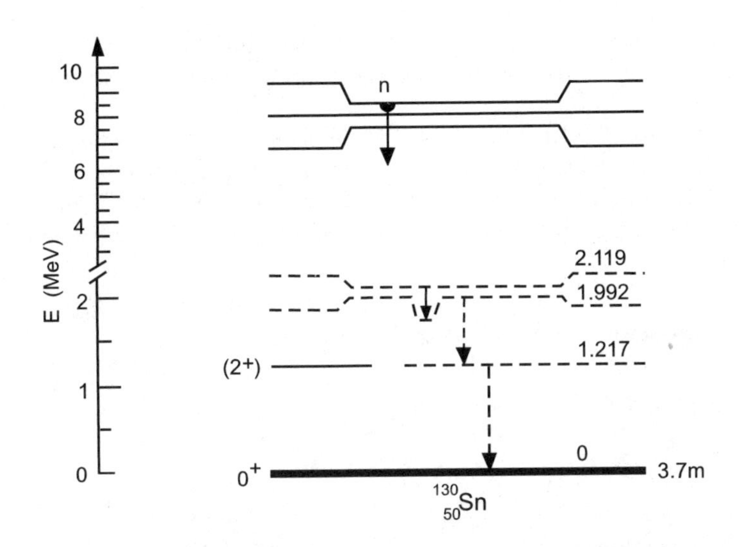

Bild 4.14. Niveauschema des ^{130}Sn im unteren Energiebereich

$h_{11/2}$-Schale. Die Drehimpulse können dann zwischen $j_1 + j_2$ und $|j_1 - j_2|$ liegen, also $\frac{11}{2} + \frac{1}{2} = 6$ oder $\frac{11}{2} - \frac{1}{2} = 5$ bzw. $\frac{11}{2} + \frac{3}{2} = 7$ oder $\frac{11}{2} - \frac{3}{2} = 4$.

Die s- und d- Zustände haben positive, die h-Zustände ($\ell = 5$) negative Parität, deshalb müssen die aus der Kombination entstehenden Zustände negative Parität besitzen. Derartige Zustände sind im ^{130}Sn bei Anregungsenergien um 2 MeV gefunden worden. Diese Energie ist charakteristisch für das Aufbrechen eines Paares.

Das Spektrum des ^{130}Sn enthält aber auch einen ersten angeregten 2^+-Zustand bei 1.2 MeV. Dieser Zustand könnte prinzipiell auch entstehen, wenn ein im Grundzustand zum Spin 0 gekoppeltes $h_{11/2}$-Neutronenpaar sich zum Spin 2^+ koppelt. Spins zwischen 0 und 10 sind erlaubt, eine Kopplung zum Spin 11 würde gegen das Pauli-Prinzip verstoßen, weil dann zwei identische Teilchen in allen Quantenzahlen übereinstimmen würden. Eine weitere mögliche Erklärung ist die Anregung zweier $d_{3/2}$-Neutronen zur Auffüllung der $h_{11/2}$-Schale. Damit würden zwei Vakanzen in der $d_{3/2}$-Schale entstehen, es läge eine Teilchen-Loch-Anregung vor, die anzuregen aber auch einen Energiebetrag von ca. 2 MeV erfordern würde.

Zunächst halten wir als Ergebnis fest: das Einzelteilchen-Schalenmodell ist eine idealisierte Näherung, die nur wenige Zustände mit hoher Genauigkeit beschreiben kann. In den weitaus meisten Fällen sind die Nukleonenkonfigurationen, die angeregte Kernzustände beschreiben sollen, sehr komplex.

Die Wellenfunktionen bestehen dann aus vielen Komponenten, wie das folgende Beispiel schematisch zeigt:

$$\begin{aligned}\psi(2^+) = &a\psi(\nu h_{11/2} \oplus \nu h_{11/2}) + b\psi(\nu d_{3/2} \oplus \nu d_{3/2}) \\ &+c\psi(\nu d_{3/2} \oplus \nu s_{1/2}) + \cdots \end{aligned} \tag{4.53}$$

Mit $\oplus$ wird die geeignete Drehimpulskopplung angedeutet, um einen 2^+-Zustand zu erzeugen. Jede der Komponenten würde einen Energiebetrag von ca. 2 MeV erfordern.

Der im ^{130}Sn auftretende Zustand bei 1.2 MeV ist keine außergewöhnliche Erscheinung. In sehr vielen (fast allen) Spektren von gg-Kernen treten niedrig liegende 2^+-Zustände auf, völlig unabhängig von der jeweiligen Schalenmodellkonfiguration. Dies Verhalten deutet darauf hin, daß es energetische

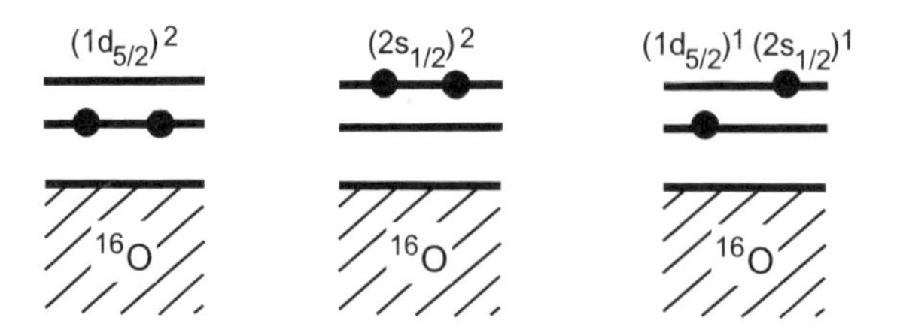

Bild 4.15. Korrelationen zweier Neutronen im ^{18}O, außerhalb des doppelt magischen Kerns ^{16}O

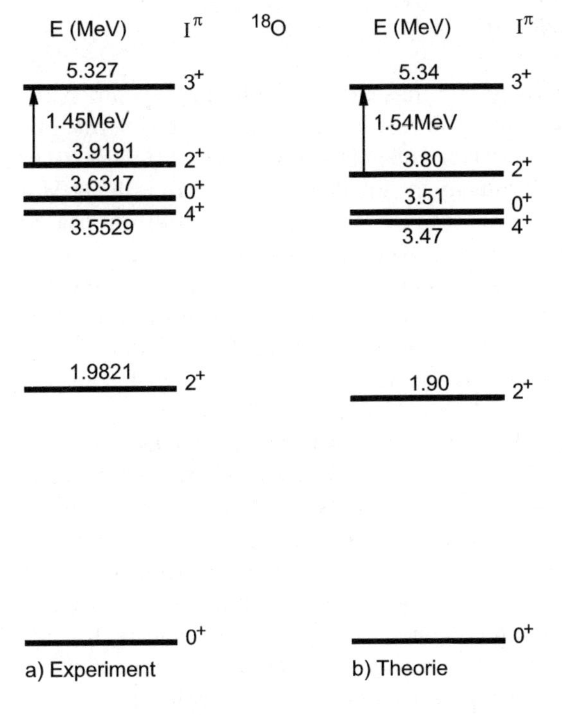

Bild 4.16. (**a**) Gemessenes und (**b**) berechnetes Spektrum des Isotops ^{18}O

Zustände im Kern gibt, an denen nicht nur einige wenige „Valenznukleonen" beteiligt sind. Derartige Zustände müssen durch ein kollektives Zusammenwirken aller Nukleonen zustande kommen. Dies wird im nächsten Abschnitt zu behandeln sein.

Es gibt aber außer den oben erwähnten Teilchenkorrelationen einiger Nukleonen auch das Zusammenwirken größerer Zusammenballungen, die wir „cluster" nennen. Ein solcher Cluster ist das α-Teilchen. Während sich einige Anregungszustände im Einzelteilchenmodell nur mit einer großen Zahl von Konfigurationen beschreiben lassen, genügen eine oder wenige Clusterkonfigurationen, um den Zustand geeignet zu beschreiben.

Ein weiteres typisches Beispiel für Korrelationen ist beim Kern ^{18}O zu beobachten. Dort befinden sich zwei Neutronen außerhalb des ^{16}O-Rumpfes. Die beiden Neutronen können dann die in Bild 4.15 gezeigten Zustände besetzen, wozu unterschiedliche Kopplungen beitragen. In Bild 4.16 ist das gemessene dem mit Zweiteilchenkorrelation berechneten Energieniveauschema gegenübergestellt. Die theoretische Beschreibung der Zustände des ^{18}O stimmt demnach sehr gut mit den experimentellen Energiewerten überein.

4.3 Kollektive Kernmodelle

Bereits bei der Diskussion der Kernbindungsenergie (Abschn. 3.1) haben wir ein kollektives Kernmodell, das Flüssigkeitstropfenmodell, kennengelernt. Mit ihm wird das globale Zusammenwirken vieler Nukleonen beschrieben. Zwar sind Details der Kernstruktur daraus nicht abzuleiten, doch kann dieses Modell Stabilitätskriterien liefern. Um die Kernstruktur im Detail zu studieren, untersucht man das Verhalten von Kernen bei Deformation. Aus der systematischen Erforschung der Hyperfeinstruktur atomarer Spektren war bekannt, daß die Form von Atomkernen häufig von der Kugelform abweicht. Die Kerne zeigen prolate und oblate Formen, die dazu führen, daß die im Einzelteilchen-Schalenmodell berechneten Energieniveaus nicht mehr mit den experimentell bestimmten Energien übereinstimmen. Wir haben im Abschn. 4.2 gesehen, wie sich die Einzelteilchenniveaus als Funktion der Deformation verändern. Aber bereits in der Diskussion der niedrig liegenden 2^+-Niveaus in gg-Kernen haben wir als Erklärung angedeutet, daß Kerne auch in ihrer Gesamtheit kollektives Verhalten zeigen können. Die Erforschung dieser Phänomene hat gezeigt, daß es ganz unterschiedliche Formen kollektiver Bewegung gibt. Sphärische Kerne können nicht rotieren, weil der „gedrehte“ Zustand mit dem Ausgangszustand identisch ist. Nur deformierte Kerne können rotieren, wobei sich die Größe der Deformation im Trägheitsmoment bemerkbar macht, sie können aber auch oszillieren bzw. vibrieren. Bei den Oszillationen kann man noch unterscheiden, ob sich die Bewegung allein an der Oberfläche abspielt oder ob der Kern im Volumen oszilliert, ein Phänomen, das man Riesenresonanz nennt. Diese unterschiedlichen Bewegungsformen werden anschließend erörtert. Die kollektiven Bewegungsformen können dann zusätzlich miteinander koppeln, und schließlich können sie noch von den Einzelteilchenzuständen überlagert werden. Da man jedoch immer nur das Gesamtverhalten eines Kerns messen kann, ist die vollständige Analyse gemessener Spektren im allgemeinen eine sehr komplexe und schwierige Aufgabe, zumal auch die theoretischen Beschreibungsansätze nicht die ganze Vielfalt der Erscheinung gleichzeitig und vollständig behandeln. In einigen Massenbereichen gibt es Kerne, in denen eine der vielen Anregungsformen, wenig beeinflußt von anderen, allein auftritt.

Kollektives Verhalten der Kerne tritt besonders bei deformierten Kernen auf. Während man die mittlere Form als kugelförmig ansehen kann, ist die momentane Form davon durchaus verschieden. In Bild 4.17 sind zwei von der Kugelgestalt abweichende Formen gezeigt. Die momentane, d.h. die zeitlich variable Koordinate $R(t)$ läßt sich mit Hilfe der Kugelflächenfunktionen $Y_{\lambda\mu}(\theta,\phi)$ darstellen:

$$R(t) = R_m + \sum_{\lambda\geq 1} \sum_{\mu=-\lambda}^{+\lambda} \alpha_{\lambda\mu}(t) Y_{\lambda\mu}(\theta,\phi) \; , \tag{4.54}$$

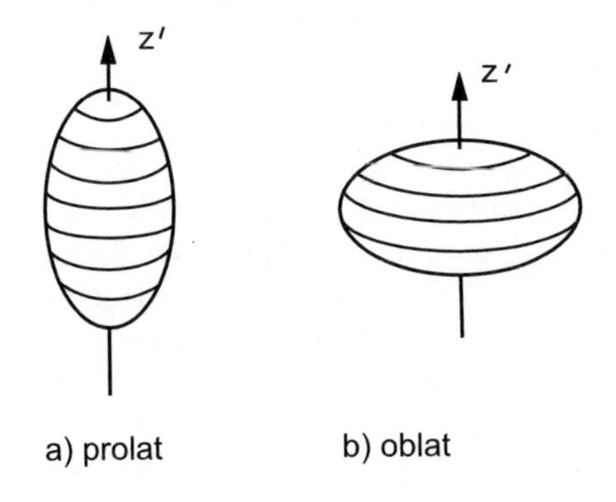

Bild 4.17. Form deformierter Kerne: (**a**) prolat (zigarrenförmig), (**b**) oblat (diskusförmig)

worin R_m den mittleren Radius eines kugelförmigen Kerns gleichen Volumens angibt. Die Koeffizienten $\alpha_{\lambda\mu}$ müssen einigen Bedingungen genügen: die Spiegelsymmetrie erfordert die Bedingung $\alpha_{\lambda\mu} = \alpha_{\lambda-\mu}$, ebenso erfordert die Annahme einer inkompressiblen Flüssigkeit weitere Bedingungen, auf die wir hier nicht näher eingehen [BOH75]. Das konstante Glied in der Reihe ($\lambda = 0$) ist im mittleren Radius enthalten, den wir, wie bereits in Abschn. 2.3 eingeführt, als

$$R_m = r_0 A^{1/3} \tag{4.55}$$

ansetzen. Besitzen die Kerne eine Symmetrieachse, so müssen die Koeffizienten α weiteren Bedingungen genügen, so daß wir z.B. einen Kern mit der stationären Form eines Rotationsellipsoids beschreiben mit

$$R(\theta, \phi) = R_m[1 + \beta Y_{20}(\theta, \phi)] \; . \tag{4.56}$$

Mit der Wahl der Kugelflächenfunktion Y_{20} haben wir uns bereits auf ein Rotationsellipsoid beschränkt. Der Deformationsparameter, der hier β genannt wird, ist mit der Exzentrizität der Ellipse wie folgt verknüpft:

$$\beta = \frac{4}{3}\sqrt{\frac{\pi}{5}}\frac{\Delta R}{R} \; . \tag{4.57}$$

Darin ist ΔR die Differenz zwischen halber großer und halber kleiner Achse der Ellipse. Die Symmetrieachse des Rotationsellipsoids wird als Bezugsachse für den Azimutalwinkel θ definiert. Für Werte $\beta > 0$ ist das Ellipsoid langgezogen, es wird prolat deformiert genannt, $\beta < 0$ ist dann entsprechend ein oblates Ellipsoid. Wie in (4.54) angegeben kann sich der Radius zeitlich ändern, woraus unterschiedliche Anregungsenergien entstehen.

4.3.1 Kernrotationen

Kernrotationen können, wie erwähnt, nur bei Kernen mit nichtkugelförmigen Gleichgewichtsformen auftreten, die wir deformiert nennen. Bevorzugt finden wir sie in den Massenbereichen $150 < A < 190$ und $A > 220$ (Bereich der Lanthanoiden und Aktinoiden). Die elektrischen Quadrupolmomente dieser Kerne sind außergewöhnlich hoch, was direkt mit der Deformation korreliert ist. Die Deformation der äußeren Kernform ist bereits erläutert worden.

Um die wesentlichen physikalischen Phänomene der Kernrotation zu erläutern, betrachten wir zwei Koordinatensysteme. Im Labor haben wir ein raumfestes Koordinatensystem (x, y, z), das wir in ein System, das auf die Symmetrieachsen des Kerns (x', y', z') bezogen ist, umrechnen. Dabei treten die von Leonhard Euler eingeführten Winkel auf (vgl. Bild 4.18). Bei einer derartigen Transformation werden auch die Drehimpulse transformiert, so daß wir die in Bild 4.19 gezeigten Beziehungen erhalten. Demgemäß unterscheiden sich die Drehimpulskomponenten im raumfesten und körpereigenen Koordinatensystem.

Der Gesamtdrehimpuls $\boldsymbol{I}$ hat im raumfesten System auf die z-Achse die Projektion M, im körperfesten System auf die z'-Achse die Projektion K. Da sich der Gesamtdrehimpuls aus den Drehimpulsen der einzelnen Nukleonen zusammensetzt, $\boldsymbol{I} = \sum \boldsymbol{j}$, erhalten wir auch für die Projektionen auf die z'-Achse $\sum \Omega = K$. Mit Ω werden Projektionen des Drehimpulses des einzelnen Nukleons auf die Symmetrieachse bezeichnet. Die Rotation erfolgt senkrecht zur Symmetrieachse des Kerns um die Achse R, demnach gilt für den Drehimpuls der kollektiven Bewegung

$$I_R^2 = \left[I(I+1) - K^2\right] \hbar^2 \,. \tag{4.58}$$

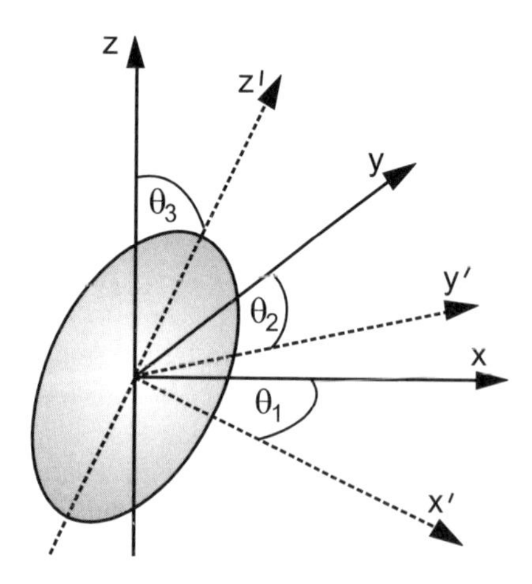

Bild 4.18. Transformation vom Laborsystem (x, y, z) zum körperfesten System (x', y', z')

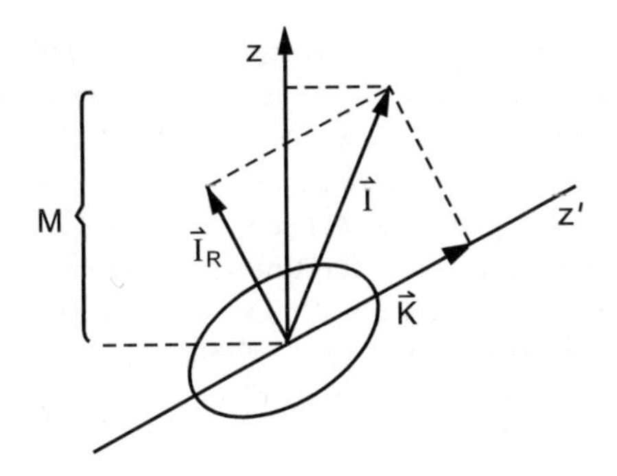

Bild 4.19. Drehimpulskopplung bei der Rotation

Aus der Mechanik ist die folgende Beziehung für den Drehimpuls bekannt

$$I_R^2 = \Theta^2 \omega^2 \,, \tag{4.59}$$

wobei ω die Rotationsfrequenz und Θ das Trägheitsmoment ist. Setzen wir den Drehimpuls $\ell = \Theta\omega$, dann erhalten wir für die Energie $\ell^2/2\Theta$. Wenn wir hier den quantenmechanischen Ausdruck für den Drehimpuls einsetzen, erhalten wir für die Energie die quantenmechanische Form

$$E = \frac{\hbar^2}{2\Theta} I(I+1) \,. \tag{4.60}$$

Für Kerne, bei denen die Projektion $K \neq 0$ ist, lautet der Energieausdruck

$$E_{\text{rot}} = \frac{\hbar^2}{2\Theta} \left[I(I+1) - K^2 \right] \,. \tag{4.61}$$

Dieser Ausdruck beschreibt die Energiezustände eines symmetrischen Kreisels. Bei gg-Kernen liegen jeweils Paare identischer Nukleonen vor, so daß sowohl Ω und $-\Omega$, also $K = 0$ hinzugefügt werden. Diese Symmetrie in einer Ebene senkrecht zur Symmetrieachse bedeutet für die Wellenfunktion, daß sie symmetrisch um 180° sein muß. Diese Symmetrie beschränkt die Werte des Spins auf $I = 0^+, 2^+, 4^+, 6^+, \ldots$, woraus sich die Abstände der Energieniveaus ergeben.

Bei Kernen mit ungeradem A trägt das ungepaarte Nukleon (vgl. Abschn. 4.3.3) mit $\Omega = K$ den Spin, dessen Projektion auf die Symmetrieachse damit angeben ist.

Das innere Quadrupolmoment Q_0 ist mit dem Deformationsparameter β wie folgt verknüpft:

$$Q_0 = \frac{3}{\sqrt{5\pi}} R_m^2 Z \beta (1 + 0.16\beta) \,. \tag{4.62}$$

Das innere Quadrupolmoment wird für einen ruhenden Kern z.B. aus der Hyperfeinstrukturaufspaltung der Spektrallinien (vgl. Abschn. 3.3.1) gemessen. Rotiert der Kern, so wird das Quadrupolmoment Q gemessen. Da Drehungen des Kerns nur bezüglich Achsen senkrecht zur Symmetrieachse beobachtet werden können (Drehungen um die Symmetrieachse sind nicht beobachtbar, weil bei der Rotation quantenmechanisch keine unterscheidbaren Zustände auftreten), sind die gemessenen Quadrupolmomente Mittelwerte einer oblaten Verteilung wie in Bild 4.20 gezeigt. Deshalb erhält man für $Q_0 > 0$ einen Wert $Q < 0$. Die Beziehung zwischen Q und Q_0 hängt vom Drehimpuls ab:

$$Q = \frac{-I(I+1)}{(I+1)(2I+3)} Q_0 \,. \tag{4.63}$$

Also wird für einen 2^+-Zustand $Q = -\frac{2}{7}Q_0$. In einem gg-Kern mit dem Grundzustand $I = 0$ wird das beobachtete Quadrupolmoment Null.

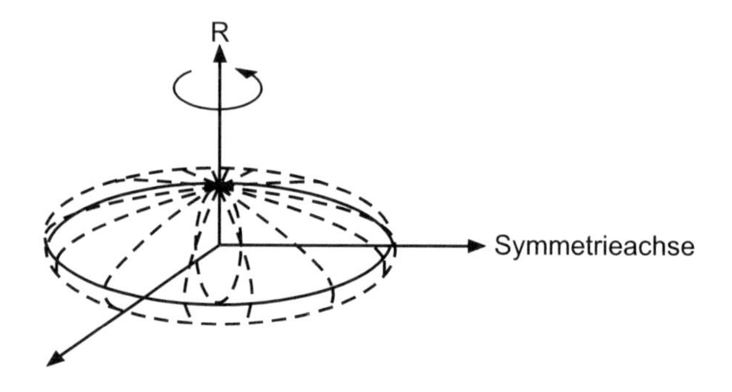

Bild 4.20. Rotation eines Rotationsellipsoids um eine Achse R senkrecht zur Symmetrieachse

Erhöht man den Drehimpuls, bedeutet dies, daß wir die Rotationsenergie des Körpers erhöhen. Die Folge derartiger Anregungszustände (4.60) bezeichnen wir als Rotationsbande. Auch Moleküle zeigen ein ähnliches Verhalten. Da der Grundzustand von gg-Kernen stets den Gesamtdrehimpuls 0 hat und die Spiegelsymmetrie die Folge der Drehimpulse auf gerade Werte beschränkt, erhalten wir für eine Rotationsbande mit festem Trägheitsmoment folgende Energiesequenz:

$$\begin{aligned}
E(0^+) &= \ 0 \,, \\
E(2^+) &= \ 6 \, \tfrac{\hbar^2}{2\Theta} \,, \\
E(4^+) &= 20 \, \tfrac{\hbar^2}{2\Theta} \,, \\
E(6^+) &= 42 \, \tfrac{\hbar^2}{2\Theta} \,, \\
E(8^+) &= 72 \, \tfrac{\hbar^2}{2\Theta} \,.
\end{aligned}$$

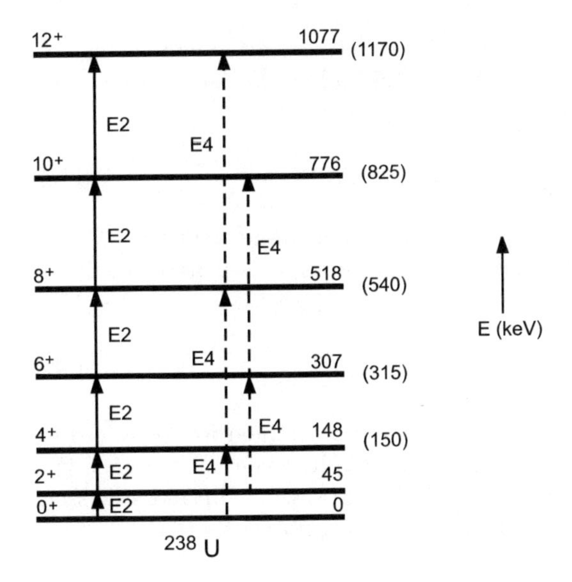

Bild 4.21. Grundzustandsrotationsbande des Kerns ^{238}U

Bild 4.21 zeigt ein typisches Spektrum einer Rotationsbande im ^{238}U. Die nach obigen Formeln berechneten Werte sind in Klammern neben den gemessenen Werten auf der rechten Ordinate angegeben. Die gestrichelt eingezeichneten Pfeile geben mögliche E4-Übergänge (sogenannte „cross over") an. Für diese Bande erhalten wir $\hbar^2/2\Theta = 7.5$ keV. Der Kern ^{238}U ist kein Rotationsellipsoid, er ist zwar rotationssymmetrisch, hat jedoch eine Form mit einer Verdickung in der Mitte. Bild 4.22 illustriert, wie in einem Stoß mit ^{40}Ar die Rotation angeregt wird, ohne daß sich die beiden Kerne berühren.

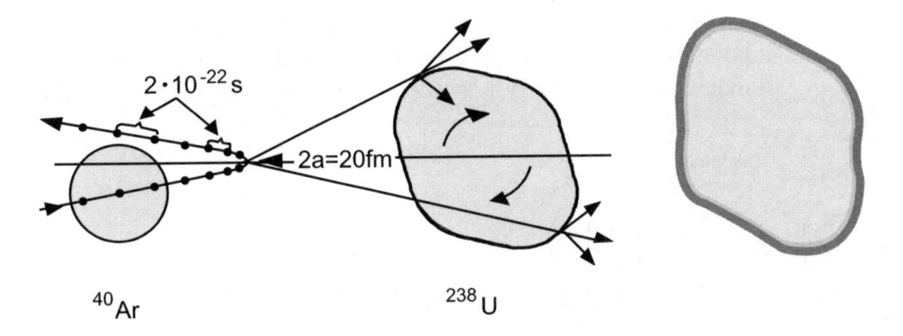

Bild 4.22. Coulomb-Anregung des ^{238}U. Die Schattierung um den U-Kern deutet auf seine wenig scharfe Begrenzung hin [BOC94]

Um weitere Erkenntnisse über deformierte Kerne zu gewinnen, lassen sich bezüglich des Trägheitsmoments zwei extreme Fälle diskutieren. Ein starres Rotationsellipsoid der Masse M hat das Trägheitsmoment

$$\Theta_{\text{starr}} = \frac{2}{5} M R_m^2 (1 + 0.31\beta) . \tag{4.64}$$

Für $\beta = 0$ ergibt sich der übliche Wert für das Trägheitsmoment einer Kugel. Ein Kern im Bereich der deformierten Kerne um $A = 170$ hätte demnach eine Rotationsenergiekonstante von

$$\frac{\hbar^2}{2\Theta_{\text{starr}}} \cong 6 \text{ keV} , \tag{4.65}$$

ein Wert, der zwar die Größenordnung angibt, aber zu klein ist. Demnach ist das Trägheitsmoment des starren Körpers zu groß. Im zweiten, extremen Fall kann man die Nukleonen im Kern als Flüssigkeit in einem Ellipsoid auffassen, wofür sich folgender Wert des Trägheitsmoments ergibt:

$$\Theta_{\text{fl}} = \frac{9}{8\pi} M R^2 \beta . \tag{4.66}$$

Hiermit folgt

$$\frac{\hbar^2}{2\Theta_{\text{fl}}} \cong 90 \text{ keV} . \tag{4.67}$$

Daraus folgt, daß das Trägheitsmoment des Flüssigkeitstropfens zu klein ist, um den experimentell bestimmten Wert von 15–18 keV zu erreichen. Es gilt

$$\Theta_{\text{starr}} > \Theta > \Theta_{\text{fl}} . \tag{4.68}$$

In Bild 4.23 sind die Oberflächenbewegungen der Materie, wie sie bei der Rotation auftreten können, dargestellt. Der Kern verhält sich weder wie ein starrer Körper noch wie ein Flüssigkeitstropfen. Ferner wurde beobachtet, daß Kerne bei höheren Rotationsfrequenzen ihr Trägheitsmoment verändern, eine Rotationsdehnung tritt auf. Wir werden in Abschn. 6.3.1 Experimente

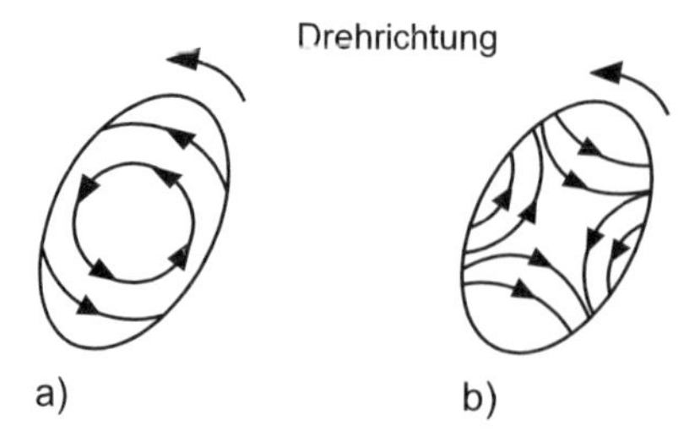

Bild 4.23. Rotation (**a**) eines starren Körpers, (**b**) einer inkompressiblen Flüssigkeit

kennenlernen, mit denen man die deformierten Kerne untersucht hat, bei denen in sonst regelmäßigen γ-Spektren Linien auftreten, die die Systematik stören. Dieser Effekt, der auf einer plötzlichen Änderung des Trägheitsmoments beruht, ist in Bild 4.24 gezeigt. Das Diagramm zeigt den Kehrwert der Rotationskonstanten als Funktion des Quadrates der Rotationsfrequenz. Im Fall des Neon ergibt sich eine gerade Linie (nicht eingezeichnet), für den Kern ^{174}Hf tritt ein Knick auf, der auf eine leichte Änderung des Trägheitsmoments hindeutet, für ^{158}Er ist die s–förmige Rückbiegung deutlich zu sehen.

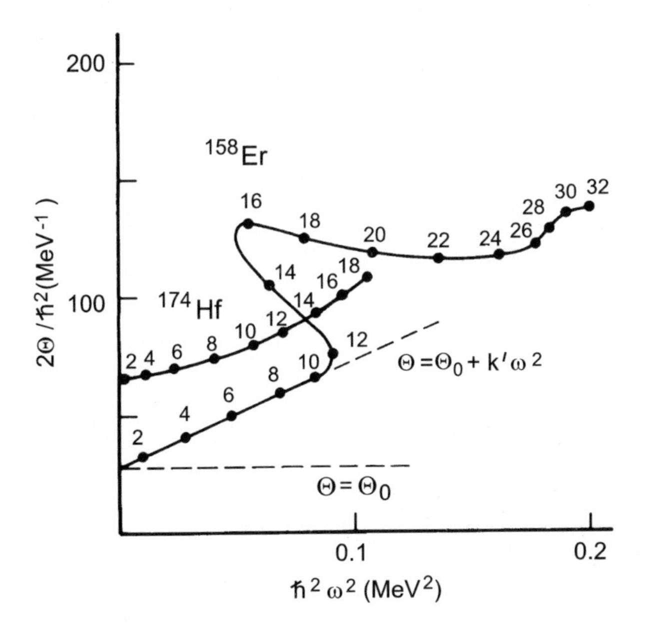

Bild 4.24. Backbending Effekt (Rückbiegungseffekt). Die Zahlen geben die Drehimpulse in Einheiten von $\hbar$ an

Zustände mit sehr großen Drehimpulsen lassen sich z.B. in Schwerionen-Reaktionen anregen. Dabei treten meist exotische Konfigurationen im angeregten Kern auf. So wurden im doppelt magischen Kern ^{16}O Zustände mit der Konfiguration 4 Teilchen–4 Löcher (4p-4h) identifiziert. Diese Rotationsbande beginnt beim 0^+ Zustand bei der Energie 6.05 MeV. Ebenso beginnt im doppelt-magischen Kern ^{40}Ca eine 4p-4h Bande beim ersten angeregten 0^+ Zustand bei der Energie 3.352 MeV. Kürzlich konnte auch in diesem Kern eine exotische Konfiguration beobachtet werden. In der Reaktion ^{28}Si(^{20}Na,2α)^{40}Ca wurden Hochspin-Zustände ($16^+\hbar$) angeregt, die einem superdeformierten Kern (vgl. Bild 6.25) mit einer Konfiguration 8 Teilchen – 8 Löcher (8p-8h) zugeordnet wurden [ID01].

4.3.2 Kernvibrationen

Außer den im vorhergehenden Unterabschnitt erläuterten Kernrotationen kann der Kern ebenfalls schwingen, wobei wir zunächst Oberflächenschwingungen betrachten wollen. Aus der Vorstellung eines schwingenden Flüssigkeitstropfens läßt sich ein anschauliches Bild über die Schwingungen eines Kerns ableiten. Die momentane Form der Kerne kann von der mittleren, als kugelförmig angesehenen Form infolge der kollektiven Bewegung stark abweichen. Die allgemeine Änderung des Radius $R(t)$ ist bereits in Gleichung (4.54) angegeben worden.

Die einzelnen Werte von λ geben die Schwingungsmoden an, die in Bild 4.25 gezeigt sind. $\lambda = 1$ ist die Dipolvibration, $\lambda = 2$ die Quadrupolvibration und $\lambda = 3$ die Oktupolvibration. Die Quadrupoldeformationen lassen sich noch bezüglich der μ-Werte unterscheiden. Die Koeffizienten haben folgende Werte:

$$\alpha_{20} = \beta \cos\gamma \, , \qquad \alpha_{22} = \frac{1}{\sqrt{2}} \beta \sin\gamma \, . \tag{4.69}$$

Für diesen Fall wird die Kernoberfläche durch den Radius

$$R = R_0 \left(1 + \beta \cos\gamma Y_{20} + \frac{1}{\sqrt{2}} \beta \sin\gamma Y_{22} \right) \tag{4.70}$$

beschrieben.

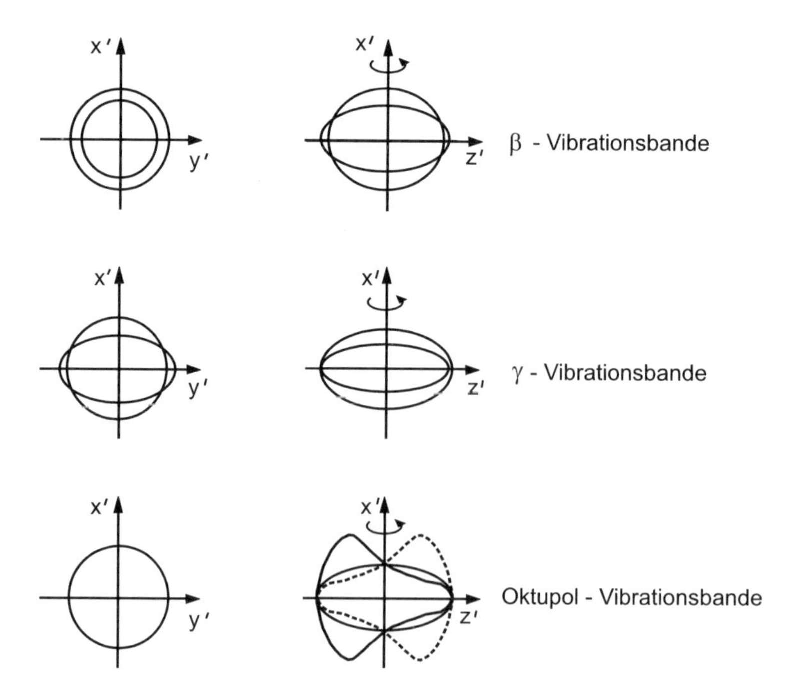

Bild 4.25. Schwingungszustände von Kernen

Die Kugelflächenfunktionen lauten:

$$Y_{20} = \sqrt{\frac{5}{4\pi}} \left(\frac{3}{2} \cos^2 \theta - \frac{1}{2} \right) , \quad Y_{22} = \frac{1}{4} \sqrt{\frac{15}{2\pi}} \sin^2 \theta \, e^{i2\phi} . \tag{4.71}$$

Der Parameter β wird wie bereits erwähnt, Deformationsparameter genannt, wobei folgende Beziehung zu dem von Nilsson eingeführten Parameter δ besteht:

$$\delta = \frac{(a-b)}{R_0} = \frac{2}{1.114} \beta = 0.946 \, \beta . \tag{4.72}$$

Er verändert die Länge des Rotationsellipsoids entlang der Symmetrieachse z', ohne die Axialsymmetrie zu stören, d.h. der Querschnitt in der x'-y'-Ebene bleibt kreisrund. Die Abweichung des Kerns von der Axialsymmetrie wird mit dem Form- oder Asymmetrieparameter γ beschrieben. Für $\gamma = 0$ hat der Kern in der x'-y'-Ebene einen kreisförmigen Querschnitt, für $\gamma \neq 0$ einen Ellipsenquerschnitt. Auf die Länge des Ellipsoids hat γ keinen Einfluß, sie wird allein durch β bestimmt.

β-Vibrationen nennt man solche Schwingungen, bei denen β mit der Zeit variiert, während γ konstant bleibt, der Kern also seine Axialsymmetrie behält, wohingegen bei γ-Vibrationen die axiale Symmetrie verändert wird.

4.3.3 Kopplung von Einzelteilchen an die Kollektivbewegung

Neben den kollektiven Bewegungen des gesamten Kerns treten auch die Bewegungen der einzelnen Nukleonen auf. Diese Bewegung einzelner Nukleonen oder Nukleonenpaare wird an die kollektive Bewegung des gesamten Kerns gekoppelt, deren generelles Verhalten wir jetzt betrachten wollen. Bei kleinen Anregungsenergien wird die Bewegung der z.B. ungepaart auftretenden Nukleonen durch die starke Wechselwirkung des Nukleons mit dem Restkern (Rumpf) bestimmt. Die starke gegenseitige Beeinflussung wird besonders bei sehr hohen Rotationsenergien auftreten. Die Gestalt eines prolat deformierten Kerns wird unter dem Einfluß der Zentrifugalkraft verändert, die „Zigarre" wird länger. Dadurch ändert sich das Trägheitsmoment des Kerns zunächst linear. Bei weiterem Anstieg der Anregungsenergie kommt es zu einem Aufbruch von Nukleonenpaaren infolge der starken Coriolis-Kräfte. Wir haben bereits im Abschn. 4.3.1 in Bild 4.24 gesehen, wie sich die Struktur von Rotationsbanden ändert, wenn das Trägheitsmoment des rotierenden Kerns geändert wird. Da auch diese Wechselwirkung nicht separat auftritt, lassen sich Hinweise auf Abweichungen von gemessenen und berechneten Spektren herauslesen.

4.3.4 Riesenresonanzen

Die im Abschn. 4.3.2 erörterten Schwingungszustände von Kernen reflektieren vor allem Oberflächenvibrationen, an denen einige Nukleonen an den Oberflächen beteiligt sind. Schwingungen, an denen der Kern als ganzes teilnimmt, und die sich im Volumen ausbreiten, werden *Riesenresonanzen* genannt, weil der Wirkungsquerschnitt weit über dem aus dem Einteilchen-Schalenmodell berechneten liegt. Sie wurden zuerst in Messungen der Photonenabsorption in Kernen, also in (γ,n)-Prozessen, von Walter Bothe und Wolfgang Gentner beobachtet und später von Eugen Wigner und Maurice Goldhaber beschrieben.

Durch die Absorption eines hochenergetischen γ-Quants wird der Kern sehr hoch angeregt, er gerät in Schwingungen. Dabei beteiligen sich alle Nukleonen an diesen Schwingungen, so daß das Tröpfchenmodell die geeignete Vorstellung zur Beschreibung des Phänomens liefert. Man nahm an, daß die zwei Nukleonenarten, die Protonen und die Neutronen, gegeneinander schwingen. Infolge der Absorption eines γ-Quants, die dem Kern eine Einheit des Drehimpulses zuführt, entstehen Dipolschwingungen, wie im Bild 4.26b gezeigt wird. Die Riesenresonanzen werden im Anregungsbereich oberhalb 10 MeV beobachtet, wobei jedoch unterschiedliche Breiten für die unterschiedliche Kerne auftreten können. Im Schalenmodell, berechnet ohne Spin-Bahn-Wechselwirkung, entsprechen diese Dipolschwingungen der Riesenresonanz der Erzeugung eines Einteilchen – Einlochzustands (Bild 4.27b). Dabei werden sowohl Protonen als auch Neutronen aus ihren Schalenmodellzuständen in höhere Zustände angeregt. Da sich die Protonen- und Neutronenniveaus energetisch weitgehend ähneln, treten viele derartige Anregungen auf, die sich kohärent überlagern. Daraus ergibt sich die große Verstärkung, die im Wirkungsquerschnitt beobachtet wird (Bild 4.27a).

Die Riesenresonanzen treten jedoch nicht nur bei Kernphotoreaktionen (Abschn. 6.3.2) auf, sie können auch beim Elektronenbeschuß angeregt werden. In inelastischen Elektronenstreuungen wurde die Quadrupolriesenresonanz entdeckt, wie sie in Bild 4.26c ebenfalls gezeigt wird. Die Form der Schwingung entspricht dann einer E2-Anregung (vgl. Abschn. 7.5), wobei das Schalenmodellbild eine Zweiteilchen – Zweilochanregung liefert. Schließ-

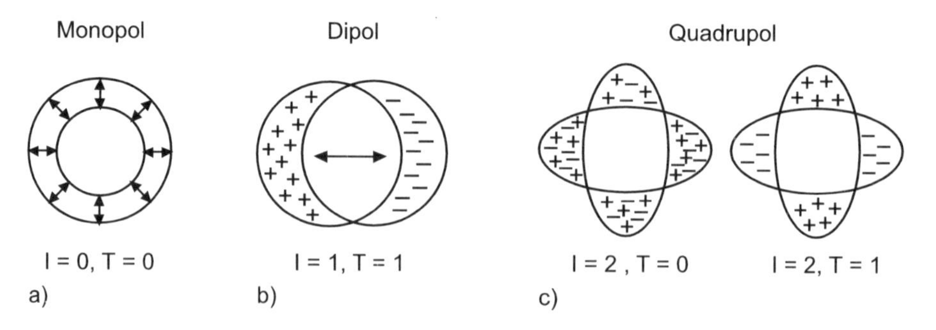

Bild 4.26. Illustration von Riesenresonanzen: (**a**) Monopol-, (**b**) Dipol-, (**c**) Quadrupol-Schwingungen

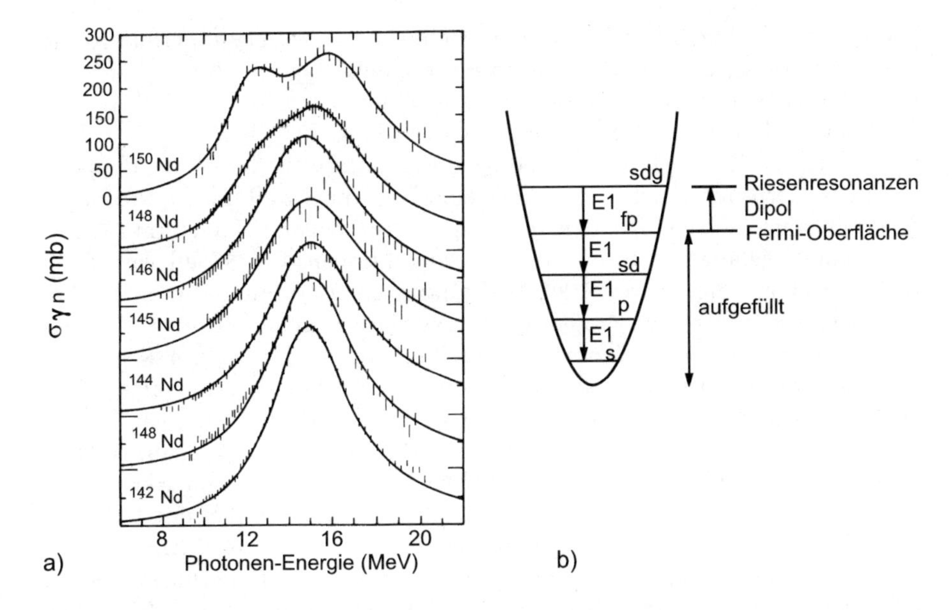

Bild 4.27. (**a**) Riesenresonanzen, gemessen an Nd-Isotopen in (γ, n)-Reaktionen, (**b**) Schema der E1-Anregungen

lich läßt sich dieser Schwingungszustand auch in Schwerionenreaktionen erzeugen, wenn dem Kern gleichzeitig zwei Photonen zugefügt werden.

Eine weitere Anregung des „Schwingungsverhaltens" ist die Anregung mit schweren Teilchen wie z.B. α-Teilchen, was zu einem Pulsieren des Kerns führt, einer kugelförmigen Ausdehnung und Kontraktion seiner Oberfläche („Atmung"), wie ebenfalls in Bild 4.26a gezeigt. Dieser Zustand wird als Monopolresonanz charakterisiert.

Die Anregung von Riesenresonanzen kann auch zur Spaltung der Kerne führen, was in Schwerionenreaktionen, die unterhalb der Coulomb-Barriere abliefen, gezeigt worden ist.

4.4 Exotische Kerne

Die weite Verbreitung von Beschleunigern, mit denen schwere Kerne beschleunigt werden können, hat auch im Bereich der Kernphysik im mittleren Energiebereich zur Entdeckung einer ganzen Reihe neuer Phänomene geführt. In allen Fällen ist es das Ziel, die Grenzen der Stabilität zu erforschen, wie sie in Bild 1.2 durch die Abbruchkanten angedeutet sind. An der Protonen-Abbruchkante, also zu stark positiv geladenen Kernen, wurden Kerne mit Protonenaktivität gefunden (vgl. Abschn. 7.2.1), ebenso der doppelt magische Kern ^{100}Sn. An der Neutronen-Abbruchkante, d.h. bei Kernen mit einem großen Neutronenüberschuß, sind bei leichten Kernen Kerne mit Neutronenausbuchtungen synthetisiert worden, die als sogenannte Halo-Kerne bezeichnet werden. Dort konnte auch der doppelt-magische Kern ^{78}Ni in einer Schwerionen-Spaltungsreaktion beobachtet werden, bei der 700 MeV/u ^{238}U auf ein Beryllium-Target geschossen wurde [EN95].

Der Kern ^{100}Sn ist nach bisherigen Erkenntnissen der letzte doppelt-magische Kern mit gleicher Protonen- und Neutronenzahl an der Protonen-Abbruchkante, dessen Grundzustand gegen Protonenemission stabil ist. Ihn zu erzeugen gelang mit Schwerionen-Kernreaktionen. Ein Strahl von ^{124}Xe trifft bei einer Energie von 1095 MeV/u auf ein Beryllium-Target. In diesem Target zerplatzt der Projektilkern, und die Fragmente werden in einem Fragmentseparator nach Masse und Ladung sortiert. In Bild 4.28 ist das Ergebnis von Experimenten am Schwerionensynchrotron-Beschleuniger (SIS) der Gesellschaft für Schwerionenforschung (GSI) gezeigt, und zwar ist der mit der Ordnungszahl steigende Energieverlust gegen das Verhältnis Massenzahl/Kernladungszahl aufgetragen. Die Ereignisse, die zum Kern ^{100}Sn gehören, sind eingekreist dargestellt. Die Experimente wurden mit 1 GeV/u ^{112}Sn-Ionen wiederholt, als Target wurde ^{9}Be verwendet. Der Wirkungsquerschnitt für die Erzeugung von ^{100}Sn beträgt für dieses Experiment 1.8 pb. ^{100}Sn ist ein β^+-Strahler mit einer Halbwertszeit von $t_{1/2} = 1.0^{+0.52}_{-0.26}$ s. Die Endpunktsenergie des β-Spektrums (vgl. Abschn. 7.4) beträgt $3.8^{+0.7}_{-0.3}$ MeV [ST00].

An der Neutronen-Abbruchkante wurden Kerne gefunden, die ähnlich den Alkaliatomen in der Atomphysik eine außerordentlich große Ausdehnung besitzen. Während „normale" p-Schalen-Kerne mittlere quadratische Radien

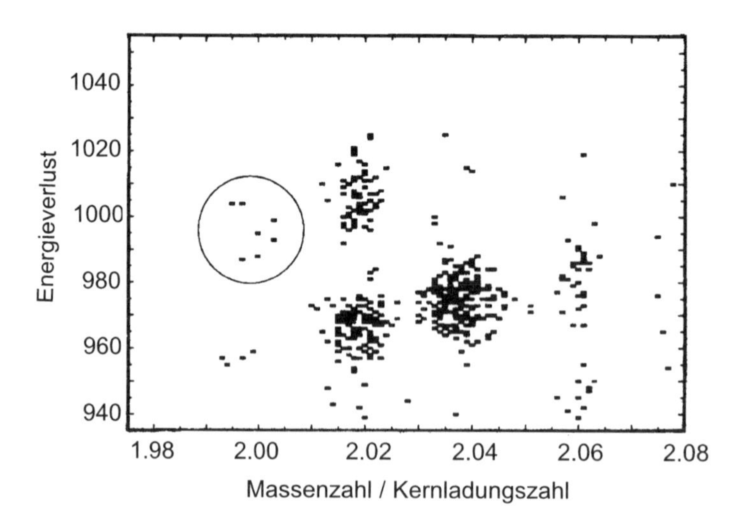

Bild 4.28. Darstellung des Energieverlustes von Fragmentteilchen in Abhängigkeit vom Verhältnis Massenzahl zu Kernladungszahl. Der eingekreiste Bereich gibt die Ereignisse an, die dem ^{100}Sn zugeschrieben werden [SC94]

(2.23) von ca. 2.5 fm haben, deuten Berechnungen der Wellenfunktionenen von Halo-Kernen für $\ell = 0, 1$ auf Radien von 5.6 bis 5.9 fm. Dementsprechend ist die Bindungsenergie sehr klein.

Beim Halo-Kern ^{11}Li bilden gepaarte Neutronen die äußere, nicht scharf begrenzte Zone, den Halo (gr. ἅλως = runde Tenne). Derartige Halo-Kerne sind exotische Atomkerne, die ein generelles Phänomen repräsentieren. Wenn sich schwach gebundene Teilchen in einem kurzreichweitigen Potential bewegen, können derartige Zustände auftreten. Genauer untersucht wurde der Ein-Neutron-Halo-Kern ^{11}Be und der Zwei-Neutronen-Kern ^{11}Li. Eine anschauliche Darstellung des ^{11}Li-Kerns in Bild 4.29 vermittelt den Eindruck, daß seine Größe der des Pb-Kerns gleich ist. Tatsächlich ist jedoch der ^{208}Pb-Kern nur um ein Drittel größer.

Für den Halo-Kern ^{11}Li sowie für den entsprechenden Protonen-Halo-Kern ^{8}B sind die Aufenthaltswahrscheinlichkeiten der Nukleonen als Funktion des Radius in Bild 4.30 dargestellt. Das Volumenintegral über die Dichteverteilung liefert dann die Anzahl der Nukleonen. Halo-Kerne an der Neutronen-Abbruchkante werden meistens in Kernreaktionen mit radioaktiven Strahlen wie z.B. einem ^{14}C-Strahl erzeugt, im Fall des ^{11}Li wurde beispielsweise die Reaktion ^{14}C(^{14}C,^{17}F)^{11}Li untersucht. Für die mittlere Lebensdauer wurde bisher ein Wert von $\tau = 8.71$ ms bestimmt [OE95].

Um den ^{11}Li-Kern detaillierter zu untersuchen wurde zunächst ^{18}O auf dicke Be-Targets bei 100 MeV/u geschossen und die als Fragmente auftretenden ^{11}Li-Kerne elektromagnetisch separiert. Diese ^{11}Li-Kerne erreichten eine mittlere Energie von 69.7 MeV/u, mit der sie auf ein sekundäres Pb-Target geschossen wurden. Dort werden in Stößen die ^{11}Li-Kerne aufgrund einer sehr starken Dipolanregung (E1) im Energiebereich unterhalb 4 MeV in ^{9}Li und zwei Neutronen dissoziiert (Coulomb-Dissoziation) [NA06].

Exotische Atomkerne an den Abbruchkanten der Stabilität werden zukünftig ein wichtiges Forschungsgebiet sein, mit dem sowohl die Kriterien der Stabiltät der Kerne, wie auch z.B. deren Massen genauer untersucht werden können. Um diese Genzen zu erreichen, müssen Reaktionen zwischen Kernen untersucht werden, bei denen zumindest ein Reaktionspartner ein

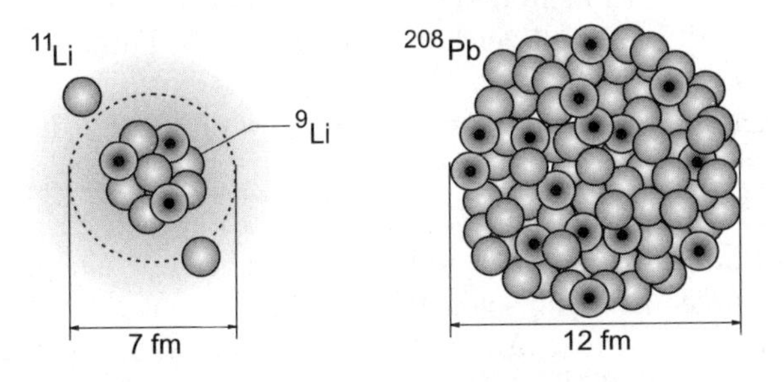

Bild 4.29. Bildliche Darstellung des ^{11}Li-Halo-Kerns im Vergleich zum Kern des ^{208}Pb

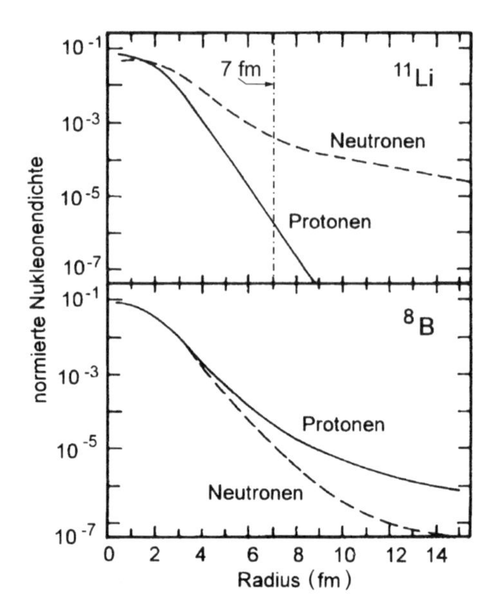

Bild 4.30. Radiale Ausdehung der Halo-Kerne ^{11}Li und ^{8}B [GI95]

extremes Verhältnis von Neutronen- zu Protonenzahl besitzt. Diese Bedingung erfüllen fast ausschließlich radioaktive Kerne. Um sie als Projektile beschleunigen zu können, werden in vielen Laboratorien Beschleuniger dafür umgerüstet oder neue Beschleuniger installiert.

4.5 Übungen

4.1 Das Trägheitsmoment Θ in (4.61) ist eine Funktion der Energie.
(a) Berechnen Sie $\Theta(E_I)$ (in Einheiten von $\hbar^2/\text{MeV}$) für Rotationsniveaus in ^{170}Hf, ^{184}Pt und ^{238}U und zeichnen Sie $\Theta(E_I)$ als Funktion von E_I auf.
(b) Zeigen Sie, daß eine lineare Anpassung (fit) $\Theta_{\text{eff}} = c_1 + c_2 E_I$ die Daten gut reproduziert.

4.2 Ein Kern in Form eines Rotationsellipsoids habe die Hauptachsen a und b. Der mittlere Radius R ist der Radius einer Kugel mit einem Volumen, das dem Volumen des Ellipsoids $R^3 = ab^2$ entspricht.
(a) Zeigen Sie, daß, wenn $a = R + \Delta R$ gilt, in erster Näherung auch $b = R - (1/2)\Delta R$ gilt. Das Verhältnis $\delta = \Delta R/R$ ist die Deformation des Kerns. Berechnen Sie das Trägheitsmoment des Kerns, wenn er um eine Achse senkrecht zur Symmetrieachse rotiert.

(b) Drücken Sie das Trägheitsmoment $\Theta = (1/5)m(a^2 + b^2)$ durch δ aus.
(c) Berechnen Sie die Rotationsniveaus dieses Kerns.

4.3 Geben Sie auf der Basis des Einzelteilchen-Schalenmodells (Bild 4.10) die Spins und die Paritäten der Grundzustände folgender Kerne an: ^{5}He, ^{9}Be, ^{17}O, ^{35}S, ^{41}Sc, ^{59}Co, ^{87}Sr, ^{99}Tc, ^{131}I, ^{181}Ta. Treten Abweichungen auf, wenn ja, wie können sie erklärt werden?

4.4 Die Spins und die Paritäten nachfolgender Kerne wurden im Grundzustand wie folgt gemessen: $^3\mathrm{He}(\frac{1}{2}^+)$, $^{21}\mathrm{Ne}(\frac{3}{2}^+)$, $^{27}\mathrm{Al}(\frac{5}{2}^+)$, $^{38}\mathrm{K}(3^+)$, $^{66}\mathrm{Ga}(0^+)$, $^{69}\mathrm{Ga}(\frac{3}{2}^-)$, $^{209}\mathrm{Bi}(\frac{9}{2}^-)$, $^{210}\mathrm{Bi}(1^-)$. Verifizieren Sie die gemessenen Daten mit dem Schalenmodell (Bild 4.10).

4.5 Welche Werte für die Spins und Paritäten der Grundzustände folgender Kerne werden erwartet: ^{24}Na($\mathrm{d}_{5/2}$-Proton + $\mathrm{d}_{5/2}$-Neutron), ^{26}Na($\mathrm{d}_{5/2}$-Proton + $\mathrm{s}_{1/2}$-Neutron), ^{68}Cu($\mathrm{p}_{3/2}$-Proton + $\mathrm{p}_{1/2}$-Neutron), ^{198}Au($\mathrm{d}_{3/2}$-Proton + $\mathrm{p}_{1/2}$-Neutron)?

4.6 Die Anregungsniveaus des ^{174}Hf, deren Energien nachfolgend gegeben werden, können in zwei ähnliche Rotationbanden eingeordnet werden. Berechnen und deuten Sie die Trägheitsmomente.

	$E(0^+)$	$E(2^+)$	$E(4^+)$	$E(6^+)$	$E(8^+)$	$E(10^+)$	$E(12^+)$
Bande 1	0	0.091	0.297	0.608	1.010	1.486	2.021
Bande 2	0.827	0.900	1.063	1.307	1.630	2.026	2.489

4.7 Der Kern $^{113}_{49}$In hat im Grundzustand den Spin $I = \frac{9}{2}^+$ und zerfällt im isomeren ersten angeregten Zustand teilweise durch innere Konversion mit der Halbwertszeit $t_{1/2} = 104$ min. Die Konversionselektronen haben die magnetische Steifigkeit $Br = 2.370 \cdot 10^{-3}$ Tm. Der gemessene K-Konversionskoeffizient ist $\alpha_\mathrm{K} = 0.5$, und die Bindungsenergie der K-Elektronen beträgt 28 keV. Bestimmen Sie die Anregungsenergie des isomeren Zustands sowie seinen Drehimpuls und seine Parität.

4.8 Erörteren Sie anhand des Einteilchen-Schalenmodells, warum es „Inseln der Isomerie“ gibt. Speziell soll erklärt werden, warum der Kern ^{85}Sr bei 0.225 MeV einen angeregten Zustand mit einer Halbwertszeit $t_{1/2} =$ 70 min hat.

4.9 Betrachten Sie einen gg-Kern mit einer Gleichgewichtsdeformation δ_0 und dem Drehimpuls $I = 0$ im Grundzustand. Die Energie in einem Zustand mit dem Drehimpuls I und der Deformation δ_gl ist die Summe aus potentieller und kinetischer Energie

$$E_I = \alpha(\delta - \delta_0)^2 + \hbar^2 I(I+1)/(2\Theta)\ .$$

(a) Wenn wirbelfreie Bewegung angenommen wird, gilt $\Theta = b\delta^2$. Mit der Bedingung $(\mathrm{d}E/\mathrm{d}\delta) = 0$ soll die Gleichung für die Gleichgewichtsdeformation δ_I in einem Zustand mit dem Drehimpuls I aufgestellt werden.

(b) Zeigen Sie, daß für kleine Abweichungen der Deformation von der Grundzustandsdeformation der Kern sich streckt und die Energie des Rotationszustands in der Form $E_I = AI(I+1)+B[I(I+1)]^2$ geschrieben werden kann.

(c) Verwenden Sie diese Form, um die beobachteten Niveaus in ^{170}Hf anzupassen, indem die Konstanten A und B aus den niedrigsten beiden Niveaus angepaßt werden. Wie gut stimmen die berechneten Niveaus mit den gemessenen überein? Vergleichen Sie Aufgabe 4.1.

4.10 Berechnen Sie die Fermi-Energie der Neutronen im Kern ^{27}Al.

5. Experimentelle Verfahren der Kernphysik

Getreu dem Grundprinzip, daß *Physik eine empirische Wissenschaft* ist, soll in diesem Kapitel das experimentelle Rüstzeug erörtert werden, mit dem Atomkerne untersucht und die Vorstellungen über den Atomkern nachgeprüft und gegebenfalls bestätigt werden können.

Zu den experimentellen Verfahren gehören vor allem die Meßmethoden und deren Detektoren, aber auch die Beschleuniger, mit denen es möglich wurde, die benötigten Energien zu erreichen, um Kerne aus ihrem Grundzustand herauszuheben, sie anzuregen, Teile von ihnen abzuspalten oder sie auch ganz zu zertrümmern.

Im weiteren Sinn gehören auch Verfahren der Datenverarbeitung und -reduktion zu den experimentellen Methoden. Da sie einerseits häufig sehr speziell sind, andererseits sich alle Gebiete der Physik dieser Verfahren bedienen, wird hier auf eine ausführliche Erörterung verzichtet.

5.1 Energieverlust von Strahlung beim Durchgang durch Materie

Der Begriff *Strahlung* wird in der Kernphysik sowohl für Teilchenstrahlen als auch für elektromagnetische Strahlung benutzt. So wird allgemein von radioaktiver Strahlung gesprochen als Sammelbegriff sowohl für Teilchenemissionen (α- und β-Strahlen) als auch für die elektromagnetische γ-Strahlung (vgl. Kap. 7). Um jede Art dieser Strahlungen nachzuweisen, werden Detektoren benutzt, deren Funktion auf der Wechselwirkung sowohl von Teilchen als auch elektromagnetischer Strahlung mit Materie beruht. Die für die kernphysikalischen Meßmethoden wichtigen Effekte sollen zunächst erörtert werden, wobei wir den Teilchendurchgang durch Materie sowohl für schwere Teilchen, d.h. solche, deren Massenskala beim Proton beginnt, als auch für leichte Teilchen, wie z.B. Elektronen und Positronen betrachten. Unter Materie verstehen wir hier vorwiegend Atome, in deren Elektronenhülle die Wechselwirkungen auftreten. Die grundlegenden Prozesse sind demzufolge atomphysikalischer Natur und beruhen auf der Coulomb-Wechselwirkung zwischen Ladungen. Sie sind die Basis kernphysikalischer Meßverfahren, ihre quantitative Beschreibung dient als Hilfe, diese Verfahren zu erläutern. Sie werden deshalb hier nur kurz beschrieben und in den Zusammenhang mit dem Meßprozeß gestellt. Auch Detektoren für Neutronen basieren auf Ladungswechselwirkungen, um Signale zu erzeugen, obwohl primär die Kernkräfte die Neutroneneinfang- oder Streuprozesse bestimmen. Elektromagnetische Strahlung wird in einem Medium ebenfalls durch die Wechselwirkung mit geladenen Teilchen nachgewiesen, so daß auch hier die atomare Struktur der Materie zu betrachten ist, wie nachfolgend (Abschn. 5.1.2) geschildert wird.

5.1.1 Wechselwirkung geladener Teilchen

Die Wechselwirkung schneller geladener Teilchen beim Durchgang durch Materie beruht auf der Coulomb-Wechselwirkung des Teilchens mit den Hüllenelektronen der Atome des Bremsmediums einerseits und mit den Ladungen ihrer Atomkerne andererseits. Der Begriff *Bremsmedium* deutet bereits daraufhin, daß die Teilchen, die dieses Medium durchqueren, ihre kinetische Energie ganz oder zu einem Teil verlieren, also abgebremst werden. Die Abbremsung wird dabei vorrangig durch Anregung und Ionisation der Atome des Mediums hervorgerufen. Diese selbst emittieren die aufgenommene Energie durch Emission elektromagnetischer Strahlung (Licht, Röntgen-Strahlung), auch kann das Medium erwärmt werden. Die Energieabgabe erfolgt in sehr vielen Stößen mit jeweils sehr kleinen Energieüberträgen. Betrachten wir die eingangs bereits erwähnte Wechselwirkung mit den Atomkernen des Bremsmediums, so können wir uns hier auf die Berücksichtigung der Prozesse beschränken, die aufgrund der Coulomb-Wechselwirkungen auftreten. Für z.B. positiv geladene Ionen, deren kinetische Energie oberhalb der Coulomb-Schwelle der Kerne im Bremsmedium liegen, ist der Energieübertrag aufgrund von Wechselwirkungsprozessen durch die Kernkräfte im Allgemeinen vernachlässigbar klein, bedingt durch deren viel kleinere Wirkungsquerschnitte.

Die genannten Prozesse führen also zu einer Energieverminderung, die wir als Abbremsung mit $-\mathrm{d}T/\mathrm{d}s$ bezeichnen, d.h. die Abnahme der kinetischen Energie pro Wegstrecke $\mathrm{d}s$. Wir werden im folgenden zunächst die Wechselwirkungsprozesse noch näher erläutern, dann das Bremsvermögen der Substanz erörtern und schließlich die Reichweiten schneller Teilchen in Materie angeben.

Schwere geladene Teilchen. Im Falle schwerer geladener Teilchen, d.h. Protonen, α-Teilchen oder schwerer Ionen, wird die Wechselwirkung mit den Elektronen der Atomhülle *elektronisch*, und die mit den Ladungen der Atomkerne *nuklear* genannt. Welcher der beiden Wechselwirkungsprozesse dominiert, hängt wesentlich von der kinetischen Energie des Teilchens ab, mit der es in das Bremsmedium eintritt. Bei großen Geschwindigkeiten wird die Energie zunächst vorwiegend durch elektronische Wechselwirkung abgegeben. Wird das Teilchen beim Durchgang immer mehr abgebremst, treten zunehmend elastische Stöße an den abstoßenden Coulomb-Potentialen der

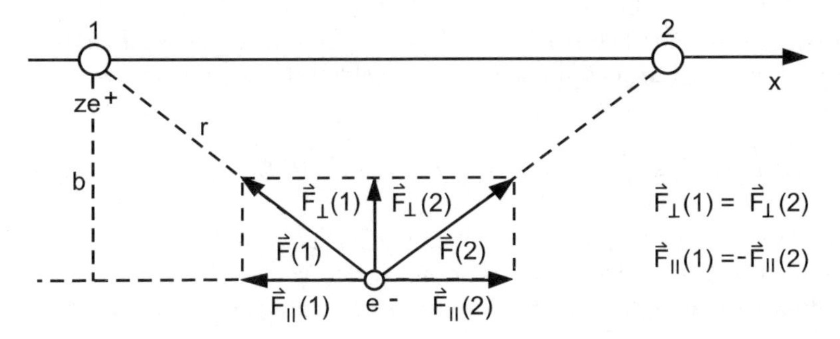

Bild 5.1. Impulsübertrag auf ein Elektron durch ein schweres geladenes Projektil, das sich längs der x-Richtung mit der kinetischen Energie T bewegt

Kerne auf. Hierbei wird Impuls übertragen und es können sich Stoßkaskaden ausbilden, die je nach Massenverhältnis der beteiligten Stoßpartner starke Bewegungen der Atome über große Volumenbereiche des Bremsmediums bewirken können. Bei kleinen Geschwindigkeiten tragen bei α-Teilchen und Protonen auch Elektroneneinfangprozesse zum Energieverlust bei. Werden in Experimenten schnelle, schwere Ionen als Projektile verwendet, die nicht vollständig ionisiert sind, tritt die Wechselwirkung der beiden Atomhüllen hinzu, die zu komplizierten Anregungen, Ionisationen und auch Umladungen führt. Schließlich kann bei sehr hochenergetischen Projektilen auch Bremsstrahlung auftreten.

Der Energieverlust $-\mathrm{d}T/\mathrm{d}s$ eines schweren Teilchens wird im allgemeinen Sprachgebrauch als $-\mathrm{d}E/\mathrm{d}x$ angegeben, wobei er unter der Voraussetzung berechnet wird, daß eine quasi-klassische Behandlung des Stoßvorgangs erlaubt ist. Insbesondere wird angenommen, daß das Wegelement $\mathrm{d}s$ auf einer wegen des Einwirkens der Coulomb-Kräfte stets gekrümmten Bahn durch ein Element $\mathrm{d}x$ auf einer geraden Strecke x ersetzt werden kann. Das ist dann der Fall, wenn für das Produkt aus Linearimpuls p_a des Teilchens a mit dem Stoßparameter b als Maß für den Drehimpuls gilt: $p_\mathrm{a}b \gg \hbar$. Dies ist in Bild 5.1 schematisch dargestellt für die Wechselwirkung eines schweren geladenen Projektils a im Ladungszustand z mit einem Elektron, die Positionen 1 und 2 entlang des Weges x sind gekennzeichnet. Ferner nehmen wir die Hüllenelektronen als un- oder schwachgebunden und ruhend an. Das ist dann gerechtfertigt ist, wenn $T_\mathrm{a} \gg m_\mathrm{a}T_\mathrm{e}/m_\mathrm{e}$. Das Elektron e^- erfährt nur einen Impulsübertrag senkrecht zur Bahn des schweren geladenen Teilchens a mit der Ladung $+ze$. Die Parallelkomponenten $F_\|$ addieren sich zu Null.

Der Impulsübertrag kann mit dem Coulomb-Gesetz berechnet werden, denn die Kraft zwischen den beiden Ladungen ist

$$\boldsymbol{F} = \frac{1}{4\pi\varepsilon_0}\frac{q_1 q_2}{r^2}\frac{\boldsymbol{r}}{|\boldsymbol{r}|} = -\frac{1}{4\pi\varepsilon_0}\frac{ze^2}{(x^2+b^2)}\frac{\boldsymbol{r}}{|\boldsymbol{r}|} = -e\boldsymbol{E} \,. \tag{5.1}$$

Mit $\boldsymbol{E}$ ist die elektrische Feldstärke bezeichnet. Der Betrag des Impulsübertrags an das Elektron $|\Delta p_\mathrm{e}|$ ergibt sich aus der Feldstärke des vorbeifliegenden Teilchens

$$\Delta p_\mathrm{e} = \left| \int F \,\mathrm{d}t \right| = \int F_\perp \,\mathrm{d}t = \frac{1}{v} \int F_\perp \,\mathrm{d}x = \frac{e}{v} \int E_\perp \,\mathrm{d}x \;, \tag{5.2}$$

wobei mit v die Geschwindigkeit angegeben wird. Das letzte Integral läßt sich mit Hilfe des Gaußschen Satzes lösen, wonach der Verschiebungsfluß durch eine geschlossene Fläche A gleich der Summe aller eingeschlossenen Ladungen Q ist:

$$\oint_A \varepsilon_0 E \,\mathrm{d}A = Q \;. \tag{5.3}$$

In dem hier behandelten Fall liegt eine Zylindersymmetrie vor, deren Flächenelement durch $\mathrm{d}A = b \,\mathrm{d}\varphi \,\mathrm{d}x$ gegeben ist. Wir nehmen nun an, daß die Ladung ze im zeitlichen Mittel gleichmäßig entlang der Bewegungsachse verteilt ist, so daß auch das elektrische Feld im zeitlichen Mittel überall senkrecht zur Zylinderoberfläche steht, also $\boldsymbol{E} = E_\perp$. Damit erhalten wir

$$\int_A \varepsilon_0 E \,\mathrm{d}A = \varepsilon_0 \int_{\mathrm{Zyl.}} E_\perp b \,\mathrm{d}\varphi \,\mathrm{d}x = \varepsilon_0 b 2\pi \int E_\perp \,\mathrm{d}x = ze \;. \tag{5.4}$$

Für den übertragenen Impuls gilt daher

$$\Delta p_\mathrm{e} = \frac{1}{2\pi\varepsilon_0} \frac{ze^2}{vb} \;. \tag{5.5}$$

Daraus ergibt sich für die übertragene Energie

$$\Delta T_\mathrm{e} = \frac{\Delta p_\mathrm{e}^2}{2m_\mathrm{e}} = \frac{1}{8\pi^2\varepsilon_0^2 m_\mathrm{e}} \left(\frac{ze^2}{vb} \right)^2 \;. \tag{5.6}$$

Um die Wechselwirkung mit allen Elektronen zu erfassen, wird über den Energieübertrag auf die Elektronen in einem differentiellen Hohlzylinder $\mathrm{d}b \,\mathrm{d}x$ in den Grenzen b_min bis b_max integriert. Die Begrenzung auf einen Stoßparameterbereich ist nötig, um ein physikalisch sinnvolles Ergebnis zu erhalten. Bei einer Integration von 0 bis ∞ würde das Integral divergieren, woraus sich keine sinnvolle physikalische Aussage ergeben kann. Somit erhalten wir für die Abnahme der kinetischen Energie des Projetils

$$-\mathrm{d}T = \int_{b_\mathrm{min}}^{b_\mathrm{max}} \frac{\Delta p_\mathrm{e}^2}{2m_\mathrm{e}} n_\mathrm{e} 2\pi b \,\mathrm{d}b \,\mathrm{d}x \;. \tag{5.7}$$

Darin ist n_e die Elektronendichte im Bremsmedium. Sie ist gegeben durch

$$n_\mathrm{e} = Z \frac{N_\mathrm{A} \varrho}{A} \;, \tag{5.8}$$

wobei Z die Ordnungszahl, A die Massenzahl, ϱ die Dichte des Bremsmediums ist. N_A ist die Avogadro-Konstante.

Setzen wir den Ausdruck (5.6) in (5.7) ein, integrieren über db, so erhalten wir

$$-\left(\frac{\mathrm{d}T}{\mathrm{d}x}\right) = \frac{z^2 e^4 n_\mathrm{e}}{4\pi\varepsilon_0^2 v^2 m_\mathrm{e}} \ln\frac{b_\mathrm{max}}{b_\mathrm{min}} \propto \frac{z^2}{v^2} \, . \tag{5.9}$$

Der Ausdruck (5.9) zeigt, daß der Energieverlust sehr stark vom Ladungszustand und der Geschwindigkeit der Projektile abhängt.

Diese bisher ausgeführten rein klassischen Betrachtungen geben zwar ein sehr anschauliches, aber auch zu sehr vereinfachendes Bild des elektronischen Energieverlusts. Quantenmechanisch wurde der elektronische Energieverlust geladener Teilchen beim Durchgang durch Materie zunächst von Hans Albrecht Bethe (1930) [BE30] und danach, auf der Basis des Thomas-Fermi-Modells, von Felix Bloch (1933) [BL33] berechnet. Für schwere Teilchen mit Energien im Bereich ihrer Ruheenergie lautet der Energieverlust in relativistischer Näherung:

$$-\left(\frac{\mathrm{d}T}{\mathrm{d}x}\right) = \frac{z^2 e^4 n_\mathrm{e}}{4\pi\varepsilon_0^2 v^2 m_\mathrm{e}} \left\{ \ln\frac{2 m_\mathrm{e} v^2}{\langle E_\mathrm{B}^{(\mathrm{e})}\rangle} - \ln(1-\beta^2) - \beta^2 \right\} . \tag{5.10}$$

Darin ist $\beta = v/c$ und $\langle E_\mathrm{B}^{(\mathrm{e})}\rangle$ das mittlere Ionisationspotential für das Bremsmedium.

Lindhard, Scharff und Schiøtt [LI63] haben die Theorie der elektronischen Abbremsung besonders für den Bereich kleiner Energien verbessert.[1] Hier werden die Elektronen des Bremsmediums als Elektronengas betrachtet, das sich wie ein viskoses Medium verhält, in dem die geladenen Teilchen kontinuierlich abgebremst werden. Außerdem werden hier reduzierte Energiegrößen eingeführt, mit denen eine geeignete Skalierung verschiedener Projektil-Target-Kombinationen möglich ist.

In Bild 5.2 ist der Verlauf des Energieverlusts graphisch dargestellt. Durch die logarithmische Einteilung der Ordinate wird bei kleinen Projektilenergien auch der Anteil des Energieverlustes stärker sichtbar, der nicht von der Wechselwirkung der geladenen Teilchen mit den Elektronen des Bremsmediums abhängt, sondern der aufgrund der Coulomb-Abstoßung der Atomkerne auftritt. Dabei werden die Atome z.B. eines festen Körpers angestoßen, so daß sie ihre Position im Kristallverband verlassen können. Diese Streuung an abgeschirmten Potentialen führt zu dem nuklearen Energieverlust. Er wird besonders wirksam bei langsamen Projektilen und muß deshalb z.B. bei der Ionenimplantation oder bei der Abbremsung von Projektilen in Festkörperdetektoren berücksichtigt werden.

Die elektronische Abbremsung geladener Teilchen zeigt gemäß der LSS-Theorie zunächst für kleine Energien einen Anstieg. Bei hohen Energien

[1] In der Spezialliteratur wird diese Theorie als LSS-Theorie bezeichnet.

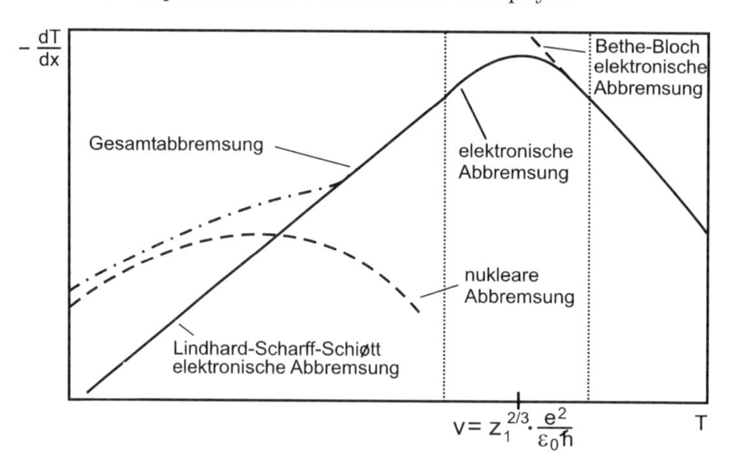

Bild 5.2. Energieverlust geladener Teilchen (nuklearer und elektronischer Anteil) in doppeltlogarithmischer Darstellung

nimmt der Energieverlust wie mit (5.10) beschrieben, wieder ab. Zwischen beiden Energiebereichen zeigt sich ein ausgeprägtes Maximum. Dieses Maximum tritt etwa in dem Bereich der Teilchenenergien auf, in dem die Teilchengeschwindigkeiten den Elektronengeschwindigkeiten in den Atomen des Bremsmaterials entsprechen, also etwa bei

$$v = z_1^{2/3} \frac{e^2}{\varepsilon_0 \hbar} . \tag{5.11}$$

Im Bereich des Maximums wird, wenn wir der vorhergehenden Argumentation folgen, die Ionisationsdichte im Bremsmedium ebenfalls ein Maximum erreichen. Dieser Bereich liegt für jedes Teilchen nicht sehr weit entfernt von der Reichweite, d.h. der Distanz im Bremsmedium, nach der das Teilchen vollständig abgebremst ist, also zur Ruhe kommt. Betrachten wir die schrittweise Abbremsung vieler Teilchen in einem Bremsmedium, so können in jedem Schritt statistisch verteilt unterschiedlich große Energieüberträge auftreten. Dies wird als Energie-Straggling bezeichnet. Das Energie-Straggling führt schließlich dazu, daß die Reichweiten vieler geladener Teilchen in einem Bremsmedium trotz gleicher Ausgangsenergie eine Verteilung zeigen.

Trägt man nun die Zahl der erzeugten Ionenpaare in Abhängigkeit von der Distanz zum Ende der Reichweite im Bremsmedium auf, so zeigt sich eine Verteilung wie sie in Bild 5.3 für Protonen und α-Teilchen dargestellt ist. Die Wegstrecke wird hier in Einheiten von cm angegeben, die beiden weiteren Abszissen zeigen die Energie und verdeutlichen, daß dieses Verhalten für Protonen und α-Teilchen jeweils bei unterschiedlichen kinetischen Energien auftritt. Das Maximum der Ionisationsdichte wird *Bragg-Maximum* (engl. Bragg peak) genannt. In der modernen medizinischen Anwendung schwerer

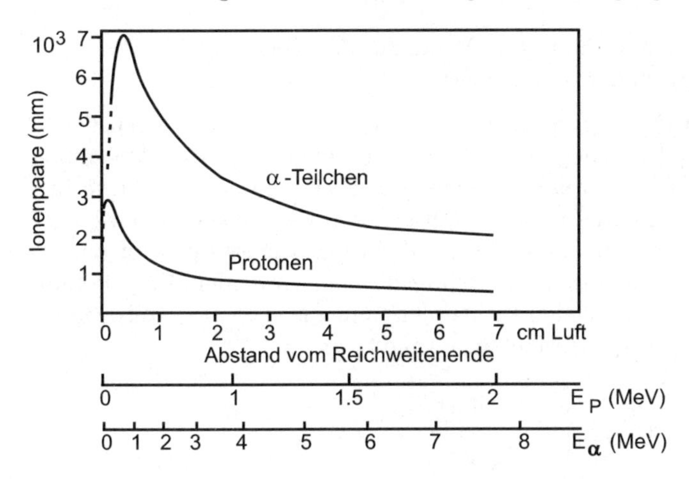

Bild 5.3. Energieverlust (Ionenpaare/mm) von Protonen und α-Teilchen in Luft in Abhängigkeit von der Reichweite und der Energie

Ionen wird dieses Bragg-Maximum zur sehr genau lokalisierbaren Tumorbestrahlung verwendet (vgl. Abschn. 9.5.3).

Zum Schluß betrachten wir noch den elektronischen Energieverlust geladener Teilchen mit höheren Energien. Er ist gesondert in Bild 5.4 dargestellt. Der Abfall verläuft gemäß (5.10) zunächst proportional v^{-2} und ist dadurch bedingt, daß mit höheren Energien die Zeiten, in denen Wechselwirkung auftreten kann, so kurz werden, daß weniger Ionisationen auftreten und damit

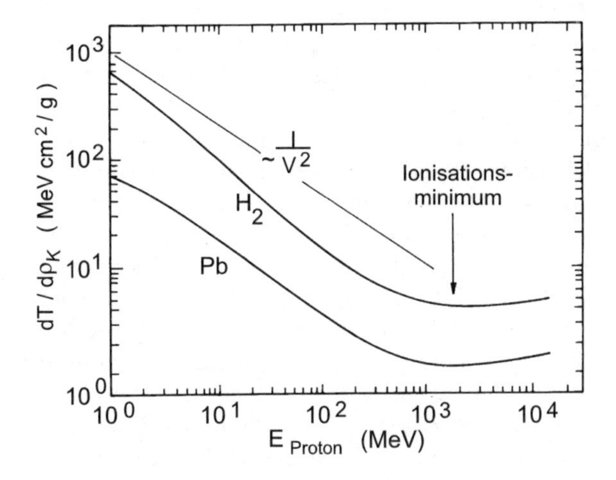

Bild 5.4. Verlauf des Energieverlustes bei höheren Energien für Protonen in H_2 und Pb. Als Variable ist $\varrho_{\mathrm{K}} = \varrho x$ verwendet, wobei ϱ die Dichte des Bremsmaterials ist

auch das Bremsvermögen sinkt. Das Minimum des Energieverlusts wird für alle Teilchen im Bereich der dreifachen Ruheenergie beobachtet.

Elektronen und Positronen. Die Berechnung des Bremsvermögens leichter Teilchen, also Elektronen und Positronen, muß auch die Ablenkung der Teilchen beim Bremsvorgang einschließen. Hier muß der Energieverlust $-\mathrm{d}T/\mathrm{d}s$ unter Berücksichtigung der resultierenden Parallelkomponenten des Impulses berechnet werden. Die einfache Ableitung, wie sie oben für ein gerades Wegstück gegeben wurde, läßt sich nicht mehr anwenden. Für die Ionisationsabbremsung von schnellen Elektronen muß auch stets die vollständige relativistische Energieverlustformel angewandt werden:

$$-\left(\frac{\mathrm{d}T}{\mathrm{d}s}\right) = \frac{e^2 n_\mathrm{e}}{8\pi\varepsilon_0^2 m_\mathrm{e} v^2}\left\{\ln\frac{m_\mathrm{e}v^2 E_\mathrm{e}}{2\langle E_\mathrm{B}^{(\mathrm{e})}\rangle^2(1-\beta^2)} + (1-\beta^2) - \frac{2\gamma-1}{\gamma^2}\ln 2 + \frac{1}{8}\left(\frac{\gamma-1}{\gamma}\right)^2\right\}. \tag{5.12}$$

Darin ist $E_\mathrm{e} = m_\mathrm{e}c^2(\gamma-1)$ die relativistische kinetische Energie der Elektronen mit $\gamma = (1-\beta^2)^{-1/2}$.

Wenn die Wechselwirkungszeit sehr kurz wird, können die Teilchen nur noch minimal ionisieren. Bei großen relativistischen Energien werden dann die Terme der Gleichung 5.12 wichtig, die weitere Wechselwirkungen z.B. über Strahlungsfelder beinhalten. Neben der als Bethe-Bloch-Energieverlust bezeichneten Abbremsung durch Ionisation der Atome des Bremsmediums treten für Elektronen und Positronen weitere Wechselwirkungsmechanismen auf, wie die Abbremsung durch Erzeugung von Bremsstrahlung, die Erzeugung von Elektron-Positron-Paaren durch virtuelle Photonen und auch photonukleare Prozesse, wie sie in Abschn. 6.3 erörtert werden. Im relativistischen Energiebereich werden Teilchen häufig mit Hilfe des Čerenkov-Effekts nachgewiesen.

Den Čerenkov-Effekt kann man sich qualitativ so vorstellen, wie in Bild 5.5 gezeigt. Ein langsames Elektron (Bild 5.5a), das ein Dielektrikum mit dem Brechungsindex n durchfliegt, polarisiert durch sein Feld die normalerweise kugelförmigen Atome entlang seiner Bahn. Wegen des völlig symmetrischen Polarisationsfeldes (azimutal und axial) gibt es in größerer Entfernung kein resultierendes Feld und folglich auch keine Emission elektromagnetischer Strahlung. Ein schnelles Elektron (Bild 5.5b) hingegen, für das $v = \beta c$ größer als die Lichtgeschwindigkeit in dem Medium ist, erzeugt zwar ein azimutal symmetrisches Feld, aber entlang der Achse bildet sich ein resultierendes Dipolfeld aus, das auch in großen Abständen von der Spur des Elektrons wirksam wird. Die Atome vor dem Elektron sind nur geringfügig polarisiert, weil das bewegte Elektron sein ausgestrahles elektromagnetisches Feld „überholt“. Das resultierende Dipolfeld in Richtung der Elektronenspur erzeugt die Emission elektromagnetischer Impulse, deren Frequenzen dann das Frequenzspektrum der resultierenden Čerenkov-Strahlung bestimmen.

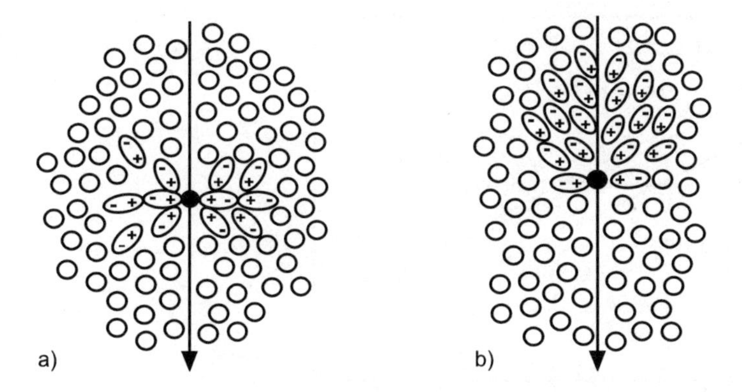

Bild 5.5. Polarisation eines Dielektrikums beim Durchgang (**a**) langsamer und (**b**) schneller Elektronen als Erklärung für den Čerenkov-Effekt

Wechselwirkung von Neutronen. Neutronen werden fast immer als schnelle Neutronen erzeugt, die in Materie vorwiegend durch elastische (n,n) und inelastische Stöße (n,n′) abgebremst werden. Dabei spielt die Abbremsung an Protonen die dominierende Rolle, denn wegen der gleichen Massen der Stoßpartner kann in einem elastischen Stoß der größte Energiebetrag übertragen werden. Danach können die Protonen als ionisierende Teilchen nachgewiesen werden. In einigen Fällen eignet sich auch die inelastische Streuung $\mathrm{A(n,n')A^*}$ zum Nachweis schneller Neutronen. Hierbei entsteht ein angeregter Kern, der seine Energie durch Teilchen- oder Strahlungsemission abgibt.

Diese Prozesse treten bevorzugt bei Neutronenenergien oberhalb 1 MeV auf. Werden die schnellen Neutronen soweit abgebremst, daß ihre Geschwindigkeiten im Gleichgewicht mit der Umgebung stehen, werden sie langsam, meist *thermisch* genannt. Für thermische Neutronen dominieren Neutroneneinfangreaktionen, $\mathrm{n} + (Z, A) \longrightarrow \gamma + (Z, A+1)$, die zum Neutronennachweis benutzt werden, denn der Wirkungsquerschnitt für diese Reaktionen verläuft wie $1/v$. In speziellen Fällen werden auch (n,p), (n,d), (n,α) eingesetzt, deren Wirkungsquerschnitte ebenfalls wie $1/v$ abfallen. In einigen Fällen werden durch Einfangreaktionen radioaktive Kerne erzeugt, die dann durch einen nachfolgenden β-Zerfall nachgewiesen werden. Als Beispiel sind nachfolgend einige Kernreaktionen mit leichten Kernen genannt, die sich für diese Meßmethode eignen:

Reaktion	Q-Wert (MeV)	
$\mathrm{n} + {}^{6}\mathrm{Li} \longrightarrow \alpha + {}^{3}\mathrm{H}$	4.782	(5.13a)
$\mathrm{n} + {}^{10}\mathrm{B} \longrightarrow \alpha + {}^{7}\mathrm{Li}$	2.79	(5.13b)
$\mathrm{n} + {}^{3}\mathrm{He} \longrightarrow \mathrm{p} + {}^{3}\mathrm{H}$	7.63	(5.13c)
$\mathrm{n} + \mathrm{p} \longrightarrow \mathrm{n} + \mathrm{p}$	0 .	(5.13d)

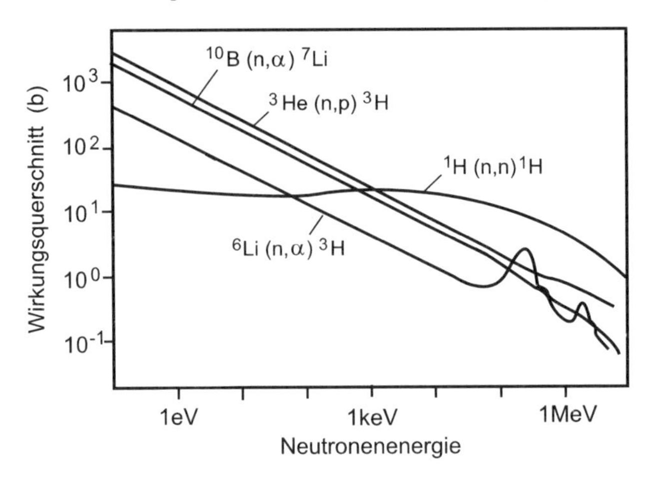

Bild 5.6. Wirkungsquerschnitte für Neutronennachweisreaktionen

Die Reaktion (5.13a) wird in LiJ(Eu)-Szintillatoren (vgl. Abschn. 5.2.3) benutzt. Das an der Reaktion (5.13b) beteiligte Isotop ^{10}B wird als $^{10}BF_3$-Zählgas in Proportionalzählrohren (vgl. Abschn. 5.2.2) oder als Beschichtung in Ionisationskammern verwendet. Diese Detektoren dienen auch zum Nachweis von Neutronen aus Neutronenbeugungsexperimenten (vgl. Abschn. 9.4.2), die häufig in der Festkörperphysik und Mineralogie zur Aufklärung von Kristallstrukturen eingesetzt werden.

Ebenso werden Proportionalzählrohre mit ^{3}He als Zählgas betrieben. Die Wirkungsquerschnitte für die Reaktionen nehmen mit steigender Energie stark ab, wie in Bild 5.6 gezeigt.

Zum Nachweis von schnellen Neutronen (ca. 20 bis 100 MeV) wird, wie bereits erwähnt, die elastische Streuung an Protonen (5.13d) eingesetzt. Z.B. können Protonen in festen Targets aus Eisen oder Kupfer angestoßen werden,

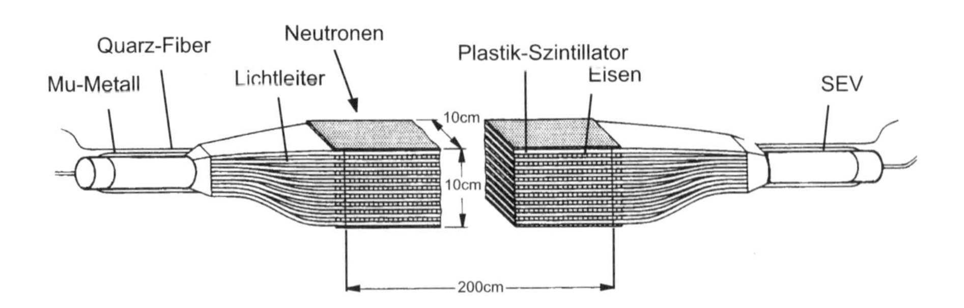

Bild 5.7. Einzelnes Segment des „Land"-Detektors am SIS-Beschleuniger der GSI [BL92]. Das Mu-Metall (Ni75Cr20Cu5, Angaben in Gewichtsprozent) dient der magnetischen Abschirmung

die dann bei genügend hohen Energien den Festkörperverband verlassen und in einem eng benachbarten Szintillator als geladenes Teilchen nachgewiesen werden. Ein Beispiel für einen solchen Detektor ist der „Land"-Detektor (large area neutron detector) bei der GSI [BL92], der in Bild 5.7 gezeigt ist. Er wird als Neutronendetektor für die Untersuchung von Kernreaktionen mit schweren Ionen am Schwerionensynchrotron eingesetzt. In diesem Detektor wechseln Szintillatoren und Eisenschichten ab (sandwich). Die Protonen aus dem Eisen erzeugen im Szintillator Lichtsignale, die über Lichtleiter zu Sekundärelektronenvervielfachern (SEV) gelangen und dort elektrische Signale auslösen. Der gesamte Detektor mißt $2 \cdot 2 \cdot 1\ \mathrm{m}^3$ und besteht aus 11 Eisen- und 10 Szintillatorschichten.

Reichweiten. Der Energieverlust von Teilchen durch ein Bremsmedium ist wichtig, um die Reichweite der Teilchen z.B. in einem Detektor zu bestimmen, denn es kommt bei den Experimenten häufig darauf an, die gesamte kinetische Energie der Teilchen zu messen, wozu sie im Detektormaterial zur Ruhe kommen müssen. Auch für den Strahlenschutz (vgl. Abschn. 9.5.1) werden die Reichweitewerte benötigt, um in strahlenproduzierenden Anlagen die Schutzwände hinreichend auslegen zu können. Nachdem im medizinischen Bereich die Anwendung ionisierender Strahlung für Diagnose und Therapie an Bedeutung gewinnt, werden die Reichweiten von energetischen Teilchen benötigt, um eine genaue Lokalisierung der Strahlung z.B. in der Tumorbehandlung zu erreichen.

Die mittlere Reichweite $\langle R \rangle$ ergibt sich aus dem Energieverlust durch Integration über den gesamten Energiebereich von der Anfangsenergie T bis zum Wert 0

$$\langle R \rangle = \int_T^0 \left(-\frac{\mathrm{d}T}{\mathrm{d}s} \right)^{-1} \mathrm{d}T \,. \tag{5.14}$$

Im Bethe-Bloch-Energiebereich liefert (5.14) zufriedenstellende Ergebnisse, jedoch im Lindhard-Bereich sind Korrekturen anzubringen, die den Elektroneneinfang in die langsam werdenden Projektile berücksichtigen. In der Tabelle 5.1 sind als Beispiel einige Reichweiten von Teilchen in unterschiedlichen Bremsmedien angegeben.

5.1.2 Elektromagnetische Strahlung in Materie

Beim Durchgang elektromagnetischer Strahlung durch Materie wird diese Strahlung absorbiert oder gestreut, d.h. ihre Intensität wird geschwächt. Die hierfür verantwortlichen physikalischen Prozesse beruhen im wesentlichen auf der Wechselwirkung der Photonen mit den Hüllenelektronen des Bremsmediums. Dazu gehören die Totalabsorption oder der *Photoeffekt* , die *Compton-Streuung* und die *Paarerzeugung.* Diese Prozesse führen zu einer Intensitätsminderung des Photonenstrahls entlang der Wegstrecke x, die im

Tabelle 5.1. Reichweiten energetischer Teilchen in Materie in (m)

Energie (MeV)	0.05	0.1	0.5	1.0	5.0	10	100
Elektronen							
Luft*	0.04	0.13	1.53	3.8	21	40	246
H_2O	$4.2\,10^{-5}$	$1.4\,10^{-4}$	$1.7\,10^{-3}$	$4.3\,10^{-3}$	$2.5\,10^{-2}$	$4.8\,10^{-2}$	0.32
Al	$2.1\,10^{-5}$	$6.9\,10^{-5}$	$8.4\,10^{-4}$	$2.1\,10^{-3}$	0.01	0.02	0.11
Ge	$1.4\,10^{-5}$	$4.3\,10^{-5}$	$5.1\,10^{-4}$	$1.2\,10^{-3}$	$6.4\,10^{-3}$	$1.2\,10^{-2}$	$4.8\,10^{-2}$
Pb	$8.7\,10^{-6}$	$2.7\,10^{-5}$	$2.9\,10^{-4}$	$6.7\,10^{-4}$	$3.2\,10^{-3}$	$5.3\,10^{-3}$	$1.7\,10^{-2}$
Protonen							
Luft*	$6\,10^{-4}$	$1.3\,10^{-3}$	$8.4\,10^{-3}$	0.025	0.38	1.15	7
H_2O	$7.5\,10^{-7}$	$1.2\,10^{-6}$	$8\,10^{-6}$	$2.2\,10^{-5}$	$3.2\,10^{-4}$	$1.2\,10^{-3}$	0.07
Al	$3.7\,10^{-7}$	$7.7\,10^{-7}$	$5.2\,10^{-6}$	$1.4\,10^{-5}$	$1.9\,10^{-4}$	$6.3\,10^{-4}$	$4\,10^{-2}$
Ge	$3\,10^{-7}$	$6\,10^{-7}$	$4\,10^{-6}$	$1.5\,10^{-5}$	$1.4\,10^{-4}$	$4.2\,10^{-4}$	$2\,10^{-2}$
Pb			$3.5\,10^{-6}$	$8.8\,10^{-6}$	10^{-4}	$3\,10^{-4}$	$1.5\,10^{-2}$
α-Teilchen							
Luft*	$1.2\,10^{-3}$		$2.7\,10^{-3}$	0.005	0.035	0.1	
H_2O	$1.5\,10^{-6}$	$3.5\,10^{-6}$			$2.6\,10^{-5}$	$9\,10^{-5}$	$6\,10^{-3}$
Al			$1.8\,10^{-6}$	$3.3\,10^{-6}$	$2\,10^{-5}$	$6.6\,10^{-5}$	$3\,10^{-3}$
Ge		$8\,10^{-7}$	$1.6\,10^{-6}$	$3.2\,10^{-6}$	$1.8\,10^{-5}$	$4.8\,10^{-5}$	$2\,10^{-3}$
Pb			$1.3\,10^{-6}$	$2.4\,10^{-6}$	$1.5\,10^{-5}$	$3.7\,10^{-5}$	$1.5\,10^{-3}$
Schwere Ionen (Beispiel C-Ionen)							
H_2O						$1.5\,10^{-5}$	$3\,10^{-4}$
C						$8\,10^{-6}$	$1.5\,10^{-4}$

*bei 1 bar und 20°C

Bremsmedium zurückgelegt wird, was quantitativ durch das Absorptionsgesetz beschrieben werden kann.

$$I = I_0 \mathrm{e}^{-\mu x} . \tag{5.15}$$

Darin ist μ der Schwächungskoeffizient . Er wird in der Literatur häufig als Massenschwächungskoeffizient μ/ϱ angegeben und enthält die Wirkungsquerschnitte σ_i der einzelnen Wechselwirkungsprozesse (i) der Photonen mit den Atomen des Bremsmediums.

$$\frac{\mu}{\varrho} = \frac{N_\mathrm{A}}{A} \sum_i \sigma_i . \tag{5.16}$$

N_A ist die Avogadro-Konstante. Er wird in Einheiten von [cm^2/g] angegeben, entsprechend ist in (5.15) die zurückgelegte Wegstrecke in Einheiten der Massenbelegung anzugeben.

Der Schwächungskoeffizient hängt sowohl vom Material, also von der Ordnungszahl der Elemente, als auch von der Photonenenergie ab. Bei Energien oberhalb der Ionisationsenergie bis ca. 100 keV dominiert der Photoeffekt. Dabei überträgt das Photon meist in einem einzigen Prozeß seine gesamte Energie auf ein Elektron des Atoms, aus dem das Absorbermaterial besteht, also

$$T_\mathrm{e} = h\nu - E_\mathrm{B}(\mathrm{e}_j) . \tag{5.17}$$

Darin wird mit $E_\mathrm{B}(\mathrm{e}_j)$ die Bindungsenergie der Elektronen in der j = K, L, M, ... Schale der Atomhülle bezeichnet.

Die Rückstoßenergie (im Bereich einiger eV) wird dabei vom gesamten Atom übernommen. Diese Absorption ist in der Nähe des Atomkerns besonders groß, woraus sich die Dominanz der Absorption in der K-Schale erklärt, wenn die Photonenenergie oberhalb der K-Schalen-Bindungsenergie liegt.

Die Abhängigkeit der Photoabsorption an Pb-Atomen von der Energie der Photonen ist in Bild 5.8 gezeigt. Es tritt eine starke Erhöhung der Absorption und damit des Wirkungsquerschnitts auf, wenn die Photonenenergie gerade der Bindungsenergie der jeweiligen Schale entspricht. Im Falle von Blei steigt die Absorption also bei 13 keV und bei 88 keV an, wobei diese Energien gerade den Bindungsenergien der Elektronen in der L- bzw. in der K-Schale entsprechen. Zu höheren Photonenenergien zeigt die Absorption einen starken Abfall, der mit ν^{-3} bis $\nu^{-3.5}$ verläuft. Quantitativ kann der Abfall des Wirkungsquerschnitts für die K-Schale in nichtrelativistischer Näherung angegeben werden:

$$\sigma^K_\mathrm{Photo} = \left(\frac{32}{\varepsilon^7}\right)^{1/2} \alpha^4 Z^5 \sigma^\mathrm{e}_\mathrm{Th} \, (\mathrm{cm}^2/\mathrm{Atom}) . \tag{5.18}$$

Darin ist die Energie $\varepsilon = E_\gamma / m_\mathrm{e} c^2$ die reduzierte Photonenenergie und $\alpha = e^2/(4\pi\varepsilon_0 \hbar c)$ die Sommerfeldsche Feinstrukturkonstante. Der Thomson-

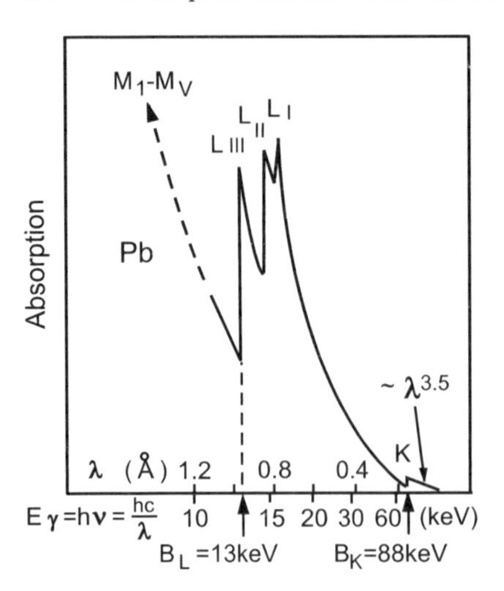

Bild 5.8. Energieabhängigkeit des Photoeffekts an Pb

Wirkungsquerschnitt für elastische Streuung ist definiert als

$$\sigma_{\mathrm{Th}}^{\mathrm{e}} = \frac{8}{3}\pi r_{\mathrm{e}}^2 = 6.65 \cdot 10^{-25}\,\mathrm{cm}^2 \tag{5.19}$$

mit dem klassischen Elektronenradius r_{e} [BET90]. Entscheidend für den Nachweis von Photonen im Rahmen kernphysikalischer Experimente ist die hohe Potenz in der Abhängigkeit von der Ordnungszahl, denn sie bestimmt auch die Wahl des Detektormaterials (vgl. Abschn. 5.2). Durch den starken Abfall der Absorption mit der Photonenenergie nimmt damit auch die Detektoreffizienz für den Nachweis hochenergetischer γ-Strahlen ab.

Durch die Ionisation der Atome in inneren Schalen treten außerdem sekundäre Strahlungen auf, die durch das Auffüllen der inneren Vakanzen entstehen. Dabei werden gleichzeitig sowohl Röntgen-Quanten als auch Auger-Elektronen beobachtet [BET90]. In ausgedehnten Detektoren kann erreicht werden, daß die gesamte Photonenenergie im Detektor absorbiert wird.

Bei Energien der γ-Strahlung oberhalb 100 keV tritt als weiterer Wechselwirkungsprozeß die Compton-Streuung auf. Der Compton-Effekt ist die elastische Streuung von Photonen an quasifreien Elektronen, weil die Bindungsenergie der Elektronen vernachlässigbar klein gegenüber der Energie der Photonen ist. Zur Beschreibung des Prozesses verwenden wir die übliche Stoßkinematik: Die Photonenenergie sei $E_\gamma = h\nu$, der Photonenimpuls $E_\gamma/c = h/\lambda$, die Energie und Ruhemasse der Elektronen ist E bzw. $m_{\mathrm{e}}c^2$ und der Elektronenimpuls nach dem Stoß ist $\boldsymbol{p}$. Im elastischen Stoß bleiben die Gesamtenergie und der Gesamtimpuls erhalten, demzufolge gilt

$$\text{Energiesatz} \qquad E_\gamma + m_{\mathrm{e}}c^2 = E'_\gamma + E\,, \tag{5.20}$$

$$\text{Impulssatz} \qquad \boldsymbol{n}E_\gamma/c = \boldsymbol{n}'E'_\gamma/c + \boldsymbol{p}\,. \tag{5.21}$$

Die Richtung des Photons vor und nach dem Stoß ist durch die Einheitsvektoren $\boldsymbol{n}$ und $\boldsymbol{n}'$ gegeben, die den Winkel ϑ einschließen: $\boldsymbol{n} \cdot \boldsymbol{n}' = \cos\vartheta$. Quadrieren der beiden Gleichungen und anschließendes Subtrahieren der zweiten von der ersten gibt unter Verwendung der relativistischen Form des Energiesatzes:

$$(E_\gamma - E'_\gamma)^2 + 2m_\mathrm{e}c^2(E_\gamma - E'_\gamma) + m_\mathrm{e}^2c^4 = E^2 \ , \tag{5.22}$$

$$E_\gamma^2 - 2E_\gamma E'_\gamma \cos\vartheta + E'^2_\gamma = p^2c^2 \ , \tag{5.23}$$

$$E'_\gamma E_\gamma(1 - \cos\vartheta) - m_\mathrm{e}c^2(E_\gamma - E'_\gamma) = 0 \ . \tag{5.24}$$

Daraus erhalten wir durch Division der letzten Gleichung durch $h\nu'\nu$ und $m_\mathrm{e}c^2$ die Wellenlängenänderung des Photons bei dem Stoßprozeß

$$\varDelta\lambda = \lambda' - \lambda = \frac{h}{m_\mathrm{e}c}(1 - \cos\vartheta) \ . \tag{5.25}$$

Die Größe $h/(m_\mathrm{e}c) = \lambda_\mathrm{C}$ wird Compton-Wellenlänge genannt. Durch Auflösen der Gleichungen nach der Elektronenenergie E ergibt sich für die kinetische Energie der Elektronen $T_\mathrm{e} = E - m_\mathrm{e}c^2$:

$$T_\mathrm{e} = h\nu \frac{\frac{h\nu}{m_\mathrm{e}c^2}(1 - \cos\vartheta)}{1 + \frac{h\nu}{m_\mathrm{e}c^2}(1 - \cos\vartheta)} \ . \tag{5.26}$$

Daraus folgt, daß für eine Streuung um 180° der Energieübertrag auf das Elektron maximal wird.

Der totale Streuquerschnitt für die Compton-Streuung wurde erstmals (1929) von Oskar Klein und Y. Nishina berechnet:

$$\begin{aligned} \sigma_C^\mathrm{e} = 2\pi r_\mathrm{e}^2 & \left\{ \left(\frac{1+\varepsilon}{\varepsilon^2} \right) \left[\frac{2(1+\varepsilon)}{1+2\varepsilon} - \frac{1}{\varepsilon}\ln(1+2\varepsilon) \right] \right. \\ & \left. + \frac{1}{2\varepsilon}\ln(1+2\varepsilon) - \frac{1+3\varepsilon}{(1+2\varepsilon)^2} \right\} \quad (\mathrm{cm}^2/\mathrm{Elektron}) \ . \end{aligned} \tag{5.27}$$

Darin ist $\varepsilon = E_\gamma/(m_\mathrm{e}c^2)$. Dieser Wirkungsquerschnitt ist pro Elektron angegeben. Beziehen wir den Wirkungsquerschnitt auf ein Atom mit Z Elektronen, dann ist er noch mit dem Faktor Z zu multiplizieren. Es gilt also

$$\sigma_C^\mathrm{atomar} = Z\sigma_C^\mathrm{e} \ . \tag{5.28}$$

Da beim Compton-Prozeß nur ein Teil der Photonenenergie auf das Elektron übertragen wird, definiert man auch den Energie-Streuquerschnitt

$$\sigma_C(\mathrm{streu}) = \frac{E'_\gamma}{E_\gamma}\sigma_C^\mathrm{e} \ . \tag{5.29}$$

Damit erhält man dann auch den Anteil, der in dem Prozeß absorbiert worden ist, d.h. den Absorptionsquerschnitt

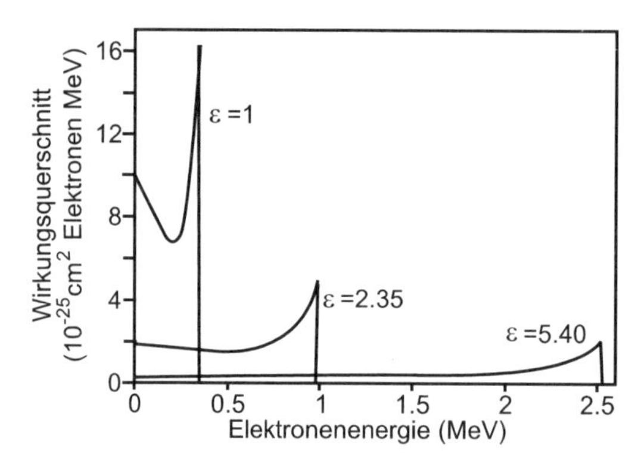

Bild 5.9. Differentieller Wirkungsquerschnitt für Rückstoßelektronen im Compton-Effekt für verschiedene Werte des Parameters $\varepsilon = h\nu/m_e c^2$

$$\sigma_C(\text{abs.}) = \sigma_C^{\text{e}} - \sigma_C(\text{streu}) \ . \tag{5.30}$$

Er gibt die Wahrscheinlichkeit an, mit der die Energie $T_{\text{e}} = E_\gamma - E'_\gamma$ auf das gestoßene Elektron übertragen worden ist.

Da die Energieverteilung der Rückstoßelektronen für den Meßprozeß wichtig ist, geben wir hier auch den Wirkungsquerschnitt für Elektronen an, die in ein Energieintervall zwischen T und $T + \mathrm{d}T$ gestreut werden:

$$\frac{\mathrm{d}\sigma_{\text{e}}}{\mathrm{d}T} = \frac{\pi r_{\text{e}}^2}{\frac{(h\nu)^2}{m_{\text{e}}c^2}} \left\{ 2 + \left(\frac{T}{h\nu - T} \right)^2 \cdot \left[\left(\frac{m_{\text{e}}c^2}{h\nu} \right)^2 + \frac{h\nu - T}{h\nu} - \frac{2m_{\text{e}}c^2}{h\nu} \left(\frac{h\nu - T}{T} \right) \right] \right\} . \tag{5.31}$$

Der Wirkungsquerschnitt (5.31) zeigt ein ausgeprägtes Maximum am oberen Ende der Elektronenenergieskala. Dieses Maximum wird *Compton-Kante* genannt. In Bild 5.9 ist dies für einige Werte des Verhältnisses Photonenenergie zu Elektronenruhemasse gezeigt. Die Compton-Kante liegt energetisch unterhalb der Totalabsorptionsenergie, weil nach (5.30) stets nur ein Teil der Photonenenergie absorbiert wurde. Demzufolge setzt z.B. für eine primäre Photonenenergie von $h\nu = m_{\text{e}}c^2 = 0.511$ MeV ($\varepsilon = 1$) das Compton-Kontinuum der Elektronen bei 0.340 MeV ein.

Bei γ-Energien oberhalb 1.022 MeV tritt ein weiterer Prozeß auf, durch den Photonen mit Materie wechselwirken können. Im Coulomb-Feld des Kerns kann ein Elektron-Positron-Paar erzeugt werden. In der genauen Energiebilanz ist jedoch noch der Rückstoß des Kerns zu berücksichtigen, so daß gilt

$$E_\gamma \geq 2m_{\text{e}}c^2 + 2\frac{m_{\text{e}}^2}{m_{\text{Kern}}}c^2 \ . \tag{5.32}$$

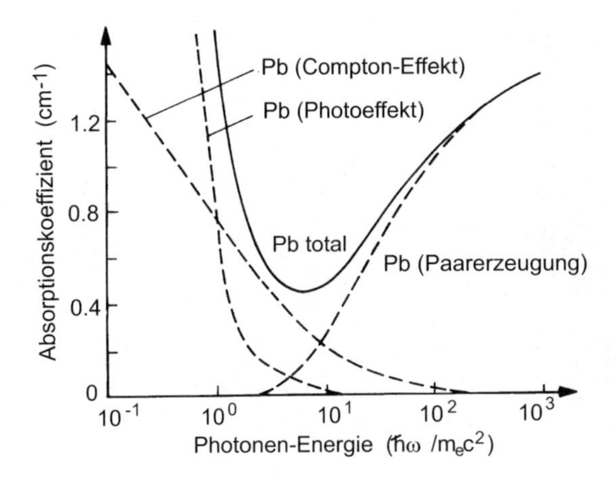

Bild 5.10. Energieabhängigkeit der Absorptionskoeffizienten in Pb

Der Rückstoßterm ist jedoch in den meisten Fällen vernachlässigbar klein. Der Wirkungsquerschnitt für die Paarerzeugung hängt vom Ladungszustand des Atoms ab. Dabei kann man die beiden extremen Situationen vollständiger Ionisierung oder vollständiger Abschirmung unterscheiden. Für vollständig ionisierte Elemente gilt

$$\sigma_{\mathrm{Paar}} = 4\alpha r_{\mathrm{e}}^2 Z^2 \left(\frac{7}{9} \ln 2\varepsilon - \frac{109}{54} \right) \; (\mathrm{cm}^2/\mathrm{Atom}) \, . \tag{5.33}$$

Bei vollständiger Abschirmung der Kernladung dagegen gilt

$$\sigma_{\mathrm{Paar}} = 4\alpha r_{\mathrm{e}}^2 Z^2 \left(\frac{7}{9} \ln \frac{183}{Z^{1/3}} - \frac{1}{54} \right) \; (\mathrm{cm}^2/\mathrm{Atom}) \, . \tag{5.34}$$

Für Blei als Absorberelement sind in Bild 5.10 die einzelnen Anteile der Wechselwirkungsprozesse am Gesamtwirkungsquerschnitt gezeigt. Der gesamte Absorptionskoeffizient μ ergibt sich somit nach (5.16) als Summe der drei Einzelbeiträge. Die Absorption der γ-Strahlung in Szintillatoren und ebenso in Germanium und Silizium als Detektormaterial wird sowohl zur Energiemessung als auch zur Erzeugung eines Zeitsignals benutzt. In Bild 5.11 sind die Prozesse noch einmal bildlich dargestellt.

Um in kernphysikalischen Experimenten die Energie von γ-Quanten zu messen, ist bei der Konzeption eines Detektors zu beachten, daß keine γ-Quanten mit niedrigerer Energie als der Primärenergie entweichen können, da sonst keine vollständige Energiedeposition im endlichen Detektorvolumen stattfindet.

Bei Zeitmessungen hingegen liefern die den Detektoren entweichenden Quanten z.B. ein Startsignal für die Aktivierung/Triggerung weiterer Detektoren.

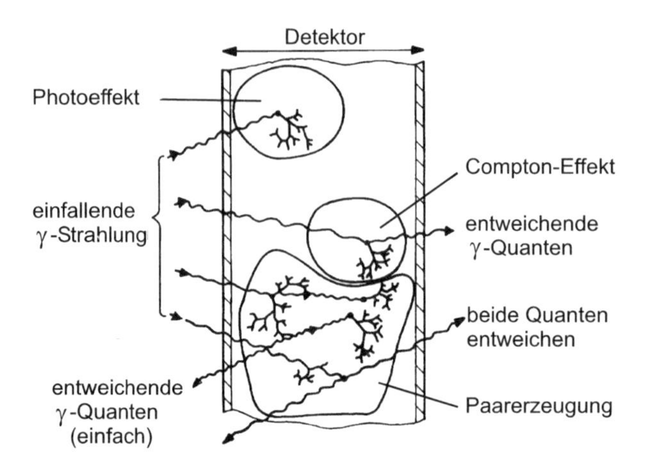

Bild 5.11. Photonenabsorption in einem Szintillator-Kristall, bzw. in einem Germanium- oder Silizium-Detektor. Die Darstellung ist nicht maßstäblich. Die Verzweigungslinien am Ende der Spuren gehören zu Elektronen. Ihre Weglänge beträgt mm, während der Detektor Abmessungen im cm-Bereich hat

Zur Übersicht sind die charakteristischen Abhängigkeiten der Wechselwirkungsprozesse der γ-Strahlung in Tabelle 5.2 zusammengefaßt.

Tabelle 5.2. Energie- und Z-Abhängigkeiten der γ-Wechselwirkungsprozesse

Prozeß	Z-Abhängigkeit	Energieabhängigkeit
Photoeffekt	$\sim Z^4 \div Z^5$	$h\nu^{-3.5} \div h\nu^{-3}$
Compton-Effekt	$\sim Z$	$h\nu^{-1}$
Paarbildungsprozeß	$\sim Z^2$	$\ln h\nu$

5.2 Messung kernphysikalischer Bestimmungsgrößen

Die Meßmethoden der Kernphysik beruhen auf den in Abschn. 5.1 erörterten Wechselwirkungen von Teilchen und elektromagnetischer Strahlung mit Materie. Jede Messung physikalischer Parameter wie Impuls, Energie, Ort, Ionisationen, Lebensdauer, Spin, Masse benutzt spezifische Eigenschaften, auf die ein Meßverfahren ausgerichtet ist. Die Meßverfahren sind über mehrere Jahrzehnte entwickelt und stets verbessert worden. Wir wollen hier nur die gegenwärtig gebräuchlichsten Methoden erörtern. Visuelle Methoden wie die Zählung von Szintillationspulsen, die Sichtbarmachung von Spuren in

Nebel-, Blasen- oder auch Funkenkammern mit photographischer Registrierung sind einer direkten elektronischen Datenverarbeitung nicht zugänglich. Sie erfordern eine aufwendige „Übersetzung" in rechnergerechte Form. Auch die Expositionen von speziellen photographischen Emulsionen, die in den frühen Jahren kernphysikalischer Forschung vor allem für die Untersuchung der Höhenstrahlung verwendet wurden, benötigen ähnliche Voraussetzungen. Deshalb werden gegenwärtig vorwiegend elektronische Methoden konzipiert und entwickelt, bei denen die Ausgangssignale direkt einer weiteren elektronischen Datenverarbeitung zugeführt werden können.

Anstoß zur Entwicklung solcher Detektoren wurde bereits im Laboratorium von Ernest Rutherford gegeben, als Hans Geiger die ersten Gasentladungsdetektoren baute, um die Szintillationsblitz-Zählung abzulösen. Der dann 1928 von Geiger und Müller entwickelte Auslösezähler erlaubt nur die ja-nein-Entscheidung, d.h. er zeigt an, ob ein Teilchen in dem Zähler eine Ionisation verursacht. Dieser Zähler wird heute nur noch zum Nachweis von Strahlung oder zur Strahlenüberwachung eingesetzt. Die Weiterentwicklung zum Proportionalzählrohr lieferte dann die Möglichkeit, Energien quantitativ (vgl. Abschn. 5.3) zu messen.

5.2.1 Impulsmessung

Der Impuls ist eine bei der Untersuchung von Kernreaktionen zu bestimmende Größe, die mit der Energie, der Ladung und der Geschwindigkeit von Teilchen verknüpft ist. Er soll oft unabhängig von den anderen gemessen werden, z.B. um die Masse eines Teilchens zu bestimmen, wenn sein Ladungszustand und seine Geschwindigkeit, z.B aus einer Flugzeitmessung, bekannt sind. Impulse von geladenen Teilchen können mit Hilfe der Ablenkung in einem magnetischen Feld gemessen werden. Die Ablenkung eines geladenen Teilchens der Masse m, Ladung q und Geschwindigkeit v in einem homogenen Magnetfeld B beruht auf dem Gleichgewicht von Lorentz-Kraft und Zentripetalkraft. Bei Einschußrichtungen senkrecht zu den Magnetfeldlinien bewegen sich die Teilchen auf Kreisbahnen

$$\frac{mv^2}{r_0} = qvB \; , \tag{5.35}$$

wobei r_0 den Krümmungsradius angibt. Für Ablenkungen um kleine Winkel gilt:

$$\sin\varphi = \frac{qlB}{mv} \; . \tag{5.36}$$

Darin beschreibt l die Länge der Bahn im Magnetfeld. Der Impuls der Teilchen steht in (5.36) im Nenner, daher sortiert das Magnetfeld also nach Teilchenimpulsen.

Dies sind die Basisbeziehungen, aufgrund derer sich Teilchenimpulse im Magnetfeld spektroskopieren lassen. Daher haben Magnetspektrometer für die experimentelle Kern- und Elementarteilchenforschung eine große Bedeutung.

Obwohl (5.36) das Prinzip der Ablenkung im Magnetfeld angibt, werden für Magnetspektrometer genaue Kenntnisse seiner Eigenschaften, z.B. der Impulsauflösung, benötigt, die durch detaillierte ionenoptische Untersuchungen bestimmt werden können. Die Impulsauflösung (in 1. Ordnung) $R_p = p_0/\delta p$, mit dem Sollimpuls p_0 und der Impulsvariation δp, bestimmt z.B. die Güte eines Spektrometers. Der Gesamtverlauf von Teilchenbahnen in elektrischen und magnetischen Feldern stellt eine ionenoptische Abbildung dar. Ebenso wie lichtoptische Abbildungssysteme auch Abbildungsfehler haben, müssen auch in der Ionenoptik derartige Fehler berücksichtigt werden. Um eine möglichst gute Impulsauflösung R_p für die Reaktionsprodukte zu erreichen, sind Korrekturfelder notwendig, die die beim Strahltransport auftretenden Abbildungsfehler kompensieren.

Da die Teilchen eine gewisse Zeit benötigen, um den Spektrographen zu durchfliegen, ist besonders bei Reaktionsuntersuchungen mit schweren Ionen wegen deren unterschiedlichen Laufzeiten auf verschiedenen Trajektorien auch die Flugzeitauflösung R_t und demzufolge deren Breite δt eine wichtige Größe:

$$R_t = t_0/\delta t \,. \tag{5.37}$$

Magnetspektrometer werden weitverbreitet zur Messung der radioaktiven α- und β-Zerfälle verwendet [SIE68]. Für Reaktionsuntersuchungen haben sich vor allem zwei Typen von Magnetspektrometern sehr bewährt, einerseits das Spektrometer, das aus einer Kombination unterschiedlicher magnetischer Ablenkfelder besteht und nach deren Anordnung z.B. Q3D-Spektrograph (Quadrupol- und drei Dipolmagnete DI, DII, DIII) genannt wird, und andererseits der Vielspalt-Spektrograph (engl. multigap).

Ein Beispiel des ersteren Typs ist in Bild 5.12 gezeigt. Dieses Gerät besteht aus drei Dipolmagneten mit fokussierenden Eigenschaften in zwei Dimensionen sowie einem magnetischen Quadrupol am Eintritt der Reaktionsprodukte. Zwei weitere Multipole können durch unterschiedliche Erregung der Feldspulen als Quadrupolkonfiguration (Vierpol-Konfiguration) und auch als Sextupolanordnung (Sechspol-Konfiguration) geschaltet werden. Die Fokussierung in der Richtung der Magnetfeldstärke wird durch abgeschrägte Kanten des Feldes bewirkt. Die Teilchen treten dabei nicht senkrecht zur Magnetfeldbegrenzung, sondern unter einem Winkel in das Feld ein. Die Teilchenabbildungen liegen auf einer Fokalebene, in der dann die Teilchen in einem Detektor (vgl. Abschn. 5.3) nachgewiesen werden. Um mit einem solchen Spektrographen eine Winkelverteilung messen zu können, muß das gesamte Gerät um den Targetpunkt drehbar sein.

Eine ähnliche Anordnung (Bild 5.13) wurde speziell für die Untersuchung von Kernreaktionen schwerer Ionen konzipiert. Hier durchlaufen die Reaktionsprodukte nach dem Target zunächst eine Kombination eines Sextupols

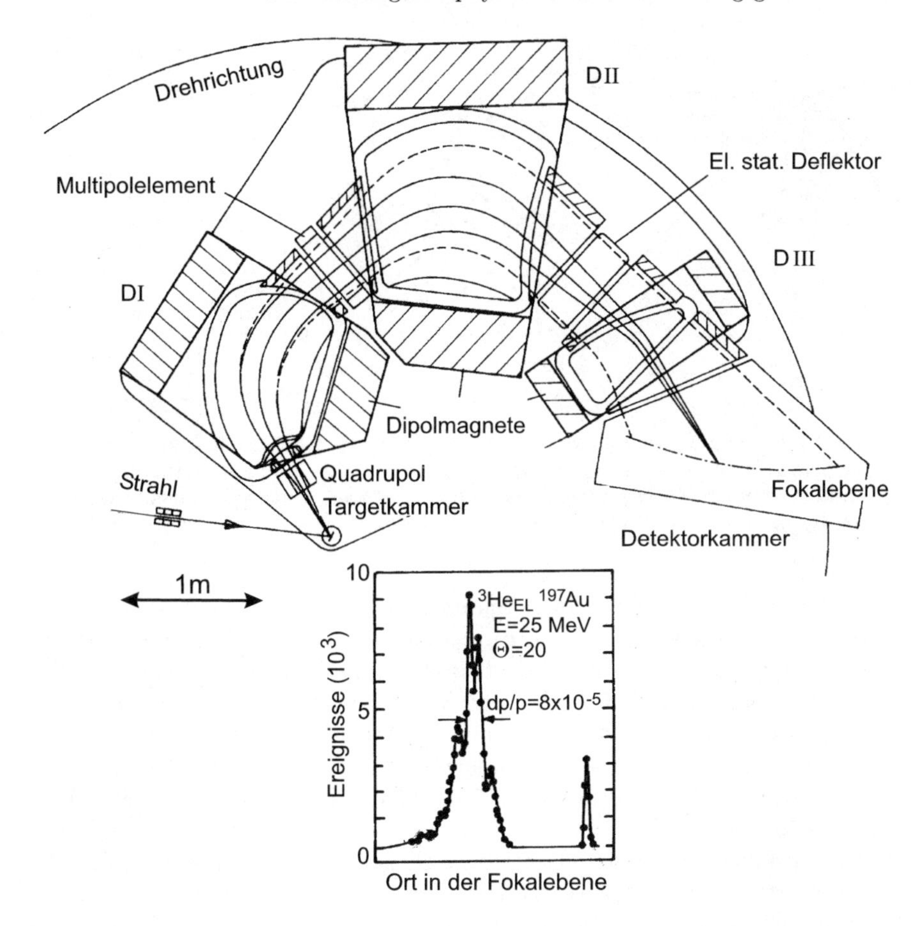

Bild 5.12. Q3D-Magnetspektrograph im MPI für Kernphysik (Heidelberg). Die Teilchen passieren nach dem Quadrupol drei magnetische Dipole (DI, DII, DIII)

S_1und zweier Quadrupole Q_1 und Q_2, treten dann in den Dipolmagneten D ein und durchlaufen noch einmal eine Magnetkombination, bestehend aus einem Sextupol- und einem Quadrupolmagneten (S_2 und Q_3). Sowohl die mit diesen Spektrographen ereichbaren physikalischen Parameter als auch die zum Betrieb benötigten technischen Daten sind in Tabelle 5.3 genannt. Die Impulsakzeptanz gibt den Bereich an, der vom Magneten noch erfaßt wird, wenn das Magnetfeld auf einen Soll-Impuls eingestellt ist.

Der zweite der oben erwähnten Spektrographentypen ist der Multifeld-Magnetspektrograph (Vielspalt-Magnetspektrograph, engl. multigap spectrometer). Er besteht aus einem Torus aus Magnetfeldeisen, in den mehrere (bis zu 20) Spalte geschnitten sind. Die Spalte sind meist 10° separiert. Die einzelnen Magnetfelder haben dann kreisförmigen oder speziell gekrümmten Querschnitt. Durch eine geeignete Spulenanordnung kann der Torus magne-

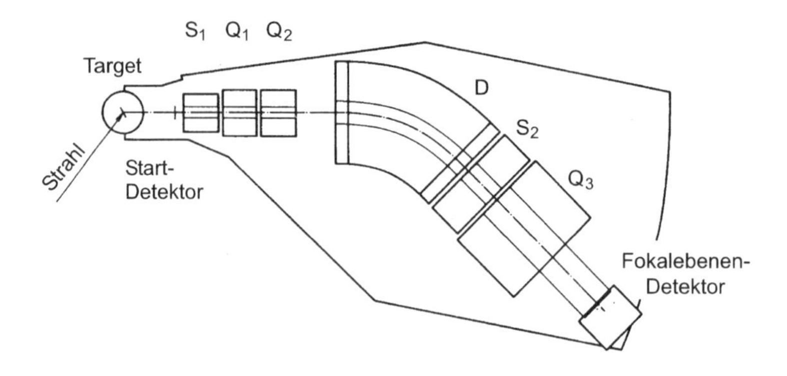

Bild 5.13. QQDQ-Magnetspektrograph, wie er bei der GSI (Darmstadt) verwendet wurde. Die Teilchen passieren zunächst einen Sextupol S_1 und zwei Quadrupolfelder Q_1 und Q_2, danach ein Dipolfeld D und einen weiteren Sextupol S_2 und schließlich ein drittes Quadrupolfeld Q_3

tisch erregt werden, wobei in allen Spalten die gleiche magnetische Feldstärke herrscht. Die Targets sind im Zentrum des Torus aufgestellt, so daß die Reaktionsprodukte gleichzeitig in allen Spaltfeldern nach Impulsen separiert werden können. Auf diese Weise gelingt es, Winkelverteilungen von Kernreaktionen simultan zu messen, denn Teilchen unterschiedlicher Impulse treffen an unterschiedlichen Punkten der Fokalebene auf. Bevor die Entwicklung großer ortsabhängiger Zähler (vgl. Abschn. 5.3) einen zufriedenstellenden Stand erreicht hatte, wurden die Teilchen auf Kernspurplatten mit teilchenempfindlichen Emulsionen entlang der Fokalebene registriert, was eine sehr mühevolle Auswertearbeit beim mikroskopischen Durchmustern der Platten bedingte. Ein Bild eines derartigen Spektrographen, mit dem zeitweise die höchstaufgelösten Spektren gemessen wurden, ist in Bild 5.14 gezeigt. Bei bekannter Ladung und Masse eines Teilchens ist mit seinem Impuls auch seine Energie bekannt.

Tabelle 5.3. Magnetspektrometer

Parameter	Q3D	QQDQ
Mittlerer Krümmungsradius (m)	1.20	2.00
Maximale Magnetfeldstärke (T)	1.67	1.50
Masse-Energie-Produkt (u MeV/z^2)	193	430
Impulsauflösung (R_p)	12700	3000
Flugzeitauflösung (R_t)	75	250
Impulsakzeptanz (%)	± 5	± 15 bis ± 4
Länge der Fokalebene (m)	1.10	0.5
Maximale elektrische Leistung (kW)	415	650

Bild 5.14. Multifeld-Magnetspektrograph (MPI, Heidelberg)

Für die genaue Analyse von Reaktionen, bei denen eine Vielzahl von Teilchen entstehen, d.h. vorwiegend bei hochenergetischen Kernreaktionen, hat sich das Prinzip der Bahnverfolgung bewährt. Dazu eignen sich Magnetspektrometer, in denen unterschiedliche Gasstrecken eingebaut sind. Darin verlieren die geladenen Teilchen Energie, so daß die an den Energieverluststoß anschließende Spur eine andere Krümmung aufweist, anhand derer die Energie bzw. der Impuls bestimmt werden kann.

Für die Verfolgung von Bahnen in drei Dimensionen eignen sich Spurendriftkammern (engl. TPC, time projection chamber). Bild 5.15 zeigt das Prinzip einer solchen Kammer. Das Driftfeld wird zwischen der Kathodenebene mit den Auslesemodulen und der Bodenplatte erzeugt. Das Kammergas besteht meist aus einem Gemisch aus Ar mit Methan, in Fällen, in denen der Wasserstoff stört, auch aus einem Gemisch aus Argon und CO_2. Ionisierende Teilchen setzen im Gas, Elektronen frei, die im Feld (ca. 120 V/cm) zwischen der Hochspannungselektrode und der Anode driften. Die Anode besteht aus Drähten, in deren Nähe es wegen der Beschleunigung der Elektronen zur Lawinenausbildung kommt. Jenseits der Anodendrähte ist eine Ebene mit kleinen leitenden Flächen (Flecken, engl. Pad) gespannt, auf denen die von

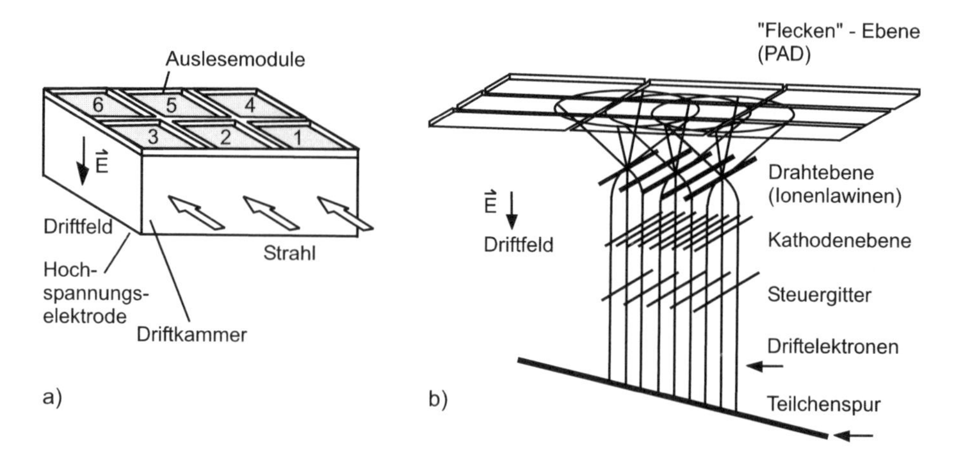

Bild 5.15. Darstellung der Spurendriftkammer (TPC). (**a**) zeigt den schematischen Aufbau einer TPC, (**b**) die Innenansicht zur Verdeutlichung der Funktionsweise

den Anodendrähten wegdriftenden Ionen in dem Moment, in dem die Elektronen abfließen, eine Ladung induzieren. Die „pads“ haben Größen zwischen einigen mm^2 und cm^2. Sie sind auf Folien aufgedampft, deren Gesamtfläche 1 m^2 erreichen können. Zu Steuerung sind zwischen Anode und Pad zusätzlich Gitter eingebaut. Mit einem solchen Detektor können zwei Koordinaten eines Spurpunktes durch die Positionen auf den Pads angegeben werden. Die dritte Koordinate wird aus der Driftzeit bestimmt. Insgesamt lassen sich Trajektorien von Reaktionsprodukten über einen weiten Bereich rekonstruieren [NA99]. Spurendriftkammern werden sowohl ohne als auch mit Magnetfeld in der Driftrichtung betrieben. Wegen der Möglichkeit Trajektorien in drei Dimensionen festzulegen, wird diese Kammer auch elektronische Blasenkammer genannt.

5.2.2 Energiemessung

Seit Beginn kernphysikalischer Forschung war es eine wichtige Aufgabe der experimentellen Kernphysik, die Anregungsenergien von Kernen so genau wie möglich zu messen, denn deren Kenntnis ist die wichtigste Information zur Klärung der inneren Struktur der Atomkerne. Insbesonders entscheidet der Vergleich von möglichst präzise gemessenen Werten mit theoretisch berechneten maßgeblich über die Güte und Anwendbarkeit eines Kernmodells. Die Spektroskopie der Energien in Kernen spielt deshalb eine zentrale Rolle in der Kernphysik. Dazu müssen unterschiedliche Meßmethoden eingesetzt werden, je nachdem ob aus einer Kernreaktion (vgl. Kap. 6) Teilchen- oder γ-Strahlung emittiert wird, die dann möglichst mit hoher Präzision zu spektroskopieren ist.

Die für die Meßverfahren wichtigen Prozesse wurden bereits in Abschn. 5.1 erläutert. Zur Energiemessung muß die gesamte Energie in dem Detektor umgesetzt werden. Deshalb nennt man diese Art der Energiemessung, in Analogie zur Thermodynamik, auch Kalorimetrie, auch wenn keine merklichen Temperaturerhöhungen auftreten. Am Anfang der Entwicklung standen die Gaszähler, z.B. das Proportionalitätszählrohr und die Ionisationskammer, die dann durch Szintillationszähler ersetzt wurden. Schließlich erreichte die Detektorentwicklung mit dem Halbleiterzähler einen besonderen Höhepunkt. Gegenwärtig werden alle drei Prinzipien in geeigneten Kombinationen in Detektorsystemen eingesetzt. Im Bereich niedrig liegender Anregungsenergien werden für die Kernstrukturuntersuchungen Ionisationskammern und Proportionalzählrohre verwendet, weil sie einen der Energie ionisierender Teilchen proportionalen Spannungsimpuls liefern. Sie waren deshalb für die Kernspektroskopie sehr gut geeignet, obwohl mit ihnen nur eine begrenzte Energieauflösung erreicht werden konnte.

Ionisationskammer. Eine Ionisationskammer (Bild 5.16) ist im Prinzip ein gasgefüllter Plattenkondensator, in dem sich die durch Ionisationswirkung eines von außen eindringenden Teilchens entstehenden Ionen und Elektronen im elektrischen Feld auf entgegengesetzte Elektroden hinbewegen. Die Ladungsträger haben aufgrund ihrer unterschiedlichen Massen wesentlich verschiedene Geschwindigkeiten, mit denen sie durch das Gas driften können. Die schnellen Elektronen bewegen sich einige cm innerhalb einer ms, während die Ionen etwa um einen Faktor 1000 langsamer sind. Demzufolge wird stets die Elektronenladung gesammelt, um einen schnellen elektrischen Puls zu erzeugen.

Es existieren zahlreiche Varianten dieses Prinzips, die jedoch in neuerer Zeit durch andere Meßeinrichtungen ersetzt wurden. In der in Bild 5.16 gezeigten Ionisationskammer ist außer der Kathode eine geteilte Anode verwendet worden. Zwischen beiden befindet sich als zusätzliche Elektrode das sogenannte Frisch-Gitter. Das Frisch-Gitter (nach Otto Robert Frisch) trennt den Kollektorraum vor der Anode vom empfindlichen Volumen. Dadurch driften die Elektronen, unabhängig von ihrem Entstehungsort, zunächst zum Gitter. Erst wenn sie dieses passiert haben, wird am Anodenwiderstand ein Signal erzeugt. Durch die geteilte Anode stellt die Ionisationskammer ein Zwei-Detektorsystem dar. Im ersten Teil nach dem Teilcheneintritt wird der Energieverlust der Teilchen aufgrund ihrer spezifischen Ionisation gemessen, woraus die Teilchensorte bestimmt wird. Im zweiten Teil der Kammer verlieren die Teilchen den Rest ihrer kinetischen Energie, so daß die beiden Signale aus ΔT und T_{rest} die Gesamtenergie der Teilchen ergeben. Die als „backgammon“ ausgebildete Kathode erlaubt, aus den unterschiedlichen Laufzeiten der Signale zusätzlich den Ort zu messen, an dem in der Kammer die Ionsiation stattgefunden hat. Eine so aufgebaute Ionisationskammer kann als einfaches Detektorsystem betrachtet werden. Ein damit gemessenes Teilchenspektrum ist in Bild 5.17 gezeigt.

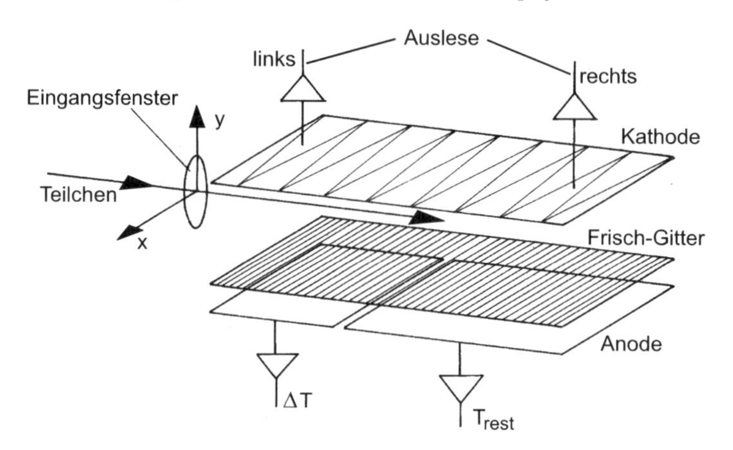

Bild 5.16. Schema einer Ionisationskammer [AS94]

Hierbei handelt es sich um ein ERD-Spektrum (elastic recoil detection, vgl. Abschn. 9.4) , das mit der zuvor beschriebenen Ionisationskammer aufgenommen wurde. Im Experiment werden 200 MeV J-Ionen auf ein tritiumbeladenes Titantarget geschossen, die Ionisationskammer war unter einem Winkel von 37.5° zur Ionenstrahlrichtung aufgestellt. Das Target bestand aus mehreren Schichten. Auf eine Cu-Unterlage wurde zunächst Al und danach Ti aufgedampft. Anschließend wurde die Titanschicht mit Tritium beladen, ein Prozeß, bei dem die starke Affinität des Titan für Wasserstoff ausgenutzt wird. Zur Analyse wurde die Beziehung

$$T_{\text{tot}}\Delta T \sim \frac{Z^2 m v^2}{v^2} \sim m Z^2 \tag{5.38}$$

benutzt. Wie in Abschn. 5.1 erläutert, gilt für den Energieverlust $\Delta T \sim Z^2/v^2$ und für die Gesamtenergie $T_{\text{tot}} \sim mv^2$. Demnach erhalten wir mit dem Produkt in (5.38) eine Größe, die spezifisch für die Teilchensorte ist. Wir können also, wie in Bild 5.17 gezeigt, die zu den einzelnen Linien gehörenden Massen und Ordnungszahlen identifizieren. Die Ti-, Al-, und Cu-Linien treten mit großer Intensität auf, diese Elemente gehören zur Grundsubstanz des Targets. Die übrigen Elemente sind als Spuren- oder Verunreinigungselemente im Targetmaterial vorhanden. Die Linie im unteren Teil des Spektrums wird von ^{3}He-Rückstoßkernen verursacht, die beim β-Zerfall des ^{3}H entstehen.

Ionisationskammern spielen, wie das Beispiel zeigt, in der Schwerionenphysik wieder eine wichtige Rolle, weil die durch schwere Ionen erzeugten Ionisationsimpulse groß genug sind, so daß in diesem Fall auf die Gasverstärkung, wie sie in einem Proportionalzählrohr benutzt wird, verzichtet werden kann.

Zylindrische Ionisationskammern in kleinen Bauformen werden als Bleistift- oder Taschendosimeter für schnelle Neutronen (mit Borbeschichtung) oder für Röntgen- und γ-Strahlung in der Strahlenüberwachung verwendet.

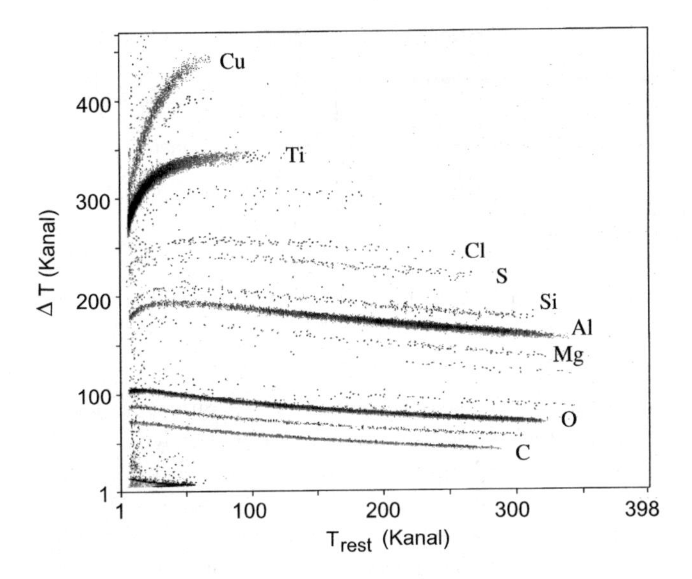

Bild 5.17. Teilchenspektrum einer ERD-Analyse (Nachweis elastisch gestreuter Rückstoßteilchen), aufgenommen mit einer Ionisationskammer [ME94]

Proportionalzählrohr. Während in der Ionisationskammer nur diejenigen Ladungen gesammelt werden, die bei der primären Ionisation entstanden sind, wird in Zählrohren zusätzlich die Gasverstärkung ausgenutzt, um größere Impulse zu erzeugen. In diesen meist zylindersymmetrischen Zählrohren dient ein zentraler dünner Draht (Radius r_1) als positive Elektrode eines elektrischen Zylinderfeldes:

$$E(r) = \frac{CV_0}{2\pi\varepsilon_0}\frac{1}{r}\,. \tag{5.39}$$

Darin ist $C = 2\pi\varepsilon_0/\ln(r_2/r_1)$ die Kapazität pro Längeneinheit eines Zylinderkondensators, r_2 der Innendurchmesser des Rohres, das das Zählgas enthält (siehe Bild 5.18). V_0 ist die Spannung zwischen Rohr und Draht und ε_0 die Dielektrizitätszahl. Die Feldstärke nimmt entsprechend (5.39) in Drahtnähe sehr stark zu, so daß Elektronen, die sich auf den Anodendraht hin bewegen, soviel Energie gewinnen, daß mehrfache Ionisationen auftreten können. Es findet damit eine Verstärkung (Lawine) im Zählgas statt. Diese Zählrohre heißen Proportionalzählrohre, weil der über einem Ausgangswiderstand abgegriffene Spannungsimpuls proportional zur Energie der primär ionisierenden Strahlung ist. Zählrohrgase sind bei mittleren Verstärkungen (10^5–10^6) meist Edelgase (z.B. Argon) oder für den Neutronennachweis das molekulare Gas BF_3. Bei sehr hohen Gasverstärkungen (bis 10^8) werden Gasmischungen verwendet, z.B. durch Zusatz eines molekularen Gases wie Methan. Molekulare Gase sind geeignet, Störungen durch weitere Elektronen, die im externen Photoeffekt an den Zählrohrwänden ausgelöst worden sind,

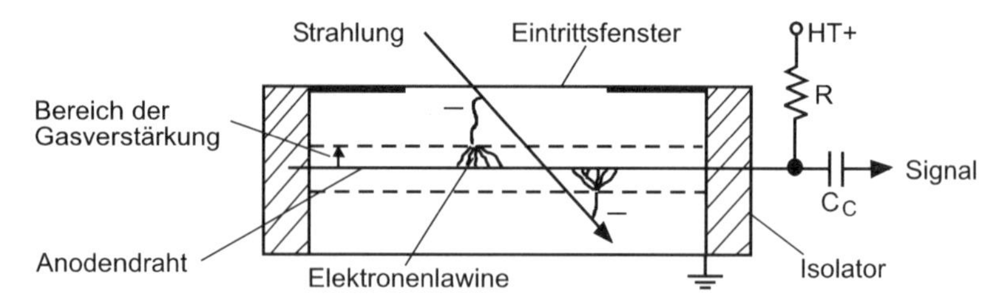

Bild 5.18. Proportionalzählrohr. Der Zähldraht wird auf ein positives Hochspannungspotential gelegt

dadurch zu unterdrücken, daß diese Elektronen ihre Energie an die Moleküle abgeben, in denen vor allem Schwingungszustände angeregt werden.

In Bild 5.19 ist als Funktion der Spannung die Zahl der durch Elektronen bzw. α-Teilchen erzeugten Ionen-Paare in einem Zählgas gezeigt. Darin ist bei niedrigen Spannungen der Bereich gekennzeichnet, in dem Ionisationskammern betrieben werden. Zu höheren Spannungen schließt sich der oben erläuterte Proportionalbereich an, dem der Auslöse- oder Entladungsbereich folgt.

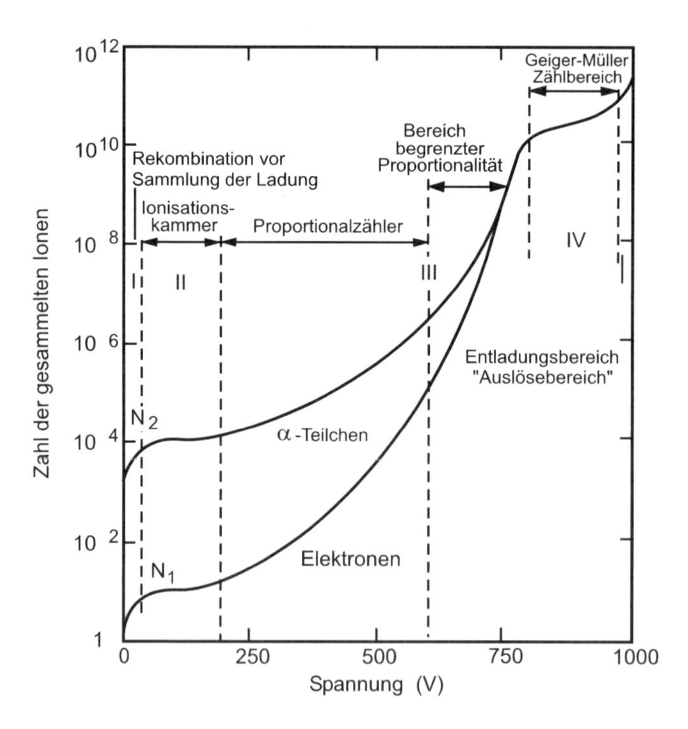

Bild 5.19. Gasverstärkung als Funktion der am Anodendraht angelegten Spannung

Ionisationskammern und Proportionalzählrohre werden sowohl zur Ionisationsmessung, aus der sich die Teilchenidentität ableiten läßt, als auch bei Ortsmessungen verwendet, wenn z.B. in einer Fokalebene eines Magnetspektrographen (vgl. Abschn. 5.2.1) Teilchen nachgewiesen werden sollen. Eine moderne Weiterentwicklung des Zählrohrprinzips ist die Vieldraht-Proportionalkammer, die weitgehend in Experimenten der Elementarteilchenphysik [BET91] eingesetzt wird.

Insbesondere bei der Untersuchung von hochangeregten Kernen, einem Bereich, in dem die Kernniveaus sehr eng benachbart sind, reichte die Energieauflösung der Proportionalzähler und Ionisationskammern häufig nicht aus. Erst die Verwendung moderner Halbleiterdetektoren erlaubte einen Zugang in diesen Bereich, wie im folgenden erläutert wird.

Halbleitersperrschichtzähler. Im Energiebereich, in dem die Kernspektroskopie heute dominiert, werden Halbleiterzähler verwendet, vor allem Oberflächensperrschichtzähler für den Teilchen- und intrinsische Germaniumzähler für den γ-Quanten-Nachweis. Halbleiterzähler bieten gegenüber den zuvor beschriebenen gasgefüllten Detektoren eine Reihe von Vorteilen. Die hohe Dichte des Festkörpers erlaubt es, die Detektoren kleiner zu dimensionieren, als es mit Gaszählern möglich ist. Die Energieabgabe der eindringenden primären Strahlung erfolgt in kleineren Stufen als im Gaszähler, womit sich die Energieauflösung wesentlich verbessern läßt. Schließlich ist die Reichweite ionisierender Strahlung im Festkörper wesentlich kleiner als im Gas (vgl. Tabelle 5.1), so daß Festkörperzähler z.B. aus Germanium ($Z = 32$) als Grundmaterial auch für den Nachweis von γ-Quanten verwendet werden können, denn der Photo-Absorptionsquerschnitt verläuft, wie in Tabelle 5.2 zusammengestellt, mit einer hohen Potenz der Ordnungszahl Z. Ein Halbleiterzähler ist im Prinzip eine Festkörperionisationskammer, für deren Verständnis zunächst einige Eigenschaften von Halbleiterstrukturen, der p-n-Übergang, die Sperrschicht und die p-i-n-Struktur erläutert werden.

In p-n-Übergängen (Bild 5.20) findet eine wechselseitige Diffusion der Majoritätsladungsträger (Elektronen im n-Gebiet, positive Löcher im p-Gebiet) statt. Dadurch entsteht an der Grenze zwischen n- und p-leitendem Gebiet eine Raumladungsdoppelschicht. Die daraus resultierende Potentialdifferenz, die als Diffusionsspannung V_0 bezeichnet wird, führt zu einem Feldstrom, der im Gleichgewichtszustand gerade durch den Diffusionsstrom kompensiert wird. Dadurch entsteht ein schmales Zwischengebiet d, Verarmungsschicht, Sperrschicht oder Feldzone genannt, das fast frei von beweglichen Ladungsträgern ist. Derartige p-n-Übergänge zeigen typische Diodencharakteristiken. Beim Anlegen einer zusätzlichen äußeren Spannung V_n in Sperrichtung wird die ursprüngliche Diffusionsspannung vergrößert, womit sich jedoch nichts am physikalischen Verhalten ändert, das Zwischengebiet wird von d nach d′ lediglich vergrößert. Es können Raumladungszonen von maximal 1 mm erreicht werden. Mit einer typischen Breite der Verarmungszone von $d = 300$ µm,

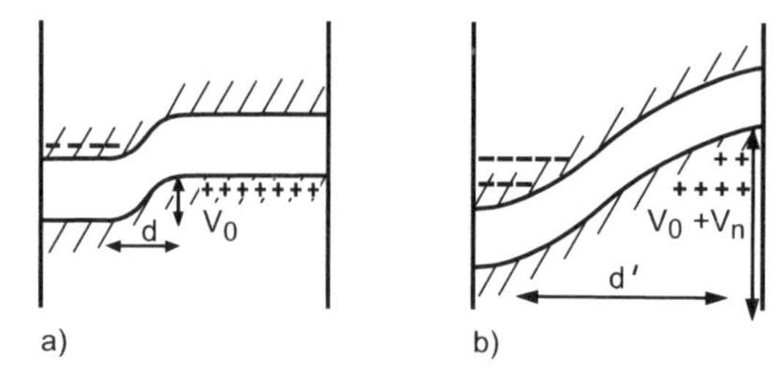

Bild 5.20. Unsymmetrischer p-n-Übergang (**a**) ohne, (**b**) mit Sperrspannung

einer angelegten Feldstärke von $E = 10^3$ V/cm und einer Ladungsträgerbeweglichkeit von $\mu = 10^3$ cm^2/Vs wird eine Sammelzeit für Ladungsträger von $t_s = d/\mu E \sim 3 \cdot 10^{-8}$ s erreicht.

Dickere Sperrschichten lassen sich mit p-i-n-Strukturen herstellen. Dies sind Anordnungen, bei denen zwischen einer p- und einer n-Schicht eine eigenleitende Schicht (i-Schicht = intrinsic conductivity) eingebaut wird, z.B. durch Eindiffundieren von Lithium in p-leitendes (Bor-dotiertes) Silizium. Lithium wirkt dabei als Donator. In der eigenleitenden Schicht ist die Zahl der Lithium-Donatoren gleich der Zahl der Bor-Akzeptoren. Es lassen sich p-i-n-Strukturen mit sehr dünnen p- und n-Bereichen bei bis zu 5 mm dicken i-Zonen herstellen. Sperrschichten entstehen beim Metall-Halbleiter-Kontakt. Das Ionisierungsvolumen ist meist ein n-leitender (d.h. dotierter) Silizium-Einkristall, auf den die Elektroden beidseitig aufgedampft werden, eine einige µm dicke Goldschicht als Eintrittsfenster und eine Aluminium-Schicht als Rückkontakt. Bei angelegter Spannung bildet sich eine Sperrschicht aus, die bei angelegter positiver Spannung breiter wird.

In Bild 5.21 ist die Funktion und der Aufbau eines derartigen Detektors (Bild 5.21c) schematisch dargestellt. Ionisierende Teilchen, die in die Sperrschicht eindringen, erzeugen dort Elektron-Loch-Paare, indem Elektronen aus dem Valenzband (Bild 5.21a) in das Leitungsband angeregt werden. Die Ladungsträger bewegen sich im Feld zu den jeweiligen Gegenpolen hin. Elektronen können in der oben angegebenen Sammelzeit abgesaugt werden, bevor sie rekombinieren. In der viel größeren Dichte des Festkörpermaterials werden pro Volumeneinheit mehr Elektron-Loch-Paare erzeugt als im Gaszähler Ion-Elektronen-Paare (Bild 5.21b). Ebenso ist der Energieaufwand, um ein Elektron-Loch-Paar zu erzeugen, nur etwa 10% des Wertes, der in Gasproportionalzählern benötigt wird. Nachteilig ist jedoch der Umstand, daß nach einer bestimmten Dosis einfallender Teilchen durch den nuklearen Energieverlust, auch das Kristallgitter zerstört wird, so daß der Zähler je nach Dicke nach etwa 10^7 nachgewiesenen schweren Teilchen unbrauchbar wird.

Silizium-Oberflächensperrschichtzähler wie in Bild 5.21c gezeigt, dienen seit mehreren Jahrzehnten zur Kernspektroskopie d.h. vor allem zur Energiebzw. auch zur Energieverlustmessung, wenn die Teilchen im Zähler nicht vollständig gestoppt werden. Siliziumzähler können jedoch auch zur Ortsmessung verwendet werden, wenn einzelne Detektoren mit separater Signalauslese zu einem sogenannten Detektor-Array zusammengesetzt werden. Voraussetzung ist allerdings, daß ihre Abmessungen geeignet gewählt werden. Lediglich eine Vergrößerung der räumlichen Dimensionen führt zu keinem geeigneten Meßverfahren, da z.B. die Leistungsaufnahme der Signalauslese-elektronik ganz wesentlich die Detektoreigenschaften, wie z.B die Energieauflösung, beeinflußt. Den Fortschritt brachte erst die Mikroelektronik. Sie erlaubt die Signalauslese bei geringem Leistungsverbrauch und sehr kleinem Rauschen, da die gesamte Ausleseelektronik in den Detektor integriert werden kann. Als Halbleiterstrukturen werden vorwiegend p-n-Dioden sowohl zur Positions- als auch zur Messung einzelner Teilchen verwendet. Dazu wird eine große Diodenfläche in einzelne Streifen unterteilt, deren Signale separat weiterverarbeitet werden (vgl. Bild 5.21d). So ist es möglich, z.B. die Position eines Teilchendurchgangs im Bereich einiger µm festzulegen [LU95].

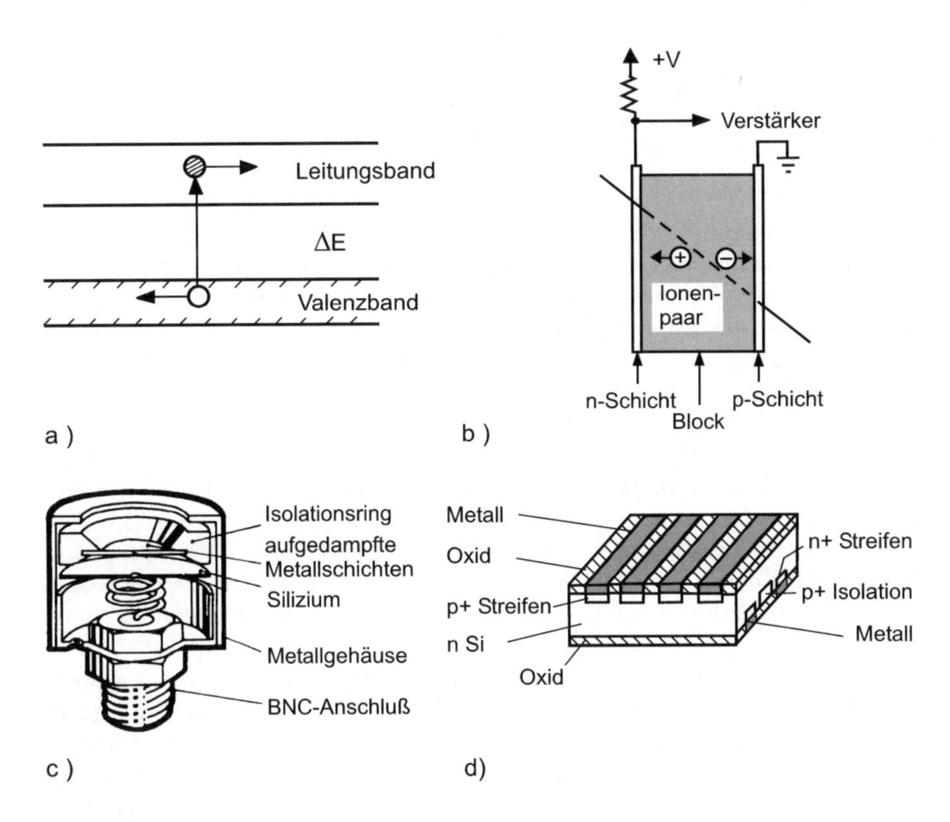

Bild 5.21. Prinzip eines Oberflächensperrschichtzählers: (**a**) Anregung im Bänderschema, (**b**) Zählerfunktion, (**c**) Aufbau des Detektors, (**d**) doppelseitiger Silizium-Streifendetektor

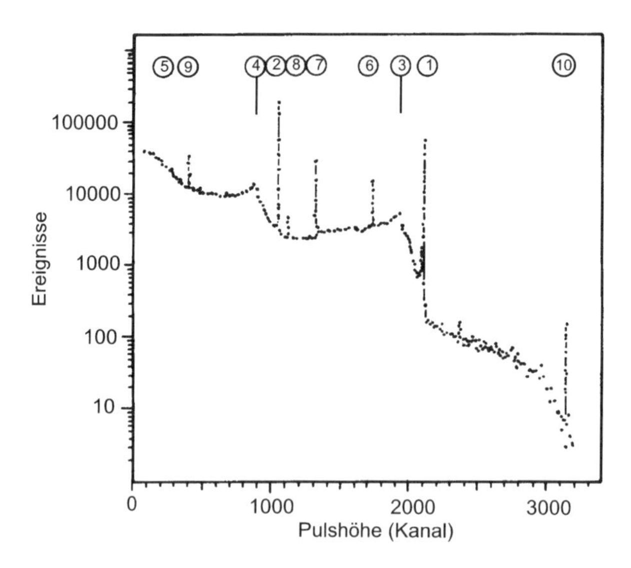

Bild 5.22. Impulshöhenspektrum (Linienform) zweier monoenergetischer Gamma-Übergänge in ^{24}Mg: 1+2 Vollabsorptionslinien, 3+4 Compton-Kanten, 5 Rückstreulinie, 6 Single-Escape-Linie, 7 Double-Escape-Linie

Bei der quantitativen Messung monoenergetischer elektromagnetischer Strahlung aus angeregten Kernzuständen, d.h. in der γ-Spektroskopie, werden komplizierte Impulshöhenspektren registriert. Hierin sind die Anteile aller Prozesse enthalten, über die die Strahlung mit Materie wechselwirkt (vgl. Abschn. 5.1). Das in Bild 5.22 gezeigte Impulshöhenpektrum wird auch „Linienform" genannt, weil die Gesamtenergie eines Übergangs aus der Integration über die gesamte Fläche resultiert.

Man erkennt bei großen Impulshöhen den Totalabsorptionspeak und nach einer Lücke das Compton-Kontinuum, das mit der Compton-Kante beginnt. Die Compton-Kante entspricht im Detektor einem Streuwinkel von 180°. Auf dem Compton-Kontinuum erscheint ferner der „Rückstreupeak", der bei Messungen mit radioaktiven Quellen aus Streuprozessen an Materialien resultiert, die an der Rückseite (backing) der Quelle auftreten. Er erscheint bei einer Energie $E_\mathrm{R} = E_\gamma - E_\mathrm{Compt.Kante}$.

Liegen die untersuchten γ-Energien oberhalb der Paarerzeugungsschwelle (1.022 MeV), treten zusätzlich zwei aus der Positronenzerstrahlung stammende γ-Quanten mit je 511 keV auf. Wenn diese γ-Quanten nicht vollständig im Detektor absorbiert werden, sondern eins oder auch beide den Detektor ohne Wechselwirkung verlassen können, beobachtet man im Abstand von $m_\mathrm{e}c^2$ oder $2m_\mathrm{e}c^2$ weitere Linien, die „single-" oder „double escape"-peaks.

Bild 5.23 demonstriert die gute Energieauflösung von Halbleiter-Detektoren. Es zeigt einen Vergleich zweier Spektren, das untere aufgenom-

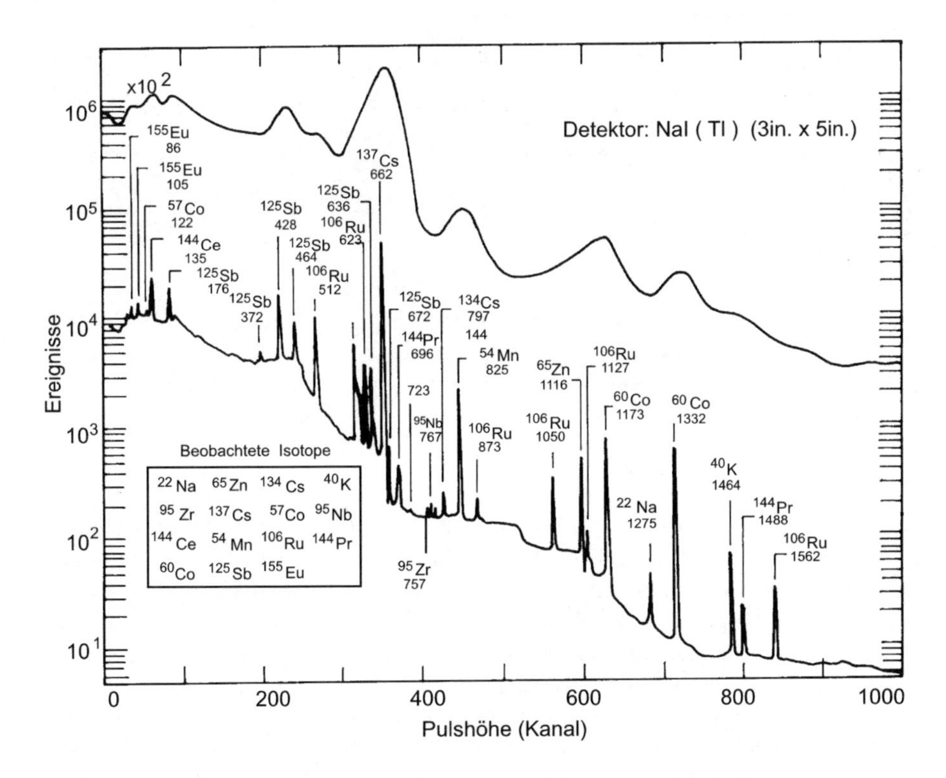

Bild 5.23. Vergleich der Messung einer Filterprobe mit einem Germanium- und einem NaJ(Tl)-Detektor [OR76]

men mit einem Germanium-Zähler und darüber das Spektrum der gleichen Probe, gemessen mit einem NaJ(Tl)-Szintillationszähler. Untersucht wurden Luftfilter, auf denen sich radioaktive Aerosole niedergeschlagen haben, deren Aktivität aus den atmosphärischen Kernwaffenexperimenten zwischen 1958 und 1963 stammte. Der Vergleich verdeutlich den Fortschritt besonders in der Energieauflösung, den die Einführung des Ge-Detektors gegenüber den zuvor benutzten NaJ(Tl)-Szintillationszählern brachte.

5.2.3 Zeitmessung

Vor der Einführung des zuvor beschriebenen Germanium-Zählers war der Szintillationszähler einer der am häufigsten verwendeten Detektoren in der γ-Spektroskopie. Heute werden Szintillationszähler in der Kern- und Elementarteilchenphysik vorwiegend als Zeitdetektoren eingesetzt, z.B. zum Aktivieren (Triggern) eines weiteren Zählers bzw. Zählersystems. Ihr Prinzip beruht auf der Beobachtung, daß Teilchen beim Durchgang durch Materie in dieser Lichtemission anregen, also einen Szintillationsprozeß auslösen. Dieser

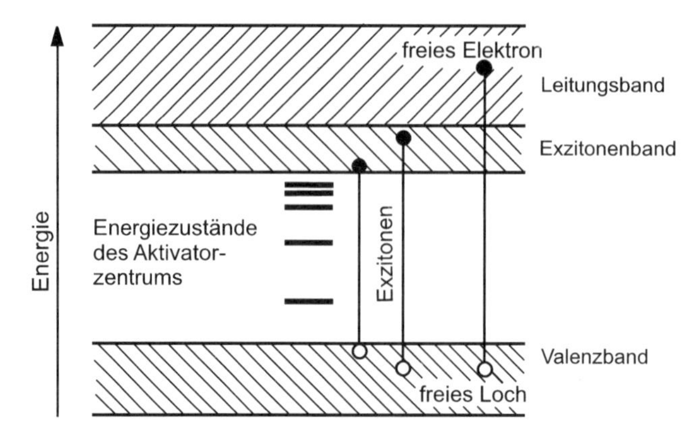

Bild 5.24. Szintillationsprozeß

Lichtimpuls ist dann so zu verstärken, daß ein weiterverarbeitbares elektrisches Signal entsteht. Ein Szintillationszähler besteht demzufolge aus einem Szintillator sowie einem zur Lichtverstärkung benutzten Photoelektronenvervielfacher (engl. photomultiplier). Zahlreiche Szintillatoren sind bekannt. Sie können aus einem anorganischen oder organischen Kristall, aus plastischem Material oder einer Flüssigkeit oder auch aus einem Gas bestehen. Der Szintillationsvorgang kann anhand der üblichen Bandstruktur fester Körper erläutert werden (vgl. Bild 5.24). Die auf einen Szintillator einfallende Strahlung löst im Valenzband ein Elektron aus, das entweder in das Leitungsband übergeht oder einen Exzitonzustand, also einen Elektron-Loch-Zustand, besetzt. Auch Leitungsbandelektronen können einen Exzitonzustand bevölkern.

Die Energie des Exzitons wird durch Emission von Licht kleinerer Frequenz abgegeben. Die ursprüngliche Energie der Strahlung wird damit herabgesetzt. Außer den intrinsischen Kristallszintillatoren werden auch dotierte Szintillatoren benutzt. In diesem Fall werden durch die Dotierung zusätzliche Energieniveaus in der Bandlücke erzeugt, die dann ebenfalls aus dem Leitungsband oder aus Exzitonzuständen besetzt werden können. Bei ihrem Zerfall tritt ebenso, wie zuvor geschildert, niederfrequente Strahlung auf, für die der Szintillator „durchsichtig“ ist. Diese Strahlung wird durch den Kristall geleitet. An den Begrenzungen verhindern z.T. Reflektoren, daß Lichtquanten entweichen. Danach erreichen die Lichtquanten die Photokathode eines Photoelektronenvervielfachers, in dem dann der Ausgangsimpuls erzeugt wird.

Einige häufig verwendete Szintillatoren unterschiedlicher Materialklassen sind in Tabelle 5.4 angegeben. Organische Szintillatoren haben wesentlich kürzere Abklingzeiten, was bedeutet, daß sie für die Definition eines Zeitsignals sehr gut geeignet sind. Dies ist in Koinzidenzexperimenten wesentlich.

In Photoelektronenvervielfachern werden die aus der Photokathode ausgelösten Elektronen mit einem elektrischen Feld abgesaugt und auf eine erste Prallelektrode (Dynode) gelenkt. Dort lösen sie aufgrund ihrer vergrößer-

Tabelle 5.4. Szintillatoren (In Klammern sind die Dotierelemente angegeben)

Szintillatormaterial	Dichte (g/cm^3)	Lichtausbeute (%)*	Abklingzeit (ns)	Wellenlänge im Maximum (nm)
NaJ(Tl)	3.67	100	230	420
CsJ(Tl)	4.51	220	600	400
LiJ(Eu)	4.06	33	1200	475
CaJ_2(Tl)	3.96	110	1000	400
BGO ($Bi_4Ge_3O_{12}$)	7.13	13	350	480
BaF_2	4.9	16†	620	310
Anthrazen	1.25	40	30	440
Trans-Stilben	1.16	20	6	410
Polystyren	1.0	14	5	450
Toluol ($C_{15}H_{11}NO$)	0.88	20	3.8	365

*Die Ausbeutewerte sind auf NaJ(Tl) bezogen
†langsame Komponente (5% für schnelle Komponente)

ten kinetischen Energie erneut Elektronen aus, die in entsprechender Weise weitergeleitet werden. Durch diese Prozesse wird die Zahl der Elektronen wesentlich vergrößert, und ein Stromimpuls, der an der letzten Elektrode, der Anode, abgegriffen wird, wird elektronisch weiter verstärkt. In Tabelle 5.5 sind einige gebräuchliche Photokathodenmaterialien angegeben. Diese Materialien sind nur in begrenzten Wellenlängenbereichen empfindlich. Wichtig für die Funktionsweise ist die Quantenausbeute, d.h. die Zahl der pro einfallendem Photon ausgelösten Elektronen, die ebenfalls für die Wellenlänge im Maximum der Empfindlichkeit angegeben ist.

In Bild 5.25 sind einige der gebräuchlichen Bauformen der Photoelektronenvervielfacher gezeigt.

In einigen Anwendungsbereichen wurden die aus diskreten Elektroden aufgebauten Elektronenvervielfacher durch Kanalelektronenvervielfacher ersetzt. Dabei wird Bleioxidglas mit Zusätzen von BiO_2 dotiert und zu dünnen Röhrchen gezogen. Das Material hat einen so großen elektrischen Widerstand, daß an die Kanalenden eine zur Beschleunigung der freigesetzten Elektronen ausreichende elektrische Spannung (ca. 1000 V) angelegt werden kann. An jedem Ort des Kanals können Elektronen ausgelöst werden, die dann entsprechend dem in Bild 5.26a gezeigten Vorgang vervielfacht werden. Die

Tabelle 5.5. Photokathoden

Material	Wellenlängenbereich (nm)	$\lambda_{\max}$ (nm)	Quantenausbeute $n_q(\lambda_{\max})$
AgOCs	300–1100	800	0.004
BiAgOCs	170–700	420	0.068
Cs_3Sb-O	160–600	390	0.19
Na_2KSb-Cs	160–800	380	0.22
K_2CsSb	170–600	380	0.27

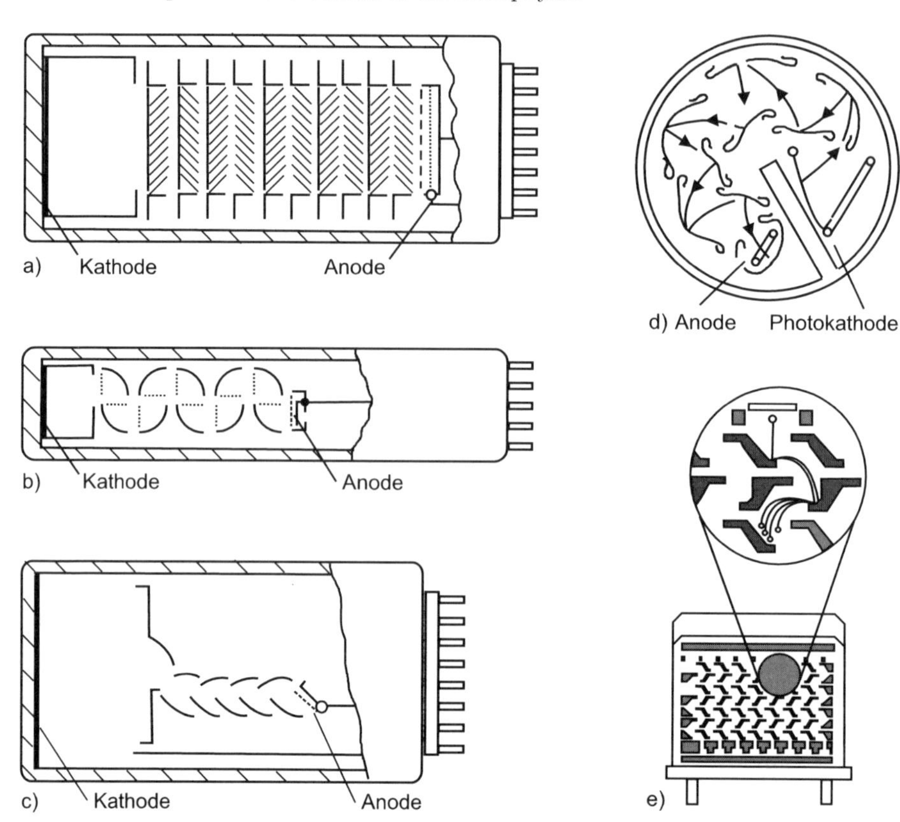

Bild 5.25. In (**a**–**e**) sind verschiedene Bauformen von Photoelektronenvervielfachern dargestellt

Einzelkanäle von ca. 12.5 μm Durchmesser werden zu Kanalplatten (MCP, engl. multichannel plate) zusammengefügt, so daß großflächige Detektoren entstehen, wie anschaulich in Bild 5.26b gezeigt. In c) ist der Querschnitt durch einen Detektor dargestellt, dessen Kanäle chevronartig versetzt sind, um störende Signale durch zurücklaufende Ionen zu vermeiden.

Die Verstärkungen liegen zwischen 10^5 und 10^6. Die Laufzeiten in den Elektronenvervielfachern bestimmen die Zeitauflösung der Messung. Wegen unterschiedlicher Laufzeiten in den Photoelektronenvervielfachern, insbesondere in solchen mit großer Photokathode, können nur Zeitauflösungen im Bereich einiger ns erreicht werden. In Kanalelektronenvervielfachern schwanken die Laufzeiten wesentlich weniger (< 100 ps), womit bessere Zeitauflösungen erreicht werden können.

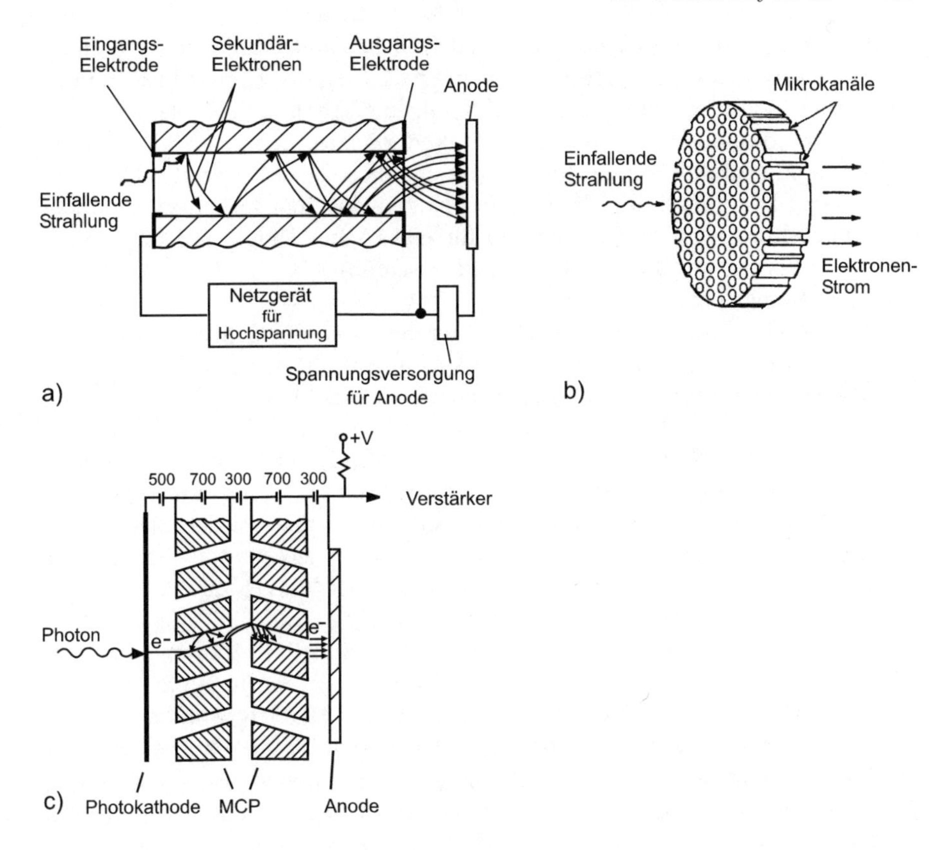

Bild 5.26. Kanalelektronenvervielfacher. In (**a**) ist der prinzipielle Aufbau des Photoelektronenvervielfachers gezeigt, (**b**–**c**) zeigt einen Kanalelektronenvervielfacher. MCP steht als Abkürzung für Vielkanalplatte (engl. multichannel plate).

5.3 Detektorsysteme

Sowohl in der experimentellen Kernphysik als auch in der Elementarteilchenphysik wird angestrebt, in einem Experiment möglichst viele Bestimmungsgrößen (z.B. Energie, Impuls, Ladung, Masse) und deren Parameter, z.B. eine Winkelabhängigkeit, zu messen. Dazu gehören unterschiedliche geladene und ungeladene Reaktionsprodukte, aber auch elektromagnetische Strahlung. Es werden deshalb mehrere Detektoren, die auf unterschiedlichen Meßprinzipien beruhen können, zu einem Detektorsystem kombiniert.

Die einfachsten Systeme sind die für eine Energiemessung mit gleichzeitiger Teilchenidentifizierung. Die Kombination besteht aus zwei Detektoren. Im zuerst durchlaufenen verliert das Teilchen nur einen Teil seiner Energie, während es im zweiten zur Ruhe kommt und damit den Rest seiner kinetischen Energie abgibt. Die Summe beider Energiesignale ergibt die Gesamtenergie, während der spezifische Energieverlust im ersten Zähler das Teilchen identifiziert. Besonders leicht sind damit Teilchen unterschiedlicher Ladung zu trennen. Bei Isotopen leichter Elemente ist häufig der Unterschied in ihrer kinetischen Energie hinreichend groß, so daß eine Trennung möglich wird. Die beiden Energiesignale werden so gegeneinander aufgetragen, daß das Energieverlustsignal als Funktion des Restenergiesignals erscheint. Damit erhält man Bereiche im Diagramm, die als Energiespektren einzelner Ladungen bzw. Isotope darstellbar werden. Ein Beispiel für ein solches Diagramm (Bild 5.17) haben wir bereits am Beispiel der Ionisationskammer (Bild 5.16) mit geteilter Anode kennengelernt.

Andere Detektorsysteme bestehen aus der Kombination einer Flugzeitstrecke, in der die Teilchengeschwindigkeit bestimmt wird, mit einem Teilchennachweisdetektor. Dieses Verfahren wird häufig bei der Identifizierung von Neutronen, vor allem zur Messung von Neutronenspektren, angewandt.

In zahlreichen Versuchsanordnungen werden Detektorsysteme verwendet, um unerwünschte Störungen zu unterdrücken, d.h. um das Verhältnis von Meß- zu Untergrundsignal zu verbessern. Auch hier werden Signale aus unterschiedlichen Detektoren koinzident zusammengeschaltet. Ein in der γ-Spektroskopie häufig verwendetes Verfahren ist die Kombination eines γ-Detektors mit einer Anti-Compton-Abschirmung. Bild 5.27 zeigt als Beispiel das TESSA-3-Spektrometer. Die Germanium-Detektoren sind von BGO-Kristallen ($Bi_4Ge_3O_{12}$) umgeben. Die aus dem Germanium-Detektor wieder austretenden γ-Quanten erzeugen in den BGO-Kristallen Signale. Wenn diese Signale koinzident mit einem Germanium-Signal auftreten, wird die Registrierung verworfen. Die BGO-Detektorsignale sind also Veto-Signale, mit denen der von Compton-Streuereignissen verursachte Impulsuntergrund wesentlich reduziert werden kann. Bei Messungen von komplizierten γ-Spektren, wie sie bei extrem deformierten Kernen auftreten, hat sich dieses Verfahren besonders bewährt.

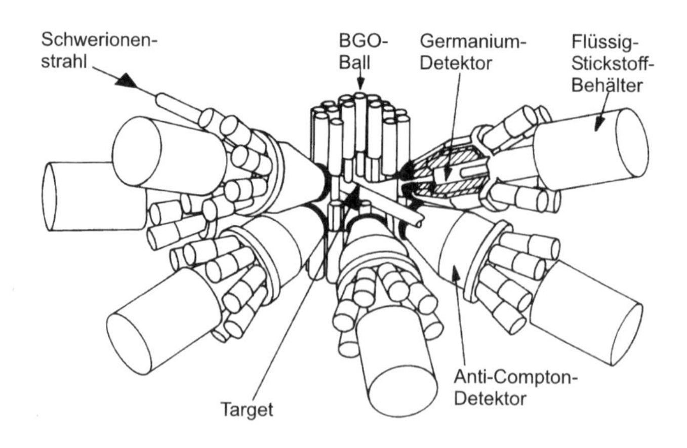

Bild 5.27. Anti-Compton-Spektrometer TESSA-3 [TW95]

In der hochauflösenden γ-Spektroskopie werden zur Identifizierung einzelner Übergänge mehrfachkoinzidenter Signale Detektorsysteme mit großer Effizienz verwendet, die aus einer Vielzahl von Szintillationsdetektoren bestehen, um einen möglichst großen Raumwinkel überdecken zu können. Diese Detektoren sind kugelförmig um das Target angeordnet, so daß die gesamte γ-Strahlung erfaßt wird. Derartige Systeme dienen gegenwärtig vor allem zur Untersuchung von kaskadenartigen γ-Zerfällen hochangeregter stark deformierter Kerne. Diese als Kristallkugel, Euroball (in Europa) oder γ-sphere (USA) bekannten Detektorsysteme erlauben den Nachweis der γ-Kaskaden in Koinzidenz, so daß eine eindeutige Zuordnung der Zustände zu Rotations- oder Vibrationsbanden ermöglicht wird. Bild 5.28 zeigt einen Blick in das „aufgeschnittene“ Euroball-Detektorsystem sowie einen Schnitt durch dessen Mittelebene [LI95]. Die einzelnen Szintillatormaterialien lassen sich an der unterschiedlichen Schraffur erkennen.

Die Untersuchung von Schwerionen-Kernreaktionen erfordert ebenfalls die Messung vieler Parameter gleichzeitig, so daß Detektorsysteme in Kombination mit Magnetspektrographen, Flugzeitstrecken und Neutronendetektoren für diese Experimente zusammengestellt werden.

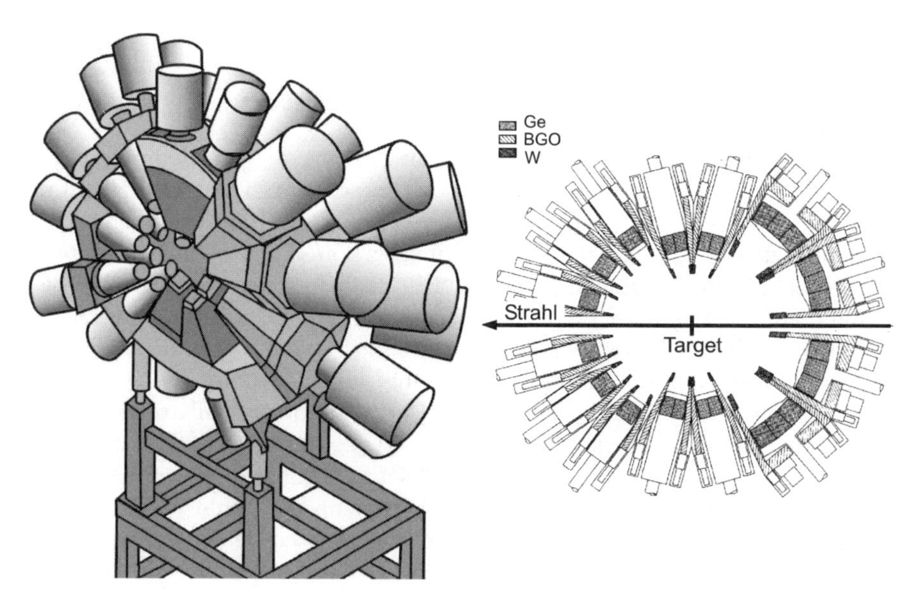

Bild 5.28. Euroball, kugelförmige Anordnung der γ-Detektoren (links) und Schnitt durch die Hozizontalebene (rechts, [LI95])

5.4 Beschleuniger

Zur ersten künstlichen Kernumwandlung, der Reaktion $^{14}N(\alpha,p)^{17}O$, hatte Rutherford α-Teilchen aus dem Zerfall des Radiums (^{226}Ra) verwendet, die jeweils eine feste Energie (4.78 und 4.60 MeV) hatten. Um Einzelheiten der Kernumwandlung studieren zu können, benötigt man jedoch Projektile mit variablen Energien, die man nur durch eine Beschleunigung der Teilchen erhalten kann.

Die Entwicklung der Beschleuniger begann um ca. 1930. Sie beruhen im Prinzip auf der Kraftwirkung, die ein elektrisches Feld auf elektrische Ladungen ausübt. Bei der Entwicklung von Methoden zum Erreichen großer elektrischer Feldstärken lief die Erzeugung starker elektrostatischer Felder parallel zu der von alternierenden Feldern. Bei letzteren erfolgt die Beschleunigung z.B. positiv geladener Teilchen nur in Zeiten positiver Feldstärke und umgekehrt, negativ geladene Teilchen werden in Zeiten negativer Feldstärke beschleunigt. In den jeweiligen Verzögerungsphasen muß die Abbremsung vermieden werden. Bei den statischen Feldern nutzt man die Vervielfachung von Spannungen im Kaskadengenerator oder die Aufladung einer isoliert aufgestellten Elektrode durch Ladungstransport auf einem isolierenden Band (Bandgenerator) aus.

5.4.1 Kaskadenbeschleuniger (Kaskadengenerator)

Zur Erzeugung hoher elektrischer Spannungen wurde von Heinrich Greinacher eine Spannungsvervielfachungsschaltung entworfen, deren Prinzip in Bild 5.29 gezeigt ist. Wir betrachten zum Verständnis der Funktion des Spannungsaufbaus die Spannungen an den Punkten 1 und 2 im ersten (unteren) Teil der Schaltung, bezüglich Punkt E. Ein Transformator erzeugt eine Sekundärspannung ($U_0 \sin \omega t$) mit dem Scheitelwert U_0. Ist während der ersten Halbwelle der Punkt E positiv gegenüber Punkt 0, so fließt über die Diode D_1 ein Strom, durch den der Kondensator C_1 bis zum Zeitpunkt $(t/T) = \frac{1}{4}$ auf die Scheitelspannung U_0 aufgeladen wird (Der Spannungsabfall an D_1 und allen übrigen Dioden sei ebenso wie die Ladezeitkonstanten vernachlässigt). Sobald die Spannung am Punkt E unter U_0 absinkt, schließt die Diode D_1, doch D_1^* öffnet. Somit erhält der Kondensator C_1^* bis zum Zeitpunkt $(t/T) = \frac{3}{4}$ die gesamte Ladung von C_1. Im ersten Viertel der zweiten Schwingungsperiode wird C_1 dann wieder auf U_0 aufgeladen bis $(t/T) = \frac{5}{4}$. D_1^* öffnet nun im dritten Viertel der Periode, sobald die Spannung an 0 positiv gegenüber E wird. Es fließt wieder Ladung von C_1 auf C_1^*, bis bei $3U_0/2$ Spannungsgleichheit an den Punkten 1 und 2 herrscht. Die sequenzielle Aufladung von C_1 auf U_0 mit anschließendem Ladungstransfer auf C_1^* erfolgt solange, bis C_1^* in stufenweise auf $2U_0$ aufgeladen ist, wobei die Spannungsdifferenz von einer Stufe zur nächsten mit zunehmender Anzahl an Perioden immer geringer wird.

Gehen wir jetzt zum nächsten Satz, den Kondensatoren C_2, C_2^* und den Dioden D_2, D_2^* über, so beginnt der gleiche Kreislauf erneut, wobei jetzt an

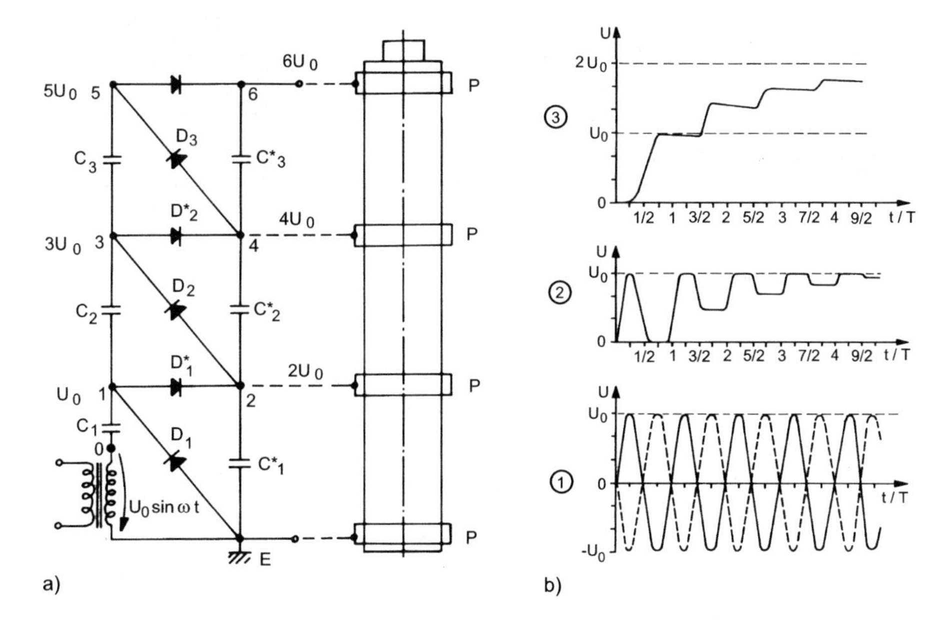

Bild 5.29. (**a**) Greinacher-Schaltung mit einem Beschleunigungsrohr parallel dazu (P bezeichnet die Potentialringe im Beschleunigerrohr). In (**b**) ist die Ausgangsspannung und Spannungsverlauf in der ersten Stufe an den Punkten 1 und 2 dargestellt

Punkt 2 bereits die Spannung $2U_0$ erreicht ist. Wenn an Punkt 1 die Spannung U_0 beträgt, dann leitet D_2, und der Kondensator C_2 wird wiederum sequenziell auf U_0 bezüglich Punkt 1 aufgeladen, dem entspricht aber eine Spannung von $3U_0$ bezüglich E. Die jeweils positive Halbwelle an Punkt 0 erhöht das Potential an den Punkten 1 und 2 jeweils um U_0. Dann öffnet D_2^*, womit im gleichen Ablauf wie zuvor sich am Kondensator C_2^* das Potential $4U_0$ gegenüber E aufbaut. In der nächsten Kaskade wiederholt sich der Vorgang, C_3 wird über D_3 aufgeladen, Punkt 5 um U_0 über Punkt 3, und über D_3^* erhöht sich das Potential an Punkt 6 schließlich auf $6U_0$. Bei Belastung durch einen Widerstand oder ein Ionenstrahl-Beschleunigerrohr (Bild 5.29a) fließt ein Strom, durch den die erzeugte Spannung abgesenkt wird. Der zwischen den Punkten 6 und E fließende Gleichstrom kann allerdings nicht größer sein, als die im Zeitmittel aufgebrachte Ladung. Die Teilchen, die in einer Ionenquelle auf dem Potential nU_0 erzeugt werden, erreichen dann ihrem Ladungszustand q entsprechend die Energie qnU_0.

Der erste Beschleuniger, der nach diesem Prinzip arbeitete, wurde 1930 von John Cockroft und Ernest Walton errichtet [CO30]. Die ersten Beschleuniger für kernphysikalische Untersuchungen wurden in Räumen unter normalem Luftdruck aufgestellt, die wegen der elektrischen Überschläge große Abmessungen haben mußten (Durchschlagspannung 3 kV/mm). Die Isolation war stark von den Wetterbedingungen (Luftfeuchtigkeit) abhängig. Die größten Anlagen erreichten Spannungen von wenigen MV [BA59].

Auch heute wird das Prinzip der Spannungsvervielfachung zur Hochspannungserzeugung in Teilchenbeschleunigern verwendet, so bei Injektorbeschleunigern für nachfolgende Beschleuniger, und bei Laborbeschleunigern zur Ionen-Implantation. Als Injektoren werden diese Beschleuniger heute sowohl unter normalem Luftdruck verwendet, als auch in Drucktanks von wenigen Kubikmetern Rauminhalt eingebaut. In diesen Tanks befindet sich ein Isoliergas, z.B. SF_6, das unter einem Druck von mehreren Atmosphären steht.

5.4.2 Bandgenerator

Das Prinzip, elektrische Ladungen auf isolierenden Bändern zu tranportieren, um damit eine isoliert aufgestellte kugelförmige Elektrode aufzuladen, wurde von Robert van de Graaff entwickelt [GR31]. Ein schnell rotierendes isolierendes Band oder eine Kette mit gegeneinander isoliert aufgezogenen Metallkugeln wird an einem kammförmigen Funkengenerator aufgeladen. Die Ladungen werden dann an die kugelförmige Elektrode abgegeben, laden diese gegenüber einem Referenzpotential auf und erzeugen so die zur Beschleunigung benötigte Spannung. Die geladenen Teilchen, meistens Ionen, werden in einer Ionenquelle erzeugt, die sich einschließlich ihrer Versorgungsgeräte auf diesem Potential befindet. Sie durchlaufen dann im Vakuum des Beschleunigerrohres ein abgestuftes Potential. Am Ausgang dieses Rohres wird der gesamte beschleunigte Strahl in einem Ablenkmagneten nach Energien bzw. Massen selektiert. Der Strahl kann dann in einem Strahlführungssystem auf das in einer Vakuumkammer aufgestellte Target gelenkt werden. Die in offener Bauweise erreichbaren Spannungen übersteigen kaum die MV-Grenze. Deshalb werden seit Jahrzehnten auch die Van de Graaff-Beschleuniger als Drucktankbeschleuniger gebaut, mit denen dann Spannungen bis zu mehreren 10 MV erreicht werden können.

Da die Teilchen die Potentialdifferenz nur einmal durchlaufen, wurde dieser Beschleunigertyp schließlich so konzipiert, daß die Teilchen zweimal mit dieser Spannung beschleunigt werden können. Dazu benötigt man jedoch Teilchen entgegengesetzter Ladung. Diese existieren für die Elemente, an deren neutrale Atome Elektronen angelagert werden können, so daß sie negative Ionen bilden. Damit werden in der ersten Beschleunigerstrecke (s. Bild 5.30) negative Ionen (einfach negativ geladen $q = -e$) auf die Energie qU beschleunigt, wenn U die Spannung des Beschleunigers ist. Positioniert man an der Hochspannungselektrode einen Folien- oder Gas-Stripper (Abstreifer), verlieren die bis dahin negativ geladenen Ionen einen Teil der Elektronen ihrer Atomhülle und werden dann als z-fach positiv geladene Ionen $(+zq)$ noch einmal von einem positiven Potential bis zum Erdpotential beschleunigt. Insgesamt erreichen sie die Energie $(z + 1)qU$. Ein solcher Beschleuniger wird Tandem-Van de Graaff-Beschleuniger genannt.

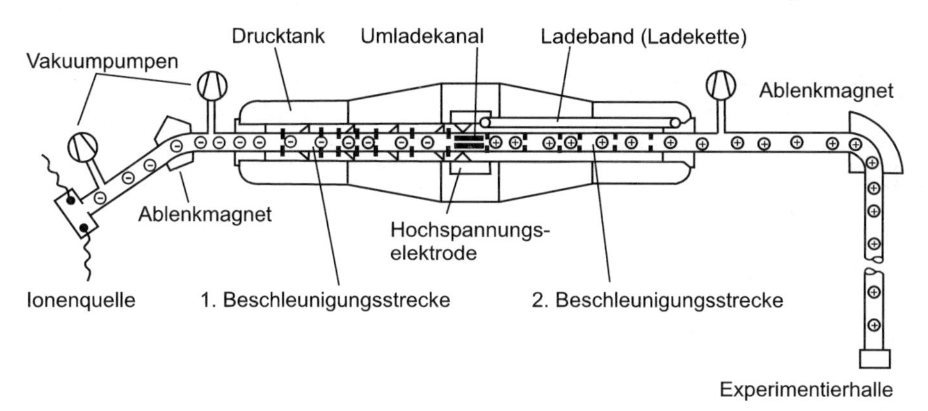

Bild 5.30. Tandem-Van de Graaff-Beschleuniger

Alle elektrostatischen Beschleuniger zeichnen sich durch eine hohe Energieschärfe und -auflösung aus, so daß sie für kernspektroskopische Experimente hoher Präzision verwendet werden können. Tandem-Van de Graaff-Beschleuniger mit den höchsten erreichten Spannungen wurden in Daresbury (England) (22 MV), Oak Ridge National Laboratory (20 MV) und im CNRS Straßburg (35 MV konzipiert, 22 MV erreicht) betrieben. Nachteil des Tandem-Van de Graaff-Beschleunigers ist, daß er nicht universell für alle Ionensorten eingesetzt werden kann. So bilden die Edelgase außer Helium keine negativen Ionen, und auch eine Reihe anderer Elemente besitzen Ionen mit nur sehr geringer Elektronenaffinität. Es existieren z.B. keine negativen Stickstoff-Ionen (vgl. Abschn. 9.3).

5.4.3 Zyklotron

Das von Ernest Orlando Lawrence ebenfalls um 1930 entwickelte Zyklotron ist ein Wechselfeldbeschleuniger [LA30]. Der Beschleuniger besteht aus einem ausgedehnten Dipolmagnetfeld, zwischen dessen Polen ein oder zwei D-förmige Kupferkammern montiert sind. Diese Kammern bilden die Pole des elektrischen Feldes. Wie in Bild 5.31 gezeigt, werden die Ionen im Zentrum des Magnetfeldes in einer Ionenquelle erzeugt und dann im elektrischen Feld zwischen den Ds beschleunigt. In der auf die Beschleunigungsphase des Feldes folgende verzögernde Phase sind die Teilchen innerhalb eines D abgeschirmt, durchlaufen in dieser Phase eine Kreisbahn im Magnetfeld und erreichen den Spalt zwischen den Ds wieder, wenn auch die Phase des elektrischen Feldes wieder beschleunigend wirkt. Daraus ergibt sich eine Synchronisierungsbedingung für ein Teilchen im Ladungszustand qe:

$$Bqev = \frac{mv^2}{r} . \tag{5.40}$$

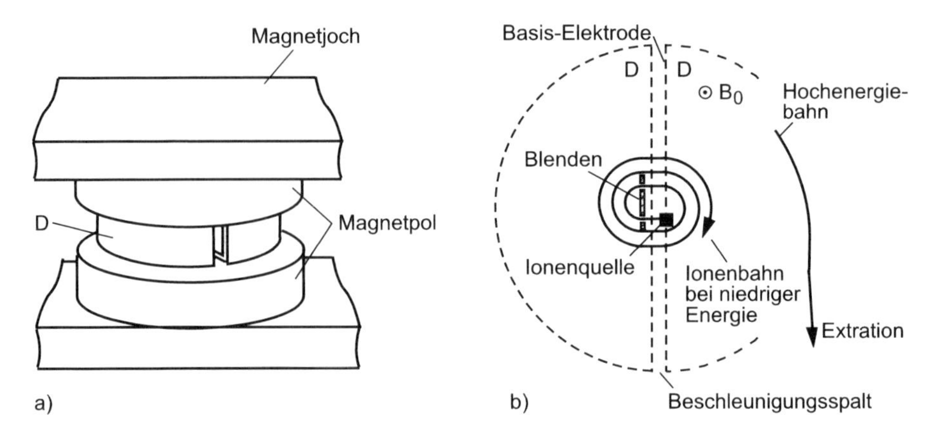

Bild 5.31. Zyklotron: (**a**) Seitenansicht, (**b**) Bahnverlauf idealisiert

Mit B magnetischer Induktion, r Bahnradius und v Geschwindigkeit folgt für die Winkelgeschwindigkeit ω als Zyklotronbedingung:

$$\omega = \frac{qeB}{m} . \tag{5.41}$$

Die Zeit für einen Umlauf ist unabhängig vom Radius stets gleich, woraus folgt, daß ein elektrisches Feld mit fester Frequenz verwendet werden kann. Da sich jedoch mit zunehmender Geschwindigkeit eine relativistische Zunahme der Masse einstellt, wird oberhalb einer bestimmten Energie die Synchronbedingung verletzt, woraus sich eine Grenze für den Betrieb eines Festfrequenz-Zyklotrons ergibt. Energetisch liegt diese Grenze für Protonen bei ca. 30 MeV. Um Teilchen auf höhere Energien beschleunigen zu können, wurden zwei Konzepte erprobt. Im *Isochronzyklotron* wird das Magnetfeld so verändert, daß Teilchen in ihrem Umlauf Bereiche starker und schwacher Felder durchlaufen. Infolge der am Übergang vom starken zum schwachen Magnetfeld (und umgekehrt) entstehenden Feldgradienten, die zu veränderten Teilchenbahnen führen, wird die relativistische Massenzunahme ausgeglichen. Die Feldbegrenzungen können geradlinig oder gekrümmt (spiralförmig) ausgeführt sein. Als nächste Entwicklungsstufe wurden die keilförmigen Sektoren, deren Spitzen gleichzeitig den Mittelpunkt des Zyklotrons bildeten, durch separate Sektorfelder ersetzt, weil die Felderregerspulen auch in der Mitte der Anordnung Platz benötigten. Die Isochronbedingung bleibt damit erhalten. Das dadurch entstehende *Sektorfeldzyklotron*, wie es im Schweizer Forschungszentrum PSI (Paul-Scherrer-Institut) betrieben wird, ist ebenfalls ein Isochronzyklotron. Der Beschleuniger kann im Gegensatz zum einfachen Zyklotron die Teilchen nicht von der Energie Null an beschleunigen, der Betrieb erfordert von außen die Injektion von Teilchen mit einer Anfangsenergie. Beide Beschleunigertypen, das als Injektor dienende Isochronzyklotron und das Sektorfeldzyklotron mit spiralförmigen Sektoren sind als Kombination in Bild 5.32 gezeigt.

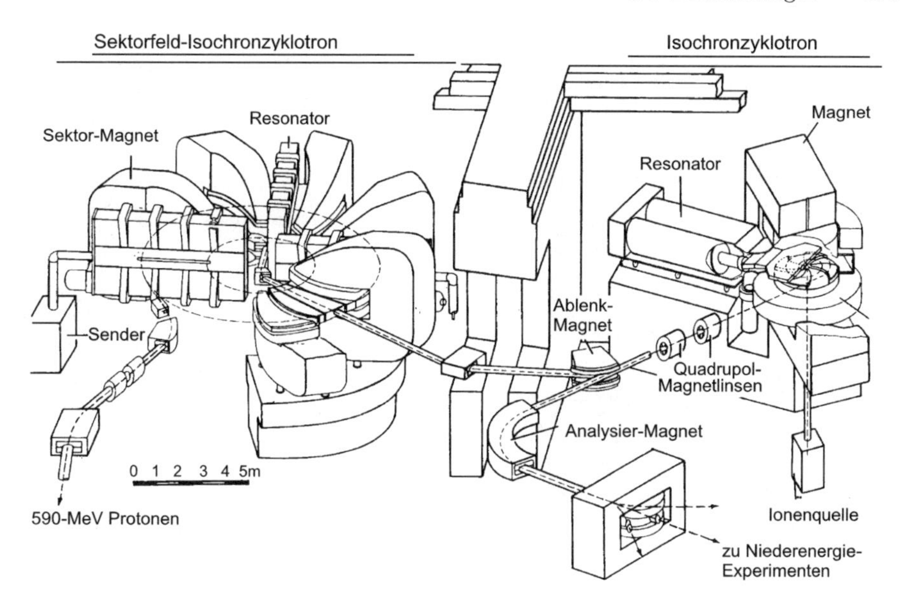

Bild 5.32. Kombinaton zweier Isochronzyklotrons, bei denen das zweite als Sektorfeldzyklotron ausgebildet ist [ST95] (mit freundlicher Genehmigung vom PSI, Villingen)

Ein anderer Weg, Teilchen im Zyklotron auf hohe Energien zu beschleunigen, wurde mit dem Synchrozyklotron beschritten. Dazu wird die Frequenz nicht mehr konstant eingestellt, sondern mit zunehmender Masse variiert. Mit Synchrozyklotrons können z.B. Protonen auf Energien von 600 MeV bis maximal 1 GeV beschleunigt werden. Damit ist keine technische oder physikalische Begrenzung gegeben, es sind Kostengründe, die es nicht erlauben, das Prinzip zu höheren Energien auszudehnen. Dieser Beschleunigertyp wies den Weg zu den gegenwärtig als Standard-Beschleuniger anzusehenden Synchrotrons.

5.4.4 Synchrotron

In diesem Beschleuniger durchlaufen die Teilchen eine zirkulare Bahn (Sollbahn), die im Prinzip durch ringförmig angeordnete Sektorfeldmagneten bestimmt wird. In der praktischen Ausführung wechseln sich Dipolablenkmagnete mit dazwischen liegenden geraden Bahnstücken ab, um Beschleunigungsfelder und magnetische Fokussierungsfelder (Quadrupole) anordnen zu können. Um die Teilchen mit zunehmender Masse auf der gleichen Kreisbahn umlaufen zu lassen, muß nicht nur die Hochfrequenz, sondern auch die Magnetfeldstärke der Dipole zeitlich variiert werden. Teilchen müssen als Pulk (Gruppe, engl. „bunch“) auf die Sollbahn injiziert werden, weil eine

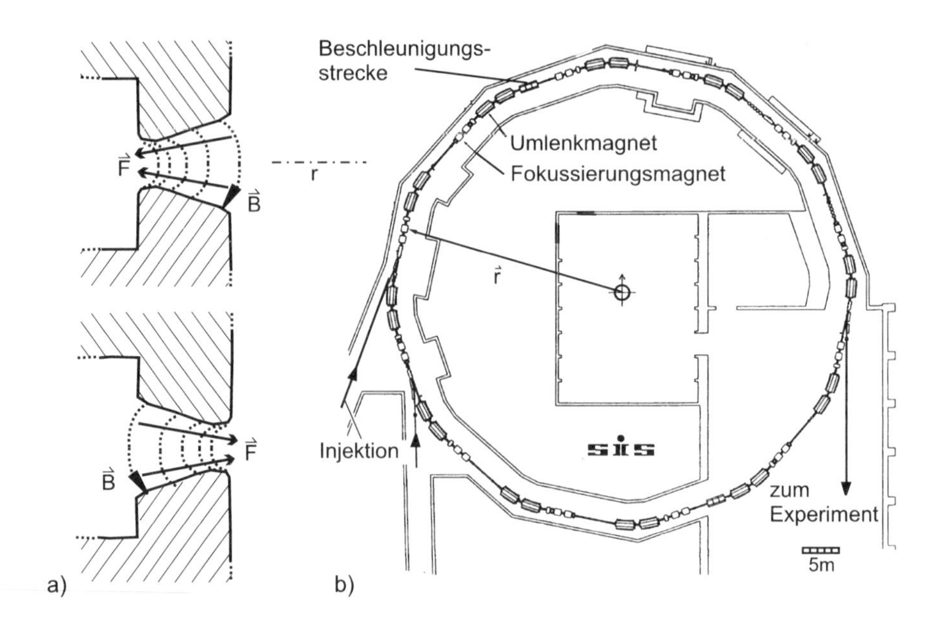

Bild 5.33. Synchrotron: (**a**) Dipolfeldmagnete (C-Magnete) mit entgegengesetzten Feldgradienten und den Richtungen der wirkenden Kräfte, r ist der Bahnradius. (**b**) Plan des Schwerionensynchrotrons SIS bei der GSI (Darmstadt). Die Ablenk- und Fokussierungsmagnete sowie die Beschleunigungsstrecken sind separat angeordnet

Mindestenergie für die weitere Beschleunigung benötigt wird. Die Teilchen durchlaufen auf ihrer Bahn, ähnlich wie beim Sektorfeldzyklotron, Bereiche starker und schwacher Magnetfelder, was insgesamt zu einer Strahlfokussierung führt. In den ersten nach diesem starken Fokussierungsprinzip gebauten Beschleunigern wurden die Felder durch Dipole erzeugt, deren Feldgradienten die Teilchen abwechselnd nach innen und außen lenkten, wie in Bild 5.33a gezeigt. Dadurch entsteht eine radial oszillierende Bahn. Die Vakuumkammern haben keinen runden, sondern einen fast ovalen Querschnitt, um die Teilchen zu führen. Das gleiche Beschleunigungsprinzip mit starker Fokussierung kann auch mit separat angeordneten Ablenk- und Fokussierungsfeldern erreicht werden, wie im Bild 5.33b am Beispiel des Schwerionensynchrotrons SIS bei der GSI gezeigt. Eine solche Konstruktion erlaubt die separate Steuerung der einzelnen Komponenten, bietet also eine bessere Anpassung an Teilchenarten, Energien und Stromstärken.

Mit Synchrotrons können Teilchen auf Energien bis in den TeV-Bereich (Teraelektronenvolt = 10^{12} eV) beschleunigt werden. Der LEP-Beschleuniger im CERN hat z.B. einen Umfang von 27 km.

5.4.5 Linearbeschleuniger

Die Energie geladener Teilchen kann ebenso wie im Zyklotron auch in linear aufeinander folgenden Wechselfeldern erhöht werden. Mit dem Namen Linearbeschleuniger wird eine lineare Anordnung beschleunigender Felder beschrieben. Im Gegensatz zu dem im Abschn. 5.4.1 beschriebenen Beschleunigungsprozeß in einem zeitlich konstanten Feld, können in Hochfrequenzfeldern Teilchen maximal nur in einer Halbwelle beschleunigt werden. Der effektiv nutzbare Teil dieser Halbwelle wird allerdings durch die Bedingungen an die Teilchendynamik, d.h. z.B. die Strahlfokussierung eingeschränkt. Da die Teilchen in der zweiten Halbwelle verzögert würden, müssen sie in dieser Phase der Welle in einem vom Feld abgeschirmten Bereich sein, woraus sich das Grundprinzip der Beschleunigerkonzeption ergibt.

Zwei grundlegende Konstruktionsprinzipien sind für Linearbeschleuniger für schwere Teilchen entwickelt worden. Beide Prinzipien sind in Bild 5.34 gezeigt. In der Wideroe-Konzeption (Bild 5.34a) treten Pulks von Teilchen in einen geerdeten Vakuumtank. In diesem Tank sind Driftröhren montiert, deren jede zweite fest mit dem Tank verbunden ist, sie liegen also auf gleichem Potential, während die anderen mit dem Pol einer gemeinsamen Hochfrequenzquelle verbunden sind. Es sind zwei zeitliche Zustände dieses Beschleunigungsvorgangs gezeigt. Im ersten Fall werden positiv geladene Teilchen von der negativ geladenen Driftröhre angezogen. In dieser Röhre driftet der Teilchenpulk abgeschirmt vom Feld. Während dieser Zeit wird deren Potential

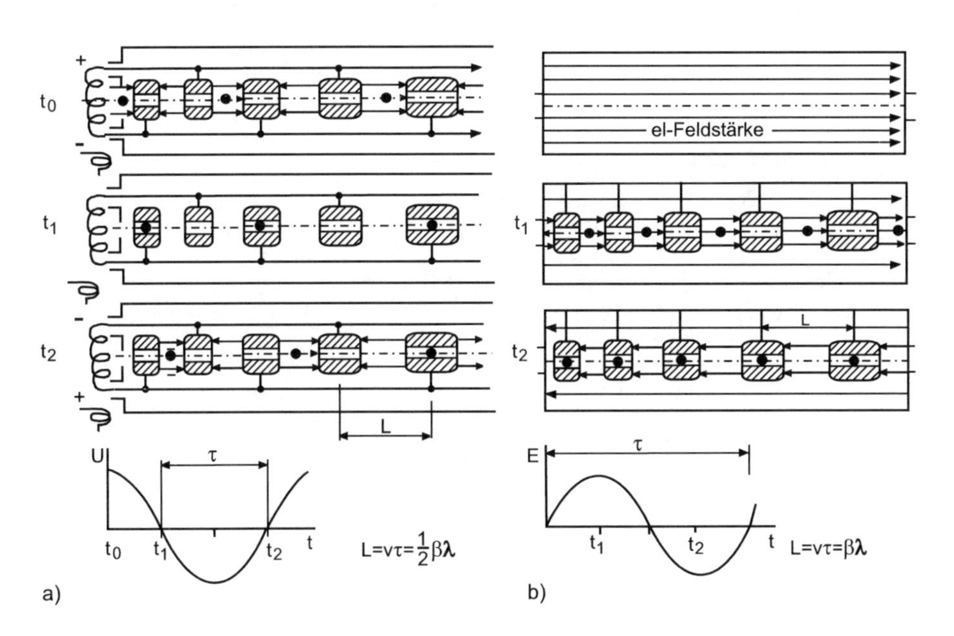

Bild 5.34. Prinzipien der Linearbeschleuniger: (**a**) Wideroe-Typ, (**b**) Alvarez-Typ

Tabelle 5.6. Protonen-Geschwindigkeiten

Energie (MeV)	0.1	0.2	0.5	1	2	5	10	20	50
$\beta(\mathrm{p})$	0.015	0.021	0.033	0.046	0.065	0.103	0.145	0.203	0.314

Tabelle 5.7. Elektronen-Geschwindigkeiten

Energie (MeV)	0.02	0.05	0.1	0.2	0.5	1	2	5	10
$\beta(\mathrm{e}^-)$	0.272	0.413	0.548	0.659	0.863	0.941	0.979	0.996	0.999

positiv, wodurch die Teilchen erneut zur geerdeten nächsten Driftröhre ein beschleunigendes Potential erfahren. Dieser Vorgang wiederholt sich in jeder Halbwelle, wobei allerdings zu berücksichtigen ist, daß die Geschwindigkeit der Teilchen zunimmt, so daß sie eine gegebene Strecke in kürzerer Zeit durchfliegen. Daher muß der feldfreie Raum, d.h. die Driftröhre in Längsrichtung mit zunehmender Geschwindigkeit immer weiter ausgedehnt sein, um eine Verzögerung zu vermeiden, wenn die Teilchen „zu früh“ die Driftröhre verlassen.

In der zweiten Konzeption eines Linearbeschleunigers, die auf Luis Alvarez zurückgeht (Bild 5.34b), wird in einem zylindrischen Hohlraumresonatortank ein auf der Achse einheitliches elektrisches Feld erregt, so daß während jeder Phase der Hochfrequenzspannung im gesamten Tank die gleiche Feldrichtung herrscht. Auch hier müssen Teilchen in der verzögernden Phase vom Feld abgeschirmt werden, wozu sich wiederum Driftröhren eignen. Zur Fokussierung des Teilchenstrahls werden in den Driftröhren magnetische Felder (Quadrupolfelder) eingebaut. Im Gegensatz zur Wideroe-Konzeption müssen

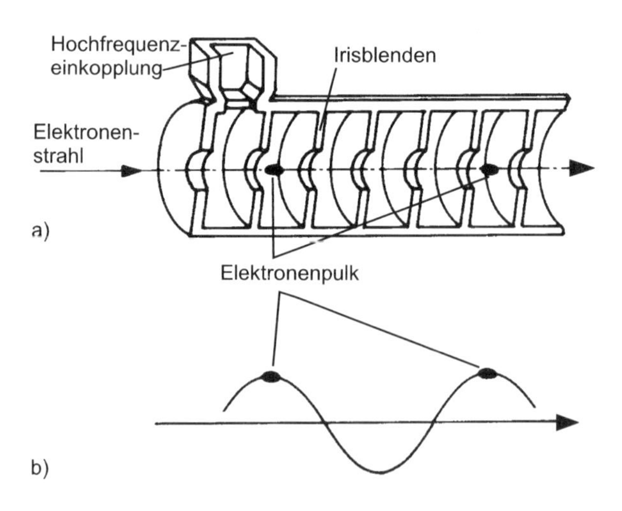

Bild 5.35. Elektronen-Linearbeschleuniger: (**a**) modular aufgebaute Irisblendenstruktur (Runzelröhre), (**b**) Wanderwelle mit „reitenden“ Elektronenpulks

die Driftröhren so lang sein, daß die Teilchenpulks eine halbe Hochfrequenzperiode abgeschirmt sind. Diese Beschleuniger werden vorwiegend als Injektorbeschleuniger für weitere Beschleunigungsanlagen wie z.B. Synchrotrons verwendet, weil sie langsame Teilchen im Bereich $\beta = v/c$ von 0.035 bis 0.5 zu beschleunigen gestatten. Tabelle 5.6 gibt für Protonen einige Werte von v/c an. Für die Beschleunigung von Elektronen eignen sich die oben genannten Konzeptionen nicht, weil sich deren Geschwindigkeiten sehr schnell dem Wert der Lichtgeschwindigkeit annähern (Tabelle 5.7).

Für Elektronen hat sich das Konzept eines Wanderwellenbeschleunigers bewährt. Bild 5.35 zeigt das Bild eines Wellenleiters mit eingebauten Lochblenden, wodurch elektrisch gekoppelte Zellen entstehen. Dieser mit Blenden begrenzte Resonator heißt Runzelröhre. Elektronenpulks können, wie in Bild 5.35 gezeigt, nur in jeder zweiten Kavität beschleunigt werden. Die Elektronen bewegen sich auf der Achse mit der Phasengeschwindigkeit des Hochfrequenzsignals. Dadurch wird eine synchrone Beschleunigung in jeder Zelle erreicht. Nach diesem Prinzip ist der 3.2 km lange Elektronenlinearbeschleuniger an der Stanford-Universität gebaut, mit dem Elektronen eine Endenergie von 55 GeV erreichen.

5.4.6 Hochfrequenz-Quadrupol-Beschleuniger (RFQ)

Bei Linearbeschleunigern ist, wie in Abschn. 5.4.5 beschrieben, die Beschleunigung der Teilchen von deren Fokussierung getrennt. Ein Beschleunigerkonzept, mit dem beide Vorgänge unmittelbar gekoppelt sind, wurde von Vladimir Kapchinskij mit dem RFQ vorgeschlagen (engl. radio frequence quadrupole). Durch eine geeignete geometrische Form wird einem Quadrupol ein beschleunigendes Feld überlagert. Bild 5.36 zeigt a) das Schema eines statischen elektrischen Quadrupoldubletts, b) eines Hochfrequenzquadrupols und c) eine Ausführungsform eines RFQ-Beschleunigers. In Bild 5.37 ist die dazugehörende Feldverteilung des RFQ angegeben.

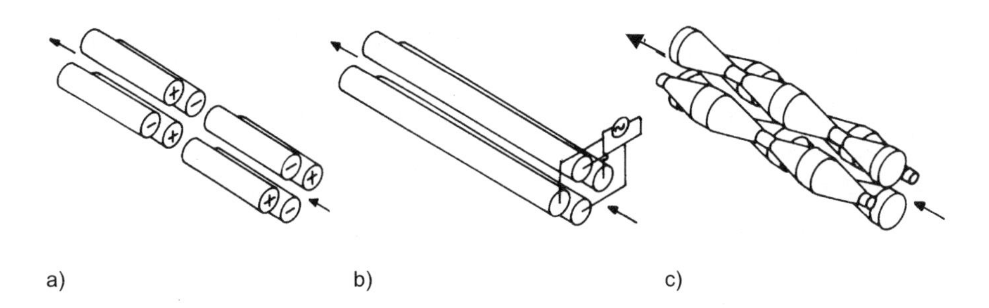

Bild 5.36. Vergleich verschiedener Quadrupolformen beim RFQ-Beschleuniger [SC93]: (**a**) zeigt einen elektrostatischen Quadrupol, in (**b**) einen Hochfrequenz-Quadrupol, und (**c**) einen Hochfrequenz-Quadrupol mit Fokussierungseigenschaften, bedingt durch veränderte Radien der Stäbe

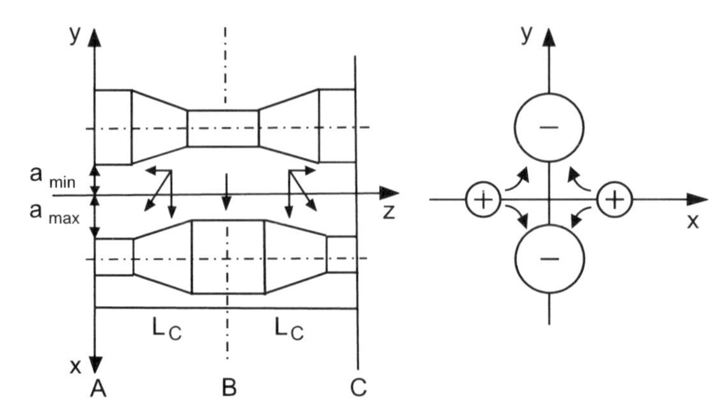

Bild 5.37. Feldverteilung im RFQ-Beschleuniger [SC93]. Die Pfeile geben eine momentane Feldstärkerichtungen an

Dieser Beschleuniger erlaubt es, große Teilchenströme bereits bei kleinen Geschwindigkeiten zu beschleunigen, bis zu Energien von 3 MeV/u für leichte Teilchen (Protonen) und 0.1–0.2 MeV/u für schwere Ionen.

5.5 Übungen

5.1 Es sollen im Experiment zwei γ-Linien durch Verwendung eines Bleiabsorbers ($\varrho = 11.35$ g/cm^3) getrennt werden. Ihre Energien liegen bei 85 und 90 keV. Die Absorption soll oberhalb der K-Kante stattfinden. Welche Dicke muß der Bleiabsorber haben, wenn ein Intensitätsverhältnis 1:10 verlangt wird? Um wieviel wird jede Linie geschwächt?

5.2 In welchem der drei folgenden Fälle verliert ein γ-Quant die größte und in welchem die kleinste Energie? (a) einfache Compton-Streuung um 180°, (b) zweifache Streuung um je 90°, (c) dreifache Streuung um je 60°.

5.3 Berechnen Sie die Energien der Compton-Kanten im γ-Strahlspektrum des ^{60}Co.

5.4 Bestimmen Sie für Compton-Photonen der folgenden Energien $\hbar\omega =$ 0.01, 0.1, 1.0, 10, 100, 1000 MeV die Energie der um 180° gestreuten Photonen.

5.5 Ein Festfrequenzzyklotron hat ein Magnetfeld von 1 T. Der Polschuhdurchmesser beträgt 100 cm. Wenn innerhalb des Magnetfeldes im Abstand von 13 cm vom äußeren Rand ein Target aufgestellt ist, soll bestimmt werden, mit welcher Energie es von (a) einem Protonenstrahl,

(b) einem Deuteronenstrahl, (c) einem α-Teilchenstrahl getroffen wird, wenn das Zyklotron jeweils geeignet betrieben wird.

5.6 Ein Protonen-Linearbeschleuniger wird mit einer Frequenz von 200 MHz betrieben. Wie lang müssen die Driftröhren an dem Punkt sein, an dem die Protonenenergie (a) 1 MeV, (b) 10 MeV erreicht? Mit welcher niedrigsten Energie kann ein Proton eingeschossen werden? Was bestimmt diese Grenze? Warum ändert sich die Frequenz beim Los Alamos-Linearbeschleuniger von 200 auf 800 MHz bei einer Protonenenergie von ca. 200 MeV?

5.7 Ein Elektronenbeschleuniger ist so zu bauen, daß damit lineare Strukturen von 1 fm untersucht werden können. Welche kinetische Energie wird dazu benötigt?

5.8 Das Transportband eines Van de Graaff-Beschleunigers ist 0.5 m breit und hat eine Geschwindigkeit von 10 m/s. Berechnen Sie den von ihm zu einer Hochspannungselektrode transportierten Strom, wobei die Oberflächenladung durch Gasentladung begrenzt ist. Das Gas (bei einem Druck von 15 bar) hält elektrische Feldstärken von $2 \cdot 10^7$ V/m aus. Randeffekte sollen vernachlässigt werden.

5.9 Elektronen werden linear auf 30 GeV beschleunigt. Welche Geschwindigkeit erreichen die Elektronen bei dieser Energie? Wie groß ist das Verhältnis zur Lichtgeschwindigkeit? Welche Energie erreichen die Protonen bei dieser Geschwindigkeit?

5.10 In den Dipolmagneten eines Kreisbeschleunigers erfahren geladene Teilchen eine Zentripetalbeschleunigung, die nach den Gesetzen der Elektrodynamik zur Abstrahlung von Energie führen. Die abgestrahlte Leistung wächst quadratisch mit der Energie E_0 der Teilchen, der magnetischen Flußdichte B und umgekehrt proportional zur vierten Potenz der Ruhemasse m_0 der Teilchen. Für die abgestrahlte Leistung gilt $P = 2/3[e^2/(4\pi\epsilon_0)][e^2c^3/(m_0c^2)^4]E_0^2B^2$. Für einen vorgegebenen Krümmungsradius R ist $B = E_0/(erc)$. Und für den Energieverlust pro Umlauf gilt $\Delta E = 4\pi/(3r)[e^2/(4\pi\epsilon_0)][E_0^4/(m_0c^2)^4]$. Berechnen Sie den Energieverlust ΔE für Elektronen mit $r = 100$ m und $E_0 = 10$ GeV.

6. Streuprozesse und Kernreaktionen

Kenntnis über den Atomkern und sein Verhalten erhalten wir aus Reaktionen der Kerne untereinander und der Emission von Strahlung. Alle diese Prozesse basieren auf grundlegenden Phänomenen der Physik, die sich in allgemeine Regeln fassen lassen. So gelten für Energie, Impuls, Drehimpuls und auch einige abgeleitete Größen wie z.B. Isospin allgemeine Erhaltungssätze. Ihre Bedeutung wird nachfolgend erläutert (Abschn. 6.1). Kernphysikalische Experimente bestehen zum weitaus größten Teil in der Untersuchung von Stoßprozessen. In ihnen wird ein Projektil auf einen Kern geschossen, ebenso wie im Billardspiel eine Kugel eine zweite stößt. Der Verlauf der Bahnen wird durch die Kinematik des Prozesses beschrieben, die mathematisch exakt formuliert werden kann. Informationen über die wirkenden Kräfte ziehen wir aus dem dynamischen Verhalten der Kerne. In Abschn. 2.3 hatten wir als Beispiel für einen Streuprozeß die Rutherford-Streuung kennengelernt. Eine Kernreaktion läuft wie alle auf Quantenphänomenen beruhenden Prozesse nicht mit Sicherheit, sozusagen vorhersagbar ab, sondern es kann nur eine Wahrscheinlichkeit für ihren Ablauf angegeben werden. Diese Wahrscheinlichkeit soll unabhängig von speziellen Experimentierbedingungen allgemein gültig und auch mitteilbar sein. Das Maß für die Wahrscheinlichkeit, daß ein Prozeß stattfindet, ist der Wirkungsquerschnitt (Abschn. 6.2). Seine Größe liefert Hinweise auf die Kräfte, die den Prozeß bestimmen. Die Analyse der experimentellen Daten und ihr Vergleich mit theoretischen Vorhersagen führt dann zu Informationen über die Kernkräfte.

6.1 Erhaltungssätze

In der makroskopischen Welt gelten für physikalische Vorgänge Erhaltungssätze, die ebenso in Kernreaktionen z.B. des Typs

$$\mathrm{A(a,b)B} \tag{6.1}$$

zu beachten sind. Dazu gehören die aus der klassischen Physik bekannten Sätze zur Erhaltung der Ladung, der Energie, des Impulses und des Drehimpulses. Zusätzlich sind die auf Gesetzen der Quantenmechanik basierenden Sätze zur Erhaltung der Parität, des Isospins und der Baryonenzahl zu beachten. Nachfolgend sollen diese Erhaltungssätze erörtert werden:

(I) *Erhaltung der elektrischen Ladung*, die besagt, daß die Summe der Ordnungszahlen von Teilchen im Eingangs- und Ausgangskanal konstant ist.

(II) *Erhaltung der Energie E*. Dieser Satz gilt für jedes isolierte Teilchen-Kern-System. Solange die Bindungsenergie über die Coulomb-Felder der Atomhülle vernachlässigbar ist gegenüber der Energie der Nukleonenbindung, läßt sich der Erhaltungssatz in folgender Form ausdrücken, denn weder die kinetische Energie T noch die Massenenergie E_0 ist für sich allein erhalten:

$$\begin{aligned} E(\mathrm{a+A}) &= m_\mathrm{a}c^2 + m_\mathrm{A}c^2 + T(\mathrm{a+A}) \\ &= m_\mathrm{b}c^2 + m_\mathrm{B}c^2 + T(\mathrm{b+B}) = E(\mathrm{b+B}) \ . \end{aligned} \tag{6.2}$$

Darin werden die Ruheenergien mit E_a, E_A, E_b und E_B, die Relativenergien mit T bezeichnet (z.B. $T(\mathrm{a+A})$ kinetische Energie im Eingangskanal).

(III) *Erhaltung des linearen Impulses*. In der gleichen Näherung wie für die Energie kann für jedes isolierte Teilchen-Kern-Paar angegeben werden:

$$\boldsymbol{p}(\mathrm{a+A}) = \boldsymbol{p}_\mathrm{a} + \boldsymbol{p}_\mathrm{A} = \boldsymbol{p}_\mathrm{b} + \boldsymbol{p}_\mathrm{B} = \boldsymbol{p}(\mathrm{b+B}) \ . \tag{6.3}$$

Mit Hilfe der Erhaltungssätze für Energie (II) und linearen Impuls (III) lassen sich für Kernreaktionen die Energien und Impulse der Ausgangskerne b und B berechnen. Obwohl die meisten Kernreaktionen bei Geschwindigkeiten ablaufen, die nichtrelativistisch behandelt werden können, bietet sich folgende allgemeine Formulierung an, für die im Energiesatz

$$m_\mathrm{A}c^2 + T_\mathrm{A} + m_\mathrm{a}c^2 + T_\mathrm{a} = m_\mathrm{B}c^2 + T_\mathrm{B} + m_\mathrm{b}c^2 + T_\mathrm{b} \ , \tag{6.4}$$

die T_i die kinetischen Energien bezeichnen, die hier meist als $\frac{1}{2}m_i v^2$ angegeben werden können. Mit mc^2 werden dann die Ruhemassen bezeichnet.

Der Q-Wert der Reaktion ist definiert als die Differenz der Ruhemassen im Eingangs- und Ausgangskanal:

$$\begin{aligned} Q &= (m_\mathrm{eing} - m_\mathrm{ausg})c^2 \\ &= (m_\mathrm{A} + m_\mathrm{a} - m_\mathrm{B} - m_\mathrm{b})c^2 \ . \end{aligned} \tag{6.5}$$

Dieser Ausdruck ist identisch mit der überschüssigen kinetischen Energie

$$\begin{aligned} Q &= T_\mathrm{ausg} - T_\mathrm{eing} \\ &= T_\mathrm{B} + T_\mathrm{b} - T_\mathrm{A} - T_\mathrm{a} \ . \end{aligned} \tag{6.6}$$

Q-Werte können positiv, negativ oder Null sein. Bei positiven Q-Werten nennt man die Reaktionen *exotherm* (in Analogie zur Thermodynamik), also $Q > 0$ ($m_\mathrm{eing} > m_\mathrm{ausg}$ oder $T_\mathrm{eing} < T_\mathrm{ausg}$). In diesem Fall wird Energie aus der Ruhemasse (Bindungsenergie) in kinetische Energie der Reaktionsprodukte überführt. Für $Q < 0$ ($m_{\mathrm{eing}} < m_{\mathrm{ausg}}$ oder $T_{\mathrm{eing}} > T_{\mathrm{ausg}}$) heißt die Reaktion *endotherm*. Um sie auszulösen, muß Energie zugeführt werden, d.h. ursprüngliche kinetische Energie wird in Ruhemasse umgewandelt. Bei elastischen Streuprozessen ist $Q = 0$.

Diese Gleichungen gelten in jedem Bezugssystem. Hier wollen wir zunächst das Laborsystem betrachten, in dem der Targetkern A ruht und nur das Projektil a bewegt ist (siehe Bild 6.1). Das Projektil trifft mit dem Impuls p_a auf den Targetkern A. Im Stoß überträgt a auf A Impuls, so daß nach dem Stoß beide Ausgangsteilchen die Impulse p_{b} bzw. p_{B} haben. Die Impulsbilanz lautet:

$$\begin{aligned} p_{\mathrm{a}} &= p_{\mathrm{b}} \cos\theta + p_{\mathrm{B}} \cos\phi \\ 0 &= p_{\mathrm{b}} \sin\theta - p_{\mathrm{B}} \sin\phi \,. \end{aligned} \tag{6.7}$$

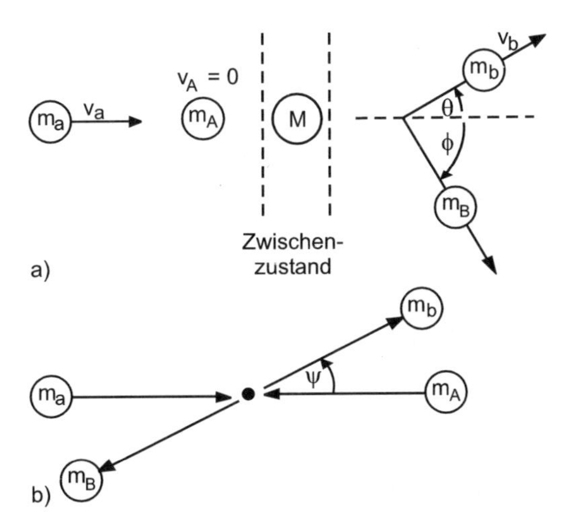

Bild 6.1. (**a**) Reaktionsprozeß im Laborsystem, (**b**) im Schwerpunktsystem

Wenn wir für das Experiment den Q-Wert kennen, weil wir Target- und Projektilmasse für das Experiment geeignet gewählt haben, ebenso wie die Energie T_{a} des Projektils, dann können wir aus den Gleichungen (6.4, 6.6, 6.7) durch Eliminierung der im Experiment nicht beobachteten Größe die unbekannten Größen berechnen. Für das Ejektil ergibt sich:

$$\begin{aligned} T_{\mathrm{b}}^{1/2} = \frac{1}{m_{\mathrm{b}} + m_{\mathrm{B}}} \Bigg[& \sqrt{m_{\mathrm{a}} m_{\mathrm{b}} T_{\mathrm{a}}} \cos\theta \\ & \pm \sqrt{m_{\mathrm{a}} m_{\mathrm{b}} T_{\mathrm{a}} \cos^2\theta + (m_{\mathrm{b}} + m_{\mathrm{B}})[m_{\mathrm{B}} Q + (m_{\mathrm{B}} - m_{\mathrm{a}}) T_{\mathrm{a}}]} \Bigg] \,. \end{aligned} \tag{6.8}$$

Ebenso ergibt sich für die Energie des Restkerns (auch Rückstoßteilchen genannt)

$$T_{\mathrm{B}}^{1/2} = \frac{1}{m_{\mathrm{b}} + m_{\mathrm{B}}} \left[\sqrt{m_{\mathrm{a}} m_{\mathrm{B}} T_{\mathrm{a}}} \cos\phi \right. \\ \left. \pm \sqrt{m_{\mathrm{B}} m_{\mathrm{a}} T_{\mathrm{a}} \cos^2\phi + (m_{\mathrm{B}} + m_{\mathrm{b}})[m_{\mathrm{b}} Q + (m_{\mathrm{b}} - m_{\mathrm{a}}) T_{\mathrm{a}}]} \right] . \tag{6.9}$$

Für elastische Streuungen ist $Q = 0$, d.h. dafür folgt aus (6.8) für das gestreute Teilchen (hier sind die kinematischen Größen nach dem Stoß durch ($'$) gekennzeichnet):

$$T'_{\mathrm{a}} = \left(\frac{m_{\mathrm{a}}}{m_{\mathrm{a}} + m_{\mathrm{A}}} \right)^2 \left[\cos\theta \pm \sqrt{\left(\frac{m_{\mathrm{A}}}{m_{\mathrm{a}}} \right)^2 - \sin^2\theta} \right] T_{\mathrm{a}} \tag{6.10}$$

und für das Rückstoßteilchen aus (6.9):

$$T'_{\mathrm{A}} = 4 \frac{m_{\mathrm{a}} m_{\mathrm{A}}}{(m_{\mathrm{a}} + m_{\mathrm{A}})^2} T_{\mathrm{a}} \cos^2\phi . \tag{6.11}$$

Bei $Q < 0$ tritt ein weiterer Effekt auf, der mit der Energiezufuhr zusammenhängt. In diesem Fall ist eine Mindestenergie nötig, um die Kernreaktion auszulösen. Diese Energie nennt man Schwellenenergie. Für sie gilt

$$T_{\mathrm{schw}} = (-Q) \frac{m_{\mathrm{B}} + m_{\mathrm{b}}}{m_{\mathrm{B}} + m_{\mathrm{b}} - m_{\mathrm{a}}} . \tag{6.12}$$

Nur ungeladene Teilchen, Neutronen, können direkt den Kern erreichen ohne eine abstoßende Wirkung der Ladung zu erfahren.[1]

Die kinematischen Beziehungen lassen sich auch graphisch darstellen, wie in Bild K6.1e (Kasten) gezeigt. Bei der allgemeinen relativistischen Darstellung der Kinematik ergeben sich Ellipsen. Für den Fall $\beta \ll 1$, der für die meisten Kernreaktionen eine hinreichend gute Näherung ist, gehen diese Ellipsen in Kreise über, auf die wir uns hier beschränken [BAL63].

(IV) *Erhaltung des Drehimpulses*, der besagt, daß der Gesamtdrehimpuls $\boldsymbol{I}$ und seine $(2\ell + 1)$ Projektionen m_I auf eine Vorzugsachse erhalten bleiben:

$$\boldsymbol{I}(\mathrm{a+A}) = \boldsymbol{I}_{\mathrm{a}} + \boldsymbol{I}_{\mathrm{A}} + \boldsymbol{I}_{\mathrm{aA}} = \boldsymbol{I}_{\mathrm{b}} + \boldsymbol{I}_{\mathrm{B}} + \boldsymbol{I}_{\mathrm{bB}} = \boldsymbol{I}(\mathrm{b+B}) , \\ m_I(\mathrm{a+A}) = m_I(\mathrm{b+B}) \quad \text{mit } -I \leq m_I \leq +I . \tag{6.13}$$

Erhaltungssätze unter Berücksichtigung quantenmechanischer Bedingungen:

[1] Bei geladenen Teilchen ist stets auch die sogenannte Coulomb-Schwelle zu überwinden, bevor eine Kernreaktion stattfinden kann: $E_{\mathrm{C}} = Z_{\mathrm{a}} Z_{\mathrm{A}} e^2/(4\pi\varepsilon_0 R)$. R ist hierbei der Abstand der Kerne, bei dem die Coulomb-Schwelle überwunden wird.

(V) *Erhaltung der Parität.* Bei Prozessen der starken Wechselwirkung ist die Parität erhalten

$$P_{\mathrm{a+A}} = P_{\mathrm{a}} P_{\mathrm{A}} (-1)^{\ell_{\mathrm{aA}}} = P_{\mathrm{b}} P_{\mathrm{B}} (-1)^{\ell_{\mathrm{bB}}} = P_{\mathrm{b+B}} \,, \tag{6.14}$$

wobei die P_i die inneren Paritäten der an der Reaktion beteiligten Teilchen und Kerne sind, während ℓ_{ij} die relativen Bahndrehimpulse im Eingangs- und Ausgangskanal angeben. Dieser Erhaltungssatz ist für die Analyse von Streuprozessen und beim Aufstellen von Niveauschemata von besonderem Nutzen.

(VI) *Erhaltung des Isospins* bei Prozessen der starken Wechselwirkung:

$$\boldsymbol{T}(\mathrm{a+A}) = \boldsymbol{T}_{\mathrm{a}} + \boldsymbol{T}_{\mathrm{A}} = \boldsymbol{T}_{\mathrm{b}} + \boldsymbol{T}_{\mathrm{B}} = \boldsymbol{T}(\mathrm{b+B}) \,. \tag{6.15}$$

In Abschn. 3.6 haben wir die Spiegelkerne kennengelernt, die eine Ladungsunabhängigkeit der Kernniveaus zu postulieren erlauben. An einem einfachen Fall wollen wir dies noch einmal erläutern (Bild 6.2). Wir haben dabei die bereits in Abschn. 4.2 beschriebenen Schalenmodellzustände zugrunde gelegt. Jede der horizontalen Linien (Subniveaus) enthält vier Teilchen, je zwei Protonen und zwei Neutronen mit jeweils entgegengesetztem Spin. Die Symmetrie der Zustände ist deutlich zu erkennen. In Bild 6.2 sind die Niveaus dreier Kerne der Masse 14 gezeigt, die außerhalb des Rumpfes eines gg-Kerns, hier ^{12}C, ein Paar von Protonen, ein gemischtes Proton-Neutron-Paar oder ein Neutronenpaar haben. Damit erhalten wir das Niveauschema für die Kerne ^{14}C, ^{14}N, ^{14}O. Wegen des Pauliprinzips treten bei ^{14}C und ^{14}O die beiden Neutronen bzw. Protonen mit entgegengesetzten Spins auf, die sich zum Gesamtspin Null addieren. Auch beim ^{14}N tritt ein solcher Zustand auf. Diese drei Zustände gehören zu einem Isospintriplett mit $T = 1$, mit den Komponenten $T_3 = -1$ im ^{14}C (2.36 MeV), $T_3 = 0$ im ^{14}N (2.312 MeV) und $T_3 = +1$ im ^{14}O (2.44 MeV). Hier soll angemerkt werden, daß die Energiewerte auf den Grundzustand des ^{14}N bezogen wurden. Während die Zustände im ^{14}C und ^{14}O die Grundzustände der Kerne sind, ist der korrespondierende Zustand im ^{14}N ein angeregter Zustand bei 2.31 MeV. Der gegenüber Spinaustausch symmetrischere Zustand im ^{14}N ist der Grundzustand mit Spin 1. Ein solcher räumlich symmetrischer Zustand ist bei ^{14}C und ^{14}O wegen des Pauliprinzips nicht möglich. Die Äquivalenz der Triplettzustände bedeutet, daß die Kernkräfte ladungsunabhängig sind. Als Beispiel für diesen Erhaltungssatz sei die Reaktion ^{14}N(d,d$'$)^{14}N genannt. Der Isospin des Kerns ^{14}N ist im Grundzustand $\boldsymbol{T}(^{14}\mathrm{N}) = 0$, ebenso sind die Isospins $\boldsymbol{T}(\mathrm{d}) = 0$ und $\boldsymbol{T}(\alpha) = 0$. Deshalb können in diesen Reaktionen Zustände mit $T = 1$ nicht angeregt werden. Die Erhaltung des Isospins wird auch damit bewiesen, daß es möglich ist, in Kernreaktionen selektierte Zustände resonanzartig anzuregen.

Bei mittelschweren und schweren Kernen liegen die zu einem Isospinmultiplett gehörenden Zustände meist im Bereich, in dem bereits die Energieniveaus sehr dicht liegen und sich stark überlappen. Diese Zustände in

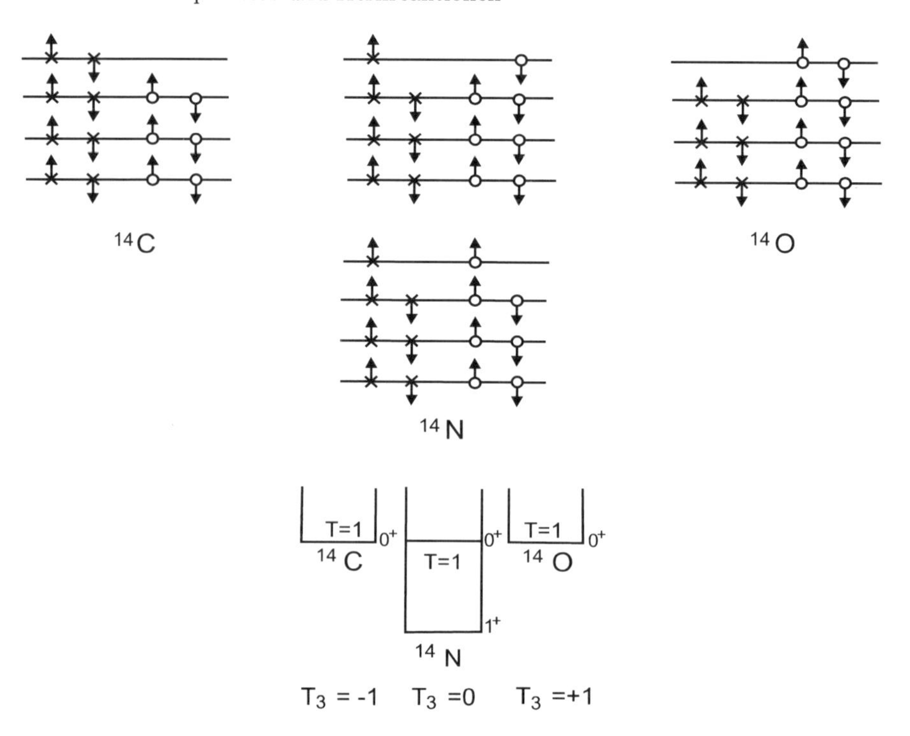

Bild 6.2. Schematische Besetzung im Isospintriplett ($A = 14$)

verschiedenen Kernen eines Isospinmultipletts werden Analogzustände genannt. Obwohl es fast nicht möglich ist, in diesen Energiebereichen einzelne Zustände zu beobachten, gelingt es, Analogzustände zu spektroskopieren. Dies kann in (p,p′)- und (p,n)-Reaktionen erreicht werden. Wenn wir einen Kern i(Z, N) mit $T_{i3} = \frac{1}{2}(Z - N)$ (vgl. 3.71) betrachten, dann entsprechen die Zustände des Isospinmultipletts im Kern j$(Z+1, N-1)$ der Komponente $T_{j3} = \frac{1}{2}[(Z+1)(N-1)] = T_{i3} + 1$. Dieser Zustand kann durch eine (p,p′)-Streuung vom Nachbarkern k$(Z, N-1)$ mit $T_{k3} = \frac{1}{2}(Z - (N-1) = T_{i3} + \frac{1}{2}$ aus angeregt werden, weil das Proton den Isospin $T = \frac{1}{2}$ in die Reaktion hineinträgt. In der Anregungsfunktion (Bild 6.3) treten an Stellen der Analogzustände scharfe Resonanzen auf.

(VII) *Erhaltung der Baryonenzahl B*, die besagt, daß unterhalb der Erzeugungsschwelle für Teilchen die B-Werte stets positiv und gleich der Anzahl der Nukleonen sind. Diesen Satz haben wir implizit bereits bei der Berechnung der Kinematik (6.8) und (6.9) benutzt.

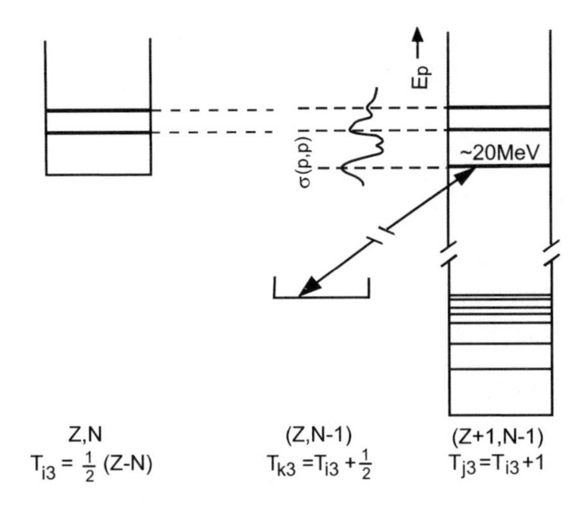

Bild 6.3. Schematische Darstellung der Anregung eines Isobaren-Analogzustands (nach [MAY94])

6.2 Wirkungsquerschnitt

Der Wirkungsquerschnitt ist ein Maß für die Wahrscheinlichkeit, daß eine Wechselwirkung zwischen aufeinandertreffenden Teilchen auftritt. Im Gegensatz zum mathematischen Begriff der Wahrscheinlichkeit, die eine dimensionslose Zahl zwischen Null und Eins darstellt, ist der Wirkungsquerschnitt ein Maß für die Trefferwahrscheinlichkeit von Projektil- und Targetteilchen, er hat die Dimension einer Fläche. Dies wurde in Abschn. 2.3 bereits eingeführt. Die Wechselwirkung kann ein elastischer oder inelastischer Streuprozeß sein. Den zahlenmäßig weitaus größten Anteil haben aber die eigentlichen Kernreaktionen, bei denen eine Elementumwandlung auftritt. Da ein einziges Stoßereignis keine statistisch signifikanten Aussagen erlaubt, betrachten wir einen Strom j von Projektilen in Einheiten von (s^{-1}) und die beschossenen Targetteilchen als Teilchenanzahl pro Fläche n (m^{-2}). Demnach ist die Reaktionsausbeute N (s^{-1}):

$$N = nj\sigma \,. \tag{6.16}$$

Der Proportionalitätsfaktor σ heißt Wirkungsquerschnitt. Aufgrund der obigen Definition hat er die Dimension einer Fläche (m^2). Obwohl die Größe dimensionsbehaftet ist, stellt sie eine Wahrscheinlichkeit dar, wie wir aus Bild 6.4 folgern. Wir betrachten ein Stück Material der Fläche F, aus dem wir eine Schicht der Dicke d herausgreifen. Jedes Teilchen, kugelförmig mit Radius R angenommen, hat eine kreisförmige Projektion der Fläche $\sigma_\mathrm{g} = \pi R^2$, die wir geometrischen Querschnitt nennen. Alle n Teilchen zusammen überdecken dann die Fläche $n\sigma_\mathrm{g}$. Der Bruchteil, der durch die Targetteilchen überdeckten Fläche der Gesamtfläche F, und damit der Wahrscheinlichkeit eines Treffers,

Kasten 6.1: Labor- und Schwerpunktsystem

Als Bezugssysteme der Koordinaten für die Beschreibung von Reaktionen, die z.B. durch beschleunigte Teilchen ausgelöst werden, können das Labor- (L) oder das Schwerpunktsystem (CM) benutzt werden.

Im Laborsystem, das dem experimentellen Experimentaufbau im Labor entspricht, bewegt sich nur ein Teilchen (Projektil), während das zweite (Target) ruht. Betrachten wir dazu das Bild K6.1a, dann möge sich das Teilchen a vor dem Stoß mit der Geschwindigkeit v_{a} bewegen, während $v_{\mathrm{A}} = 0$. Nach dem Stoß bewegen sich beide Teilchen mit der Geschwindigkeit v_{b} bzw. v_{B}. Wir nehmen hier den allgemeinen Fall einer möglichen Elementumwandlung an, bei der ein Q-Wert auftritt, wobei sich die Massen vor dem Stoß m_{a} und m_{A} in die Massen m_{b} und m_{B} nach dem Stoß umwandeln. In diesem System bewegt sich der Massenmittelpunkt bzw. Schwerpunkt mit der Geschwindigkeit

$$v_{\mathrm{S}} = \frac{m_{\mathrm{a}}}{m_{\mathrm{a}} + m_{\mathrm{A}}} v_{\mathrm{a}} \,. \tag{6.17}$$

Im Massenmittelpunkt- oder Schwerpunktsystem befindet sich der Schwerpunkt in Ruhe, demzufolge bewegen sich in ihm beide Teilchen sowohl vor als auch nach dem Stoß. Die Geschwindigkeiten bezeichnen wir mit u. Die Größen nach dem elastischen Stoß werden mit ($'$) gekennzeichnet.

In diesem System, das in Bild K6.1b illustriert ist, steht die gesamte kinetische Energie für den Stoßprozeß zur Verfügung, während im L-System ein Bruchteil für die Bewegung des zweiten Teilchens aufgewendet wird, wie es die Erhaltung des linearen Impulses verlangt.

Eingangskanal:

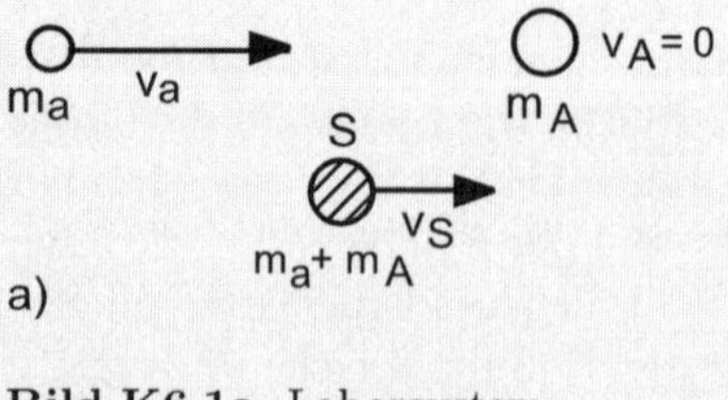

Bild K6.1a. Laborsystem

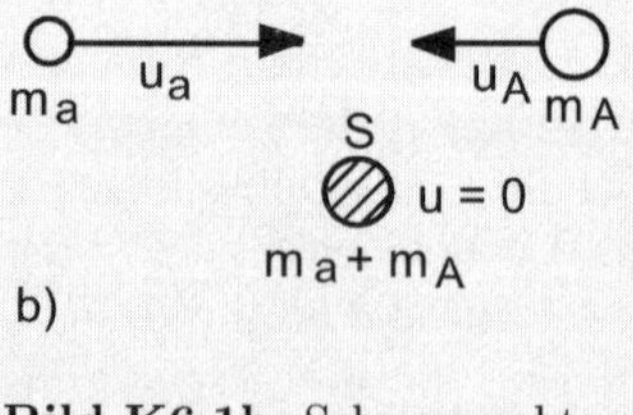

Bild K6.1b. Schwerpunktsystem

$$m_{\mathrm{a}} v_{\mathrm{a}} + 0 = (m_{\mathrm{a}} + m_{\mathrm{A}}) v_{\mathrm{S}}$$
$$\Rightarrow v_{\mathrm{S}} = \frac{m_{\mathrm{a}}}{m_{\mathrm{a}} + m_{\mathrm{A}}} v_{\mathrm{a}}$$

$$m_{\mathrm{a}} u_{\mathrm{a}} + m_{\mathrm{A}} u_{\mathrm{A}} = 0$$
$$u_{\mathrm{A}} = -v_{\mathrm{S}}$$
$$\Rightarrow u_{\mathrm{a}} = \frac{m_{\mathrm{A}}}{m_{\mathrm{a}}} v_{\mathrm{S}} = \frac{m_{\mathrm{A}}}{m_{\mathrm{a}} + m_{\mathrm{A}}} v_{\mathrm{a}}$$

Ausgangskanal:

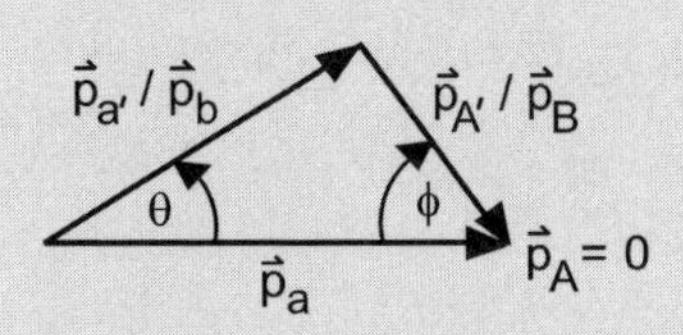

Bild K6.1c. Laborsystem: aA Streuung, bB Reaktion

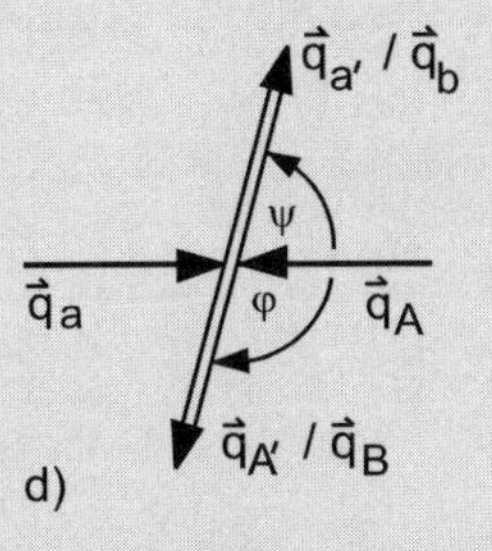

Bild K6.1d. CM-System: aA Streuung, bB Reaktion

Impulserhaltung:

$$\boldsymbol{p}_{\mathrm{a}} + 0 = \boldsymbol{p}_{\mathrm{b}} + \boldsymbol{p}_{\mathrm{B}}$$

$$\boldsymbol{p}_{\mathrm{a}} = m_{\mathrm{a}}\boldsymbol{v}_{\mathrm{a}}$$

$$\boldsymbol{p}_{\mathrm{b}} = m_{\mathrm{b}}\boldsymbol{v}_{\mathrm{b}}, \quad \boldsymbol{p}_{\mathrm{B}} = m_{\mathrm{B}}\boldsymbol{v}_{\mathrm{B}}$$

$$\boldsymbol{q}_{\mathrm{a}} + \boldsymbol{q}_{\mathrm{A}} = \boldsymbol{q}_{\mathrm{b}} + \boldsymbol{q}_{\mathrm{B}} = 0$$

$$\boldsymbol{q}_{\mathrm{a}} = m_{\mathrm{a}}\boldsymbol{u}_{\mathrm{a}}, \quad \boldsymbol{q}_{\mathrm{A}} = m_{\mathrm{A}}\boldsymbol{u}_{\mathrm{A}}$$

$$\boldsymbol{q}_{\mathrm{b}} = m_{\mathrm{b}}\boldsymbol{u}_{\mathrm{b}}, \quad \boldsymbol{q}_{\mathrm{B}} = m_{\mathrm{B}}\boldsymbol{u}_{\mathrm{B}}$$

Energieerhaltung:

$$T_{\mathrm{a}}^{\mathrm{L}} = T_{\mathrm{b}}^{\mathrm{L}} + T_{\mathrm{B}}^{\mathrm{L}} = \frac{1}{2}m_{\mathrm{a}}v_{\mathrm{a}}^2$$

$$\begin{aligned} T_{\mathrm{a}}^{\mathrm{M}} + T_{\mathrm{A}}^{\mathrm{M}} &= T_{\mathrm{b}}^{\mathrm{M}} + T_{\mathrm{B}}^{\mathrm{M}} \\ &= \tfrac{1}{2}(m_{\mathrm{a}}u_{\mathrm{a}}^2 + m_{\mathrm{A}}u_{\mathrm{A}}^2) \\ &= \tfrac{1}{2}\left(\tfrac{m_{\mathrm{a}}m_{\mathrm{A}}^2}{(m_{\mathrm{a}}+m_{\mathrm{A}})^2}v_{\mathrm{a}}^2 + \tfrac{m_{\mathrm{A}}m_{\mathrm{a}}^2}{(m_{\mathrm{a}}+m_{\mathrm{A}})^2}v_{\mathrm{a}}^2\right) \\ &= \tfrac{1}{2}\tfrac{m_{\mathrm{a}}m_{\mathrm{A}}}{m_{\mathrm{a}}+m_{\mathrm{A}}}v_{\mathrm{a}}^2 \\ &= \tfrac{m_{\mathrm{A}}}{m_{\mathrm{a}}+m_{\mathrm{A}}}T_a^{\mathrm{L}} \end{aligned}$$

Hierbei sind die Energien im Ausgangskanal:

$$T_{\mathrm{b}}^{\mathrm{L}} = \frac{1}{2}m_{\mathrm{b}}v_{\mathrm{b}}^2; \quad T_{\mathrm{B}}^{\mathrm{L}} = \frac{1}{2}m_{\mathrm{B}}v_{\mathrm{B}}^2 \qquad T_{\mathrm{b}}^{\mathrm{M}} = \frac{1}{2}m_{\mathrm{b}}u_{\mathrm{b}}^2; \quad T_{\mathrm{B}}^{\mathrm{M}} = \frac{1}{2}m_{\mathrm{B}}u_{\mathrm{B}}^2$$

Beispiel 1: Elastische Streuung

Der Energiesatz im Schwerpunktsystem lautet

$$\frac{|q_{\mathrm{a}}|^2}{2m_{\mathrm{a}}} + \frac{|q_{\mathrm{A}}|^2}{2m_{\mathrm{A}}} = \frac{|q_{\mathrm{b}}|^2}{2m_{\mathrm{b}}} + \frac{|q_{\mathrm{B}}|^2}{2m_{\mathrm{B}}} \, .$$

woraus für elastische Streuung wegen a = b und A = B eine Identität folgt. Dies bedeutet, daß die Absolutbeträge der Vektoren erhalten bleiben, ihre Richtung kann sich ändern. Das Bild K6.1e veranschaulicht, wie sich die Größen zwischen den beiden Bezugssystemen umrechnen lassen. Dazu führen wir folgende Winkel ein: Im L-System wird Teilchen b in den Winkel θ, Teilchen B in den Winkel ϕ gestreut.

Die korrespondierenden Winkel im Schwerpunktsystem nennen wir ψ für b und φ für B. Der Kreis wird um den Schwerpunkt mit dem Radius u_{a} gezogen. Der Stoß erfolgt in Richtung der positiven x-Achse. Der Nullpunkt des Laborsystems liegt um v_{S} nach links verschoben. Aus den Dreiecksbeziehungen folgt:

$$\tan\theta = \frac{u_{\mathrm{a}}\sin\psi}{u_{\mathrm{a}}\cos\psi + v_{\mathrm{S}}} = \frac{\sin\psi}{\cos\psi + \frac{v_{\mathrm{S}}}{u_{\mathrm{a}}}} \,.$$

Bei elastischer Streuung gilt: $u_{\mathrm{a}} = u_{\mathrm{b}}$, also

$$\tan\theta = \frac{\sin\psi}{\cos\psi + \frac{m_{\mathrm{a}}}{m_{\mathrm{A}}}} \,.$$

Der Winkel ϕ, unter dem sich das Teilchen B = A′ nach dem elastischen Stoß bewegt, ist gegeben durch

$$\sin\phi = \sqrt{\frac{m_{\mathrm{a}}T_{\mathrm{a}}^{\mathrm{L}}}{m_{\mathrm{A}}T_{\mathrm{B}}^{\mathrm{L}}}}\sin\theta \,.$$

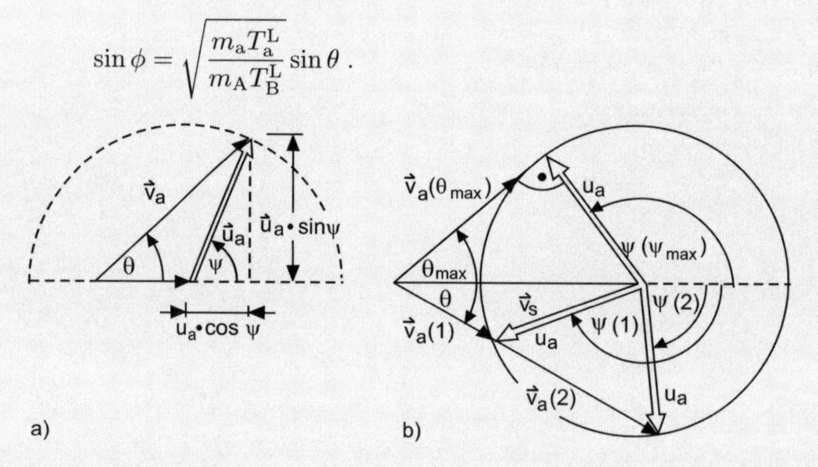

Bild K6.1e. Graphische Darstellung zweier elastischer Streuprozesse: (**a**) $m_{\mathrm{a}} < m_{\mathrm{A}}$, (**b**) $m_{\mathrm{a}} > m_{\mathrm{A}}$

Beispiel 2: Inelastische Streuung und Kernreaktionen

Die inelastische Streuung stellt einen Sonderfall der Reaktionen dar. Hier ist für ein nicht angeregtes Projektil $m_{\mathrm{b}} = m_{\mathrm{a}}$ (z.B. Protonen), aber wegen der Anregung des Targetkerns $m_{\mathrm{B}} \geq m_{\mathrm{A}}$.

Für die elastische Streuung wurde in (6.10) die kinetische Energie der Teilchen a angegeben, ohne Beschränkung auf die Größen der Massen a und A. Physikalisch sinnvoll sind jedoch nur solche Werte der kinetischen Energie T_{a}, für die der Radikand ≥ 0 ist. Wenn $m_{\mathrm{a}} > m_{\mathrm{A}}$, wird die Schwerpunktsgeschwindigkeit v_{S} größer als u_{a}, so daß sich der in Bild K6.1e dargestellte Fall (b) ergibt. Der Nullpunkt des Laborsystems liegt außerhalb des Kreises um den Schwerpunkt mit dem Radius u_a. Damit ergibt sich ein maximaler Winkel θ_{max}, in den die Teilchen a gestreut werden können. Die Rückstoßteilchen A dagegen können in den gesamten Winkelbereich gelangen. Im Bild ist außer dem Grenzwinkel ein kleinerer Winkel θ eingezeichnet, für den der Geschwindigkeitsvektor v_a zwei Werte annehmen kann, es tritt eine Zweideutigkeit auf, auf die besonders bei Schwerionen-Reaktionen zu achten ist.

Für Reaktionen ($Q \neq 0$) lauten die Winkelbeziehungen

$$\tan\theta = \frac{\sin\psi}{\varrho_1 + \cos\psi} \; ; \quad \tan\phi = \frac{\sin\psi}{\varrho_2 - \cos\psi} \, .$$

$$\text{mit} \quad \varrho_1 = \sqrt{\frac{m_b m_a T_a}{m_B(m_A T_a + (m_a + m_A)Q)}}$$

$$\text{und} \quad \varrho_2 = \sqrt{\frac{m_B m_a T_a}{m_a(m_A T_a + (m_a + m_A)Q)}} \, .$$

Die graphische Darstellung der Geschwindigkeitsdiagramme ist für Reaktionen wegen der Werte für ϱ_1 und ϱ_2 wesentlich komplizierter. Auch hier geht man von einem Kreis um den Schwerpunkt aus, dessen Radius gleich dem Impuls $|\boldsymbol{q}_a|$ ist. Der Nullpunkt des Laborsystems kann dann je nach Größe und Vorzeichen des Q-Wertes der Reaktion innerhalb oder außerhalb dieses Kreises liegen [BAL69].

ist dann $n\sigma_g/F$. Diese Betrachtung setzt jedoch voraus, daß d so klein ist, daß sich die Projektionsflächen der Teilchen nicht gegenseitig überlappen. Der als Proportionalitätsfaktor eingeführte Wirkungsquerschnitt σ ist daher ein Maß für die Wahrscheinlichkeit eines Treffers und kann in diesem Fall als geometrischer Querschnitt verstanden werden, analog dem Stoß harter Kugeln. Reaktionen zwischen Atomkernen sind aber auch durch das langreichweitige Coulomb-Feld bestimmt, so daß der Coulomb-Streuquerschnitt folglich größer ist als der rein geometrische Querschnitt, wie bereits in Abschn. 2.3 für die Rutherford-Streuung gezeigt wurde.

Aus der Definition des geometrischen Querschnitts hat sich auch die Einheit abgeleitet, die als Maß kernphysikalischer Wirkungsquerschnitte dient: Wenn der Radius eines Kerns ca. 10^{-14} m $= 10^{-12}$ cm beträgt, dann ist die Fläche (unter Weglassen des Faktors π) $\propto 10^{-24}$ cm^2. Diese Einheit wird 1 b = 1 barn genannt.

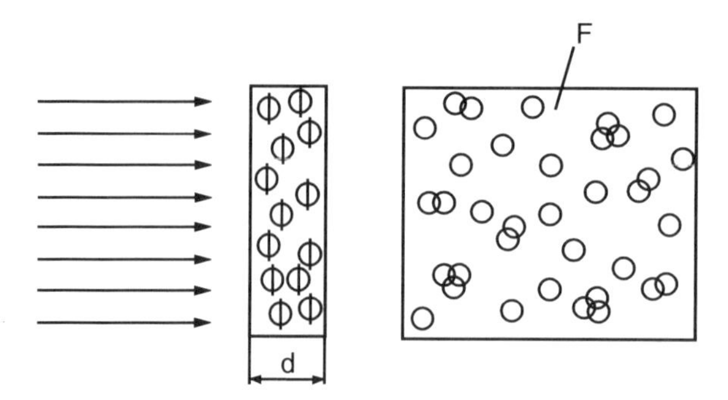

Bild 6.4. Definition des Wirkungsquerschnitts mit Seiten- und Draufsicht

Mit (6.16) wird der *integrale totale Wirkungsquerschnitt* bezeichnet, bei dem noch nicht zwischen unterschiedlichen Reaktionstypen unterschieden wird. Der *Reaktionsquerschnitt* ist für jede einzelne Reaktion definiert, er ist somit kleiner als der totale Wirkungsquerschnitt.

Experimentell läßt sich der integrale Wirkungsquerschnitt i.A. nicht messen, weil sich eine solche Messung über den ganzen Raumwinkel erstrecken müßte. Man setzt demzufolge den integralen Wirkungsquerschnitt aus räumlichen Anteilen zusammen, weil die überwiegende Zahl an Nachweiseinrichtungen (Detektoren, Zählern s. Kap. 5) nur einen begrenzten Raumwinkel, d.h. ein Raumwinkelelement $\Delta\Omega$, erfassen können.

Die Zahl der unter einem Winkel θ pro Zeiteinheit in den Raumwinkel $\Delta\Omega$ gelangenden Teilchen ist

$$\Delta N(\theta) = jn\sigma(\theta)\Delta\Omega \,. \tag{6.18}$$

Der somit definierte Wirkungsquerschnitt $\sigma(\theta)$ heißt *differentieller Wirkungsquerschnitt*. Häufig wird statt $\sigma(\theta)$ auch $\mathrm{d}\sigma(\theta)/\mathrm{d}\Omega$ als differentieller Wirkungsquerschnitt bezeichnet.

Bisher haben wir noch keine Unterscheidung über die Art der Kernreaktion oder Streuung getroffen, deshalb repräsentiert die bisherige Definition den totalen Wirkungsquerschnitt. Konzentrieren wir uns nur auf einen Reaktionstyp, so erhalten wir den partiellen Wirkungsquerschnitt. Der differentielle partielle Wirkungsquerschnitt wird als Funktion der Winkel zur Strahlrichtung angegeben, unter denen der Detektor oder die Nachweiseinrichtung aufgestellt ist.

Kernreaktionen haben jedoch neben einer ausgesprochenen Winkelabhängigkeit auch eine Energieabhängigkeit. Wird ein Wirkungsquerschnitt als Funktion der Energie, meist der Projektilenergie, angegeben, so nennt man diesen funktionalen Zusammenhang die Anregungsfunktion. Die vollständige Information über das kernphysikalische Geschehen wird dann mit einem doppelt differentiellen Wirkungsquerschnitt

$$\frac{\partial^2 \sigma}{\partial T\, \partial \Omega} \tag{6.19}$$

beschrieben. Die gebräuchlichsten Ausdrücke sind in Kasten 6.2 zusammengestellt.

Kasten 6.2: Nomenklatur von Wirkungsquerschnitten

Für die Reaktion A(a,b)B gilt folgende Nomenklatur der Wirkungsquerschnitte (1 barn = 10^{-28} m^2):

Bezeichnung	Symbole		Dimension
Anregungsfunktion		$\sigma_{\mathrm{ab}}(T_{\mathrm{a}})$	b
differentieller Wirkungsquerschnitt	$\left(\frac{\mathrm{d}\sigma(T_{\mathrm{a}})}{\mathrm{d}\Omega}\right)_{\mathrm{ab}}$	$\sigma_{\mathrm{ab}}(T_{\mathrm{a}}, \theta)$	b sr^{-1}
Teilchenspektrum absolut	$\left(\frac{\mathrm{d}\sigma(T_{\mathrm{a}})}{\mathrm{d}T_{\mathrm{b}}}\right)_{\mathrm{ab}}$	$\sigma_{\mathrm{ab}}(T_{\mathrm{a}}; T_{\mathrm{b}})$	b MeV^{-1}
doppelt differentieller Wirkungsquerschnitt	$\left(\frac{\partial^2\sigma(T_{\mathrm{a}})}{\partial T_{\mathrm{b}}\, \partial \Omega}\right)_{\mathrm{ab}}$	$\sigma_{\mathrm{ab}}(T_{\mathrm{a}}; T_{\mathrm{b}}; \theta)$	b MeV^{-1}sr^{-1}

In Kernreaktionen ändern sich, wie auch in allen anderen Reaktionen submikroskopischer Systeme, die das System beschreibenden Zustände.

Diese Zustände werden quantenmechanisch durch Wellenfunktionen beschrieben. Bei Zustandsänderungen wird also ein Zustand in einen anderen überführt. Dies erfolgt in der theoretischen Beschreibung durch ein Übergangsmatrixelement M_{if} vom Zustand i (engl. initial) in den Zustand f (engl. final). In diesem Matrixelement spielt der den Übergang bewirkende Operator die entscheidende Rolle, seine Form ist durch die den Prozeß bestimmende Wechselwirkung festgelegt. Die Wahrscheinlichkeit für das Auftreten eines Prozesses ist durch „Fermis Goldene Regel #2", die in der quantenmechanischen Störungsrechnung [SCH98] abgeleitet wird, gegeben

$$W_{\mathrm{if}} = \frac{2\pi}{\hbar} \varrho(E_f) |M_{\mathrm{if}}|^2 \,. \tag{6.20}$$

Da der Wirkungsquerschnitt die Wahrscheinlichkeit für einen Prozeß angibt, ist er also proportional zum Quadrat des Matrixelements M_{if}, das diesen Prozeß theoretisch beschreibt. Er hängt aber auch von den Energien, der Dichte der Energiezustände $\varrho(E_f)$, den Impulsen, den Drehimpulsen sowie weiteren im Experiment zu bestimmenden Größen, wie z.B. dem Raumwinkel, ab. Der Zusammenhang zwischen der aus der theoretischen Beschreibung folgenden Übergangswahrscheinlichkeit W_{if} und dem Wirkungsquerschnitt ist gegeben durch

$$W_{\mathrm{if}} = \frac{v_{\mathrm{i}}}{L^3}\,\sigma_{\mathrm{if}}\,. \tag{6.21}$$

Wenn v_{i} die Schwerpunktsgeschwindigkeit eines einlaufenden Teilchens ist, dann stellt $v_{\mathrm{i}} d\sigma_{\mathrm{if}}$ das in einer Zeiteinheit durchlaufenes Volumen dar, das im Verhältnis zum insgesamt beschossenen Volumen L^3 eine bestimmte Wahrscheinlichkeit für das Auftreten des Prozesses darstellt. Damit haben wir die Möglichkeit, theoretische und experimentelle Ergebnisse zu vergleichen.

6.3 Wechselwirkungen zwischen Atomkernen

Kerne reagieren miteinander bei genügender Annäherung vor allem aufgrund der anziehenden Kernkräfte. Diese Prozesse finden in Abständen unterhalb einiger fm statt. Außerdem wirken die Ladungen der Protonen abstoßend aufeinander, d.h. es finden Coulomb-Prozesse statt, die wegen der unendlichen Reichweite des Coulomb-Potentials auch in sehr großen Distanzen zwischen zwei Kernen, verglichen mit der Reichweite der Kernkräfte, auftreten können. Im Experiment treten diese Prozesse nicht getrennt auf, sondern sie überlagern sich. Die Ergebnisse müssen demzufolge in die Anteile verschiedener Prozesse separiert werden. Dazu werden Modelle für die einzelnen Prozesse herangezogen, in denen auch theoretische Abschätzungen der Intensität der einzelnen Komponenten enthalten sind. In diesem Abschnitt wollen wir die Grundzüge der Kernreaktionen besprechen und versuchen, die meist idealisierten Modellvorstellungen an einigen Beispielen den Experimenten gegenüberzustellen.

Das Zusammenspiel unterschiedlicher Wechselwirkungen, vor allem der Kernwechselwirkung (hier wiederum als Zweiteilchen-Wechselwirkung zu verstehen) mit der elektromagnetischen Wechselwirkung, läßt sich in Grenzfällen trennen. Kernreaktionen, die durch Neutronen ausgelöst sind, beruhen ausschließlich auf der nuklearen, die durch Elektronen oder Photonen hervorgerufenen auf der elektromagnetischen Wechselwirkung. Viele Verhaltensweisen der Kerne können sowohl durch die eine wie auch die andere Wechselwirkung hervorgerufen werden. Das betrifft z.B. die Anregung von Energiezuständen in Kernen oder die Kernspaltung. Andere Phänomene lassen sich bevorzugt mit leichten Ionen, wie Protonen oder α-Teilchen als Projektil, untersuchen, doch haben sich schwere Ionen als Projektil dann besonders wirksam erwiesen, wenn die Grundsubstanz der Kerne, die Kernmaterie als Ganzes, an einem Prozeß teilnimmt.

In einer Darstellung des komplexen Systems „Atomkern“ ist hier nur eine lineare Aneinanderreihung der einzelnen Prozesse möglich, wobei auf die Verzweigungen nur verwiesen werden kann. So ist es angebracht, die Streuprozesse zunächst zu behandeln, obwohl jeder Kernreaktion ein Streuprozeß überlagert ist, ebenso werden Kernreaktionen, die als Compound- oder Verbundkernprozesse bezeichnet werden (vgl. Abschn. 6.3.2), getrennt von den direkten Kernreaktionen behandelt, wissend, daß es sich meistens um Überlagerungen beider handelt.

6.3.1 Streuprozesse

Streuprozesse treten stets dann auf, wenn zwei Teilchen in einem solchen Abstand aneinander vorbeifliegen, daß sich ihre Kraftfelder gegenseitig beeinflussen können. Werden bei einem solchen Stoß Impulse ausgetauscht, so daß sich nur die Bewegungsrichtung ändert, die innere Struktur jedoch unbeeinflußt bleibt, liegt elastische Streuung vor. Wird bei dem Stoß zusätzlich Energie übertragen, wodurch einer oder auch beide Stoßpartner angeregt werden, sind die Streuungen in- oder unelastisch. Für diese Prozesse muß jedoch bei mindestens einem der Stoßpartner die Existenz einer inneren Struktur vorausgesetzt werden. Da alle Prozesse, sowohl Streuungen als auch Reaktionen, prinzipiell gleichzeitig, nebeneinander auftreten können, bleibt es der theoretischen Behandlung vorbehalten, die gegenseitige Stärke abzuschätzen und die unterschiedlichen Mechanismen separat zu behandeln. Aus diesem Grunde werden in den nachfolgenden Abschnitten die einzelnen Prozesse, die unterschiedlichen Ursprungs sind, getrennt dargestellt. Quantenmechanisch wird die vollständige Behandlung aller Prozesse durch die Überlagerung von Wahrscheinlichkeitsamplituden für jeden einzelnen Prozeß erreicht. Bei der Bildung des Wirkungsquerschnitts, der direkt mit dem Experiment verglichen werden kann, müssen dann auch Kopplungen zwischen unterschiedlichen Prozessen (Quadrieren der Summe von Wahrscheinlichkeitsamplituden) berücksichtigt werden.

Streuung am Coulomb-Potential. Die langreichweitige Coulomb-Wechselwirkung spielt in allen Reaktionen geladener Teilchen eine wichtige Rolle, weil bei genügender Annäherung der Stoßpartner stets die abstoßende Wirkung der positiven Kernladung eine Streuung verursacht, wie wir sie schon bei der Bestimmung des Kerndurchmessers in der Rutherford-Streuung kennengelernt haben (Abschn. 2.3). Diese Streuung kann auch zur Anregung eines oder im Falle schwerer Projektile beider Stoßpartner führen. Dieser Prozeß wird *Coulomb-Anregung* genannt.

Zur theoretischen Beschreibung der Coulomb-Anregung wird meist auf eine halbklassische Näherung zurückgegriffen, in der die Teilchenbewegung auf Rutherford-Trajektorien behandelt wird, während die elektromagnetischen Übergänge in den Kernen quantenmechanisch berechnet werden. Die halbklassische Behandlung ist immer dann zulässig, wenn der Abstand d zweier Stoßpartner groß ist gegen ihre Compton-Wellenlänge $\lambda\!\!\!^{-}$. Das Verhältnis nennt man Sommerfeld-Parameter

$$\eta = \frac{d}{\lambda\!\!\!^{-}} = \frac{Z_\mathrm{a} Z_\mathrm{A} e^2}{\hbar v_\infty} = 0.15 \frac{Z_\mathrm{a} Z_\mathrm{A}}{\sqrt{T_\infty}} = \frac{Z_\mathrm{a} Z_\mathrm{A} \alpha}{\beta} \gg 1 \,. \tag{6.22}$$

wobei $\alpha = e^2/(4\pi\varepsilon_0\hbar c)$ die Sommerfeldsche Feinstrukturkonstante und $\beta = v/c$ ist. Die halbe Distanz d der Kerne im Punkt nächster Annäherung bei Zentralstößen folgt aus der Rutherfordschen Formel (2.14)

$$d = \frac{D}{2} = \frac{Z_\mathrm{a} Z_\mathrm{A} e^2}{2T_\infty} \quad \text{und} \quad \lambda\!\!\!^- = \frac{\hbar}{\mu v_\infty}\,, \tag{6.23}$$

wobei $\mu = m_\mathrm{a} m_\mathrm{A}/(m_\mathrm{a} + m_\mathrm{A})$ die reduzierte Masse und v_∞ die Relativgeschwindigkeit bei sehr großen Abständen ist (wir haben hier den aus Dimensionsgründen wichtigen Faktor $1/(4\pi\varepsilon_0)$ weggelassen). Die Größe T_∞, als kinetische Energie, ist das Quadrat einer Geschwindigkeit, angegeben in Einheiten MeV/u. Z_a, Z_A sind die Ordnungszahlen, e die Elementarladung.

Da bei der Coulomb-Anregung Bewegungsenergie in innere Energie umgewandelt wird, ist die asymptotische Geschwindigkeit v_∞ im Ausgangskanal kleiner als diejenige im Eingangskanal. Dieser Tatsache wird dadurch Rechnung getragen, daß als symmetrisierte Energie

$$T_\mathrm{if} = \frac{m}{2} v_\mathrm{i} v_\mathrm{f} \tag{6.24}$$

gesetzt wird. Daraus lassen sich dann auch effektive Abstände

$$d_\mathrm{if} = \frac{Z_\mathrm{a} Z_\mathrm{A} e^2}{2T_\mathrm{if}} \tag{6.25}$$

und ein effektiver Sommerfeld-Parameter

$$\eta_\mathrm{if} = \frac{Z_\mathrm{a} Z_\mathrm{A} e^2}{\hbar\sqrt{v_\mathrm{i} v_\mathrm{f}}} \tag{6.26}$$

ableiten.

Während des Streuprozesses variiert das Coulomb-Feld sehr schnell, wodurch eine Kraft auf beide Kerne ausgeübt und dadurch die Anregungsenergie übertragen wird. Bei der Coulomb-Anregung werden entweder der Targetkern

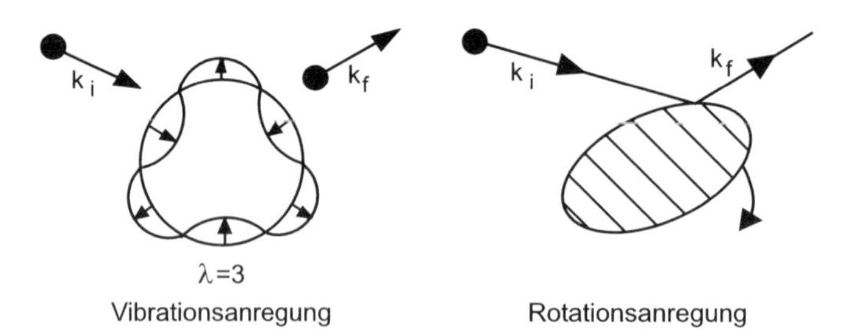

Bild 6.5. Anregungszustände bei der Coulomb-Anregung. k_i, k_f sind die das Projektil charakterisierenden Wellenzahlen im Eingangs- (i) und Ausgangszustand (f). Die Vibrationsanregung mit dem übertragenen Drehimpuls $L = 3$ wird Oktupolschwingung genannt. Bei der Rotationsanregung wird der gesamte Kern in Drehbewegung versetzt

allein oder auch beide Stoßpartner angeregt. Dabei ändert sich z.T. ihre Gestalt, Kerne beginnen zu schwingen oder/und zu rotieren (Bild 6.5). Außer den gezeigten Anregungsformen treten auch Kopplungen zwischen ihnen auf, die Rotations-Vibrations-Kopplung genannt werden. Im gesamten Stoßverlauf bleiben die Stoßpartner jedoch separiert.

Die Coulomb-Anregung wird quantenmechanisch in zwei Schritten behandelt. Die Bewegung der Stoßpartner folgt der Rutherford-Streuung, kann also klassisch beschrieben werden (Abschn. 2.3). Der Anregungsprozeß wird als Störung erster, in komplizierteren Fällen auch höherer Ordnung berechnet [AL56]. Als differentieller Wirkungsquerschnitt ergibt sich dann für eine Multipolordnung EL mit einer reduzierten Übergangswahrscheinlichkeit $B(EL)$ (vgl. Abschn. 3.3, 4.2, 7.5):

$$\frac{\mathrm{d}\sigma_L}{\mathrm{d}\Omega} = \frac{\eta_\mathrm{i}^2}{d_\mathrm{if}^{(2L-2)}} \frac{B(EL)}{(Z_\mathrm{A}e)^2} \frac{\mathrm{d}f_L(\eta_\mathrm{if},\theta)}{\mathrm{d}\Omega} \tag{6.27}$$

und für den integrierten Wirkungsquerschnitt:

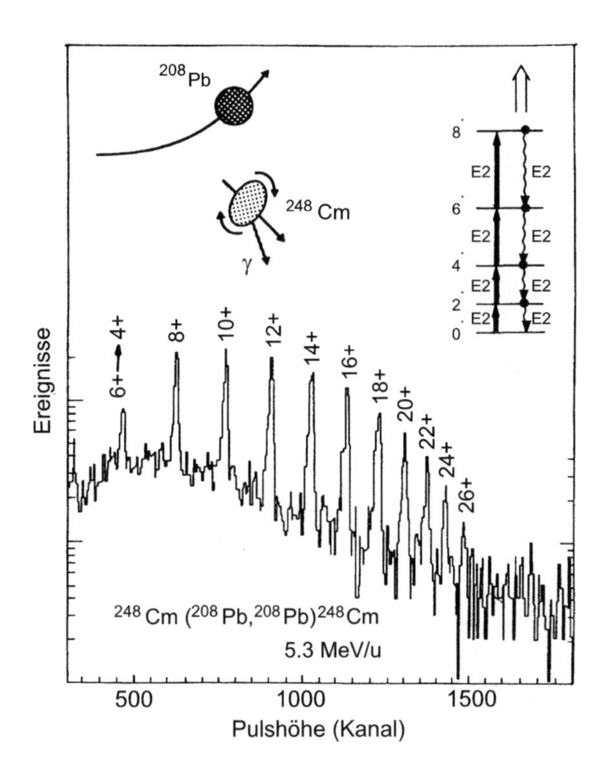

Bild 6.6. γ-Spektrum aus der Reaktion ^{248}Cm(^{208}Pb,^{208}Pb)^{248}Cm. Die Einschußenergie beträgt 5.3 MeV/u [PI93]

$$\sigma_L = \frac{\eta_{\rm i}^2}{d_{\rm if}^{(2L-2)}} \frac{B(EL)}{(Z_{\rm A}e)^2} f_L(\eta_{\rm if}) . \tag{6.28}$$

Die darin auftretenden Funktionen f_L sind gestörte Coulomb-Funktionen und als $\mathrm{d}f_L/\mathrm{d}\Omega$ tabelliert [AL56]. Am häufigsten treten in der Kernphysik elektrische Quadrupol-Übergänge auf, für die folgender Wirkungsquerschnitt gilt:

$$\sigma_2 = 2.8 \frac{T_{\rm if} A_{\rm aA}^2}{Z_{\rm A}^2} B(E2) f_2(\eta_{\rm if}) . \tag{6.29}$$

Darin wird $T_{\rm if}$ in MeV/u, $B(E2)$ in $e^2 \cdot 10^{-48}$ cm^2, σ_2 in b angegeben, $A_{\rm aA}$ ist die reduzierte Masse von $A_{\rm a}$ und $A_{\rm A}$.

Als Beispiel für eine Coulomb-Anregung ist in Bild 6.6 ein γ-Spektrum gezeigt, bei dem Pb-Ionen zur Anregung von ^{248}Cm benutzt wurden. In dem Spektrum sind die Rotationszustände bis zum Drehimpuls $I = 26\hbar$ angeregt. Die Sequenz der angeregten Zustände kann mit (4.60) beschrieben werden. In der Reaktion ^{248}Cm(^{208}Pb,^{208}Pb)^{248}Cm wurde der deformierte Kern ^{248}Cm durch die reine Coulomb-Wechselwirkung angeregt, die wegen der großen Kernladungszahl $Z_{\rm A} = 82$ ebenfalls sehr groß ist und den ^{248}Cm-Kern in Rotation versetzt, während der doppelt magische sphärische Kern ^{208}Pb nicht angeregt wurde.

Streuung am Kernpotential / Potentialstreuung. Streuprozesse werden nicht nur durch das langreichweitige Coulomb-Potential verursacht, bei genügender Annäherung findet Streuung auch im Feld der Kernkräfte statt. Der Streuprozeß findet bevorzugt in der Nähe der Kernoberfläche statt, man nennt diese Streuung deshalb *formelastische Streuung*. Davon unterschieden ist die *compoundelastische Streuung*, bei der das Projektil in den Targetkern eindringt, dann aber in den Eingangskanal zurückfällt (vgl. Abschn. 6.3.3); dieser Prozeß wird auch *Resonanzstreuung* genannt.

Außer elastischer Streuung finden wir die Anregung der Kerne, also inelastische Streuung. Mit elastischer Protonen- und Deuteronenstreuung wurden

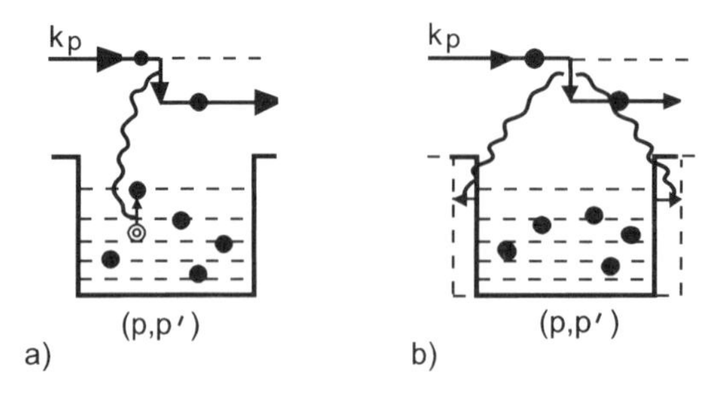

Bild 6.7. Bildliche Darstellung eines Streuprozesses (Anregung im Potentialtopf); (**a**) Einteilchenanregung, (**b**) kollektive Anregung (z.B. durch Potentialtopfveränderung)

die Anregungszustände einer großen Zahl von Isotopen bestimmt. Anschaulich wird dies in Bild 6.7 dargestellt. Zusätzlich zur Ein-Teilchen-Anregung kann auch kollektive Anregung auftreten, die durch eine Veränderung des Potentialtopfes angedeutet ist.

Zur Beschreibung des Streuprozesses verwenden wir die Vorstellung, daß auf ein Streuzentrum (Bild 6.8) eine ebene Welle zuläuft. Nach der Streuung geht vom Streuzentrum eine Kugelwelle aus, deren Amplitude die Informationen über die Winkelabhängigkeit des Streuprozesses enthält. Die Wellenfunktion nach der Streuung setzt sich demnach aus zwei Anteilen zusammen:

$$\psi(\boldsymbol{r}) = A\left[\mathrm{e}^{\mathrm{i}kz} + f(\theta)\frac{\mathrm{e}^{\mathrm{i}kr}}{r}\right] . \tag{6.30}$$

Darin ist A die Amplitude der einfallenden Welle die in z-Richtung auf das Streuzentrum zuläuft. Die Amplitude dient der Normierung der Funktionen der auf das Streuzentrum zulaufenden ebenen Wellen. $f(\theta)$ ist die Amplitude der auslaufenden Kugelwelle.

Die Überlagerung der einlaufenden und auslaufenden Welle kann dazu führen, daß die Amplituden unverändert bleiben, die gegenseitigen Phasen jedoch beeinflußt werden. Dann sprechen wir von einer elastischen Streuung. Werden sowohl die Phasen als auch die Amplituden verändert, liegt inelastische Streuung vor. Mathematisch wird dies durch einen i.a. komplexen Faktor η_ℓ berücksichtigt. Der Index ℓ ist der Summationsindex der Kugelfunktionen, er hat physikalisch die Bedeutung eines Bahndrehimpulses. Die Streuamplitude läßt sich wie folgt ausdrücken:

$$f(\theta) = \sum_{0}^{\infty} f_\ell(\theta) = \sum \frac{1}{2\mathrm{i}k}(\eta_\ell - 1)(2\ell + 1)P_\ell(\cos\theta) , \tag{6.31}$$

$P_\ell(\cos\theta)$ sind die Kugelflächenfunktionen.

Der differentielle Wirkungsquerschnitt wird durch das Absolutquadrat der Streuamplitude beschrieben:

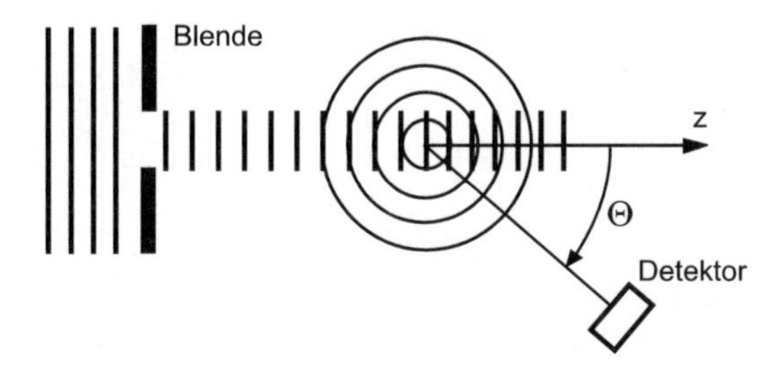

Bild 6.8. Einlaufende ebene Welle und auslaufende Kugelwelle bei der elastischen Streuung [MAY94]

$$\frac{\mathrm{d}\sigma}{\mathrm{d}\Omega} = |f(\theta)|^2 = \frac{1}{4k^2}\left|\sum(2\ell+1)(\eta_\ell - 1)P_\ell(\cos\theta)\right|^2 . \tag{6.32}$$

Für die elastische Streuung ist $|\eta_\ell|^2 = 1$, d.h. die Amplitude der Welle ändert sich nicht. Deshalb können wir $\eta_\ell = \mathrm{e}^{2\mathrm{i}\delta_\ell}$ setzen, wobei δ_ℓ eine reelle Größe, die Phasenverschiebung darstellt, die die ℓ-te Partialwelle erfährt. Der elastische Anteil des Wirkungsquerschnitts lautet danach für einen Drehimpulswert ℓ

$$\sigma_{\mathrm{el}} = 4\pi\lambda\!\!\!^{-2}\sum_{\ell=0}^{\infty}(2\ell+1)\sin^2\delta_\ell . \tag{6.33}$$

Darin ist $\lambda\!\!\!^{-} = \hbar/(mv)$ die Wellenlänge des gestreuten Teilchens der Masse m und der Geschwindigkeit v.

Im Fall inelastischer Streuung wird $|\eta_\ell|^2 < 1$, womit eine Amplitudenänderung verbunden ist, die Streuphase δ_ℓ wird dann eine komplexe Zahl, deren Realteil wieder die Phasenverschiebung darstellt, während der Imaginärteil die Dämpfung der Amplitude angibt. Der Wirkungsquerschnitt für den inelastischen Prozeß lautet dann

$$\sigma_{\mathrm{inel}} = \pi\lambda\!\!\!^{-2}\sum_{\ell=0}^{\infty}(2\ell+1)(1-|\eta_\ell|^2) . \tag{6.34}$$

Für den gesamten Wirkungsquerschnitt erhalten wir dann

$$\sigma_{\mathrm{g}} = \sigma_{\mathrm{el}} + \sigma_{\mathrm{inel}} = 2\pi\lambda\!\!\!^{-2}\sum_{\ell=0}^{\infty}(2\ell+1)(1-\mathrm{Re}\,\eta_\ell) . \tag{6.35}$$

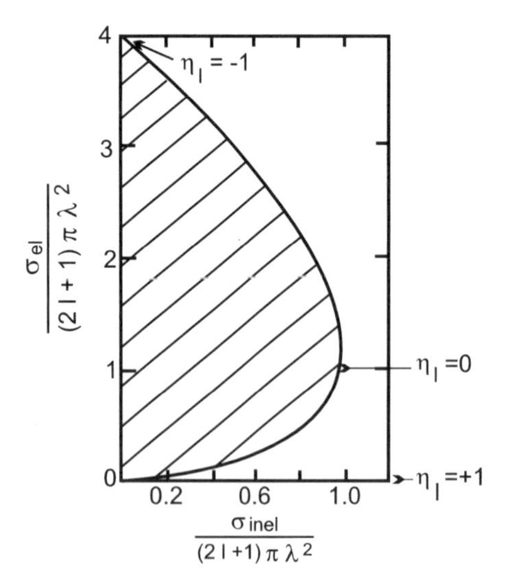

Bild 6.9. Wertebereich des partiellen Streu- und Reaktionsquerschnitts [BLA59]

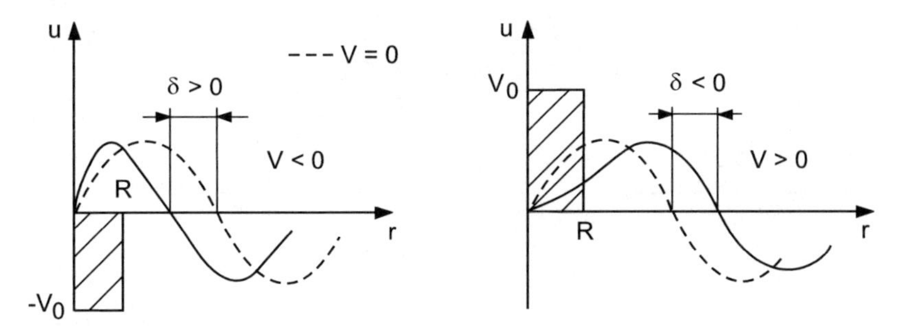

Bild 6.10. Phasenverschiebung einer Welle $u(r)$ für attraktives $(-V_0)$ und repulsives $(+V_0)$ Potential. Die ungestörte Welle für das Potential $V = 0$ ist gestrichelt gezeichnet

Die Amplitude der Welle kann wegen der Energieerhaltung beim Streuprozeß nicht vergrößert werden, es gilt also immer $|\eta_\ell| \leq 1$. Die möglichen Maximalwerte der beiden Streuanteile ergeben sich dann aus folgender Betrachtung. Elastische Streuung tritt für $\eta_\ell = -1$ auf. Für den Maximalwert von $\sigma_{\rm el}(\max) = 4\pi\lambda\!\!\!^{-2} \sum_{\ell=0}^{\infty}(2\ell + 1)$ folgt aber auch $\sigma_{\rm inel} = 0$. Für inelastische Prozesse liegt ein Maximum vor, wenn $\eta_\ell = 0$. Dann ist $\sigma_{\rm inel}(\max) = \pi\lambda\!\!\!^{-2} \sum_{\ell=0}^{\infty}(2\ell+1)$. An diesem Punkt hat $\sigma_{\rm el}$ den gleichen Wert. Das gesamte Verhalten der Anteile des Wirkungsquerschnitts ist in Bild 6.9 dargestellt. Aus der quantenmechanischen Behandlung des Verhaltens von Wellen an Potentialen folgt generell, daß attraktive Potentiale die Welle zu positiven Phasen verschieben, ein repulsives Potential erzeugt eine negative Phasenverschiebung, wie die Beispiele zweier Rechteckpotentiale in Bild 6.10 zeigen.

Bei sehr kleinen Energien in der Nukleon-Nukleonstreuung ist es hinreichend nur die Amplitude zu $\ell = 0$ zu berücksichtigen, die sog. s-Wellen-Streuung, also $f(\theta) = f_0(\theta)$. Für η_ℓ wird in diesem Fall die Schreibweise $\eta_\ell = e^{2i\delta}$ gewählt, wobei der reelle Winkel δ, wie in Bild 6.10 angegeben, als Phasenverschiebung bezeichnet wird. Mit der Umformung $\mathrm{e}^{\mathrm{i}\delta} \sin\delta = 1/2\mathrm{i}(1-\mathrm{e}^{2\mathrm{i}\delta})$ erhält man für $f_0(\theta) = \lambda\!\!\!^{-}\,\mathrm{e}^{\mathrm{i}\delta_0} \sin\delta_0$. Der Wirkungsquerschnitt ist unabhängig vom Winkel θ, ist also isotrop. Der Gesamtwirkungsquerschnitt lautet dann

$$\sigma_0 = 4\pi\lambda\!\!\!^{-2} \sin^2\delta_0 = 4\pi|f_0|^2\,. \tag{6.36}$$

Dies Ergebnis läßt sich geometrisch so deuten, daß das Streuzentrum wie eine Kugel mit dem Radius f_0 wirkt. Der Grenzwert von $(-f_0)$ für sehr große Wellenlängen d.h. kleine Energien der einfallenden Teilchen wird Streulänge a genannt :

$$a = \lim_{\lambda\!\!\!^{-} \to \infty} (-f_0)\,. \tag{6.37}$$

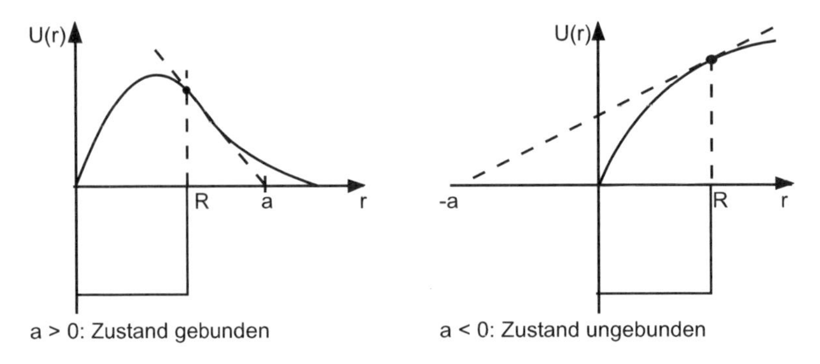

Bild 6.11. Streulänge für ein attraktives Kastenpotential

Die anschauliche Interpretation der Streulänge bietet Bild 6.11, in dem die Lösungsfunktion der die Streuung beschreibenden Schrödinger-Gleichung für das anziehende Kastenpotential $V(r)$ im Bereich 0 bis R gezeigt ist. Für $a > 0$ liegt ein gebundener, für $a < 0$ ein ungebundener Zustand vor.

Optisches Modell. Mit dem optischen Modell werden die Eigenschaften von Kernreaktionen bevorzugt beschrieben, für die gemittelte Potentiale, wie wir sie schon beim Einzelteilchenmodell kennengelernt haben, geeigneter sind, weil sie den globalen Charakter stärker betonen als individuelle Kerneigenschaften. Im vorhergehenden Kapitel über die Potentialstreuung haben wir gesehen, daß stets dann, wenn die Amplitude der gestreuten Welle kleiner als die der einlaufenden ist, eine Absorption aufgetreten ist. Diese Absorptionen können, wie zuvor dargelegt, durch inelastische Streuungen, oder auch durch Kernreaktionen verursacht sein. Demzufolge werden Kernreaktionen stets mit einer Streuung verknüpft sein. Die Kopplung von elastischen mit inelastischen Prozessen begründet die Formulierung eines Potentials, mit dem der Prozeß beschrieben wird, analog zur Optik. Besonders in der Metalloptik werden Potentiale, bestehend aus einem Realteil, der die Streuung beschreibt, und einem Imaginärteil, mit dem Absorptionen erfaßt werden sollen, verwendet.

Das Potential, mit dem die Wellengleichung gelöst werden muß, hat dann die Form

$$U(r) = V(r) + \mathrm{i}W(r) \,. \tag{6.38}$$

Da es auch hier darum geht, gemessene Wirkungsquerschnitte möglichst quantitativ wiederzugeben, muß das Potential entsprechend angepaßt werden, d.h. sowohl $V(r)$ als auch $W(r)$ müssen die richtige Radialabhängigkeit beschreiben. Dies wird i.a. durch eine Anpassungsprozedur (Fit-Prozedur) erreicht. Zur Analyse wurden Potentialanteile unterschiedlicher Formen angewendet, von denen jedoch die in Bild 6.12 gezeigten Formen dominieren. Insbesondere wird der Absorptionsanteil $W(r)$ häufig proportional dem Gradienten $\mathrm{d}V/\mathrm{d}r$ des reellen Potentials an der Oberfläche angesetzt. Dieser An-

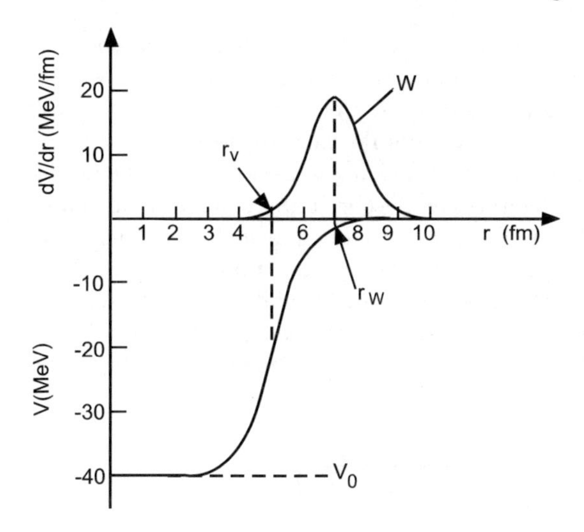

Bild 6.12. Die Anteile (Realteil und Imaginärteil) der radialen Potentiale im optischen Modell

satz läßt sich mit dem Pauli-Prinzip begründen, denn nur im Bereich der äußeren Valenz-Nukleonen ist eine Absorption möglich. Diese Potentialformen haben sich bei Kernreaktionen im MeV-Bereich als nützlich erwiesen. In Bereichen wesentlich höherer Energien gibt es andere, ebensogut anwendbare Potentialformen. Wenn wir die Streuung einbeziehen, gilt für den totalen Wirkungsquerschnitt:

$$\sigma_{\mathrm{tot}} = \sigma_{\mathrm{form.el}} + \sigma_{\mathrm{abs}} = \sigma_{\mathrm{el}} + \sigma_{\mathrm{r}} \ . \tag{6.39}$$

Darin ist die erste Summe berechenbar, die zweite stellt den gemessenen Wert aus dem Wirkungsquerschnitt für elastische Streuung σ_{el} und demjenigen für die Reaktionen dar. Unter $\sigma_{\mathrm{form.el}}$ verstehen wir dabei den formelastischen Streuquerschnitt der an einem durchaus deformierten Potential elastisch gestreuten Projektile, während σ_{abs} den absorbierten Anteil angibt. Die Absorption selbst enthält aber noch einen weiteren Streuanteil, den compoundelastischen $\sigma_{\mathrm{comp.el}}$, der dann entsteht, wenn ein Compoundkern wieder in die Kombination des Eingangskanals zerfällt, wie bereits zuvor erwähnt. Somit erhalten wir für den Absorptionsanteil

$$\sigma_{\mathrm{abs}}(\theta) = \sigma_{\mathrm{comp.el}}(\theta) + \sigma_{\mathrm{r}}(\theta) \tag{6.40}$$

und
$$\sigma_{\mathrm{el}}(\theta) = \sigma_{\mathrm{comp.el}}(\theta) + \sigma_{\mathrm{form.el}}(\theta) \ . \tag{6.41}$$

Theoretisch könnte der compoundelastische Streuanteil vom formelastischen durch die verschieden langen Prozeßzeiten unterschieden werden, denn die Breite Γ des ersten entspricht Zeiten von 10^{-16} s, während der formelastische Prozeß in nur ca. 10^{-22} s abläuft.

Mit dem optischen Modell werden keine detaillierten Strukturen der Kerne sondern nur das mittlere Verhalten in Streu- und Reaktionsprozessen beschrieben. Das Modell gibt demzufolge nicht an, welcher Reaktionskanal stark und welcher schwach bevölkert wird, es erlaubt nur, im Mittel den Anteil anzugeben, der dem elastischen Kanal entzogen ist. Eine Analyse liefert jedoch die Potentiale, die für die theoretische Beschreibung von Kernreaktionen benötigt werden. Für Reaktionen, die von Neutronen ausgelöst werden, sind in Bild 6.13 Werte für die Potentialtiefen des reellen und des imaginären Anteils gezeigt. Die Werte der Potentiale sind nicht eindeutig, es lassen sich häufig unterschiedliche Kombinationen von Potentialtiefe und Potentialbreite für Realteil und Imaginärteil finden, die den gleichen Prozeß gut zu beschreiben gestatten.

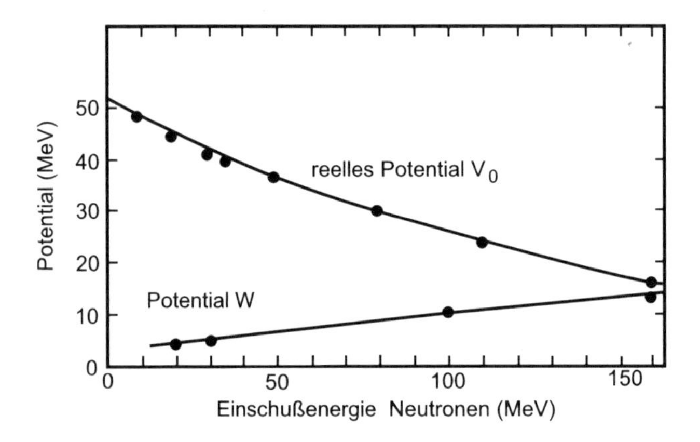

Bild 6.13. Werte für das optische Potential für Neutronenreaktionen [BOH69]

6.3.2 Kernreaktionen

Zur Erörterung von Reaktionen der Atomkerne vereinfachen wir unser Bild üblicherweise auf den Zusammenstoß zweier Teilchen, also den Stoß zwischen dem Projektil- und dem Targetkern. Experimentell lassen sich aber nur dann meßbare Resultate erreichen, wenn ein Strom von Projektilteilchen auf ein Ensemble von Targetkernen trifft. Dieses Bild liegt auch der Definition des Wirkungsquerschnitts (vgl. Abschn. 6.2) zugrunde.

Über mehrere Jahrzehnte wurden als Projektile fast ausschließlich Protonen, Deuteronen, ^{3}He-Kerne und α-Teilchen verwendet. Diese Projektile haben meßtechnisch den Vorteil, daß sie bei den zur Untersuchung benutzten Energien vollständig ionisiert sind und eine Anregung keine Rolle spielt. Die Vielfalt möglicher Reaktionen wird wesentlich größer, wenn schwerere Kerne als die oben genannten, beschleunigt auf die Targets geschossen werden.

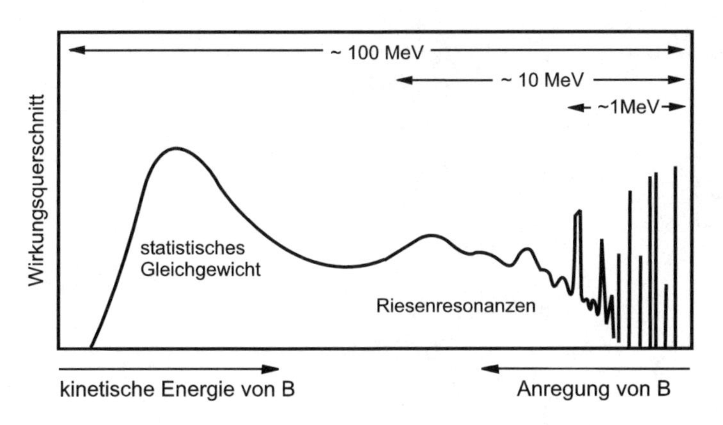

Bild 6.14. Zur Spektroskopie eines Restkerns B in der Kernreaktion A(a,b)B

Dann allerdings verwenden wir schwere Ionen, die nur teilionisiert sind und einen Teil ihrer atomaren Hülle mit in den Reaktionsbereich tragen.

Wenn wir die Kernreaktion A(a,b)B über einen weiten Energiebereich der einfallenden Projektile a betrachten, dann werden wir für die gemessenen Spektren folgenden, in Bild 6.14 dargestellten Verlauf erwarten. Auf der Ordinate ist der Wirkungsquerschnitt aufgetragen, die Abszisse gibt die kinetischen (Pfeil nach rechts) und inneren (Pfeil nach links) Energien des Restkerns B an. Im oberen Teil sind die Energiebereiche angedeutet, die nur eine grobe Einteilung darstellen. Im Bereich kleiner Anregungsenergien von B werden die einzelnen Niveaus des Kerns angeregt, woraus, bei genügend guter Auflösung der Detektoren, die Niveaustruktur oberhalb des Grundzustands von Kern B bestimmt werden kann. Im höheren Anregungsbereich beginnen die Niveaus zu überlappen, die Abstände zwischen den Niveaus kommen in die gleiche Größe wie die Breiten, es können nur noch einzelne starke Niveaus auf einem breiten Untergrund bestimmt werden. Bei weiter anwachsender Anregung werden kollektive Zustände wie z.B. die Riesenresonanz (vgl. Abschn. 4.3.4) angeregt. Schließlich wird der Kern bei noch höherer Anregung so sehr aufgeheizt, daß sich ein statistisches Gleichgewicht im Nukleonenensemble einstellt (vgl. Abschn. 6.3.3).

Um die einzelnen Reaktionen zu charakterisieren, verwenden wir eine bildliche Darstellung, bei der wir die Potentialtöpfe der Nukleonen betrachten. Darin befinden sich die Teilchen in durch Drehimpulse festgelegten diskreten Zuständen. Wir unterscheiden die Reaktionstypen schematisch, wie in den Bildern 6.15a–f für direkte Reaktionen dargestellt. Merkmal für diese Reaktionen ist, daß sie in der Nähe der Kernoberflächen der beiden Stoßpartner ablaufen.

Da in keinem Stoßprozeß die Ladungswechselwirkung „abgeschaltet“ werden kann, müssen wir diesen Prozeß als stets vorhanden mitberücksichtigen. Bei dichten Annäherungen der Stoßpartner können jedoch aufgrund des Tun-

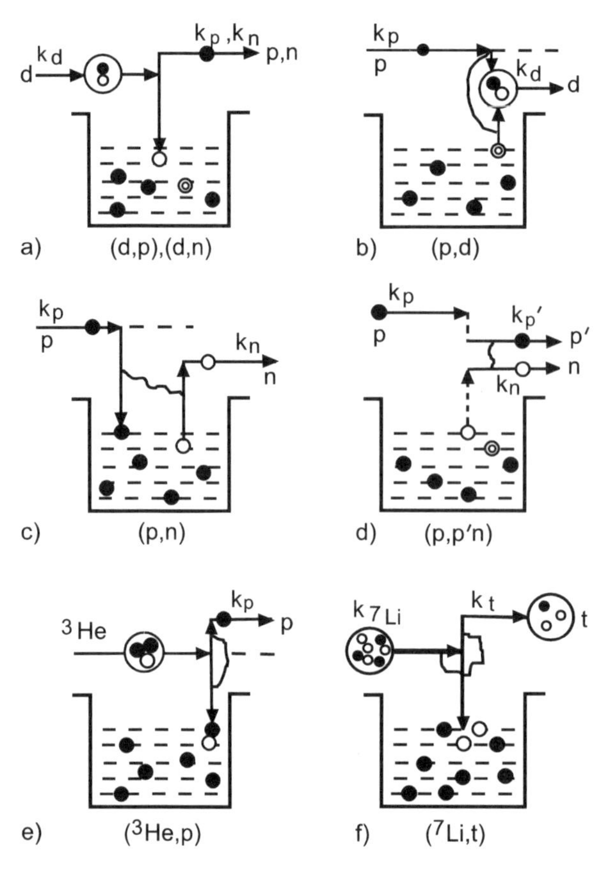

Bild 6.15. Schematische Darstellung von Kernreaktionen: (**a**) stripping-Reaktion, z.B. (d,p), (**b**) pickup-Reaktion, z.B. (p,d), (**c**) kickoff-Reaktion, z.B. (p,n), (**d**) knock-on Reaktion, z.B. (p,pn), (**e**) Zwei-Teilchen-Transferreaktion, z.B. (^{3}He,p), (**f**) Cluster-Transferreaktion, z.B. (^{7}Li,t). Die k_i geben den Wellenzahlvektor an

neleffekts auch Kernreaktionen ausgelöst werden. Wenn ausgeschlossen werden soll, daß nukleare Effekte mehr als 1% zum Reaktionsablauf beitragen, muß der klassische Umkehrpunkt bei zentralen Stößen größer sein als die Summe der Kernradien, was durch folgende Relation ausgedrückt wird, bei der die Mittelpunkte der Kerne betrachtet werden:

$$R_S = R_1 + R_2 + 7.0 \text{ fm} . \tag{6.42}$$

Als Kernradius wird hier der Wert angenommen, bei dem die Kernladungsdichte auf die Hälfte des Zentralwertes abgefallen ist (vgl. Bild 2.8). Der zusätzliche Zahlenwert von 7.0 fm hat sich empirisch als zweckmäßig erwiesen („sicherer Abstand").

Auch in Stößen mit Separation der beiden Kernoberflächen können Fusionsreaktionen auftreten (sub-Coulomb-Fusion), ebenso wie kollektive Riesenresonanzen (vgl. Abschn. 4.3) angeregt werden können.

In Bild 6.15c ist ein Prozeß dargestellt, bei dem das Projektil im Targetkern verbleibt, dafür aber ein Nukleon den Kern verläßt. Dieser als Anstoßprozess (kick off) bezeichnete Prozeß ist nur dann von einer inelastischen Streuung zu unterscheiden, wenn sich Projektil und Ejektil unterscheiden.

Bei einer Berührung der Kernoberflächen unter streifendem Einfall (engl. grazing collisions), werden einfache Freiheitsgrade angeregt, z.B. durch Transfer eines oder mehrerer Nukleonen. Dieser Transfer von Nukleonen kann sowohl vom Projektil zum Target (stripping, Bild 6.15a) als auch vom Target zum Projektil (pick-up, Bild 6.15b) stattfinden. Da in diesen Reaktionen z.B. im Restkern, der nach dem Transfer entsteht, sowohl Teilchen- als auch Lochzustände direkt angeregt werden, folgt daraus die Bezeichnung *direkte Kernreaktion* folgt (vgl. Abschn. 6.3.2). In Kernreaktionen mit schweren Projektilen (schwere Ionen) können in direkten Prozessen auch Nukleonen-

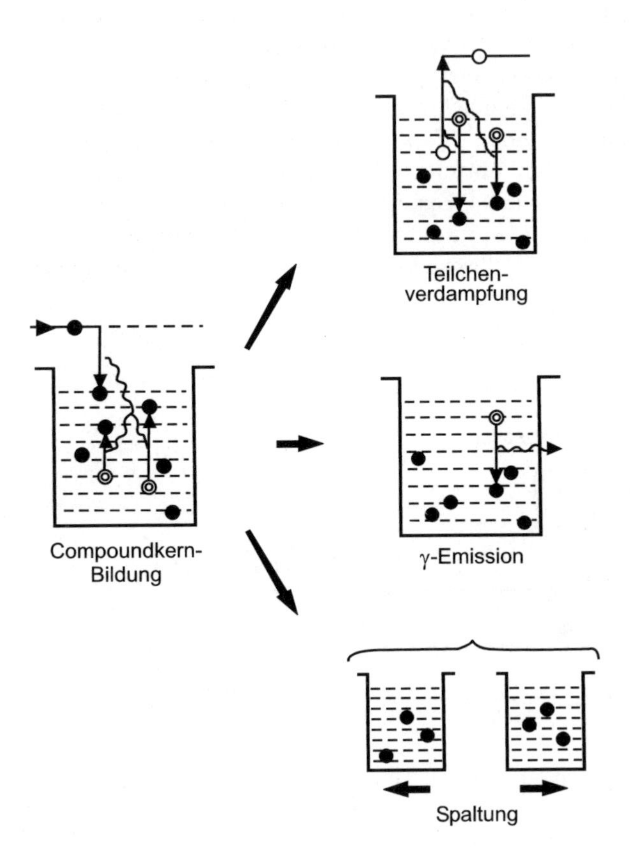

Bild 6.16. Beispiele von Compoundkernzerfällen

gruppen (engl. cluster, z.B. α-Teilchen) ausgetauscht werden, mit denen dann kompliziertere Nukleonen-Korrelationszustände untersucht werden können. Allgemein nennen wir diese direkten Reaktionen dann *Transferreaktionen*.

Wenn in zentralen und auch nichtzentralen Stößen größere Bereiche beider Kerne während der Reaktion überlappen, kann Energie, Masse und Drehimpuls in beträchtlichem Umfang übertragen bzw. ausgetauscht werden. Dieser starke Grad der Wechselwirkung führt zu einer Energieübertragung auf viele Nukleonen, und es kann sich für eine gewisse Zeit ein Zwischenkern (engl. compound nucleus) bilden, der einen hohen Gesamtdrehimpuls und hohe Anregungsenergien besitzen kann (Abschn. 6.3.2). In diesem von Niels Bohr in die Betrachtung der Kernreaktionen eingeführten Bild findet zunächst eine Vereinigung der kollidierenden Kerne statt. Der Zerfall des hochangeregten Compoundkerns liefert eine große Vielfalt von Reaktionstypen, z.B. γ-Emission, Fragmentation, Teilchenverdampfung, Spaltung, Spallation.

In Bild 6.16 sind drei dieser Compoundkern-Zerfallskanäle dargestellt. Da verschiedene Reaktionstypen jedoch unterschiedliche Informationen über den zu untersuchenden Kern liefern, sollten im Experiment die Bedingungen so gewählt werden, daß möglichst ein Reaktionstyp dominiert.

Wenn hier die einzelnen Reaktionstypen separat behandelt werden, so stellt dies eine beträchtliche Vereinfachung dar, denn es treten fast keine Kernreaktionen auf, die einen „reinen" Typ darstellen. In den meisten Fällen sind unterschiedliche Anteile der einzelnen Reaktionsmechanismen in den Prozeßablauf involviert. Die in einem Experiment nachgewiesenen Teilchen und Strahlungen können demzufolge in unterschiedlichen Prozessen entstanden sein. Viele der möglichen Prozeßwege sind noch einmal in Bild 6.17 dargestellt.

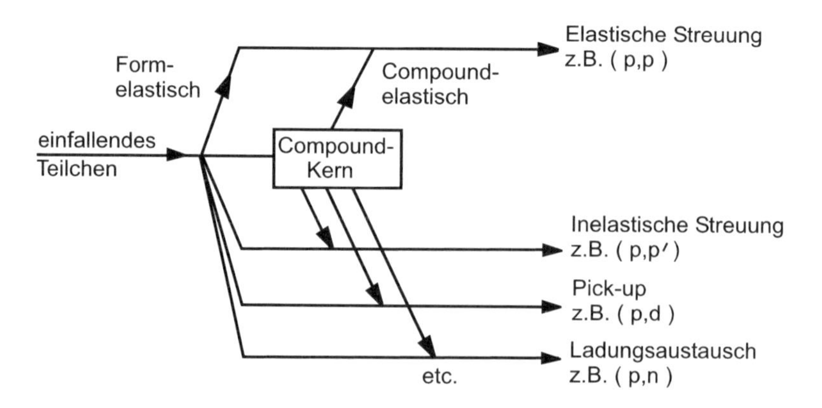

Bild 6.17. Schematische Darstellung der vielfach verzweigten Reaktionsanteile und -wege

Compoundkernreaktionen. Eine der frühesten Modellvorstellungen für den Ablauf einer Kernreaktion stammt von Niels Bohr, die Compoundkernvorstellung. Hiernach treffen zwei Kerne aufeinander, verschmelzen zu einem Zwischenkern, dem Compoundkern, der aufgrund der enorm großen Bindungsenergie sehr hoch angeregt sein muß. In einer zweiten Prozeßstufe zerfällt dieser hochangeregte Kern wieder. Dabei wird angenommen, daß der zerfallende Kern keine „Erinnerung" mehr an seine Entstehung hat. Eingangs- und Ausgangskanal sind unabhängig voneinander. Obwohl auch diese Vorstellung den Prozeß idealisiert, liefern die Annahmen über den Prozeßverlauf für die Interpretation der experimentellen Daten eine gute Basis.

Die Reaktionsgleichung (1.1) schreiben wir hier in folgender Form:

$$\mathrm{a} + \mathrm{A} \rightarrow \mathrm{C}^* \rightarrow \mathrm{B} + \mathrm{b}\,, \tag{6.43}$$

worin C^* den angeregten Compoundkern bezeichnet.

Die Wechselwirkung im Eingangskanal wird Fusion, also Verschmelzung genannt. Diese Verschmelzung kann zwischen allen Kernen auftreten, sobald die abstoßende Coulomb-Kraft überwunden ist. Die kinetische Energie der Teilchen im Eingangskanal kann sich gleichmäßig auf alle Nukleonen des Compoundkerns verteilen, aber es können auch nur Bruchstücke besonders viel Energie erhalten und dabei sehr hoch angeregt werden. Die Verteilung der Energie beansprucht eine längere Zeit, als der „Durchflug" eines Projektilkerns durch einen Targetkern, wie bei einer direkten Reaktion (vgl. Abschn. 6.3.2). Aus diesem Grunde verlaufen Compoundkernreaktionen relativ langsam, in Zeiten von 10^{-19} bis 10^{-15} s. Von Compoundkernreaktionen sind Reaktionen zu unterscheiden, bei denen zwar eine beträchtliche Energie übertragen wird, die dem Projektil entzogen wird, aber bei denen nur ein Teil der Nukleonen transferiert wird. Sie werden *tiefinelastische Reaktionen* genannt und sind vor allem bei Prozessen mit schweren Ionen als Projektil wichtig.

Fusionsreaktionen. Die Verschmelzung zweier Kerne findet in allen Massenbereichen statt. Die bei der Verschmelzung freiwerdende Bindungsenergie kann zu unterschiedlichen Effekten führen. Der Compoundkern wird sehr stark angeregt und zerfällt, wie in Abschn. 6.3.2 an einer Reihe von Beispielen erläutert wird. Die beiden verschmelzenden Kerne können aber auch zusammenhalten und die Bindungsenergie durch γ-Strahlung abgeben. Wir nennen diese Reaktionen, wenn sie z.B. von Protonen ausgelöst werden (p,γ)-Reaktionen, die z.T. starke Resonanzen in ihren Wirkungsquerschnitten aufweisen. In Fusionsreaktionen leichter Kerne, die von Bedeutung sind für die Gewinnung von Energie, werden nach dem Verschmelzen leichte Teilchen ausgesandt. Die nachfolgende Aufstellung listet einige dieser Reaktionen auf:

$$\mathrm{d} + \mathrm{d} \longrightarrow {}^3\mathrm{He} + \mathrm{n} + 3.25\ \mathrm{MeV} \tag{6.44a}$$

$$\mathrm{d} + {}^3\mathrm{He} \longrightarrow {}^4\mathrm{He} + \mathrm{p} + 18.3\ \mathrm{MeV} \tag{6.44b}$$

$$\mathrm{d} + \mathrm{d} \longrightarrow \mathrm{t} + \mathrm{p} + 4.0\ \mathrm{MeV} \tag{6.44c}$$

$$\mathrm{d} + \mathrm{t} \longrightarrow {}^4\mathrm{He} + \mathrm{n} + 17.6\ \mathrm{MeV} \tag{6.44d}$$

$$\mathrm{d} + {}^{6}\mathrm{Li} \longrightarrow 2\,{}^{4}\mathrm{He} + 22.4\ \mathrm{MeV} \qquad (6.44e)$$

$$\mathrm{p} + {}^{7}\mathrm{Li} \longrightarrow 2\,{}^{4}\mathrm{He} + 17.3\ \mathrm{MeV}\,. \qquad (6.44f)$$

Die angegebenen Energiebeträge verteilen sich aufgrund des Impulserhaltungssatzes als kinetische Energien im umgekehrten Verhältnis der Massen auf die Teilchen im Ausgangskanal. Die Reaktionen (6.44a) und (6.44b) sowie (6.44c) und (6.44d) sind als aufeinander folgende Reaktionen gekoppelt. Die Reaktion (6.44a) wird als d-d-Reaktion bezeichnet, die Reaktion (6.44d) entsprechend d-t-Reaktion. Die Wirkungsquerschnitte dieser Reaktionen sind als Funktion der Einschußenergie der Teilchen in Bild 6.18 gezeigt.

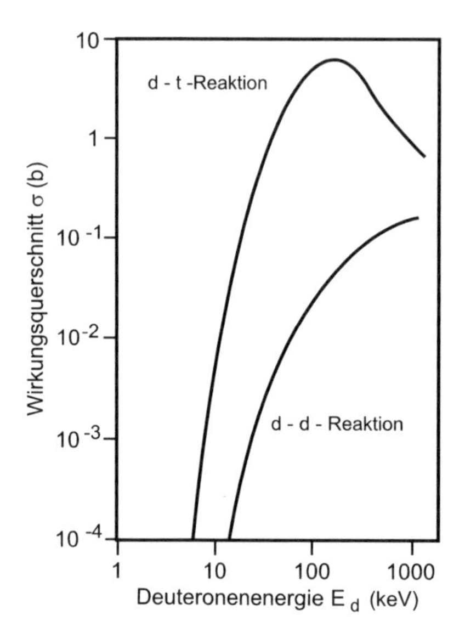

Bild 6.18. Wirkungsquerschnitte für d-d- und d-t-Fusionsreaktionen

Die ersten 4 genannten Reaktionen sowie (6.44f) sind die energieerzeugenden Reaktionen in den Sternen (vgl. Abschn. 9.2). Die dort im statistischen Gleichgewicht herrschenden Temperaturen von 10^9 K ($\sim$ 100 keV)[2] lassen sich im Laboratorium nur bedingt verwirklichen. Dort erfordert die Energiegewinnung aus der Kernfusion demzufolge erheblichen Aufwand, um ein Plasma zu zünden und zusammenzuhalten, in dem die Reaktion ablaufen soll. Nehmen wir an, die kinetischen Energien der Teilchen gehorchen einer Maxwell-Verteilung, dann beträgt die mittlere kinetische Energie pro Teilchen für ein einatomiges Gas

$$\langle E \rangle = \frac{3}{2} kT\,. \qquad (6.45)$$

[2] Es gilt: 1 eV $\sim 1.16 \cdot 10^4$ K.

Der Wirkungsquerschnitt σ für die Fusion ist eine Funktion der Energie. Die Wahrscheinlichkeit dafür, daß eine Reaktion stattfindet ist

$$P \sim \sigma v_{12} n_2 , \tag{6.46}$$

wobei v_{12} die Relativgeschwindigkeit der beiden Teilchen zueinander ist, die einer Maxwell-Verteilung folgt, und n_2 die Anzahldichte der Kernsorte 2. Die Zahl der Reaktionen in der Sekunde pro Teilchen der Sorte 1 mit Teilchen der Sorte 2 ist dann

$$R_1 = n_2 \langle \sigma v_{12} \rangle . \tag{6.47}$$

Die totale Reaktionsrate, also die Zahl der Reaktionen in einer Volumeneinheit des Plasmas ist dann

$$R_{12} = R_1 n_1 = n_1 n_2 \langle \sigma v_{12} \rangle . \tag{6.48}$$

Die Reaktionsleistung pro Volumeneinheit des Plasmas P_{12} ist die Reaktionsrate multipliziert mit der Energieausbeute Q_{12} pro Reaktion:

$$P_{12} = n_1 n_2 \langle \sigma v_{12} \rangle Q_{12} . \tag{6.49}$$

Fusionsreaktionen bilden auch die Grundlage für die Erzeugung neuer Elemente, mit denen das Periodensystem der chemischen Elemente erweitert werden kann. Das letzte in der Natur vorkommende Element ist das Uran mit der Ordnungszahl 92. Sein schwerstes Isotop ^{238}U zerfällt mit einer Halbwertszeit von $4.468 \cdot 10^9$ a (vgl. 7). Alle Elemente mit größeren Ordnungszahlen als Z = 92 sind künstlich hergestellt worden. Die Elemente von Z = 93 bis Z = 101 vorwiegend in Neutroneneinfangreaktionen, wobei das Laboratorium in Berkeley führend war, was sich dann in der Namensgebung Berkelium und Californium ausdrückte, bis man in der Namensgebung auf bedeutende Physiker und Chemiker überging. Die Elemente ab Z = 102 wurden dann in Fusionsreaktionen mit schweren Ionen erzeugt.Da die chemischen Eigenschaften der Elemente bis Z = 103 denen der Lanthanoiden-Gruppe ähnlich sind – in der Atomhülle wird die 5f-Schale aufgebaut – nennt man analog die auf das Actinium (Ac) folgenden 14 Elemente die Aktinoiden.

Unter den Fusionsreaktionen mit schweren Ionen haben sich zunächst zwei Prinzipien als erfolgreich erwiesen, die heiße und die kalte Fusion.

In einer heißen Fusionsreaktion wird der Compoundkern so hoch angeregt, daß mehrere Neutronen verdampfen müssen bevor der Endkern des neuen Elements entsteht. Bei einer kalten Fusion wird der Compoundkern nur so stark angeregt, dass ein Neutron ausgesandt wird. Die Elemente Nobelium (Z = 102) bis Seaborgium (Z = 106) entstanden in heißen Fusionsreaktionen, während die kalte Fusion bei den Elementen Bohrium (Z = 107) bis zum Element 113 erfolgreich gewesen ist. Die Experimente müssen mit den jeweils geeigneten Projektil-Targetkern-Kombinationen ausgeführt werden und weisen bei steigendem Z stark abnehmende Wirkungsquerschnitte aus, sie sind deshalb sehr langwierig. Reaktionen mit Wirkungsquerschnitten kleiner Picobarn (pb = 10^{-12} barn) wurden gemessen.

Die neuen Elemente sind instabil, sie zerfallen durch Aussendung von α-Teilchen und/oder spontaner Spaltung. Wie in Abschn. 7.2 (Bild 7.8) gezeigt wird, besteht eine Abhängigkeit der α-Teilchen-Energie von der Massenzahl, die es erlaubt, die Zerfälle systematisch zu ordnen. So werden die neuen Elemente anhand ihrer Zerfälle identifiziert. Wie in den Bildern 6.19a und 6.19b gezeigt, treten häufig Ketten von α-Zerfällen auf, die in den meisten Fällen auf früher gefundene Elemente führen. Dazu werden die in der Kernreaktion erzeugten Compoundkerne in kombinierten elektrischen und magnetischen Feldern aussortiert und in einen Detektor geleitet, in dem sie zerfallen. Alle Zerfallsprodukte können dann nachgewiesen werden.

Die nachfolgend aufgeführten Reaktionen zeigen zunächst einige der in kalter Fusion erzeugten Isotope mit ihren mittleren Lebensdauern, danach diejenigen aus heißen Fusions-Reaktionen.

^{208}Pb(^{50}Ti,γ)^{258}Rf	12 ms	^{209}Bi(^{58}Fe,n)^{266}Mt	1.7 ms
^{209}Bi(^{54}Cr,n)^{262}Bh	102 ms	^{208}Pb(^{58}Fe,n)^{265}Hs	d2 ms
^{208}Pb(^{64}Ne,n)^{271}Ds	1.63 ms	^{208}Pb(^{62}Ni,n)^{269}Ds	0.18 ms
^{209}Bi(^{64}Ni,n)^{272}Rg	3.8 ms	^{208}Pb(^{70}Zn,n)^{277}112	0.39 ms
^{249}Cf(^{18}O,4n)^{263}Sg	0.9 s	^{237}Np(^{48}Ca,3n)^{282}113	105 ms
^{244}Pu(^{48}Ca,4n)^{288}114	0.8 s	^{243}Am(^{48}Ca,3n)^{288}115	87 ms
^{248}Cm(^{48}Ca,4n)^{292}116	18 ms	^{249}Cf(^{48}Ca,3n)^{294}118	1.8 ms

Die heißen Fusionsreaktionen wurden im Laboratorium in Dubna ausgeführt. Für die dabei verwendeten ^{48}Ca-Ionenstrahlen hat sich gezeigt, daß die Wirkungsquerschnitte wieder ansteigen. Dieser Effekt wird darauf zurückgeführt, dass oberhalb einer Neutronenzahl von 170 die Differenz von Spaltungsbarriere und Neutronenbindungsenergie größer wird. Der Wert für die Höhe der Spaltungsbarriere ist jedoch stark vom Modell, mit dem sie berechnet wird, abhängig. In diese Modellrechnungen gehen auch Schalenmodellkorrekturen ein.

Es ist zu bemerken, dass die Lebensdauern der Isotope der Elemente 113, 114 und 115 deutlich ansteigen, was darauf hindeuten kann, daß diese Elemente auf der *Insel der Stabilität* liegen, die aufgrund theoretischer Rechnungen vorhergesagt wurde.

Die Namen der Elemente werden durch die internationalen Kommissionen IUPAC und IUPAP nach langfristigen Verifikationsverfahren festgelegt, für die sehr strikte Vorschriften erlassen wurden. Die neuen Elementnamen ehren Wissenschaftler und den Standort der GSI in Darmstadt, weil dort die Elemente 107–112 entdeckt wurden. Sie bedeuten: Rf = Rutherfordium (nach Ernest Rutherford), Db = Dubnium (nach Dubna b. Moskau), Sg = Seaborgium (nach Glenn T. Seaborg), Bh = Bohrium (nach Niels Bohr), Hs = Hassium (nach Bundesland Hessen), Mt = Meitnerium (nach Lise Meitner), Ds = Darmstadtium (nach Darmstadt, dem Sitz der GSI), Rg = Röntgenium (nach Conrad Wilhelm Röntgen) [HO95, MÜN96, HO96]. Die verifizierten Ergebnisse für die Elemente 114–118 sind im Forschungszentrum Dubna erarbeitet worden.

Im Farbbild 2 sind die Ergebnisse der bisherigen Forschung zusammengefasst: die Punkte und Kreise geben die Compoundkerne an. Die Elemente in den zwei ersten Spalten der rechten Ordinate geben die Projektile, mit denen die Targets ^{208}Pb, ^{209}Bi und ^{238}U beschossen wurden, die dritte Spalte gibt die Targets an, auf die ^{48}Ca-Ionen geschossen wurden. Der konturierte Untergrund gibt theoretisch berechnete Stabilitätsbereiche an.

Wesentliche Fortschritte auf diesem Gebiet werden erwartet, wenn als Projektile Strahlen radioaktiver Elemente eingesetzt werden, mit denen mehr Neutronen in den Prozess zur Bildung der Compoundkerne eingebracht werden können.

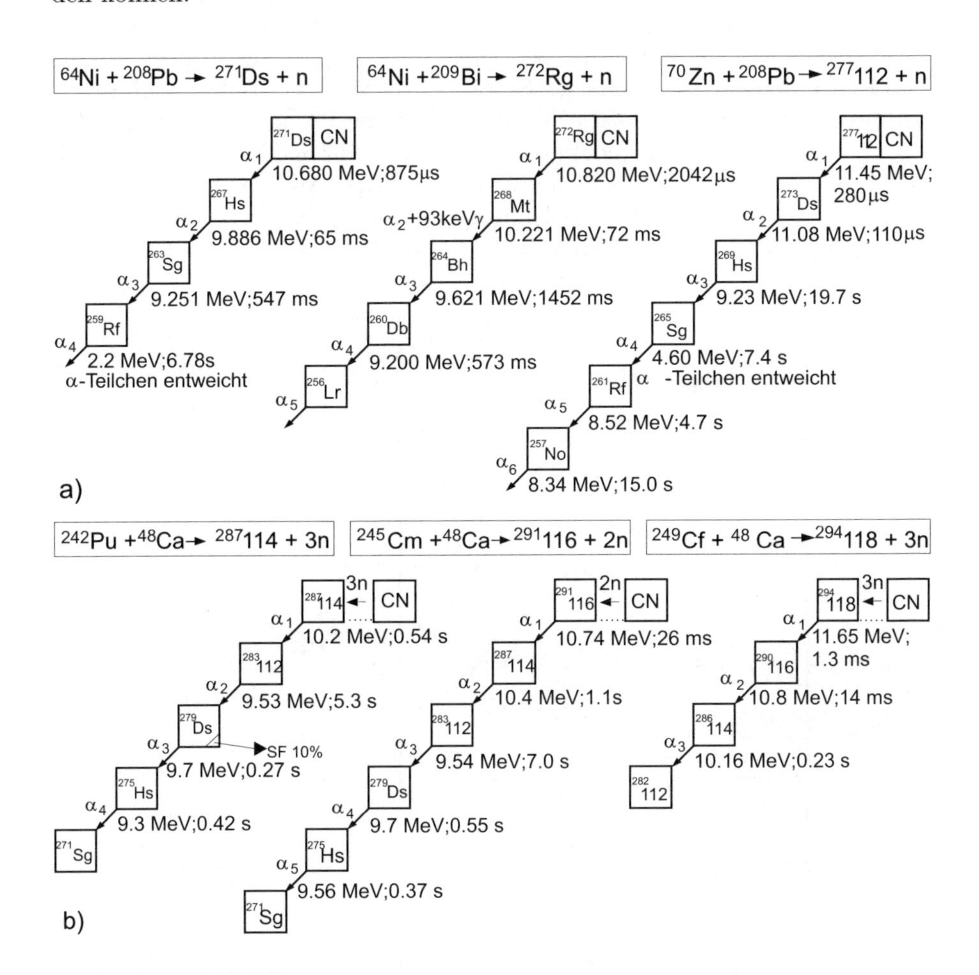

Bild 6.19. Zerfallskanäle (**a**) drei Beispiele für die kalte Fusion, (**b**) drei Beispiele für die heiße Fusion [OG07]

Resonanzreaktionen. Jedes physikalische System hat ihm eigene Energiezustände, wie z.B. schwingungsfähige Systeme, die bestimmte Eigenfrequenzen ω_0 besitzen. Werden bei Anregungsprozessen genau diese Energien, z.B. als elektromagnetische Energie $\hbar\omega_0$, auf das System übertragen, führt dies zu großen Übergangswahrscheinlichkeiten. Dieses Verhalten wird auch bei Kernreaktionen stets dann beobachtet, wenn die Anregungsenergie der Eigenenergie eines Systems entspricht.

Für die theoretische Beschreibung z.B. einer Streuung nehmen wir wiederum an, daß ein Teilchen als Welle mit bekannter Wellenlänge auf ein Potential trifft. In der Quantenmechanik wird dieser Fall ausführlich behandelt [SCH98]. Dabei sind an den Stellen der Potentialänderungen stetige Übergänge anzunehmen. Dies ist in Bild 6.20 gezeigt, und zwar für verschiedene Fälle der Anpassung der Wellenfunktionen der Streuzustände an die Energieniveaus. Nur wenn eine besonders gute Anpassung vorliegt, d.h. in den Fällen, in denen $E = E_\lambda$ und $E = E_{\lambda+1}$ ist, wird das Teilchen mit einem großen Wirkungsquerschnitt gestreut, hier ist die Resonanz besonders ausgeprägt. Wie in Bild 6.20 gezeigt, können Resonanzzustände Streuzustände sein, aber auch die besonders gute Anpassung einer Wellenfunktion des einlaufenden Teilchens an die Wellenfunktionen eines Kernzustands kann zu resonanzartiger Anregung führen (vgl. Bild 6.22).

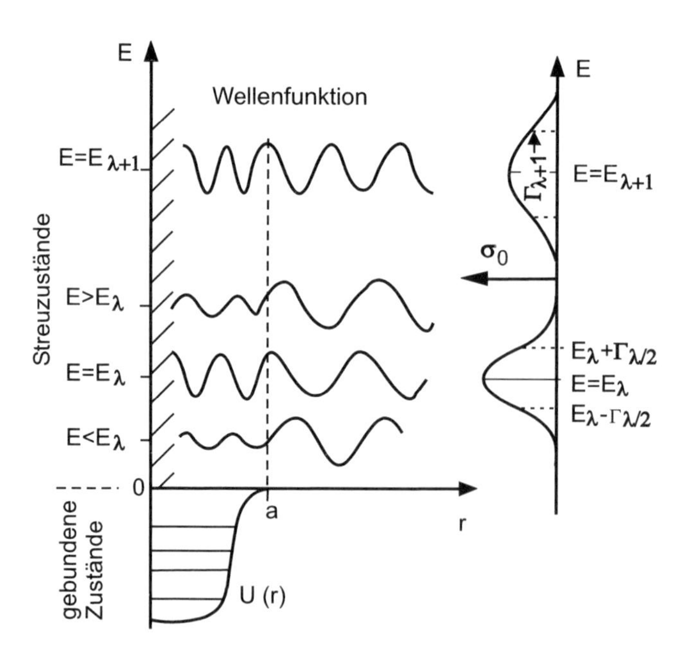

Bild 6.20. Anpassungen der Wellenfunktionen von Streuzuständen an Energieniveaus eines Targetkerns

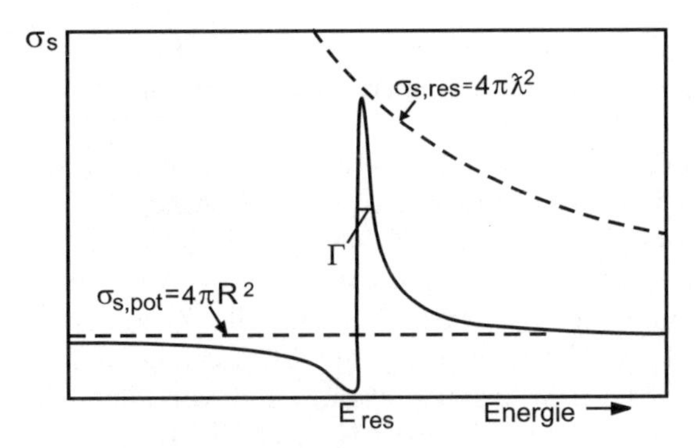

Bild 6.21. Überlagerung von Resonanz- und Potentialstreuung. E_{res}, Γ sind Resonanzenergie und -breite, $\sigma_{\text{s,pot}}$ der Wirkungsquerschnitt der Potentialstreuung, $\sigma_{\text{s,res}} = 4\pi\lambda\!\!\!^{-2}$ [BLA59]

Die quantenmechanische Beschreibung liefert für eine solche Resonanz den nach Gregory Breit und Eugene Wigner benannten Wirkungsquerschnitt für Resonanzstreuung

$$\sigma_{\text{s,res}} = \frac{\pi}{k^2} \frac{\Gamma^2}{\left(E - E_{\text{res}}\right)^2 + \left(\frac{\Gamma}{2}\right)^2} \; . \tag{6.50}$$

Darin ist $k = 1/\lambda\!\!\!^{-}$ die Wellenzahl des einfallenden Teilchens, Γ die Breite des Resonanzkanals. Eine von der durch die Breit-Wigner Formel beschriebenen Resonanz abweichende Form der Resonanz tritt auf, wenn der Resonanzstreuung eine direkte Potentialstreuung (Abschn. 6.3.1) überlagert ist. Die Amplituden beider Prozesse müssen überlagert werden, wodurch sich eine

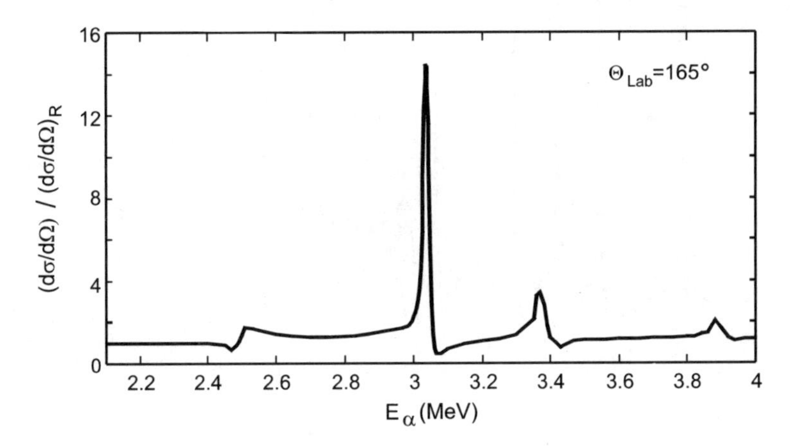

Bild 6.22. Resonanzen der (α,α') Streuung am ^{16}O-Kern. Der Wirkungsquerschnitt ist in Einheiten des Rutherford-Querschnitts angegeben

Interferenz ergibt. Unterhalb der Resonanzenergie tritt eine destruktive Interferenz auf, der Wirkungsquerschnitt wird kleiner, während die Interferenz in der Resonanz konstruktiv ist (Bild 6.21).

Als Beispiele sollen Resonanzprozesse bei der α-Teilchenstreuung und der Neutronenabsorption z.B. am ^{238}U erläutert werden. Auch die Anregung von Isobaren-Analogzuständen ist ein Resonanzprozeß (vgl. Abschn. 6.1).

Wir haben in Abschn. 4.2 gesehen, daß mit zunehmender Anregungsenergie die Dichte der Zustände größer wird. Um einzelne Zustände in Kernen anzuregen, müssen z.B. in Kernreaktionen mit beschleunigten Teilchen, die Energien der Projektile sehr genau bekannt und vor allem die Energieunschärfe sehr klein sein. Diese Forderung ist jedoch mit Beschleunigern nicht leicht zu erfüllen. Die gegenwärtig geringste Energieschärfe eines Teilchenstrahls von einigen MeV kinetischer Energie beträgt ca. 100 eV, d.h. $\Delta T/T \simeq 10^{-4}$–$10^{-5}$. Die Abstände der Energieniveaus liegen aber weit darunter. Dennoch gelingt es in Fällen, in denen die Zustandsstruktur geeignet ist, mit einigen Projektilen diese Zustände fast selektiv anzuregen. Wenn ein Teilchenstrahl dann mit eben dieser Resonanzenergie auf den Targetkern trifft, tritt die Kernreaktion mit einem besonders großen Wirkungsquerschnitt auf, worauf die Bezeichnung Resonanzreaktion beruht.

Die compoundelastische Streuung von α-Teilchen am doppelt magischen Kern ^{16}O regt einen solchen Resonanzzustand bei einer Einschußenergie von 3.036 MeV an. Das Anregungsspektrum ist in Bild 6.22 gezeigt. Der Wirkungsquerschnitt liegt ca. eine Größenordnung über dem mittleren Wirkungs-

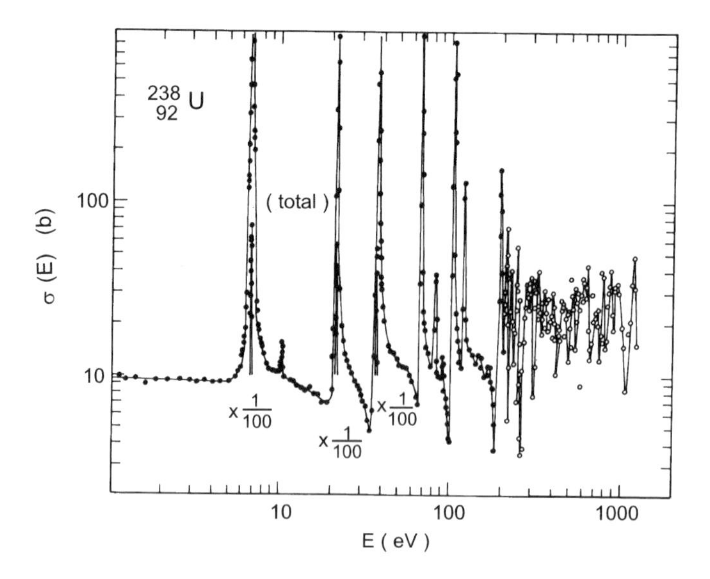

Bild 6.23. Resonanzen im Wirkungsquerschnitt der Reaktion ^{238}U(n, γ)^{239}U

querschnitt, und die Breite der Resonanz beträgt ca. 8.1 keV. Bei diesem Prozeß wird also ein Zustand im ^{20}Ne bei 7.16 MeV (3^-) angeregt. Diese Resonanzreaktion spielt eine wichtige Rolle für die Anwendung von Kernreaktionen um in der Materialanalyse Sauerstoff nachzuweisen. (vgl. Abschn. 9.4.1)

Einige Kerne zeigen auch für den Einfang von Neutronen, vor allem von langsamen Neutronen, derartige Resonanzen. In Bild 6.23 ist eine ganze Reihe von Resonanzen im ^{238}U gezeigt, die beim Neutroneneinfang beobachtet werden. Dieser Einfang ist deshalb so bedeutend, weil er in Kernreaktoren die zur Aufrechterhaltung einer Kettenreaktion erforderliche Neutronenzahl vermindert (vgl. Abschn. 9.1). Die zur Spaltung von ^{235}U benötigten langsamen Neutronen werden in die wesentlich häufigeren ^{238}U-Kerne eingefangen statt abgebremst zu werden, und gehen damit verloren.

Allgemein lassen sich aus Resonanzen im Wirkungsquerschnitt von Kernreaktionen Spins und Paritäten bestimmen. Wie in Bild 6.24 am Beispiel ^{27}Al(p,p)^{27}Al gezeigt, zeigen die Resonanzen ganz unterschiedliche Formen, abhängig vom Winkel, unter dem die Reaktionsprodukte nachgewiesen werden.

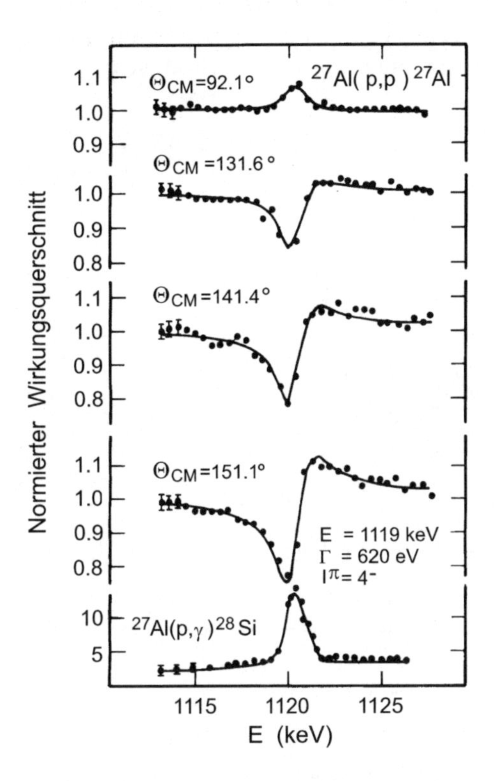

Bild 6.24. Formen der Resonanz bei 1.119 MeV im ^{28}Si

Zerfälle des Compoundkerns. Die Anregungsenergie des Compoundkerns kann in einer großen Zahl unterschiedlicher Reaktionen abgegeben werden, wie bereits in Bild 6.16 gezeigt. Die Gesamtzerfallswahrscheinlichkeit P ist gleich der Summe der Einzelzerfallswahrscheinlichkeiten P_i, wobei P_i umgekehrt proportional zur mittleren Lebensdauer τ_i des einzelnen Zerfallskanals ist. Mit Bezug auf die Heisenbergsche Unschärfe-Relation ordnet man jedem Zerfallskanal eine Zerfallsbreite Γ_i zu:

$$P = \sum_i \frac{1}{\tau_i} = \frac{1}{\hbar} \sum_i \Gamma_i \,. \tag{6.51}$$

Die einzelnen Zerfallskanäle sollen nachfolgend kurz erläutert werden. Wie im Abschn. 4.2 bereits gezeigt, liegen die Energiezustände mit zunehmender Anregungsenergie dichter und können im Experiment nicht mehr aufgelöst werden. Um die hohe Energie abzugeben, werden Teilchen verdampft, zunächst bei sehr hohen Energien Protonen, bei niedrigeren Energien Neutronen. Die Teilchenverdampfung liefert breite, kontinuierliche Spektren (vgl. auch Bild K9.1).

Der Compoundkern wird nicht nur energetisch hoch angeregt, ihm ist bei seiner Bildung auch ein großer Drehimpuls übertragen worden. Dies tritt insbesondere bei Reaktionen komplexer Kerne, d.h. schwerer Ionen auf. Deren maximal aufgenommener Drehimpuls für einen peripheren Stoß ist gegeben durch

$$I_{\max} \approx (R_\mathrm{a} + R_\mathrm{A}) \sqrt{\frac{2\mu}{\hbar^2} \left(E_\mathrm{S} - V_\mathrm{C}^{(\mathrm{B})} \right)} \,. \tag{6.52}$$

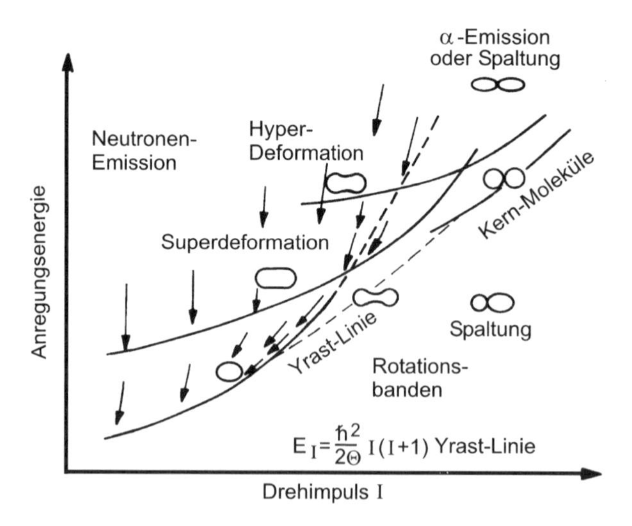

Bild 6.25. *E-I* Diagramm für den Compoundkernzerfall

Darin sind μ die reduzierte Masse und R_a, R_A die Radien der Kerne, die Differenz $E_S - V_C^{(B)}$ ist die über der Coulomb-Barriere $V_C^{(B)} = Z_a Z_A e^2/(R_a + R_A)$ verfügbare kinetische Energie. Der graphische Verlauf dieser Beziehung ist in Bild 6.25 gezeigt. Die Begrenzungslinie wird *Yrast-Linie* genannt.

Die Yrast-Linie zeigt auch, daß im Bereich niedriger Anregungsenergien auch nur kleine Drehimpulse auftreten können. Das bedeutet, daß wir bei der Neutronenemission im Anregungsbereich bis ca. 10 MeV vorwiegend Teilchen mit Drehimpulsen 0 und 1 finden. Es gibt also zu jedem Wert des Drehimpulses eine zugehörige Mindestenergie. Oberhalb der Yrast-Linie treten vorwiegend Teilchenemissionen auf, d.h. Verdampfungen von Neutronen und Protonen. Nähert sich die Anregungsenergie der Kerne der Yrast-Linie, so können sie diese nur noch durch Emission von γ-Strahlung abgeben. Das Bild 6.25 zeigt außerdem die Bereiche, in denen die sehr schnell rotierenden superdeformierten und hyperdeformierten Kerne auftreten können.

Wie bereits bei der Charakterisierung der Kernreaktionen erwähnt, ist einer der wichtigsten Zerfallskanäle des Zwischenkerns die Verdampfung von Teilchen, besonders von Neutronen, aber auch Protonenverdampfung wird beobachtet. Ein typisches Verdampfungsspektrum zeigt Bild 6.26. In dem Beispiel wurde der Compoundkern $^{64}Zn^*$ durch die nachfolgend genannten

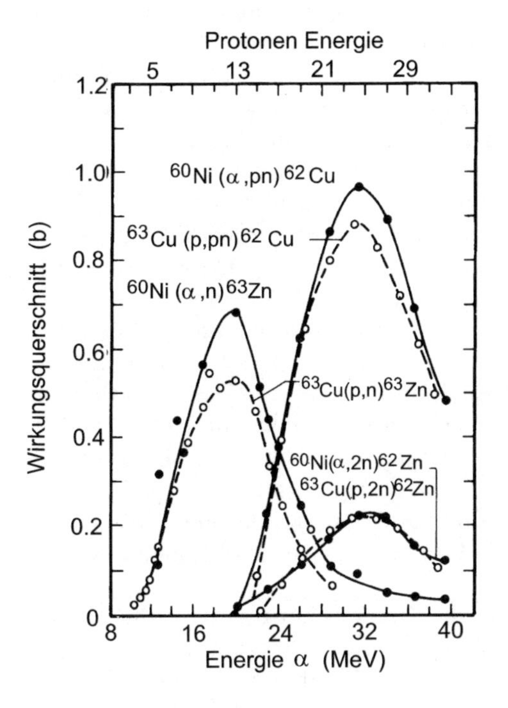

Bild 6.26. Wirkungsquerschnitte für den Zerfallskanal des Compoundkerns durch Teilchenverdampfung [GH50]

Reaktionen erzeugt und die Ausbeute an verdampften Protonen und Neutronen gemessen.

$$\left.\begin{array}{l} p + {}^{63}\mathrm{Cu} \longrightarrow \\ \alpha + {}^{60}\mathrm{Ni} \longrightarrow \end{array}\right\} \longrightarrow {}^{64}\mathrm{Zn}^* \longrightarrow \left\{\begin{array}{l} \longrightarrow {}^{63}\mathrm{Zn} + \mathrm{n} \\ \longrightarrow {}^{62}\mathrm{Cu} + \mathrm{n} + \mathrm{p} \\ \longrightarrow {}^{62}\mathrm{Zn} + 2\mathrm{n} \end{array}\right. . \qquad (6.53)$$

Direkte Kernreaktionen. Direkte Kernreaktionen wurden bereits in der Einleitung zu diesem Kapitel bildlich dargestellt. Sie werden durch eine Reihe von Eigenschaften charakterisiert:

- Mit unterschiedlichen Projektilen (Nukleonen, Deuteronen, α-Teilchen und auch schwereren Kernen) werden Kernreaktionen induziert, so daß kein hochangeregter Zwischenkern entsteht.
- Die Reaktionen laufen mit einer sehr kurzen Zeitskala ab, die etwa der Durchlaufzeit des Projektils durch den Targetkernbereich entspricht. Sie liegt zwischen 10^{-23} und 10^{-22} s.
- Während der Reaktion erfolgt ein direkter Übergang vom Eingangs- in den Ausgangskanal.

Die Einteilchen-Stripping-Reaktion (Bild 6.15a) ist der Prototyp einer direkten Reaktion, die mit Deuteronen als Projektilen viele Informationen über die Kernstruktur der Restkerne liefert. Das Deuteron wird gespalten, einer seiner Bestandteile, das Neutron oder das Proton wird auf den Targetkern übertragen. Dabei wird dieses Nukleon in unterschiedliche Zustände des neuen Kerns eingefangen. Das weiterfliegende Nukleon, das im Experiment nachgewiesen wird, erhält je nach Anregungszustand, in dem sich das eingefangene Nukleon befindet, unterschiedliche kinetische Energie, so daß sich bei der Messung ein Linienspektrum ergibt. Auf diese Weise wurden die Anregungsspektren der Kerne, d.h. ihre Energieniveaus gemessen. Der Wirkungsquerschnitt für die Anregung jedes Niveaus liefert dann ein Maß dafür, ob sich der Anregungszustand des Restkerns durch einen Einteilchenzustand besonders gut darstellen läßt. Wird ein solcher Zustand nur durch eine Kombination vieler Terme mit unterschiedlicher Konfiguration in der Wellenfunktion beschrieben, dann wird die gemessene Linie weniger stark auftreten. Stehen unterschiedliche Projektilkerne zur Verfügung, dann lassen sich Kernreaktionen an unterschiedlichen Targetkernen ausführen, die zum gleichen Restkern führen, aber mit unterschiedlicher Zahl transferierter Nukleonen. Daraus lassen sich dann die Konfigurationsmischungen der Wellenfunktionen bestimmen.

Dieses Verfahren würde z.B. für die Untersuchung des Kerns ^{19}F folgende Möglichkeiten beinhalten: ^{18}O(d,n)^{19}F ein Protonentransfer[GU68], ^{17}O(α,d)^{19}F, ein Deuteronen- oder pn-Transfer [FO78], ^{16}O(α,p)^{19}F ein Triton-Transfer [VA76], ^{15}N(^{7}Li,t)^{19}F, ein α-Transfer [MI70]. Die Spektren dieser vier Reaktionen sind in Bild 6.27 gezeigt. Sie wurden unter Vorwärtswinkeln gemessen mit unterschiedlicher Auflösung der Nachweisapparatur.

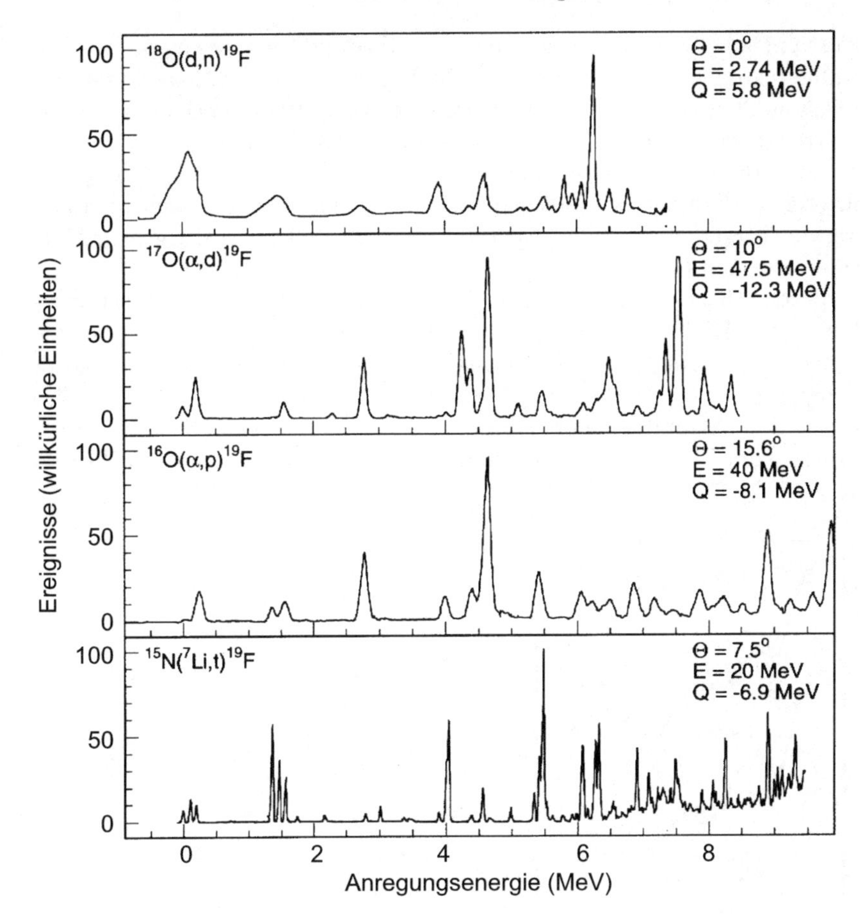

Bild 6.27. Spektren direkter Kernreaktionen, die zum gleichen Endkern ^{19}F führen

Die Neutronenenergie wurde über die Flugzeit der Neutronen bestimmt, die durch α-Teilchen induzierten Reaktionen mit Halbleiterzählern gemessen und das am ^{15}N gemessene Spektrum an einem Vielspalt-Ringmagneten gewonnen. Der Vergleich der Linienintensitäten erlaubt bereits Hinweise auf die mögliche Struktur der Zustände im ^{19}F. Der Grundzustand ist ein Einteilchenzustand, der in der Neutronenreaktion wesentlich stärker auftaucht als in den anderen Reaktionen, obwohl hier die Energieauflösung nicht sehr gut ist. Die gut aufgelösten Zustände bei 1.5 MeV sind in der α-Teilchen-Transferreaktion wesentlich stärker angeregt als in den anderen Reaktionen. Die genaue Analyse hat ergeben, daß hier das α-Teilchen an den ^{15}N Grundzustand koppelt, der ein Loch in der $p_{3/2}$-Schale hat. Diesen Zustand vergleicht man mit dem 0^+-Grundzustand des ^{16}O. Das gleiche gilt für die Zustände bei 4 MeV, bei denen das α-Teilchen an einen

Lochzustand im ^{15}N koppelt, der einem 2^+-Zustand im ^{16}O entspricht. Die stark angeregten Zustände bei ca. 4.5 MeV haben offensichtlich Zwei- und Dreiteilchen-Charakter, denn sie werden in der Einteilchen- und Vierteilchen-Transferreaktion wesentlich weniger stark angeregt. Die Analogien lassen sich bei detaillierterer Betrachtung noch vertiefen. Leider ist es nicht möglich, für alle Kerne derartige Vergleichsreaktionen zu untersuchen, weil die dazu benötigten Targetkerne oftmals instabil sind, so daß keine Targets daraus hergestellt werden können.

In diesem Beispiel ist auch eine Reaktion angegeben, die mit schwereren Ionen als He durchgeführt wurde. Die Anwendung schwerer Ionen als Projektile zur Untersuchung der Kernstruktur bietet ein großes Reservoir an Möglichkeiten.

Neben den Stripping- oder Transferreaktionen kann ein Projektil auch Nukleonen vom Targetkern aufnehmen, man nennt diese dann „pick-up"-

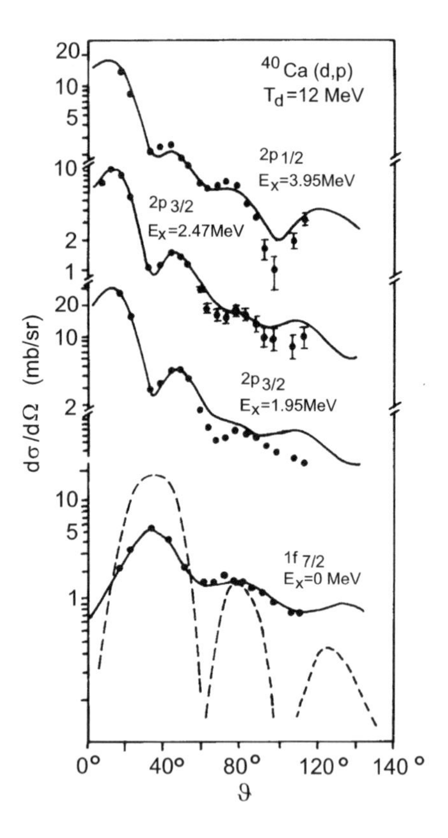

Bild 6.28. Winkelverteilung der direkten Kernreaktion ^{40}Ca(d,p)^{41}Ca [LE64]. Die durchgezogenen Linien sind theoretische Anpassungen, in denen Wellenfunktionen verwendet wurden, die durch das Coulomb-Feld gestört wurden. Die gestrichelte Linie ist die theoretische Beschreibung mit einlaufenden ebenen Wellen

Reaktionen (Bild 6.15b). Mit ihnen werden im Restkern bevorzugt sogenannte Lochzustände untersucht. Viele Reaktionen laufen nicht in einer Stufe ab, bei ihnen werden die Restkernzustände in mehreren Stufen erreicht; z.B. indem zuerst in einer inelastischen Streuung ein Nukleon in einen Zustand angeregt wird, von dem aus der Einfang eines weiteren Nukleons stärker bevorzugt wird, als dies vom Grundzustand aus der Fall ist.

Die direkten Reaktionen treten bevorzugt auf, wenn die nachzuweisenden Teilchen in Vorwärtsrichtung gemessen werden. Dazu findet man im Wirkungsquerschnitt eine ausgeprägte diffraktive Struktur, wie es in Bild 6.28 gezeigt ist.

Im Ablauf einer direkten Reaktion A(d,p)B wird vom Projektil – wir können ein Deuteron annehmen – ein Impuls $\hbar k_\mathrm{d}$ auf den Targetkern übertragen, es entsteht ein in Bild 6.29 gezeigtes Impulsdiagramm. Das Neutron wird mit dem Drehimpuls ℓ in den Targetkern eingefangen, wobei der Kern B gebildet wird. Das Proton fliegt dann unter einem Winkel ϑ aus der Reaktionszone. Wenn die Reaktion am Kern A in einem Abstand R_A stattfindet, gilt für den übertragenen Drehimpuls

$$\hbar|\ell| = R_\mathrm{A}\hbar k = \hbar\sqrt{\ell(\ell+1)}\,. \tag{6.54}$$

Wenden wir auf das im Bild 6.29 dargestellte Impulsdigramm den Kosinussatz an, so finden wir für den Winkel ϑ eine Beziehung zum Drehimpuls ℓ:

$$\cos\vartheta = \frac{\left[\left(k_\mathrm{p}^2 + k_\mathrm{d}^2\right) - \frac{\ell(\ell+1)}{R_\mathrm{A}^2}\right]}{2k_\mathrm{p}k_\mathrm{d}}\,. \tag{6.55}$$

Darin bezeichnet ϑ das erste Maximum in der Winkelverteilung.

Aus dieser anschaulichen Ableitung ist ersichtlich, daß die Winkelverteilung der im Experiment nachgewiesenen Protonen direkt einen Schluß auf den Drehimpuls des Zustands zuläßt, in den das Neutron eingefangen wurde. Die auf dieser einfachen Betrachtung beruhende Analyse liefert die für den Grundzustand in Bild 6.28 eingezeichnete gestrichelte Kurve, mit den ausgeprägten Nullstellen der Legendre-Polynome. Eine vollständigere quantenmechanische Behandlung der direkten Reaktionen mit Wellenfunktionen, bei denen sowohl der Einfluß des Coulomb-Potentials, die Verzerrung der Wellenfunktion durch das Kernpotential als auch die kinematisch korrekte

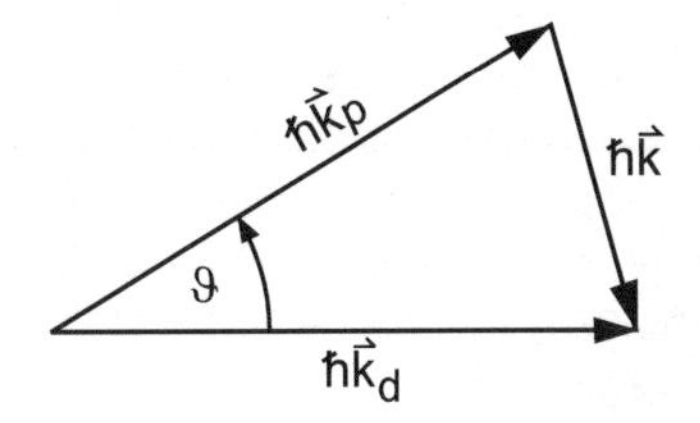

Bild 6.29. Impulstransfer bei einer direkten Kernreaktion

Schwerpunktsbewegung berücksichtigt wurde, liefert die Winkelverteilungen in Bild 6.28, die durch eine ausgezogene Linie repräsentiert werden.

Obwohl in einigen charakteristischen Fällen die Reaktion den geschilderten Verlauf nimmt, deuten Teile des Wirkungsquerschnitts auf den Beitrag eines Zwischenkerns hin. Insbesondere steigen in vielen Reaktionen die differentiellen Wirkungsquerschnitte zu großen Nachweiswinkeln (Rückwärtswinkeln) des Ejektils wieder an. Die Überlagerung eines Compoundkernprozesses und einer direkten Reaktion kann allerdings nur in wenigen Fällen aufgelöst werden. Ein Beispiel dafür ist in Bild 6.30 gezeigt. Die Beiträge der Compoundkernreaktion und der direkten Reaktion sind separat ausgewiesen. Man erkennt die zu 90° symmetrische Winkelverteilung der Compoundkernreaktion und den starken Anstieg zu Vorwärtswinkeln. Dieses Beispiel zeigt, daß eine Analyse gemessener Daten nach unterschiedlichen Modellen in einigen Fällen möglich ist.

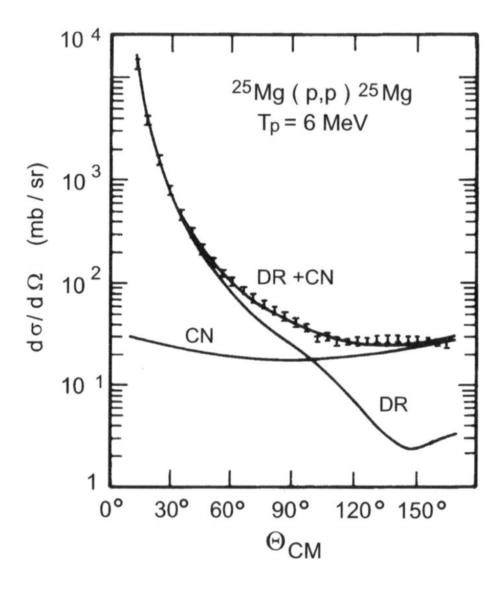

Bild 6.30. Differentieller Wirkungsquerschnitt der Reaktion ^{25}Mg(p,p)^{25}Mg (CN = Compoundkern, DR = direkte Reaktion) [GA66]

Photonenreaktionen. Kernreaktionen können auch durch die elektromagnetische Wechselwirkung der Nukleonen mit γ-Strahlung ausgelöst werden. Der Kernphotoeffekt lieferte erste wichtige Hinweise auf die Struktur der Kerne, denn in (γ,n)- und (γ,p)-Reaktionen wurden einzelne Nukleonen aus Schalenmodellzuständen der Kerne ausgelöst, wobei aus der Energie der Nukleonen auf die Struktur des Kerns geschlossen wurde.

Als Quelle der γ-Strahlung diente vor allem das kontinuierliche Konversionsspektrum hochenergetischer Elektronen aus einem Betatron. Dieses wurde als Quelle intensiver γ-Strahlung durch das Elektronen-Synchrotron bzw. den Elektronen-Speicherring ersetzt. Mit dem Kernphotoeffekt oder der Photospaltung am Deuteron ^{2}H(γ,n)p konnte die Bindungsenergie sehr präzise gemessen werden. In Bild 6.31 ist der Wirkungsquerschnitt für diesen Prozeß dargestellt.

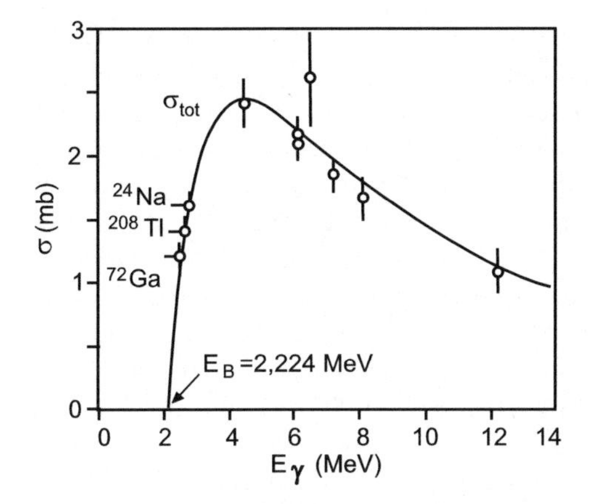

Bild 6.31. Wirkungsquerschnitt der Photospaltung des Deuterons [EVA55]. Bei niedrigen Energien wurden γ-Übergänge der angegebenen Elemente benutzt

Hochenergetische Photonen können durch die Erzeugung von Einteilchen-Loch-Paaren Riesenresonanzen in Kernen anregen. Dabei dominiert die Dipol-Riesenresonanz, deren Maximum im Anregungsenergiebereich zwischen 12 und 15 MeV liegt (vgl. Abschn. 4.3). Diese Riesenresonanzen können zusätzlich die Auslöser der Photospaltung von Kernen sein. Von besonderem Interesse ist die Resonanzabsorption von γ-Strahlung, ein Prozeß, der wegen seiner besonders guten Energieauflösung zur Untersuchung von festen Materialien eingesetzt wird. Siehe auch Mößbauer-Effekt (Abschn. 7.6).

6.3.3 Kernreaktionen bei hohen Energien

Für die detaillierte Erforschung des Atomkerns und seiner Eigenschaften wurden in Kernreaktionen Teilchen mit Energien verwendet, die den Anregungsenergien der Atomkerne entsprachen, d.h. einige MeV bis einige 10 MeV. Damit gelang es, die Struktur der Kerne aufzuklären. Diese stellen wir uns, wie es in der gesamten klassischen Physik üblich ist, als eine fast statische Struktur vor. Deshalb genügte es für viele Untersuchungen, die Anregung eines Targetkerns mit festen Energien der Projektile zu erreichen. Es wurden, wie z.B. in Abschn. 6.3.2 gezeigt, vorwiegend Winkelverteilungen gemessen, aus denen die wichtigsten Daten über die Kernniveaus abgeleitet werden konnten.

Um die Dynamik einer Kernreaktion zu verstehen, benötigt man variable Energien; denn in einigen Eigenschaften der Kerne zeigen sich Merkmale ausgeprägten Resonanzverhaltens, wie im vorhergehenden Abschnitt bereits dargelegt.

Tiefinelastische Kernreaktionen. Die in den vorhergehenden Abschnitten erörterten Kernreaktionen bei kleinen Energien waren größtenteils dadurch gekennzeichnet, daß wenige Nukleonen an ihnen beteiligt waren. Kernreaktionen, bei denen fast alle Nukleonen der beiden stoßenden Kerne beteiligt sind, können beim Stoß zweier energiereicher schwerer Kerne beobachtet werden. Dabei tritt eine Vielzahl an Reaktionsprodukten auf, die die Signaturen für das Verhalten der Kerne sind. Insbesondere die Emission schwerer Bruchstücke, die wir Fragmente nennen, erlaubt es, den Schluß auf den Reaktionsablauf zu ziehen. Für diese Reaktionen ist charakteristisch, daß im Stoß fast die gesamte kinetische Energie des Projektils in Anregungsenergie der Fragmente umgesetzt wird. Deshalb nennt man derartige Stöße in Schwerionen-Reaktionen tiefinelastisch. Der Bereich der Projektilenergien, in dem diese Stöße beobachtet werden, liegt zwischen 20 und 100 MeV/u. Mit der Umsetzung von Bewegungsenergie in Anregungsenergie ist ein vehementer Nukleonenaustausch zwischen den Reaktionspartnern verbunden. Dennoch bleibt eine gewisse Identität von Projektil- und Targetkern erhalten, denn man beobachtet ein projektil- und ein targetkernähnliches Fragment. Beide sind so hoch angeregt, daß nach der Separation der Kerne Nukleonenverdampfungsprozesse einsetzen.

In Bild 6.32 sind die einzelnen, z.T. bereits in vorhergehenden Abschnitten behandelten Reaktionsprozesse schematisch dargestellt. Die mit tiefinelastisch bezeichnete Trajektorie soll die intensive Wechselwirkung des Projektils mit dem Targetkern verdeutlichen. Das Ergebnis zahlreicher Reaktionsstudien mit unterschiedlichen Projektil- und Targetkernkombinationen liefert folgende Vorstellung über den Reaktionsablauf: Wenn die abstoßende Coulomb-Kraft überwunden und ein Oberflächenkontakt hergestellt ist, beginnen Nukleonen durch die Kontaktzone in beiden Richtungen zu diffundieren. Damit werden die Kerne innerlich angeregt, wobei die Anregungsenergie der kinetischen Energie der Stoßpartner entzogen wird. Dadurch wird das Projektil stark abgebremst. Da das Projektil außerdem in den Stoß hohe Bahndrehimpulse hineinträgt, wird meist keine Fusion der Partner stattfinden. Die Stoßpartner trennen sich wieder mit Energien weit unter der Einschußenergie, weil die fehlende Energie in die Anregung übergegangen ist. Der Massenaustausch erfolgt statistisch, so daß Fragmente entstehen, die ihren Massenschwerpunkt noch im Bereich der Projektilkern- bzw. Targetkernmasse haben. Beide Fragmente werden z.B. in einer Koinzidenzmessung als Verdampfungsrestkerne nachgewiesen, denn sie kühlen sich durch Verdampfen von Nukleonen ab, lange bevor sie den Detektor erreichen. Generell wird in den Untersuchungen beobachtet, daß der Energieverlust um so größer ist, je länger die Reaktionszeit angedauert hat. Ferner ist der Energieverlust um so größer, je kleiner der

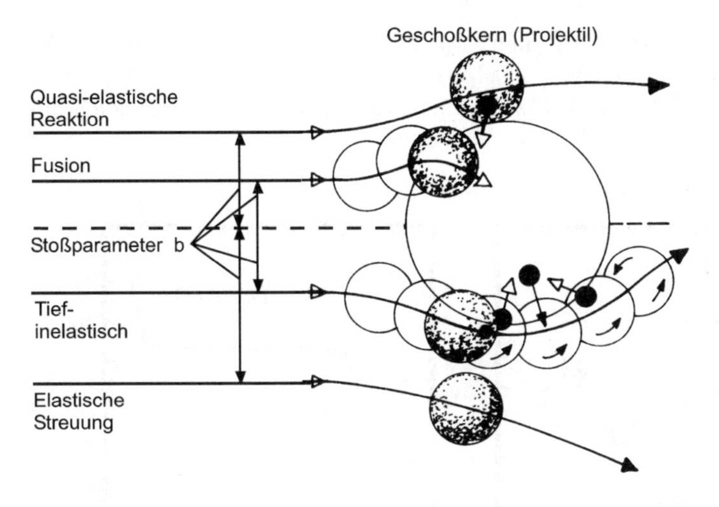

Bild 6.32. Illustration der Schwerionen-Kernreaktionen [BOC93]

Stoßparameter ist, wie bereits aus dem engen Kontakt, der in Bild 6.32 gezeigt ist, zu entnehmen ist. Die Spektren der verdampften Nukleonen entsprechen denen, die aus Systemen emittiert werden, die sich im thermodynamischen Gleichgewicht befinden. Dies bedeutet, daß sich in beiden Fragmenten im Verlauf des Stoßes ein Gleichgewichtszustand eingestellt hat. Im Energiebereich bis 15 MeV/u weisen diese Gleichgewichtszustände gleichzeitig daraufhin, daß keine lokale Erhitzung stattgefunden hat. Der Energieausgleich hat, den geschilderten Experimenten zufolge, in Zeiten von $\leq 10^{-22}$ s stattgefunden. Für Neutronendiffusion werden Zeiten zwischen $5 \cdot 10^{-21}$ s und $20 \cdot 10^{-21}$ s angegeben. Insgesamt wird die tiefinelastische Reaktion als eine sich in jeder Phase ihres Ablaufs im Gleichgewicht befindliche Reaktion angesehen. Oberhalb dieser Energie, wenn die kinetische Energie den Wert der dreifachen Coulomb-Energie übersteigt, werden auch Nichtgleichgewichtsprozesse beobachtet. Wenn der Kern, wie im Tröpfchenmodell bereits ausgeführt (Kap. 3), als ein dem Wassertropfen ähnliches Ensemble aufgefaßt werden kann, ergibt sich auch die Frage nach möglichen Phasenübergängen im System, so wie flüssiges Wasser bei Energiezufuhr (Erwärmung) verdampfen, also in die Gasphase übergehen, oder bei Energieabgabe (Abkühlung) gefrieren kann. In Schwerionen-Stoßsystemen wurde dieses Phänomen in Abhängigkeit von der Energie untersucht. Als Maß für die Anregungsenergie wurde die Verteilung schwerer geladener Fragmente und Neutronen benutzt. Die Temperatur, die als Maß für die Anregung gilt, ist nicht direkt meßbar. Sie wird aufgrund der aus der statistischen Mechanik bekannten Beziehung zwischen Zustandsdichte und Temperatur aus dem Doppelverhältnis der Isotopenpaare ^{6}Li/^{7}Li und ^{3}He/^{4}He geschlossen [PO95]. Für den Bereich kleiner Energien bei ca. 8 MeV/u liegen Daten aus der Reaktion ^{22}Ne + ^{181}Ta [BO84], im Energiebereich 30–84 MeV/u aus Reaktionen von ^{12}C und ^{18}O mit ^{nat}Ag und ^{197}Au [TR89] sowie für Energien um 600 MeV/u aus ^{197}Au + ^{197}Au [ZU95] vor. Die Ergebnisse sind in Bild 6.33 zusammengestellt, wobei zum Vergleich das Temperaturdiagramm des Wassers gezeigt ist.

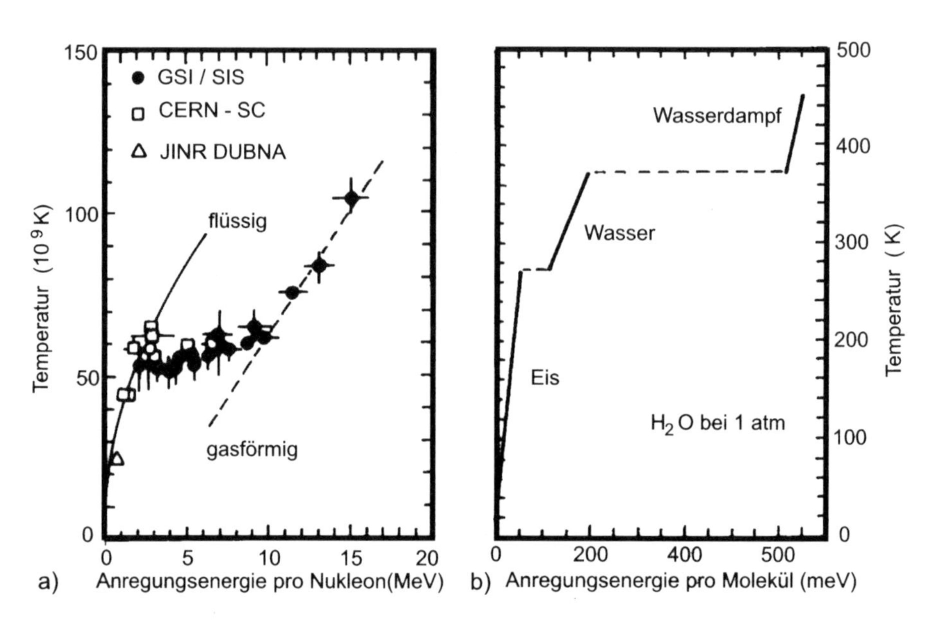

Bild 6.33. Temperaturdiagramm für (**a**) Kernmaterie und (**b**) Wasser [PO95]

Der Übergang von Eis zum flüssigen Zustand wird durch Zuführung der latenten Schmelzwärme, diejenige vom flüssigen in den gasförmigen Zustand durch Zufuhr der latenten Verdampfungswärme erreicht. In beiden Fällen werden Bindungen gelöst, zunächst die des festen Körpers und dann in der Flüssigkeit die der Moleküle untereinander.

Völlig analog finden wir im Phasendiagramm des Kerns bei einer Temperatur von $6 \cdot 10^{10}$ K ein Plateau. Dort beginnt der Kern zu sieden. Mit weiterer Energiezufuhr erhöht sich zunächst die Temperatur nicht. In diesem Bereich werden die Bindungen zwischen Nukleonen aufgebrochen, und flüssige Kernmaterie, wie wir sie im Tröpfchenmodell angenommen haben, geht in gasförmige Kernmaterie über. Erst danach erhöht sich bei weiterer Energiezufuhr die Temperatur. Um in diesen Bereich vorzudringen, benötigt man sehr hohe Energien. Bei noch höheren Energien kann dann das Stadium des Plasmas aus den Konstituenten der Nukleonen, den Quarks, und den Bindungsquanten, den Gluonen, untersucht werden (vgl. Abschn. 8.4).

Spallationsreaktionen. Treffen hochenergetische Protonen auf einen schweren Targetkern, so wird die im Stoß übertragene Energie weitgehend auf die Targetnukleonen verteilt, es entsteht ein hochangeregter Kern, wie in Bild 6.34 gezeigt. Die hohe Anregungsenergie wird meist durch die Emission von Nukleonen, sowohl Protonen als auch Neutronen, abgegeben. Mit diesem Prozeß lassen sich intensive Strahlen schneller Neutronen herstellen, die dann ebenso wie die Reaktorneutronen zur Strukturuntersuchung von Festkörpern verwendet werden können, denn je nach verwendetem schwerem Target werden Kerne auch zur Spaltung angeregt, wie das Bild ebenfalls zeigt. Außer aus dem primären Spaltprozeß werden Neutronen auch von den Spaltbruchstücken ausgesandt, so daß infolge der Pulsung des Protonenbeschleunigers eine Quelle von gepulsten Neutronen entsteht. Mit gepulsten Neutronenstrahlen können sowohl neutroneninduzierte Kernreaktionen als auch dynamische Prozesse im Festkörper untersucht werden. Die extrem hohe Leistung, mit der Protonen das Target belasten, erfordert jedoch eine sehr ausgefeilte Targetkonstruktion, weil nicht nur eine starke thermische Belastung des Materials auftritt, auch die intensive radioaktive Folgestrahlung muß sicher gehandhabt werden.

Es werden gegenwärtig auch Anwendungen diskutiert, bei denen mit einer derartigen Spallationsquelle langlebige Radionuklide, die gesundheits- oder umweltschädlich sind, wie z.B. das ^{239}Pu ($t_{1/2} = 24\,000$ a) oder das langlebige ^{99}Tc ($t_{1/2} = 2 \cdot 10^5$ a), in ungefährliche Isotope umgewandelt werden können, wie z.B. im nachfolgenden Fall des Tc angedeutet (die Pfeile $\nwarrow$ geben jeweils die β-Zerfälle, die Pfeile nach rechts $\rightarrow$ die Neutroneneinfänge an):

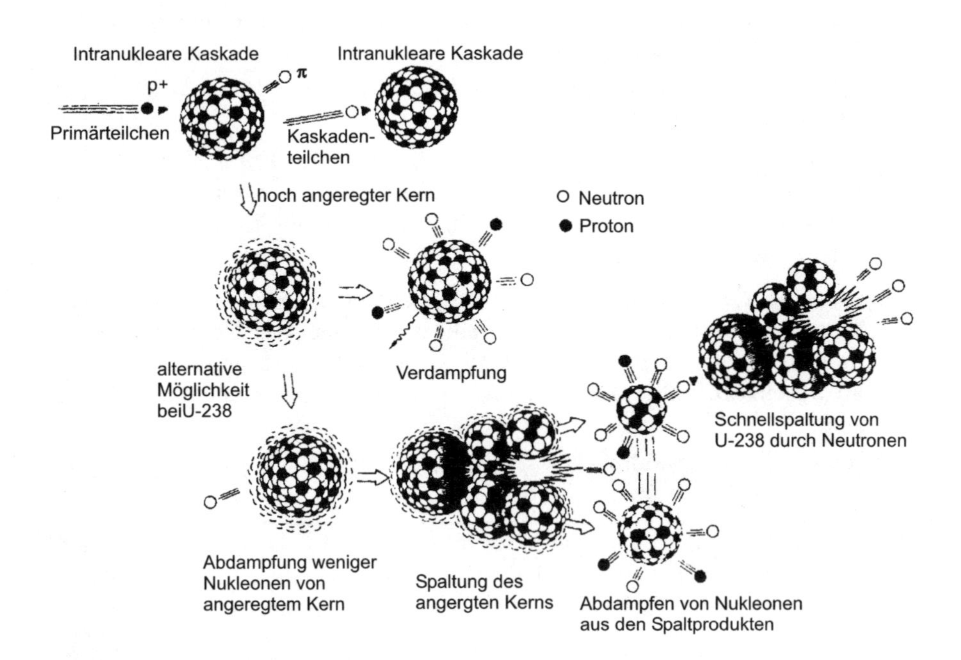

Bild 6.34. Schema von Spallationsreaktionen

$$
\begin{array}{ccccccc}
 & {}^{100}\mathrm{Ru} & \longrightarrow & {}^{101}\mathrm{Ru} & \longrightarrow & {}^{102}\mathrm{Ru} & \\
 & \nwarrow & & \nwarrow & & \nwarrow & \\
{}^{99}\mathrm{Tc} & \longrightarrow & {}^{100}\mathrm{Tc} & \longrightarrow & {}^{101}\mathrm{Tc} & \longrightarrow & {}^{102}\mathrm{Tc} \\
2\cdot 10^5\ \mathrm{a} & & 16\ \mathrm{s} & & 14\ \mathrm{m} & & 4\text{–}5\ \mathrm{s}
\end{array}
$$

Die dabei entstehenden Ruthenium-Isotope sind stabil.

6.4 Übungen

6.1 Berechnen Sie die Energie der in der Reaktion $^{24}\mathrm{Mg}(^7\mathrm{Li,t})^{28}\mathrm{Si}$ entstehenden Tritonen, wenn der Detektor unter 30° aufgestellt ist. Wie groß ist bei einer Einschußenergie der Li-Kerne von 20 MeV die Rückstoßenergie der erzeugten ^{28}Si-Kerne?

6.2 Wenn Neutronen in Wasserstoff ^{1}H eingefangen werden und damit ^{2}H bilden, werden Photonen der Energie $\hbar\omega = (2.224 \pm 0.002)$ MeV emittiert. Berechnen Sie daraus die Neutronenmasse.

6.3 Ein Neutron mit Masse m_n und Geschwindigkeit v_n wird an einem im Laborsystem ruhenden Kern der Masse m_M gestreut. (a) Berechnen Sie die Geschwindigkeit v_S des Schwerpunkts von Neutron und Kern im Laborsystem. (b) Wie groß ist die Geschwindigkeit des Kerns vor dem Stoß im Schwerpunktsystem? (c) Wie groß ist die Geschwindigkeit des Kerns nach dem Stoß im Laborsystem? (d) Berechnen Sie den relativen Energieverlust $-\Delta T/T$ des Neutrons bei diesem Stoß. (Anmerkung: Betrachten Sie den elastischen zentralen Stoß.)

6.4 Zeigen Sie mit dem in Aufgabe 6.3d berechneten Energieverlust, daß der Energieverlust eines Neutrons nach N elastischen zentralen Stößen mit Kohlenstoffkernen ca. $0.714^N T_0$ beträgt, wenn T_0 die anfängliche Energie ist.

6.5 Berechnen Sie mit den Werten der Aufgabe 6.4 die Zahl der elastischen und zentralen Stöße, die benötigt werden, um Neutronen einer ursprünglichen Energie von 2 MeV auf thermische Energie (0.025 eV) abzubremsen, unter der Annahme, daß die Kohlenstoffkerne in Ruhe sind.

6.6 Berechnen Sie die kinetischen Energien, der in den Fusionsreaktionen, z.B. (6.44a–f) entstehenden Reaktionsprodukte.

6.7 Berechnen Sie die Energieschwelle für die (γ,n)-Reaktion an ^{14}N aus den folgenden Parametern: ^{13}N ist ein Positronenstrahler mit einer Maximalenergie von 1.2 MeV, Massen: $m(^{14}\mathrm{N}) = 14.003\,074$ u, $m(^{13}\mathrm{C}) = 13.003\,355$ u.

6.8 Berechnen Sie die Schwellenenergie im Laborsystem für die Reaktion ^{23}Na(p,n)^{23}Mg des vom ^{23}Mg emittierten Positronenspektrums. Verwenden Sie dazu die obere Grenze von 3 MeV.

6.9 Berechnen Sie die Anregungsenergie, die der Compoundkern in den nachfolgend genannten Reaktionen erhält, wenn die einfallenden Teilchen eine Energie von 6 MeV/u haben. (a) ^{26}Mg(p,n), (b) ^{23}Na(α,n), (c) ^{13}C(^{14}N,n), (d) ^{7}Li(^{20}Ne,n).

6.10 Cadmium absorbiert niederenergetische Neutronen. Die Resonanz im Kern ^{113}Cd ist durch die Parameter $E_0 = 0.178$ eV, $\Gamma_{\mathrm{n}} = 0.00065$ eV, $\Gamma_\gamma = 0.113$ eV charakterisiert. Berechnen Sie den Resonanz-Einfangquerschnitt $\sigma(\mathrm{n}, \gamma)$ für ^{113}Cd.

6.11 Die Reaktion ^{27}Al(p,α)^{24}Mg wird im Energiebereich zwischen 10 und 15 MeV gemessen. Welche Energien der α-Teilchen werden benötigt, wenn die inverse Reaktion im gleichen Anregungsbereich gemessen werden soll?

6.12 Bestimmen Sie den Energiebereich im Laborsystem, in dem die Anregungsfunktion für die beiden reziproken Reaktionen ^{27}Al(p,α)^{24}Mg und ^{24}Mg(α,p)^{27}Al unter 170° gemessen werden müssen.

6.13 Für die Reaktion ^{45}Sc(d,p)^{46}Sc werden bei $E_{\mathrm{d}} = 7$ MeV Winkelverteilungen für Übergänge in den Grundzustand und die Zustände bei 1.394 und 1.648 MeV gemessen. Die ersten Maxima der Verteilungen liegen bei 38°, 18° und 0°. Bestimmen Sie halbklassisch die Bahndrehimpulse der übertragenen Neutronen (Q-Wert 6.541 MeV).

6.14 Die Reaktion $^{12}\mathrm{C} + \mathrm{d} \longrightarrow {}^{12}\mathrm{C} + \mathrm{p} + \mathrm{n}$ kann über folgenden Weg in zwei Stufen ablaufen:

$$\begin{aligned} {}^{12}\mathrm{C} + \mathrm{d} &\longrightarrow {}^{13}\mathrm{N}^* + \mathrm{n} - 3.82\ \mathrm{MeV} \\ {}^{13}\mathrm{N}^* &\longrightarrow {}^{12}\mathrm{C} + \mathrm{p} + 1.59\ \mathrm{MeV} \end{aligned}$$

Bei einer Deuteronenenergie von $T_{\mathrm{d}} = 5.39$ MeV ist die Geschwindigkeit des Protons größer als die des Neutrons. Demzufolge kann das Proton das Neutron überholen und dabei gestreut werden. Diesen Prozeß nennt man „proximity scattering“. Die experimentellen Daten zeigen, daß dieser Prozeß mit einer Wahrscheinlichkeit von 0.1% stattfindet. Der n-p-Streuquerschnitt für diese Energie beträgt 13 b. Bestimmen Sie die Lebensdauer und Breite des Zustandes in ^{13}N*.

7. Kernzerfälle – Radioaktivität

Radioaktivität ist die spontane Eigenemission von Strahlung aus dem Atomkern, worunter sowohl die Emission von Teilchen als auch die von γ-Strahlung zu verstehen ist. Die Entdeckung der Radioaktivität (1896) stand an der Wiege der Kernphysik. Antoine Henri Becquerel, Professor für Physik an der Sorbonne in Paris, beschäftigte sich mit Fluoreszenzstrahlung von Mineralien. Dabei fand er auf völlig lichtabgeschlossen verpackten Photoplatten nach deren Entwicklung Schwärzungen, die von den in der Nähe befindlichen Mineralien verursacht worden waren. Diese Aufsehen erregende Entdeckung wurde daraufhin auch anderen Forschern zum Gegenstand ihrer eigenen Arbeiten. Pierre und Marie Curie fanden in der Folgezeit eine Reihe neuer radioaktiver Elemente, wie das Radium und das Polonium, nach der Heimat der Marie Skłodowska benannt. In Deutschland nahmen sich Otto Hahn und Lise Meitner des Themas an. Ihnen gelang der Nachweis einer Reihe weiterer radioaktiver Elemente bzw. Isotope. Das Phänomen der Radioaktivität wurde von Julius Elster und Hans Geitel im Jahre 1899 richtig als eine Elementumwandlung gedeutet.

7.1 Radioaktives Zerfallsgesetz

Die experimentellen Befunde lassen sich mathematisch wie folgt beschreiben: Die Zahl der ursprünglich vorhandenen Kerne nimmt mit fortschreitender Zeit ab, so daß die Rate der Abnahme der Zahl der vorhandenen Kerne N proportional sein muß:

$$-\Delta N = N\lambda\Delta t \,. \tag{7.1}$$

Darin bezeichnet λ eine Proportionalitätskonstante, die *Zerfallskonstante* genannt wird. In differentieller Form lautet (7.1)

$$-\mathrm{d}N = N\lambda \,\mathrm{d}t \,. \tag{7.2}$$

Diese Gleichung läßt sich integrieren:

$$N(t) = N_0 \mathrm{e}^{-\lambda t} \,. \tag{7.3}$$

Die Integrationskonstante N_0 stellt die Menge der Kerne dar, die zum Zeitpunkt Null der Zählung ($t = 0$) vorhanden waren.

Die Form dieses allgemeinen Zerfallsgesetzes beinhaltet den statistischen Charakter des Zerfallsprozesses. Wir können nicht vorhersagen, welcher der Kerne als nächster zerfallen wird, es läßt sich nur angeben, wieviel Kerne in einer bestimmten Zeitspanne zerfallen.

Das Zerfallsgesetz (7.3) bietet auch die einfache Möglichkeit, die Zerfallskonstante λ zu messen. Dazu wird die jeweilige Zählrate als Funktion der Meßzeit in halblogarithmischem Maßstab (Bild 7.1) aufgetragen. Die Steigung der sich dabei ergebenden Geraden ist direkt die Zerfallskonstante $\lambda = \tan\varphi$.

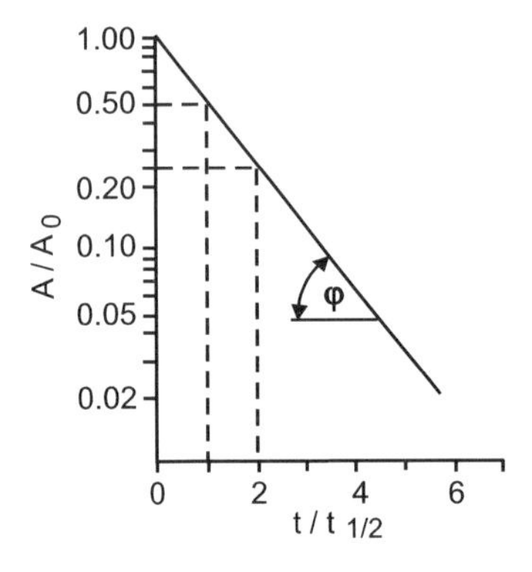

Bild 7.1. Das radioaktive Zerfallsgesetz (logarithmischer Ordinatenmaßstab)

Wenn wir diejenige Zeit abwarten, in der gerade noch die Hälfte der ursprünglichen Menge an Kernen vorhanden ist, also $N(t) = N_0/2$, dann liefert (7.3) eine für die radioaktiven Zerfälle charakteristische Größe, die *Halbwertszeit* $t_{1/2}$:

$$t_{1/2} = \frac{\ln 2}{\lambda} . \tag{7.4}$$

Die Halbwertszeit ist unabhängig von der aktuell vorhandenen Substanzmenge, sie ist charakteristisch für ein bestimmtes Element bzw. einen konkreten Zerfall. Bei einigen radioaktiven Isotopen, wie z.B. U und C ist die Halbwertszeit sehr groß, $t_{1/2}(^{238}\mathrm{U}) = 4.468 \cdot 10^9$ a bzw. $t_{1/2}(^{14}\mathrm{C}) = 5783$ a. Eine Messung des Zerfalls mit der oben beschriebenen Methode, die Zeit abzuwarten, bis noch die Hälfte der ursprünglichen Substanzmenge vorhanden ist, läßt sich hier nicht anwenden. Damit ist diese relative Meßmethode ausgeschlossen. An derartigen langlebigen Isotopen werden die Substanzmengen meist quantitativ massenspektrometrisch bestimmt und dann die absolute Zerfallsrate gemessen.

Die Zahl der pro Zeiteinheit (meistens die Sekunde) auftretenden Zerfälle wird *Aktivität* genannt:

$$A = \lambda N = -\frac{\mathrm{d}N}{\mathrm{d}t} = \lambda N_0 \mathrm{e}^{-\lambda t} = A_0 \mathrm{e}^{-\lambda t} \,. \tag{7.5}$$

Als Einheit der Zerfälle ist das *Becquerel* eingeführt: 1 Bq = 1 s^{-1}. Das ist die gleiche Einheit, wie wir sie für die Frequenz verwenden, mit dem Unterschied, daß die Frequenz für die Zahl kontinuierlicher Schwingungen pro Sekunde, das Becquerel für statistisch ablaufende Zerfälle angewandt wird.

Von der Halbwertszeit ist die *mittlere Lebensdauer* τ zu unterscheiden. Wenn wir das radioaktive Zerfallsgesetz als das statistische Verteilungsgesetz ansehen, erhalten wir einen zeitlichen Mittelwert durch folgenden Ausdruck:

$$\tau = \langle t \rangle = \frac{\int\limits_0^\infty t \frac{\mathrm{d}N}{\mathrm{d}t} \, \mathrm{d}t}{\int\limits_0^\infty \frac{\mathrm{d}N}{\mathrm{d}t} \, \mathrm{d}t} = \frac{-\lambda N_0 \int\limits_0^\infty t \mathrm{e}^{-\lambda t} \, \mathrm{d}t}{-\lambda N_0 \int\limits_0^\infty \mathrm{e}^{-\lambda t} \, \mathrm{d}t} = \frac{1}{\lambda} \,. \tag{7.6}$$

Zur Lösung wird benutzt: $\int x \mathrm{e}^{-x} \, \mathrm{d}x = -\mathrm{e}^{-x}(x+1)$. Damit besteht zwischen mittlerer Lebensdauer τ und Halbwertszeit $t_{1/2}$ die Beziehung:

$$\tau \ln 2 = t_{1/2} \,. \tag{7.7}$$

Neutronen sind nicht stabil, sie zerfallen mit einer Halbwertszeit $t_{1/2}$ = 10.25 min, das einzelne Neutron dagegen kann nur durch seine mittlere Lebensdauer $\tau = (886.7 \pm 1.9)$ s charakterisiert werden.

In der Natur kommen nicht nur solche radioaktiven Elemente vor, die bereits bei der Entstehung der Erde vorhanden waren oder zu der Zeit gebildet wurden, es entstehen auch ständig neue Isotope durch Zerfälle anderer

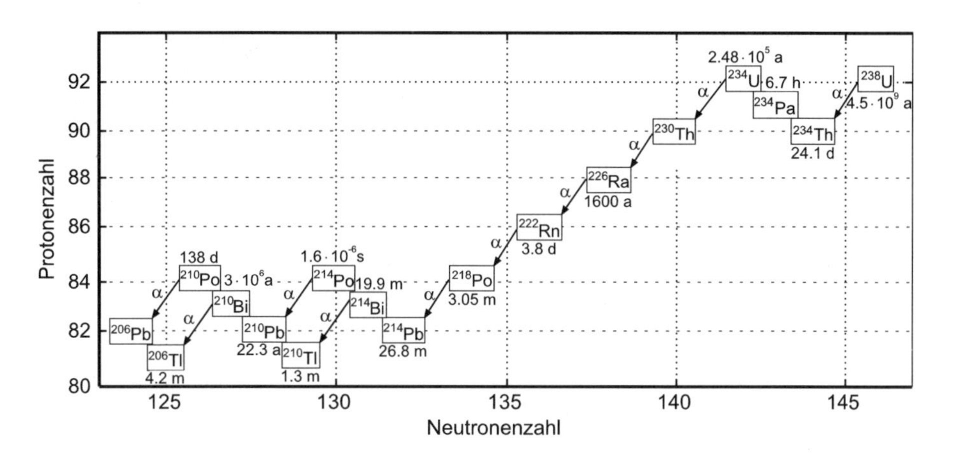

Bild 7.2. Zerfallsreihe des ^{238}U

Tabelle 7.1. Natürliche Zerfallsreihen. Die Zerfallsreihe, die beim Neptunium beginnt, kommt in der Natur wegen der vergleichsweise kurzen Halbwertszeit nicht mehr vor. Diese Elemente sind jedoch zur Zeit der Entstehung der Erde ebenfalls vorhanden gewesen

Nomenklatur	Mutternuklid	Halbwertszeit	Endprodukt	Zerfälle
4n	^{232}Th	$1.405 \cdot 10^{10}$ a	^{208}Pb	$6\alpha, 4\beta^-$
4n+1	^{237}Np	$2.14 \cdot 10^{6}$ a	^{209}Bi	$7\alpha, 4\beta^-$
4n+2	^{238}U	$4.468 \cdot 10^{9}$ a	^{206}Pb	$\begin{cases} 8\alpha, 6\beta^- \\ 10\alpha, 8\beta^- \end{cases}$
4n+3	^{235}U	$7.038 \cdot 10^{8}$ a	^{207}Pb	$7\alpha, 4\beta^-$

Elemente. Dies läßt sich anhand der bekannten natürlichen Zerfallsreihen erläutern. In Bild 7.2 ist die Zerfallsreihe des ^{238}U aufgezeichnet, die einen Teil der Nuklidkarte (siehe Bild 1.2) darstellt.

Die gesamte Zerfallsreihe enthält einige Isotope, die durch β-Zerfall, andere, die durch α-Zerfall in andere Nuklide übergehen. Sie endet beim stabilen Kern ^{206}Pb. An einigen Stellen sehen wir, daß für einige Kerne auch zwei unterschiedliche Zerfallswege auftreten können. In diesem Fall treten zwei Zerfallskonstanten auf, die sich addieren, da die Zerfälle unabhängige statistische Prozesse sind:

$$\lambda = \lambda_1 + \lambda_2 \, .$$

Die λ_i werden partielle Zerfallskonstanten genannt. Die Zerfallsreihe zeigt, daß durch Zerfälle stets neue Radioisotope entstehen. Um die Gesamtaktivität zu bestimmen, muß die Zu- und die Abnahme berücksichtigt werden. In der Natur wurden vier Zerfallsreihen gefunden, die in Tabelle 7.1 angegeben sind. Als Beispiel für einen Mehrfachzerfall mit zwei Zerfallskonstanten ist in Bild 7.3 das Zerfallsschema des ^{40}K gezeigt.

Wenn in einer Kette von Radionukliden zwei aufeinanderfolgende Zerfälle mit unterschiedlichen Halbwertszeiten auftreten, z.B. (1)→(2)→(3) oder auch Mutter-Tochter-Enkel-Substanzen genannt, dann wird ständig durch Zerfall der Muttersubstanz neue Tochtersubstanz erzeugt, andererseits zerfällt diese

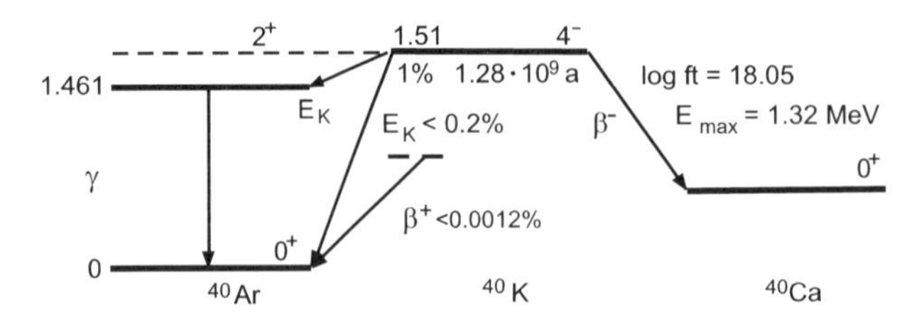

Bild 7.3. Zerfallsschema des ^{40}K

ebenfalls im gleichen Zeitraum. Für diese Änderung der Substanzmenge (2) gilt dann

$$\mathrm{d}N_2 = \lambda_1 N_1 \,\mathrm{d}t - \lambda_2 N_2 \,\mathrm{d}t \,. \tag{7.8}$$

Wenn zu Beginn einer Meßreihe ($t = 0$) nur die Muttersubstanz in der Menge N_{10} vorhanden war, also $N_2(t = 0) = 0$, so folgt aus (7.1)

$$N_1(t) = N_{10}\mathrm{e}^{-\lambda_1 t} \,. \tag{7.9}$$

Für die Änderung der Tochtersubstanz erhalten wir dann (7.23) (siehe Kasten 7.1)

$$N_2(t) = N_{10}\frac{\lambda_1}{\lambda_2 - \lambda_1}\left[\mathrm{e}^{-\lambda_1 t} - \mathrm{e}^{-\lambda_2 t}\right] \,. \tag{7.10}$$

Wenn das Folgeprodukt von (2), also (3) stabil ist, und zur Zeit $t = 0$ ebenfalls $N_3(0) = 0$ war, so erhalten wir für die Zunahme der Substanz (3):

$$N_3(t) = N_{10}\left[1 - \frac{1}{\lambda_2 - \lambda_1}\left(\lambda_2 \mathrm{e}^{-\lambda_1 t} - \lambda_1 \mathrm{e}^{-\lambda_2 t}\right)\right] \,. \tag{7.11}$$

Da wir annehmen, daß keine Substanz verlorengeht, gilt immer:

$$N_1(t) + N_2(t) + N_3(t) = N_{10} \,. \tag{7.12}$$

Für kurze Zeiten wächst $N_2(t) \propto t$, $N_3(t) \propto t^2$. Für große Zeiten wird $N_1(t) \to 0$ und auch $N_2(t) \to 0$. Für $\lambda_2 > \lambda_1$ durchläuft $A_2(t) = \lambda_2 N_2$ ein Maximum. Den Zeitpunkt, an dem dieses Maximum erreicht wird, können wir aus

$$\frac{\mathrm{d}N_2(t)}{\mathrm{d}t} = 0 \tag{7.13}$$

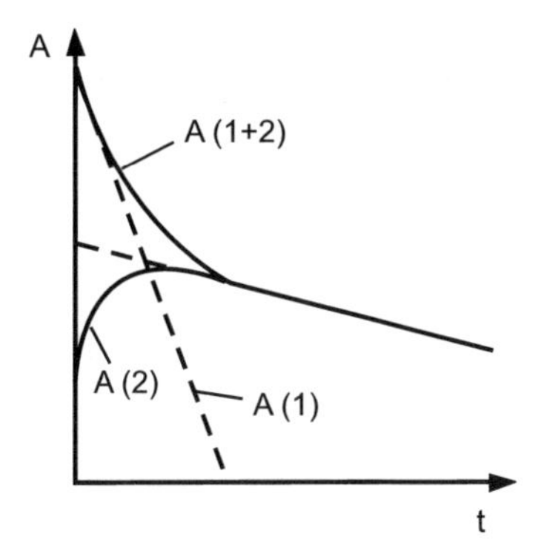

Bild 7.4. Zeitlicher Verlauf von Aktivitäten einer Mutter-Tochtersubstanz (logarithmischer Maßstab)

bestimmen und erhalten:

$$t_{\max} = \frac{1}{\lambda_2 - \lambda_1} \ln \frac{\lambda_2}{\lambda_1} \, . \tag{7.14}$$

Hierbei ist $A_1 = \lambda_1 N_1(t) = \lambda_2 N_2(t) = A_2$. In Bild 7.4 ist dieser Verlauf der Aktivitäten gezeigt. In den Bildern 7.5a–d sind dann für die mittleren Lebensdauern τ vier Fälle illustriert.

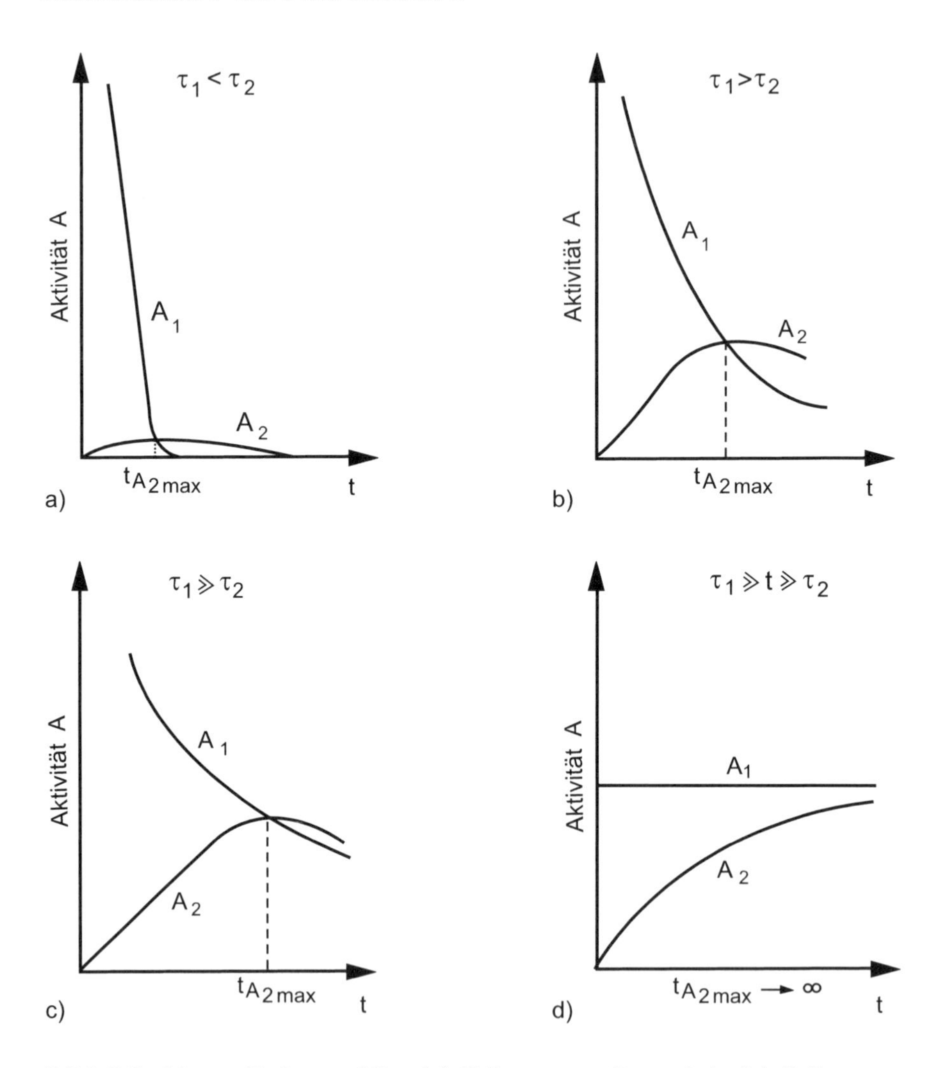

Bild 7.5. Mutter-Tochterzerfälle: (**a**) Fall $\tau_1 < \tau_2$ ($\lambda_1 > \lambda_2$), (**b**) Fall $\tau_1 > \tau_2$ ($\lambda_1 < \lambda_2$), (**c**) Fall $\tau_1 \gg \tau_2$ (sehr langlebig), (**d**) Fall $\tau_1 \gg t \gg \tau_2$

Kasten 7.1: Berechnung von Zerfallsketten

Wir betrachten den Zerfall $1 \rightarrow 2 \rightarrow 3$. Die zeitliche Änderung einer Substanzmenge N_2 ist gegeben durch

$$\frac{\mathrm{d}N_2}{\mathrm{d}t} = \lambda_1 N_{10} \mathrm{e}^{-\lambda_1 t} - N_2 \lambda_2 \, , \tag{7.15}$$

wenn zur Zeit $t = 0$ N_{10} Kerne vorhanden waren. Wenn $N_2(0) = N_{20} \neq 0$, erhalten wir

$$\frac{\mathrm{d}N_2}{\mathrm{d}t} = \lambda_1 N_{10} \mathrm{e}^{-\lambda_1 t} - \lambda_2 N_{20} \mathrm{e}^{-\lambda_2 t} \, . \tag{7.16}$$

Multiplizieren wir diesen Ausdruck mit $\mathrm{e}^{\lambda_2 t}$, dann lautet die Gleichung:

$$\frac{\mathrm{d}N_2}{\mathrm{d}t} \mathrm{e}^{\lambda_2 t} + \lambda_2 N_2(t) \mathrm{e}^{\lambda_2 t} = \lambda_1 N_{10} \mathrm{e}^{-(\lambda_1 - \lambda_2) t} \, . \tag{7.17}$$

Die linke Seite ist gleich der Ableitung von $N_2 \mathrm{e}^{\lambda_2 t}$ nach der Zeit

$$\frac{\mathrm{d}}{\mathrm{d}t} N_2 \mathrm{e}^{\lambda_2 t} = \lambda_1 N_{10} \mathrm{e}^{-(\lambda_1 - \lambda_2) t} \, . \tag{7.18}$$

Die Integration liefert:

$$N_2 \mathrm{e}^{\lambda_2 t} = -\frac{\lambda_1}{\lambda_1 - \lambda_2} N_{10} \mathrm{e}^{-(\lambda_1 - \lambda_2) t} + C \, , \tag{7.19}$$

wobei wir $\int \mathrm{e}^{-\lambda t} \, \mathrm{d}t = -\mathrm{e}^{-\lambda t}/\lambda$ berücksichtigt haben. Wenn wir jetzt mit $\mathrm{e}^{-\lambda_2 t}$ multiplizieren, erhalten wir

$$N_2(t) = -\frac{\lambda_1}{\lambda_1 - \lambda_2} N_{10} \mathrm{e}^{-\lambda_1 t} + C \mathrm{e}^{-\lambda_2 t} \, . \tag{7.20}$$

Die Konstante C erhalten wir aus der Anfangsbedingung: für $t = 0$ ist $N_2 = N_{20}$ konstant. Damit folgt

$$C = N_{20} + \frac{\lambda_1}{\lambda_1 + \lambda_2} N_{10} \, . \tag{7.21}$$

Dies liefert schließlich den Ausdruck für die zeitliche Variation der Tochtersubstanz:

$$N_2(t) = -\frac{\lambda_1}{\lambda_1 - \lambda_2} N_{10} e^{-\lambda_1 t} + N_{20} e^{-\lambda_2 t} + \frac{\lambda_1}{\lambda_1 - \lambda_2} N_{10} e^{-\lambda_2 t} . \tag{7.22}$$

In vielen Fällen ist allerdings $N_{20} = 0$, und damit

$$N_2(t) = -\frac{\lambda_1}{\lambda_1 - \lambda_2} N_{10} \left(e^{-\lambda_1 t} - e^{-\lambda_2 t} \right) . \tag{7.23}$$

Die Menge N_3 ist in (7.11) angegeben.

7.2 Alpha-Zerfall

Der Zerfall schwerer Kerne durch Emission eines schweren Teilchens wurde von Rutherford untersucht, indem er die emittierten gasförmigen Substanzen auffing und das Gasgemisch in einer Entladung spektroskopierte. Dabei fand er, daß die optischen Spektren denen des Heliums gleich sind, woraus die Identität der schweren Teilchen als doppelt ionisierte Heliumatome folgte, die α-Teilchen genannt wurden. Aus Ablenkversuchen dieser Teilchen in magnetischen Feldern konnte auch die Massenzahl $A = 4$ bestimmt werden. Damit rückt in der Nuklidkarte (Bild 1.2), wie der Fajans-Soddysche Verschiebungssatz erklärt, das Tochterelement Y um zwei Ordnungszahlen nach unten und in der Massenzahl um vier Einheiten diagonal herunter.

$$^{A}_{Z}\mathrm{X}_N \longrightarrow {}^{A-4}_{Z-2}\mathrm{Y}_{N-2} + {}^{4}_{2}\mathrm{He}_2 \tag{7.24}$$

Nebelkammeraufnahmen war zu entnehmen, daß der α-Zerfall ein Zweikörperzerfall ist, weil die Spurlängen der α-Teilchen, die aus einem Präparat emittiert werden, gleich lang waren. Demzufolge verteilt sich die Zerfallsenergie, die die Differenz der Massen des Ausgangs- (X) und Endkerns (Y) ist, im reziproken Verhältnis auf die beiden Zerfallspartner, das α-Teilchen und den Rückstoßkern.

Wenn der Ausgangskern X in Ruhe ist, lautet der Energieerhaltungssatz:

$$m_X c^2 = m_Y c^2 + T_Y + m_\alpha c^2 + T_\alpha , \tag{7.25}$$

wobei die T_i die kinetischen Energien der Teilchen im Endzustand angeben. Es ist also

$$(m_X - m_Y - m_\alpha) c^2 = T_Y + T_\alpha , \tag{7.26}$$

oder, wenn wir für die Massendifferenzen den Q-Wert einsetzen:

$$Q = T_Y + T_\alpha \,. \tag{7.27}$$

Der Impulssatz verlangt $\boldsymbol{p}_Y = \boldsymbol{p}_\alpha$. Damit können wir die kinetische Energie der α-Teilchen angeben:

$$T_\alpha = \frac{Q}{\left(1 + \frac{m_\alpha}{m_Y}\right)} \,. \tag{7.28}$$

Wird in einem Experiment das α-Teilchen gemessen, dann treten im Spektrum scharfe Linien auf, wie in Bild 7.6 gezeigt. Aus der Tatsache, daß es mehrere Linien geben kann, läßt sich schließen, daß im Rückstoßkern außer dem Grundzustand mehrere angeregte Niveaus besetzt werden.

In den ersten Jahren der Erforschung des α-Zerfalls bediente man sich zur Energiebestimmung der Reichweitemessung der α-Teilchen. Dabei fanden Geiger und Nuttall, daß die Reichweite R_α proportional der dritten Potenz der Geschwindigkeit v_α^3 ist. Außerdem gilt zwischen der Zerfallskonstante λ und der Reichweite R_α die Beziehung:

$$\log \frac{\lambda}{s} = a + b \log \frac{R_\alpha}{m} \,. \tag{7.29}$$

Die Reichweite R_α ist ein direktes Maß für die α-Teilchenenergie; denn setzen wir für die Reichweite die gemessene Zerfallsenergie ein, so ergibt sich

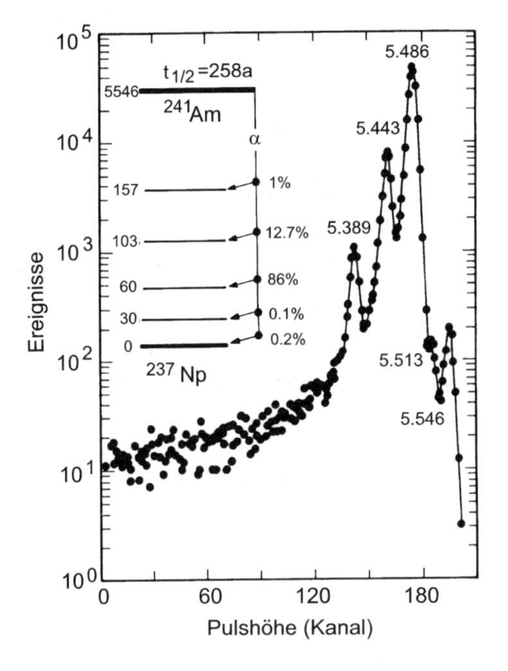

Bild 7.6. Spektrum der α-Zerfälle des ^{241}Am

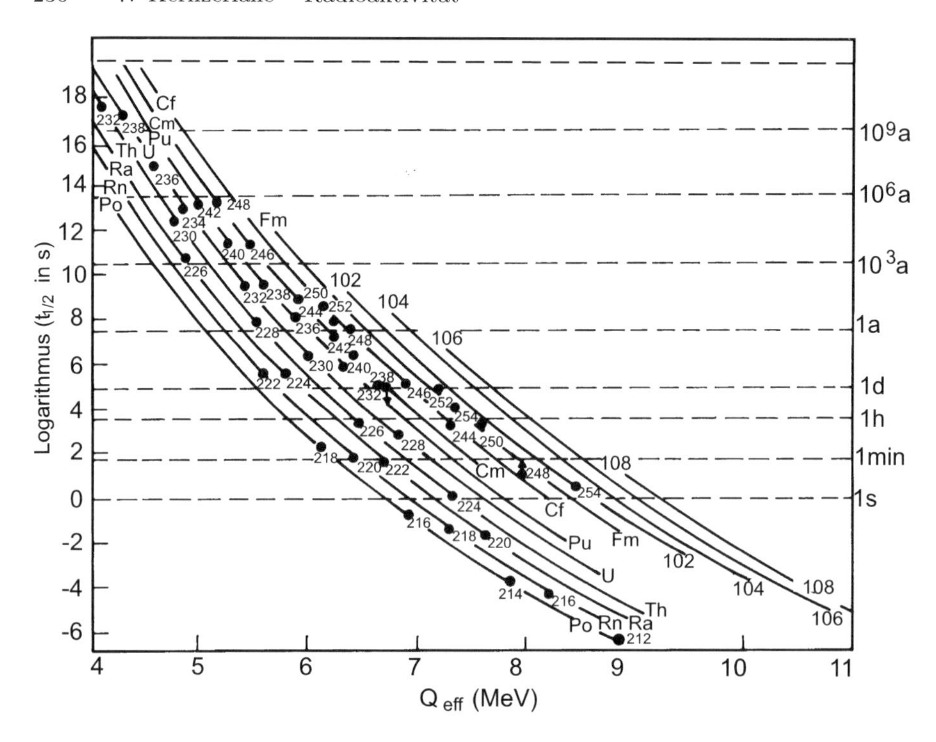

Bild 7.7. Abhängigkeit des Logarithmus der Halbwertszeit vom Q-Wert des α-Zerfalls [GA57]

wegen $R_\alpha \propto T_\alpha^{3/2}$ eine empirische Beziehung zwischen der Halbwertszeit bzw. der Zerfallskonstanten und der Energie. In Bild 7.7 ist für eine Reihe von α-aktiven Kernen die Beziehung dargestellt. Die darin auftretenden Linien durch die Meßpunkte werden durch eine modifizierte Geiger-Nutall-Regel beschrieben, in der neben den von der Ordnungszahl Z abhängigen Koeffizienten $a(Z)$ und $b(Z)$ ein Korrekturterm auftritt, der den Einfluß ungepaarter Nukleonen berücksichtigt [GA57]. Die schwersten bisher bekannten Elemente bis zur Ordnungszahl 112 sind α-Emitter, die aufgrund der Systematik der Zerfallsenergien identifiziert werden konnten. Ebenso findet man einen systematischen Verlauf der T_α mit der Massenzahl A, wie in Bild 7.8 dargestellt ist.

Betrachtet man die Potentialverhältnisse im Bereich des Atomkerns, wie sie in vereinfachter Weise in Bild 7.9 dargestellt sind, ist der α-Zerfall rein klassisch betrachtet nicht möglich, da die kinetische Energie des α-Teilchens kleiner ist als die Coulomb-Barriere . Theoretisch wurde der α-Zerfall von George Gamow als Durchtunnelung einer Potentialbarriere gedeutet. Die Theorie des Tunneleffekts wird als Standardaufgabe in der Quantenmechanik behandelt, hier findet sich die Rechnung in Kasten 7.2.

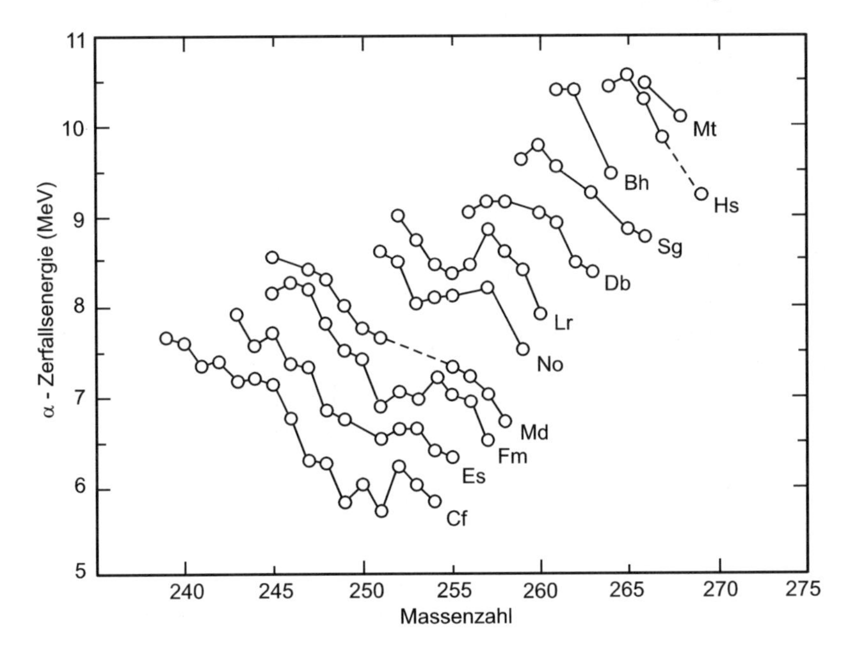

Bild 7.8. Abhängigkeit der α-Zerfallsenergie von der Massenzahl A

In dieser Rechnung beschreiben wir die auf eine Potentialbarriere zulaufenden α-Teilchen der Energie E durch eine ebene Welle mit der Amplitude A_1. Das Quadrat dieser Amplitude ist proportional zur Intensität der Welle. Der Anteil der ursprünglichen Amplitude, der durch eine Potentialbarriere hindurchgeht, wird in (7.48) auf Seite 236 angegeben. Der Transmissionsfaktor T ist dann durch das Quadrat dieser Amplitude bestimmt. Die Ableitung des Transmissionsfaktors erfolgt unter der vereinfachenden Annahme, daß es sich um eine Rechteckbarriere handelt. Wenn wir die Näherung einführen,

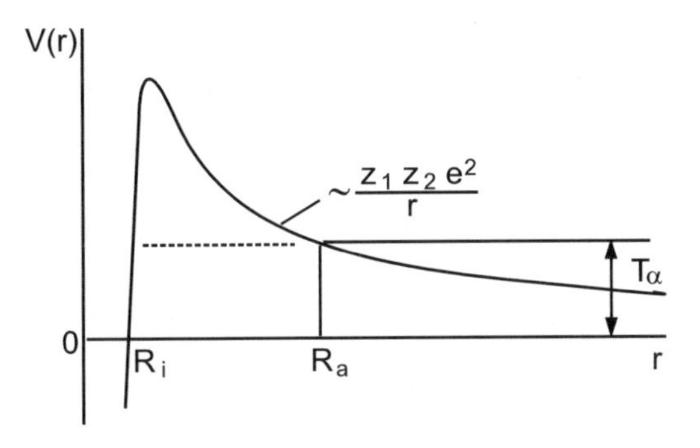

Bild 7.9. Verlauf des Coulomb-Potentials

daß

$$\frac{|k_\mathrm{I}|}{|k_\mathrm{II}|} \approx \sqrt{\frac{E}{E_\mathrm{B}}} \cong 1 \,, \tag{7.30}$$

erhalten wir als Transmissionskoeffizienten nach (7.48) für eine dicke Barriere

$$T \approx \exp\left\{-2b\sqrt{\frac{2m}{\hbar^2}(U-E)}\right\} . \tag{7.31}$$

Der Ausdruck im Exponenten von (7.31) heißt *Gamow-Faktor*. Man entnimmt ihm, daß die Transmission um so größer ist, je kleiner die Masse der durch die Barriere tunnelnden Teilchen. Ist das Potential nicht konstant, wie im obigen Beispiel (Kasten 7.2), sondern eine Funktion der Barrierenbreite, dann gilt für ein Potential $V(x)$:

$$T \simeq \exp\left\{-\frac{2}{\hbar}\int_a^b \sqrt{2m(V(x)-E)}\,\mathrm{d}x\right\} , \tag{7.32}$$

wobei nach Bild 7.9 $a = R_i$ und $b = R_a$ zu setzen ist. D.h., die Potentialbarriere wird hier in Schichten zerlegt, und die Transmissionskoeffizienten jeder einzelnen Schicht werden miteinander multipliziert. Wenden wir diesen Ausdruck auf den α-Zerfall an, so müssen wir für das Potential $V(x)$ das Coulomb-Potential $V(r) = V_\mathrm{C}$ einsetzen. Das Integral über den Coulomb-Wall wird, wie in Bild 7.9 gezeigt, vom Kernpotential bei R_i bis zum Endpunkt der Durchtunnelung R_a erstreckt. Das bestimmte Integral liefert dann für den Gamow-Faktor:

$$G = \sqrt{\frac{8Z_1Z_2e^2mR_a}{\hbar^2}}\left\{\arccos\sqrt{\frac{R_i}{R_a}} - \sqrt{\frac{R_i}{R_a} - \frac{R_i^2}{R_a^2}}\right\} . \tag{7.33}$$

Für $E_\alpha \ll E_\mathrm{C}$, d.h. $R_a \gg R_i$ kann der Ausdruck in der geschweiften Klammer vereinfacht werden:

$$\left\{\arccos\sqrt{\frac{R_i}{R_a}} - \sqrt{\frac{R_i}{R_a} - \sqrt{\frac{R_i^2}{R_a^2}}}\right\} \approx \frac{\pi}{2} - \sqrt{\frac{R_i}{R_a}} . \tag{7.34}$$

Daraus ergibt sich wieder die Geiger-Nutallsche Regel. Mit den Überlegungen Gamows lassen sich die Phänomene und energetischen Verhältnisse des α-Zerfalls vollständig beschreiben. Die quantenmechanische Behandlung des Kernübergangs, der die Größe der Zerfallskonstanten λ bestimmt, ist in der Gamow-Theorie nicht enthalten. Grundzüge dieser Theorie sind von Hans Jörg Mang ausgearbeitet worden [MA64].

Kasten 7.2: Der quantenmechanische Tunneleffekt

Als Beispiel soll hier die Durchtunnelung einer Welle mit der de Broglie-Wellenlänge

$$\lambda\!\!\!^{-} = \frac{\hbar}{mv} = \sqrt{\frac{\hbar^2}{2mE}} \qquad (7.35)$$

durch eine eindimensionale Rechteckbarriere ausgerechnet werden. Dazu lösen wir die eindimensionale Schrödinger-Gleichung und nehmen als Bewegungsrichtung einer ebenen Welle $\psi(x) = \mathrm{e}^{\mathrm{i}kx}$, die ein Teilchen der Energie E und der Masse m repräsentiert, die positive x-Achse an.

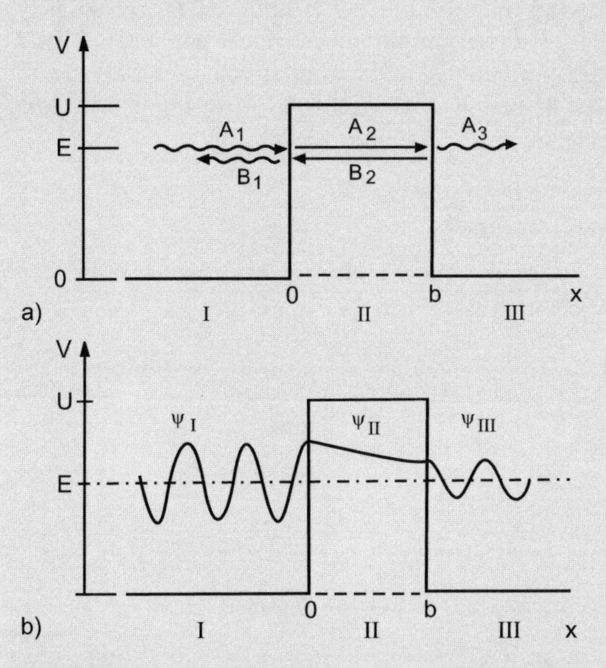

Bild K7.2. (**a**) Potentialbarriere und Kennzeichnung der Amplituden, (**b**) Wellenfunktionen in Bereichen I, III, Dämpfung im Bereich II

Die ebene Welle trifft bei $x = 0$ auf eine Rechteckbarriere der Höhe U, wobei $U > E$ ist. Damit liegen drei Bereiche I, II, III vor, in denen wir die Lösung der Schrödinger-Gleichung

$$\frac{\partial^2}{\partial x^2}\psi(x) - \sqrt{\frac{2m(E-V)}{\hbar}}\psi(x) = 0 \qquad (7.36)$$

untersuchen müssen. Das Potential V in den drei Bereichen ist bestimmt durch:

$$\begin{aligned} &\text{I.} \quad V=0 \qquad -\infty < x \leq 0\,, \\ &\text{II.} \quad V=U \qquad 0 \leq x \leq b\,, \\ &\text{III.} \quad V=0 \qquad b \leq x < \infty\,. \end{aligned}$$

Die Lösung von (7.36) ist für die drei Bereiche I, II, III zu bestimmen. Dazu müssen auch Randbedingungen erfüllt werden. Die ebene Welle, deren Amplitude im Bereich I A_1 sein möge, wird teilweise an der Barriere mit der Amplitude B_1 reflektiert, zum anderen dringt sie mit der Amplitude A_2 in den Bereich II ein. Ebenso wird diese Welle dann an der Stelle $x = b$ teilweise mit der Amplitude B_2 reflektiert, und ein weiterer Teil mit der Amplitude A_3 erreicht den Bereich III.

Das physikalische Verhalten wird sowohl durch den Barrierendurchdringungsfaktor P und damit durch den Transmissionsfaktor T beschrieben:

$$\begin{aligned} P &= \frac{\text{Durchgelassene Intensität}}{\text{Einfallende Intensität}} \\ &= \frac{\text{Wahrscheinlichkeitsstromdiche der durchdringenden Welle}}{\text{Wahrscheinlichkeitsstromdichte der einfallenden Welle}} \\ &= \frac{|A_3|^2}{|A_1|^2}\,, \end{aligned} \tag{7.37}$$

und für T gilt:

$$T = \frac{\text{auslaufender Fluß}}{\text{einlaufender Fluß}} = \frac{|A_3|^2}{|A_1|^2}\frac{k_{\mathrm{III}}}{k_{\mathrm{I}}}\,. \tag{7.38}$$

Die Lösung der Gleichung (7.36) lautet für den Bereich I:

$$\psi_{\mathrm{I}} = A_1 \mathrm{e}^{\mathrm{i}k_{\mathrm{I}}x} + B_1 \mathrm{e}^{-\mathrm{i}k_{\mathrm{I}}x}\,. \tag{7.39}$$

In diesem Bereich ist das Potential $V = 0$. Also lautet die Wellenzahl

$$k_{\mathrm{I}} = \frac{\sqrt{2mE}}{\hbar}\,. \tag{7.40}$$

Auch im Bereich III ist $V = 0$, so daß wir auch dort die Lösung kennen:

$$\psi_{\mathrm{III}} = A_3 \mathrm{e}^{\mathrm{i}k_{\mathrm{III}}x}\,. \tag{7.41}$$

Dann ist im Bereich III die Wellenzahl $k_{\mathrm{III}} = k_{\mathrm{I}}$. Im Bereich II hingegen ist $E - V = E - U = -E_{\mathrm{B}}$, wobei E_{B} selbst eine positive Größe, die Bindungsenergie, ist. Hier lautet die Lösung:

$$\psi_{\mathrm{II}} = A_2 \mathrm{e}^{\mathrm{i}k_{\mathrm{II}}x} + B_2 \mathrm{e}^{-\mathrm{i}k_{\mathrm{II}}x} \tag{7.42}$$

mit der Wellenzahl

$$k_{\mathrm{II}} = \sqrt{\frac{2m(E-U)}{\hbar^2}} = \sqrt{-\frac{2mE_{\mathrm{B}}}{\hbar^2}}. \tag{7.43}$$

Die Wellenzahl ist wegen $E - U < 0$ rein imaginär, also setzen wir

$$\kappa_{\mathrm{II}} = \kappa = ik_{\mathrm{II}} = \sqrt{\frac{2mE_{\mathrm{B}}}{\hbar^2}}\,. \tag{7.44}$$

D.h., innerhalb der Potentialbarriere kann die Wellenfunktion durch eine exponentielle Dämpfung beschrieben werden. Die Lösungen der Schrödinger-Gleichung für die einzelnen Bereiche enthalten also die Amplituden B_1, A_2, B_2 und A_3. Die Amplituden können bei Berücksichtigung der Randbedingungen berechnet werden, uns interessiert hier nur die Amplitude A_3 der durch die Barriere hindurchgegangenen Welle. Die Wellenfunktionen charakterisieren physikalische Vorgänge, demzufolge müssen die Funktionen und ihre ersten Ableitungen an den Stellen, an denen das Potential einsetzt ($x = 0$) bzw. abfällt ($x = b$) stetig verlaufen. Dies Verhalten ist in Bild K7.2b gezeigt.

Die Stetigkeitsbedingungen ergeben vier Gleichungen, mit denen drei der vier unbekannten Amplituden ersetzt werden können (vgl. Aufgabe 7.5):

$$\begin{aligned} \psi_{\mathrm{I}}(0) &= \psi_{\mathrm{II}}(0)\,, \qquad & \psi_{\mathrm{II}}(b) &= \psi_{\mathrm{III}}(b)\,, \\ \psi_{\mathrm{I}}'(0) &= \psi_{\mathrm{II}}'(0)\,, \qquad & \psi_{\mathrm{II}}'(b) &= \psi_{\mathrm{III}}'(b)\,. \end{aligned}$$

Demnach ergibt sich zwischen den Amplituden A_1 und A_3 folgende Beziehung:

$$A_1 = A_3 \mathrm{e}^{\mathrm{i}k_{\mathrm{I}}b} \left[\cosh \kappa b + \frac{\mathrm{i}}{2}\left(\frac{\kappa}{k_{\mathrm{I}}} - \frac{k_{\mathrm{I}}}{\kappa}\right) \sinh \kappa b\right]. \tag{7.45}$$

Zur Vereinfachung betrachten wir den Fall daß $E \simeq E_B \simeq U/2$ im Fall einer dicken Barriere, so daß $b \gg \kappa^{-1}$:

$$\sqrt{\frac{E}{E_{\mathrm{B}}}} \simeq 1 \quad \text{und} \quad \exp\left\{-\frac{b\sqrt{2mE_{\mathrm{B}}}}{\hbar}\right\} \ll 1\,. \tag{7.46}$$

Damit erhalten wir die vereinfachte Beziehung

$$A_1 \approx A_3 \exp\left\{\frac{b\sqrt{2mE_\mathrm{B}}}{\hbar}\right\} . \tag{7.47}$$

Für den Transmissionsfaktor nach (7.38) ergibt sich dann in der Näherung:

$$\begin{aligned} T &\cong \exp\left|-2ikb - \frac{2b\sqrt{2mE_\mathrm{B}}}{\hbar}\right| \\ &\cong \exp\left(-\frac{2b\sqrt{2mE_\mathrm{B}}}{\hbar}\right) . \end{aligned} \tag{7.48}$$

Der Realteil der Exponentialfunktion liefert dann die Transparenz.

7.2.1 Protonen-Zerfall

Wir haben im vorhergehenden Abschnitt den α-Zerfall kennengelernt und auch die Gesetzmäßigkeit, nach der die α-Teilchen durch die Coulomb-Barriere tunneln können. Auch wurde die Frage erörtert, ob es Kerne gibt, die durch Aussendung eines Protons zerfallen können. Die Wahrscheinlichkeit für die Durchtunnelung eines Protons durch eine Barriere ist wegen der kleinen Masse wesentlich größer als die für α-Teilchen, woraus sich eine wesentlich kürzere Halbwertszeit für solche Kerne ergeben würde. Sie konnten deshalb in den natürlichen Zerfallsreihen nicht beobachtet werden.

Die energetische Bedingung für eine Beobachtung eines Protonen-Zerfalls ist die Existenz eines postiven Q-Wertes

$$Q_\mathrm{p} = (M_\mathrm{A}(Z+1) - M_\mathrm{A}(Z) - m_\mathrm{p} - m_\mathrm{e})c^2 > 0 . \tag{7.49}$$

Dies entspricht der Differenz der Bindungsenergien

$$Q_\mathrm{p} = E_B(Z, A) - E_B(Z+1, A+1) > 0 . \tag{7.50}$$

Die Bindungsenergien für Kerne mit 80 Neutronen sind in Bild 7.10 graphisch dargestellt als Funktion der Ordnungszahl. (Man verwechsele dieses Bild nicht mit den Isobaren-Massenparabeln im β-Zerfall in Bild 7.18!).

Die Bindungsenergien wurden Vorhersagen von Kernmassen im Modell von Peter Möller und J. Rayford Nix entnommen [MÖ88]. Der Q-Wert des Zerfalls $^{151}\mathrm{Lu} \longrightarrow {}^{150}\mathrm{Yb} + \mathrm{p}$ von 1.23 MeV wird nach dieser Rechnung gut wiedergegeben. Die Bindungsenergieparabeln sind durch die Protonenpaarungsenergie separiert.

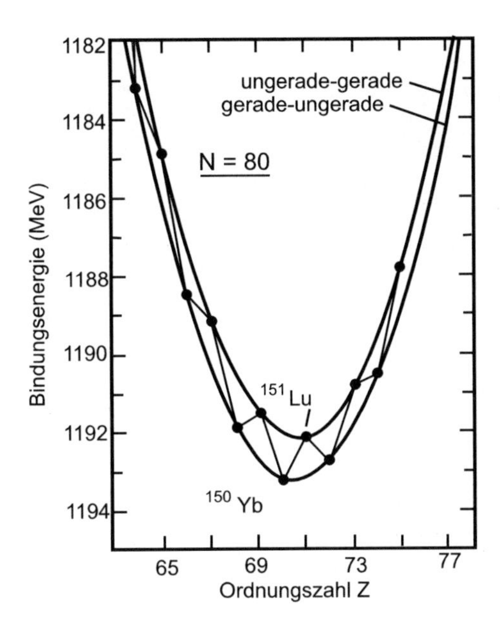

Bild 7.10. Bindungsenergieparabeln für die Isotone mit $N = 80$ [HO93]

An der Protonen-Abbruchkante des Isotopentals sind gegenwärtig die in Tabelle 7.2 aufgeführten Protonenemitter bekannt.

Tabelle 7.2. Protonenemitter

Protonenemitter	Zerfallsenergie	Tochterkern	Halbwertszeit	
^{53m}Co	1.560 MeV	^{52}Fe	247±12	ms
^{109}J	0.813 MeV	^{108}Te	103±5	μs
^{112}Cs	0.807 MeV	^{111}Xe	500	μs
^{113}Cs	0.959 MeV	^{112}Xe	17	μs
^{131}Eu	0.950 MeV	^{130}Sm	26	ms
^{141}Ho	1.169 MeV	^{140}Dy	4.2	ms
^{145}Tm	1.728 MeV	^{144}Er	3.5	μs
^{146}Tm	1.189 MeV	^{145}Er	72±23	ms
^{147}Tm	1.051 MeV	^{146}Er	560±40	ms
^{150}Lu	1.263 MeV	^{149}Yb	35±10	ms
^{151}Lu	1.233 MeV	^{150}Yb	90	ms
^{156}Ta	1.007 MeV	^{155}Hf	144	ms
^{160}Re	1.258 MeV	^{159}W	790±160	μs
^{161}Re	1.192 MeV	^{160}W	370	μs
^{171}Au	1.692 MeV	^{170}Pt	1.0	ms
^{185}Bi	1.585 MeV	^{184}Pb	44	μs

Zusätzlich zur Protonenemission aus dem Grundzustand ist bekannt, daß auch eine spontane Protonenemission aus angeregten Zuständen auftreten kann. Der erste Protonenzerfall aus einem angeregten isomeren Zustand wurde am ^{53}Co für den $I^{\pi} = 19/2^{-}$ Zustand entdeckt [JA70]. In der Reaktion ^{28}Si(^{36}Ar, αpn)^{58}Cu wurden verschiedene Rotationsbanden angeregt. Während die Grundzustandsbande durch γ-Emission zerfällt, womit der Kern ^{58}Cu identifiziert wird, tritt bei einer Hochspin Bande, die zu einem deformierten Zustand gehört, Protonenemission des Bandenkopfes auf, der dadurch in den Tochterkern ^{57}Ni übergeht [RU98].

7.2.2 Cluster-Emission

Der α-Zerfall ist ein spezielles Beispiel für einen Cluster-Zerfall, weil α-Teilchen häufig in Kernreaktionen (vergl. Abschn. 6.3.2) als Cluster transferiert werden. Der Zerfall in große Bruchstücke wird als Kernspaltung nachfolgend in Abschn. 7.3 ausführlich behandelt. Die Emission von Kernen bzw. Clustern schwerer als die α-Teilchen wurde theoretisch vorhergesagt [MA72]. Sie stellt das Verbindungsglied zwischen dem α-Zerfall und der Kernspaltung dar und kann auch als stark asymmetrische Spaltung verstanden werden. Die Rechnungen haben gezeigt, daß bei großer Massenasymmetrie in den Potentialflächen sehr enge „Täler“ auftreten können, durch die ein schwerer Kern durch Emission größerer Kernbruchstücke zerfallen kann. Die Potentialflächen werden z.B. in einem zwei Zentren-Modell berechnet. Dazu werden für einen deformierten Kern je ein Zentrum im Schwerpunkt der asymmetrischen Massenverteilung (Asymmetrieparameter η) angenommen. Es bilden sich Flächen gleicher potentieller Energie, d.h. gleicher Massenverteilung aus, die im dreidimensionalen Raum, je nach Deformation, unterschiedliche Gradienten ausbilden. In der graphischen Auftragung in Bild 7.11 zeigen sich große Gradienten als Täler oder Einschnitte, berechnet für die Spaltung des hypothetischen Kerns $^{298}_{114}$X [MA72]. Durch diese Täler werden die unterschiedlichen Zerfälle bestimmt, sie schränken auch die Energiebereiche ein, in denen eine Emission möglich ist. Man verwendet den Begriff Clusteremission wegen des großen Massenunterschieds der beiden Fragmente, obwohl es auch ein Kernspaltungprozess ist.

Da es sich um spezielle seltene radioaktive Zerfälle handelt, ist die Angabe mittlerer Lebensdauern sinnvoller als die von Halbwertszeiten [PO86]. Sie sind sehr groß und liegen im Bereich 10^{11} bis 10^{26} Jahre.

Mit speziell angepaßten Meßmethoden war es möglich, radioaktive Zerfälle von schweren Kernen durch Cluster-Emission zu untersuchen, vor allem im Aktinoidenbereich, bei denen als Cluster die Kerne ^{14}C, ^{20}O, ^{24}Ne und ^{28}Mg beobachtet wurden. Als Beispiele sind die folgenden Zerfälle angegeben:

$$
\begin{array}{lcl}
^{228}\mathrm{Th} & \longrightarrow & ^{208}\mathrm{Pb} + {}^{20}\mathrm{O} \\
^{225}\mathrm{Ac} & \longrightarrow & ^{211}\mathrm{Bi} + {}^{14}\mathrm{C}
\end{array}
$$

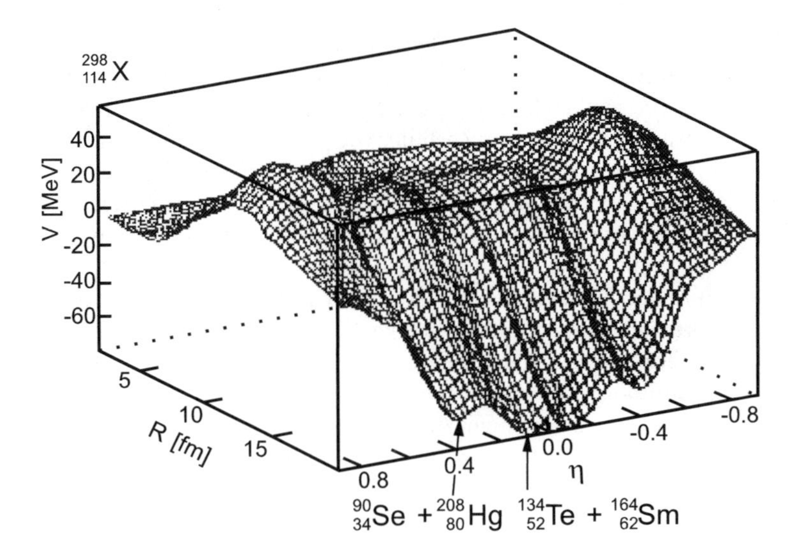

Bild 7.11. Äquipotentialflächen für den hypothetischen schweren deformierten Kern $^{298}_{114}$X [MA72]

$$^{223}\mathrm{Ra} \quad \longrightarrow \quad ^{209}\mathrm{Pb} + {}^{14}\mathrm{C}\,.$$

Die äußerste Seltenheit der Zerfälle läßt sich aus dem Verhältnis Clusteremission/α-Zerfall ablesen. Dieses Verhältnis beträgt z. B. für den zuletzt genannten Zerfall $5 \cdot 10^{-10}$ [KU85].

7.3 Kernspaltung

Die Spaltung eines Atomkerns ist ein Zerfallsprozeß, der entweder spontan oder auch induziert durch Teilchen oder Photonen erfolgen kann. 1938 entdeckten Otto Hahn und Fritz Straßmann die durch Neutronen induzierte Kernspaltung des ^{238}U, 1940 Georgij Nikolajewitsch Flerov und Konstantin Andronowitsch Petrzhak die spontane Spaltung desselben Kerns [FL40]. Bei der Kernspaltung entstehen unterschiedlich schwere Bruchstücke mit sehr verschiedenen Nukleonenzahlen, es tritt also eine wesentlich stärkere Veränderung der Kernmaterie auf als bei der Emission leichter Teilchen oder kleinerer Cluster.

Als Beispiel betrachten wir zunächst die durch langsame Neutronen induzierte Spaltung des ^{235}U:

$$^{235}\mathrm{U} + \mathrm{n} \longrightarrow (^{236}\mathrm{U})^* \longrightarrow \mathrm{f}_1^* + \mathrm{f}_2^* + \mathrm{n}_\mathrm{f} + \bar{\nu}_\mathrm{e} + Q\,. \tag{7.51}$$

Bei der Spaltung entstehen die i.a. angeregten Fragmente f_1^* und f_2^* sowie n_f Neutronen und Antineutrinos ν_e. Auf die Natur der Neutrinos wird ein Abschn. 7.4 noch eingegangen.

Während der Spaltung werden von den primären Spaltfragmenten f_i schnelle Neutronen emittiert, die prompte Neutronen genannt werden. Da die primären Spaltfragmente hochangeregte Kerne sind, folgen der primären Spaltung Ketten weiterer radioaktiver Zerfälle, wie z.B. in Kasten 9.1 dargestellt. Einige dieser Tochterprodukte sind noch immer sehr hoch angeregt, so daß mit einer zeitlichen Verzögerung weitere Neutronen ausgesandt werden, die dann *verzögerte Neutronen* heißen. Im statistischen Mittel werden pro Spaltung eines ^{235}U-Kerns 2.5 ± 0.1 thermische Neutronen ausgesandt.

Die Spektroskopie der Massen der bei der Spaltung des ^{235}U entstehenden Fragmente lieferte eine unsymmetrische Verteilung, wie sie in Bild 7.12 gezeigt ist. In der doppelhöckerigen Verteilung gehören jeweils Paare von Spaltfragmenten zusammen, und zwar diejenigen aus der Flanke zu hohen Massen hin mit denen aus der Flanke zu niedrigen Massen hin. Analoges gilt im im Innenbereich der Verteilung. Als gepunktete Linie ist die Zahl der jeweils emittierten Neutronen angegeben. Die Massenverteilung spontan spaltender Kerne wie z.B. ^{244}Cm oder ^{252}Cf zeigt ebenfalls zwei getrennte Massenbereiche.

Eine Kernspaltung kann auch durch geladene Teilchen ausgelöst werden, wie das Beispiel für ^{209}Bi in Bild 7.13 für α-Teilchen zeigt. Hier tritt eine symmetrische Spaltung am häufigsten auf. Diese Spaltung wird dann beobachtet,

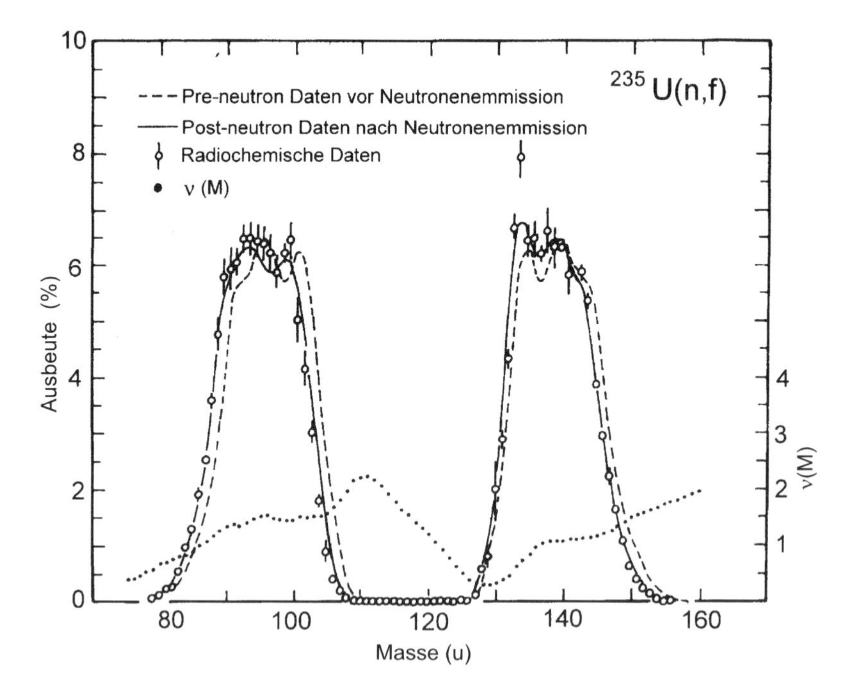

Bild 7.12. Massenverteilung der Spaltfragmente aus ^{235}U(n,f). Die gepunktete Linie gibt die mittlere Anzahl der emittierten Neutronen $\nu(M)$ an

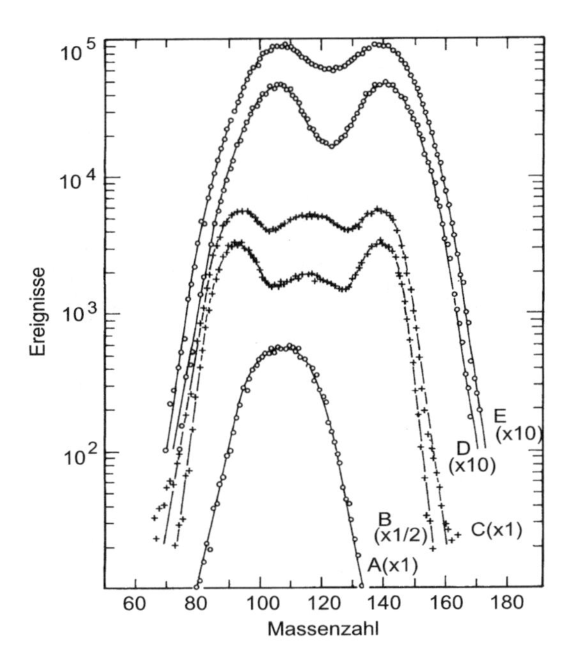

Bild 7.13. Massenverteilung der Spaltfragmente, die durch α-Teilchen-Beschuß erzeugt wurden: (A) ^{209}Bi (42 MeV α,f), (B) ^{226}Ra (30.8 MeV α,f), (C) ^{226}Ra (38.7 MeV α,f), (D) ^{238}U (29.4 MeV α,f), (E) ^{238}U (42 MeV α,f). Um eine vergleichende Darstellung zu ermöglichen, wurde die Zahl der Ereignisse in den Verteilungen jeweils mit dem angegebenen Faktor multipliziert [VAN73]

wenn der spaltende Kern sehr hoch angeregt wird. Dies kann man auch daran erkennen, daß mit zunehmender Einschußenergie der α-Teilchen die Wahrscheinlichkeiten symmetrischer Spaltung zunehmen. Ebenso wie die Massenverteilungen sind die Ladungsverteilungen der Spaltfragmente gemessen worden, das Ergebnis ist in Bild 7.14 gezeigt. Wie in (7.51) angegeben, ist die bei der Spaltung freigesetzte Energie die Differenz der Masse des Ausgangskerns und der Massen der Spaltfragmente. Diese Differenz tritt als kinetische Energie der Fragmente in Erscheinung, wenn sie soweit auseinandergelaufen sind, daß das Coulomb-Potential nicht mehr wirkt. Die Potentialverhältnisse sind in Bild 7.15 dargestellt. Die Spaltung wird eingeleitet durch Zufuhr der Energie T_a, der Aktivierungsenergie oder Sattelpunktsenergie. Diese Energie addiert sich zur Masse des spaltbaren Kerns. Beim Einfang eines Neutrons in ^{235}U ist T_a die Bindungsenergie des Neutrons. Im rechten Teil des Bildes 7.15 ist der Potentialverlauf skizziert. Unterhalb der Abszisse sind die bei der Spaltung auftretenden Kerndeformationen angegeben. Wenn ein Kern in seiner Schwingungsbewegung den Punkt R_{sci} erreicht hat (Zerreißabstand, engl. scission), kann er meist nicht mehr in seinen Ausgangszustand zurückkehren, er erreicht einen Sattelpunkt, von dem aus er zerreißt. Dabei wird der Energiebetrag T_f frei, der sich aus T_a und Q nach (6.5) zusammensetzt.

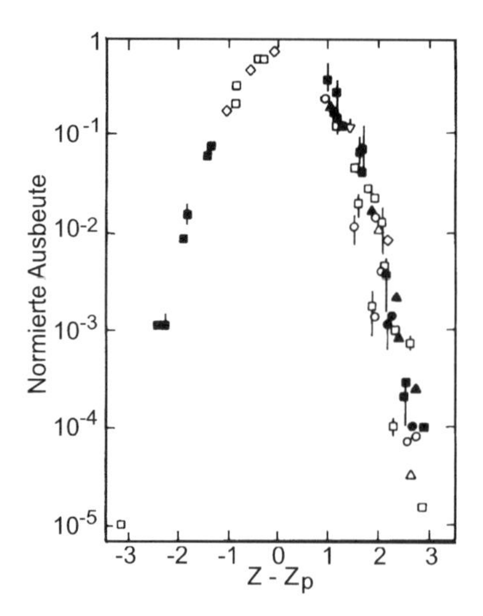

Bild 7.14. Gemessene Ladungsverteilung von Spaltfragmenten [VAN73]. Z_p entspricht der Ordnungszahl des häufigsten Isotops

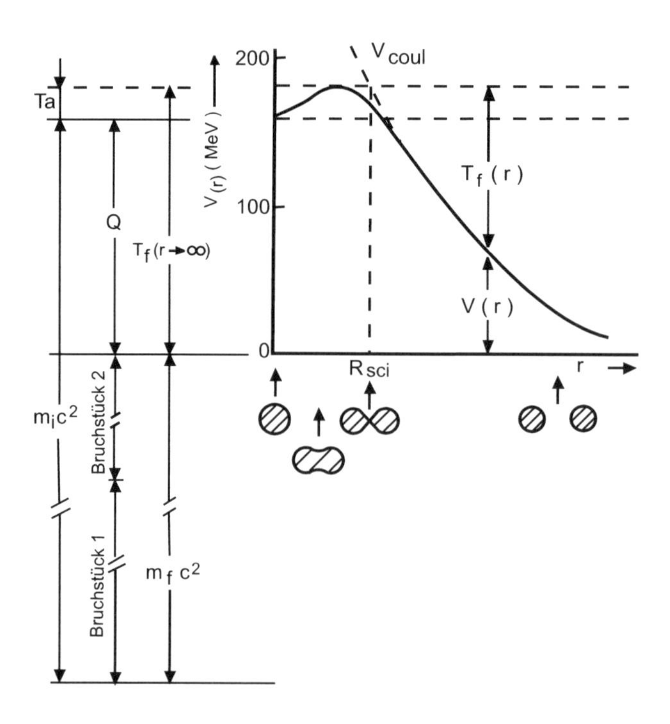

Bild 7.15. Energieverhältnisse bei der Spaltung

Für die Beschreibung des Spaltvorgangs gehen wir vom Tröpfchenmodell (vgl. Abschn. 3.1) aus. In Abschn. 4.2 hatten wir den Radius eines deformierten Kerns mit folgender Formel beschrieben, wobei wir uns jetzt auf rotationssymmetrische Kerne beschränken wollen:

$$R = R_0\big[1 + \alpha_2 P_2(\cos\theta)\big] \ . \tag{7.52}$$

Darin ist α_2 der Quadrupoldeformationsparameter und P_2 die zweite Kugelflächenfunktion. Im Gleichgewicht einer kugelförmigen Verteilung wird die Oberflächenenergie E_O die abstoßende Coulomb-Energie E_C kompensieren. Eine Deformation vergrößert die Oberfläche, wozu zusätzliche Energie benötigt wird. Wenn wir die ungestörten Energien mit E_O^0 und E_C^0 bezeichnen, erhalten wir

$$E_\mathrm{O} = E_\mathrm{O}^0\left(1 + \frac{2}{5}\alpha_2^2\right) = E_\mathrm{O}^0 + \Delta E_\mathrm{O} \ , \tag{7.53}$$

$$E_\mathrm{C} = E_\mathrm{C}^0\left(1 - \frac{1}{5}\alpha_2^2\right) = E_\mathrm{C}^0 + \Delta E_\mathrm{C} \ . \tag{7.54}$$

Diese Ausdrücke erhalten wir, wenn wir die Halbachsen a, b eines Rotationsellipsoids mit dem Radius der Kugel vergleichen, die das gleiche Volumen hat (Kugelvolumen $V_\mathrm{kug} = \frac{4}{3}\pi R^3$, Volumen des Rotationsellipsoids $V_\mathrm{ell} = \frac{4}{3}\pi a b^2$). Mit der Exzentrizität ε gilt dann $a = R(1+\varepsilon)$ und $b = R/(1+\varepsilon)^{1/2}$. Die Oberfläche eines Ellipsoids ist näherungsweise $O = 4\pi R^2(1 + \frac{2}{5}\varepsilon^2 + \cdots)$. Eine ähnliche Überlegung führt auf den Ausdruck für E_C.

Ein Kern ist dann als stabil anzusehen, wenn $\Delta E_\mathrm{O} > |\Delta E_\mathrm{C}|$, er erreicht die Schwelle der Instabilität, wenn $|\Delta E_\mathrm{C}|/\Delta E_\mathrm{O} = 1$.

Berücksichtigen wir die Werte für ΔE_C und ΔE_O, so tritt der Fall der Instabiltät ein, wenn gilt

$$E_\mathrm{C}^0 = 2E_\mathrm{O}^0 \ . \tag{7.55}$$

Daraus leitet sich der Spaltbarkeitsparameter X ab:

$$X = \frac{E_\mathrm{C}^0}{2E_\mathrm{O}^0} = \frac{a_\mathrm{C}\frac{Z^2}{A^{1/3}}}{2a_\mathrm{O}A^{2/3}} = \frac{a_\mathrm{C}}{2a_\mathrm{O}}\frac{Z^2}{A} \ . \tag{7.56}$$

Mit den in Abschn. 3.1 angegebenen Werten für a_C und a_O wird $X = 1$, d.h. für den Grenzwert der Stabilität gilt $Z^2/A = 51.7$.

Mit kleiner werdendem Wert von X wird die Halbwertszeit für spontane Spaltung größer. So wird für ^{238}U $X = 0.688$, $t_{1/2} \cong 5.9 \cdot 10^{15}$ a; ^{254}Cf $X = 0.804$, $t_{1/2} = 60.5$ d.

Diese Überlegungen sind nur näherungsweise richtig, dann wenn die Deformationen klein sind. Dies ist aber kaum der Fall, wenn der Kern sich einschnürt. Nach dem Tröpfchenmodell gibt es für Werte oberhalb von $Z = 125$ keine Barriere mehr, die einen Kern zusammenhält. In diesem Modell ist jedoch keine innere Struktur der Kerne wie z.B. die Schalenstruktur ange-

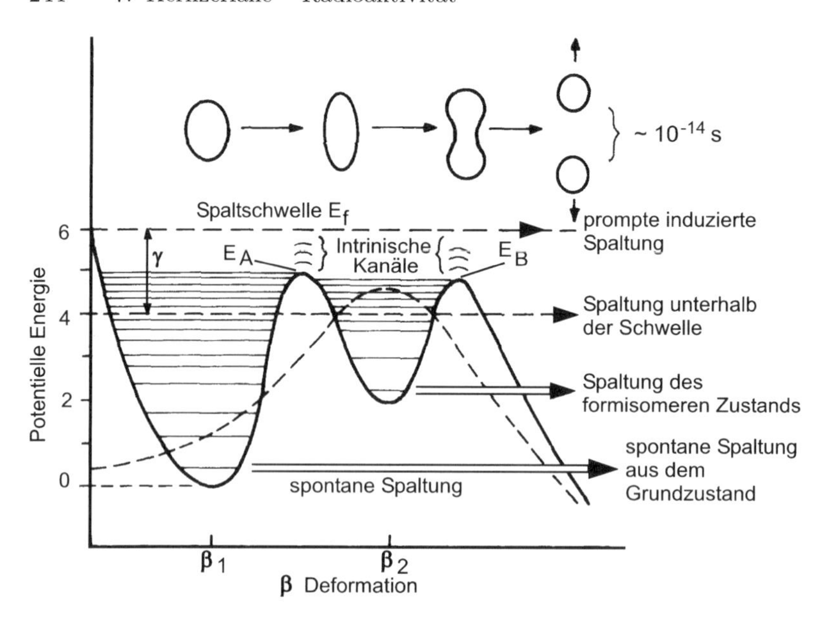

Bild 7.16. Schematische Illustration der einfachen (*gestrichelt*) und der doppelhöckrigen Spaltbarriere. Die Deformation β ist in Abschn. 4.3 erläutert worden

nommen worden. In Rechnungen, die zusätzlich zur Stabilität eines Flüssigkeitstropfens eine Schalenstruktur berücksichtigen, zeigte sich, daß die Spaltbarriere komplizierter ist, als es die einfachen Modelle vorhersagen.

In Bild 7.16 ist die Struktur der Barrierenkuppe aus Bild 7.15 noch einmal dargestellt, wobei mit E_A und E_B zwei Barrieren bezeichnet sind. Danach können in Kernen infolge einer ausgeprägten Schalenstruktur, die sich der Barrierekuppe überlagert, mehrere Potentialtöpfe entstehen, in denen auch Anregungszustände existieren. Kerne, die ein solches Verhalten zeigen, werden *Spalt-Isomere* genannt. Da die in diesen Potentialen existierenden Zustände nur kleine Energieabstände besitzen, muß zu ihrer experimentellen Identifizierung niederenergetische Strahlung, meist Konversionselektronen (vergl. Abschn. 7.5.2), nachgewiesen werden.

7.4 Beta-Zerfall

Der β-Zerfall wird durch die schwache Wechselwirkung verursacht. Seine erste theoretische Beschreibung hat bereits 1934 Enrico Fermi vorgelegt.

7.4.1 Phänomenologie des Beta-Zerfalls

Das Elektronenspektrum des durch schwache Wechselwirkung zerfallenden Kerns wurde erstmalig von James Chadwick gemessen. In Bild 7.17 ist ein

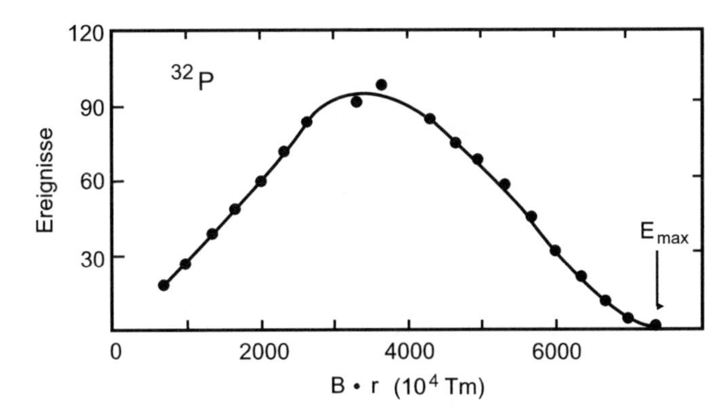

Bild 7.17. Elektronenspektrum eines β-Zerfalls, gemessen mit einem Magnetspektrometer. Als Abszisse ist nicht die Energie, sondern die magnetische Steifigkeit $B \cdot r$ aufgetragen

Elektronenspektrum gezeigt, das sich von der Energie Null bis zu einer Maximalenergie E_{max} erstreckt. Die Tatsache, daß Elektronen vieler Energien auftreten, bedeutet, daß es einen weiteren Reaktionspartner außer dem Rückstoßkern geben muß, der jedoch in den frühen Experimenten nicht gefunden wurde. Dies veranlaßte Wolfgang Pauli im Jahre 1930, ein weiteres leichtes neutrales Teilchen zu postulieren, um den Energiesatz beim β-Zerfall zu erfüllen [PA30]. Dieses Teilchen heißt heute Neutrino (vgl. Abschn. 7.4.4). Wenn wir den β-Zerfall des leichtesten Baryons, des Neutrons, betrachten:

$$\mathrm{n} \longrightarrow \mathrm{p} + \mathrm{e}^- + \bar{\nu} \,, \tag{7.57}$$

so ist außer der Energieerhaltung auch die Drehimpulserhaltung gefordert. Proton, Neutron und Elektron sind Fermionen, sie haben den Spin $\frac{1}{2}\hbar$. Demzufolge muß auch das Neutrino den Spin $\frac{1}{2}\hbar$ tragen, also ein Fermion sein. Die Bezeichnung $\bar{\nu}$ deutet an, daß beim β-Zerfall des Neutrons ein Antineutrino auftritt. Diese Forderung leitet sich aus der Elementarteilchenphysik ab, in der als additiver Erhaltungssatz die Erhaltung der Zahl der Teilchen einer bestimmten Klasse gefordert wird. Wenn wir dies durch eine Quantenzahl $L = +1$ für Teilchen und $L = -1$ für Antiteilchen (in diesem Fall steht L für Leptonen) beschreiben, dann ist die Leptonenzahl vor und nach dem β-Zerfall des Neutrons Null. Entsprechende additive Quantenzahlen werden auch für die schweren Baryonen postuliert und deren Erhaltung gefordert.

Die Zerfallsenergie im β-Zerfall ist gleich der Differenz der Massen des Ausgangs- und Endkerns. Es werden insgesamt drei mögliche Zerfälle unterschieden, der β^--Zerfall, der β^+-Zerfall und der Elektroneneinfang $\mathrm{E_K}$. Bei Kernen, die ein stark von der Gleichgewichtslage (vgl. Bild 1.2) abweichendes Neutron- zu Proton-Verhältnis haben, tritt der β^--Zerfall auf, wenn N/Z deutlich größer Eins ist. Ist N/Z hingegen deutlich kleiner Eins, tritt der β^+-Zerfall bzw. der Elektroneneinfang auf.

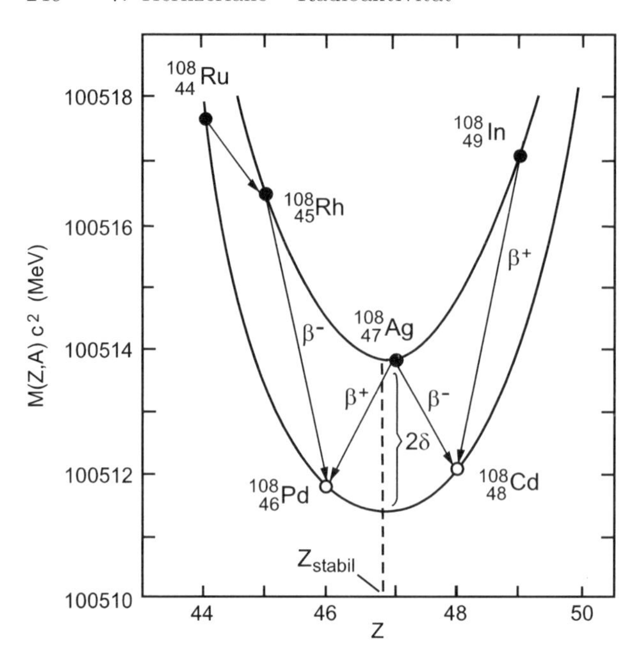

Bild 7.18. Schnitt durch Nuklidkarte für konstante Massenzahl $A = 108$

In Bild 7.18 ist ein Schnitt durch die Nuklidkarte für die konstante Massenzahl $A = 108$ gezeigt. Die Massen der Kerne nehmen von Z_{stabil} ausgehend als Funktion der Ordnungszahl zu größer und kleiner werdendem Z parabelförmig zu. Diese Z^2-Abhängigkeit folgt direkt aus der Anwendung der Massenformel des Tröpfchenmodells (vgl. Abschn. 3.1). Kerne mit Massen auf den beiden Ästen der Parabel sind instabil, solange die Massendifferenz größer als die Masse der ausgesandten Teilchen ist. Für Isobare $A = 108$ treten zwei Parabeln auf, eine für gg-Kerne und eine für uu-Kerne. Die Scheitelpunkte der Parabeln unterscheiden sich um 2δ, der Differenz der Paarungsenergien im Tröpfchenmodell (3.12).
Die Massenbilanz für den β^--*Zerfall* lautet:

$$\begin{aligned}\Delta M_{\text{K}}c^2 = \Delta E &= \{[M_{\text{A}}(Z, A) - Zm_{\text{e}}] - [M_{\text{A}}(Z + 1, A) \\ &\qquad -(Z + 1)m_{\text{e}} + m_{\text{e}}]\}c^2 \qquad (7.58)\\ &= [M_{\text{K}}(Z, A) - M_{\text{K}}(Z + 1, A)]c^2 \,. \qquad (7.59)\end{aligned}$$

Als Beispiel betrachten wir den β^--Zerfall des ^{11}Be:

$$\begin{aligned}(^{11}_{4}\text{Be} + 4\text{e}) &\longrightarrow (^{11}_{5}\text{B} + 4\text{e}) + \text{e}^- + \bar{\nu}_{\text{e}} + Q_- \\ \text{neutrales Atom} &\longrightarrow \text{positives Ion} \,.\end{aligned}$$

Die Zerfallsenergie errechnet sich nur aus der Masse der Kerne M_{K}, für die neutralen Atome M_{A} haben wir aber zusätzlich die Elektronenmassen m_{e} zu berücksichtigen. Somit folgt:

$$c^2 M_A(^{11}\text{Be}) \longrightarrow c^2[M_A(^{11}\text{B}) - m_e] + m_e c^2 + Q_-$$
$$c^2 M_A(^{11}\text{Be}) - c^2 M_A(^{11}\text{B}) = Q_- = E_{\beta^-,\max}$$

$$\begin{aligned} & c^2 M_K(^{11}\text{Be}) - c^2 M_K(^{11}\text{B}) \\ & = [M_A(^{11}\text{Be}) - 4m_e]c^2 - [M_A(^{11}\text{B}) - 5m_e]c^2 \\ & = Q_- + m_e c^2 \,. \end{aligned}$$

Der Ast der Massenparabel, der zu größeren Z weist, enthält diejenigen Kerne, die einen Überschuß an Protonen als β^+-Aktivität abgeben. Die Massenbilanz für den *β^+-Zerfalls* lautet:

$$\begin{aligned} \Delta M_K c^2 = \Delta E = \{ & [M_A(Z, A) - Z m_e] - [M_A(Z-1, A) \\ & -(Z-1)m_e + m_e]\} c^2 \qquad (7.60) \\ = [& M_K(Z, A) - M_K(Z-1, A) - 2m_e]c^2 \,. \qquad (7.61) \end{aligned}$$

Als Beispiel betrachten wir den β^+-Zerfall des ^{11}C:

$$\begin{aligned} & (^{11}_{6}\text{C} + 6\text{e}) \longrightarrow (^{11}_{5}\text{B} + 6\text{e}) + \text{e}^+ + \nu_e + Q_+ \\ & \text{neutrales Atom} \longrightarrow \text{negatives Ion} \,. \end{aligned}$$

Für die Massenbilanz erhalten wir

$$M_A(^{11}\text{C})c^2 \longrightarrow (M_A(^{11}\text{B}) + m_e)c^2 + m_e c^2 + Q_+$$
$$M_A(^{11}\text{C})c^2 - M_A(^{11}\text{B})c^2 = 2m_e c^2 + Q_+ = E_{\beta^+,\max} + 1.022\,\text{MeV} \,.$$

Dieses Ergebnis bedeutet, daß im Positronenzerfall im Gegensatz zum Negatronenzerfall (Elektronen-Emission) nicht die gesamte Massendifferenz als kinetische Energie den beiden Teilchen e und ν zur Verfügung steht, vielmehr nur die um zwei Elektronenmassen verminderte Massendifferenz.

Wenn die Massendifferenz von Mutter- und Tochterkern jedoch kleiner als die Energie zweier Elektronenmassen ist, also kleiner als 1.022 MeV, kann ein weiterer Zerfallsprozeß auftreten, der einige Besonderheiten aufweist. Dabei handelt es sich um den Einfang eines Elektrons aus der Hülle des Atoms in den eigenen Atomkern. Dieser *Elektroneneinfang* (engl. electron capture) verläuft wegen der festen Bindungsenergie des Elektrons in der Hülle auch mit der Emission von Neutrinos einer festen Energie, im Gegensatz zu den beiden zuvor erläuterten Zerfallsprozessen.

Der Elektroneneinfang kann grundsätzlich aus allen Elektronenzuständen eines Atoms erfolgen, die größte Wahrscheinlichkeit besteht jedoch für den Einfang aus der K-Schale, so daß häufig nur vom K-Einfang gesprochen wird, weshalb er hier auch mit E_K bezeichnet wird. Die Energiebilanz für diesen Prozeß lautet:

$$\begin{aligned} \Delta E = \{ & [M_A(Z, A) - Z m_e + m_e] \\ & -[M_A(Z-1, A) - (Z-1)m_e]\} c^2 \qquad (7.62) \\ = [& M_K(Z, A) - M_K(Z-1, A)]\, c^2 \,. \qquad (7.63) \end{aligned}$$

Als Beispiel betrachten wir den Elektroneneinfang im Kern ^{37}Ar:

$$({}^{37}_{18}\text{Ar} + 18\text{e}) \longrightarrow ({}^{37}_{17}\text{Cl} + 17\text{e}) + \nu_\text{e} + Q_\text{EK} \,.$$

Das Elektron, das aus der Hülle eingefangen wird, hinterläßt zunächst ein Loch in der K-Schale, das durch ein Elektron aus einer höheren Schale unter Röntgen-Emission gefüllt wird, häufiger treten jedoch Auger-Kaskaden auf. Das Elektron kompensiert im Kern eine positive Ladung, so daß die Ladungsbilanz für das neutrale Atom wieder hergestellt ist. In Bild 7.19 sind die β-Zerfälle bildlich dargestellt.

Der K-Einfang spielt in einer ganzen Reihe von Prozessen eine wichtige Rolle, z.B. bei den Prozessen der Energieerzeugung in den Sternen (vgl. Abschn. 9.2). Ein spezieller β^--Zerfall ist der in Bild 7.19d dargestellte Zerfall, bei dem das Elektron in einen gebundenen Zustand des gleichen Atoms übergeht. Ein Beispiel für einen solchen Zerfall wird in Abschn. 7.4.5 erörtert.

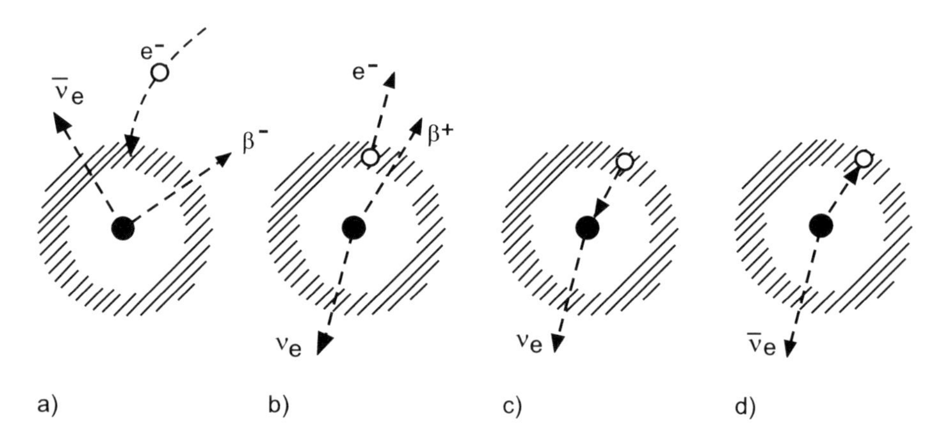

Bild 7.19. β-Zerfälle: (**a**) β^--Zerfall, (**b**) β^+-Zerfall, (**c**) Elektroneneinfang (E_K), (**d**) β^--Zerfall in gebundene atomare Zustände. Die schraffierte Fläche soll die Elektronenhülle andeuten

7.4.2 Systematik der Beta-Zerfälle

Wenn wir die Nuklidkarte (Bild 1.2) betrachten, dann stellen wir fest, daß es wesentlich mehr instabile Kerne als stabile gibt. Unter den instabilen Kernen sind wiederum die β-Zerfälle nahezu doppelt so häufig wie die α-Zerfälle und spontanen Spaltungen. Analog zum α-Zerfall wurden dann auch für die β-Zerfälle Klassifikationen geschaffen, einerseits, um die zahlreichen untersuchten Kerne einordnen zu können, andererseits, um daraus für die Beschreibung des Zerfallsprozesses Hinweise auf mögliche theoretische Ansätze zu finden.

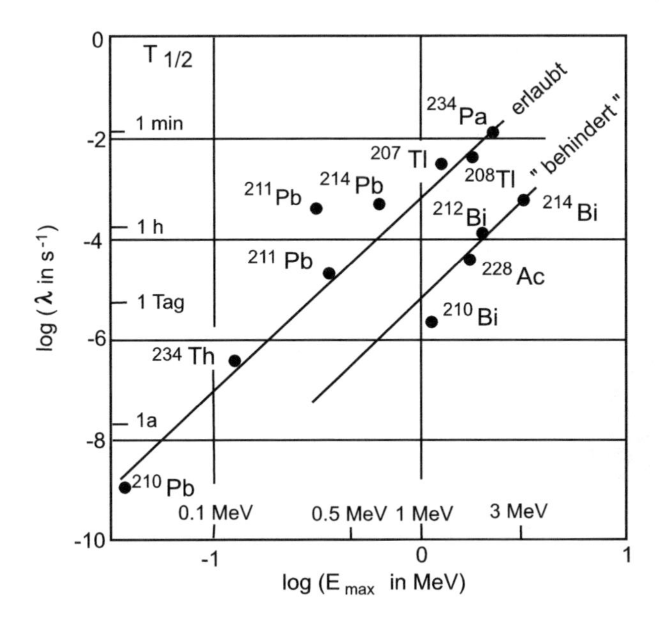

Bild 7.20. Sargent-Diagramm

Analog der systematischen Untersuchung der α-Zerfälle, aus der sich die Geiger-Nuttallsche Regel ergeben hat, suchte man nach ähnlichen Relationen für die β-Zerfälle. Dabei zeigte sich, daß es eine charakteristische Größe gibt, die *ft-Wert* genannt wird. Diese Bezeichnung ergibt sich daraus, daß die Zerfallskonstante λ eine Funktion der Ordnungszahl Z des zerfallenden Kerns und der Maximalenergie $E_{\max}$ der beim β-Zerfall emittierten Elektronen ist:

$$\lambda = \frac{\ln 2}{t} \propto f(Z, E_{\max}) \,. \tag{7.64}$$

Im Sargent-Diagramm (Bild 7.20) ist λ gegen $E_{\max}$ doppeltlogarithmisch aufgetragen. Daraus ergibt sich, daß β-Zerfälle in diesem Diagramm auf Geraden liegen. Die ft-Werte sind das Produkt aus Halbwertszeit $t_{1/2}$ und der Funktion $f(Z, E_{max})$ aus (7.64). Trägt man die Zahl der bekannten Zerfälle als Funktion der zugehörigen ft-Werte halblogarithmisch auf, zeigt sich, daß sich alle β-Zerfälle in wenige nach ft-Werten sortierte Gruppen einteilen lassen, wie in Bild 7.21 gezeigt.

Die Unterteilung der β-Zerfälle in erlaubte und einfach oder mehrfach behinderte Übergänge ist gewählt, um zu unterscheiden, ob die Leptonen nach dem Zerfall einen Bahndrehimpuls tragen oder nicht. Die Übergänge mit Bahndrehimpulsübertrag sind gegenüber denjenigen ohne unterdrückt, ein Faktum, das in der englischen Literatur als „verboten“ charakterisiert wurde, obwohl die Matrixelemente im Sinne der strengen Auswahlregeln nicht verboten sind. Deshalb sollten derartige Übergänge, wie hier geschehen, „behin-

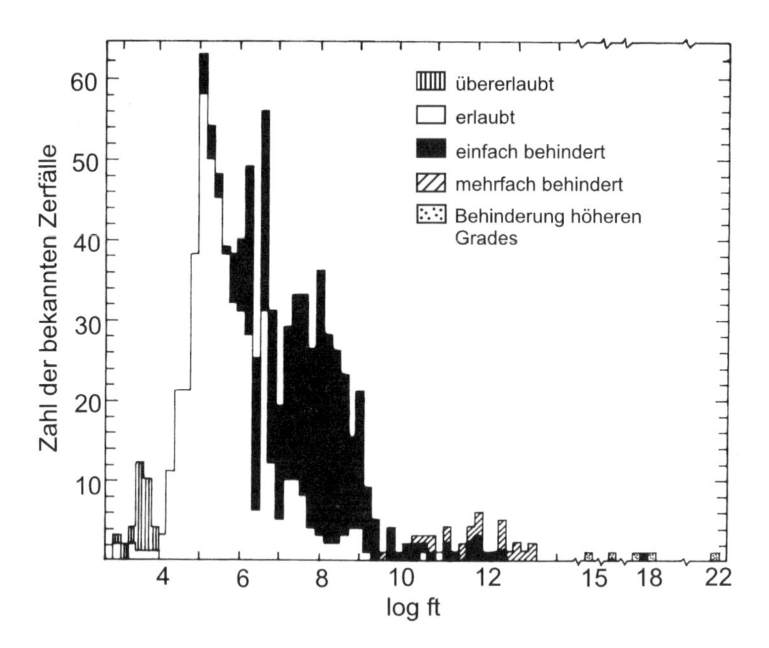

Bild 7.21. Häufigkeit der β-Zerfälle als Funktion der log ft-Werte

dert“ oder „unterdrückt“ genannt werden. Mehrfach behinderte Übergänge, für die auch der Grad der Behinderung angegeben ist, treten beim Übertrag höherer Bahndrehimpulse auf. Eine Theorie des β-Zerfalls muß diese Fakten erklären.

Im Rahmen der intensiven Erforschung der β-Zerfälle werden auch Kerne untersucht, bei denen ein doppelter β-Zerfall auftritt. Dies ist ein Prozeß, der prinzipiell in folgenden Reaktionsformen auftreten kann:

$$(Z, A) \longrightarrow (Z+2, A) + \mathrm{e}_1 + \mathrm{e}_2 + \bar{\nu}_{\mathrm{e}1} + \bar{\nu}_{\mathrm{e}2} \, . \tag{7.65}$$

Hierbei treten mit den beiden ausgesandten Elektronen ebenfalls zwei Antineutrinos aus. In einer zweiten denkbaren Reaktionsform fehlen die Neutrinos:

$$(Z, A) \longrightarrow (Z+2, A) + \mathrm{e}_1 + \mathrm{e}_2 \, . \tag{7.66}$$

Dieser letztere neutrinolose Zerfall wurde speziell an den Kernen ^{76}Ge und ^{130}Te untersucht, ohne daß die Ergebnisse bisher einen Schluß auf dessen Existenz erlauben.

7.4.3 Fermi-Theorie des Beta-Zerfalls

Bereits im Jahre 1934 stellte Enrico Fermi eine Theorie des β-Zerfalls auf, wobei die Übergangswahrscheinlichkeit von einem Anfangszustand Ψ_i in einen

Endzustand Ψ_f als Produkt zweier Faktoren formuliert werden kann, vorausgesetzt, die quantenmechanische Störungsrechnung darf angewandt werden. Die nach Fermi benannte „Goldene Regel #2“ ist in folgender Form bekannt:

$$W_{\mathrm{if}} = \frac{2\pi}{\hbar} \left|\langle\Psi_{\mathrm{f}}|H|\Psi_{\mathrm{i}}\rangle\right|^2 \varrho(E_{\mathrm{f}}) \,. \tag{7.67}$$

Der Übergang zwischen den beiden Zuständen Ψ_{i} und Ψ_{f} wird durch den Störungsoperator H bewirkt. Da in diesem Ausdruck die Wellenfunktionen stehen, liefert er die Information über die Zustände im Kern, während die Funktion $\varrho(E_{\mathrm{f}})$ die Dichte der Zustände angibt, in denen der Übergang enden kann. Diese Funktion wird also für die Form des Energiespektrums verantwortlich sein, wie anschließend gezeigt werden soll.

Die Energie der auslaufenden leichten Teilchen ist gleich der Zerfallsenergie E_0, wenn die Rückstoßenergie des schweren Tochterkerns vernachlässigt wird, also:

$$E_{\mathrm{e}} + E_\nu = E_0 \,. \tag{7.68}$$

E_0 ist dementsprechend gleich der Maximalenergie E_{max}. Der Impuls und die Energie des Neutrinos sind

$$p_\nu = m_\nu c \,, \qquad E_\nu = m_\nu c^2 = p_\nu c \,, \tag{7.69}$$

$$\Rightarrow p_\nu = \tfrac{1}{c}(E_0 - E_{\mathrm{e}}) \,. \tag{7.70}$$

Wir wenden jetzt das im Abschn. 4.1 erläuterte Abzählverfahren für die Energiezustände an, die das statistische Modell nach Fermi angibt und erhalten (4.13)

$$\mathrm{d}n = \frac{a^3 p^2}{2\hbar^3\pi^2}\,\mathrm{d}p \,. \tag{7.71}$$

Damit finden wir die Elektronen- und Neutrinozustände:

$$\mathrm{d}n_{\mathrm{e}} = \frac{a^3 p_{\mathrm{e}}^2}{2\hbar^3\pi^2}\,\mathrm{d}p_{\mathrm{e}} \,, \qquad \mathrm{d}n_\nu = \frac{a^3 p_\nu^2}{2\hbar^3\pi^2}\,\mathrm{d}p_\nu \,. \tag{7.72}$$

Die Wahrscheinlichkeit dafür, das Elektron im Impulsintervall p_{e} bis $p_{\mathrm{e}} + \mathrm{d}p_{\mathrm{e}}$ und gleichzeitig das Neutrino im Impulsintervall p_ν bis $p_\nu + \mathrm{d}p_\nu$ zu finden, ist dann

$$\frac{\mathrm{d}^2 n}{\mathrm{d}E_0^2} = \frac{\mathrm{d}n_\nu\,\mathrm{d}n_{\mathrm{e}}}{\mathrm{d}E_0^2} = \frac{a^6}{4\pi^4\hbar^6}\frac{p_e^2 p_\nu^2}{\mathrm{d}E_0}\,\mathrm{d}p_{\mathrm{e}}\,\mathrm{d}p_\nu \,, \tag{7.73}$$

wobei $\mathrm{d}^2 n = \mathrm{d}n_{\mathrm{e}}\,\mathrm{d}n_\nu$ gesetzt wurde. Ersetzen wir die im Experiment normalerweise nicht beobachtbaren Werte des Neutrinoimpulses nach (7.70), dann erhalten wir für die Dichte der Endzustände der Elektronen im Energieintervall E_0 bis $E_0 + \mathrm{d}E_0$:

$$\frac{\mathrm{d}n_\mathrm{e}}{E_0} = \frac{a^6}{4\pi^4\hbar^6 c^3} p_\mathrm{e}^2 (E_0 - E_e)^2 \, \mathrm{d}p_\mathrm{e} \; . \tag{7.74}$$

Dieser Ausdruck ist nun mit dem Übergangsmatrixelement zu multiplizieren, um die Form des Spektrums zu erhalten. Wir normieren dazu das Matrixelement auf das Volumen a^3 und setzen

$$|a^3 H|^2 = g^2 |M_\mathrm{if}|^2 \; , \tag{7.75}$$

worin g eine Kopplungskonstante ist. Damit lautet der Ausdruck für die Übergangswahrscheinlichkeit:

$$W_\mathrm{if} = N(p)\,\mathrm{d}p = \frac{1}{2\pi^3\hbar^7 c^3} g^2 |M_\mathrm{if}|^2 p_\mathrm{e}^2 (E_0 - E_\mathrm{e})^2 \, \mathrm{d}p_\mathrm{e} \; . \tag{7.76}$$

Die detailliertere Theorie, die die Invarianzeigenschaften der möglichen Operatoren in M, die die Übergänge beschreiben können, berücksichtigt, liefert für das Matrixelement H_if den folgenden Ausdruck:

$$|H_\mathrm{if}|^2 = g_\mathrm{F}^2 |M_\mathrm{F}|^2 + g_\mathrm{GT}^2 |M_\mathrm{GT}|^2 \; . \tag{7.77}$$

Darin bedeutet $M_\mathrm{F} = \int \psi_\mathrm{f} 1 \psi_\mathrm{i} \, \mathrm{d}^3 r$ das Fermi-Matrixelement, bei dem kein Umklappen des Spins auftritt und Elektron und Neutrino sich in einem relativen Singulettzustand befinden, sowie $M_\mathrm{GT} = \int \psi_\mathrm{f} \boldsymbol{\sigma} \psi_\mathrm{i} \, \mathrm{d}^3 r$ das Gamow-Teller-Matrixelement, bei dem der Spinoperator $\boldsymbol{\sigma}$ den Spin vom Eingangs- in den Ausgangkanal um eine Einheit ändert, die Leptonen also einen Triplettzustand bilden. Die Kopplungskonstanten g_F bzw. g_GT heißen Fermi- bzw. Gamow-Teller-Kopplungskonstante. In formaler Art gilt

Fermi-Übergänge:

$$\begin{array}{lccccc} & \mathrm{n} & \longrightarrow & \mathrm{p} & + \, \mathrm{e}^- + \bar{\nu} \\ \text{Spinquantenzahl} & +\frac{1}{2} & \longrightarrow & +\frac{1}{2} & + \quad 0 \\ & \uparrow & & \uparrow & \uparrow\downarrow \end{array} \tag{7.78}$$

Also gilt $s_\mathrm{e} + s_\nu + \ell_\mathrm{e} + \ell_\nu = 0$.

Gamow-Teller-Übergänge:

$$\begin{array}{lccccc} & \mathrm{n} & \longrightarrow & \mathrm{p} & + \, \mathrm{e}^- + \bar{\nu} \\ \text{Spinquantenzahl} & +\frac{1}{2} & \longrightarrow & -\frac{1}{2} & + \quad 1 \\ & \uparrow & & \downarrow & \uparrow\uparrow \end{array} \tag{7.79}$$

Hier gilt: $s_\mathrm{e} + s_\nu + \ell_\mathrm{e} + \ell_\nu = 1$.

Die Übergangswahrscheinlichkeiten nehmen nur dann von Null verschiedene Werte an, wenn quantenmechanische Auswahlregeln erfüllt sind, die formal in Tabelle 7.3 zusammengestellt sind.

Der Begriff „behindert“ deutet, wie bereits erwähnt, darauf hin, daß die Matrixelemente zwar nicht verboten sind, aber sehr kleine Werte annehmen können.

Tabelle 7.3. Quantenmechanische Auswahlregeln für β-Übergänge

Drehimpulsänderung	Paritätsänderung	Name
$\Delta I = 0$ (I_i=0 → I_f=0 erlaubt)	$\Delta\pi$ nein	Fermi-Übergänge (begünstigt)
$\Delta I = 0, 1$ (I_i=0 → I_f=0 nicht erl.)	$\Delta\pi$ nein	Gamow-Teller-Übergänge (begünstigt)
alle weiteren	$\Delta\pi$ ja $\Delta\pi$ nein	einfach behindert Übergänge mehrfach behindert Übergänge

Die allgemeine relativistisch invariante Theorie der schwachen Wechselwirkung führt insgesamt 5 Operatoren ein, die mathematisch Skalare (S), Vektoren (V), Axialvektoren (A), Tensoren (T) und Pseudoskalare (P) darstellen und die unterschiedliches Transformationsverhalten haben. Wird in der allgemeinen Formulierung die Nichterhaltung der Parität (vgl. Abschn. 7.4.6) berücksichtigt, so werden die Wechselwirkungsoperatoren auf die vektoriellen und axialvektoriellen Anteile eingeschränkt, so daß nur noch zwei Kopplungskonstanten g_V und g_A auftreten. Aus dem Zerfall des Neutrons wurde dafür folgendes Verhältnis bestimmt:

$$\frac{g_\mathrm{V}}{g_\mathrm{A}} = 1.26 \pm 0.02 \,. \tag{7.80}$$

Bis auf einen Zahlenfaktor stimmt die Fermi-Kopplungskonstante g_F mit der Vektorkopplungskonstante g_V und die Gamow-Teller-Kopplungskonstante g_GT mit der Axialvektorkopplungskonstante g_A überein.

In einer exakten Theorie muß auch die Coulomb-Wechselwirkung zwischen den geladenen Teilchen berücksichtigt werden. Sie wird in einer Funktion $F(Z, E_0)$ berücksichtigt, die als Faktor in der Übergangswahrscheinlichkeit auftritt. Diese Funktion gibt das Verhältnis der Wellenfunktion des Elektrons bzw. des Positrons am Kernort zu der des freien Teilchens an:

$$F(Z, E_0) = \frac{|\Psi_e(0)_\mathrm{Coul}|^2}{|\Psi_e(0)_\mathrm{frei}|^2} \,. \tag{7.81}$$

Die bereits in (7.64) eingeführte Funktion $f(Z, E)$ steht in folgender Beziehung zu der Funktion $F(Z, E_0)$:

$$f(Z, E_0) = \int_{m_\mathrm{e}c^2}^{E_0} F(Z, E_\mathrm{e}) \frac{E_\mathrm{e}}{m_\mathrm{e}c^2} \sqrt{\frac{E_\mathrm{e}^2}{(m_\mathrm{e}c^2)^2} - 1} (E_0 - E_\mathrm{e})^2 \, \mathrm{d}E_\mathrm{e} \,. \tag{7.82}$$

Damit erhalten wir die Relation der experimentell bestimmten Zerfallskonstanten λ mit den aus der Theorie folgenden Größen:

$$\lambda = k^2 M^2 f(Z, E_0) \,, \tag{7.83}$$

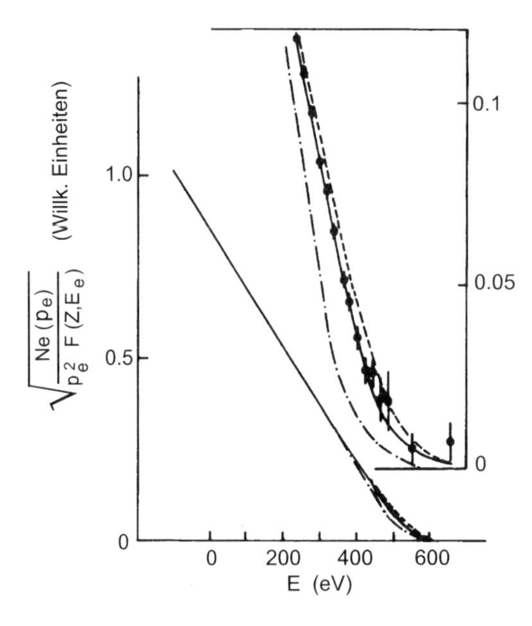

Bild 7.22. Kurie-Plot des ^{3}H-Zerfalls

wobei die Konstante k folgenden Wert hat:

$$k^2 = \frac{g m_e^5 c^4}{2\pi^3 \hbar^7} \,. \tag{7.84}$$

Mit Hilfe der aus der Theorie abgeleiteten Spektrumsform bietet sich dann folgende Darstellung des Spektrums an, die zuerst von Franz N. D. Kurie angegeben wurde und deshalb Kurie-Auftragung oder Kurie-Plot genannt wird:

$$\sqrt{\frac{N(p_e)}{F(Z, E_e) p_e^2}} = (E_0 - E_e) \,. \tag{7.85}$$

Damit erhält man eine lineare Abhängigkeit der Spektrumsform von der Elektronenenergie. Am Beispiel des Zerfalls des ^{3}H ist dies in Bild 7.22 dargestellt. Die Analyse des Elektronenspektrums in der Nähe der Maximalenergie E_{max} erlaubt eine Abschätzung für die Masse des Neutrinos. Gegenwärtig wird dafür ein mittlerer Wert angegeben, der für $m_\nu c^2$ unterhalb 3 eV liegt.

In den Bildern 7.23a–d sind Beispiele für verschiedene β-Zerfälle gezeigt.

7.4.4 Neutrinos

Die im β-Zerfall auftretenden leichten neutralen Teilchen wurden 1930, noch vor Entdeckung des Neutrons, von Wolfgang Pauli postuliert, um die Erhaltung der Energie und des Drehimpulses beim β-Zerfall zu gewährleisten.

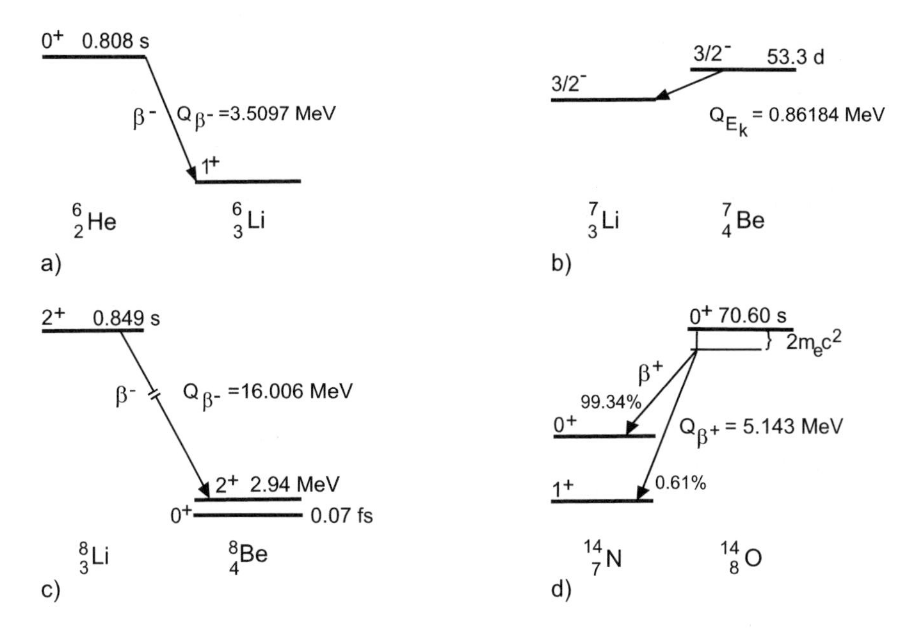

Bild 7.23. β-Zerfälle: (**a**) ^{6}He, (**b**) ^{7}Be, (**c**) ^{8}Li und (**d**) ^{14}O

Allerdings entzogen sich diese Teilchen noch für mehrere Jahrzehnte ihrem direkten experimentellen Nachweis, weil sie als neutrale Teilchen der elektromagnetischen Wechselwirkung nicht unterliegen und die schwache Wechselwirkung nur sehr kleine Wirkungsquerschnitte hat.

Der erste indirekte Neutrinonachweis gelang Raymond Davis 1952 [DA52]. In diesem Experiment mußte der Rückstoß des ^{7}Be beim K-Einfang eines Elektrons gemessen werden. Der Nachweis einer Rückstoßenergie von 56 eV im festen Beryllium-Metall wurde vor allem durch Oberflächeneffekte erschwert, die keine eindeutige Energiemessung erlaubten. Deshalb wurde für die Messungen eine gasförmige Substanz, in diesem Fall das Edelgas Ar verwendet. In Bild 7.24 ist das Schema der experimentellen Anordnung gezeigt. Der K-Einfang des ^{37}Ar

$$^{37}\mathrm{Ar} + \mathrm{e_K} \longrightarrow {}^{37}\mathrm{Cl} + \nu_\mathrm{e} \tag{7.86}$$

dient als Reaktion, weil bei dieser Zwei-Körperreaktion im Gasraum der Rückstoß des schweren Teilchens eindeutig bestimmt werden kann.

$$T_\mathrm{R} = \frac{p_\nu^2}{2Am_\mathrm{N}} = \frac{E_0^2}{2Am_\mathrm{N}c^2} \,. \tag{7.87}$$

Darin ist m_N die Nukleonenmasse und A die Massenzahl, wir haben hier den kleinen Massenunterschied von Proton und Neutron vernachlässigt. Für den Argon-Rückstoßkern ergibt sich $T_\mathrm{R} = 9.6$ eV.

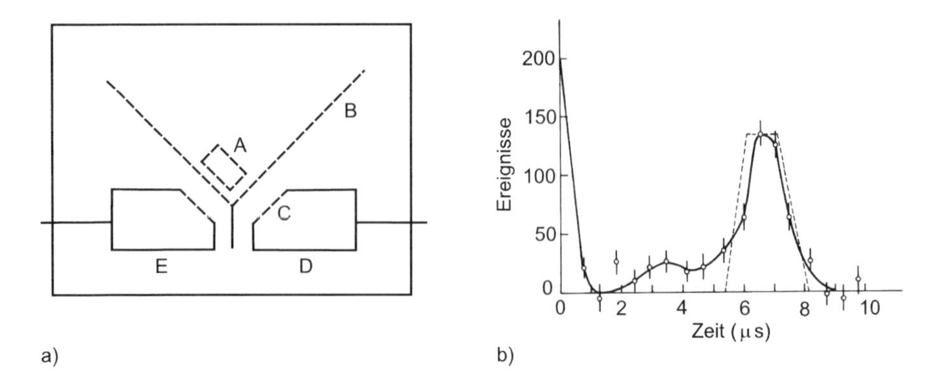

Bild 7.24. Rückstoßexperiment zum indirekten Neutrinonachweis: (**a**) experimentelle Anordnung: A Gasvolumen, B/C Gitter, zwischen denen die Rückstoßionen beschleunigt werden, D Rückstoßionendetektor, E Auger-Elektronendetektor, (**b**) Meßergebnis [RO52]

Im Experiment (Bild 7.24a) wird durch die erreichbaren Öffnungswinkel der Detektoren E (Auger-Elektronen) und D (Rückstoßkerne) ein Volumen A definiert, aus dem sowohl die Rückstoßkerne als auch die in Koinzidenz gemessenen Auger-Elektronen austreten. Die Rückstoßkerne werden zwischen dem Gitter B und dem Detektoreingang C beschleunigt und die Rückstoßenergie aus der Flugzeit des Kerns bestimmt. Mit diesem in Koinzidenz werden dann die Auger-Elektronen gemessen, denn beim K-Einfang entstehen, wie oben gezeigt, im Moment des Zerfalls negative Ionen, die ihre zusätzlichen Elektronen abgeben. Das experimentelle Ergebnis, die Zahl der gemessenen Koinzidenzen, ist in Bild 7.24b gezeigt. Das gestrichelt eingezeichnete Trapez stellt die erwartete Verteilung dar, die durchgezogene Linie verbindet die Punkte der gemessenen Verteilung. Damit konnte gezeigt werden, daß Neutrinos existieren.

Den direkten Beweis lieferte ein Experiment, in dem über mehrere Jahre Meßergebnisse registriert wurden, um Neutrinos auch statistisch signifikant nachzuweisen. Kehrt man den β-Zerfall um, dann müßte eine Dreiteilchenreaktion stattfinden, die aber bei normalen Dichten, wie sie hier auf der Erde herrschen, nicht beobachtbar ist. Wenn man jedoch die nicht beobachtbare Reaktion

$$\bar{\nu}_{\mathrm{e}} + \mathrm{e}^- + \mathrm{p} \longrightarrow \mathrm{n} - 780\ \mathrm{keV} \qquad (7.88)$$

in folgender Form schreibt, wobei der Wechsel eines Teilchens von einer Seite auf die andere mit der Ladungskonjugation, d.h. dem Übergang zum Antiteilchen, verbunden ist

$$\bar{\nu}_{e} + \mathrm{p} \longrightarrow \mathrm{n} + \mathrm{e}^+ - 1800\ \mathrm{keV} \quad (1800\mathrm{keV} \cong 780\mathrm{keV} + 2m_{\mathrm{e}}c^2)\ , \quad (7.89)$$

liefert die Neutrinowechselwirkung mit dem Proton zwei nachweisbare Teilchen, ein Neutron und ein Elektron. Wenn diese Reaktion stattfindet, d.h. der Einfang eines Antineutrinos z.B. aus einem Kernreaktor erfolgt, lassen sich Neutronen durch die bei ihren Einfang in einen Kern auftretende γ-Strahlung, z.B. in der Reaktion $^{114}\mathrm{Cd} + \mathrm{n} \longrightarrow {}^{115}\mathrm{Cd} + \gamma$ (9.1 MeV), in Koinzidenz mit der Vernichtungsstrahlung bei der Zerstrahlung eines $\mathrm{e^+e^-}$-Paares messen.

Für das Experiment wurde ein Tank mit 5400 l Triäthylbenzol außerhalb eines Reaktors aufgestellt (siehe Bild 7.25). Das Triäthylbenzol ($C_6H_3(C_2H_5)_3$) diente sowohl als Targetsubstanz als auch als Szintillator. Der Tank war in drei Prismensegmente S1, S2, S3 unterteilt, so daß Neutronen-Absorber (A1, A2) aus $CdCl_2$ sowie H_2O als Moderator zwischen den Segmenten positioniert werden konnten. Die Antineutrinos reagieren z.B. mit den Protonen in A2. Dabei entstehen Positronen und Neutronen. Während die Positronen mit Elektronen unter Emission von hauptsächlich zwei 0.511 MeV γ-Quanten zerstrahlen, werden die Neutronen in ^{114}Cd eingefangen, wobei ein γ-Quant von 9.1 MeV entsteht. Beide Signale werden in den Flüssigszintillatoren nachgewiesen. In Bild 7.25c sind die Signalsequenzen gezeigt, wenn das Ereignis, wie angenommen, im Bereich A2 stattfindet. Dann sind die γ's absorbiert bevor sie den Szintillator S1 erreichen, während S2 und S3 etwa gleiche Zählraten zeigen. Die Zählrate N betrug 1.5/h. Damit ergibt sich der Wirkungsquerschnitt zu

$$\sigma = \frac{N_k}{jN_n\varepsilon_n\varepsilon_\gamma} = \left(1.2\,^{+0.7}_{-0.4}\right) \cdot 10^{-43}\ \mathrm{cm}^2\,. \tag{7.90}$$

Die Größen in (7.90) bedeuten die apparativen Nachweiswahrscheinlichkeiten der Detektoren für die γ-Strahlung aus dem Neutroneneinfang ε_n und für die Vernichtungsstrahlung ε_γ, j ist der Neutronenfluß aus dem Reaktor, N_k Zahl der Reaktionen und N_n Zahl der Targetkerne.

Das Ergebnis der Messung ist in Bild 7.25c gezeigt, wobei die Ereignisse in den drei Szintillatoren aufgetragen sind. Als Gegentest wurde statt Wasser schweres Wasser D_2O verwendet, wobei sich die Zählrate halbierte, ebenso wurden die Neutronen aus dem Reaktor abgeschirmt, schließlich wurde der

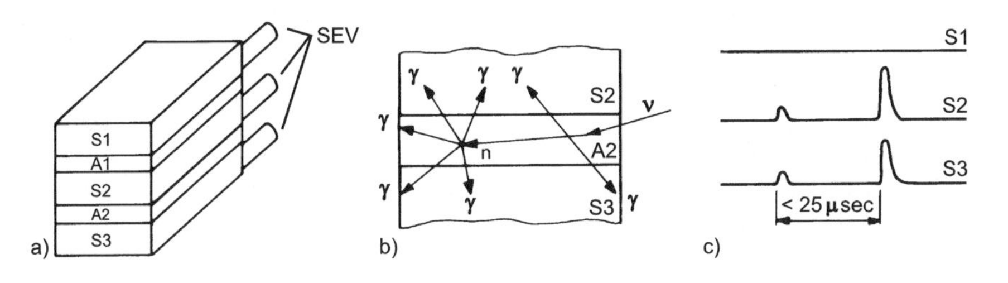

Bild 7.25. Schema der Neutrinomessung von Cowan und Reines [RE53], (**a**) Anordnung des Tanks, (**b**) Prozeßskizze, (**c**) Signale (Moderationszeit der Neutronen $< 25\ \mu$sec)

$CdCl_2$ Konverter verändert, womit sich eine andere Koinzidenzzeit ergab, so daß der Neutrinonachweis eindeutig war.

Die Eigenschaften der Neutrinos spielen eine fundamentale Rolle bei der Formulierung einer umfassenden Theorie über den Aufbau der Materie. Die Untersuchung von zahlreichen Zerfällen von Mesonen haben gezeigt, daß es drei Arten von Neutrinos gibt, man nennt sie die *Familien*. Zu jedem der geladenen leichten Elementarteilchen der Leptonen e, μ, τ gibt es je ein Neutrino, weshalb am Formelzeichen jeweils das Symbol der Familie angehängt wird: ν_e, ν_μ, ν_τ. Der eindeutige Nachweis der ν_τ wurde erst 2000 vom Fermi-Laboratorium in Chicago bekanntgegeben. Darüber hinaus wird die Frage diskutiert, ob Neutrinos und ihre Antiteilchen, die Antineutrinos, identisch sind. Sind Teilchen und Antiteilchen verschieden, nennt man sie Dirac-Neutrinos, sind sie dagegen identisch, heißen sie Majorana-Teilchen.

Eine wesentliche Eigenschaft der Neutrinos ist ihre Masse. Wegen fehlender Ladungswechselwirkung ist die Neutrinomasse aus dem Endpunkt der β-Spektren bestimmt worden. Bild 7.22 zeigt, daß aus der Form des Spektrums in der Nähe der Maximalenergie in einem Kurie-Plot geschlossen werden kann, ob die Ruhemasse des Neutrinos endlich oder gleich Null ist. Besonders geeignet erwies sich für diese Untersuchung der Zerfall des ^{3}H ($t_{1/2}$ = 12.323 a, E_0 = 18 keV), weil die Messung an einem gasförmigen Target durchgeführt werden kann. Die experimentelle Bestimmung des Endpunktes des ^{3}H Spektrums wird besonders dadurch erschwert, daß bis jetzt nicht alle auf atomphysikalischen Prozessen beruhenden Fakten bekannt sind. Bei der Verwendung von Festkörpertargets sind sehr viele Korrekturen genau zu berücksichtigen, wie z.B. Bindungszustände und Wechselwirkungen im Festkörpergitter. In [WE99] wird als obere Grenze der Masse des Neutrinos $m_\nu c^2 = 2.8$ eV angegeben, der gegenwärtige Mittelwert aus mehreren Messungen ist nach [GR00]:

$$m_\nu c^2 < 3 \text{ eV} . \tag{7.91}$$

Der experimentelle Nachweis von Neutrinos spielt eine große Rolle in der Elementarteilchenphysik [BET91], denn er war sehr wichtig für eine konsistente Formulierung der Theorie, mit der die elektromagnetische und die schwache Wechselwirkung zu einer vereinigt wurden. Ein weiteres Gebiet, in dem Neutrinos eine entscheidende Bedeutung zukommt, ist die Astrophysik. In allen Fusionszyklen in Sternen werden Neutrinos erzeugt. Ihre Häufigkeit gibt dann an, mit welchen Raten diese Reaktionen ablaufen. Dabei nimmt die Sonne, als der unser Leben bestimmende Stern, eine herausgehobene Position ein. Wie in Abschn. 9.2 an Beispielen gezeigt, liefern die Reaktionen

$$\mathrm{p} + \mathrm{p} \longrightarrow {}^2\mathrm{H} + \mathrm{e}^+ + \nu_\mathrm{e} \qquad (0.42 \text{ MeV}) \tag{7.92}$$

$$^8\mathrm{B} \longrightarrow {}^8\mathrm{Be} + \mathrm{e}^+ + \nu_\mathrm{e} \qquad (14.06 \text{ MeV}) \tag{7.93}$$

$$^3\mathrm{He} + \mathrm{p} \longrightarrow {}^4\mathrm{He} + \mathrm{e}^+ + \nu_\mathrm{e} \qquad (18.77 \text{ MeV}) \tag{7.94}$$

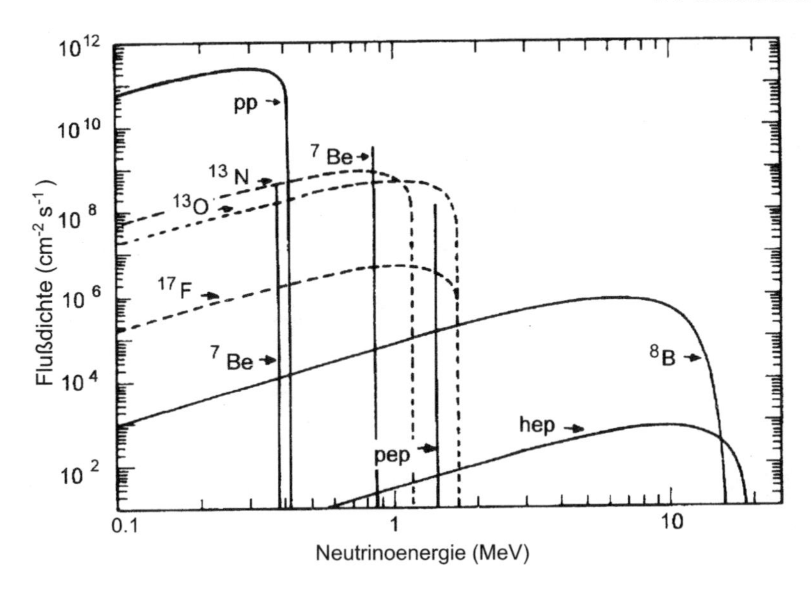

Bild 7.26. Spektrum der Neutrinos aus der Sonne

kontinuierliche Neutrinospektren, wobei die Energien in den Klammern die Endpunktenergien der Spektren angeben, während in den K-Einfangreaktionen

$$^{7}\mathrm{Be} + \mathrm{e}^{-} \longrightarrow {}^{7}\mathrm{Li} + \nu_{\mathrm{e}} \qquad \begin{cases} 0.862\ \mathrm{MeV}\ (90\%) \\ 0.384\ \mathrm{MeV}\ (10\%) \end{cases} \tag{7.95}$$

$$\mathrm{p} + \mathrm{e}^{-} + \mathrm{p} \longrightarrow {}^{2}\mathrm{H} + \nu_{\mathrm{e}} \qquad (1.552\ \mathrm{MeV}) \tag{7.96}$$

monoenergetische Neutrinos mit den ebenfalls angegebenen Energien entstehen (Bild 7.26).

7.4.5 Beta-Zerfall in gebundene Zustände

Experimente mit schweren Kernen, die bei geeignet hohen Energien vollständig ionisiert sind, also keine Elektronenhülle tragen, sind auch geeignet, exotische Zerfallskanäle zu untersuchen. Einer dieser exotischen Zerfälle tritt auf, wenn das aus dem Kern beim β-Zerfall emittierte Elektron eine so geringe Energie hat, daß es in die Hülle dieses Kerns eingefangen wird. Dieser Prozeß ist nur dann möglich, wenn die Elektronenhülle leer ist (vgl. Bild 7.19d). Das neutrale Atom besitzt einen Kern, der stabil ist; der Kern des vollständig ionisierten Atoms aber zerfällt. Dies soll am Beispiel des Dysprosium-Isotops 163 erläutert werden. Das Niveauschema ist in Bild 7.27 gezeigt. Der Kern des vollständig ionisierten ^{163}Dy hat den Gesamtdrehimpuls $I = \frac{5}{2}^{-}$. Er zerfällt mit einer Energie von 50 keV in den

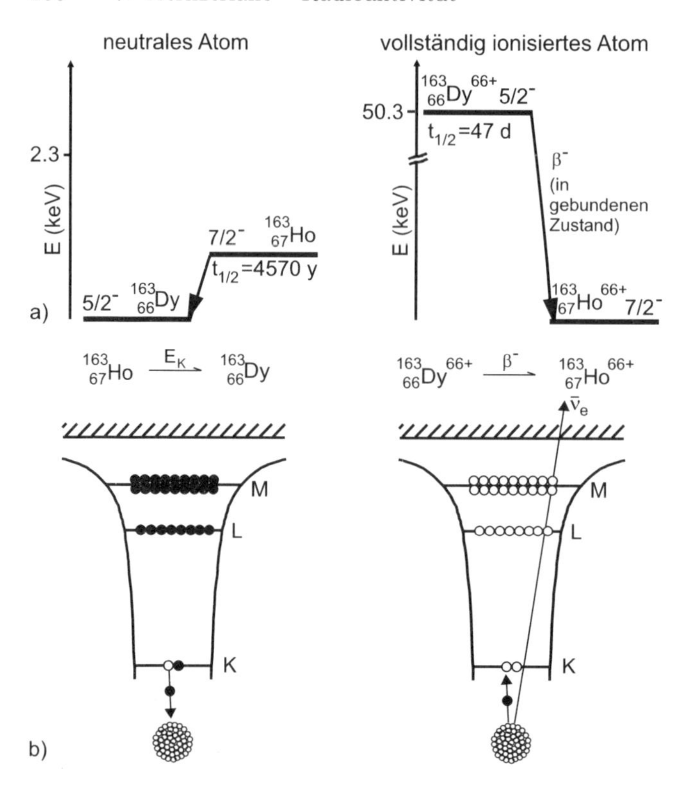

Bild 7.27. (**a**) Niveauschema des ^{163}Dy in Einheiten von 1 keV, (**b**) schematische Darstellung der atomaren Potentialverhältnisse bei den beiden Zerfallsprozessen. Die in (**a**) angegebene Halbwertszeit für das neutrale ^{163}Ho ist [FI96] entnommen

$I = \frac{7}{2}^-$-Grundzustand des ^{163}Ho, wobei das Elektron in die K-Schale des Holmiumatoms übergeht. Dieser Übergang ist ein erlaubter reiner Gamow-Teller-Übergang.

Der Q-Wert ist gegeben durch

$$Q_\beta^{\mathrm{K,L}} = |E_{\mathrm{B,Ho^{66+}}}^{\mathrm{K,L}}| - |\Delta E_{\mathrm{B}}(\mathrm{e})| - Q_{\mathrm{E_K}} \,. \tag{7.97}$$

Darin ist $E_{\mathrm{B,Ho^{66+}}}^{\mathrm{K,L}}$ die Bindungsenergie der Elektronen in der K- bzw. L-Schale des wasserstoffähnlichen Holmiums, $\Delta E_{\mathrm{B}}(\mathrm{e})$ ist die Differenz der Gesamtelektronenbindungsenergien des neutralen Holmiums und Dysprosiums, und $Q_{\mathrm{E_K}}$ ist der Q-Wert des Elektroneneinfangs im neutralen Holmium, wie ebenfalls in Bild 7.27 gezeigt. Er beträgt $Q = (2.3 \pm 1)$ keV. Als Werte ergeben sich $|E_{\mathrm{B,Ho^{66+}}}^{\mathrm{K,L}}| = 65.137$ eV und $|\Delta E_{\mathrm{B}}(\mathrm{e})| = 12.493$ keV. Das Experiment wurde am Speicherring der GSI (Darmstadt) mit nackten $^{163}\mathrm{Dy}^{66+}$-Kernen einer Energie von 294 MeV/u ausgeführt.

Ebenso wie es möglich ist, daß Kerne neutraler Atome stabil, die nackten Kerne dagegen instabil sind, tritt auch der umgekehrte Fall auf, daß Kerne neutraler Atome instabil, die nackten desselben Elements dagegen stabil sind. Dieser Fall ist beim ^{7}Be beobachtet worden. Der Kern zerfällt durch Elektroneneinfang aus der Hülle. Wenn allerdings die Elektronenhülle bei dem vollständig ionisierten Atom fehlt, findet der Kern keine Elektronen, die er einfangen kann, der Kern wird stabil. Dies führt dazu, daß dieses Beryllium-Isotop als Sonde im Weltraum verwendet wird.

7.4.6 Nichterhaltung der Parität im Beta-Zerfall

Der universelle Ansatz für die schwache Wechselwirkung enthält, wie in Abschn. 7.4.3 angegeben, fünf mögliche Operatoren, die invariant gegenüber relativistischen Transformationen (Lorentz-Transformationen) sind. Ein Ziel der Untersuchungen des β-Zerfalls ist es nachzuweisen, welche der einzelnen Wechselwirkungen zum β-Zerfall beitragen. Im Jahre 1956 zeigten Tsung-Dao Lee und Chen Nin Yang, daß unter bestimmten Bedingungen eine Verletzung der bis dahin allgemein gültig angesehenen Spiegelsymmetrie, also der Parität, in der Physik auftreten kann [LE56].

Berücksichtigt man die Nichterhaltung der Parität im β-Zerfall, läßt sich damit auch die Zahl der Wechselwirkungsterme einschränken. Beim β-Zerfall tritt bei Nichterhaltung der Parität eine Ausrichtung der Elektronen und Neutrinos auf, die es experimentell nachzuweisen galt. Drei verschiedene Gruppen von Experimenten wurden dazu durchgeführt:

1. der β-Zerfall von ausgerichteten Kernen, der eine Asymmetrie zeigen sollte,
2. Untersuchung der β-γ-Winkelkorrelation von sequentiell zerfallenden Kernen, um die Polarisation zu bestimmen,
3. Untersuchung der Longitudinalpolarisation der emittierten Elektronen.

Der Zerfall des polarisierten ^{60}Co. Dieses Experiment wurde von Chien-Shiung Wu 1956 ausgeführt. Um die Quelle abzukühlen und damit die Kerne auszurichten, wurde eine dünne Schicht Kobalt-Atome auf Kristalle des Cer-Magnesium-Nitrats aufgebracht. Die tiefen Temperaturen, bei denen die Kernspins in einem Magnetfeld ausgerichtet wurden, ließen sich dann durch adiabatische Entmagnetisierung einer paramagnetischen Substanz erreichen. Der ^{60}Co–Kern wurde deshalb verwendet, weil der Unterschied der Spins des Ausgangskerns ^{60}Co und des Endkerns ^{60}Ni nur durch die Spins der Zerfallsteilchen Elektron und Neutrino bestimmt wird, es handelt sich also um einen Gamow-Teller-Übergang. Das Zerfallsschema und die Spinrichtungen sind in Bild 7.28 gezeigt.

Da die Zerfälle auch in angeregte Zustände des ^{60}Ni erfolgen, lassen sich Koinzidenzen zwischen den Elektronen und nachfolgend ausgesandten

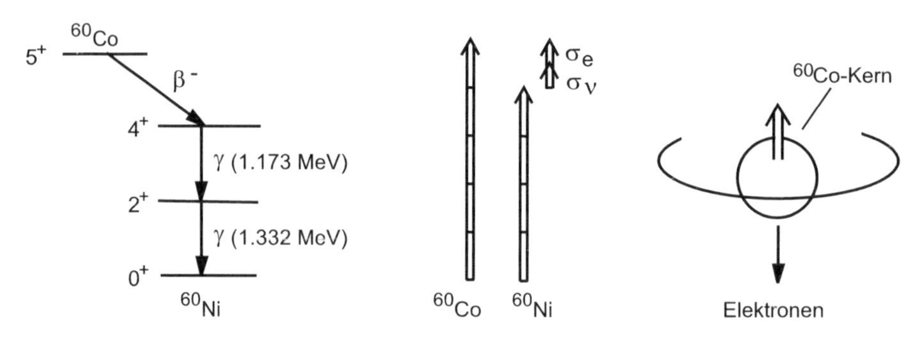

Bild 7.28. Zerfallsschema des ^{60}Co

γ-Quanten messen. Die Meßanordnung zeigt Bild 7.29a. Insgesamt wurden drei Detektoren benutzt, einer für den Nachweis der Elektronen und zwei, um die γ-Strahlung nachzuweisen. Der Elektronenzähler ist in Richtung der Polarisationsachse der Kobalt-Kerne aufgestellt, und zwar außerhalb des die Kernausrichtung bewirkenden Magnetfeldes. Die Zählrate wird dann bei jeweils entgegengesetzten Magnetfeldpolungen gemessen. Die Messung liefert unterschiedliche Zählraten zu Anfang des Experiments, also bei tiefen Temperaturen. Wenn sich die Probe erwärmt, also die Ausrichtung der Kerne abnimmt, gleichen sich die Zählraten an, dieser Zustand ist nach ca. 8 Minuten erreicht. Die Ausrichtung der Kerne wird durch die beiden γ-Detektoren kontrolliert, mit denen die Anisotropie der dem β-Zerfall folgenden γ-Emission in der Äquatorebene und in Polnähe gemessen wird. Das Ergebnis zeigt, daß

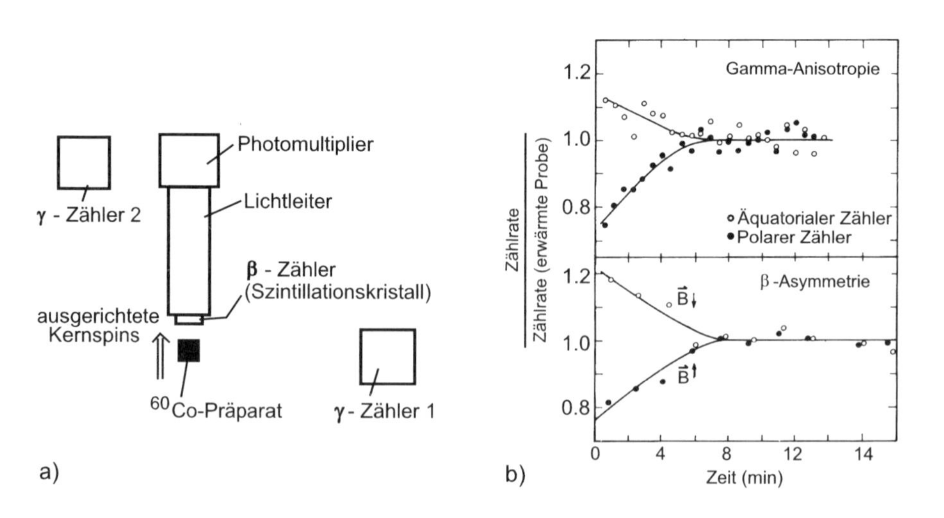

Bild 7.29. (**a**) Experimentelle Anordnung des Wu-Experiments, (**b**) Meßergebnisse [WU57]

die Elektronen bevorzugt entgegen der Kernspinausrichtung emittiert werden, damit wurde auch erstmalig gezeigt, daß es eine Korrelation zwischen Spin und Impulsrichtung gibt. Weisen Spin und Impuls in die gleiche Richtung, nennt man dies einen Zustand positiver Helizität oder Rechtsschraube. Wenn dagegen Spin und Impulsrichtung in entgegengesetzte (antiparallele) Richtungen weisen, liegt ein Zustand negativer Helizität (Linksschraube) vor.

Helizität der Neutrinos. Aus der Helizität der beim β-Zerfall emittierten Elektronen läßt sich auf die Helizität der Neutrinos schließen. Die hier nicht näher behandelte Dirac-Theorie liefert für masselose Neutrinos eine Zweikomponenten-Gleichung, bei der Spin und Impuls der Neutrinos eng korreliert sind. Für Teilchen und Antiteilchen liefert die Theorie entgegengesetze Helizität. Danach hat das Neutrino negative, demzufolge das Antineutrino positive Helizität. Den Beweis für diese Theorie liefert ein Resonanzstreuexperiment, das nachfolgend beschrieben wird. Dazu geht man vom Kern ^{152}Eu aus, der von einem niedrig liegenden angeregten 0^- Zustand durch K-Einfang in einen angeregten 1^--Zustand des ^{152}Sm (Bild 7.30a) übergeht. Dabei wird, wie oben erläutert, ein monoenergetisches Neutrino ausgesandt. Die Drehimpulsänderung um eine Einheit klassifiziert auch diesen Übergang als einen Gamow-Teller-Übergang. Vom angeregten 1^--Zustand geht der Kern unter Emission eines γ-Quants in den 0^+-Grundzustand über. Dabei werden sowohl direkte Übergänge mit 963 keV als auch Kaskaden-Übergänge mit 841 und 122 keV beobachtet. Wie in Bild 7.30b gezeigt, setzt sich der Spin des Anfangszustands des angeregten ^{152}Sm*-Kerns aus dem Grundzustandsspin des ^{152}Eu und dem Spin $\frac{1}{2}\hbar$ des Elektrons zusammen. Da der Drehimpuls ebenso wie der lineare Impuls bei den nachfolgenden Übergängen erhalten bleibt, müssen sich nach dem K-Einfang (Bahndrehimpuls des Elektrons 0) der Spin des Neutrinos $\frac{1}{2}\hbar$ und der Spin $1\hbar$ des Kerns ^{152}Sm* zu $\frac{1}{2}\hbar$ addieren. Demzufolge muß der Spin des Neutrinos entgegengesetzt zu dem des

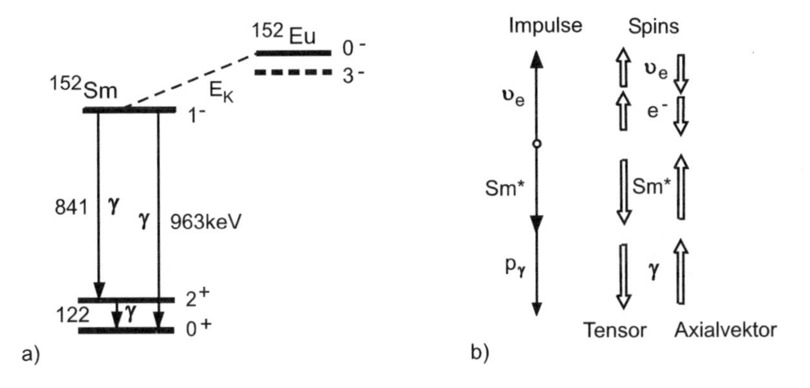

Bild 7.30. Neutrino-Helizitätsexperiment mit ^{152}Sm [GO58]. (**a**) zeigt das Schema der Energieniveaus, (**b**) die Impulse und Spins

Rückstoßkerns orientiert sein, ebenso wie die linearen Impulse. Die möglichen Orientierungen sind ebenfalls in Bild 7.30b gezeigt.

Ist das Neutrino rechtspolarisiert, d.h. weisen Spin und Impuls in die gleiche Richtung, dann sind Spin und Impuls des Rückstoßkerns ebenfalls gleichgerichtet. Bei dem hier betrachteten Gamow-Teller-Übergang würde das einer tensoriellen Kopplung entsprechen, die im allgemein Ansatz für die Form der schwachen Wechselwirkung allein aus Gründen der relativistischen Invarianz möglich ist. Die im gleichen Ansatz ebenfalls vorkommende axialvektorielle Kopplung führt dagegen auf die andere, ebenfalls in Bild 7.30b gezeigte Möglichkeit, bei der die Helizität des Neutrinos negativ und folglich Impuls und Spin des Rückstoßkerns entgegengesetzt orientiert sind.

Mit der Messung der Helizität des Neutrinos läßt sich also auch experimentell entscheiden, ob eine Tensor- oder Axialvektorkopplung bei der schwachen Wechselwirkung vorliegt. Die Neutrinos können jedoch ihrer geringen Wechselwirkung wegen nicht direkt nachgewiesen werden, weshalb das in Bild 7.31a schematisch dargestellte Experiment von Maurice Goldhaber, Lee Grodzins und Andrew Sunyar sich auf die Messung der Rückstoßkerne konzentriert, deren Polarisation mit der der Neutrinos im Vorzeichen übereinstimmt. Die Polarisation des Rückstoßkerns ist aber gleich der Polarisation des Photons, das im nachfolgenden Übergang in den 0^+-Grundzustand des ^{152}Sm-Kerns in der Impulsrichtung dieses Kerns ausgesandt wird. Demnach hat das in der Bewegungsrichtung des Rückstoßkerns emittierte Photon die gleiche Helizität wie das Neutrino. Die in der Bewegungsrichtung (vorwärts) des zerfallenden ^{152}Sm*-Kerns ausgesandten Photonen erhalten

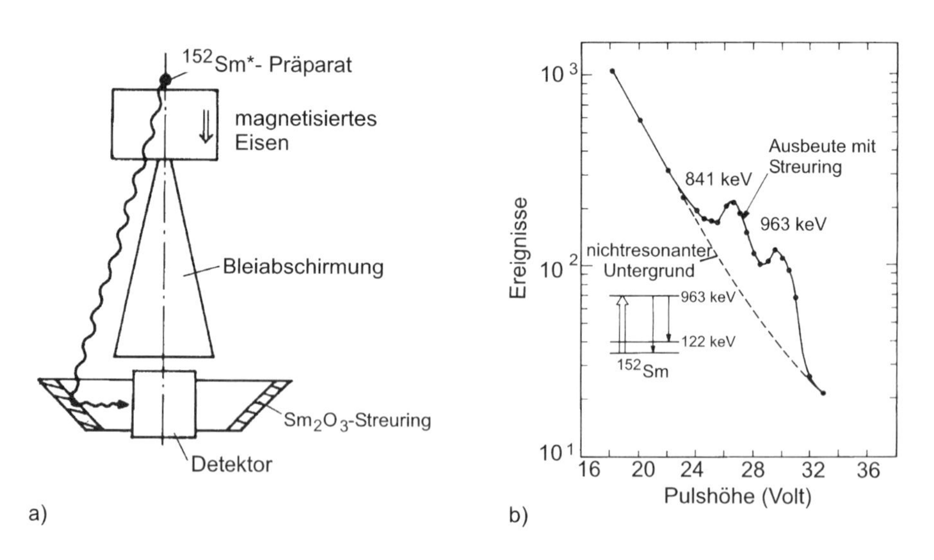

Bild 7.31. Messung der Neutrinohelizität [GO58]: (**a**) Meßanordnung, (**b**) Meßergebnis

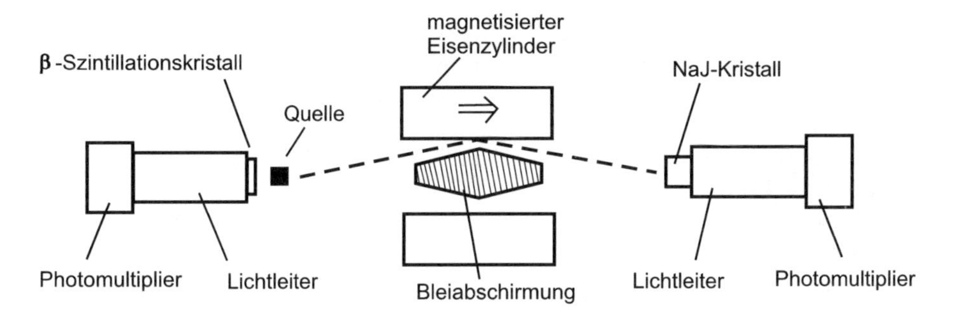

Bild 7.32. Meßanordnung zum Nachweis der Zirkularpolarisation der γ-Strahlung. Die direkte Strahlung kann wegen der Bleiabschirmung nicht in den Detektor gelangen [BO57]

eine zusätzliche Energie, die nötig ist, um den Rückstoß des absorbierenden Sm-Kerns (in Bild 7.31a als Streuring bezeichnet) zu kompensieren, wodurch eine Resonanzstreuung ermöglicht wird. Bei diesem Streuprozeß geben die ^{152}Sm-Kerne des Streurings die gleiche Energie als Photonen wieder ab, so daß dadurch die von ^{152}Sm* vorwärts emittierten Photonen selektiert werden. Die Polarisationsrichtung dieser Photonen kann aus der Intensität ihrer Compton-Streuung an magnetisiertem Eisen bestimmt werden. Das Experiment ergab, daß die in Vorwärtsrichtung emittierten γ-Quanten linkspolarisiert sind, daß also das Neutrino negative Helizität (-1) besitzt. Somit liegt bei Gamow-Teller-Übergängen eine axialvektorielle Kopplung vor.

Zirkularpolarisation der Gamma-Strahlung. Die zweite Gruppe von Experimenten zur Nichterhaltung der Parität bei schwacher Wechselwirkung sind die Messungen der β-γ-Winkelkorrelationen, aus denen die Zirkularpolarisation bestimmt werden kann. Wenn der Spin eines γ-Quants eine eindeutige Zuordnung zur Richtung des Kernspins besitzt, dann ist die Strahlung, die in den Halbraum in Richtung des Kernspins emittiert wird, teilweise rechts polarisiert. Strahlung, die in die entgegengesetzte Halbkugel emittiert wird, ist entsprechend links polarisiert. Liegen Übergänge zwischen zwei Zuständen mit Spin 0 vor, dann kann diese Polarsation bei strenger Korrelation gemessen werden. Das Schema dieser Meßmethode ist in Bild 7.32 gezeigt. Wiederum werden Kerne benutzt, deren β-Zerfall eine Richtung auszeichnet, und dazu werden die γ-Quanten koinzident nachgewiesen. Auch hier wird eine Vorwärts-Rückwärts-Asymmetrie gemessen. Die Polarisation der γ-Strahlung wird mit Hilfe des Compton-Effekts an polarisiertem Eisen aus der Änderung der Koinzidenzrate bei Umkehr der Magnetfeldrichtung bestimmt.

Longitudinale Elektronenpolarisation. In der dritten Gruppe der Experimente werden die Messungen der longitudinalen Elektronenpolarisation zusammengefaßt. Das Wu-Experiment hatte bereits gezeigt, daß die Elektronen, emittiert im β-Zerfall des Kobaltkerns, bevorzugt longitudinal polarisiert sind. Da aber die Emissionsrichtung entgegengesetzt zur Spinrichtung liegt, haben die Elektronen aufgrund dieses Bildes einen Linksdrall. Zur Messung der Longitudinalpolarisation wird die Mott-Streuung angewandt. Bei der Streuung von transversal polarisierten Elektronen im Coulomb-Feld eines Kerns treten Kräfte auf, die von der Spin-Bahn-Kopplung abhängig sind. Steht der Spin s des Elektrons zu seinem Bahndrehimpuls ℓ bezüglich des streuenden Kerns antiparallel, so wirkt diese Kopplung abstoßend. Sind dagegen s und ℓ parallel, so wirkt die Spin-Bahn-Kopplung anziehend. Um dies zu veranschaulichen, setzen wir uns als Beobachter auf das Elektron, also ins Ruhesystem des Elektrons. Hier erscheint uns die Relativbewegung des Kerns als Kreisstrom einer Ladung $+Ze$, dem ein magnetisches Moment μ_ℓ parallel zu ℓ äquivalent ist (Bild 7.33). Da der Spin und das magnetische Moment des Elektrons einander entgegengesetzt sind, weisen μ_ℓ und μ_e in dieselbe Richtung, die Spin-Bahn-Kopplung wirkt abstoßend. Ist andererseits s parallel zu ℓ, dann ist μ_e entgegengesetzt zu μ_ℓ und die Kopplung wirkt anziehend. Der Effekt wird um so größer, je größer die Kernladungszahl Z des streuenden Kerns ist. Werden transversal polarisierte Elektronen an schweren Kernen in einer Folie gestreut, so ist die Winkelverteilung der gestreuten Elektronen asymmetrisch bezüglich eines eingestellten Streuwinkels $+\vartheta$ und $-\vartheta$. Die beim β-Zerfall emittierten Elektronen sind jedoch longitudinal polarisiert, man muß sie demzufolge vor der Streuung transversal polarisieren. Das läßt sich durch Umlenken in einem elektrischen Feld erreichen. Dabei wird in erster Näherung nur die Richtung des Impulses, nicht aber die Richtung des Spins geändert [FR57].

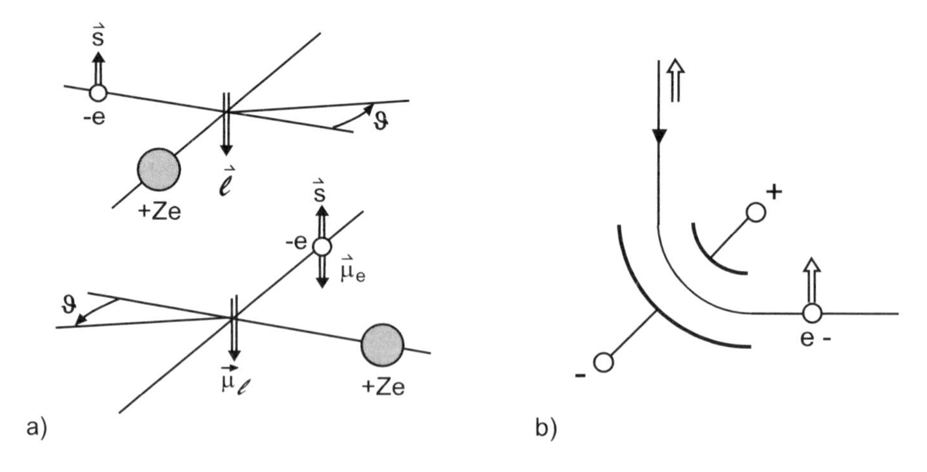

Bild 7.33. Polarisationsrichtungen des Elektrons bei Streuung an magnetisiertem Eisen

7.5 Gamma-Übergänge, Multipolstrahlung

Bei der Untersuchung radioaktiver Strahlung aus speziell präparierten Strahlungsquellen wurde neben der α- und β-Strahlung auch die Emission elektromagnetischer Wellen beobachtet, die den Namen γ-Strahlung bekam. Diese Strahlung tritt jedoch nie gesondert, sondern immer nur in Verbindung mit α- oder β-Strahlung auf. Dabei handelt es sich um Übergänge zwischen einem angeregten Zustand und dem Grundzustand bzw. zwischen angeregten Zuständen in dem durch den radioaktiven Zerfall entstandenen Tochterkern.

Die γ-Strahlung aus radioaktiven Kernen ist demzufolge so zu behandeln wie jede andere γ-Emission aus angeregten Kernzuständen. Zur Beschreibung der Abstrahlung von Energie eignet sich die schon in Abschn. 3.3 eingeführte Verteilung von Ladungen und Strömen, deren Oszillationen die elektromagnetische Strahlungsquelle darstellen. In der quantenmechanischen Behandlung der Strahlungsübergänge mit der Übergangsenergie $E_\gamma = \hbar\omega$ tritt auch der Drehimpuls als Erhaltungsgröße auf. Da der Drehimpuls eine gequantelte Größe ist, muß auch die Strahlung quantisiert sein. Damit entstehen nach Drehimpulsen L klassifizierte Strahlungsmoden. Mathematisch sind sie die einzelnen Glieder einer Entwicklung der Ladungs- und Stromverteilungen nach Kugelfunktionen $Y_{LM}(\vartheta, \varphi)$, die Multipolentwicklung genannt wird. Die Multipolordnung wird durch den Rang L des Multipols ausgedrückt, der ganzzahlige Werte $L = 0, 1, 2, 3, 4, \ldots$ annehmen kann. Die Strahlung vom Rang L hat dann die Multipolarität 2^L. Die Bezeichnungen sind in Tabelle 7.4 noch einmal zusammengestellt.

Tabelle 7.4. Multipolordnungen

Rang	Multipolarität 2^L	Bezeichnung	Drehimpulsänderung z.B. $I_\mathrm{i} \to I_\mathrm{f}$
0	1	Monopol	$0 \to 0$ ausgeschlossen
1	2	Dipol	$1 \to 0$
2	4	Quadrupol	$2 \to 0$
3	8	Oktupol	$3 \to 0$
4	16	Hexadekapol	$4 \to 0$
⋮	⋮	⋮	⋮

Der Drehimpuls $1\hbar$ des Photons und die Drehimpulserhaltung verbietet Monopol-γ-Strahlung und schließt Ein-Quanten-γ-Strahlung für $0 \to 0$ Übergänge aus. Die Multipolarität gibt demzufolge auch den Gesamtdrehimpuls $\boldsymbol{I}$ mit dem Absolutbetrag $\hbar[L(L+1)]^{1/2}$ an,der auf den Ursprung der Strahlung, d.h. die Quelle bezogen ist. Da in der elektromagnetischen Wechselwirkung der Drehimpuls eine Erhaltungsgröße ist, gilt

$$\boldsymbol{I}_\mathrm{i} - \boldsymbol{I}_\mathrm{f} = \boldsymbol{L} \ . \tag{7.98}$$

In nichtvektorieller Form bedeutet dies:

$$\Delta I = |I_\mathrm{i} - I_\mathrm{f}| \leq I_\mathrm{i} + I_\mathrm{f} \ . \tag{7.99}$$

Diese Beziehung begründet eine Drehimpulsauswahlregel für elektromagnetische Multipolstrahlung, sie schränkt damit auch den Bereich der möglichen Multipolaritäten bei γ-Strahlung ein.

In der Atomhülle dominieren Übergänge mit Dipolcharakter, d.h. die Übergangswahrscheinlichkeiten für höhere Multipolstrahlungen werden sehr klein, so daß sie meist nicht beobachtet werden. Im Kern treten dagegen wesentlich weniger Wechselwirkungen mit der Umgebung auf, so daß er seine Anregungsenergie nur durch einen elektromagnetischen Prozeß abgeben kann, indem er ein γ-Quant aussendet oder seine Energie auf ein Hüllenelektron überträgt. Dieses Elektron wird dann emittiert, ein Prozeß, der innere Konversion heißt und der in Abschn. 7.5.2 noch gesondert erörtert wird.

Im klassischen Bild entsteht Dipolstrahlung (E1), wenn der Schwerpunkt einer homogen geladenen Kugel mit der Frequenz der emittierten Strahlung schwingt. Im Kern treten derartige Schwingungen des Schwerpunkts jedoch nicht auf, woraus folgt, daß der Kern nicht als homogen geladene Kugel angesehen werden kann, obwohl elektrische Dipolstrahlung beobachtet wird. Die elektrische Quadrupolstrahlung (E2) kann durch elliptische Schwingungen des Kerns verursacht werden, wie die Untersuchungen zur Coulomb-Anregung (Abschn. 6.3.1) gezeigt haben. Die in der γ-Spektroskopie beobachtete magnetische Dipolstrahlung (M1) läßt sich mit der Annahme erklären, daß zu verschiedenen Bestandteilen des Kerns verschiedene gyromagnetische Verhältnisse gehören (Verhältnis des magnetischen Dipolmoments zum totalen Drehimpuls). Damit weist der Vektor des totalen magnetischen Moments nicht in dieselbe Richtung wie der des totalen Drehimpulses.

Neben der Multipolarität der γ-Strahlung ist die Parität der Kernzustände (vgl. Abschn. 3.4) zu beachten, weshalb ferner zwischen elektrischer und magnetischer Multipolstrahlung unterschieden wird, je nachdem, ob die Paritäten der an einem Übergang beteiligten Kernzustände gleich oder verschieden sind. Elektrische Multipolstrahlung mit Rang L hat entgegengesetzte Parität zur magnetischen Multipolstrahlung gleichen Ranges.

Die Parität elektrischer Multipolstrahlung des Ranges L ist

$$\pi_\mathrm{E} = (-1)^L \ . \tag{7.100}$$

Die Parität magnetischer Multipolstrahlung des Ranges L ist

$$\pi_\mathrm{M} = -(-1)^L = (-1)^{L+1} \ . \tag{7.101}$$

Demnach haben die Strahlungsmoden M1, E2, M3, E4, ... gerade und die Strahlungsmoden E1, M2, E3, M4, ... ungerade Parität. In Bild 7.34 sind Beispiele für elektromagnetische Übergänge graphisch dargestellt.

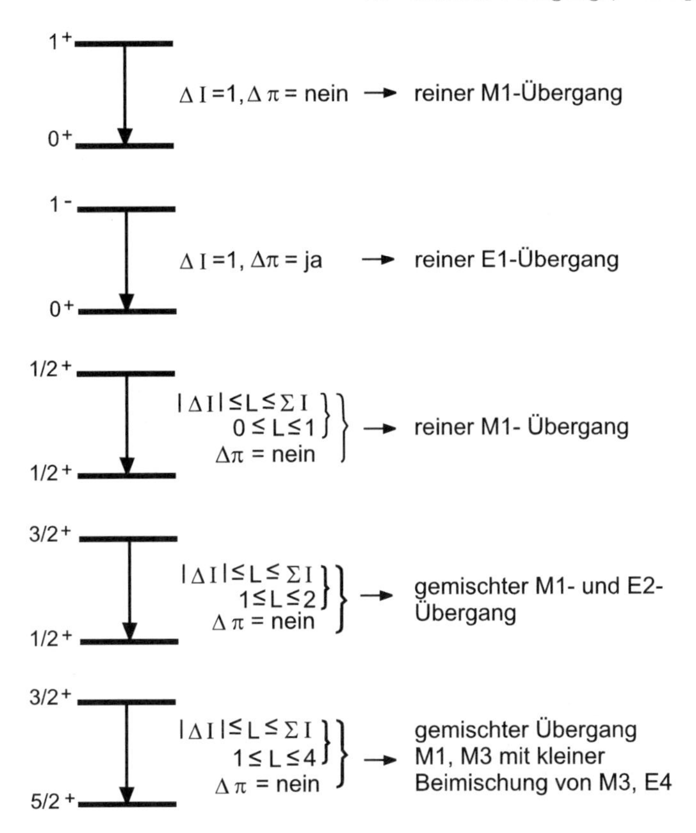

Bild 7.34. Beispiele für Multipolübergänge

Für die Erforschung der Kerneigenschaften ist es wichtig, aus der gemessenen elektromagnetischen Abstrahlung Informationen über die beteiligten Kernzustände abzuleiten. Dies wird ermöglicht durch einen Vergleich gemessener und berechneter Übergangswahrscheinlichkeiten. Die theoretische Berechnung der Multipolstrahlungs-Übergangswahrscheinlichkeiten ist nur unter vereinfachenden modellabhängigen Annahmen möglich, wie Viktor F. Weißkopf zeigen konnte. Danach ist die Übergangswahrscheinlichkeit umgekehrt proportional zur mittleren Lebensdauer τ des angeregten Zustands. Für elektrische Multipolstrahlung der Wellenlänge λ bzw. der Energie E_γ gilt:

$$\frac{1}{\tau_{\mathrm{E}}} = \alpha\omega \left(\frac{R}{\lambdabar}\right)^{2L} \frac{2(L+1)}{L[(2L+1)!!]^2} \left(\frac{3}{L+3}\right)^2 \quad (\mathrm{s}^{-1}) \,. \tag{7.102}$$

Darin ist $\lambdabar = \lambda/2\pi$ und $\lambda = 1.24/E_\gamma$ (Wellenlänge in nm, Energie in keV), $\alpha = e^2/4\pi\varepsilon_0\hbar c = 1/137$ die Feinstrukturkonstante.

Setzen wir die Naturkonstanten und für den Kernradius $R = r_0 A^{1/3}$ ein, so erhalten wir für die mittlere Lebensdauer

$$\tau_{\mathrm{E}} \cong 0.645 \cdot 10^{-21} \frac{L[(2L+1)!!]^2}{2(L+1)} \left(\frac{L+3}{3}\right)^2 \cdot \left(\frac{0.140}{E_\gamma}\right)^{2L+1} A^{-\frac{2}{3}L} \text{ (s)} . \tag{7.103}$$

Diesem Ausdruck können wir die unterschiedlichen Lebensdauern entnehmen, die in Tabelle 7.5 als mittlere Werte für Massen um $A = 100$ für einige γ-Energien angegeben sind:

Tabelle 7.5. Übergangszeiten (in Sekunden)

E_γ (MeV)	E1	E2	E3	E4	E5
0.1	10^{-13}	10^{-6}	10^{2}	10^{9}	groß
1	10^{-15}	10^{-10}	10^{-5}	1	10^{5}
10	10^{-18}	10^{-15}	10^{-12}	10^{-9}	10^{-6}

Eine ähnliche Berechnung der Übergangswahrscheinlichkeiten bzw. der reziproken Werte der Lebensdauern für magnetische Übergänge lieferte folgenden Ausdruck:

$$\frac{1}{\tau_{\mathrm{M}}} = \alpha\omega \left(\frac{R}{\lambda\!\!\!^{-}}\right)^{2L} \frac{10\hbar^2}{m_N c R} \frac{2(L+1)}{L[(2L+1)!!]^2} \left(\frac{3}{L+3}\right)^2 \text{ (s)} . \tag{7.104}$$

Die Ausdrücke (7.102) und (7.104) werden Weißkopf-Werte genannt, wie bereits in Abschn. 4.2 erwähnt. Aus den Gleichungen (7.102) und (7.104) lassen sich folgende übersichtliche Proportionalitäten ablesen:

$$\frac{1}{\tau_{\mathrm{E}}} \simeq E_\gamma^{2L+1} A^{2L/3} \tag{7.105a}$$

$$\frac{1}{\tau_{\mathrm{M}}} \simeq E_\gamma^{2L+1} A^{2(L-1)/3} \tag{7.105b}$$

Mit ihnen können wir elektrische und magnetische Multipolstrahlungen vergleichen. Die partiellen Lebensdauern magnetischer und elektrischer Multipolübergänge gleicher Energie und gleicher Multipolordnung am gleichen Kern verhalten sich wie

$$\frac{\tau_{\mathrm{M}}}{\tau_{\mathrm{E}}} \cong 4.5 A^{2/3} , \tag{7.106}$$

woraus eine entsprechend geringe Übergangswahrscheinlichkeit der magnetischen Übergänge ersichtlich ist. Die aus den Ausdrücken (7.102) und (7.104) abschätzbaren Werte können vom Experiment bis zu einem Faktor 100 abweichen. Dies ist in der z.T. komplizierten Struktur der die Energieniveaus im Kern bestimmenden Wellenfunktionen begründet.

Die Multipolaritäten der γ-Übergänge können aus den gemessenen Winkelverteilungen bestimmt werden. Zwar hat jedes freie γ-Quant (Photon) immer den Drehimpuls $L = 1\hbar$, aber in Bezug auf den Quellort, d.h. den emittierenden Kern, haben γ-Quanten einen zusätzlichen „Bahndrehimpuls", der, zum Spin des Photons addiert, die Multipolarität der Strahlung ergibt. Aus der Multipolarität der Strahlung kann dann bei Kenntnis des Endzustands der Gesamtdrehimpuls und die Parität des emittierenden Kernzustands bestimmt werden. Die γ-Spektroskopie ist somit eins der wichtigsten Hilfsmittel, die Kernzustände zu klassifizieren und ihre Parameter zu bestimmen.

7.5.1 Kernisomerie

Während die oben geschilderten γ-Übergänge E1, E2 in Zeiten von 10^{-16} s oder kürzer ablaufen, wie Tabelle 7.5 zeigt, sind auch Übergänge mit großen Lebensdauern bekannt. Beispiele dafür sind $^{113}_{48}$Cd (14.8 a); $^{93}_{41}$Nb (13.6 a); $^{110}_{47}$Ag (250 d). Diese langsamen Übergänge haben eine sehr kleine Übergangswahrscheinlichkeit. Sie treten bei kleinen Energieunterschieden zwischen dem Anfangs- und Endzustand des Übergangs auf, die außerdem eine große Drehimpulsdifferenz haben. Häufig sind die angeregten Zustände stark deformiert, so daß mit dem Übergang auch eine bedeutende Formveränderung auftritt, die wiederum die verlängerten Zerfallszeiten bedingt. Für Abregungsenergien von mehr als 10 keV muß $|\Delta I| \geq 3$ sein, damit $\tau \geq 10^{-2}$ wird. Außer dem Zerfall über den γ-Strahlungskanal kann die Abregung auch durch innere Konversion oder durch α- oder β-Aktivität erfolgen. Der Kern $^{80\text{m}}$Br soll als Beispiel für den letzteren Fall dienen. Der Grundzustand hat,

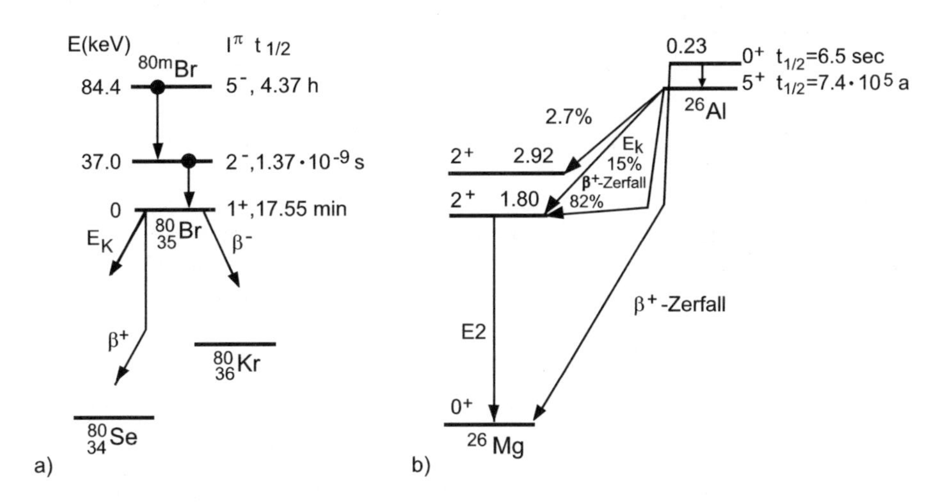

Bild 7.35. (**a**) Zerfallsschema des Isomerenpaars $^{80\text{m}}$Br und ^{80}Br als Beispiel für einen strahlenden isomeren Übergang, (**b**) Zerfall des ^{26}Al als Beispiel für einen isomeren Übergang mit Elektroneneinfang, d.h. ohne γ-Strahlung

wie Bild 7.35 zeigt, den Spin und Parität 1^+ ($t_{1/2} = 17.55$ m), darüber liegen bei 37 keV ein 2^--Zustand ($t_{1/2} = 1.37 \cdot 10^{-19}$ s) und dann wiederum bei 84.4 keV ein metastabiler 5^--Zustand ($t_{1/2} = 4.37$ h). Zwischen den beiden Anregungszuständen tritt ein M3-Übergang auf, der mit dieser verzögerten Zeit den Grundzustand des ^{80}Br bevölkert. Dadurch zerfällt auch der Grundzustand mit zwei Halbwertszeiten (Bild 7.35a). Als zweites Beispiel ist in Bild 7.35b das Niveauschema des ^{26}Al dargestellt, bei dem keine γ-Strahlung auftritt.

7.5.2 Konversionsprozesse

Wie bereits oben erwähnt, tritt neben der Emission von γ-Strahlung als elektromagnetischer Prozeß die Emission von Elektronen oder Elektron-Positron-Paaren auf, die innere Konversion und innere Paarkonversion heißen. Bei der inneren Konversion wird die Anregungsenergie direkt auf die Elektronenhülle des Atoms übertragen, so daß z.B. in einem β-Spektrum monoenergetische Elektronenlinien auftreten. Bei Anregungsenergien oberhalb $2m_\mathrm{e}c^2 = 1.022$ MeV kann durch Wechselwirkung mit dem Kernfeld auch Paarerzeugung stattfinden. Beide Prozesse sind Konkurrenzprozesse zur Abregung des Kerns durch Emission von γ-Quanten.

Die Wahrscheinlichkeit für innere Konversion hängt von der Größe der Überlappung der Wellenfunktionen von Hülle und Kern ab. Dies kann bedeuten, daß Elektronen nicht nur aus der dem Kern am nächsten befindlichen K-Schale emittiert werden, sondern auch andere Schalen der Atomhülle können an dem Prozeß beteiligt sein. Jedem Konversionsprozeß folgt dann eine Emission von Röntgen-Quanten oder Auger-Elektronen aus der Atomhülle.

Das Verhältnis der Wahrscheinlichkeit für innere Konversion zur der für die Emission von γ-Quanten wird als Konversionskoeffizient bezeichnet:

$$\alpha = \frac{N_\mathrm{e}}{N_\gamma} , \tag{7.107}$$

wobei N_e, N_γ die Zahl der ausgesandten Elektronen bzw. γ-Quanten ist. Besteht die Chance, daß innere Konversion an mehreren atomaren Schalen auftritt, z.B. der $\mathrm{L_I}$-, $\mathrm{L_{II}}$-, $\mathrm{L_{III}}$-Schale, so setzt sich der Gesamt-Konversionskoeffizient aus allen Einzelkoeffizienten zusammen

$$\alpha = \sum \alpha_\nu = \alpha_\mathrm{K} + \alpha_{\mathrm{L_I}} + \alpha_{\mathrm{L_{II}}} + \alpha_{\mathrm{L_{III}}} + \alpha_{\mathrm{M_I}} + \cdots \quad . \tag{7.108}$$

Die Berechnung der Konversionskoeffizienten beinhaltet die gleichen Schwierigkeiten wie die Berechnung der Übergangswahrscheinlichkeiten der γ-Übergänge. Näherungsformeln für die Konversionskoeffizienten sind unter der Annahme $Ze^2/\hbar c \ll 1$ und $E_\mathrm{B}(e) \ll E_\gamma \ll E_0(e)$ berechnet worden.

$$\alpha_\mathrm{K}(EL) \approx \frac{L}{L+1} Z^3 \left(\frac{e^2}{\hbar c}\right)^4 \left(\frac{2E_0}{E_\gamma}\right)^{L+\frac{5}{2}} , \tag{7.109}$$

$$\alpha_{\mathrm{K}}(ML) \approx Z^3 \left(\frac{e^2}{\hbar c}\right)^4 \left(\frac{2E_0}{E_\gamma}\right)^{L+\frac{3}{2}} . \tag{7.110}$$

Beide Koeffizienten nehmen zwar mit der dritten Potenz der Ordnungszahl zu, ebenso mit dem Drehimpuls L, aber sie werden mit zunehmender γ-Energie kleiner. Die größten Wahrscheinlichkeiten für Konversion treten also bei schweren Kernen, großem L und kleiner γ-Energie auf.

Wie oben erwähnt ist zwischen zwei Zuständen mit Drehimpuls Null kein Ein-Quanten-γ-Übergang möglich. In diesen Fällen kann der Übergang nur durch eine Konversion erfolgen. Ist die Energiedifferenz $\Delta E > 2m_{\mathrm{e}}c^2$, kann dabei ein Elektron-Positron-Paar ausgesandt werden. Einer dieser Zustände tritt im Kern ^{16}O auf. Der erste angeregte Zustand bei 6.06 MeV ist ein 0^+-Zustand. Dieser Zustand zerfällt durch ein Elektron-Positron-Paar.

7.6 Mößbauer-Effekt

In Abschn. 7.5 haben wir die Emission elektromagnetischer Strahlung aus angeregten Zuständen von Atomkernen behandelt. Entsprechend kann auch mit der Absorption von Strahlung im Kern dessen Struktur untersucht werden. So lassen sich aus der Resonanzabsorption von γ-Strahlung Energiezustände bestimmen. Dabei muß allerdings sowohl bei der Emission als auch bei der Absorption der γ-Strahlung der Impulssatz beachtet werden. Tragen wir für freie Kerne für einen γ-Übergang mit der Energie ΔE^* die Linien der Emission und der Absorption auf (vgl. Bild 7.36), so ist die Emissionslinie E'_γ um den Betrag E_{R} gegenüber ΔE^* zu kleineren Energien verschoben, ebenso kann die Energie ΔE^* des Übergangs nur absorbiert werden, wenn die γ-Energie um E_{R} vergrößert wird. Der Kern nimmt in beiden Fällen einen Teil der Energie als Rückstoßenergie E_{R} auf, also $\Delta E^* = E_\gamma + E_{\mathrm{R}}$ und $\boldsymbol{p}_\gamma + \boldsymbol{p}_{\mathrm{R}} = 0$. Für die Rückstoßenergie ergibt sich daraus mit der Ruhemasse m_0 und der Ruheenergie E_0 des Rückstoßkerns

$$E_{\mathrm{R}} = \frac{p_{\mathrm{R}}^2}{2m_0} = \frac{p_\gamma^2}{2m_0} = \frac{E_\gamma^2}{2E_0} . \tag{7.111}$$

Wenn $E_{\mathrm{R}} \ll E_\gamma$ ist, kann man anstelle von E_γ auch ΔE^* setzen. Da sowohl der emittierende als auch der absorbierende Kern die gleiche Rückstoßenergie E_{R} aufnimmt, beträgt die Resonanzverstimmung

$$\Delta E = 2E_{\mathrm{R}} = \frac{E_\gamma^2}{E_0} \simeq \frac{\Delta E^{*2}}{E_0} . \tag{7.112}$$

Resonanzabsorption kann aber nur dann auftreten, wenn Emissions- und Absorptionslinien überlappen (Bild 7.36). Die Form der Linien ergibt sich aus der Fourier-Transformation des exponentiellen Zerfallsgesetzes (vgl. Tabelle 2.1).

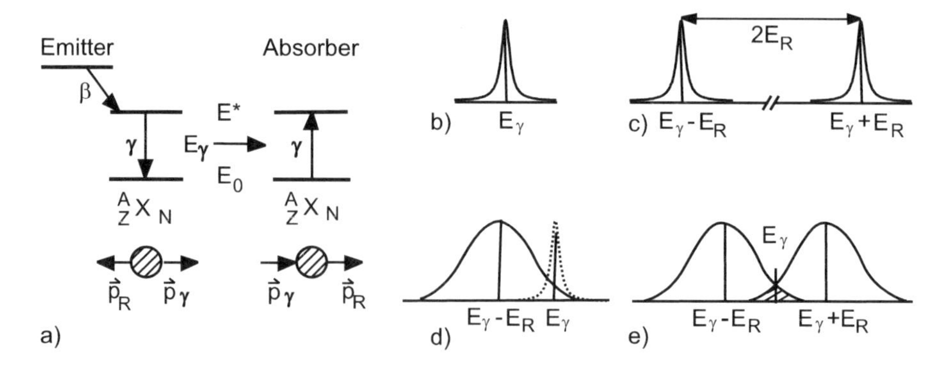

Bild 7.36. Linienverschiebungen bei Resonanzprozessen; (**a**) Schema der Übergänge im Emitter und Absorber, (**b**) Emissionslinie, (**c**) Verschiebung der Emissions- und Absorptionslinie unter Berücksichtigung des Rückstoßes, (**d**) Doppler-Verbreiterung der Emissionslinie, bedingt durch thermische Bewegung der Atome in einem Gas, (**e**) Überlappung der dopplerverbreiterten Emissions- und Absorptionslinie

Um die Resonanzverstimmung zu kompensieren, kann dem Kern eine Geschwindigkeit aufgeprägt werden. Unter Ausnutzung des Doppler-Effekts kann dadurch der Überlapp von Absorptions- und Emissionslinie vergrößert werden. D.h., werden Quell- und Absorberkern relativ zueinander bewegt, kann auf diese Weise die Resonanzbedingung erfüllt werden, allerdings ist dieses Verfahren nur bei kleinen Anregungsenergien durchführbar, weil die Geschwindigkeiten

$$v = \frac{2E_\mathrm{R}}{E_\gamma}c \tag{7.113}$$

oftmals die experimentellen Erfordernisse übersteigen.

Rudolf Mößbauer beobachtete die Resonanzabsorption am ^{191}Ir, in dem ein γ-Übergang bei 129 keV, der eine Breite von $5.1 \cdot 10^{-6}$ eV hat, auftritt. Als bewegte Quelle diente ein ^{191}Os-Präparat, das durch β-Zerfall in den angeregten Zustand des Ir übergeht. Die Rückstoßenergie beträgt 0.047 eV und die thermische Verbreiterung bei Zimmertemperatur 0.1 eV. Der Ir-Absorber wurde auf einer Temperatur von 88 K gehalten und die Temperatur der Quelle variiert. Dabei beobachtete er mit abnehmender Temperatur eine Zunahme der Resonanzabsorption. Den größten Effekt beobachtete er bei der Relativgeschwindigkeit $v = 0$ zwischen Quelle und Absorber.

In Analogie zur Resonanzabsorption thermischer Neutronen konnte der Effekt als rückstoßfreie Absorption erklärt werden. Entscheidend ist hierbei, daß emittierender und absorbierender Kern jeweils in einen Festkörper eingebaut sind. Hierdurch wird der Rückstoß des einzelnen Kerns, der in das Gitter eingebaut ist, vom Kristall aufgenommen, d.h. die Rückstoßmasse ist nicht allein der absorbierende Kern, sondern der Körper des Kristalls. Die

Wahrscheinlichkeit für eine rückstoßfreie Resonanzabsorption ($E_R = 0$) ist durch den Debye-Waller-Faktor bestimmt, der vom Phononenspektrum des Festkörpers und damit von der Temperatur abhängt [SCH97].

Dieser nach Mößbauer benannte Effekt wird wegen seiner hohen Genauigkeit in vielen Gebieten zur Spektroskopie von chemischen Verbindungen eingesetzt. Als Maß für die Genauigkeit dient das Verhältnis Linienbreite zu Übergangsenergie $\Gamma/\Delta E^*$. Für das gegenwärtig häufig benutzte Isotop ^{57}Fe, das eine γ-Linie bei 14.4 keV hat, ist $\Gamma/\Delta E^* = 3 \cdot 10^{-13}$. Hieran wird deutlich, daß mit dem Mößbauer-Effekt kleinste Energiedifferenzen spektroskopiert werden können. Als Quelle wird hierbei ^{57}Co verwendet, das in eine Festkörpermatrix (häufig Rh oder Cr) eindiffundiert wird. ^{57}Co zerfällt unter Elektroneneinfang u.a. in den angeregten Zustand $I = 3/2$ des ^{57}Fe, das durch γ-Emission bzw. innere Konversion in den Grundzustand $I = 1/2$ übergeht. In Bild 7.37 ist der prinzipielle Aufbau einer Meßanordnung gezeigt. Der Detektor kann dabei zwischen Quelle und Absorber (Rückstreugeometrie) oder hinter dem Absorber plaziert werden, wenn dieser hinreichend dünn gewählt ist (Transmissionsgeometrie). Das Mößbauer-Spektrum, das die Zahl der registrierten γ-Quanten als Funktion der Relativgeschwindigkeit zwischen Quelle und Absorber repräsentiert, zeigt also ein Minimum bzw. Maximum gerade dann, wenn die Resonanzbedingung voll erfüllt ist, d.h. bei $v = 0$.

Entscheidend für die Anwendung des Mößbauer-Effekts sind aber die Hyperfeinwechselwirkungen der elektrischen und magnetischen Momente der Kerne mit der Elektronenhülle. Ihre Auswirkungen auf die Energieniveaus des Kerns und damit auf das Mößbauer-Spektrum sind in Bild 7.37 ebenfalls am Beispiel des ^{57}Fe-Isotops gezeigt.

- Die Isomerieverschiebung gegen $v = 0$ resultiert aus dem elektrischen Monopolterm und zeigt sich, wenn in Quell- und Absorberkern unterschiedliche s-Elektronendichten vorherrschen. Sie sind bedingt durch Abschirmeffekte von Valenzelektronen, also wenn Quell- und Absorberatome in verschiedenen chemischen Bindungszuständen vorliegen.
- Die Quadrupolaufspaltung wird beobachtet, wenn das elektrische Quadrupolmoment des Kerns mit einem elektrischen Feldgradienten wechselwirkt. Der Feldgradient tritt auf, wenn z.B. das Absorberatom in ein nichtkubisches Gitter eingebaut ist und/oder wenn die Verteilung der Valenzelektronen keine Kugelsymmetrie aufweist.
- Die magnetische Hyperfeinaufspaltung resultiert aus der Wechselwirkung des magnetischen Kernmoments mit einem effektiven Magnetfeld am Kernort. Sie führt zu einer vollständigen Aufhebung der Entartung der Kernniveaus, im Falle des ferromagnetischen ^{57}Fe werden entsprechend den Auswahlregeln sechs Übergänge beobachtet.

Aufgrund der hohen Präzision ist der Mößbauer-Effekt zu einem wichtigen Diagnose-Verfahren in der Festkörperphysik, der Chemie und auch in der Biologie geworden, da er die zerstörungsfreie Analyse chemischer, struktureller und magnetischer Phasen erlaubt. Wie in Bild 7.37 ebenfalls angedeu-

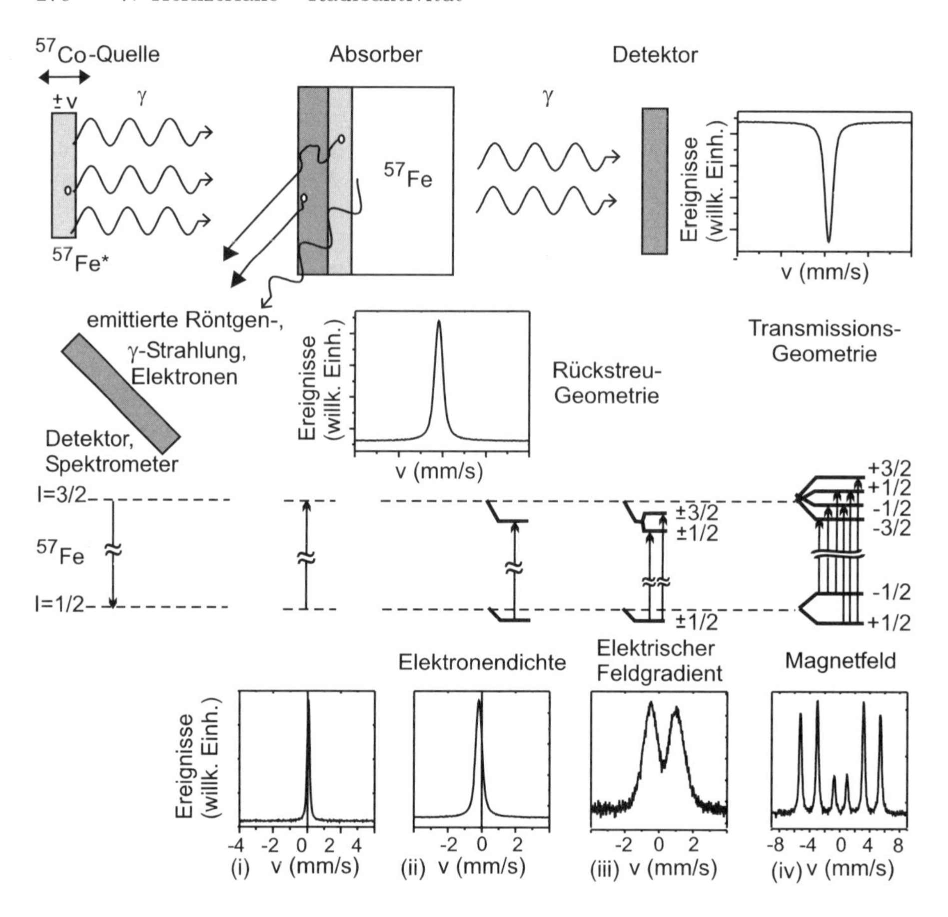

Bild 7.37. Mößbauer-Spektroskopie am Beispiel des ^{57}Fe. Gezeigt ist der prinzipielle Versuchsaufbau, sowie im unteren Teil des Bildes einige gemessene CEM-Spektren, die den Einfluß der Hyperfeinwechselwirkungen demonstrieren sollen. (i) zeigt das Spektrum eines austenitischer Fe-Ni-Cr-Stahls, gemessen mit einer ^{57}Co/Cr-Quelle. Durch die sehr ähnliche chemische Umgebung der Sondenkerne ist die Isomerieverschiebung nahezu Null. (ii) zeigt im Vergleich dazu das Spektrum des gleichen Materials, gemessen mit einer ^{57}Co/Rh-Quelle. In (iii) ist ein Spektrum gezeigt, für das ^{57}Fe-Ionen in nanokristallines SiC implantiert wurde. Es zeigt eine breite Verteilung quadrupolaufgespaltener Komponenten, die sich durch unterschiedliche Bindungskonfigurationen des Sondenkerns mit C und Si als nächste Nachbarn ergeben. In (iv) ist das Spektrum von Eisen in der unter Normalbedingungen stabilen ferromagnetischen α-Phase dargestellt

tet ist, können in Rückstreu-Geometrie statt der vom Absorber reemittierten γ-Quanten auch die Konversionselektronen nachgewiesen werden [KA61]. Diese Methode wird CEMS genannt (engl. Conversion Electron Mössbauer Spectroscopy) und ist unter Berücksichtigung typischer Elektronenenergien bis 40 keV aufgrund der viel geringeren Reichweite der Elektronen im

Festkörper sehr sensitiv auf den oberflächennahen Bereich. So wird z.B. im Falle von Eisen mittels der γ-Quanten ein Tiefenbereich von einigen µm erfaßt, während CEMS empfindlich ist bis etwa 100 nm. Als Erweiterung dieser Methode können die Konversionselektronen mittels eines Elektronenspektrometers auch energieselektiv nachgewiesen werden. Da die Elektronen auf dem Weg von ihrem Entstehungsort bis zur Oberfläche des Absorbers durch Streuprozesse Energie verlieren, zeigen sich im Energiespektrum an den diskreten Konversionskanten der entsprechenden Elektronenschalen Ausläufer zu niedrigen Elektronenenergien hin. Verschiedene Elektronenenergiebereiche haben daher unterschiedliche Tiefengewichtungen. Selektiert man mit dem Spektrometer diskrete schmale Elektronenenergiebereiche und mißt dort jeweils ein Mößbauer-Spektrum, so kann daraus die Information über das chemische bzw. strukturelle Phasengefüge im Festkörper aufgrund der Hyperfeinwechselwirkungen als Funktion der Tiefe gewonnen werden. Diese Methode wird DCEMS genannt (engl. Depth Selective Conversion Electron Mössbauer Spectroscopy, [ST97]).

7.7 Übungen

7.1 1921 bekam Marie Curie 1 g ^{226}Ra von den Vereinigten Staaten geschenkt. Wieviel gibt es davon heute noch?

7.2 Ein Neutronenstrahl hat einen Impuls von 10 GeV/c. Welche Distanz müssen diese Neutronen fliegen, bis ca. 50% aller Strahlneutronen zerfallen sind? (Mittlere Lebensdauer des Neutrons $\tau = 887.4$ s.)

7.3 Um eine Quelle radioaktiven Lanthans herzustellen, bedient man sich des Bariumzerfalls

$$^{140}\text{Ba} \xrightarrow{t_{1/2}=300\ \text{h}} {}^{140}\text{La} \xrightarrow{t_{1/2}=40.2\ \text{h}} {}^{140}\text{Ce (stabil)}\ .$$

Es ist ein „Melk“-Prozeß nötig, um jederzeit eine maximale ^{140}La-Aktivität zu erzeugen. ^{140}La ist vom ^{140}Ba durch eine schnelle chemische Trennung abseparierbar. Dieser Prozeß wird fortgesetzt, bis die ^{140}La-Aktivität unter 1 mCi gesunken ist. (a) Wieviele Proben können herstellt werden, wenn die ursprüngliche ^{140}Ba-Aktivität 5 mCi betrug? (b) Welche Aktivität hat die letzte ^{140}La-Probe im Augenblick ihrer Separation? (c) Welche Gesamtaktivität aller Proben ist in diesem Moment noch vorhanden?

7.4 Mit einer radioaktiven Quelle werden in 10 Minuten 3861 Pulse gezählt. Wenn die Quelle entfernt wird, beträgt die Hintergrundzählrate 2648 Pulse in 30 Minuten. Bestimmen Sie die Netto-Zählrate und die statistische Unsicherheit.

7.5 Berechnen Sie die Amplituden A_1, B_1 und A_3 einer ebenen Welle mit der Energie E in einer Dimension (x), die eine Rechteckbarriere der Höhe $V_0 > E$ und der Breite a durchtunnelt. Die Indizes der Amplituden beziehen sich auf die zu unterscheidenen Bereiche des Potentials (1) $V(x) = 0$, $x < 0$; (2) $V(x) = V_0$, $0 \leq x \leq a$; (3) $V(x) = 0$, $x > a$. Berechnen Sie die Wahrscheinlichkeit dafür, ein Teilchen in (3) zu finden, das aus (1) einfällt. Zeichnen Sie den Verlauf der Amplituden B_1 und B_2 im Bereich der Barriere.

7.6 ${}^{212}_{84}$Po zerfällt durch α-Emission mit $T_\alpha = 8.78$ MeV und einer Halbwertszeit $t_{1/2} = 3 \cdot 10^{-7}$ s. Berechnen Sie die Wahrscheinlichkeit, daß ein α-Teilchen, das mit $T_\alpha = 8.78$ MeV zentral auf einen ${}^{208}_{82}$Pb-Kern trifft, die Coulomb-Barriere überwindet.

7.7 Der Kern ${}^{216}_{84}$Po hat die Halbwertszeit $t_{1/2} = 0.15$ s für eine α-Emission mit $T_\alpha = 6.778$ MeV. Bestimmen Sie mit Hilfe der Theorie des α-Zerfalls und diesen experimentellen Daten den Kernradius R. Unterscheiden Sie die Potentialbereiche $V(r) = -V_0$ für $r \leq R$ mit $V_0 = 35$ MeV und $V(r) \propto r^{-1}$ für $r > R$.

7.8 Berechnen Sie die kinetische Energie eines α-Teilchens, das von dem Kern ^{235}U ausgesandt wird und vergleichen Sie Ihr Ergebnis mit der experimentell bestimmten kinetischen Energie 4.4 MeV. Wie groß ist die Bindungsenergie eines Protons und die eines Neutrons in ^{235}U?

7.9 Der α-Zerfall ${}^{233}\text{U} \longrightarrow {}^{229}\text{Th}+\alpha$ (Q = 4.909 MeV) führt auf vier angeregte Zustände des ^{229}Th-Isotops bei 29, 42, 72 und 97 keV. Berechnen Sie die Energien der fünf energiereichsten α-Teilchengruppen, die beim Zerfall des ^{233}U-Isotops entstehen.

7.10 Bestimmen Sie anhand der Formel für das Minimum-Isobar, ob der Kern ${}^{142}_{54}$Xe instabil gegen e^+- oder e^--Emission ist.

7.11 Der Kern ${}^{62}_{30}$Zn kann sowohl durch e^+-Emission als auch durch Elektroneneinfang zerfallen. Die maximale kinetische Energie der Positronen ist 0.66 MeV. (a) Berechnen Sie die maximale Neutrinoenergie im Positronen-Zerfall. (b) Wie groß ist die Neutrinoenergie im Elektronen-Einfang? (Vernachlässigen Sie die Rückstoß- und Elektronenbindungsenergie.)

7.12 Berechnen Sie die Q-Werte der nachfolgenden β^--Zerfälle: (a) ${}^{11}\text{Be} \longrightarrow {}^{11}\text{B}$, (b) ${}^{65}\text{Ni} \longrightarrow {}^{65}\text{Cu}$, (c) ${}^{193}\text{Os} \longrightarrow {}^{193}\text{Ir}$.

7.13 Berechnen Sie die Q-Werte der nachfolgenden β^+-Zerfälle und Elektronen-Einfänge: a) ${}^{10}\text{C} \longrightarrow {}^{10}\text{B}$, (b) ${}^{89}\text{Zr} \longrightarrow {}^{89}\text{Y}$, (c) ${}^{152}\text{Eu} \longrightarrow {}^{152}\text{Sm}$.

7.14 ^{160}Tb zerfällt durch Elektronenemission in ^{160}Dy. Zwei der dazu gehörenden γ-Übergänge sind konvertiert (innere Konversion) und mit folgendem Konversionslinienspektrum verbunden: 32.9, 78.0, 84.7,

86.1, 143.0 keV. Die Bindungsenergien der Elektronen in der K-, L-, M- und N-Schale von Dysprosium betragen 53.4, 8.6, 1.9 bzw. 0.4 keV. Bestimmen Sie die γ-Energien und identifizieren Sie die Konversionslinien mit den Übergängen in den Elektronenschalen.

7.15 Der Kern $^{60}_{28}$Ni hat einen angeregten Zustand, der sukzessiv zwei $E2$-γ-Quanten aussendet. Bestimmen Sie mit dieser Information die möglichen Spin- und Paritätswerte der angeregten Zustände.

7.16 Der Kern ^{7}Li emittiert von einem Zustand mit $I^\pi = \frac{1}{2}^-$ eine 0.48 MeV γ-Strahlung zum $I^\pi = \frac{3}{2}^-$-Grundzustand. (a) Welche Multipolaritäten könnte die γ-Strahlung haben? (b) Welche davon ist die wahrscheinlichste? (c) Wie groß ist die Lebensdauer des Zustands?

7.17 Der Kern ^{89}Y hat oberhalb vom Grundzustand einen angeregten Zustand bei 0.915 MeV, der in den Grundzustand mit einer Halbwertszeit von 0.16 s übergeht. Der Anfangszustand hat Spin $I = \frac{9}{2}$, der Endzustand $I = \frac{1}{2}$, wobei ein Paritätswechsel auftritt. (a) Welche niedrigste Multipolordnung kann auftreten und wie groß ist die Rate?
(b) Berücksichtigen Sie die Drehimpulserhaltung und stellen Sie fest, ob zum Grundzustand noch andere Spin-Komponenten außer $\frac{1}{2}$ beitragen. Welches wäre die maximale Beimischung einer $I = \frac{3}{2}$ Komponente zum Grundzustand, wenn bei strenger Paritätserhaltung nur die experimentellen Daten (Lebensdauer und Energie) berücksichtigt werden?

7.18 Ein 1 mm dickes Goldtarget wird 15 Stunden lang einem Fluß langsamer Neutronen mit 10^6 Neutronen/(cm^{2}s) ausgesetzt. Wieviele Zerfälle des ^{198}Au treten in den 24 Stunden nach Abschluß der Bestrahlung auf?

7.19 Welches ist die leichteste effektive Abschirmung für eine starke (1000 Ci) β-Quelle von 2 MeV, damit eine Person in der Nähe sicher arbeiten kann? (Leistung $P = 11.86$ W)

7.20 Das Isotop ^{113}Cd fängt ein Neutron extrem niedriger Energie ein, gelangt in den angeregten Zustand von ^{114}Cd und geht anschließend direkt unter γ-Emission in den Grundzustand von ^{114}Cd über. Berechnen Sie unter Vernachlässigung der Rückstoßenergie des Kerns die Energie des Photons und die kinetische Energie des ^{114}Cd-Kerns.

7.21 Jeder angeregte Kern emittiert bei einem γ-Übergang in den Grundzustand ein Photon. Für die nachfolgenden Kerne ist die Energie des Photons gegeben. Berechnen Sie die Energie im angeregten Zustand und die Rückstoßenergie. Vergleiche die Rückstoßenergie des Kern mit der Meßunsicherheit für die Energie des emittierten Photons. ^{22}Ne: (1274.545 ± 0.017) keV; ^{51}V: (320.08419 ± 0.00042) keV; ^{56}Fe: (3451.152 ± 0.047) keV; ^{110}Cd: (1475.786 ± 0.005) keV; ^{192}Ir: (884.54174 ± 0.00074) keV.

7.22 Nachfolgend sind die Energie und die mittlere Lebensdauer des angeregten Zustandes einiger Mößbauer-Isotope gegeben. Berechnen Sie für jedes Isotop die natürliche Linienbreite und die Doppler-Linienbreite bei 300 K (Raumtemperatur) bzw. 4 K (Temperatur des flüssigen Heliums) für den γ-Übergang vom angeregten Zustand in den Grundzustand sowie die Rückstoßenergie des Atomkerns nach erfolgter γ-Emission. ^{57}Fe: 14.4 keV, 141 ns; ^{165}Ho: 95 keV, 32 ps; ^{119}Sn: 23.9 keV, 25.7 ns; ^{181}Ta: 6.2 keV, 9.8 μs; ^{193}Ir: 73 keV, 9.1 ns.

7.23 Welche Doppler-Geschwindigkeit entspricht im Mößbauer-Experiment der natürlichen γ-Linienbreite 4.7 neV des ^{57}Fe-Isotops?

7.24 Welche Doppler-Geschwindigkeit ist im Mößbauer-Experiment zur Messung der magnetischen Dipolaufspaltung von ^{57}Fe nötig? Verwenden Sie für die magnetische Flußdichte am Kernort 33.3 T, für den Grundzustand den Kernspin 1/2 und das magnetische Dipolmoment 0.0903 μ_K, für den angeregten Zustand des γ-Überganges bei 14.4 keV den Kernspin 3/2, das magnetische Dipolmoment -0.153 μ_K und für das Kernmagneton $\mu_\mathrm{K} = 31.5$ neV/T.

8. Kernkräfte

Der einfachste gebundene Kern ist das Deuteron, das ein gebundener Kernzustand zwischen einem Proton und einem Neutron ist. An ihm sollten alle wesentlichen Eigenschaften und Phänomene zu testen sein, die zur Beschreibung von Kernen und den sie zusammenhaltenden Kräften entwickelt wurden. Wir beginnen deshalb dieses Kapitel mit einer kurzen Übersicht über das Deuteron.

8.1 Das Deuteron

Das Deuteron, das schwere stabile Isotop des Wasserstoffkerns, hat eine Masse von $m_\mathrm{d} = (2.01355321271 \pm 0.00000000035)$ u, die massenspektrometrisch bestimmt wurde. Proton und Neutron sind im Deuteron mit einer Energie von

$$E_\mathrm{B} = (2.22456671 \pm 0.00000039)\ \mathrm{MeV} \tag{8.1}$$

gebunden. Dieser Wert wurde mit der Neutroneneinfangreaktion H(n,γ)D gemessen [KE99]. Es existiert kein angeregter Zustand. Im Grundzustand hat das Deuteron den Spin und die Parität $I^\pi = 1^+$. Demzufolge können Proton und Neutron sich nur im Zustand mit dem relativen Bahndrehimpuls ℓ =0, 1, 2 befinden, wobei allerdings $\ell = 1$ wegen der positiven Parität ausgeschlossen ist. Das Deuteron hat den Isopin $T = 0$.

Das magnetische Moment des Deuterons beträgt

$$\mu_\mathrm{d} = (0.8574382284 \pm 0.0000000094)\, \mu_\mathrm{K}\ . \tag{8.2}$$

Mit Hilfe der Molekularstrahltechnik wurde ein elektrisches Quadrupolmoment

$$Q = (2.860 \pm 0.015) \cdot 10^{-27}\ \mathrm{cm}^2 \tag{8.3}$$

experimentell gemessen.

Beide Bestimmungsgrößen haben weitreichende Konsequenzen für die Beschreibung des Deuterons. Der relative Bahndrehimpuls $\ell = 0$ bedeutet, daß

Proton und Neutron durch eine kugelsymmetrische Wellenfunktion beschrieben werden könnten. In diesem Falle wäre aber das elektrische Quadrupolmoment null. Das gemessene magnetische Moment müßte in einem solchen Zustand gerade gleich der Summe der magnetischen Momente von Proton und Neutron (vgl. Abschn. 3.3.4) sein, falls sich die magnetischen Momente durch die Bindung nicht ändern.

$$\mu_\mathrm{p} + \mu_\mathrm{n} = 2.792\mu_\mathrm{K} - 1.913\mu_\mathrm{K} = 0.879\mu_\mathrm{K}\,. \tag{8.4}$$

Der gemessene Wert weicht allerdings davon ab. Wenn man jedoch annimmt, daß die Wellenfunktion des Deuterons nicht allein durch den S-Zustand charakterisiert ist, sondern daß noch weitere Komponenten beigemischt sein können, wird der Wert des magnetischen Moments und des elektrischen Quadrupolmoments geändert. Die Wellenfunktion Ψ, die das Deuteron beschreibt, setzen wir mit einer Beimischung eines D-Zustandes an:

$$\Psi = \sqrt{P_\mathrm{S}}\Psi^{(\mathrm{S})} + \sqrt{P_\mathrm{D}}\Psi^{(\mathrm{D})}\,. \tag{8.5}$$

wobei $\sqrt{P_\mathrm{S}}$, $\sqrt{P_\mathrm{D}}$ die Amplituden der beiden den Grundzustand des Deuterons beschreibenden Komponenten sind. Wenn nur diese beiden Komponenten eingehen, gilt für die Wahrscheinlichkeit $P_\mathrm{S} + P_\mathrm{D} = 1$. Aus dem Wert für das gemessene magnetische Moment ergibt sich in quantenmechanischer Rechnung als Wert für die Beimischung $P_\mathrm{D} \simeq 0.0393$. Damit liegt ein etwa 4-prozentiger Anteil einer D-Wellenfunktion im Deuteron vor. Auch das gemessene Quadrupolmoment deutet darauf hin, daß das Deuteron nicht kugelsymmetrisch, sondern prolat deformiert ist.

8.2 Streuzustände

8.2.1 Streuzustände im Zwei-Nukleonensystem

Die Existenz eines gebundenen Zustands zwischen Proton und Neutron führt auf die Frage nach dem physikalischen Verhalten zweier gleichartiger Nukleonen untereinander. Wenn die Kernkraft unabhängig von der Ladung ist, dann müssen auch zwei Protonen und zwei Neutronen den gleichen Kräften unterworfen sein. Da es keinen Kern ^{2}He und kein gebundenes Dineutron-System gibt, kann die Auswirkung der Ladungsunabhängigkeit der Kernkraft nur in Streuexperimenten untersucht werden.

Die Proton-Proton-Streuung läßt sich über einen weiten Energiebereich von keV bis GeV Energien untersuchen, da Wasserstofftargets verfügbar sind. Neutronen können an freien Neutronen nicht gestreut werden, weil keine Neutronentargets existieren, jedoch können Neutronen an Deuterium gestreut werden, wobei sich die Streuquerschnitte dann aus der Neutron-Proton-Streuung und der Neutron-Neutron-Streuung zusammensetzen.

Bei der Behandlung der Streuung (Abschn. 6.3.1) haben wir stets die Streuung ungleicher Kerne angenommen. Hier bei der Proton-Proton-Streuung tritt die Streuung identischer Teilchen auf, die wir bereits in Abschn. 3.2 als Methode zur Bestimmung der Spins schwerer Kerne beschrieben haben. Mit Gleichung (3.23) wurde der Mott-Streuquerschnitt angegeben, der die Symmetrie des Streuquerschnitts um 90° angibt, aber zunächst nur die Coulomb-Wechselwirkung berücksichtigt. Diesen Streuquerschnitt müssen wir jedoch für die Untersuchung der Proton-Proton-Streuung um die Anteile der starken Wechselwirkung erweitern

$$\begin{aligned}\frac{\mathrm{d}\sigma(\theta)}{\mathrm{d}\Omega} = \left(\frac{e^2}{4\pi\varepsilon_0 4T}\right)^2 \Bigg[&\frac{1}{\sin^4\frac{\theta}{2}} + \frac{1}{\cos^4\frac{\theta}{2}} - \frac{\cos\left(\eta\ln\tan^2\frac{\theta}{2}\right)}{\sin^2\frac{\theta}{2}\cos^2\frac{\theta}{2}} \\ &-\frac{2}{\eta}\sin\delta_0\left\{\frac{\cos\left(\delta_0+\eta\ln\sin^2\frac{\theta}{2}\right)}{\sin^2\frac{\theta}{2}} + \frac{\cos\left(\delta_0+\eta\ln\cos^2\frac{\theta}{2}\right)}{\cos^2\frac{\theta}{2}}\right\} \\ &+\frac{4}{\eta^2}\sin^2\delta_0\Bigg] \ . \end{aligned} \tag{8.6}$$

Darin ist $\eta = e^2/(4\pi\varepsilon_0\hbar v)$ der Sommerfeld-Parameter und $m = \frac{2}{3}m_{\mathrm{prot}}$ die reduzierte Masse. Der erste Term gibt gerade den Rutherford-Streuquerschnitt an (vgl. (2.14)). Der zweite Term beschreibt die Rutherford-Streuung identischer Teilchen, während der dritte Term ein quantenmechanischer Coulomb-Interferenzterm bei der Streuung identischer Teilchen ist (vgl. (3.23)). Die nächsten beiden Terme berücksichtigen die Interferenz zwischen Coulomb- und Kernpotentialstreuung. Schließlich beschreibt der letzte Term die reine Kernpotentialstreuung. Mit dieser Formel wurde die Proton-Proton-Streuung bis ca. 300 keV richtig beschrieben, weil bis zu dieser Energie die Kernkräfte keinen merklichen Einfluß ausüben. Die gestrichelte Linie in Bild 8.1a zeigt diesen Verlauf. Oberhalb dieser Energie wird der Einfluß der Kernkraft bemerkbar, der Wirkungsquerschnitt steigt an, wie die ausgezogene Linie für die Streuung von 2.5 MeV Protonen zeigt.

Bis ca. 10 MeV kann dieser Prozeß als s-Wellen-Streuung, also nur unter Berücksichtigung des gegenseitigen Bahndrehimpulses mit $\ell = 0$, beschrieben werden. Deshalb tritt nur die Streuphase δ_0 auf. Im vierten Term in (8.6) ist die Interferenz von Coulomb- und nuklearer Streuamplitude berücksichtigt. Aus diesem Interferenzterm kann auch das Vorzeichen der nuklearen Streuphase relativ zur Coulomb-Streuphase entnommen werden. Die Interferenz ist destruktiv, also sind die Vorzeichen entgegengesetzt. Da die Coulomb-Streuphase wegen der abstoßenden Kraft negativ ist (vgl. Bild 6.10), muß die nukleare Streuphase positiv sein, wie es auch das anziehende Potential erfordert. Die Messungen im Bereich bis 10 MeV entsprechen sehr gut den erläuterten Vorstellungen, wie in Bild 8.1b gezeigt.

Eine detaillierte Analyse der Streuphase δ_0 liefert ferner die Aussage, daß es im Proton-Proton-System keinen gebundenen Zustand geben kann. Allerdings geben Reaktionen, in denen schnelle ^{17}F-Kerne ein Proton einfangen,

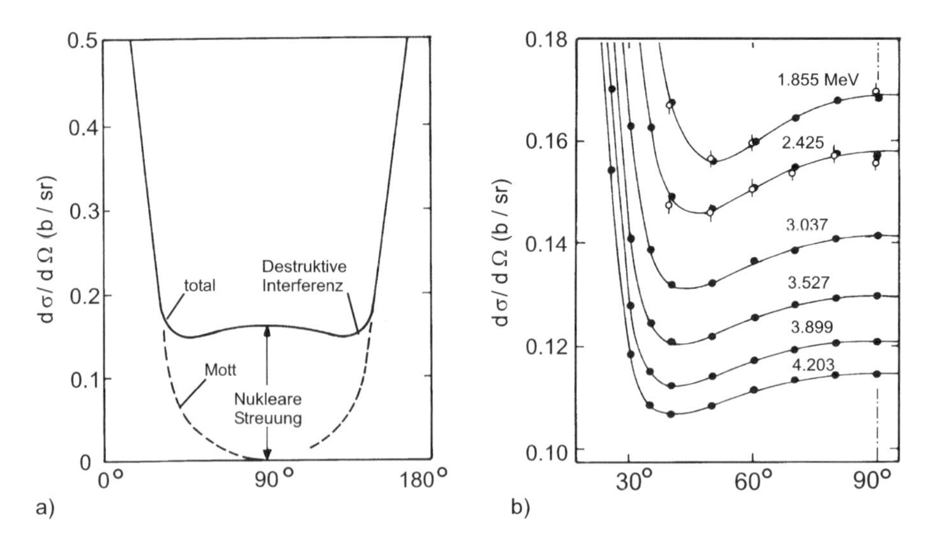

Bild 8.1. (**a**) Differentieller Streuquerschnitt der p-p-Streuung, (**b**) gemessener differentieller Wirkungsquerschnitt im Winkelbereich bis 90° (im CM-System)

Hinweise darauf, dass eine korrelierte Emission zweier Protonen aus dem Kern ^{18}Ne erfolgen kann, die als Diprotonenzustand gedeutet werden können.

Die Analyse der Streuphase bei Streuexperimenten mit Neutronen an Deuteronen zeigt ebenfalls, daß es kein gebundenens n-n-System gibt.

8.2.2 Streuzustände zur Bestimmung der Spin-Bahn-Wechselwirkung

Die Spin-Abhängigkeit der Kernkraft wurde ebenfalls in Streuexperimenten nachgewiesen. Wenn z.B. polarisierte Protonen an einem Kern mit Spin 0 (z.B. ^{12}C) gestreut werden, beobachtet man eine Rechts-Links-Asymmetrie in der Winkelverteilung, weil eine Wechselwirkung zwischen dem Bahndrehimpuls in Bezug auf den streuenden Kern und dem Nukleonenspin einsetzt.

Wir wollen die Situation anhand der Streuung eines unpolarisierten Strahls erläutern. In Bild 8.2a und b sind Teilchen auf zwei Wegen um einen Targetkern gezeigt, deren Spins gleichhäufig nach oben wie nach unten zeigen mögen. Der Bahndrehimpulsvektor von Teilchen, die links am Targetkern vorbeifliegen, zeige nach unten, derjenige von Teilchen, die rechts am Target vorbeifliegen, nach oben. Bei einem unpolarisierten Strahl stehen Spin und Bahndrehimpuls dann gleichhäufig parallel wie antiparallel. Wenn es eine Spin-Bahnkraft gibt, womit wir im Abschn. 4.2 bereits die Sequenz der Energieniveaus nach dem Einzelteilchen-Schalenmodell erläutert haben, dann sollte die Kraft für parallele und antiparallele Orientierung verschieden voneinander sein, woraus sich unterschiedliche Winkelablenkungen ergeben. Damit

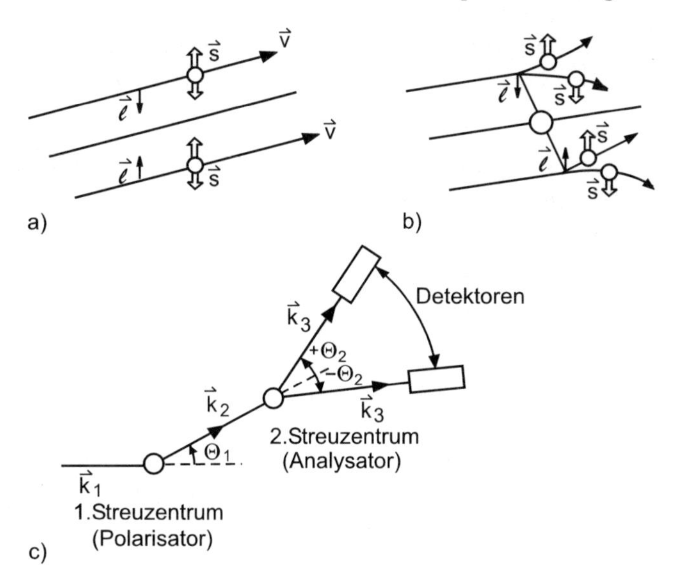

Bild 8.2. Streuung eines unpolarisierten Strahls: (**a**) gleiche Wahrscheinlichkeit für „Spin nach oben“ und „Spin nach unten“ für unterschiedliche Richtungen des Bahndrehimpulses ℓ, (**b**) asymmetrische Streuung für Teilchen in unterschiedlichen Spinzuständen (Einfluß der Spin-Bahn-Kraft), (**c**) Prinzip eines Doppel-Streuexperiments. In der ersten Streuung wird der Strahl polarisiert, in der zweiten analysiert (k_i Wellenvektoren)

lassen sich Spinorientierungen trennen, d.h. zumindest teilpolarisierte Strahlen können auf diese Weise erzeugt werden. In einem Doppelstreuexperiment, wie in Bild 8.2c gezeigt, ließe sich dann aus der Polarisation (Spinausrichtung) die Wirkung der Spin-Bahn-Kraft bestimmen.

8.3 Das phänomenologische Kernpotential

Ein Kernpotential, dessen negativer Gradient die Kernkraft liefern soll ($\boldsymbol{F} = -\boldsymbol{\partial} V/\boldsymbol{\partial r}$), muß folgenden experimentell bestimmten Eigenschaften der Kraft Rechnung tragen:

- starke Kraft,
- kurze Reichweite, die nicht über die Pionen-Compton-Wellenlänge $\lambda_C^\pi \simeq$ 1.43 fm hinausreicht, oberhalb etwa 4 fm verschwindet die Kraft,
- weitgehend anziehend,
- sättigend, denn die Bindungsenergie pro Nukleon hat einen fast konstanten Wert, wie die Beschreibung mit dem Tröpfchenmodell (Kap. 3) zeigte. Dieses Faktum kann als eine Kombination eines abstoßenden Terms bei sehr kleinen Abständen ($\lesssim$0.5 fm), einer Tensorkraft und des Pauli-Prinzips verstanden werden.

- aus dem für die erfolgreiche Beschreibung vieler Kerneigenschaften wichtigen Einzelteilchen-Schalenmodell ist ferner die starke Spin-Bahn-Kraft bekannt.

Bereits 1935 schlug Hideki Yukawa ein Kernpotential vor, mit dem die bekannten Phänomene der Kernphysik beschrieben werden sollten (vgl. Kasten 8.1). Dieses Potential

$$V_0(r) = -g^2 \frac{\mathrm{e}^{-r/\lambda\!\!\!^-}}{r} \tag{8.7}$$

mit der Kopplungskonstanten g erlaubt es, die kurze Reichweite der Kernkräfte zu beschreiben. Die Größe $\lambda\!\!\!^-$ im Exponenten wird mit der Compton-Wellenlänge des Pions gleichgesetzt, worauf die Vorstellung beruht, daß die Kernkräfte durch den Austausch von Pionen wirken. Die Pionen haben einen ganzzahligen Spin, womit sie als Feldquanten des Kernkraftfeldes verstanden werden können, in Analogie zum Photon, das als Feldquant des elektromagnetischen Feldes wirkt.

Im Bereich oberhalb 1.2 fm ist der Pionenaustausch für die Wechselwirkung als Ein-Pionen-Austausch verantwortlich. Im Bereich $0.6 \leq r \leq 1.3$ fm wird die anziehende Wirkung durch den Austausch mehrerer skalarer Mesonen (Pionen, η-Mesonen) beschrieben, während der innere, harte, abstoßende Kern (hard core) durch den Austausch von Vektor-Mesonen (ϱ-Mesonen, ω-Mesonen) beschrieben wird. In Bild 8.3 sind die einzelnen Anteile separat aufgeführt.

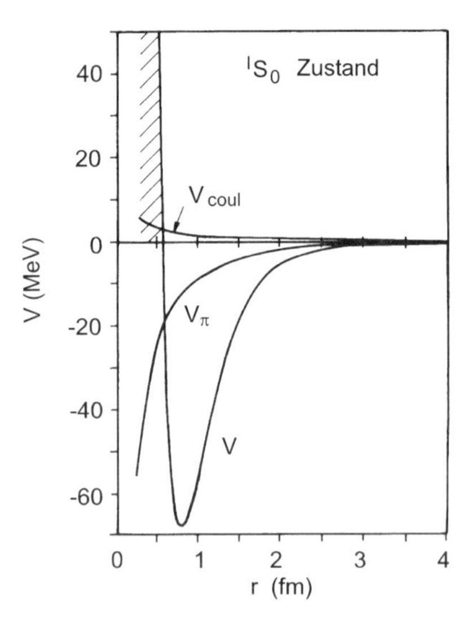

Bild 8.3. Potentiale zur Beschreibung der Kernkraft für einen $^1\mathrm{S}_0$-Zustand

Neben einem radialsymmetrischen Anteil sind jedoch diejenigen Potentiale zu berücksichtigen, die in den vorhergehenden Abschnitten erläutert wurden. Das Nukleon-Nukleon-Potential setzt sich demnach aus einer ganzen Reihe von Termen zusammen:

$$\begin{aligned} V_{\mathrm{NN}}(r) = {} & V_0(r) + V_{SS}(r)\frac{S_1 S_2}{\hbar^2} + V_{\mathrm{T}}(r)\left(\frac{3(\boldsymbol{S}_1 \cdot \boldsymbol{r})(\boldsymbol{S}_2 \cdot \boldsymbol{r})}{r^2\hbar^2} - \frac{S_1 S_2}{\hbar^2}\right) \\ & + V_{LS}(r)(S_1 + S_2)\frac{L}{\hbar^2} + V_{LS}(r)\frac{(\boldsymbol{S}_1 \cdot \boldsymbol{L})(\boldsymbol{S}_2 \cdot \boldsymbol{L})}{\hbar^4} \\ & + V_{Sp}(r)\frac{(\boldsymbol{S}_2 \cdot \boldsymbol{p})(\boldsymbol{S}_1 \cdot \boldsymbol{p})}{\hbar^2 m^2 c^2} \,. \end{aligned} \tag{8.8}$$

Der erste Term $V_0(r)$ ist das Zentralpotential, der zweite Term berücksichtigt die reine Spin-Spin-Wechselwirkung, der dritte Term ist das Tensorpotential, auf das die Deformation des Deuterons als Einfluß einer nichtzentralen Kraft hingewiesen hat. Die Form der Wechselwirkung ist die gleiche wie die Wechselwirkung zweier magnetischer Dipole. Tritt dieser Term auf, dann können Mischungen von Bahndrehimpulszuständen vorkommen. Der vierte Term beinhaltet die auf den Kernkräften beruhende Spin-Bahn-Wechselwirkung. Die beiden letzten Terme entstammen Symmetriebetrachtungen, so daß sie eher aus formalen Gründen eingeführt werden, zumal ihre quadratische Abhängigkeit vom Impuls sie als klein gegenüber den anderen Termen ausweist. Sie werden häufig gegenüber den zuerst genannten Termen vernachlässigt.

Dieser phänomenologische Ansatz enthält eine Reihe von Parametern, die durch Vergleich mit experimentellen Ergebnissen angepaßt werden. Dazu gehören die Streuphasen der p-p-, n-n-, und n-d-Streuung, sowie auch die Wellenfunktion des Deuterons.

Kasten 8.1: Stärke der Kernkraft

Am Beispiel des Deuterons wollen wir die Stärke der Kernkraft zwischen zwei Nukleonen abschätzen. Dazu gehen wir vom attraktiven Yukawa-Potential $V_0(r)$ (8.7) aus:

$$V_0(r) = -g^2 \frac{\mathrm{e}^{-r/\lambda\!\!\!^-}}{r} \,. \tag{8.9}$$

Die Konstante $\lambda\!\!\!^-$ folgt aus der Yukawa-Theorie als Compton-Wellenlänge des Pions: $\lambda\!\!\!^- = \lambda\!\!\!^-_{\mathrm{C}}{}^{\pi} = \hbar/m_\pi c$, mit der Pionmasse $m_\pi = 138\ \mathrm{MeV/c^2}$. Setzt man die Konstanten ein, so erhalten wir für die Reichweite der Kernkraft $\lambda\!\!\!^- = 1.43$ fm.

Den Faktor g^2, mit der Dimension MeV·fm, die Stärke der Kernkraft, wollen wir aus der nachfolgenden Überlegung abschätzen. Wir nehmen an, daß sich Proton und Neutron in ihrem ruhenden Schwerpunktsystem befinden, wobei der Schwerpunkt auch Koordinatenursprung sein soll. Dann ist $\boldsymbol{r}_2 = -\boldsymbol{r}_1$ und die Geschwindigkeiten $\boldsymbol{v}_2 = -\boldsymbol{v}_1$, z.B. bei einer Rotationsbewegung um den Schwerpunkt. Wir setzen ferner $\boldsymbol{r} = \boldsymbol{r}_2 - \boldsymbol{r}_1$ und $\boldsymbol{v} = \boldsymbol{v}_2 - \boldsymbol{v}_1$, woraus sich als mechanische Energie ergibt:

$$\begin{aligned} E &= \frac{1}{2} m_1 \boldsymbol{v}_1^2 + \frac{1}{2} m_2 \boldsymbol{v}_2^2 - g^2 \frac{\mathrm{e}^{-|\boldsymbol{r}_2 - \boldsymbol{r}_1|/\lambda\!\!\!^-}}{|\boldsymbol{r}_2 - \boldsymbol{r}_1|} \\ &= \frac{1}{2} \mu \boldsymbol{v}^2 - g^2 \frac{\mathrm{e}^{-r/\lambda\!\!\!^-}}{r} . \end{aligned} \tag{8.10}$$

Darin haben wir die reduzierte Masse $\mu = (m_1 m_2)/(m_1 + m_2) = m/2$ eingesetzt, da die Nukleonenmassen nahezu gleich sind. Die Relativkoordinaten erlauben es, das „Zweimassenproblem" auf die reduzierte Masse zu beschränken. Wir müssen ferner den Energie- und Drehimpulserhaltungssatz berücksichtigen. Mit dem Drehimpuls

$$L = \mu r v \tag{8.11}$$

geht (8.10) über in

$$E = \frac{L^2}{2\mu r^2} - g^2 \frac{\mathrm{e}^{-r/\lambda\!\!\!^-}}{r} . \tag{8.12}$$

Der Drehimpuls ist quantisiert und seine möglichen Werte sind $L_n = n\hbar$ mit $n = 1, 2, \ldots$. Damit und mit der Quantisierungsvorschrift $r_n = x_n \lambda\!\!\!^-$ erhalten wir die Energieeigenwerte

$$E_n = \frac{n^2 \hbar^2}{2\mu \lambda\!\!\!^{-2} x_n^2} - g^2 \frac{\mathrm{e}^{-r_n/\lambda\!\!\!^-}}{x_n \lambda\!\!\!^-} . \tag{8.13}$$

Zur Bestimmung von g^2 betrachten wir die Zentripetalkraft, die durch

$$\frac{m v^2 \boldsymbol{r}}{r^2} = -\frac{\partial V_0}{\partial r} \frac{\boldsymbol{r}}{r} \tag{8.14}$$

gegeben ist. Dies führt auf die Beziehung

$$L^2 = (\mu v r)^2 = \mu g^2 r^2 \left(\frac{1}{\lambda\!\!\!^-} + \frac{1}{r} \right) \mathrm{e}^{-r/\lambda\!\!\!^-} . \tag{8.15}$$

Mit den oben angegebenen Quantisierungsvorschriften folgt

$$g^2 = \frac{\hbar^2 n^2}{\mu \lambda\!\!\!^{-2} x_n^2} \left(\frac{1}{\lambda\!\!\!^-} + \frac{1}{\lambda\!\!\!^- x_n} \right)^{-1} \mathrm{e}^{x_n} \tag{8.16}$$

und aus der Eigenwertgleichung (8.13)

$$E_n = \frac{\hbar^2}{2\mu \lambda\!\!\!^{-2}} \frac{1}{x_n^2} \frac{(x_n - 1)}{(x_n + 1)} . \tag{8.17}$$

Um diese Gleichung zu lösen, gehen wir von der experimentellen Tatsache aus, daß die Bindungsenergie des Deuterons $E_\mathrm{B} = 2.225$ MeV beträgt. Diese Energie nehmen wir als Energie des Zustandes für $n = 1$, also $E_{n=1} = -E_\mathrm{B}$. Mit der Abkürzung $\alpha = \hbar^2/(2\mu \lambda\!\!\!^{-2} E_\mathrm{B}) = 9.2$ folgt der Zustand $x_{n=1} = x_1$ aus der Gleichung 3. Grades

$$x_1^3 + x_1^2 + \alpha x_1 = \alpha \tag{8.18}$$

zu $x_1 = 0.85$. Setzt man diesen Wert in (8.16) ein, so erhält man für $n = 1$:

$$g^2 = 86 \text{ MeV fm} . \tag{8.19}$$

Da g^2 in Bruchteilen von $\hbar c$ angegeben wird, ist $g^2 = 0.4\hbar c$. Dieser Wert ist mit demjenigen zu vergleichen, der gegenwärtig von einer umfangreichen Theorie vorgestellt wird: $g^2 = 0.3\hbar c$. Unsere sehr einfache Argumentation kommt diesem „genaueren“ Wert erstaunlich nahe.

8.4 Vom Quark zum Kern

Im Jahre 1964 postulierte Murray Gell-Mann aufgrund von Argumenten zur Symmetrie der SU(3)-Gruppe eine Struktur der Nukleonen, die aus drei Partonen – diesen Namen hat Richard Feynman geprägt – bestehen. Basierend auf literarischen Vorbildern wurden die Partonen von Gell-Mann als „Quarks“ bezeichnet.[1] Die Quarks tragen eine elektrische Ladung, und zwar Vielfache eines Drittels der Elementarladung. Im freien Raum ist diese Ladung bisher nicht aufgetreten. Die Erforschung der Elementarteilchen hat bisher drei Familien von Quarks mit jeweils zwei Mitgliedern erbracht, deren Eigenschaften in Tabelle 8.1 zusammengestellt sind.

Die Nukleonen sollen nach diesem „Standardmodell“ aus drei Quarks, die Mesonen aus einem Quark-Antiquark-Paar zusammengesetzt sein.

In einem ersten, zunächst noch primitiven Modell waren die Quarks als Teilchen einer Substruktur ebenfalls Fermionen mit dem Spin $\frac{1}{2}\hbar$. Demzufolge ist das Pauli-Prinzip zu beachten, denn es können nur zwei Teilchen

[1] Nach James Joyce in „Finnegans Wake“: Three quarks for master Mark.

Tabelle 8.1. Quarks

Bezeichnung		Ladung (e)	Masse (MeV/c^2)
u	(up)	+2/3	5 ± 2
d	(down)	−1/3	9 ± 3
s	(strange)	−1/3	175 ± 50
c	(charm)	+2/3	1500
b	(bottom)	−1/3	4500
t	(top)	+2/3	174000

mit entgegengesetztem Spin einen Zustand mit sonst gleichen Quantenzahlen besetzen. Da dies für die Bildung eines Nukleons nicht möglich ist, mußte den Quarks und dann auch den Austauschquanten der starken Wechselwirkung, die *Gluonen* genannt werden, ein weiteres Unterscheidungsmerkmal – als zusätzliche Quantenzahl – hinzugefügt werden. Dieses Unterscheidungsmerkmal wird *Farbe*, besser *Farbladung*, genannt. Die Quarks befinden sich in Farbladungszuständen. Der Ausdruck „Farbe" bezeichnet nur eine Eigenschaft, deren genaue Natur noch unbekannt ist. So kommen alle Quarks in drei verschiedenen Farbladungszuständen vor, die entsprechend dem Namen „Farbe" als rot, blau und grün bezeichnet werden. Die Farbladungen sind bisher frei, d.h. in Reaktionsprodukten der Kern- oder Elementarteilchenexperimente, nicht beobachtet worden. Deshalb wird angenommen, daß die Summe von rot, blau und grün bei freien Teilchen das neutrale „weiß" ergibt.[2] Außer den in Tabelle 8.1 genannten Quarks gibt es dann in der Natur auch die dazugehörigen Antiquarks mit den gleichen Massen, aber entgegengesetzter elektrischer Ladung und entgegengesetzter Farbladung. So hat ein Anti-u-Quark die Ladung $-\frac{2}{3}e$ und existiert in den Farbladungszuständen antirot, antiblau und antigrün.

Zwischen den Quarks agieren als Feldquanten die Gluonen, die ebenso wie das Photon die Masse Null und den Spin $1\hbar$ haben sollen. Auch sie tragen Farbladungen. Wesentlich folgt daraus die Eigenschaft, daß Gluonen untereinander wechselwirken können.

In einer sehr einfachen Weise läßt sich dann ein Modell vorstellen, das z.B. für den Zustand „Proton" gilt $\langle uud \rangle$. Die Summe der Ladungen ergibt $\frac{2}{3} + \frac{2}{3} - \frac{1}{3} = 1$, wir müssen aber nach der Farbregel jedem Quark eine andere der drei genannten Farben zuordnen. Entsprechendes gilt für das Neutron $\langle udd \rangle$, dessen Ladungssumme Null ergibt.

Um die Modellvorstellung experimentell zu verifizieren, wurde in Streuexperimenten mit hochenergetischen Leptonen (Elektronen und Myonen) die Struktur der Nukleonen untersucht. Damit wiederholt sich der gleiche Gedankengang, mit dem Rutherford die Struktur des Atoms und Hofstadter die

[2] In der Optik existiert ein Analogon. Wenn man die Farben rot, blau, grün addiert, z.B. durch Überlagerung entsprechender Farbfilter, kann man dieses Ergebnis experimentell nachvollziehen.

Struktur der Kerne aufklären konnte. Man benötigt eine Sonde, deren Wellenlänge kleiner ist als die Dimensionen der Struktur, die aufgeklärt werden soll. Dies bedeutet nach (2.17), daß Elektronen mit GeV-Energien benötigt werden, um die Strukturen zu erforschen. Auch diese Streuexperimente werden tiefinelastisch genannt, weil im Stoß ein großer Impuls auf die Konstituenten übertragen wird.

Außer der Eigenschaft, Ladung zu tragen, besitzen die Nukleonen den Spin $\frac{1}{2}\hbar$. Es ist demzufolge wichtig, in den skizzierten Experimenten auch den Spin der Nukleonen zu bestimmen. Die bisherigen Experimente haben gezeigt, daß das einfache Bild, den Spin z.B. des Protons aus der entsprechenden Kopplung der Spins der Quarks $\langle\uparrow\rangle = \langle\uparrow\downarrow\uparrow\rangle$ abzuleiten, nicht verifiziert werden kann. Gegenwärtig werden zur Klärung dieser Frage die in Abschn. 8.5 erörterten Experimente durchgeführt. Die stark dynamisch wechselnden Quarkgruppen haben wesentlich größere Massen, als die in Tabelle 8.1 angegebenen „nackten Quarks“ (vgl. Kasten 8.2), die deshalb „Valenz-Quarks“ genannt werden, in Analogie zu den Valenzelektronen im Periodensystem oder den Valenznukleonen im Nuklidsystem. Diese Annahme wird gestützt durch Überlegungen zum magnetischen Moment z.B. des Protons. Wie bereits in (3.52) angegeben, ist das magnetische Moment eines Teilchens ohne innere Struktur mit dem Spin $\frac{1}{2}\hbar$ und der Masse m gegeben durch

$$\mu_{\text{Dirac}} = \frac{e\hbar}{2m} \quad . \tag{8.20}$$

Kasten 8.2: Massen der Nukleonen

Die fundamentale Lagrange-Funktion der Quantenchromodynamik (QCD) beschreibt die Wechselwirkung der Quarks. Die dabei auftretenden Felder, die mit den u- und d-Quarks gekoppelt sind, verlangen für diese beiden Quarks Massen m_q von ca. 5 MeV/c^2. Diese als Stromquarks bezeichneten Größen sind jedoch nicht diejenigen, die gemeint sind, wenn der Aufbau eines Nukleons aus drei Quarks beschrieben wird. Die drei ein Nukleon bildenden Quarks sind ständig eingefangen durch starke Farbfelder. Ihre Massen lassen sich nicht mit den oben genannten Massen der Lagrange-Funktion gleichsetzen. Man muß zur Beschreibung der Nukleonen effektive Massen einsetzen, die den Einschluß der Quarks berücksichtigen. Deshalb nennt man diese Quarks die „Konstituenten-Quarks“. Ihre Masse läßt sich mit Hilfe der Heisenbergschen Unschärfe-Relation abschätzen:

$$\delta p_x \delta x \sim \hbar \; . \tag{8.21}$$

Nehmen wir als räumlichen Einschlußbereich den Protonenradius mit ~ 1 fm an, dann ist

$$\delta p_x \sim \hbar/\delta x \sim 200 \text{ MeV}/c\,. \tag{8.22}$$

Betrachten wir das Nukleon in drei Dimensionen dann gilt näherungsweise

$$\begin{aligned} \delta p &\approx \sqrt{(\delta p_x)^2 + (\delta p_y)^2 + (\delta p_z)^2} \\ &\approx \sqrt{3}\delta p_x \approx 340 \text{ MeV}/c\,. \end{aligned} \tag{8.23}$$

Mit $m_q \sim 5 \text{ MeV}/c^2 \ll \delta p/c \sim 340 \text{ MeV}/c^2$ erhalten wir $\delta E \sim \sqrt{c^2(\delta p)^2 + m_q^2 c^4} \sim \delta p$. Dies ist dann die Energie, der die Konstituenten-Quarkmasse entspricht.

Demnach hat das Nukleon die Masse $3m_q \sim 3 \cdot 340 \text{ MeV}/c^2$, ein Wert, der größer als die Protonen-Ruhemasse ist. Hier können wir nun die übliche Vorstellung über die Bindungsenergie anwenden, nach der die Masse eines zusammengesetzten Systems kleiner ist als die Summe der Massen seiner Konstituenten. Im Gegensatz zur Atom- und Kernphysik (vgl. Kap. 3) lassen sich hier die Quarks nicht durch „Ionisation“ separieren.

Für Elektronen und Myonen ist dieser Wert bestätigt worden, eine Tatsache, die mit der Annahme, daß beide Teilchen keine innere Struktur besitzen, übereinstimmt.

Für Protonen sollte sich als Wert das Kernmagneton μ_K ergeben. Wie ebenfalls in Abschn. 3.3.1 gezeigt, hat das magnetische Moment des Protons den Wert $\mu_\text{p} = 2.79\mu_\text{K}$. Wenn wir annehmen, daß der Grundzustand des Protons $\langle\text{uud}\rangle$ ein Zustand mit dem Gesamtbahndrehimpuls $\ell = 0$ ist, kann man das magnetische Moment des Protons als Vektorsumme der magnetischen Momente der Quarks ansetzen:

$$\mu(\text{p}) = \mu_\text{u} + \mu_\text{u} + \mu_\text{d}\,. \tag{8.24}$$

Mit den Spinanteilen der geeignet normierten Gesamtwellenfunktion erhält man dann

$$\mu(\text{p}) = \frac{4}{3}\mu_\text{u} - \frac{1}{3}\mu_\text{d}\,. \tag{8.25}$$

Die magnetischen Momente der Quarks sind analog zur obigen Definition

$$\mu_\text{u,d} = \frac{Z_\text{u,d}\, e\hbar}{2m_\text{u,d}}\,. \tag{8.26}$$

Zur Bestimmung der magnetischen Momente der Quarks müssen demnach ihre Massen bekannt sein. Wir wollen hier jedoch zunächst durch Vergleich mit dem gemessenen magnetischen Moment des Protons die Quarkmassen bestimmen, indem wir zunächst einmal $m_{\mathrm{u}} = m_{\mathrm{d}}$ setzen. Dann ist $\mu(\mathrm{p}) = \frac{3}{2}\mu_{\mathrm{u}}$, daraus erhalten wir

$$m_{\mathrm{u}} = m_{\mathrm{p}}/2.79 = 336 \text{ MeV}/c^2 \,. \tag{8.27}$$

Dieser Wert ist wesentlich größer als der Wert der Valenz-Quarks. Er stellt den Wert der Masse der Konstituentenquarks. Dieser Wert stimmt erstaunlich gut mit dem in Kasten 8.1 angegebenen auf unterschiedliche Überlegungen zurückgehenden Massenwert überein.

Im Standardmodell der Partonen sind die Mesonen, die wir als Vermittler der Kernkraft kennengelernt haben, definiert als eine Zusammensetzung jeweils eines Quark-Antiquark-Paares, wobei die Ladungs- und die Spinkombinationen die an den freien Mesonen beobachteten Größen haben. In Abschn. 7.4 haben wir als Beispiel für die schwache Wechselwirkung den Neutronenzerfall kennengelernt. Wenn wir das Quark-Modell heranziehen, bedeutet der Übergang eines Neutrons in ein Proton die Änderung des Zustandes $\langle \mathrm{uud} \rangle \longrightarrow \langle \mathrm{udd} \rangle$, ein d-Quark geht in ein u-Quark über. Dies geschieht durch Aussendung eines W^--Bosons, das dann in das Leptonenpaar zerfällt. In der Yukawa-Vorstellung wird die sehr kurze Reichweite durch eine große Masse des Bosons bedingt. Der gemessene Wert der Masse des W-Bosons ist

$$m_{\mathrm{W}}c^2 = (80.419 \pm 0.056) \text{ GeV} \,. \tag{8.28}$$

Ziel der Forschung ist es, wie in Kap. 1 angedeutet, aus dem Partonenmodell ein Modell zu entwickeln, das alle Eigenschaften der Kerne, die bisher als Daten zusammengetragen worden sind, zu beschreiben erlaubt.

Auch die starke Abstoßung bei kleinen Abständen, d.h. der hard core, läßt sich mit dem Quark-Modell der Kernkräfte erklären. Diese Abstoßung beruht auf der starken Spin-Spin-Wechselwirkung der Quarks [FA88]. Wenn zwei Nukleonen sich bei Annäherung teilweise überlappen, kann für den Abstand der Schwerpunkte, d.h. für $r = 0$, die in Bild 8.4 gezeigte Wellenfunktion auftreten. Die besetzten Zustände sind in einem Oszillatorpotential dargestellt. Zur Gesamtwellenfunktion trägt ein Zustand bei, bei dem sich alle sechs Quarks

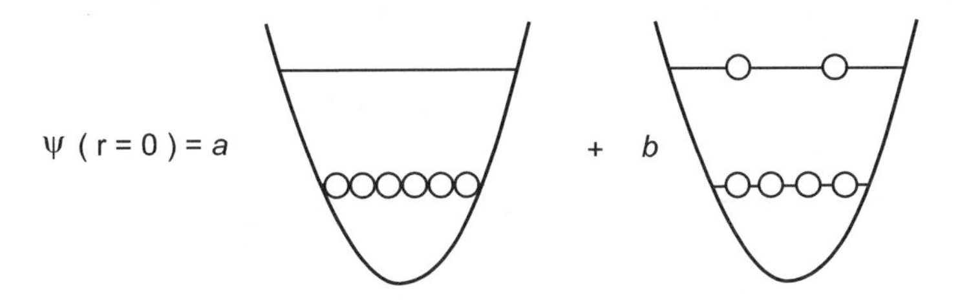

Bild 8.4. Quark-Zustand bei überlappenden Nukleonen. Gezeigt ist die Besetzung zweier Zustände im Oszillatorpotential [FA88]

im Zustand $\ell = 0$ befinden. In diesem Zustand muß die potentielle Energie zunehmen, weil die Zahl der Quark-Paare mit parallel ausgerichtetem Spin größer ist als bei getrennten Nukleonen. Die Gesamtwellenfunktion des Nukleon-Nukleon-Systems hat demnach zwei Komponenten, die mit den Amplituden a und b addiert werden. In einem energetisch günstigeren Zustand hat das Nukleon-Nukleon-System zwei Quarks in einem Zustand $\ell = 1$.

8.5 Der Nukleonenspin

Streuexperimente mit hochenergetischen Projektilen z.B.Protonen oder Pionen haben gezeigt, daß die Nukleonen, Protonen und Neutronen, in energiereiche Zustände angeregt werden können. Die Niveauschemata für Isospin-Zustände $I = 1/2$ (N-Zustände) und für Isospin-Zustände $I = 3/2$ (Δ-Zustände) sind mit ihrer Spin- und Paritätszuordnung in Bild 8.5 gezeigt. Die Energieskala ist in Einheiten von GeV angegeben [GR00]. Diese Zustände treten in den Wirkungsquerschnitten als Resonanzen auf.

Die bekannteste Δ-Resonanz des Protons ist die $P_{3/2,3/2}$-Resonanz. Die Indices geben den Spin und den Isospin dieses Zustandes an. Wenn der Spin

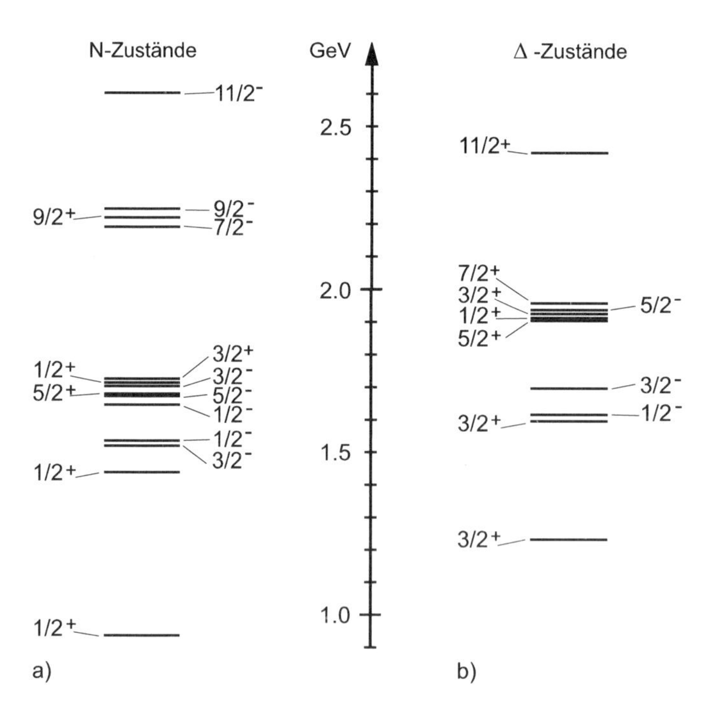

Bild 8.5. Spin- und Paritätszuordnung (**a**) für N-Zustände ($I = 1/2$) und (**b**) für Δ-Zustände ($I = 3/2$) [GR00]. Es sind nur die Zustände eingezeichnet, deren Exisitenz aufgrund experimenteller Daten derzeit gesichert ist

3/2 auftritt, müssen die Spins aller Quarks gleichgerichtet sein. Diese Resonanz tritt in der Anregungsfunktion der Streuung von Pionen an Nukleonen bei 1232 MeV auf. Dies ist ein Zustand, der ebenso wie das Proton, zu einem einfach positiv geladenen Teilchen gehört. Man nennt diese Resonanz auch Δ^+-Resonanz, die ebenso wie das Proton aus zwei u- und einem d-Quark besteht. Sie läßt sich als ein Zustand ansehen, der zu einem Quartett von Zuständen gehört, die alle aus Quarks der ersten Familie (u und d) aufgebaut sind. Die möglichen Quarkkonfigurationen (ddd,udd,uud,uuu) bilden das Quartett der Zustände Δ^-, Δ^0, Δ^+ und Δ^{++}, die alle den Spin 3/2 haben. Damit wird evident, daß die Nukleonen eine Unterstruktur besitzen müssen und nicht, wie von Rutherford angenommen, Elementarteilchen sind. Im sehr einfachen Standardmodell wird der Spin der Nukleonen als die Parallelausrichtung zweier intrinsischer Quarkspins mit einem weiteren antiparallelen intrinsischen Spin des dritten Quark angesehen. Demgegenüber sind die intrinsischen Spins der drei Quarks bei den Zuständen des Quartetts alle parallel ausgerichtet.

Um die Spinstruktur der Nukleonen experimentell zu untersuchen, müssen Strahlen polarisierter Teilchen auf Targets geschossen werden, in denen die Kerne ebenfalls polarisiert sind. Derartige Streuexperimente wurden bei sehr hohen Projektilenergien ausgeführt und zwar mit polarisierten Elektronen am Stanford Linear Collider (SLAC) bei 10 bis 20 GeV, mit polarisierten Myonen am CERN in Genf bei 100 bis 200 GeV und schließlich an der Elektronen-Positronen- Speicherringanlage HERA des Deutschen Elektronen Synchrotrons (DESY) in Hamburg im Experiment HERMES (HERA Measurement

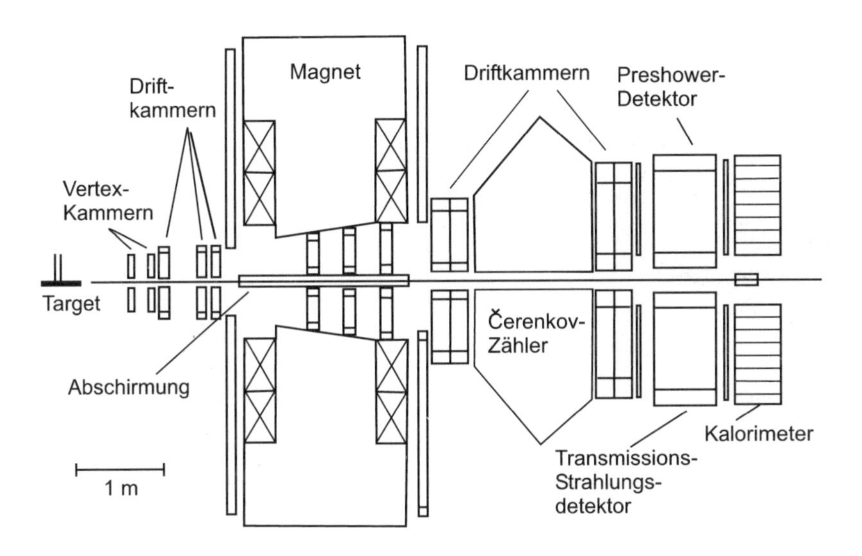

Bild 8.6. Schematischer Aufbau des HERMES-Experiments

of Nuclear Spin) bei 27.5 GeV. Das Schema des Experiments ist in Bild 8.6 gezeigt.

Im HERMES-Experiment werden nicht nur die gestreuten Elektronen, sondern auch die in den Stoßprozessen erzeugten Hadronen nachgewisen und vor allem identifiziert. Dadurch können die Beiträge der verschiedenen Quarksorten zum Spin des Nukleons getrennt gemessen werden. Außerdem konnte die Polarisation der u- und d-Quarks bestimmt werden. Außer den erwarteten Quark-Bestandteilen wurde jedoch auch ein Beitrag von Antiquarks gefunden. Schließlich sind die Quarks im Nukleon durch Gluonen verbunden, die den Spin $1\hbar$ tragen. Daraus ergibt sich, daß der Nukleonenspin aus mehreren Anteilen besteht. In vereinfachter Weise (leading order) wird er repräsentiert durch

$$s_N = \frac{1}{2} = \Delta q + L_q + \Delta G + L_G \,. \tag{8.29}$$

Darin wird mit Δq die Summe der intrinsischen Spins der drei Quarks, mit ΔG der Beitrag der Gluonen und mit L_q bzw. L_G jeweils die Bahndrehimpulse der Quarks und Gluonen bezeichnet. Nach den bisherigen experimentellen Ergebnissen zeichnet sich eine Vorstellung ab, wie in Bild 8.7 wiedergegeben.

Es handelt sich um vorläufige Ergebnisse, wobei der Formfaktor für den Spinanteil (Formfaktor, vergl. Abschn. 2.3) als Funktion der Bjorken-Variablen $x = Q^2/2M(E^{'} - E)$ aufgetragen ist. In diesem Ausdruck ist Q^2 das Quadrat des Impulsübertrags, M die Masse des Targetkerns sowie E und $E^{'}$ jeweils die Energien des einfallenden und des gestreuten Leptons. Im Ergebnis zeigt sich, daß es zu den bisher genannten Bestandteilen noch Beiträge von Quark-Antiquark-Paaren gibt, die kurzzeitig entstehen und dann

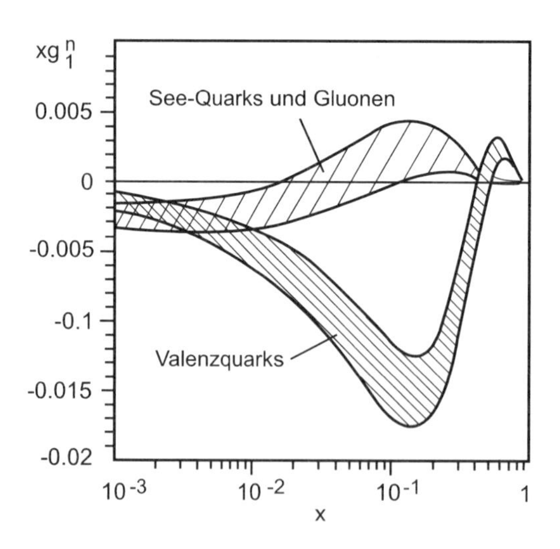

Bild 8.7. Formfaktor des Spinanteils des Nukleons als Funktion der Bjorken-Variablen x

wieder annihilieren. Diese Quark-Paare werden „See"-Quarks genannt. Unter diesen „See"-Quarks können auch Quark-Paare aus den anderen Quarkfamilien (vgl.Tabelle 8.1) auftreten. Die drei Quark-Bestandteile dagegen werden Valenz-Quarks genannt [HU99]. Die einzelnen in (8.29) genannten Beiträge lassen sich nicht separat angeben, weil sich z.B. der Bahndrehimpuls im theoretischen Bild nicht festlegen läßt. Sein Beitrag muß jedoch groß sein. Der Wert für Δq liegt zwischen 25 und 38%. In Bild 8.8 wird eine anschauliche Darstellung der komplexen intrinsischen Struktur des Nukleons wiedergegeben, die eine Vorstellung der Spinstruktur vermittelt [RI99].

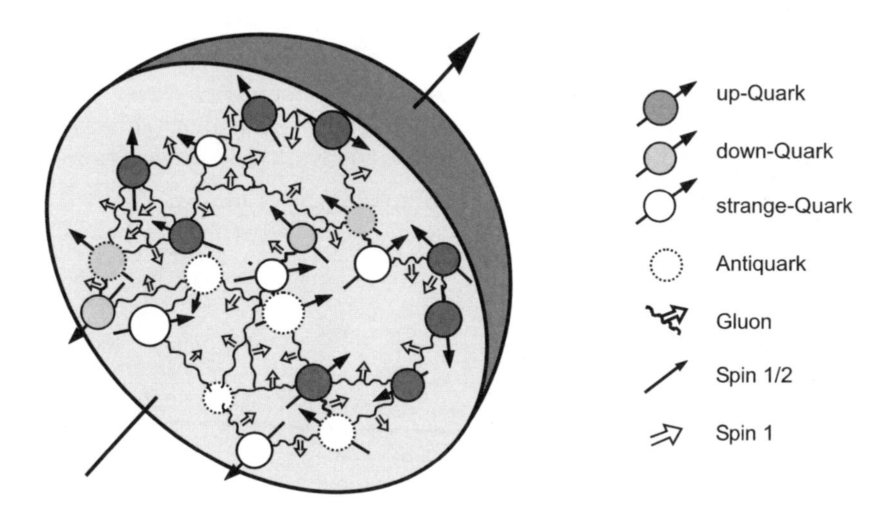

Bild 8.8. Darstellung der intrinsischen Nukleonenstruktur

8.6 Übungen

8.1 Zur Berechnung der Neutron-Proton-Streuung wird für den Triplett-Zustand ein Rechteckpotential mit der Tiefe $V_{0,\mathrm{T}} = 38.5$ MeV und der Breite $b_\mathrm{T} = R_{0,\mathrm{T}} = 1.93$ fm angenommen. Der Singulett-Zustand (ungebunden) hat den Spin 0 und läßt sich mit einem Potential der Tiefe $V_{0,\mathrm{S}} = 14.3$ MeV und $b_\mathrm{S} = R_{0,\mathrm{S}} = 2.50$ fm beschreiben. Welchen Wert müßte $V_{0,\mathrm{S}}$ haben, wenn der Zustand gebunden sein soll?

8.2 Zeigen Sie, daß der Erwartungswert des elektrischen Quadrupolmoments für ein Neutron-Proton-System im $^3\mathrm{S}_1$-Zustand Null ist.

8.3 Berechnen Sie das magnetische Dipolmoment für das Deuteron im $^3\mathrm{S}_1$-Zustand.

8.4 Zeigen Sie, daß das experimentell bestimmte magnetische Dipolmoment $\mu = (0.8574373 \pm 0.0000004)\mu_K$ mit dem berechneten magnetischem Dipolmoment für eine Wellenfunktion mit einer Mischung aus 96 % $^3S_1$- und 4 % $^3D_1$-Anteilen konsistent ist.

8.5 Proton und Neutron seien im Deuteron in einem $^1P_1$- oder $^3P_1$-Zustand gebunden. Berechnen Sie das magnetische Dipolmoment für diese Zustände.

8.6 Zeigen Sie, daß der Radius R des Deuterons für den gebundenen Grundzustand im Potential $V(r) = \{-V_0$ für $r \leq R_0$ und 0 für $r > R_0\}$ mit der Bindungsenergie E_B quantenmechanisch durch $R \cong (2R_0/\pi)(V_0/E_B)^{1/2}$ abgeschätzt werden kann.

8.7 Wie groß ist die Höhe des elektrostatischen Potentialwalls in MeV, wenn sich zwei Deuteronen bis auf einen Abstand von 10^{-14} m nähern müssen, damit die Kernkraft die abstoßende Kraft überwinden kann?

8.8 Auf welche Temperatur muß Deuterium aufgeheizt werden, damit die mittlere kinetische Energie je Deuteron 0.14 MeV beträgt?

9. Anwendungen der Kernphysik

Die Ergebnisse kernphysikalischer Forschung und die Entwicklung der mit ihr einhergehenden technisch-wissenschaftlichen Methoden, Verfahren und Apparateentwicklungen werden in vielen Disziplinen angewandt. Das ursprüngliche wissenschaftliche Gebiet der Weiterentwicklung von Meßverfahren wirkt sich in allen Gebieten aus, in denen Strahlungsmessungen benötigt werden, vor allem in der medizinischen Diagnostik und auch der Therapie. Aber auch alle Bereiche der Umweltphysik und Technik, die sich mit Strahlungsquellen befassen, verwenden die in der Kernphysik entwickelten Methoden.

Auch in nicht-naturwissenschaftlichen Disziplinen, wie der Geschichte und Kunstgeschichte, der Anthropologie und auch der Kriminalistik sind kernphysikalische Meßmethoden heute weitverbreitet und in diesen Gebieten zu wichtigen Standardhilfsmitteln geworden. So wird beispielsweise die Datierung von Substanzen mit Hilfe radioaktiver Isotope in vielen Bereichen, wie der Paläontologie, der Archäologie und der Geschichtswissenschaft genutzt.

Zusätzlich ist hier noch zu erwähnen, daß die durch kernphysikalische Fragestellungen und Experimente motivierten Entwicklungen auf dem Gebiet der Mikroelektronik und Datenverarbeitung bereits in vielen Bereichen des menschlichen Lebens eine entscheidende Rolle spielen.

Wir werden uns hier auf die unmittelbaren Anwendungen in weiteren physikalischen und technischen Disziplinen beschränken, der Kernenergie, der Astrophysik und der Festkörperphysik bzw. Materialforschung, sowie den Anwendungen in der Medizin.

9.1 Kernenergie

Kernenergie ist freigesetzte Bindungsenergie der Kerne, die auf der Differenz der Bindungsenergien von Kernen in einem Anfangs- und einem Endzustand beruht. Die Bindungsenergie sehr schwerer Kerne, z.B. U, ist pro Nukleon kleiner als diejenige mittelschwerer Kerne im Massenbereich $A = 60$–120 (vgl. Bild 3.1), so daß bei Kernspaltungsprozessen (Fission) Energie gewonnen werden kann. Dies wird im Kasten 9.1 an einem Beispiel erläutert. Auch die Kernverschmelzung(Fusion) liefert Energie, wie es die Prozesse in den Sternen zeigen. Beide Wege werden deshalb beschritten, um auch auf der

Erde Kernenergie so umzuwandeln, daß daraus nutzbare Energie entsteht, z.B. in Form von Elektrizität.

9.1.1 Kernkraftwerke

Die Umwandlung von Kernenergie in andere Energieformen wie thermische oder elektrische Energie wird in Kernkraftwerken verwirklicht. Da es bisher keine Fusionskraftwerke gibt, ist unter Kernkraftwerk bisher stets ein Kraftwerk zu verstehen, in dem die Kernspaltungsprozesse ausgenutzt werden. Der Prozeß der Umwandlung durchläuft dabei mehrere Stufen, die nachfolgend in ihren Grundzügen erläutert werden. Im Reaktorkern werden durch induzierte Spaltung sowohl verzögerte Neutronen erzeugt, die zur Aufrecherhaltung des gesamten Prozesses dienen, als auch die beim Spaltungsprozeß ausgesandten Bruchstücke abgebremst (vgl. Kasten 9.1). Die bei der Kernspaltung freiwerdende Energie ist in Kasten 9.2 angegeben. Das spaltbare Material – im nachfolgenden beschränken wir uns auf Uran – ist in Tablettenform in Metallröhren (Brennstäbe) gefüllt oder als Kugeln mit Graphit-Ummantelung angeordnet. Im Druckwasserreaktor dient normales Wasser zur Abbremsung sowohl der zunächst schnellen Neutronen (Moderator) als auch der Spaltbruchstücke. Das Wasser von ca. 350°C steht unter einem Druck von 155 bar, wodurch ein Sieden vermieden wird. Das heiße Wasser wird dann in einen Wärmetauscher geleitet, in dem Dampf von ca. 270°C mit einem Druck von ca. 54 bar erzeugt wird, der dann der Turbine zugeführt wird (Bild 9.1).

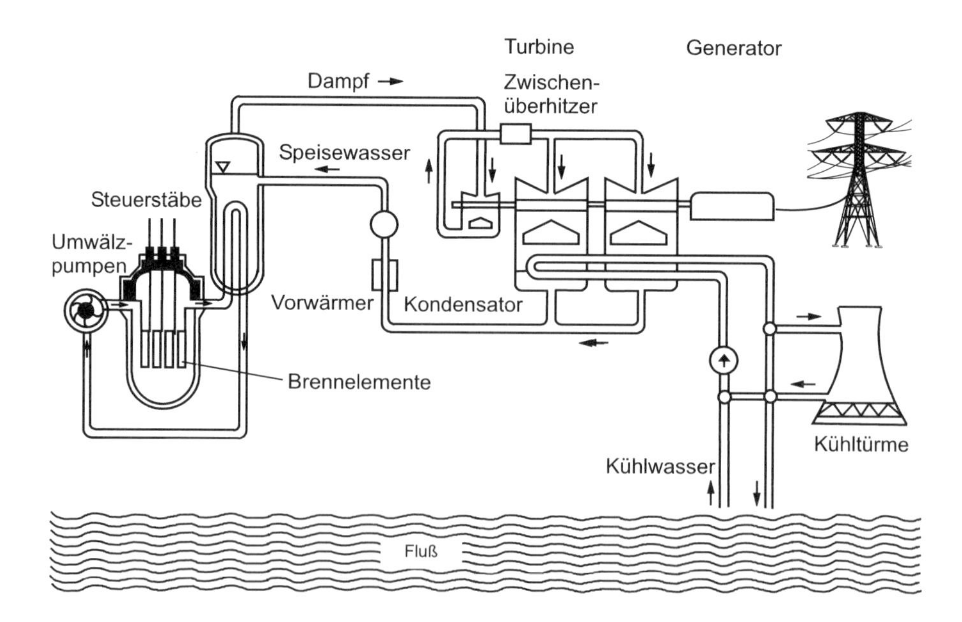

Bild 9.1. Schema eines Druckwasserreaktors

Die Zahl der bei den Spaltungen freigesetzten Neutronen läßt sich mit Regelstäben kontrollieren, die aus Material bestehen, dessen Kerne einen hohen Einfang-Wirkungsquerschnitt für thermische Neutronen, also für die (n,γ)-Reaktion haben. Elemente, die für die Regelung eingesetzt werden können, sind Cadmium ($\sigma(^{113}\mathrm{Cd}) = 20\,600$ b) und Gadolinium ($\sigma(^{157}\mathrm{Gd}) = 254\,000$ b), wobei letzteres extrem teuer ist.

Zur Sicherheit werden die Druckwasserreaktoren mit mehreren Hüllen umgeben, womit die Spaltprodukte mehrfach eingeschlossen sind. Das Prinzip ist stark vereinfacht in Bild 9.2 gezeigt. Jede der abgeschlossenen Hüllen stellt eine Aktivitätsbarriere dar. In Bild 9.2 bedeuten: (1) der Einschluß der Brennstoffmatrix, (2) das Brennstoffhüllrohr, (3) der Behälter des Primärsystems, (4) der Sicherheitsbehälter mit Unterdruck und (5) die Stahlbetonhülle gegen äußere Einwirkungen.

Durch das Barrierenkonzept, unterstützt durch Lüftungs- und Filtersysteme sowie Anlagen zur Aufbereitung von Abwässern, wird erreicht, daß nur äußerst geringe Mengen radioaktiver Stoffe durch technisch unvermeidbare Undichtigkeiten in die Umgebung gelangen. Die Strahlenbelastung, die dadurch verursacht wird, liegt nach bisheriger Erfahrung erheblich unterhalb der Werte, die nach der Strahlenschutzverordnung (Tabelle 9.4) zulässig sind.

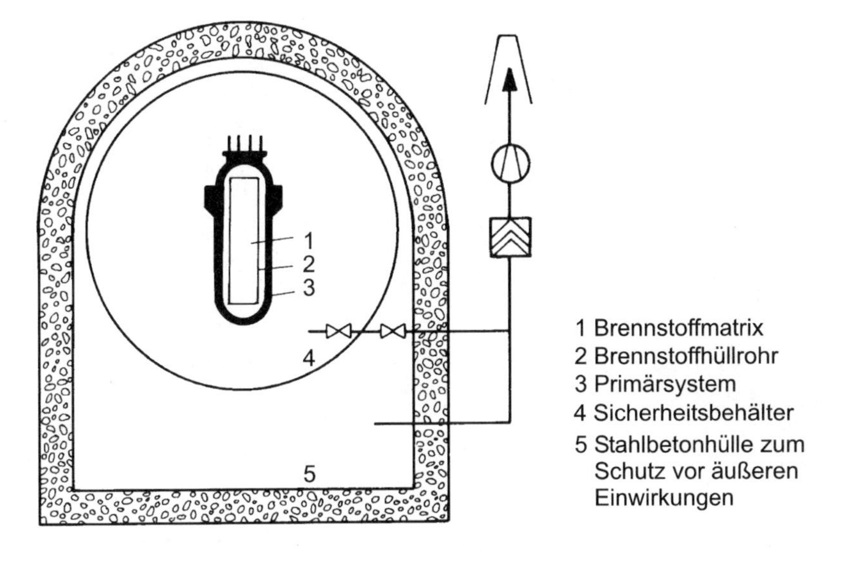

Bild 9.2. Schematische Darstellung der „Aktivitätsbarrieren“

Kasten 9.1: Kernspaltung

Die bei der induzierten Kernspaltung des Urans freigesetzte Energie läßt sich mit Hilfe der Formeln abschätzen, die die Kernbindungsenergie beschreiben. Wir gehen von der Neutroneneinfangreaktion aus, bei denen das $^{236}\mathrm{U}$ in verschiedene Spaltkanäle zerfällt:

$$\begin{aligned} {}^{235}_{92}\mathrm{U} + \mathrm{n} \longrightarrow {}^{236}_{92}\mathrm{U}^* &\longrightarrow {}^{96}_{36}\mathrm{Kr} + {}^{136}_{56}\mathrm{Ba} + 4\mathrm{n} \\ &\longrightarrow {}^{95}_{37}\mathrm{Rb} + {}^{139}_{55}\mathrm{Cs} + 2\mathrm{n} \\ &\longrightarrow {}^{92}_{38}\mathrm{Sr} + {}^{141}_{54}\mathrm{Xe} + 3\mathrm{n}\ . \end{aligned}$$

Die Folgeprodukte zerfallen dann durch β^--Zerfälle in folgender Weise:

$$ {}^{96}_{36}\mathrm{Kr} \longrightarrow {}^{96}_{37}\mathrm{Rb} \xrightarrow{188\ \mathrm{ms}} {}^{96}_{38}\mathrm{Sr} \xrightarrow{1\ \mathrm{s}} {}^{96}_{39}\mathrm{Y} \xrightarrow{6\ \mathrm{s}} {}^{96}_{40}\mathrm{Zr}$$

$${}^{95}_{37}\mathrm{Rb} \xrightarrow{377\ \mathrm{ms}} {}^{95}_{38}\mathrm{Sr} \xrightarrow{24.4\ \mathrm{s}} {}^{95}_{39}\mathrm{Y} \xrightarrow{10.3\ \mathrm{m}} {}^{95}_{40}\mathrm{Zr} \xrightarrow{64\ \mathrm{d}} {}^{95}_{41}\mathrm{Nb} \xrightarrow{34.9\ \mathrm{d}} {}^{95}_{42}\mathrm{Mo}$$

$${}^{92}_{38}\mathrm{Sr} \xrightarrow{2.7\ \mathrm{h}} {}^{92}_{39}\mathrm{Y} \xrightarrow{3.5\ \mathrm{h}} {}^{92}_{40}\mathrm{Zr}$$

$${}^{139}_{55}\mathrm{Cs} \xrightarrow{9.3\ \mathrm{m}} {}^{139}_{56}\mathrm{Ba} \xrightarrow{83\ \mathrm{m}} {}^{139}_{57}\mathrm{La}$$

$${}^{141}_{54}\mathrm{Xe} \xrightarrow{1.7\ \mathrm{s}} {}^{141}_{55}\mathrm{Cs} \xrightarrow{24.9\ \mathrm{s}} {}^{141}_{56}\mathrm{Ba} \xrightarrow{18.3\ \mathrm{m}} {}^{141}_{57}\mathrm{La} \xrightarrow{3.9\ \mathrm{h}} {}^{141}_{58}\mathrm{Ce} \xrightarrow{32.5\ \mathrm{d}} {}^{141}_{59}\mathrm{Pr}.$$

Wie an diesem Beispiel gezeigt, treten verschiedene Spaltungszweige auf, in denen auch im Mittel unterschiedliche Anzahlen ν von Neutronen freigesetzt werden. Insgesamt werden $(1-\beta)\nu$ Neutronen innerhalb von 10^{-14} s verdampft, deren Energiespektrum in Bild K9.1 gezeigt ist. Der Faktor $(1-\beta)$ gibt an, daß es sich um direkt emittierte, nicht um die Neutronen des β^--Zerfalls der Spaltprodukte handelt. Der Verlauf des Spektrums wird durch folgende Beziehung beschrieben:

$$\frac{\mathrm{d}N}{\mathrm{d}E} = \frac{2}{\sqrt{\pi}(kT)^{3/2}}\sqrt{E}\mathrm{e}^{-E/kT}\ .$$

Darin ist E die Neutronenenergie, während die Anregungsenergie des Kerns in kT angegeben ist. Die mittlere Energie, z.B. von $\langle E\rangle = \frac{3}{2}kT = 1.94$ MeV, entspricht $kT = 1.29$ MeV. Innerhalb von 10^{-9} s werden im Mittel sieben γ-Quanten emittiert, und nach 10^{-2} s setzt dann der β-Zerfall der Spaltfragmente ein, wobei $\beta\nu$ verzögerte Neutronen mit Halbwertszeiten zwischen 0.18 und 55 s auftreten.

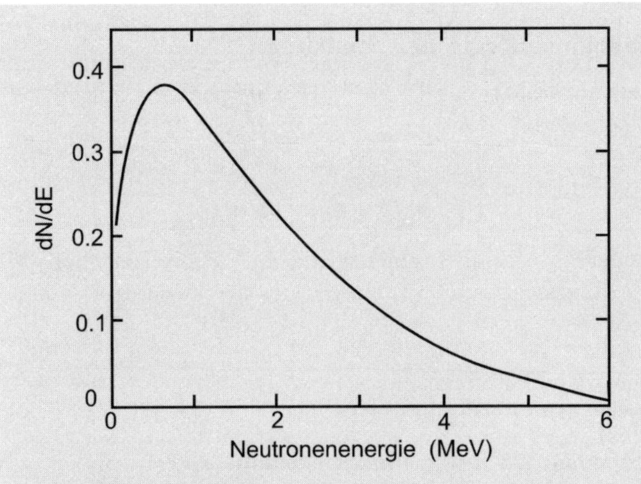

Bild K9.1. Neutronenspektrum für $kT = 1.29$ MeV

Die Zahl ν der Neutronen aus der Spaltung, die durch Neutronen der Energie E induziert werden, läßt sich durch einen linearen Zusammenhang beschreiben:

$$\nu(E) = \nu_0 + aE \; .$$

In der nachfolgenden Tabelle sind die gemessenen Werte für einige durch langsame Neutronen spaltungsfähige Kerne angegeben.

	^{233}U	^{235}U	^{239}Pu	^{241}Pu
ν_0 (je Spaltung)	2.49	2.41	2.9	2.94
a (MeV^{-1})	0.131	0.136	0.127	
$\alpha = \sigma_\gamma/\sigma_f$	0.093	0.17	0.37	0.4

Die letzte Zeile gibt mit dem Faktor $\alpha(E)$ das Verhältnis der Wirkungsquerschnitte für γ-Emission zur Spaltung an, die selbst wiederum von der Energie der Neutronen abhängen.
Insgesamt ist die Neutronenvermehrung η gegeben durch

$$\eta = \frac{\sigma_f}{\sigma_\gamma + \sigma_f}\nu = \frac{1}{1 + \alpha(E)}\nu(E) \; .$$

Um die Kettenreaktion aufrechtzuerhalten, müssen in der Bilanz mindestens so viele Neutronen erzeugt werden, wie verbraucht werden.

Kasten 9.2: Reaktionsenergie der Spaltung

Die induzierte Spaltungsreaktion z.B. an ^{235}U läuft nach der folgenden Reaktionsgleichung ab:

$$^{235}\mathrm{U} + \mathrm{n} \longrightarrow {}^{236}\mathrm{U}^* \longrightarrow \begin{cases} ^{236}\mathrm{U} + \gamma + Q_\gamma & (Q_\gamma = 6.54\ \mathrm{MeV}) \\ f_1^* + f_2^* + \nu_{\mathrm{n}_f} + \bar{\nu}_\mathrm{e} + Q\ . \end{cases}$$

Darin sind die angeregten Spaltfragmente durch * gekennzeichnet, Q ist die gesamte freigesetzte Reaktionsenergie, die aus folgenden Anteilen besteht:

1. Kinetische Energie der Spaltfragmente	167 ± 5 MeV
2. Kinetische Energie von ν Spaltungsneutronen	5 ± 0.2 MeV
3. Prompte γ-Strahlung	8 ± 1.5 MeV
4. Verzögerte γ-Strahlung aus den Spaltfragmenten	6 ± 1 MeV
5. β-Strahlung der Spaltfragmente	6 ± 1 MeV
6. Kinetische Energie der Elektron-Antineutrinos $\bar{\nu}_\mathrm{e}$	12 ± 2.5 MeV
$Q =$	204 ± 6 MeV

Da die Neutrinos fast keine Wechselwirkung mit Materie haben, kann nur eine Energie von maximal (204–12) MeV = 192 MeV = $3.08 \cdot 10^{-11}$ Ws absorbiert und technisch verwertet werden. Um eine nutzbare Spaltungsleistung von 1 W zu erzeugen sind $3.25 \cdot 10^{10}$ Spaltungen pro Sekunde erforderlich. 1 g metallisches Uran enthält $2.55 \cdot 10^{21}$ Atomkerne, die ein Potential an Spaltungsenergie von 22 MWh darstellen.

9.1.2 Energiegewinnung aus Fusionsreaktionen

Bei der Fusion leichter Kerne wird ebenfalls Energie freigesetzt. Wir haben bereits einige der Fusionsreaktionen im Abschn. 6.3.2 kennengelernt. Die Reaktionen, in denen Wasserstoff zu Helium fusioniert, sind die Anfänge von Reaktionsketten zur Energieerzeugung in Sternen (vgl. Abschn. 9.2). Zur Nutzung als irdische Energiequelle eignen sich besonders die Reaktionen

$$\mathrm{d} + \mathrm{d} \longrightarrow {}^3\mathrm{He} + \mathrm{n} + 3.25\ \mathrm{MeV}\ , \tag{9.1}$$

$$\mathrm{d} + \mathrm{t} \longrightarrow {}^4\mathrm{He} + \mathrm{n} + 17.6\ \mathrm{MeV}\ . \tag{9.2}$$

Die Wirkungsquerschnitte für diese Reaktionen wurden in Bild 6.18 dargestellt. Deuteriumgas und Tritiumgas müssen bei Energien von einigen hundert keV wechselwirken, um eine hinreichende Ausbeute zu erreichen. Dies entspricht Temperaturen von $\sim 10^9$ K.

Kasten 9.3: Die Vier-Faktoren-Formel

Um einen Kernspaltungsprozeß kontinuierlich zu führen, müssen stets soviel Neutronen zur Verfügung stehen, daß die Kettenreaktion aufrechterhalten werden kann. Obwohl im Mittel im Spaltungsprozeß 2 bis 3 Neutronen freigesetzt werden, wie im Kasten 9.1 an einem Beispiel gezeigt, stehen nicht alle für weitere Spaltungsprozesse zur Verfügung. Der Reproduktionsfaktor k ist definiert als

$$k = \frac{\text{Zahl der Neutronen in der (n+1)-ten Generation}}{\text{Zahl der Neutronen in der n-ten Generation}} \, .$$

Dieser Faktor k muß größer 1 sein, wenn der Kernreaktor kontinuierlich betrieben werden soll. Er läßt sich aus vier Faktoren zusammensetzen, woraus der Name für diese spezielle Formel für die Neutronenvermehrung als „Vier-Faktoren-Formel“ in die Literatur eingegangen ist:

$$k_\infty = \eta \cdot f \cdot P \cdot \varepsilon \, ,$$

wobei k_∞ für einen unendlich ausgedehnten Reaktor gilt.
Darin geben an:
ε: den Schnellspaltfaktor, d.h. den Multiplikationsfaktor für schnelle Neutronen ($E_n > 2$ MeV), die bei der Spaltung des ^{235}U durch schnelle Neutronen entstehen. Diese Neutronen sind nicht auf thermische Energien abgebremst worden, gehen also dem Spaltprozeß an ^{235}U verloren.
P: die Wahrscheinlichkeit, daß die schnellen Neutronen dem Resonanzbereich des Wirkungsquerschnitts bei einigen eV in der ^{238}U(n,γ)^{239}U-Reaktion entkommen,
f: den Anteil der thermischen Neutronen, die in ^{235}U eingefangen werden, also der thermische Nutzfaktor. Thermische Neutronen können in Regelstäben oder Konstruktionsmaterialien des Reaktors eingefangen werden, sie stehen für eine Spaltung des ^{235}U nicht mehr zur Verfügung.
η: den Bruchteil der Neutronen, die zur Spaltung des ^{235}U führen, d.h. in diesen Faktor gehen die Wirkungsquerschnitte für die konkurrierenden Prozesse der γ-Emission σ_γ und der Spaltung σ_f ein:

$$\eta = \frac{\nu\sigma_\mathrm{f}(^{235}\mathrm{U})}{\sigma_\mathrm{f}(^{235}\mathrm{U}) + \sigma_\gamma(^{235}\mathrm{U}) + \sigma_\gamma(^{238}\mathrm{U})} \, .$$

Diese Formel gilt für einen unendlich ausgedehnten Reaktor. Bei allen endlichen Ausdehnungen müssen noch die Faktoren P_s und P_t berücksichtigt werden, die das Herausdiffundieren der schnellen und thermischen Neutronen berücksichtigen. Dann erhält man einen effektiven Reproduktionsfaktor

$$k_{\mathrm{eff}} = P_{\mathrm{s}} \cdot P_{\mathrm{t}} \cdot k_{\infty} > 1 \; .$$

Die Neutronenbilanz läßt sich an folgendem Beispiel verdeutlichen: Wir gehen von 100 schnellen Neutronen aus und verfolgen sie auf ihrem Weg (die Zahlen in den Kreisen oberhalb der Kästen geben die Zahl der verloren gegangenen Neutronen an):

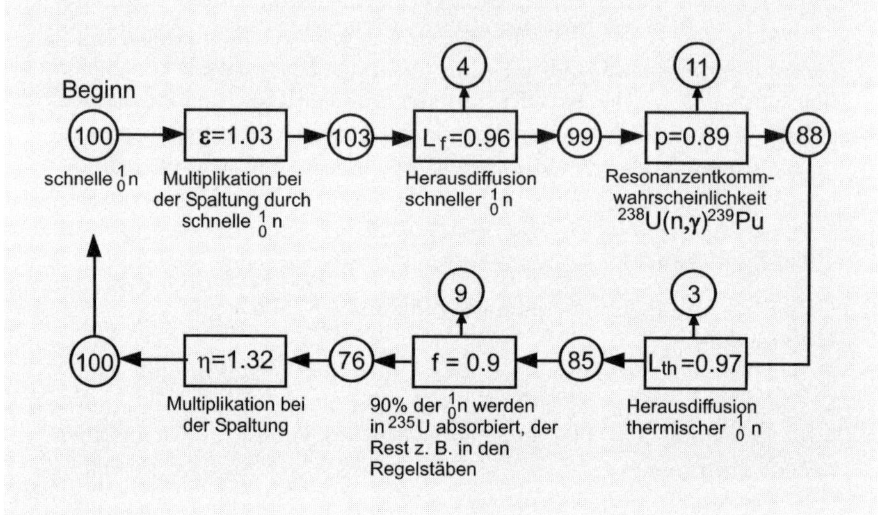

Die Fusionsforschung geht gegenwärtig zwei Wege: den Einschluß des Plasmas in einem Magnetfeld und die Fusion durch die Implosion von Kügelchen unter dem Einfluß äußerer Bestrahlung. Letztere Methode wird *Trägheitsfusion* genannt.

Die z.B. in der Fusionsreaktion $\mathrm{d} + \mathrm{t}$ freigesetzte Bindungsenergie verteilt sich auf das α-Teilchen und das Neutron. Um aus der Fusion weiterverwertbare Energie zu gewinnen, muß eine Bilanz zwischen aufgewendeter Energie, Energieverlust in unterschiedlichen Prozessen, wie z.B. Transport, Rekombinationsstrahlung und Elektronenbremsung, und der freigesetzten Energie aufgestellt werden.

Die Rate einer Fusionsreaktion, d.h. die Zahl der Fusionsreaktionen pro Zeiteinheit (s), ist gegeben durch

$$N_{\mathrm{dt}} = \varrho_{\mathrm{t}} \varrho_{\mathrm{d}} v \sigma_{\mathrm{dt}} \; . \tag{9.3}$$

Darin sind ϱ_{t}, ϱ_{d} die Dichten der Ionen des Deuteriums und Tritiums im Plasma, σ_{dt} der Fusionswirkungsquerschnitt und v die Relativgeschwindigkeit der im Plasma stoßenden Ionen. Da die Teilchengeschwindigkeiten einer

Maxwell-Verteilung unterliegen, führt man als Wichtungsfaktor die Reaktivität $\langle v\sigma_{\mathrm{dt}}\rangle$ ein.

Die gesamte Leistungsdichte eines gleichanteiligen thermonuklearen Prozesses mit $\varrho/2 = \varrho_{\mathrm{t}} = \varrho_{\mathrm{d}}$ beträgt

$$P_{\mathrm{dt}} = \varrho_{\mathrm{d}}\varrho_{\mathrm{t}}\langle v\sigma_{\mathrm{dt}}\rangle Q_{\mathrm{dt}} = \frac{1}{4}\varrho^2\langle v\sigma_{\mathrm{dt}}\rangle Q_{\mathrm{dt}} \,. \tag{9.4}$$

Die in diesem Ausdruck auftretende freigesetzte Energie Q_{dt} wird zum großen Teil von den 14 MeV-Neutronen abtransportiert, während nur ein kleiner Teil, der auf die geladenen α-Teilchen entfällt, zur Heizung des Plasmas verwendet werden kann.

Mit der Temperatur steigt die Reaktivität $\langle v\sigma_{\mathrm{dt}}\rangle$ an, während die Dichte $\varrho \sim 1/T$ abnimmt. Der Leistungsdichte stehen Verluste gegenüber, unter denen die elektromagnetischen Strahlungsverluste P_V als Röntgen- und Bremsstrahlung dominieren, die von den im Plasma vorhandenen Elektronen ausgehen. Mit der Elektronenzahl N_{e} und der Elektronentemperatur T_{e} gilt für die Bremsstrahlungsverluste

$$P_V = g_{\mathrm{b}} N_{\mathrm{e}}^2 T_{\mathrm{e}}^{1/2} \,. \tag{9.5}$$

Darin ist g_{b} eine Konstante. Erst wenn die Leistungsdichte die Verluste überwiegt, kann das thermonukleare Plasma zünden.

Berücksichtigen wir noch den Wirkungsgrad η, dann erhalten wir für ein d-t-Plasma, in dem nur der Brennprozess aufrechterhalten, aber noch keine elektrische Energie gewonnen werden soll, das sogenannte *Lawson-Kriterium*

$$N \cdot \tau_{\mathrm{b}} = \frac{3kT}{\frac{1}{4}\langle v\sigma_{\mathrm{dt}}\rangle Q_{\mathrm{dt}}\frac{\eta}{1-\eta} - g_{\mathrm{b}}T^{1/2}} \,. \tag{9.6}$$

Das Lawson-Kriterium ist ein Maß dafür, inwieweit ein Fusionsplasma mehr Energie erzeugt, als es zu seiner Aufrechterhaltung selbst benötigt. Es liefert im Produkt $N\tau_{\mathrm{b}}$ ein Maß dafür, wie lange ein Plasma eingeschlossen werden muß, wenn nur die Bremsstrahlungsverluste berücksichtigt werden. Für $T = 10$ keV und $\eta = 33\%$ muß $N\tau_{\mathrm{b}}$ mindestens 10^{20} s m^{-3} betragen. Werden die oben angeführten Energieverlustprozesse berücksichtigt, die außer dem Bremsstrahlungsverlust der Elektronen auftreten, dann ergibt sich als Zündkriterium für die Dauer des Plasmaeinschlusses τ_{E} ein vom Lawson-Kriterium um Größenordnungen abweichendes Produkt [RAE81].

Im Bild 9.3 sind in einem Dichte-Temperatur-Diagramm zur Veranschaulichung zwei Bereiche der Energiebilanzen angedeutet. Im Bereich Q=1 ist die Bilanz von zugeführter und gewonnener Energie gerade ausgeglichen, der Bereich in dem eine Zündung des Plasmas und ein kontinuierliche Brennprozeß abläuft ist ebenfalls gekennzeichnet. Dargestellt sind außerdem experimentelle Daten, die in unterschiedlichen Laboratorien gemessen wurden.

Da in Apparaturen für terrestrische Anwendungen nur endliche Volumina an Gas zusammengehalten werden können, erfordern die kleinen Wirkungsquerschnitte eine genügend lange Einschlußzeit der Teilchen bei der zuvor

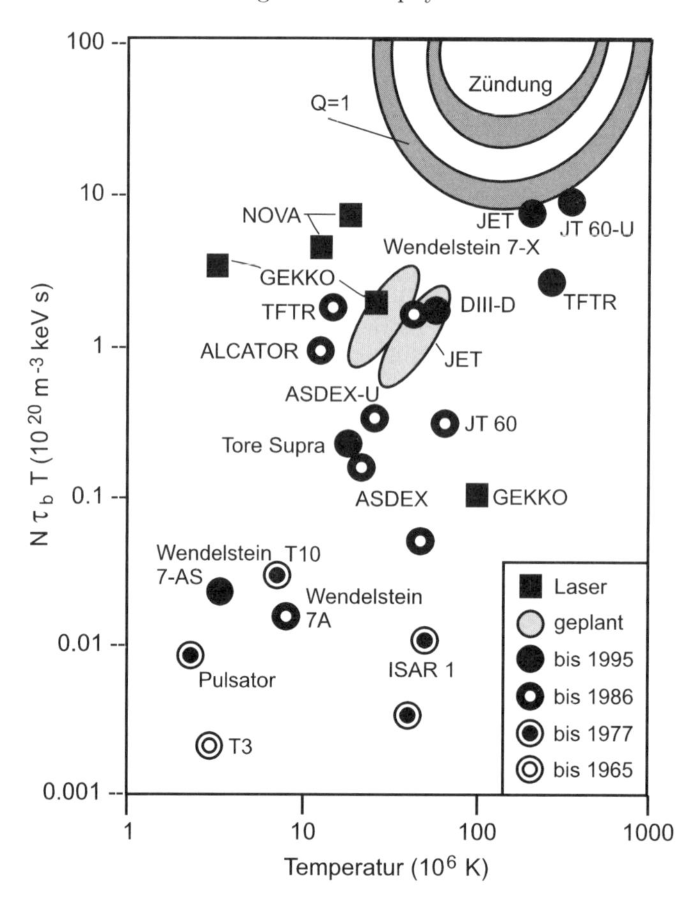

Bild 9.3. Parameter einiger Fusionsanlagen, in Deutschland: ASDEX, ISAR I, WENDELSTEIN (Garching); in Frankreich: Tore Supra (Cadarache); in Groß-Britannien: JET (Culham); in Japan: JT 60 (Naka), GEKKO (Osaka); in Rußland: T3, T10 (Moskau); in USA: ALCATOR (Boston), DIIID (San Diego), TFTR (Princeton), Nova (Livermore)

angegebenen Temperatur. In technisch herstellbaren Gefäßen ist ein solcher Einschluß nicht möglich. Jede Berührung der heißen Gase mit den Wänden erniedrigt die Plasmatemperatur, weil die Gasatome und auch die Ionen in Wandstößen Energie verlieren. Das Konzept, Plasmen in Magnetfelder einzuschließen, wird gegenwärtig mit dem Tokamak verfolgt. Der Tokamak (Bild 9.4) ist ein Transformator, dessen Primärwindungen um ein Magnetjoch angeordnet sind und dessen Sekundärstromkreislauf der in einem toroidalen Gefäß erzeugte Plasmastrom ist. Dieser Plasmaschlauch wird durch ein äußeres toroidales Magnetfeld geführt. Der Strom des Plasmas selbst erzeugt um sich ein toroidales Magnetfeld, das den Plasmaschlauch einschnürt und von den Wänden fernhält. Die Ladungsträger führen innerhalb des Plasmaschlauches

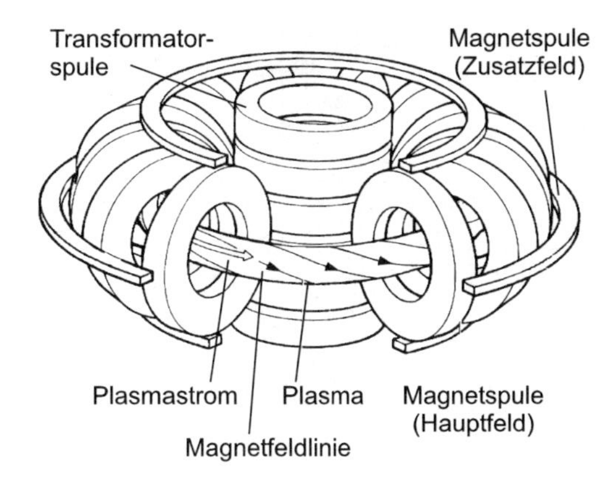

Bild 9.4. Tokamak

komplizierte Bewegungen aus, die auch zu unstabilen Zuständen des Plasmas führen können. Zum Start des Plasmaeinschlusses werden zunächst neutrale Atome injiziert, weil alle geladenen Teilchen bereits vor Erreichen der Sollbahn durch die Magnetfelder wieder ausgelenkt werden. Ionen werden dann im Torus durch Elektronenstoß erzeugt, wozu Heizwendeln eingebracht sind. Eine zusätzliche Heizung wird durch die Einstrahlung von Hochfrequenzenergie sowie durch die Kompression des Plasmas erreicht. Die mit derartigen Anlagen erreichten Temperaturen sind im Lawson-Diagramm (Bild 9.3) abzulesen.

Der zweite Weg zur Kernfusion wird mit der Inertialfusion beschritten. Dabei werden spezielle Hohlkügelchen (Pellets) mit Durchmessern von 5 bis 10 mm, die mit einem gasförmigen Gemisch aus Deuterium und Tritium gefüllt sind, einem symmetrischen Beschuß intensiver Laser- oder Teilchenstrahlen ausgesetzt (Bild 9.5). Die Oberfläche des Pellets wird dabei verdampft, wodurch das Pellet implodiert. Dabei wird das innere Gasgemisch stark komprimiert und erhitzt. In diesem Prozeß muß sowohl die Zündtem-

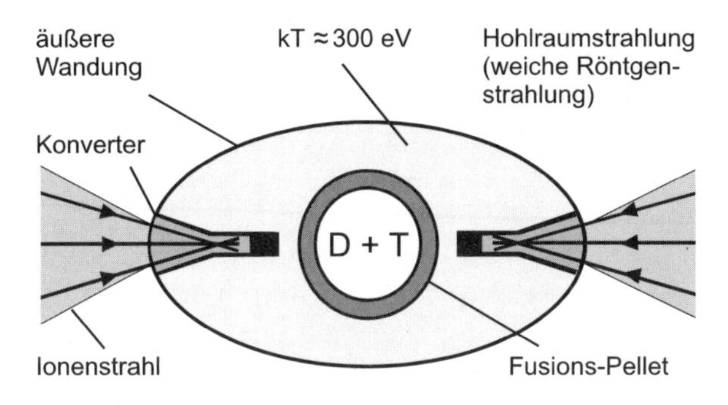

Bild 9.5. Inertialfusion

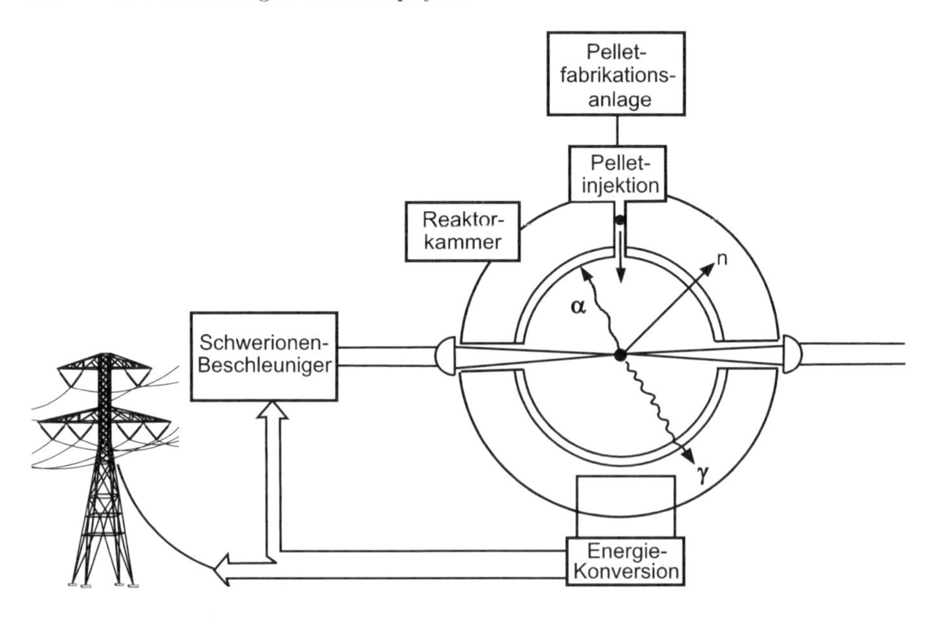

Bild 9.6. Anlage zur Inertialfusion [BOC93]

peratur ($\sim 10^8$ K) erreicht, als auch die Bedingung des Lawson-Kriteriums erfüllt werden. Die Trägheitskräfte der Materie des implodierenden Pellets halten das d-t-Plasma genügend lange zusammen, daß eine ausreichende Menge an Helium erzeugt werden kann. Die Einschlußzeit ist weitgehend durch die Dynamik des Kompressionsprozesses bestimmt, sie liegt unterhalb 1 ns.

Der technische Vorgang soll dann folgendermaßen ablaufen: In die Reaktionskammer werden Pellets in schneller Folge (ca. 20 pro Sekunde) injiziert und durch Strahlpulse zur Zündung gebracht. Neben dem Beschuß mit Laserstrahlen werden auch Versuche mit Schwerionenstrahlen ausgeführt, mit denen die erforderlichen Pulsraten erreicht werden. Die nötigen Strahlintensitäten werden gegenwärtig noch nicht erreicht. Die benötigte Pulsenergie beträgt 5 bis 10 MJ, die innerhalb von 20 ns an das Pellet abgegeben werden müssen, woraus sich eine Pulsleistung von ca. 500 TW ($5 \cdot 10^{14}$ W) ergibt. Das Schema einer konzipierten Fusionsanlage ist in Bild 9.6 gezeigt.

9.2 Astrophysik

Die Frage, woher die Sterne die Energie für ihre Leuchtkraft nehmen, hat über Jahrhunderte die Astronomen beschäftigt, stets mit dem unbefriedigenden Ergebnis, daß allein aus der Gravitation die abgestrahlte Energie nicht erklärt werden kann. Erst die Erkenntnisse über energiefreisetzende Prozesse der Kernspaltung und vor allem der Kernfusion ließen zufriedenstellende und physikalisch konsistente Antworten entstehen. Auch die Elemententstehung und damit die experimentellen Ergebnisse über die irdischen und kosmischen Elementhäufigkeiten sind erst durch das intensive Studium von Kernreaktionen erklärbar geworden.

9.2.1 Energieerzeugungszyklen in Sternen

Die Hauptenergiequelle in Sternen ist die Kernfusion. Leichte Elemente verschmelzen bei sehr hohen Temperaturen zu schwereren, und dabei wird Kernbindungsenergie frei. Eine Reihe von unterschiedlichen Verbrennungszyklen („Brennphasen") sind in den einzelnen Lebensstadien der Sterne dominierend. In den frühesten Phasen der Sternentstehung spielt die Wasserstoffusion die größte Rolle. Dieser Zyklus kann wie folgt dargestellt werden:

$p + p \rightarrow {}^2H + e^+ + \nu_e(pp)$ $\qquad$ $p + e^- + p \rightarrow {}^2H + \nu_e(pep)$

$\searrow$ $\qquad$ $\swarrow$

${}^2H + p + \gamma \longrightarrow {}^3He + \gamma$

$\swarrow$ $\qquad$ $\searrow$

${}^3He + {}^3He \rightarrow {}^4He + 2p + \gamma$ $\qquad$ ${}^3He + p \rightarrow {}^4He + e^+ + \nu$

$\searrow$ $\qquad$ $\swarrow$

${}^3He + {}^4He \longrightarrow {}^7Be + \gamma$

$\swarrow$ $\qquad$ $\searrow$

${}^7Be + e^- \rightarrow {}^7Li + \nu_e(Be)$ $\qquad$ ${}^7Be + p \rightarrow {}^8B + \gamma$

$\swarrow$ $\qquad$ $\searrow$

${}^7Li + p \rightarrow 2\,{}^4He$ $\qquad$ ${}^8B \rightarrow {}^8Be + e^+ + \nu_e$

$\searrow$

${}^8Be \rightarrow 2\,{}^4He$.

Diese als pp-Reaktionskette bezeichneten Prozesse finden vorwiegend in „massearmen", sonnenähnlichen Sternen statt.

Als Summe dieser verzweigten Prozesse, die mit unterschiedlichen Zeitskalen ablaufen, können wir schreiben:

$$4p \longrightarrow {}^4He + 2e^+ + 2\nu_e + \gamma \, . \tag{9.7}$$

Die Temperatur, bei der diese Prozesse ablaufen, liegt unter $2 \cdot 10^7$ K. Pro Fusionsprozeß werden dabei 26.4 MeV freigesetzt.

In „massereichen" Sternen ($M \gtrsim 1.5$ Sonnenmassen $M_\odot$), in denen sich neben Helium auch einige schwerere Kerne wie Kohlenstoff, Stickstoff und Sauerstoff gebildet haben, wird im CNO-Zyklus, einer von Hans A. Bethe und Carl F. von Weizsäcker vorgeschlagenen Prozeßkette, ebenfalls Wasserstoff zu Helium verbrannt. Dieser Prozeß tritt bei Temperaturen von ca. 1.5 bis $3 \cdot 10^7$ K auf. Zum CNO-Prozeß gehören drei geschlossene Zyklen, in denen Kohlenstoff, Stickstoff und Sauerstoff als Katalysatoren wirken, weil sie nicht verbraucht werden. Die Zyklen sind im folgenden Schema dargestellt:

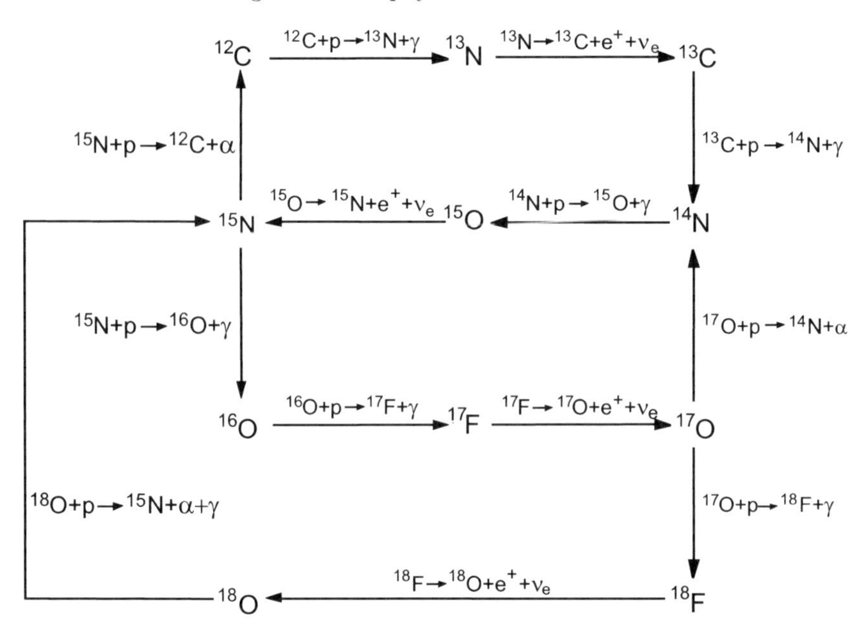

Auch in diesem verzweigten Zyklus werden vier Protonen zu einem Heliumkern fusioniert. Nachdem der Wasserstoff weitgehend verbraucht ist, erleidet der Stern einen Gravitationskollaps, während dessen die Temperatur auf $(1 \cdots 2) \cdot 10^8$ K ansteigt. Damit erhöht sich die Geschwindigkeit der Heliumkerne so, daß die Coulomb-Barriere für eine Verschmelzung von $^4\mathrm{He} + {}^4\mathrm{He} \longrightarrow {}^8\mathrm{Be}$ überwunden werden kann. Der Q-Wert beträgt 91.9 keV. Obwohl ^{8}Be innerhalb von 10^{-16} s wieder in die beiden α-Teilchen zerfallen kann, entsteht aufgrund des Boltzmann-Faktors $\mathrm{e}^{-91.9\ \mathrm{keV}/17\ \mathrm{keV}} = 4 \cdot 10^{-3}$ eine Gleichgewichtskonzentration an ^{8}Be (für $kT = 17$ keV $\rightarrow 2 \cdot 10^8$ K). Dieses ^{8}Be kann dann mit einem weiteren Heliumkern das Isotop mit der Masse 12 des Elements Kohlenstoff bilden. Bei der Reaktion

$$\alpha + {}^8\mathrm{Be} \longrightarrow {}^{12}\mathrm{C} + 2\gamma + 7.37\ \mathrm{MeV} \tag{9.8}$$

wird infolge einer Resonanz bei 287 keV (im Schwerpunktsystem) ein Compoundkernzustand bei 7.65 MeV im ^{12}C angeregt, der in den Ausgangskanal oder durch die Emission von 2γ-Quanten zerfallen kann. Damit beginnt die Heliumverbrennung, in deren Verlauf die Elemente C und O gebildet werden. Die Energieerzeugung in Sternen ist also eng mit der Bildung der chemischen Elemente verknüpft. Die Temperaturen in den Sternen von 10^8 bis 10^9 K entsprechen Energien der fusionierenden Teilchen von 10 bis 100 keV. Die Reaktionswirkungsquerschnitte bei diesen Energien sind meistens nicht bekannt. Deshalb ist es eine vordringliche Aufgabe der experimentellen Astrophysik, die Wirkungsquerschnitte bei Energien unterhalb der Coulomb-Barriere zu messen.

9.2.2 Prozesse der Elemententstehung

Die Elemente im Periodensystem oberhalb von Sauerstoff werden durch Einfangprozesse von Protonen und α-Teilchen gebildet:

Die im CNO-Zyklus erzeugten ^{17}O-Kerne können nicht nur durch die (p,α)-Reaktion in ^{14}N übergehen, auch der Strahlungs-Protoneneinfang (p,γ) zum ^{18}F tritt auf. Dadurch wird nach einem β-Zerfall der stabile Kern ^{18}O gebildet, der dann über die Reaktion ^{18}O(p,α)^{15}N weitere ^{15}N-Kerne liefert.

Aus diesem ^{18}O-Kern kann aber auch ^{19}F durch die Reaktion ^{18}O(p,γ)^{19}F entstehen, ein Prozeß, der im Temperaturintervall $2 \cdot 10^7$ K $< T < 7 \cdot 10^8$ K abläuft. Über die Reaktion ^{17}O(α,n)^{20}Ne wird dann durch Heliumbrennen der ^{20}Ne-Kern erzeugt. Nachdem ^{20}Ne gebildet ist, läuft ein weiterer Zyklus bei Temperaturen von ca. 10^9 K ab, dessen Sequenz lautet:

$$^{20}\mathrm{Ne}(\mathrm{p},\gamma)^{21}\mathrm{Na}(e^+\nu)^{21}\mathrm{Ne}(\mathrm{p},\gamma)^{22}\mathrm{Na}(e^+\nu)^{22}\mathrm{Ne}(\mathrm{p},\gamma)^{23}\mathrm{Na}(\mathrm{p},\alpha)^{20}\mathrm{Ne}\,.$$

Dieser Zyklus trägt nach gegenwärtiger Auffassung wegen der höheren Coulomb-Barrieren wenig zur Energiebilanz in den Sternen bei, er hat jedoch für die Synthese der Elemente Ne und Na große Bedeutung.

Im Endzustand des Heliumbrennens besteht der Kern eines Sterns vorwiegend aus ^{12}C. In diesem Zustand kontrahiert der Stern, wodurch seine Zentraltemperatur auf $(6 \cdots 7) \cdot 10^8$ K ansteigt, eine Temperatur, bei der das Kohlenstoffbrennen beginnt. Der sich bei der Fusion zweier ^{12}C-Kerne bildende Kern ^{24}Mg zerfällt in die nachfolgend aufgeführten Kanäle, wobei die häufigsten jedoch die sind, bei denen sich ebenfalls wieder ^{20}Ne und ^{23}Na bilden:

$$\begin{aligned}
^{12}\mathrm{C} + {}^{12}\mathrm{C} \longrightarrow\ & ^{20}\mathrm{Ne} + \alpha + 4.62\ \mathrm{MeV},\\
& ^{23}\mathrm{Na} + \mathrm{p} + 2.24\ \mathrm{MeV},\\
& ^{23}\mathrm{Mg} + \mathrm{n} - 2.61\ \mathrm{MeV},\\
& ^{24}\mathrm{Mg} + \gamma + 13.93\ \mathrm{MeV},\\
& ^{16}\mathrm{O} + 2\alpha - 0.114\ \mathrm{MeV}.
\end{aligned}$$

Das bei Temperaturen von ca. 10^9 K ebenfalls einsetzende Sauerstoffbrennen läuft über die nachfolgend aufgeführten Reaktionskanäle:

$$\begin{aligned}
^{16}\mathrm{O} + {}^{16}\mathrm{O} \longrightarrow\ & ^{24}\mathrm{Mg} + 2\alpha - 0.393\ \mathrm{MeV},\\
& ^{28}\mathrm{Si} + \alpha + 9.59\ \mathrm{MeV},\\
& ^{31}\mathrm{P} + \mathrm{p} + 7.68\ \mathrm{MeV},\\
& ^{31}\mathrm{S} + \mathrm{n} + 1.46\ \mathrm{MeV},\\
& ^{32}\mathrm{S} + \gamma + 16.54\ \mathrm{MeV}.
\end{aligned}$$

Am Ende der Phase des Kohlenstoff- und Sauerstoffbrennens sind dann vorwiegend die Kerne ^{16}O, ^{20}Ne, ^{23}Na, ^{24}Mg und ^{28}Si gebildet.

Oberhalb von $1.3 \cdot 10^9$ K setzen wegen des sehr intensiven Hohlraumstrahlungsfeldes Kernphotoprozesse ein, z.B. des Typs ^{20}Ne(γ,α)^{16}O. Aber auch Protonen und Neutronen werden abgespalten. Die dabei entstehenden leichten Teilchen können dann erneut absorbiert werden, wodurch bei den angegebenen Temperaturen langsam alle Elemente bis zum Eisen gebildet werden. Beim Eisen hören die Fusionsprozesse auf. Dann kann keine Energie mehr aus der Fusion gewonnen werden, weil beim Eisen die Bindungsenergie E_B/A ihren maximalen Wert von ca. 8.5 MeV pro Nukleon erreicht hat. Es stellt sich ein statistisches Gleichgewicht zwischen unterschiedlichen Prozessen ein, das durch die Dichte und die Temperatur bestimmt ist. Der Energiegewinn in diesem Gleichgewichtszustand ist klein, deshalb wird ein solcher Zustand nur eine kurzlebige Zwischenphase eines Sternenlebens sein.

Die Elemente oberhalb der Eisengruppe werden durch Neutroneneinfangreaktionen aufgebaut. Es entstehen meist Kerne, die gegen β^--Zerfall instabil sind. Die weitere Kernsynthese hängt dann vom Verhältnis der Wahrscheinlichkeiten für einen weiteren Neutroneneinfang und für einen β-Zerfall ab. Zwei Prozeßreihen zeichnen sich ab, die für Elemente oberhalb Eisen in Bild 9.7 gezeigt sind. Im s-Prozeß (s=slow) verläuft der Neutroneneinfang langsamer als der β-Zerfall. Dabei kommt es auf die Bildung von stabilen Kernen an, die für einen weiteren Neutroneneinfang zur Verfügung stehen. Im β-Zerfall entstehen die jeweiligen Elemente mit einer höheren Ordnungszahl. Ist die Neutronendichte im Stern sehr hoch, dann können Neutroneneinfänge schneller auftreten als die jeweiligen β-Zerfälle. In derartigen r-Prozessen (r=rapid) bilden sich schnell neutronenreiche Kerne. Über den Ursprung der erforderlichen hohen Neutronendichten können bisher nur Vermutungen angestellt werden, z.B. daß sie bei Supernovaexplosionen auftreten und zwar bei Temperaturen, die niedrig genug sind, daß die erzeugten schweren Kerne nicht sofort wieder durch Photospaltung zerfallen [BL 06a].

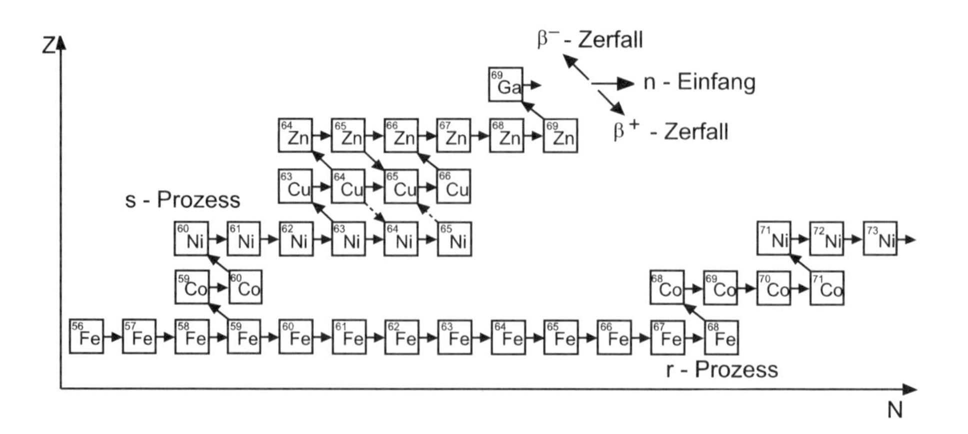

Bild 9.7. Verzweigung der s- und r-Prozesse zur Elementbildung oberhalb Eisen

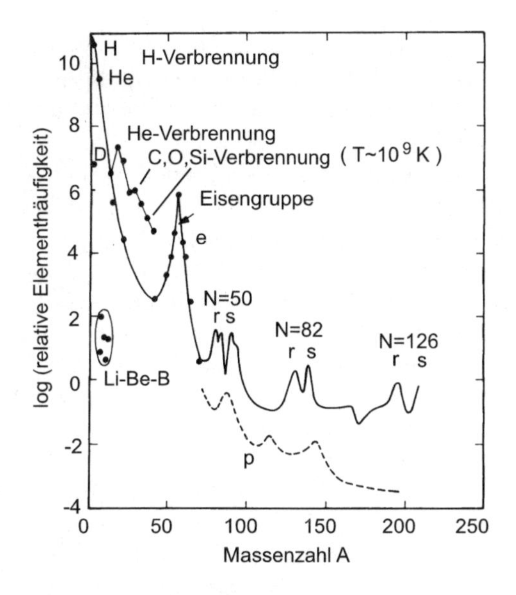

Bild 9.8. Logarithmische Darstellung der kosmischen Elementhäufigkeit mit Hinweis auf den Erzeugungsprozeß. Die gestrichelte Linie gibt den Anteil der durch Protoneneinfang erzeugten Elemente an

In Bild 9.8 ist die kosmische Elementhäufigkeit dargestellt, zusammen mit dem Hinweis auf den jeweiligen Produktionsprozeß für diese Elemente. Der e-Prozeß (e = equilibrium) ist ein Gleichgewichtsprozeß. Im p-Prozeß werden durch Protoneneinfang weitere Elemente produziert.

Elemente entstehen nicht nur in Sternen, auch innerhalb der ersten Phasen nach dem Urknall entstanden leichte Elemente, deren Erzeugung „primordiale Nuklearsynthese“ genannt wird.

9.3 Datierungen

Das Gesetz des radioaktiven Zerfalls eignet sich zur Altersbestimmung unterschiedlicher Materialien und Gegenstände. Aus diesem Grunde bedienen sich viele Disziplinen, auch solche außerhalb der Naturwissenschaften, der physikalischen Methoden, um genauere Lebens- oder Herstellungsdaten von Materalien zu bestimmen.

Eines der am häufigsten verwendeten Isotope ist ^{14}C mit einer Halbwertszeit $t_{1/2} = 5730$ a, weil in jeder lebenden Substanz Kohlenstoff vorhanden ist. Das radioaktive Isotop wird ständig neu in der äußeren Atmosphäre der Erde durch die Reaktion ^{14}N(n,p)^{14}C gebildet. Die gegenwärtige Erzeugungsrate beträgt ca. 2.5 Kerne pro cm^2 und s. Die Neutronen werden durch die kosmische Strahlung erzeugt, wobei ein Maximum der Neutronenproduktion in ca.

15 km Höhe liegt. Durch den natürlichen CO_2-Kreislauf in der Atmosphäre gelangt ^{14}C an die Erdoberfläche, so daß eine lebende Substanz ständig neben dem stabilen ^{12}C auch ^{14}C in die Zellen einbaut. Der Anteil des ^{14}C im natürlichen Kohlenstoff (98.9% ^{12}C, 1.1% ^{13}C) beträgt etwa $1.5 \cdot 10^{-12}$.

Während eine lebende Zelle ständig ^{14}C in dem angegebenen Verhältnis aufnimmt, so daß sich ein Gleichgewicht im Kreislauf der Zelle einstellen kann, wird die Aufnahme beim Absterben der Zelle beendet, und die vorhandene Zahl der ^{14}C-Kerne nimmt durch den radioaktiven Zerfall ab. Aus einer gemessenen Aktivität $A = \lambda N$ (vgl. Abschn. 7.1) kann dann die Zeit bestimmt werden, die seit der letzten Aufnahme von ^{14}C vergangen ist. Je geringer die gemessene Zahl der ^{14}C-Zerfälle, um so älter ist die Substanz. Besonders bei Hölzern hat sich diese Altersbestimmung bewährt. Wegen der großen Halbwertszeit muß die vorhandene ^{14}C-Menge vorwiegend aus einer Messung der absoluten Aktivität bestimmt werden.

Die Altersbestimmung mit der ^{14}C-Methode setzt eine Eichung voraus, weil nicht begründet werden kann, daß die ^{14}C-Produktion stets mit konstanter Rate erfolgte. Die durch die kosmische Strahlung freigesetzte Zahl an Neutronen ist Schwankungen unterworfen, die z.B. mit dem Magnetfeldzyklus der Sonne korreliert werden können. Deshalb wurde in mehreren über die Erde verteilten Laboratorien eine dendrochronologische Eichung der Radiokohlenstoff-Methode herangezogen. Dazu wurden Bäume unterschiedlichen Alters aus der gleichen Vegetationsregion benutzt, wobei die durch klimatische Einflüsse bedingten Ringbreiten jeweils den Anschluß an ältere Bäume lieferten. Gegenwärtig kann die Eichung über eine Periode von ca. 8000 Jahren als befriedigend angesehen werden. Das Ergebnis ist in Bild 9.9 gezeigt. Aufgetragen ist die Abweichung von einer als normal definierten ^{14}C-Konzentration über den Zeitraum von 8600 Jahren. Deutlich erkennt man die fast sinusförmige Schwankung. Diese Schwankung der ^{14}C-Konzentration in der Atmosphäre bewirkt, daß konventionelle Radiokarbon-Daten aus der Zeit um 5000 v.Chr. um bis zu 800 bis 900 Jahre zu jung angegeben werden.

Neben der konventionellen Datierung aus dem radioaktiven Zerfall hat sich die Datierung mit Hilfe eines Beschleunigers als sehr genau erwiesen. Diese Beschleuniger-Massenspektroskopie (AMS, engl. accelerator mass spectroscopy) erlaubt es, die Nachweisgrenzen wesentlich weiter abzusenken. Für das ^{14}C-Nachweisvermögen läßt sich ein Häufigkeitsbruchteil von ca. 10^{-16} erreichen.

Beim Nachweis von ^{14}C in einem Massenspektrometer ist die Auflösung so zu steigern, daß eine Massenlinie des ^{14}C von derjenigen des ^{14}N getrennt werden kann. Die Massendifferenz zwischen ^{14}C und ^{14}N beträgt $1.7 \cdot 10^{-4}$ u. Mit positiv geladenen Ionen ist diese Trennung nicht zu erreichen, jedoch bei negativen Ionen ist keine Trennung nötig, weil negativ geladene Stickstoff-Ionen nicht existieren. Deshalb ist der Nachweis von geringen Mengen ^{14}C in einem Tandem-Van de Graaff-Beschleuniger (vgl. Abschn. 5.4.1) möglich,

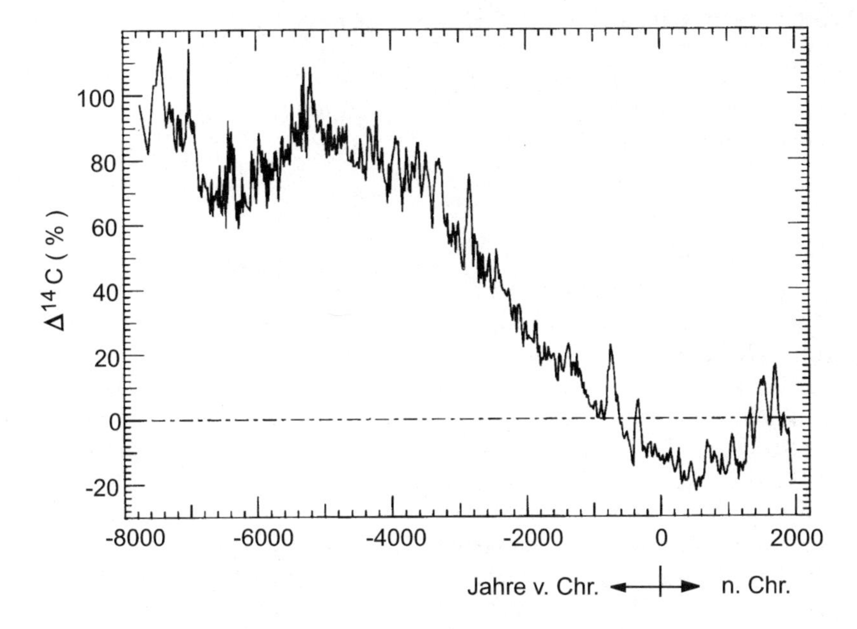

Bild 9.9. Schwankung der Erzeugungsrate des ^{14}C [RA93]

denn in der ersten Stufe des Beschleunigers werden negative Ionen beschleunigt.

Die hohe Empfindlichkeit der Methode kann das folgende Beispiel belegen. Die Halbwertszeit des ^{14}C beträgt $t_{1/2} = 5730 \pm 40$ a. Das mittels Massenspektroskopie ermittelte Verhältnis der Kohlenstoff-Isotope in natürlicher Zusammensetzung ist ^{12}C:^{13}C:^{14}C$= 1 : 10^{-2} : 10^{-12}$. Wir betrachten 1 mg Kohlenstoff, das $5 \cdot 10^{19}$ C-Atome enthält. Davon sind beim obigen Verhältnis $6 \cdot 10^7$ ^{14}C-Atomkerne. Berechnen wir die Zerfallsrate von ^{14}C aus dieser Menge, so finden wir 1 Zerfall pro Stunde. Bringen wir die gleiche Kohlenstoffmenge in die Ionenquelle eines Tandem-Van de Graaff-Beschleunigers, so können wir bei einfacher Ionisation aller Kohlenstoffatome einen C-Teilchenstrom von ca. 16 μA erzeugen. Wenn wir diesen Strahl magnetisch separieren und die einzelnen Isotope getrennt nachweisen, erhalten wir mit geeigneten Detektoren als Größenordnung 10^{14} ^{12}C-Ionen/s, 10^{12} ^{13}C-Ionen/s und 100 ^{14}C-Ionen/s. Wenn wir diesen Wert mit einem Zerfall pro Stunde vergleichen, wird die um fünf Größenordnungen gesteigerte Nachweisempfindlichkeit der Datierungsmethode bei Verwendung der Beschleuniger-Massenspektroskopie besonders deutlich.

9.4 Festkörperphysik und Materialforschung

Kernphysikalische Meßverfahren spielen in einer Reihe anderer physikalischer Bereiche, z.B. in der Festkörperphysik, der Materialforschung und der Geophysik, eine wichtige Rolle.

9.4.1 Elcmentanalyse

In Kap. 6 haben wir die wesentlichen Reaktionen kennengelernt, aus deren Analysen unser heutiges Bild des Atomkerns geformt wurde. In den weitaus meisten Fällen ließen sich die Reaktionen, die zur Aufklärung der Kernstruktur führten, als Zwei-Körper-Reaktionen beschreiben.

Bei der Messung von Wirkungsquerschnitten wird, wie in Kap. 5 erläutert, ein meist beschleunigtes Projektil auf eine andere Substanz, einen Festkörper oder ein Gas geschossen und die Reaktionen beobachtet. Die Kernphysiker, die solche Wirkungsquerschnitte messen, gehen meist davon aus, daß die Substanz (Target), die beschossen wird, einheitlich aus einem Element oder aus einer sehr genau bekannten Zusammensetzung von Elementen besteht. Verunreinigungen in Targets spielen meist eine untergeordnete Rolle, wenn Wirkungsquerschnitte für eine bestimmte Kernreaktion gemessen werden. Außerdem ist nicht entscheidend, welcher in einer Kernreaktion der Targetkern oder der Projektilkern ist, denn die Wirkungsquerschnitte werden meist im Schwerpunktsystem des Stoßsystems angegeben.

Diesen Umstand kann man jetzt nutzen, um unbekannte Zusammensetzungen von Targetsubstanzen zu untersuchen, wenn wir die Wirkungsquerschnitte der kernphysikalischen Reaktionen zwischen den unterschiedlichen Reaktionspartnern kennen. Da sich prinzipiell alle Kernreaktionen für derartige Materialanalysen eignen, ergibt sich ein sehr großes Anwendungsfeld, dessen ausführliche Schilderung den Rahmen dieses Abschnitts sprengen würde. Wir werden uns deshalb zunächst auf die am häufigsten angewandten Methoden beschränken.

Rutherford-Rückstreuung. In Abschn. 2.1 haben wir die Methode kennengelernt, mit der Geiger und Marsden den Anstoß gaben für die grundlegende Vorstellung, daß der Atomkern als zentrales Kraftzentrum im Atom existiert. Die α-Teilchen wurden unter dem Einfluß der Coulomb-Kraft gestreut. Mit dem Wirkungsquerschnitt für die Streuung läßt sich die Kernladungszahl des Stoßpartners bestimmen.

Da die Anwendungen der kernphysikalischen Methoden im Laborsytem erfolgen, ist es hier angezeigt, die Wirkungsquerschnitte auch im Laborsystem anzugeben. Demzufolge lautet die Formel (2.14) im Laborsystem

$$\left.\frac{\mathrm{d}\sigma}{\mathrm{d}\Omega}\right|_R = \left(\frac{Z_1 Z_2 e^2}{16\pi\varepsilon_0 T_\infty}\right)^2 \frac{4}{\sin^4\theta} \frac{\left[\sqrt{1-\left(\frac{m_1}{m_2}\sin\theta\right)^2}+\cos\theta\right]^2}{\sqrt{1-\left[\frac{m_1}{m_2}\sin\theta\right]^2}}\,, \tag{9.9}$$

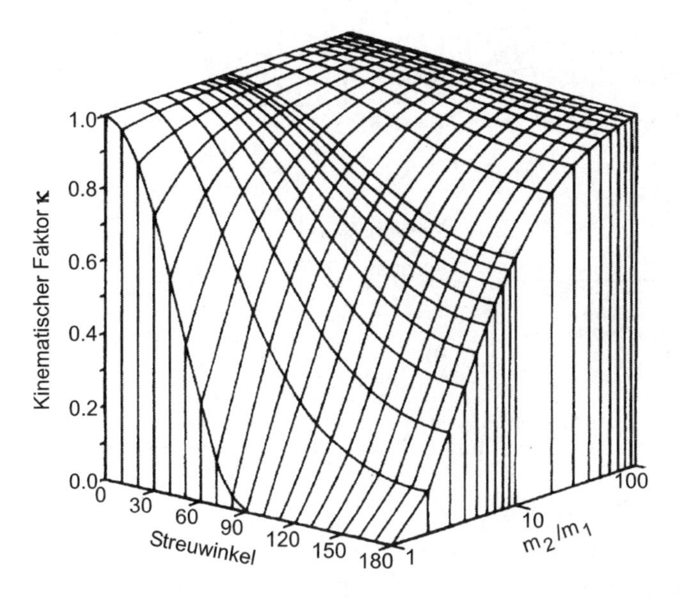

Bild 9.10. Kinematischer Faktor bei der Rutherford-Rückstreuung

wobei 1 das Projektil und 2 das Target bezeichnet.

Wenn wir die Winkelabhängigkeit des Wirkungsquerschnitts genauer untersuchen, so finden wir, daß er zu großen Streuwinkeln (in der Nähe von $\theta = 180°$) sehr stark abnimmt. Für die geeignete Auswahl der für die Analyse benutzten Projektile erweist es sich als günstig, den kinematischen Faktor κ zu betrachten:

$$\kappa = \frac{T_1'}{T_1} = \left[\frac{\sqrt{1 - \left(\frac{m_1}{m_2}\sin\theta\right)^2} + \frac{m_1}{m_2}\cos\theta}{1 + \frac{m_1}{m_2}} \right]^2 . \tag{9.10}$$

κ gibt das Verhältnis der Energie des gestreuten Teilchens T_1' zur Einschußenergie T_1 an.

Bild 9.10 zeigt den kinematischen Faktor sowohl in seiner Winkel- als auch seiner Massenverhältnisabhängigkeit. Daraus wird deutlich, daß es sehr günstig ist, unter Rückwärtswinkeln zu messen, wenn eine gute Massenauflösung, d.h. die Möglichkeit zwei benachbarte Massen zu unterscheiden, erreicht werden soll.

Vergleichen wir beispielsweise die Streuung von He-Ionen ($m_1 = 4$ u) und Ne-Ionen ($m_1 = 20$ u) am gleichen Material mit $m_2 = 200$ u: Der Unterschied der kinematischen Faktoren für die Streuung an benachbarten Massen ist für Ne-Ionen größer als der für He-Ionen. Da jedoch bei der Messung auch die Energieauflösung der Detektoren berücksichtigt werden muß, zeigt sich der

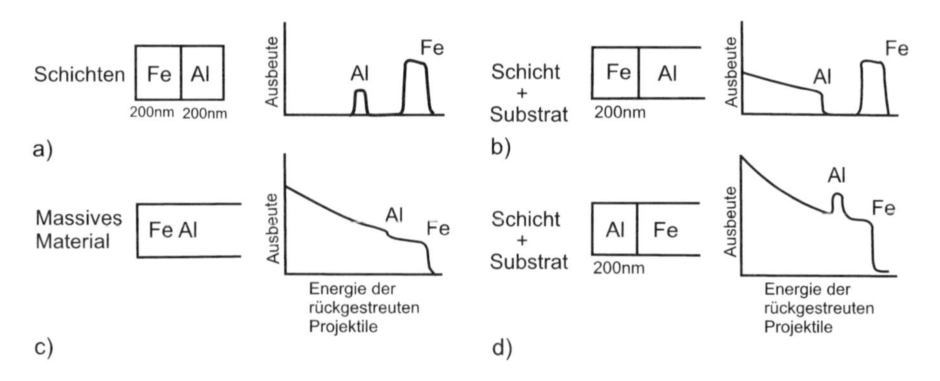

Bild 9.11. Beispiele für Rutherford-Rückstreuspektren: (**a**) Eisen-Aluminium-Schichten, (**b**) Eisenschicht auf Aluminium-Substrat, (**c**) Mischsubstrat, (**d**) Aluminium auf Eisensubstrat

Einfluß der kinematischen Faktoren in folgender Weise. Wenn 2 MeV $^4\mathrm{He}^+$-Ionen mit einer Energieauflösung von 15 keV auf die Probe ($m_2 = 200$ u) geschossen werden, dann läßt sich die Masse $m_2 = 223$ u von $m_2 = 200$ u unterscheiden. Verwenden wir 10 MeV $^{20}\mathrm{Ne}^+$-Ionen mit einer Energieauflösung des Detektors von 100 keV so kann $m_2 = 208$ u von $m_2 = 200$ u getrennt werden.

Spektren unterschiedlich geschichteten Materials sind in Bild 9.11 gezeigt. Die Ausbeuten geben die Verhältnisse der Häufigkeiten an, die aufgrund der unterschiedlichen Ordnungszahlen auch mit unterschiedlichen Wirkungsquerschnitten berechnet wurden. Aufgrund der Z_2-Abhängigkeit des Wirkungsquerschnittes in 9.9 ist die Methode für den Nachweis leichter Elemente nur bedingt geeignet. In diesen Fällen werden, wie weiter unten noch erläutert wird, Resonanzstreuung oder Kernreaktionsanalysen verwendet.

Betrachten wir im Rückstreuspektrum die Energien der rückgestreuten Projektilionen, so läßt sich hieraus die Tiefeninformation gewinnen, da die Projektile auf ihrem Weg durch das Target Energieverlust erfahren (vgl. Abschn. 5.1.1). Auf diese Weise kann mittels der Rutherford-Rüchstreuspektroskopie (RBS, engl. Rutherford Backscattering Spectroscopy) die Tiefenverteilung der Elemente im oberflächennahen Schichten gemessen werden.

Streuprozesse oberhalb der Coulomb-Barriere (nicht Rutherford). Im Abschn. 6.3.2 haben wir die Grundlagen der Resonanzstreuung kennengelernt. Die Streuung von α-Teilchen bietet die Möglichkeit, die in fast allen festen Körpern, besonders in technisch interessanten Materialien vorhandenen leichten Elemente Kohlenstoff, Stickstoff und Sauerstoff zu analysieren. In der Tabelle 9.1 sind einige der Resonanzstreuungen mit ihren Projektilenergien und der Breite der Resonanz angegeben. Oberhalb der Coulomb-Barriere setzt sich der Wirkungsquerschnitt aus Coulomb- (Rutherford-) und Kernpotentialstreuung zusammen. Deshalb sind die Werte der Nicht-

Tabelle 9.1. Beispiele für Resonanzstreuungen

Reaktion	Resonanzenergie [MeV]	Resonanzbreite [keV]	$\sigma_{\text{res}}/\sigma_{\text{Ruth}}$
$^{12}C(\alpha,\alpha)^{12}C$	4.265	27±3	120 (170.5°)
$^{14}N(\alpha,\alpha)^{14}N$	3.576	¡4	∼3 (168.2°)
	3.72	53±6	13.75 (168°)
$^{16}O(\alpha,\alpha)^{16}O$	3.036	8.1±0.3	∼10 (165°)
	7.5	300	170 (171°)

Coulomb-Wirkungsquerschnitte, d.h. die Überhöhung über dem Rutherford-Querschnitt, für einige Rückwärtsstreuwinkel angegeben. Bereits in Bild 6.22 wurden als Beispiel die Resonanzen der Streuung von α-Teilchen an ^{16}O gezeigt. Abhängig von der Wahl der Einschußenergie der Projektile, können selbst geringe Konzentrationen von leichten Elementen sehr empfindlich und wiederum tiefenabhängig nachgewiesen werden.

Kernreaktionsanalysen. Prinzipiell lassen sich alle Kernreaktionen auch zur Analyse von unbekannten Substanzen einsetzen. Hierbei sind sowohl prompte Kernreaktionen als auch Resonanzreaktionen, z.B. die (p,γ)-Reaktion, zu nennen.

Dazu müssen die Reaktionswirkungsquerschnitte bekannt sein, aber auch die Werte der Energieverluste, die geladene Teilchen beim Durchdringen von Materie erleiden. Das Prinzip der Messung ist in Bild 9.12 gezeigt. Die Projektile a treten mit der Energie T_0 in das Target, die Probe, ein. Auf ihrem Weg verlieren sie Energie, bis sie auf einen Kern A treffen, mit dem die Reaktion stattfindet. Die nach der Reaktion aus dem Target tretenden Teilchen b haben erneut Energie verloren, so daß auch dieser Energieverlust berücksich-

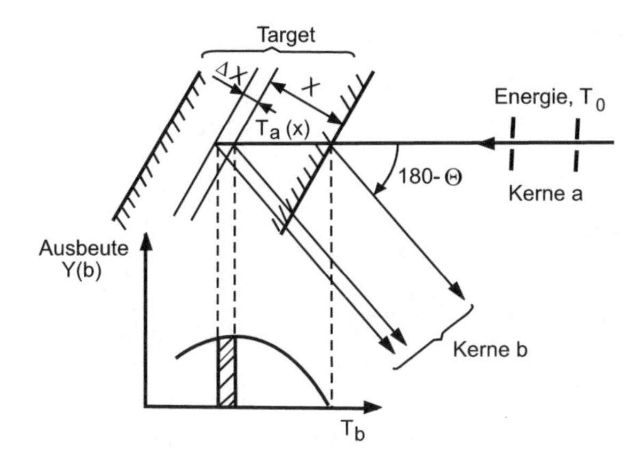

Bild 9.12. Prinzip einer Kernreaktionsanalyse

tigt werden muß. Die Ausbeute Y, d.h. die Anzahl der Teilchen b, ist dann proportional der Zahl der Kerne der gesuchten Sorte A in der festen Substanz. Da die Wirkungsquerschnitte meist stark energieabhängig sind, müssen sowohl diese, als auch die Energieverluste von a und b bekannt sein, wenn bei der Messung auch die Tiefenverteilung der Kerne A bestimmt werden soll. Für die Ausbeute gilt:

$$Y(T_{\mathrm{b}}) \cdot \mathrm{d}T_{\mathrm{b}} = I \cdot N_{\mathrm{A}}(x) \frac{\mathrm{d}\sigma(T_{\mathrm{a}}(x), \theta)}{\mathrm{d}\Omega} \frac{\Delta\Omega \cdot \mathrm{d}T_{\mathrm{b}}}{\left(\frac{\mathrm{d}T_{\mathrm{b}}}{\mathrm{d}x}\right) \cos\theta} . \tag{9.11}$$

Darin ist I der Strom der auf das Target treffenden Teilchen a, $N_{\mathrm{A}}(x)$ die Menge der Kerne A in der Schichttiefe x, $\mathrm{d}\sigma(T_{\mathrm{a}}(x), \theta)/\mathrm{d}\Omega$ der differentielle Wirkungsquerschnitt, $\Delta\Omega$ der Akzeptanzwinkel des Detektors, $\mathrm{d}T_{\mathrm{b}}/\mathrm{d}x$ der Energieverlust der Teilchen b. Aufgelöst nach $N_{\mathrm{A}}(x)$ liefert die Messung die gesuchte Größe. Als Reaktionen kommen vorwiegend prompt verlaufende Reaktionen in Betracht.

Häufig werden Resonanzreaktionen vom Typ (p,γ) zur Analyse von Elementverteilungen benutzt. Dazu ist die Strahlenergie in sehr kleinen Schritten zu verändern, weil die Resonanzen meist eine sehr kleine Halbwertsbreite haben. Als Beispiel einer Resonanzreaktion wird hier die Reaktion ^{21}Ne(p,γ)^{22}Na erörtert. Die Resonanzenergie beträgt $E_{\mathrm{res}} = 271$ keV, die Breite $\Gamma_{\mathrm{res}} = 21.2$ eV (Bild 9.13).

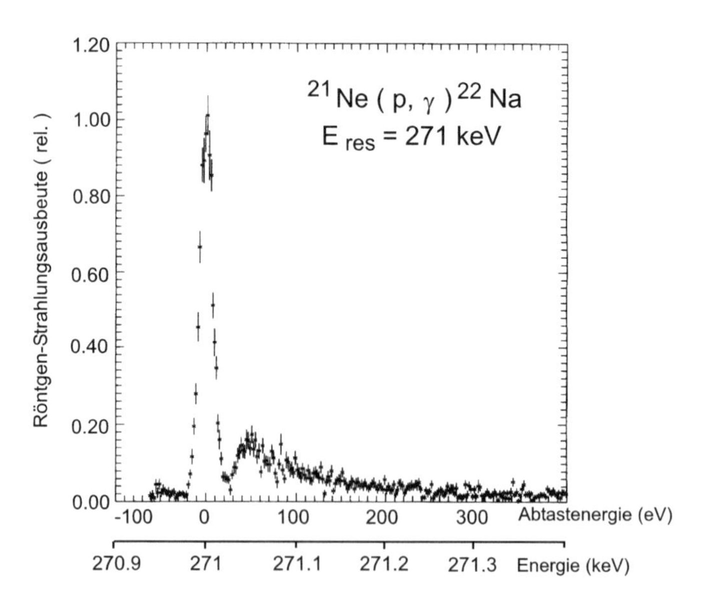

Bild 9.13. Resonanzreaktion ^{21}Ne(p,γ)^{21}Na an einem festen Ne-Target bei 10 K [BE92]

An der Stelle der Resonanzenergie tritt eine starke Überhöhung auf, die als Lewis-Peak bezeichnet wird. Diese Linie entsteht aufgrund des statistischen Charakters des Energieverlustes, denn die Teilchen verlieren in den Stößen beim Eindringen in einen festen Körper ihre Energie in unterschiedlich großen Schritten durch Wechselwirkung mit den Elektronen des Targetmaterials. Der minimale Energieverlust pro Stoß Q_{min} hängt von der Bindungsenergie der Elektronen ab, während der maximale Energieverlust den Wert $Q_{\mathrm{max}} \cong 4(m_{\mathrm{e}}/m_{\mathrm{a}})T_{\mathrm{a}}$ hat, wobei m_{e} die Elektronenmasse, m_{a} und T_{a} Masse und Energie des Projektils sind. Üblicherweise wird der Energieverlust $\propto 1/Q^2$ angenommen. Dies gilt aber nur für freie Elektronen. Wenn im realistischen Fall einige der Energieverlustschritte größer als die Breite Γ_{res} der Resonanz sind, können Teilchen mit Energien größer als die Resonanzenergie über die Resonanz „hinwegspringen" und tragen demzufolge nicht mehr zur Resonanzausbeute bei. Nur wenn alle Teilchen mit der Resonanzenergie E_{res} auftreffen, tragen auch alle an der Oberfläche eintreffenden Teilchen solange zur Resonanzausbeute bei, bis ihre Energie unter E_{res} abgesunken ist. Die Ausbeutekurve von dicken Targets sollte demzufolge eine Erhöhung bei Energien kurz oberhalb der Resonanzenergie zeigen, woran sich dann ein flaches Plateau anschließt, wie auch in Bild 9.13 gezeigt. Die für Kernreaktionsanalysen wichtigen Wirkungsquerschnitte sind in tabellarischer oder graphischer Form zusammengestellt [TES95].

Aktivierungsanalyse. Im Bereich der quantitativen Elementnachweise spielen die Aktivierungsreaktionen eine wichtige Rolle, in denen durch Beschuß mit Neutronen oder auch geladenen Teilchen radioaktive Isotope erzeugt werden, deren Zerfall dann zur Bestimmung von Verunreinigungen oder Dotierungen in festen Substanzen dient. Die Methode haben wir bereits in Abschn. 7.1 kennen gelernt. Dort wurden neue radioaktive Isotope als Folgeprodukte des radioaktiven Zerfalls erzeugt. Beim Beschuß geeigneter stabiler Isotope mit Neutronen oder auch geladenen Teilchen aus Beschleunigern können radioaktive Isotope direkt in der Umgebung erzeugt werden, in der die Menge eines zu untersuchenden Elements bestimmt werden soll. Wenn z.B. der Anteil des Urangehalts in einem Metall gesucht wird, das als Kontaktelement (z.B. Aluminium) verwendet werden soll, kann man mit der Reaktion $^{238}\mathrm{U}(\mathrm{n},\gamma)^{239}\mathrm{U}$ das β-instabile Isotop $^{239}\mathrm{U}$ ($t_{1/2} = 23.9$ min) erzeugen, aus dessen Zerfall dann die an dieser Verunreinigung vorhandene Menge berechnet werden kann. Beispiele für Erzeugungsreaktionen für gegenwärtig sowohl in der Materialanalyse als auch in der Medizin genutzter Isotope leichter Elemente, die beim Beschuß mit geladenen Teilchen entstehen, sind: $^{10}\mathrm{B}(^{3}\mathrm{He,d})^{11}\mathrm{C}$, $^{12}\mathrm{C}(^{3}\mathrm{He},\alpha)^{11}\mathrm{C}$, $^{14}\mathrm{N}(^{3}\mathrm{He},\alpha)^{13}\mathrm{N}$, $^{16}\mathrm{O}(^{3}\mathrm{He,p})^{18}\mathrm{F}$ [HO89, TES95].

Die in diesen Reaktionen erzeugten Kerne zerstrahlen alle durch e^+-Emission, sie sind also anhand der Vernichtungsstrahlung von $\mathrm{e}^+\mathrm{e}^-$ leicht nachzuweisen. Die Halbwertszeiten betragen: $t_{1/2}(^{11}\mathrm{C}) = 20.38$ min, $t_{1/2}(^{13}\mathrm{N}) = 9.96$ min, $t_{1/2}(^{18}\mathrm{F}) = 109.7$ min. Sie sind einerseits gut voneinander getrennt und stellen besonders in der medizinischen Anwendung (PET, Positronen-Emissionstomographie) keine starke Strahlenbelastung dar (siehe Abschn. 9.5.4).

9.4.2 Strukturanalyse

Neben den genannten Methoden zur Elementanalyse können kernphysikalische Prozesse auch dazu dienen, Strukturen zu untersuchen. Mit Neutronenstreuung kann, analog der Streuung von Röntgen-Strahlung, die Kristallstruktur von Festkörpern untersucht werden. In Abschn. 7.6 haben wir bereits erörtert, daß mit Hilfe des Mößbauer-Effekts z.B. chemische Bindungszustände nachgewiesen und untersucht werden können. Mit der magnetischen Kernspinresonanz können ebenfalls Strukturen von Verbindungen untersucht werden bzw. sie dienen in der Medizin zur Abbildung von Gewebestrukturen.

Neutronenstreuung. In quantenmechanischer Behandlung kann Neutronen wie allen anderen Teilchen ein Wellencharakter zugesprochen werden. Die de Broglie-Wellenlänge wird angegeben mit

$$\lambdabar = \frac{\hbar}{p} = \frac{\hbar}{\sqrt{2m_{\mathrm{n}}T}} \tag{9.12}$$

oder in Zahlenwerten

$$\lambdabar = \frac{0.0286}{\sqrt{T}} \; . \tag{9.13}$$

$\lambdabar$ ergibt sich in Nanometern, wenn die kinetische Energie T in Elektronenvolt angegeben wird. Der Energiebereich der langsamen Neutronen, der für festkörperphysikalische Untersuchungen benutzt wird, erstreckt sich über mehrere Größenordnungen, wie in Tabelle 9.2 angegeben.

Tabelle 9.2. Neutronenbezeichnungen

Energiebereich	Bezeichnung
< 0.5 meV	ultrakalt
0.5–2 meV	kalt
2–100 meV	thermisch
0.1–1 eV	epithermisch
1–100 eV	resonanzeinfangfähig

Für thermische Neutronen, d.h. Neutronen mit einer Energie $E \simeq kT = 25$ meV ($T = 293$ K), ergibt sich eine Wellenlänge $\lambdabar = 0.18$ nm. Diese Wellenlänge liegt im Bereich der Gitterabstände im festen Körper. Deshalb lassen sich thermische Neutronen auch als Sonden zur Untersuchung der Struktur fester Körper einsetzen. Die Wechselwirkung kann dabei auf der starken

Wechselwirkung zwischen Neutronen und anderen Nukleonen oder auf der Wechselwirkung ihres magnetischen Dipolmoments mit den Dipolmomenten anderer Atome beruhen.

Ziele derartiger Untersuchungen sind die Aufklärung von Kristallstrukturen, wie es auch teilweise mit Röntgen-Strahlung möglich ist, aber vor allem von dynamischen Vorgängen (Diffusion, Schwingungen) in kondensierter Materie. Die Energie der Neutronen ist so niedrig, daß auch bei geringer Energieauflösung elastische von inelastischer Streuung getrennt werden kann.

Neutronen aus einem Reaktor oder einer Spallationsneutronenquelle werden über Neutronenleiter zu einem Monochromator geführt, der so eingestellt ist, daß nur noch Neutronen eines schmalen Energieintervalls die Probe treffen. Aus der Verteilung der gestreuten monoenergetischen Neutronen lassen sich dann Gitterparameter des bestrahlten Materials ableiten. Die gestreuten Neutronen werden entweder in BF_3-Proportional-Zählrohren oder in mit ^3He gefüllten Zählrohren nachgewiesen (vgl. Abschn. 5.1). Das Verfahren wird wegen des zum Licht analogen Verhaltens der Neutronen auch Neutronenbeugung genannt.

Magnetische Kernspinresonanz-Spektroskopie (NMR). Mit dem Spin der Teilchen ist auch ein magnetisches Moment verknüpft. In Abschn. 3.3 haben wir Meßmethoden für magnetische Momente kennengelernt. Dabei war die physikalische Größe „magnetisches Moment" als Resultat der Messung einer Energieverschiebung (3.61) in Abhängigkeit von einem bekannten Magnetfeld gemessen worden. Diese Messung läßt sich umgekehrt benutzen, um unbekannte Magnetfelder zu bestimmen, wenn das magnetische Moment und die Energieaufspaltung bekannt sind.

Der Energieaufspaltung ΔE entspricht die Frequenz $\omega = \Delta E/\hbar$. Wird diese Frequenz z.B. in einer Anordnung, wie in Bild 3.7 gezeigt, auf eine Probe eingestrahlt, treten Umklappvorgänge des Spins auf, die als Hochfrequenzsignale meßbar sind. Aus diesen Signalen läßt sich das Magnetfeld bestimmen. Dies ist gegenwärtig die genaueste Methode, Magnetfelder, z.B. in Magneten an Beschleunigern, ständig zu messen und damit zu kontrollieren bzw. zu steuern. Dazu werden wasserstoffhaltige Proben (z.B. Glyzerin) verwendet, in denen die Atome weitgehend als frei angesehen werden können. Sind die Atome jedoch in chemische Verbindungen eingebaut, beeinflussen die umgebenden Atome auch das Magnetfeld am Ort des Kerns eines in dieser Umgebung zu untersuchenden Atoms. Dies resultiert in der sog. *chemischen Verschiebung* δ, die sich aufgrund der unterschiedlichen Resonanzfrequenzen in Bezug auf einen Standard ergibt:

$$\delta = \frac{\omega - \omega_{\mathrm{ref}}}{\omega_{\mathrm{ref}}} \cdot 10^6 . \tag{9.14}$$

Im Falle von Wasserstoff wird als Standard Tetramethylsilan (TMS, $Si(CH_3)_4$) verwendet. Die magnetische Kernspinresonanz ist demzufolge auch dazu geeignet, die Struktur von Verbindungen zu untersuchen. In Bild 9.14

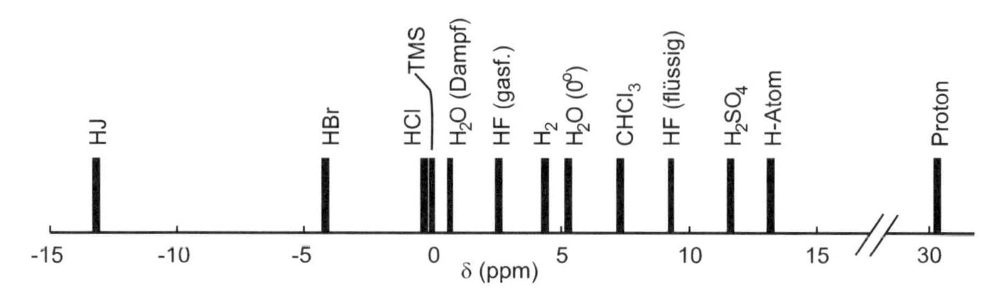

Bild 9.14. NMR an verschiedenen Wasserstoffverbindungen. Die chemische Verschiebung δ ist in Einheiten von ppm (engl. parts per million) angegeben

sind verschiedene Wasserstoffverbindungen als Funktion von δ gezeigt. Die Verschiebung zu größeren positiven Werten von δ entspricht einer Zunahme des effektiven Magnetfelds am Ort des Protons bzw. einer Erhöhung der Resonanzfrequenz.

Das Verfahren ist gegenwärtig weitgehend in der Chemie und Biologie als Analysemethode eingeführt, die Kernspinresonanz spielt auch in der medizinischen Diagnostik eine wichtige Rolle (siehe hierzu auch Abschn. 9.5.5).

9.5 Medizin

Wie bereits mehrfach erwähnt, finden kernphysikalische Methoden eine immer breiter werdende Anwendung in verschiedenen Bereichen der Medizin, sowohl als Diagnoseverfahren als auch zur Therapie. In diesem Abschnitt werden wir einige dieser Verfahren näher erläutern, eine detaillierte Beschreibung findet sich in dem weiterführenden Lehrbuch [BET04]. Vorab wird zunächst ein Überblick über die biologische Wirkung von Teilchen- und γ-Strahlen gegeben, in Anlehnung an die in Abschn. 5.1 erörterten Energieverlustmechanismen von Strahlung beim Durchgang durch Materie.

9.5.1 Biologische Strahlenwirkung und Strahlenschutz

Da die radioaktive Strahlung eine natürliche Belastung der Natur ist, ist es nötig, sowohl die Daten richtig zu erfassen, als auch einen wirksamen Schutz aufzubauen. Hierzu werden zunächst einige Größen definiert, um die Strahlenwirkung auf biologische Systeme quantitativ zu beschreiben.

Strahlendosis. Als Maß für die Wirkung einer Strahlung wird die *Energiedosis* D_E verwendet, die als übertragene Energie ΔE auf ein Massenelement Δm definiert ist:

$$D_\mathrm{E} = \frac{\Delta E}{\Delta m} \,. \tag{9.15}$$

Die Einheit der Energiedosis ist J/kg, sie wird als 1 Gray (Gy) bezeichnet.

Die pro Zeiteinheit übertragene Energiedosis wird *Dosisrate* (auch Dosisleistung) genannt:

$$\dot{D}_E = \frac{\mathrm{d}D_\mathrm{E}}{\mathrm{d}t} , \tag{9.16}$$

mit der Einheit 1 Gy/s.

Die Strahlung hat eine ionisierende Wirkung, so daß auch die Anzahl der in einem Gas, meistens Luft, erzeugten Elektron-Ion-Paare, als Maß dienen kann. Wir sprechen dann von der *Ionendosis.*

$$D_\mathrm{I} = \frac{\Delta Q}{\Delta m} . \tag{9.17}$$

Darin ist ΔQ die Ladung eines Vorzeichens, die durch Strahlungswirkung in trockener Luft erzeugt wird, und Δm die Masse der Luft. Die Einheit der Ionendosis ist 1 As/kg. Auch hier ist eine *Ionendosisrate* definiert als

$$\dot{D}_\mathrm{I} = \frac{\mathrm{d}D_\mathrm{I}}{\mathrm{d}t} , \tag{9.18}$$

mit der Einheit 1 A/kg. Eine Beziehung zwischen Ionendosis und Energiedosis erhalten wir, wenn wir die mittlere Energie zur Erzeugung eines Ionenpaares (in Gasen 34 eV) zugrunde legen.[1]

Mit der Energie- und Ionendosis ist noch nicht die biologische Wirkung einer Strahlung berücksichtigt. Diese Wirkung wird durch die Ionisationsdichte entlang der Strahlungsspur bestimmt. Um die Wirkung verschiedener Strahlungen miteinander vergleichen zu können, wird die Energiedosis mit einem dimensionslosen Qualitätsfaktor Q der entsprechenden Strahlung multipliziert. Damit erhalten wir die *Äquivalenzdosis* H:

$$H = Q \cdot D_\mathrm{E} . \tag{9.19}$$

Die Äquivalenzdosis hat dann ebenfalls die Einheit 1 J/kg. Um den Unterschied zur Energiedosis deutlich hervorzuheben, wird die Äquivalenzdosis in Sievert (Sv) angegeben.[2] In der Tabelle 9.3 sind Qualitätsfaktoren für verschiedene Strahlungsarten angegeben.

Mit den Werten der Tabelle 9.3 hat demzufolge eine α-Strahlung bei einer Energiedosis von 1 mGy die gleiche biologische Wirkung wie eine γ-Strahlung von 20 mGy. Die Strahlenschutzverordnung der Bundesrepublik Deutschland legt Jahresgrenzwerte für die effektive Äquivalenzdosis fest, die in Tabelle 9.4 angegeben sind (Stand 1999). D.h. Anlagen oder Einrichtungen, in denen mit radioaktiven Stoffen oder ionisierender Strahlung umgegangen wird,

---

[1] Alte Einheiten: 1 Rad (rd) = 10^{-2} J/kg, d.h. 1 Gy = 100 rd, 1 rd = 10 mGy. 1 Röntgen =1 R = $2.58 \cdot 10^{-4}$ As/kg. Rechnet man von Luft auf menschliches Gewebe um, so erhält man die für die Strahlenschutzpraxis nützliche Regel 1 R $\approx$ 0.93 rd $\approx$ 1 rd.

[2] Alte Einheit: rem; 1 Sv = 100 rem.

Tabelle 9.3. Qualitätsfaktoren

Strahlung	Qualitätsfaktor
Photonen (Röntgen- und γ-Strahlen, alle Energien)	1
Elektronen, Positronen (alle Energien)	1
Neutronen	
$E_{\mathrm{n}} < 10$ keV	5
$E_{\mathrm{n}} = 10$–100 keV und 2–20 MeV	10
$E_{\mathrm{n}} = 100$ keV bis 2 MeV	20
$E_{\mathrm{n}} > 20$ MeV	5
Protonen (außer Rückstoßprotonen)	
$E_{\mathrm{p}} > 2$ MeV	5
$E_{\mathrm{p}} = 0.1$–20 MeV	$15 \cdots 5$
α-Teilchen, Spaltfragmente, schwere Ionen	20

sind so zu konzipieren, daß diese Grenzwerte außerhalb überwachter Bereiche nicht überschritten werden. Bei beruflich strahlenexponierten Personen, die in solchen Anlagen tätig sind und die regelmäßiger medizinischer Kontrolle unterliegen, liegen die Grenzwerte entsprechend höher, so ist hier eine maximale Effektivdosis von 50 mSv/a zulässig. Die Effektivdosis wird hierbei als Summe der einzelnen Organdosen unter Berücksichtigung eines jeweiligen Wichtungsfaktors berechnet.

Um die Einhaltung dieser Grenzwerte zu erreichen, müssen in solchen Anlagen und Einrichtungen entsprechende Abschirmmaßnahmen getroffen werden. Hier wird die Abhängigkeit des Energieverlusts von der Ordnungszahl des Abschirmmaterials und die daraus resultierende Reichweite in diesem Material ausgenutzt (vgl. Abschn. 5.1). Während α-Teilchen aus radioaktiven Quellen schon in dünnen Schichten von Materialien mit kleiner Ordnungszahl Z gestoppt werden, dient als Abschirmung von γ-Quanten vorrangig Blei oder Barytbeton. Letzteres findet man z.B. in großen Beschleunigeran-

Tabelle 9.4. Zulässige Jahresgrenzwerte laut Strahlenschutzverordnung für die jährliche Äquivalenzdosis (Stand 1999)

Dosis	Organ
0.3 mSv/a	Teilkörperdosis für Keimdrüsen, Gebärmutter, rotes Knochenmark
1.8 mSv/a	Teilkörperdosis für Knochenoberfläche und Haut
0.9 mSv/a	Teilkörperdosis für alle übrigen Organe (z.B. Schilddrüse)
0.3 mSv/a	Effektive Dosis

lagen in der Ummantelung der Strahlrohre. In vielen Bereichen ist allerdings die Verwendung dicker Abschirmungen nicht möglich, wenn beispielsweise wie in Flugzeugen soweit als möglich Leichtbauweise gefordert wird. In typischen Flughöhen von ca. 10 000 m stellt aber die kosmische Strahlung, deren Primäranteil hauptsächlich aus hochenergetischen Protonen und α-Teilchen aus dem Sonnenwind besteht, eine signifikante zusätzliche Strahlenbelastung dar. Zwar wird der größte Teil der Primärteilchen durch das Erdmagnetfeld abgeschirmt, doch der Anteil der dennoch in die Atmosphäre eindringt, erzeugt in nuklearen Wechselwirkungsprozessen Sekundärstrahlung, die im wesentlichen aus geladenen Teilchen, aus Neutronen, Myonen und Pionen sowie aus γ-Strahlung in einem weiten Energiebereich besteht. Mit zunehmender Eindringtiefe in die Atmosphäre wird der Primäranteil geringer, während der Sekundäranteil zunächst zunimmt. In Höhe von etwa 20 km wird eine maximale Strahlenbelastung erreicht, die mit zunehmender Verdichtung der Erdatmosphäre bis auf die Höhe des Meeresspiegels auf 0.3 mSv/a abnimmt. In etwa 10 km Höhe hingegen beträgt die zusätzliche Strahlenbelastung aber noch ca. 45 mSv/a, abhängig vom Breitengrad und der Sonnenaktivität. Deshalb wird gegenwärtig vor allem durch Strahlungsmessungen auf Langstreckenflügen in Kombination mit medizinischen Studien an Personen des Flugpersonals untersucht, welche Auswirkungen die erhöhte Strahlungsexposition z.B. auf das Krebsrisiko hat.

In Tabelle 9.5 sind die wesentlichen Quellen der natürlichen und zivilisationsbedingten Strahlungen angegeben. Die natürliche Strahlenbelastung ist

Tabelle 9.5. Typische Äquivalenzdosiswerte

Strahlung	mSv/a
Natürliche radioaktive Quellen	
kosmische Strahlung in Meereshöhe	ca. 0.3
natürlicher Untergrund (U, Th, Ra,...)	ca. 0.5
inkorporierte Radioaktivität (^{40}K, ^{14}C)	ca. 0.3
Summe natürlicher Strahlenexposition	ca. 1.2
Zivilisatorische Strahlenexposition	
kerntechnische Anlagen	<0.01
radioaktive Stoffe und ionisierende Strahlung in der Medizin	ca. 0.5
Röntgendiagnostik	ca. 0.5
Strahlentherapie	<0.01
Nuklearmedizin	<0.01
radioaktive Stoffe in der Forschung und Technik	
Industrieerzeugnisse	<0.01
technische Strahlungsquellen	<0.01
Störstrahler	<0.01
globaler Fallout	<0.01
Summe zivilisatorischer Strahlenbelastung	ca. 0.6

regional stark unterschiedlich, die angegebenen Werte können deshalb nur Mittelwerte in Deutschland darstellen. So können beispielsweise bei medizinischer Indikation die für die Röntgen-Diagnostik angegebenen Äquivalenzdosen durchaus überschritten werden. Während bei Röntgen-Aufnahmen der Extremitäten die Strahlenbelastung in der Regel unter 0.01 mSv liegt, kann die Äquivalenzdosis bei computertomographischer Untersuchung des Thorax- oder Bauchraums bis zu 10 mSv betragen.

Die bisher ausgeführten Definitionen und quantitativen Werte für die Strahlenbelastung besitzen aber noch keine Aussagekraft darüber, welche Mechanismen im Detail zur Schädigung eines Organismus beitragen. Wir haben bereits in Abschn. 5.1 die Wechselwirkungsprozesse mit ionisierender Strahlung auf atomarer bzw. molekularer Ebene kennengelernt. Die biologischen Auswirkungen dieser Prozesse innerhalb einer Zelle eines Organismus sollen im folgenden nun näher ausgeführt werden.

Biologische Strahlenwirkung. Bereits die Entdecker der Radioaktivität berichteten, daß die aus den Präparaten ausgesandten Strahlen eine biologische Wirkung haben; vor allem wurden Hautrötungen festgestellt. In erster Linie waren davon Finger und Hände der Forscher betroffen. Erst als für die Anwendung ionisierender Strahlen ein physikalisches Dosismaß eingeführt worden war, konnten biologische Testobjekte systematisch bestrahlt und die strahlenbiologischen Reaktionen an lebenden Zellen untersucht werden. Mit dem quantitativen Verständnis der Strahlenwirkung auf Zellen und Organismen ließen sich Korrelationen zu den bei einer bestimmten Strahlendosis zu erwartenden Wirkungen formulieren, die dann in die Strahlenschutzvorschriften übernommen werden konnten.

Bei den Strahlenwirkungen auf die lebende Zelle unterscheidet man bei den primären Strahlenreaktionen die direkte und die indirekte Strahleneinwirkung. Beide Vorgänge sollen anhand von Bild 9.15 erläutert werden. Io-

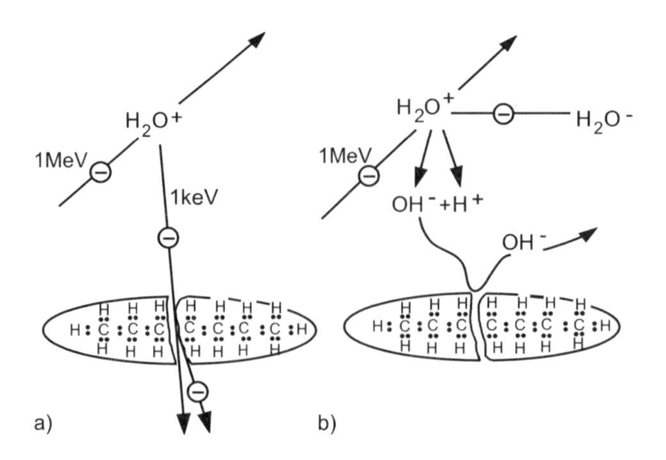

Bild 9.15. (**a**) Direkte und (**b**) indirekte Strahleneinwirkung [POL92]

nisierende Strahlung überträgt auf Atome und Moleküle Impuls und Energie und ionisiert diese Materiebausteine, vorwiegend Wassermoleküle, aus denen 90% der lebenden Zellen bestehen. Im Bild ist ein Elektron von 1 MeV angenommen, das an einem H_2O-Molekül ein langsameres Elektron auslöst (z.B. 1 keV), das dann selbst mit einem organischen Molekül wechselwirkt und beispielsweise eine kovalente Bindung aufbricht, womit das Molekül gespalten wird. Wegen der direkten Einwirkung auf das organische Molekül, nennt man dies die direkte Strahleneinwirkung. Primär nicht ionisierende Strahlung, wie z.B. Neutronen, erzeugen zunächst ein geladenes Teilchen, mit dem dann der zuvor geschilderte Prozeß abläuft. Eine indirekte Strahleneinwirkung wird danach von dem beim primären Prozeß erzeugten Wasserstoffkern (Proton) und dem Radikal, z.B. OH^-, verursacht. Durch Elektroneneinfang aus dem organischen Molekül kann auch das langsame Proton das organische Molekül zerstören.

Als Beispiel für die zerstörende Wirkung betrachten wir in Bild 9.16 ein DNS-Molekül. Das für die Funktion und die Zellvermehrung wichtigste Molekül ist das doppelstrangige Molekül Desoxyribonukleinsäure (DNS), in dem die vier Moleküle Adenin (A), Cytosin (C), Guanin (G) und Thyamin (T) angeordnet sind. Ein Strahlenschaden kann in vielen Fällen wieder ausgeheilt werden, wie die Beispiele im oberen Teil von Bild 9.16 zeigen, denn es treten nur die Kombinationen AT und CG auf. Die in ihnen enthaltenen Informationen sind wieder rekonstruierbar. Es können jedoch auch irreparable

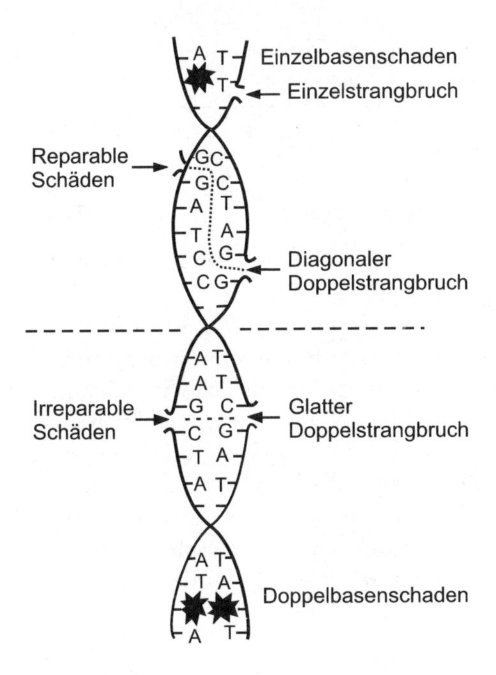

Bild 9.16. Strahlenschäden

Schäden eintreten, die dann zum Absterben der Zelle führen (unterer Teil des Bildes 9.16).

Während die von außen eintretenden Strahlungen, z.B. aus radioaktiven Präparaten, meist keine große Reichweite haben – abgesehen von Tumorbestrahlungen an Beschleunigern – und damit in den oberen Hautschichten bereits abgebremst werden, bedeutet die Inkorporation von Strahlenquellen, daß bestimmte Bereiche des Organismus ständig bestrahlt werden. Im Stoffwechselhaushalt eines Organismus werden bestimmte Elemente und auch deren radioaktive Isotope sowohl eingebaut als auch wieder ausgeschieden. Es ist demzufolge wichtig zu bestimmen, wie lange eine aufgenommene Substanz im Organismus verweilt. Deshalb wird neben der physikalischen Halbwertszeit $t_{\text{phys}} = t_{1/2}$ von radioaktiven Isotopen auch die biologische Halbwertszeit t_{biol} definiert. Diese ist analog zur physikalischen Halbwertszeit diejenige Zeit, nach der die Hälfte einer einmal aufgenommenen Substanzmenge wieder ausgeschieden ist. t_{biol} hängt dabei von der chemischen Verbindung und damit von Stoffwechselprozessen ab.

Aus beiden Halbwertszeiten zusammen ergibt sich die effektive Halbwertszeit t_{eff}.

$$\frac{1}{t_{\text{eff}}} = \frac{1}{t_{\text{biol}}} + \frac{1}{t_{\text{phys}}}\,, \qquad t_{\text{eff}} = \frac{t_{\text{phys}} \cdot t_{\text{biol}}}{t_{\text{phys}} + t_{\text{biol}}}\,. \tag{9.20}$$

In der nachfolgenden Tabelle 9.6 sind für einige Elemente die physikalische, die biologische und die effektive Halbwertszeit angegeben.

Tabelle 9.6. Biologische Halbwertszeiten

Element	^{3}H	^{14}C	^{90}Sr	^{131}J	^{134}Cs	^{137}Cs	^{239}Pu
t_{phys}	12.3 a	5370 a	28.8 a	8 d	2.06 a	30.1 a	24400 a
t_{biol}	12 d	12 d	35 a	150 d	140 d	140 d	200 a
t_{eff}	~12 d	12 d	15.8 a	7.6 d	120 d	138 d	~200 a

Tabelle 9.6 ist zu entnehmen, daß eine ganze Reihe von Elementen aufgrund ihrer physikalischen Halbwertszeit im Körper gefährliche Strahlenquellen darstellen würden, sie jedoch eine viel kürzere Zeit als Quelle im Körper verweilen. Das Element Sr hingegen, das in die Knochen eingebaut wird, verbleibt dort als Strahlungsquelle eine wesentlich längere Zeit, worauf die Gefährlichkeit dieses Isotops beruht. Andererseits kann die gezielte Inkorporation radioaktiver Isotope in bestimmte Organe der medizinischen Diagnosik und Therapie dienen, wie im nächten Abschnitt erläutert wird.

9.5.2 Szintigraphie

Der ungarische Chemiker George Hevesey verwendete als erster 1923 radioaktive Indikatoren (engl. *tracer, marker*), um mit radioaktiv markiertem Blei die Aufnahme und Verteilung dieser Substanz in Pflanzen zu untersuchen. Er konnte damit zeigen, daß mit kleinsten Mengen radioaktiver Isotope die Funktionen organischen Gewebes zerstörungsfrei untersucht werden können. 1943 erhielt er für die Entdeckung des Prinzips der Tracer-Methode den Nobelpreis für Chemie. Heute sind Tracer-Methoden in der Medizin und Biologie weit verbreitet [HER89]. So kann z.B. die Lebensdauer von Erythrozyten (rote Blutkörperchen) bestimmt werden. Dazu dient Glyzin ($H_2N–CH_2–CO_2H$), das wesentlicher Bestandteil des Hämoglobins ist und in dem der Kohlenstoff durch das radioaktive Isotop ^{14}C ersetzt wird (vgl. Abschn. 9.3). Es wird in geringen Mengen oral zugeführt, danach werden in regelmäßigen Abständen Blutproben entnommen und deren Aktivität gemessen. Zunächst zeigt sich ein Anstieg der Aktivität, der der Bildung markierter roter Blutkörperchen entspricht, die dann für einen Zeitraum von ca. 80 Tagen im Blutkreislauf zirkulieren, d.h., die Aktivität bleibt in diesem Zeitbereich t konstant, da die Halbwertszeit $t_{1/2}(^{14}C) \gg t$. Anschließend nimmt die Aktivität ab, die markierten Erythrozyten sterben ab und das radioaktive ^{14}C wird ausgeschieden.

Die gegenwärtig in der Medizin am weitesten verbreitete Tracer-Methode ist die Szintigraphie, die eine Abbildung menschlicher Organe oder Gewebestrukturen ermöglicht. Sie beruht darauf, daß radioaktive Isotope lokal inkorporiert werden und daß die beim Zerfall ausgesandte γ-Strahlung ortsaufgelöst detektiert wird. Hierbei wird die räumliche Verteilung des nachgewiesenen Radioisotops in eine Ebene projiziert, im Gegensatz zu tomographischen Verfahren, die eine dreidimensionale Abbildung erlauben. Die gezielte Inkorporation des Radioisotops erfolgt dabei oral oder durch Injektion unter Ausnutzung der organspezifischen Stoffwechselvorgänge, d.h. es werden spezielle Pharmaka verwendet, z.B. organische Säuren, an die das radioaktive Isotop chemisch gebunden ist. Da beispielsweise Jod vorrangig in der Schilddrüse aufgenommen wird, dienen radioaktive Jodisotope sowohl der Diagnostik als auch der Therapie von Tumoren der Schilddrüse. Ideal für die Anwendung in der Szintigraphie sind γ-Strahler, deren Strahlung genügend weit reicht, um außerhalb des Körpers nachgewiesen zu werden. Zum anderen erfordert eine zumutbare Untersuchungsdauer von einigen Minuten bis Stunden auch physikalische Lebensdauern dieser Größenordnung, um die Menge des inkorporierten Radionuklids und damit die Strahlenbelastung so gering wie möglich zu halten.

Das in der Szintigraphie am häufigsten eingesetzte Radionuklid ist das angeregte ^{99m}Tc, das unter γ-Emission in den Grundzustand ^{99}Tc übergeht. Die Halbwertszeit beträgt 6 h, die Energie der γ-Quanten 140 keV. ^{99}Tc zerfällt unter β^--Emission weiter in das stabile Isotop ^{99}Ru, die Halbwertszeit beträgt hier $2.1 \cdot 10^5$ a. Das angeregte Isotop ^{99m}Tc ist Folgeprodukt des β^--Zerfalls des ^{99}Mo ($t_{1/2}$=67 h), das im Reaktor durch Neutroneneinfang in ^{98}Mo erzeugt, bzw. aus den Spaltprodukten abgetrennt wird. Das im Reaktor gewonnene ^{99}Mo wird in den sogenannten Mo-Tc-Generator gegeben, ein kompaktes, mit Blei abgeschirmtes Gefäß, in dem es in das angeregte

^{99m}Tc zerfällt. Dieses wird durch Zugabe eines Elutionsmittels (z.B. Kochsalzlösung) aus dem Generator herausgespült und kann bei Bedarf entnommen werden. Das ^{99m}Tc wird nun in unterschiedlichen chemischen Verbindungen in den Körper injiziert. Wird es z.B. in Form von Pertechnetat, einer Oxidverbindung, in Kochsalzlösung verabreicht, reichert es sich vorrangig in der Schilddrüse an, da der Anionenradius des Technetiums dem des Jods entspricht. Liegt es hingegen in einer Phosphatverbindung (z.B. in MDP, Methyldiphosphonat) vor, wird es vorrangig im Skelett angereichert und dient der Diagnose entzündlicher oder tumoröser Knochenerkrankungen.

Der Nachweis der γ-Strahlung erfolgt ortsaufgelöst mit Hilfe eines γ-Detektors. Hierzu werden NaJ-Szintillatoren in Kombination mit Sekundärelektronenvervielfachern verwendet (vgl. Abschn. 5.2). Während ursprünglich einzelne Kristalle verwendet wurden, die mit Schrittmotoren über den zu untersuchenden Bereich bewegt wurden, stehen heute großflächige Detektoren mit ortsauflösenden Kollimatoren, sog. Gamma-Kameras, zur Verfügung. Um die isotrop emittierten γ-Quanten einzugrenzen, besitzen die aus Blei bestehenden Kollimatoren eine Wabenstruktur, die bedingt, daß nur γ-Quanten aus einer Raumrichtung detektiert werden. Die Energieauflösung des Detektors wird genutzt, um die Energie der nachzuweisenden γ-Quanten zu selektieren und damit mögliche Untergrundstrahlung zu minimieren. Das Prinzip einer solchen Kamera ist in Bild 9.17a dargestellt, b zeigt ein Szintigramm einer gesunden Schilddrüse. Der Verlauf der Graustufen in der Abbildung oder bei Farbkodierung der Farbstufen entspricht der Isotopenverteilung im Organ.

Neben der statischen Szintigraphie kann die Aufnahme und Verteilung eines Radioisotops auch in zeitlicher Sequenz, d.h. dynamisch verfolgt werden. Damit läßt sich die Durchblutung in einem bestimmten Bereich eines Organs testen. Außer ^{99m}Tc werden für die Szintigraphie auch noch andere Radionuklide verwendet. So wird beispielsweise ^{123}J (E_γ=159 keV, $t_{1/2}$=13.2 h)

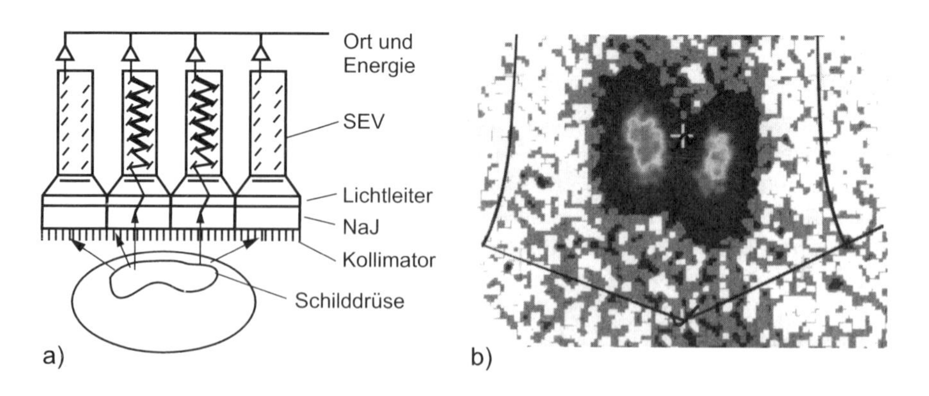

Bild 9.17. (**a**) Schematische Darstellung der Gamma-Kamera, (**b**) ^{99m}Tc-Szintigramm einer Schilddrüse (freigegeben durch Moser/Freiburg)

zur Untersuchung von Nieren und Nebennierenmark und ^{201}Tl (E_γ=72 keV, $t_{1/2}$=73 h) bei koronaren Herzerkrankungen verwendet. Mit der Entwicklung molekularbiologischer Syntheseverfahren steht mit der sog. Immunszintigraphie auch für die Krebsnachsorge ein empfindliches Werkzeug zur Verfügung, mit dem Metastasen, d.h. im Körper gestreute Krebsherde, lokalisiert werden. Sie produzieren während ihres Wachstums spezifische Substanzen, sog. tumor-assoziierte Antigene (Tumormarker). Diese können zwar im Blut nachgewiesen werden, dienen aber dabei nicht der Lokalisierung. Werden hingegen die zugehörenden radioaktiv markierten Antikörper eingebracht, bilden diese Antigen-Antikörper-Komplexe, die sich hauptsächlich an Metastasen anlagern, da dort die höchste Konzentration von Antigenen vorherrscht, was den szintigraphischen Nachweis erlaubt [BO89].

Die effektiven Äquivalenzdosen, die bei einem Szintigramm im Körper deponiert werden, liegen im Falle von ^{99m}Tc und ^{123}J zwischen 1 und 6 mSv, im Falle des ^{201}Tl bei etwa 17 mSv.

Wie bereits erwähnt, werden Radionuklide nicht nur zu diagnostischen, sondern auch zu therapeutischen Zwecken, vor allem in der Tumorbekämpfung, verwendet.

9.5.3 Tumortherapie

Bei der Bekämpfung von Karzinomen, d.h. bösartigen Tumoren, spielen neben operativen und chemotherapeutischen Methoden auch Bestrahlungsverfahren eine wichtige Rolle. Hierbei werden die in den Abschn. 5.1 und 9.5.1 ausgeführten Wechselwirkungsmechanismen der Strahlung mit den Atomen und Molekülen des Tumorgewebes ausgenutzt, denn sie führen zum Absterben der Tumorzellen und dämmen damit das ansonsten ungehinderte Wachstum ein.

Therapie mit Elektronen und γ-Strahlung. Die Mediziner unterscheiden hier zwischen Bestrahlungstherapie und nuklearmedizinischer Therapie, wobei letztere analog dem im letzten Abschnitt erörterten Sachverhalt auf der Inkorporation radioaktiver Isotope über Stoffwechselvorgänge basiert. Wichtigstes Beispiel hierfür ist die Radiojodtherapie der Schilddrüse. Hierbei wird ^{131}J oral verabreicht, das sich in der Schilddrüse anreichert. ^{131}J zerfällt unter Emission von β^-- und γ-Strahlung mit einer Halbwertszeit von 8.1 d. Die Elektronen, die mit einer Maximalenergie von 970 keV emittiert werden, bewirken aufgrund ihrer geringen Reichweite die eigentliche Therapie, während die γ-Quanten (E_γ=360 keV) außerhalb des Körpers mit einer Gamma-Kamera registriert werden, um die Anreicherung mit dem Radioisotop zu kontrollieren. Im Gegensatz zur Szintigraphie sind für eine erfolgreiche Therapie viel höhere Aktivitäten nötig. Während beispielsweise bei einer Schilddrüsenszintigraphie mit ^{99m}Tc eine Aktivität von ca. 50 MBq zugeführt wird, sind zu Therapiezwecken im Mittel etwa 3000 MBq notwendig, entsprechend höher sind dann die lokal deponierten Äquivalenzdosen. Dadurch ist es erforderlich, daß diese Patienten, entsprechend der Halbwertszeit des Isotops, einige Tage stationär in Quarantäne bleiben. Zum einen muß die Äquivalenzdosis im Abstand von 1 m um den Patienten unter 5.4 μSv abgeklungen sein, zum anderen müssen die Körperausscheidungen zwischengelagert werden und dürfen erst in das öffentliche Abwassersystem geleitet werden, wenn deren Aktivität unter 7 Bq pro Liter abgeklungen ist. Neben der Radiojodtherapie wird als weiteres Beispiel auch ^{89}Sr als β-Strahler (E_{max}=1.49 MeV, $t_{1/2}$=50.5 d) in Chloridverbindung eingesetzt, der sich in den Knochen einlagert. Diese Methode wird als Schmerztherapie bei Knochenmetastasen z.B. bei Prostatakarzinomen angewendet.

Da die nuklearmedizinische Therapie nur in ausgewählten Fällen anwendbar ist, werden in der Regel, abhängig von der Art des Tumors und den betroffenen Organen, unterschiedliche perkutane Bestrahlungsarten angewendet (*perkutan*, med. durch die Haut hindurch).

Die Standardmethode ist hierbei die Bestrahlung der betroffenen Körperregionen von außen mit Röntgen-Strahlung oder γ-Strahlung aus ^{60}Co-Quellen. ^{60}Co wird durch Neutronenbestrahlung von ^{59}Co im Reaktor hergestellt. Es zerfällt unter β^-- und γ-Emission in ^{60}Ni (vgl. Bild 7.28 in Abschn. 7.4.6). Die γ-Energien liegen bei 1.17 und 1.33 MeV, die Halbwertszeit beträgt 5.27 a. Hierbei wird anhand tomographischer Aufnahmen des Tumors durch Projektion auf die Körperoberfläche zunächst ein Bestrahlungsprofil erstellt. Die Bestrahlungen finden in der Regel im Abstand einiger Tage statt und dauern jeweils einige Minuten. Nachteil dieser Methode ist, daß durch die Wechselwirkung der γ-Strahlung auch immer gesundes Gewebe geschädigt wird, das den Tumor umgibt.

Neben Co-Quellen werden auch Elektronenbeschleuniger, hauptsächlich Linearbeschleuniger (vgl. Abschn. 5.4.5), zur Tumortherapie verwendet. Hierbei wird der Tumor entweder direkt mit Elektronen von etwa 20 MeV bestrahlt, ein Verfahren, daß sich für Tumore eignet, die nahe an der Hautoberfläche liegen, oder die Elektronen werden auf Goldtargets geschossen und die dabei entstehende Bremsstrahlung wird für die Therapie verwendet. Die bei diesen Verfahren applizierten Äquivalenzdosen liegen insgesamt bei 10–60 Sv und werden in Einzeldosen von 2–3 Sv verabreicht.

Eine spezielle Anwendung der Strahlentherapie ist das sog. Afterloading-Gerät, das Bestrahlungen kleiner Volumina unter Einsatz von Radioisotopen erlaubt. Hierzu werden radioaktive Quellen mit Applikatoren möglichst nahe an den Ort des Tumors und damit in den Körper gebracht. Ein Führungsröhrchen wird endoskopisch im Körper, z.B. in der Lunge, plaziert und anschließend ferngesteuert mit nadelförmigen ^{192}Ir-Quellen (β^--Strahler, E_{max}=0.67 MeV, $t_{1/2}$=73.8 d) beladen, nachdem das behandelnde Personal den Behandlungsraum verlassen hat. Daher rührt der Name Afterloading (engl. für nachladen), denn in den Anfängen der Strahlentherapie wurde diese Methode hauptsächlich mit Radiumnadeln bei ständiger Anwesenheit des Arztes durchgeführt. Der Vorteil ist, daß gezielte Bestrahlungen kleiner Volumina möglich sind unter Schonung des umliegenden Gewebes. Die Methode wird hauptsächlich bei Lungen-, Speiseröhren-, Genital- und Weichteiltumoren angewendet und erlaubt es auch, unter Verwendung spezieller Applikatoren größere Bereiche mit einzelnen Quellen zu „spicken".

Die bisher dargestellten Verfahren der Bestrahlung mit Elektronen und γ-Quanten haben, wie bereits erwähnt, den Nachteil, daß immer auch umliegendes, intaktes Gewebe geschädigt wird. Durch eine konformierte, d.h. stark gebündelte Bestrahlung mit hochenergetischen Photonen (γ-Bremsstrahlung) aus unterschiedlichen Richtungen kann auch für Photonen eine stark lokalisierte Energiedeposition erreicht werden [STE97]. Die konformierte Bestrahlung mit hochenergetischen Photonen erreicht oft die Ergebnisse der Bestrahlung mit Protonen und übertrifft sie in einigen Fällen, denn die Photonen zeigen im Gegensatz zu den Protonen geringe Seitenstreuung, wodurch die Schädigung des umliegenden Gewebes reduziert wird.

Therapie mit Protonen und schweren Ionen. Das Ziel, die schädigende Dosis möglichst lokal im Tumorgewebe zu deponieren, kann mit der Strahlentherapie mit schweren Ionen erreicht werden. Sie ist hinsichtlich der lokalen Deposition der Energie in allen Fällen am besten zur Therapie geeignet. In Abschn. 5.1 ist der Energieverlust schwerer geladener Teilchen bereits erörtert worden. In Bild 5.3 ist das Bragg-Maximum für Protonen und α-Teilchen gezeigt. Die durch die Bestrahlung deponierte Energie erreicht ein Maximum in einer Tiefe, die von der kinetischen Energie der Teilchen abhängt. Mit ei-

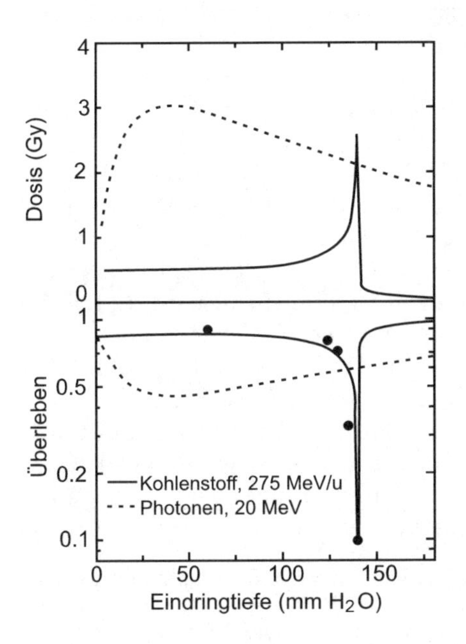

Bild 9.18. Vergleich von Energieverlust und biologischer Wirkung (Überleben einzelner Zellen) zwischen ^{12}C-Ionen (275 MeV/u) und γ-Strahlen (20 MeV)

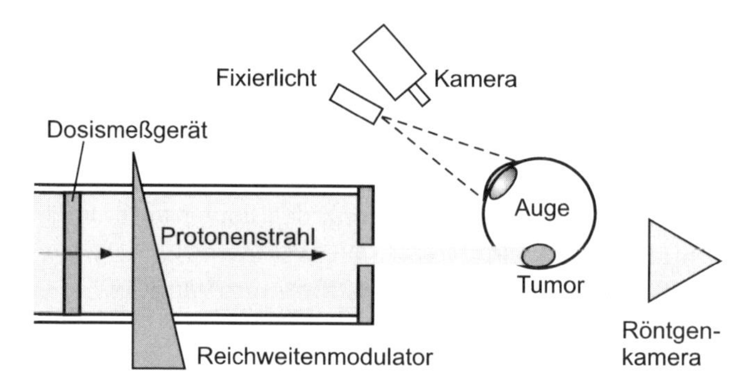

Bild 9.19. Schematische Darstellung des Protonen-Therapieplatzes am Hahn-Meitner-Institut in Berlin

nem Beschleuniger kann die Teilchenenergie so eingestellt werden, daß das Bragg-Maximum gerade in der Tiefe im Gewebe liegt, in der sich der Tumor befindet. Einen zusätzlichen Vorteil bieten schwere geladene Teilchen, weil vor allem bei schweren Ionen die *relative biologische Wirksamkeit* (RBE, engl. relative biological efficiency) im Bragg-Maximum, d.h. zum Ende der Reichweite deutlich höher liegt als am Anfang der Ionenspur. Sie hängt physikalisch von der Energie der Ionen und der Ordnungszahl der Targetatome ab, wie in Abschn. 5.1 diskutiert, und biologisch vom Zell- oder Gewebetyp. Um dies zu verdeutlichen, ist in Bild 9.18 der Energieverlust und die *biologische Wirkung*[3], d.h. die Überlebensrate einzelner Zellen, für ^{12}C-Ionen im Vergleich mit 20 MeV Photonen als Funktion der Eindringtiefe gezeigt. Es zeigt sich, daß die Überlebensrate einzelner Zellen am Anfang der Ionenspur etwa bei 90 % liegt, während im Bragg-Maximum nur noch etwa 10 % der Zellen überleben. Im Gegensatz dazu zeigt die Wirkung der Photonen deutlich die Zellschädigung des gesamten von den Photonen durchdrungenen Gewebes.

Erstmals wurde die Protonen-Therapie 1954 angewendet, doch erst in den letzten 10 Jahren wurden vor allem in den USA spezielle Therapiezentren errichtet. Voraussetzung für die Anwendbarkeit ist zum einen eine gute Lokalisierbarkeit des Tumors, zum anderen muß das zu bestrahlende Volumen sehr genau positioniert werden (ca. 0.1 bis 0.5 mm). In Deutschland wird das Zyklotron des Hahn-Meitner-Instituts (HMI) seit 1997 für die Behandlung von Augentumoren eingesetzt [HO92, HO96A]. Dort können Protonen auf Energien von bis zu 70 MeV beschleunigt werden. Da für ein das gesamte Tumorvolumen erfassendes Strahlprofil die Bestrahlung mit monoenergetischen Protonen nicht hinreichend ist, muß die Energie der Projektile variiert werden.

[3] Der Unterschied zwischen relativer biologischer Wirksamkeit und biologischer Wirkung kann wie folgt veranschaulicht werden [KR00]: Denken Sie an Alkohol. Die Wirksamkeit von Schnaps ist höher als die von Bier. Die Wirkung hängt aber davon ab, wieviel Sie jeweils trinken. Viel Bier erzeugt eine größere Wirkung als wenig Schnaps.

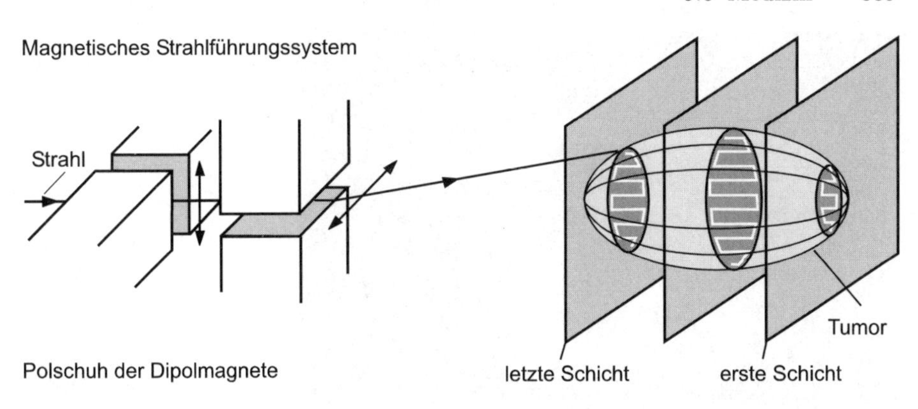

Bild 9.20. Prinzip der Bestrahlung des Tumorvolumens mit schweren Ionen bei der GSI, Darmstadt

Dies wird am Therapieplatz des HMI mit einem Plexiglasmodulator mit Segmenten unterschiedlicher Dicke erreicht, der durch den Strahl gedreht wird. Hierbei erfahren die Protonen in den einzelnen Segmenten einen Energieverlust, das Bragg-Maximum wird in der Tiefe verschoben. Im zeitlichen Mittel ist es dadurch möglich, den gesamten Tiefenbereich, den der Tumor erfaßt, homogen zu bestrahlen. Eine schematische Abbildung des Therapieplatzes ist in Bild 9.19 dargestellt. Eine weitere Protonen-Bestrahlungseinrichtung innerhalb Europas befindet sich am Paul-Scherrer-Institut in der Schweiz. Dort werden tiefliegende Tumore mit hochenergetischen Protonen bestrahlt.

Bei der GSI in Darmstadt wird die Tumorbehandlung mit einem weitergehenden Konzept verfolgt. Seit Ende 1997 werden in interdisziplinärer Zusammenarbeit[4] regelmäßig Patienten mit Gehirntumoren mit hochenergetischen Schwerionen bestrahlt [KR98, KR99, EN96]. Hierzu wurden im Vorfeld Studien durchgeführt, in deren Rahmen die Energieverlustmechanismen und damit die biologische Strahlenwirkung der Ionen auf die DNA quantitativ untersucht wurden. Den wesentlichen Beitrag hierzu (etwa 80 % der Primärenergie) leisten die sog. δ-Elektronen, die durch die interatomaren Wechselwirkungen entlang der Ionenspur emittiert werden und die ihrerseits ihre Energie im Volumen von einigen µm Durchmesser um die Spur deponieren, abhängig von der Energie des Projektils.

Die schweren Ionen müssen bei diesem Verfahren auf sehr hohe Energien beschleunigt werden, um entsprechend ihrer Reichweite in organischem Gewebe auch tiefliegende Tumore erreichen zu können. Hierzu werden ^{12}C-Ionen auf Energien von 50–450 MeV/u beschleunigt. Im Unterschied zur Protonen-Therapie am HMI erfolgt hier die Energieverlustmodulation durch aktive Energievariation im Beschleuniger. Damit kann der Tumor in einzelnen Schichten entlang der Ionenstrahlrichtung durchstrahlt werden, wobei der

[4] Deutsches Krebsforschungszentrum und Radiologische Klinik der Universität in Heidelberg, Forschungszentrum Rossendorf bei Dresden.

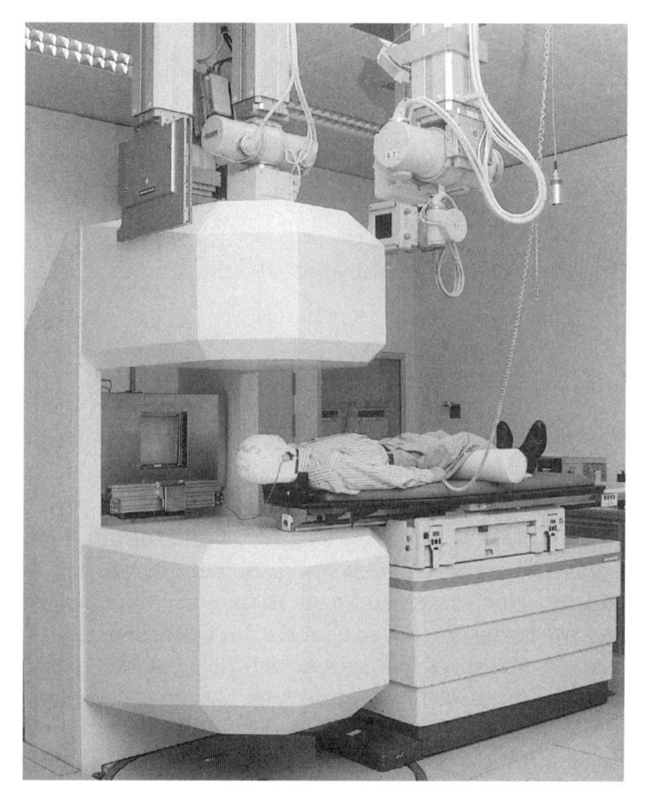

Bild 9.21. Bestrahlungseinrichtung zur Therapie von Gehirntumoren bei der GSI (Foto: A. Zschau, GSI)

Strahl lateral mit zwei Dipolmagneten über die jeweilige Schichtebene gerastert wird. Bild 9.20 veranschaulicht das Verfahren. In Bild 9.21 ist der Bestrahlungsplatz bei der GSI gezeigt. Für die möglichst genaue Positionierung des Kopfes wird für jeden Patienten individuell eine Maske zur Fixierung angefertigt. Die Tumorbestrahlung erfolgt in mehreren Teildosen von 2–3 Gye[5], ähnlich wie bei der Protonen-Therapie. Die lokal deponierte Äquivalenzdosis beträgt bei 20 Fraktionen etwa 60 Gye. Zur Kontrolle der Tiefenverteilung der deponierten Ionen wird online die Positronen-Emissionstomographie eingesetzt, die im nächsten Abschnitt beschrieben wird.

Mit dem Verfahren können gegenwärtig pro Jahr etwa 30 Patienten behandelt werden. Zur Zeit werden dezidierte kompakte Beschleuniger für schwere Ionen entwickelt, die z.B. innerhalb der Kliniken in Heidelberg speziell für die Tumortherapie eingesetzt werden sollen.

[5] 1 Gye = 1 Gray-Äquivalent = Energiedosis · RBE.

9.5.4 Positronen-Emissionstomographie

Die Positronen-Emissiontomographie (PET) basiert darauf, daß ein Positron, das mit seinem Antiteilchen, dem Elektron wechselwirkt, kurzzeitig einen gebundenen Zustand eingeht (Positronium), der unter Emission von γ-Quanten zerstrahlt. Im Orthopositronium sind die Spins der Teilchen im gebundenen Zustand antiparallel ausgerichtet, seine mittlere Lebensdauer beträgt 8 ns und er zerstrahlt unter Emission von zwei γ-Quanten, jedes mit der Energie von 511 keV, die jeweils der Ruhemasse der beiden Teilchen entspricht. Aufgrund der Impulserhaltung werden beide γ-Quanten unter einem Winkel von 180° emittiert [BET90].

Bei Inkorporation eines β^+-emittierenden Radionuklids können die beiden γ-Quanten im Winkel von 180° koinzident nachgewiesen werden. Um eine dreidimensionale Abbildung des markierten Volumens zu erhalten, werden bis zu 12 000 BGO-Detektoren als zylindrisches, ortsauflösendes Detektorsystem angeordnet. BGO-Detektoren ($Bi_4Ge_3O_{12}$, vgl. Abschn. 5.3) werden verwendet, um hohe Empfindlichkeit für hochenergetische γ-Quanten zu erzielen, bedingt durch das darin enthaltene Element Bi. Durch die Anordnung werden die beiden γ-Quanten in zwei gegenüberliegenden Detektoren koinzident nachgewiesen, d.h. der Ort der Annihilation liegt auf der Verbindungslinie zwischen den beiden Detektoren. Das Koinzidenzzeitfenster, innerhalb dem die beiden γ-Quanten nachgewiesen werden, entspricht der mittleren Lebensdauer des Positroniums.

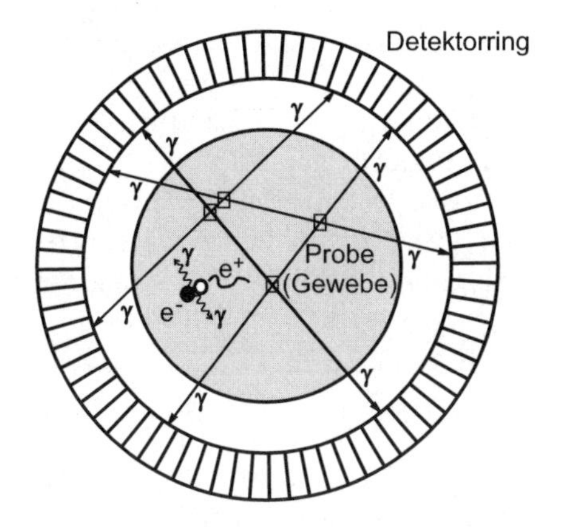

Bild 9.22. Schematische Darstellung der Positronen-Emissionstomographie, die einen Schnitt durch einen BGO-Detektorring zeigt

Zur Veranschaulichung ist in Bild 9.22 ein Schnitt durch eine Zylinderebene gezeigt. Eine exakte dreidimensionale Abbildung des Volumens setzt die Kenntnis des genauen Orts der Annihilation voraus. Da die Zeitauflösung des Koinzidenzverfahrens nicht ausreicht, kann der genaue Ort aus der Laufzeitdifferenz nicht bestimmt werden.

Dennoch kann die dreidimensionale Abbildung aus einer großen Zahl nachgewiesener Koinzidenzen innerhalb eines Detektorrings sowie zwischen verschiedenen Detektorringen rekonstruiert werden, wobei der Untergrund, z.B. zufälliger Koinzidenzen, subtrahiert wird. Die laterale Auflösung der Methode liegt bei etwa 4–5 mm für Ganzkörperaufnahmen [MOR95].

Als Positronenemitter werden möglichst kurzlebige Isotope eingesetzt, um die Strahlenbelastung der Patienten möglichst gering zu halten. Die wichtigsten Isotope sind hierbei ^{11}C, ^{15}O und ^{18}F, die z.B. in den Kernreaktionen ^{12}C(^{3}He,α)^{11}C, ^{14}N(d,n)^{15}O oder ^{16}O(^{3}He,p)^{18}F am Zyklotron erzeugt werden. Die Halbwertszeiten betragen 20.38 min. für ^{11}C, 2.04 min. für ^{15}O und 109.7 min. für ^{18}F (vgl. auch Abschn. 9.4). PET gewinnt in jüngster Zeit immer mehr Bedeutung für die Krebserkennung, wobei die Markierung mit ^{18}F am weitesten verbreitet ist. So werden Fluoridverbindungen verwendet, mit denen sehr empfindlich und mit hoher Auflösung Knochenmetastasen aufgespürt werden können, Fluorotyrosin dient der Bestimmung des Malignitätsgrades verschiedener Tumore im Kopf- und Thoraxbereich. Breite Anwendung hat auch die Applikation ^{18}F-markierter Glukose, die neben der Tumordiagnostik vor allem bei koronaren Herzerkrankungen, bei Erkrankungen des Zentralnervensystems sowie zur Identifikation epileptischer Herde im Gehirn eingesetzt wird. Analog den szintigraphischen Verfahren können durch sequentielle PET-Aufnahmen auch physiologische Prozesse untersucht werden.

PET wird, wie bereits erwähnt, zur Kontrolle der Tiefenverteilung der schweren Ionen für die Tumorbestrahlung bei der GSI eingesetzt. Durch nukleare Wechselwirkungen der ^{12}C-Ionen wird das Targetmaterial entlang der Ionenspur aktiviert, es entstehen u.a. die Targetfragmente ^{11}C und ^{10}C, die beide Positronenemitter sind. Die Tiefenverteilung der β^+-Aktivität der im Gewebe gestoppten Fragmente zeigt ein Maximum in der Nähe des Bragg-Maximums, also der maximal deponierten Dosis. Entsprechend kann durch Nachweis der räumlichen Verteilung der Aktivität über die koinzidente, ortsaufgelöste Messung der Vernichtungsstrahlung die räumliche Verteilung der deponierten Dosis bestimmt werden.

9.5.5 Kernspin-Tomographie (MRT)

Wir haben in Abschn. 3.3.3 bereits das Prinzip der Kernresonanzmethode kennengelernt, bei der der Spin des Protons in einem statischen Magnetfeld ausgerichtet wird, dessen Richtung die z-Achse festlegt, wobei die magnetischen Quantenzahlen die Werte $m_I = \pm 1/2$ annehmen können. Durch ein hochfrequentes magnetisches Wechselfeld, dessen zeitlicher Verlauf durch die Lamor-Frequenz gegeben ist und das senkrecht zur z-Richtung orientiert ist, kann die Spinorientierung wechseln.

In Abschn. 9.4.2 wurde erörtert, wie mit der Kernspinresonanz-Spektroskopie der chemische Bindungszustand des Wasserstoffs aufgrund der Verschiebung der Resonanzfrequenz charakterisiert werden kann. In diesem Abschnitt soll die Kernspin-Tomographie (MRT, Magnetische Resonanz Tomographie) vorgestellt werden, mit der der Wasserstoff in seinen Verbindungen im Gewebe lokalisiert werden kann. Im Gegensatz zur Kernspinresonanz-Spektroskopie wird bei der Tomographie nicht der chemische Bindungszustand des Wasserstoffs bestimmt, sondern als Meßgrößen dienen die Protonendichte ρ_{p} sowie der zeitliche Verlauf eines Spin-Echo-Signals. Sie hängen stark von der Art des Gewebes ab. Der dadurch erzielte Gewebekontrast erlaubt die Anwendung der Methode in verschiedenen Bereichen der medizinischen Diagnostik. Im folgenden werden zunächst die Meßgrößen des Verfahrens erläutert.

Für ein Ensemble von Protonenspins in einer Probe, d.h. im Grenzfall großer Quantenzahlen, kann entsprechend dem Bohrschen Korrespondenzprinzip die klassische Beschreibung der Spinresonanz angewendet werden. Das bedeutet, daß statt des magnetischen Moments $\boldsymbol{\mu}_{\mathbf{p}}$ des einzelnen Protons, die makroskopische Magnetisierung $\boldsymbol{M}$ als Summe der einzelnen Momente pro Volumeneinheit betrachtet werden kann, d.h. $\boldsymbol{M} = \rho_{\mathrm{p}}\boldsymbol{\mu}_{\mathbf{p}}$. Durch Anlegen des externen Magnetfelds $\boldsymbol{B}$ entspricht die Besetzung der M-Unterzustände im thermischen Gleichgewicht einer Boltzmann-Verteilung. Wegen der ungleich verteilten Besetzung der zugehörigen Energiezustände folgt daraus eine Polarisierung von $\boldsymbol{M}$ parallel zur z-Richtung. Wir erhalten also analog zu Kasten 3.3 im Falle eines statischen Magnetfeldes $\boldsymbol{B}$

$$\frac{\mathrm{d}\boldsymbol{M}}{\mathrm{d}t} = g_I(\boldsymbol{M} \times \boldsymbol{B}) = g_I \rho_{\mathrm{p}}(\boldsymbol{\mu}_{\mathbf{p}} \times \boldsymbol{B}) \ . \tag{9.21}$$

Speist man einen Hochfrequenzpuls ein, wird $\boldsymbol{M}$ um einen Winkel α gekippt und präzediert um die z-Achse, wobei α, abhängig von der Amplitude des Hochfrequenzfeldes, mit zunehmender Dauer des eingespeisten Signals größer wird. Bei Verkippung um 90° wird der anregende Puls als 90°-Puls bezeichnet, entsprechendes gilt z.B. für eine Verkippung um 180°. Nach Abschalten des anregenden Pulses relaxiert das Spinsystem, d.h. die Magnetisierung kehrt wieder in den Gleichgewichtszustand des Ausgangs zurück, wobei das dadurch induzierte Signal als *Echo* des Spin-Systems gemessen werden kann. Der zeitliche Verlauf der Spinrelaxation hat eine abklingende Form, wie in Bild 9.23a gezeigt ist.

Die Zeitkonstante des Abklingens wird durch die sog. *Längsrelaxations-* oder *Spin-Gitter-Relaxationszeit* T_1 sowie durch die *Querrelaxations-* oder *Spin-Spin-Relaxationszeit* T_2 bestimmt [SCH97]. Regt man z.B. mit einem 90°-Puls an, so kehrt die z-Komponente der Magnetisierung von $M_z = 0$ mit der Zeitkonstante T_1 zurück bis zum Gleichgewichtswert M_0. Die Zeit T_1 wird deshalb als Längsrelaxationszeit bezeichnet. Die Energie, die bei Umordnung der M-Zustände frei wird, überträgt sich in dieser Zeit an das „Gitter“. Obwohl der verwendete Begriff Spin-Gitter-Relaxation festkörperphysikalischen Ursprungs ist, kann seine physikalische Bedeutung auch auf andere Strukturen übertragen werden, deren atomarer Aufbau keiner Fernordnung unterliegt, wie hier z.B. biologisches Gewebe.

Tabelle 9.7. Relaxationszeiten in biologischem Gewebe (B=1 T)

Gewebe	T_1 in ms	T_2 in ms
Muskel	730	47
Herz	750	57
Leber	420	43
Niere	590	58
Fett	240	84

Die Spin-Spin-Relaxationszeit T_2 hingegen beschreibt, wie lange die beitragenden x- und y-Komponenten der Magnetisierung M in Phase bleiben, da die Kernspins benachbarter Atome Störfelder erzeugen. Dadurch ergeben sich richtungsabhängig kleine Variationen in der Präzessionsfrequenz, die beiden Komponenten M_x und M_x geraten außer Phase. Deshalb wird T_2 auch als Phasenrelaxationszeit bezeichnet.

Die Relaxationszeiten T_1 und T_2 hängen stark von der Beweglichkeit der Moleküle ab, in denen die betrachteten Kerne enthalten sind, denn Stöße der Moleküle untereinander bewirken ständig sich ändernde magnetische Störfelder. Wird dieses Verhalten im zeitlichen Mittel betrachtet, bedeutet dies, daß T_1 und T_2 von der Zähigkeit des biologischen Gewebes abhängen. In Tabelle 9.7 sind Beispiele für T_1 und T_2 für unterschiedliche Gewebearten angegeben [MO95]. Zu beachten ist, daß sich T_1 und T_2 um eine Größenordnung unterscheiden.

Zur Veranschaulichung ist in Bild 9.23a zunächst der freie Induktionszerfall (FID, engl. free induction decay) $s(t)$ für einen 90°-Puls dargestellt, dessen Abklingzeit im Idealfall eines vollkommen homogenen statischen Magnetfeldes durch die Querrelaxationszeit T_2 bestimmt ist, da nach Tabelle 9.7 $T_2 << T_1$. Bild 9.23b zeigt die zugehörige Fourier-Transformierte $S(\omega)$ deren Maximum durch die Lamor-Frequenz ω_L und deren Linienbreite γ durch die

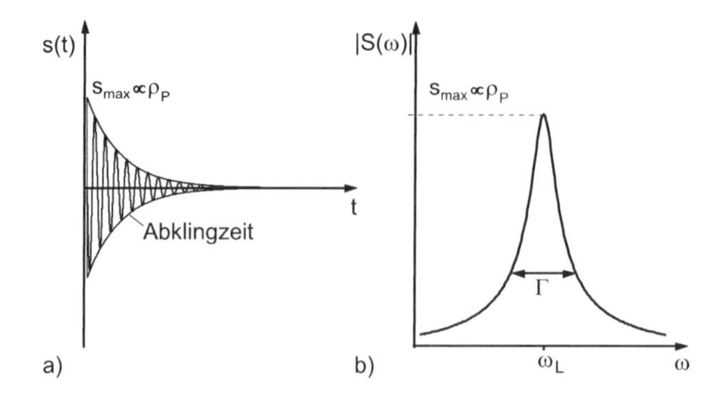

Bild 9.23. Darstellung des freien Induktionszerfalls nach Anregung durch einen 90°-Puls. In (**a**) ist der zeitliche Verlauf dargestellt, in (**b**) der Verlauf im Frequenzbereich, der sich durch Fourier-Transformation ergibt

Abklingzeit bestimmt ist. Da $s(t)$ bzw. $S(\omega)$ proportional ρ_p sind, enthält das Integral über $S(\omega)$ die Protonendichte und die Abklingzeit und hängt deshalb von der Gewebeart ab.

Grundsätzlich wird in der Kernspin-Tomographie das Hochfrequenzfeld in Form sequenzieller Pulse eingespeist, die, abhängig von ihrer Zeitstruktur, eine unterschiedliche Wichtung der Protonendichte bzw. der beiden Relaxationszeiten, T_1 oder T_2 erlauben. Wie Tabelle 9.7 zu entnehmen ist, ist die Empfindlichkeit für die Unterscheidung zweier Gewebearten, d.h. der Gewebekontrast unterschiedlich für die jeweilige T_1- bzw. T_2-Wichtung.

Die Ortsauflösung der Methode wird erreicht, indem ergänzend zu dem Grundaufbau, der bereits in Bild 3.7 skizziert ist, sogenannte Gradientenspulen eingesetzt werden. Durch sie werden im Probenvolumen ortsabhängige magnetische Felder erzeugt, die sich dem ursprünglich homogenen Magnetfeld B überlagern. Dadurch wird auch die Resonanzfrequenz ortsabhängig, die nach Kasten 3.3 dem Magnetfeld B proportional ist. Auf diese Weise können Schichten durch das Gewebe selektiert werden, in die die anregende Pulsequenz eingespeist wird. Durch Variation der Resonanzfrequenz wird dabei die Schichtposition entlang des Gradientenfeldes verschoben.

Diese Zusammenhänge sollen anhand Bild 9.24 verdeutlicht werden. Hier ist die Dynamik der Spin-Relaxation mit Hilfe einer einfachen Meßsequenz, der Spin-Echo-Sequenz, anschaulich dargestellt. Zunächst wird die im stati-

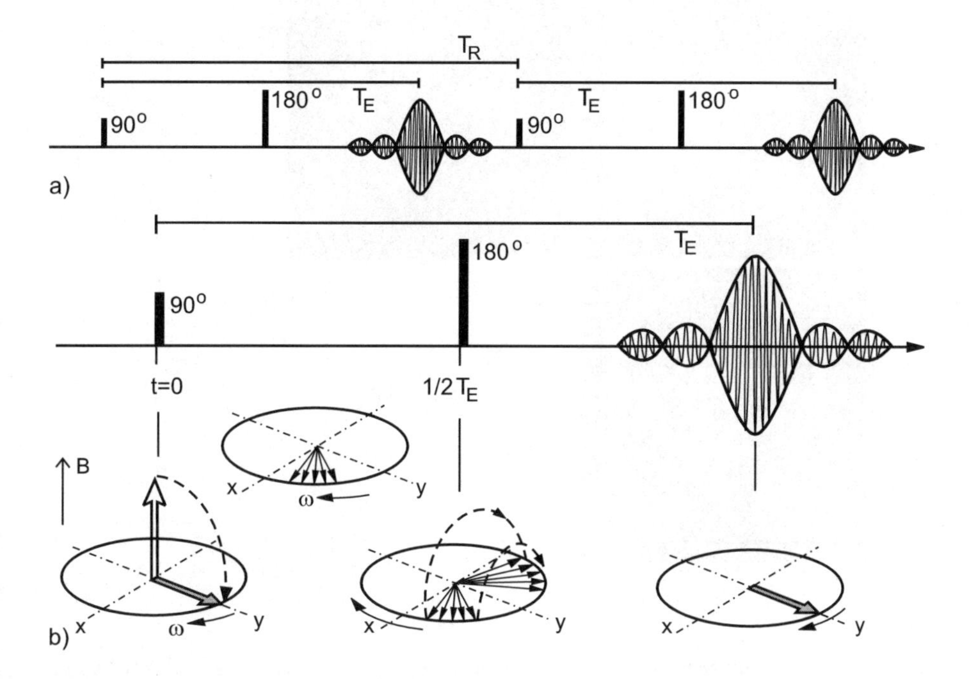

Bild 9.24. (**a**) Darstellung der Spin-Echo-Sequenz. In (**b**) wird die Dynamik der Spinrelaxation veranschaulicht

schen Magnetfeld (homogenes Feld und überlagerter Feldgradient) ausgerichtete Längsmagnetisierung durch einen 90^0-Impuls in die Querebene gekippt. Die Quermagnetisierung gerät mit der charakteristischen Zeit $T_2^* < T_2$ außer Phase, bedingt durch die lokalen Feldinhomogenitäten. Durch Einspeisung eines 180°-Pulses wird dieser Anteil der Querkomponenten wieder in Phase gebracht. Das Spin-Echo wird nach Ablauf der Echozeit T_E gemessen, seine intergrale Intensität ist durch die Protonendichte und durch T_2 des jeweiligen Gewebes bestimmt. Der Zeitverlauf des Spin-Echos entspricht einer Schwebung, die durch die Überlagerung der Beiträge mit unterschiedlichen Resonanzfrequenzen bedingt ist. Diese Beiträge rühren von der Ortsabhängigkeit des statischen Magnetfeldes aufgrund der angelegten Gradientenfelder her. Eine Fourier-Transformation des Spin-Echos erlaubt die räumliche Zuordnung der Meßgrößen T_2 und ρ_p.

Wird die Pulssequenz nach Ablauf der Repetitionszeit T_R wiederholt (siehe Bild 9.24a), hängt der jeweilige Startwert der Längsmagnetisierung von der innerhalb T_R erfolgten Längsrelaxation und damit von T_1 ab. Durch geeignete Wahl von T_R und T_E kann die integrale Signalintensität des Spin-Echos gezielt beeinflußt werden, wie in Bild 9.25 gezeigt ist. Abhängig von der me-

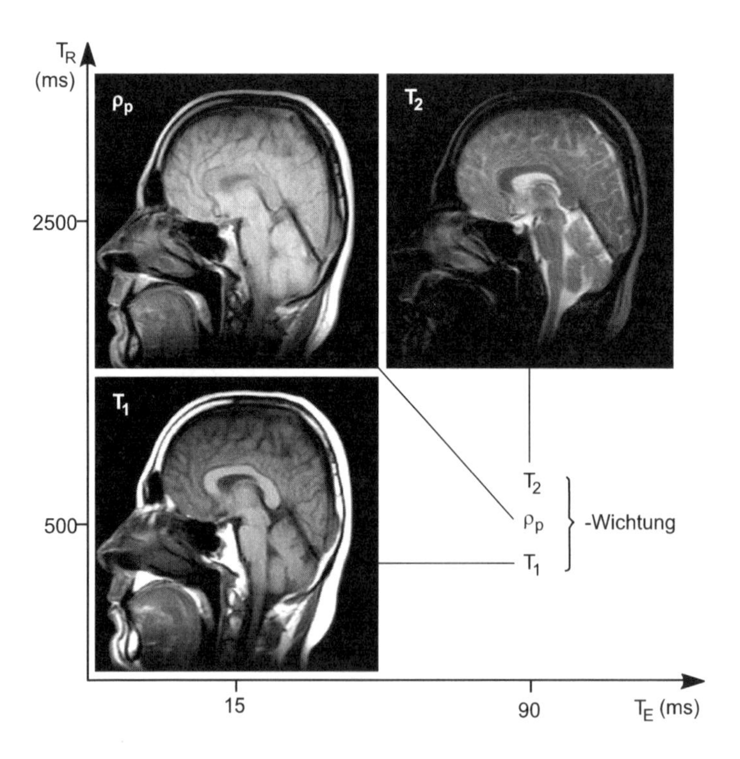

Bild 9.25. Einfluß der Echozeit T_E und der Repetitionszeit T_R auf die Wichtung der Protonendichte bzw. der Relaxationszeiten T_1 und T_2 und daraus resultierender Gewebekontrast

dizinischen Fragestellung kann dadurch die Wichtung der Protonendichte ρ_P, der Längsrelaxationszeit T_1 oder der Querrelaxationszeit T_2 erreicht werden, um den Kontrast zwischen unterschiedlichen Gewebetypen zu verstärken. Das wird verdeutlicht mit den unterschiedlich gewichteten Schnittaufnahmen durch einen menschlichen Kopf.

Generell eignen sich Aufnahmen mit T_1-Wichtung besser zur Darstellung anatomischer Strukturen, während eine T_2-Wichtung auf pathologische Veränderungen, z.B. Tumorbildung sensitiv ist. Aufbauend auf der hier beschriebenen einfachen Spin-Echo-Technik wurden eine Reihe verschiedener Sequenztypen entwickelt, um schneller bzw. mit höherer räumlicher Auflösung messen zu können. Eine zusätzliche Kontrastverstärkung kann durch Injektion von paramagnetischen Kontrastmitteln wie z.B. Gadoliniumverbindungen erreicht werden, denn die zusätzlich eingebrachten magnetischen Momente erzeugen lokal fluktuierende Magnetfelder, die die Relaxationszeiten beeinflussen.

In Bild 9.26 ist der gesamte Aufbau eines Kernspin-Tomographen schematisch gezeigt. Er erlaubt, je nach medizinischer Fragestellung, sowohl Ganzkörperaufnahmen als auch Teilaufnahmen bestimmter Organe, wozu in diesem Fall spezielle Empfangsantennen (Lokalspulen) verwendet werden, die möglichst nahe am Körper angebracht werden.

Während die in Abschn. 9.4.2 beschriebene Methode der Kernresonanz-Spektroskopie auf der Verschiebung der Resonanzfrequenz durch unterschiedliche chemische Bindungen basiert, ist die chemische Verschiebung

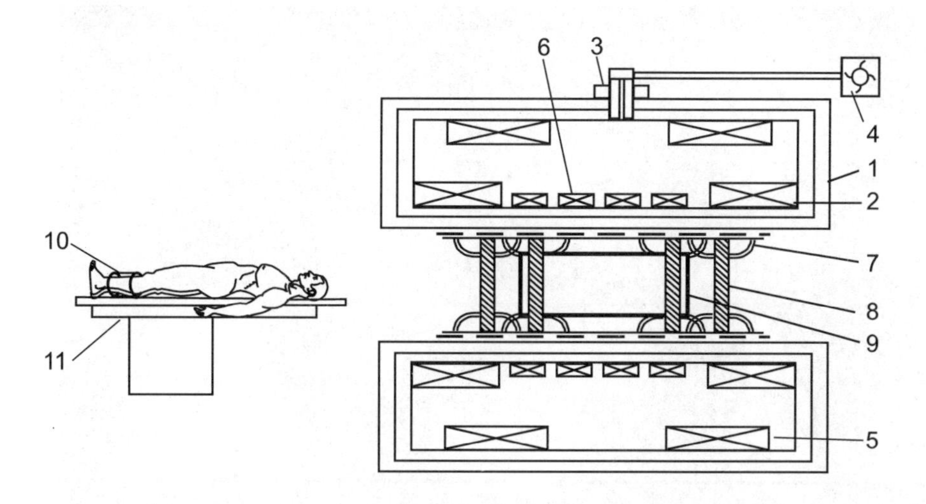

Bild 9.26. Schematischer Aufbau eines Kernspintomographen. Dargestellt sind: (1) Vakuumbehälter, (2) Kälteschild, (3) Kaltkopf, (4) Kompressor, (5) supraleitende Schirmspulen, (6) supraleitende Feldspule, (7) Eisenshims zum Ausgleich von Grundfeldinhomogenitäten, (8) Gradientenspulen, (9) Hochfrequenz-Spule, (10) Lokalspule und (11) Patientenliege

für die Bildgebung der Kernspin-Tomographie störend, da die Resonanzfrequenz aufgrund der angelegten Feldgradienten der Ortsinformation im untersuchten Volumen dient. Im menschlichen Körper liegt der Hauptanteil der Wasserstoffatome entweder in Form von Wasser oder in aliphatischer Bindung (-CH_2-, Fette) vor. Finden sich beide Bestandteile in einer Gewebeschicht, so ist die Abbildung des Fettgewebes gegenüber der der wasserhaltigen Anteile ortsverschoben. Untersucht man also Gewebeanteile mit signifikantem Fettgehalt, ist dieser Effekt durch geeignete Wahl von Gradientenfeldern zu kompensieren.

Aus den beschriebenen Zusammenhängen wird deutlich, daß MRT sehr gut zur Diagnose von Erkrankungen der Weichteile geeignet ist. Die Methode wird hauptsächlich im Kopf- und Wirbelsäulenbereich eingesetzt, aber auch für Herz- und Gefäßdarstellungen sowie bei Erkrankungen der Gelenke. Als Beispiel sind in Bild 9.27 Schnittaufnahmen durch eine rechte Hand gezeigt. Möglich sind auch Volumenmessungen, aus denen beliebige Schichten oder auch dreidimensionale Darstellungen rechnerisch rekonstruiert werden können.

Während bis vor einigen Jahren wegen der aufwendigen Kryotechnik der benötigten supraleitenden Magnete nur wenige Kernspin-Tomographen hauptsächlich in großen Kliniken eingesetzt wurden, gibt es gegenwärtig in Deutschland fast flächendeckend ambulante Diagnostikzentren, in denen diese Methode angewendet wird. Derzeit gibt es supraleitende Ganzkörpermagne-

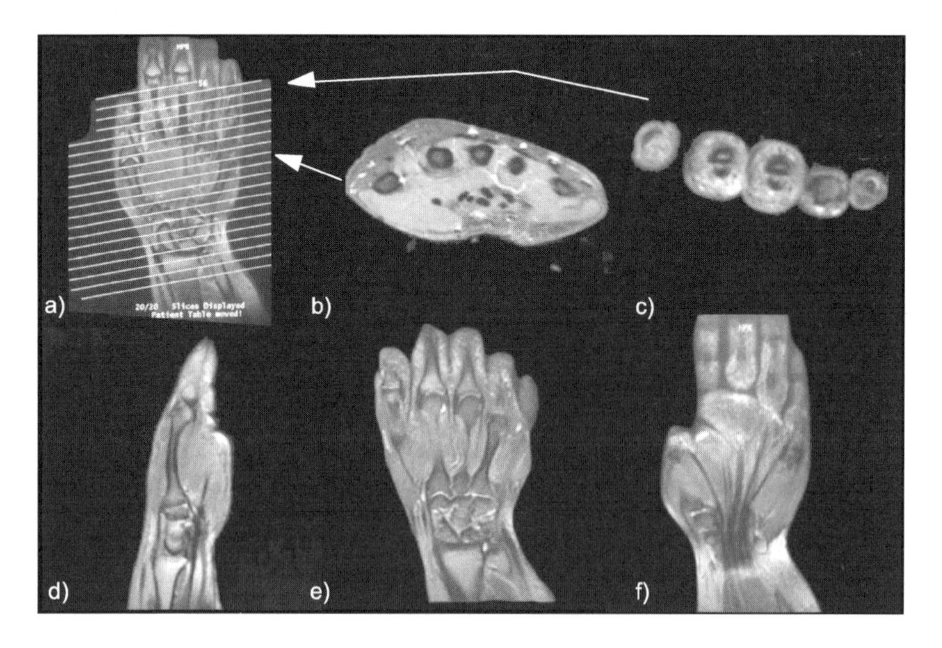

Bild 9.27. MRT-Schnittaufnahmen einer rechten Hand

te mit denen eine magnetische Induktion von etwa 0.5 bis 4 T erreicht wird, üblich sind Systeme für 0.2 T (Resistiv- oder Permanentmagnete) bis 1.5 T. Zunehmendes Interesse besteht an Magneten, mit denen $B = 3$ T erreicht werden.

9.6 Übungen

9.1 Komplettieren Sie die Reaktionsgleichungen und berechnen Sie welche Energie (Q-Werte) in folgenden Prozessen freigesetzt wird: (a) $^{235}\mathrm{U} + \mathrm{n} \longrightarrow {}^{90}\mathrm{Kr} + {}^{144}\mathrm{Ba} + ?$ (b) $^{239}\mathrm{Pu} + \gamma \longrightarrow {}^{92}\mathrm{Sr} + ? + 3\mathrm{n}$ (c) $^{252}\mathrm{Cf} \longrightarrow {}^{106}\mathrm{Nb} + ? + 4\mathrm{n}$.

9.2 Der Wirkungsquerschnitt für die d-d-Reaktion ^{2}H(d,p)^{3}H mit s-Wellen Deuteronen ($\ell = 0$) bei $E_\mathrm{d} = 100$ keV beträgt $\sigma_\mathrm{dd} = 28$ mb ($Q = +4.0329$ MeV). Berechnen Sie den Wirkungsquerschnitt für die Umkehrreaktion ^{3}H(p,d)^{2}H mit s-Wellen-Protonen, die den gleichen Zwischenzustand anregen.

9.3 Berechnen Sie für die thermonukleare Reaktion $\mathrm{d}+\mathrm{d} \longrightarrow {}^3\mathrm{He}+\mathrm{n}$ (a) die gesamte kinetische Energie des Neutrons und des ^{3}He-Kerns, wenn die Reaktion zwischen ruhendem Deuterium stattfindet, (b) der Impuls beider Reaktionsprodukte, (c) die Energie der Coulomb-Abstoßung beider Deuteriumkerne, wenn sie bis auf 10^{-13} m zusammenkommen müssen, (d) die Temperatur, die erforderlich ist, um die Coulomb-Barriere zu überwinden.

9.4 In biologischem Material ist die spezifische Aktivität des ^{14}C $A = 15$ Zerfälle/min pro Gramm Kohlenstoff. Berechnen Sie mit der Halbwertszeit von $t_{1/2} = 5730$ a des ^{14}C dessen Anteil in dieser Probe.

9.5 Mit der Radio-Kohlenstoffmethode soll das Alter eines Holzbalkens bestimmt werden. Der Zerfall des ^{14}C liefert 2.1 Zerfälle pro Minute. Eine rezente Probe liefert 5.3 Zerfälle pro Minute. Wie alt ist der Balken?

9.6 Die Aktivität des Kohlenstoffs (^{14}C) in organischen Substanzen beträgt 0.007 µCi pro Kilogramm. Verkohlte Reste einer Feuerstelle eines alten Lagerplatzes haben eine Aktivität von 0.0048 µCi pro Kilogramm. Berechnen Sie mit der Halbwertszeit ($t_{1/2} = 5730$ a) des ^{14}C , wann der Lagerplatz zuletzt benutzt wurde.

9.7 Eine Gesteinsprobe wurde chemisch aufbereitet und die Bestandteile in einem Massenspektrometer nachgewiesen. Dabei wurden pro Gramm Gestein $6.4 \cdot 10^{-8}$ cm^3 Argon und $280 \cdot 10^{-9}$ g Kalium gefunden. Welche Zeit ist vergangen, seit diese Menge ^{40}Ar aus ^{40}K gebildet wurde ($t_{1/2} = 1.28 \cdot 10^9$ a)? Beachten Sie, daß das ^{40}K mit einer Isotopenhäufigkeit von 0.0118% vorliegt und sowohl durch β^--Zerfall als auch durch K-Einfang zerfallen kann. Die totale Zerfallskonstante beträgt $\lambda = \lambda_\beta +$

$\lambda_{\mathrm{E_K}} = 5.32 \cdot 10^{-10}\ \mathrm{a}^{-1}$ und das Verhältnis $\lambda_{\mathrm{E_K}}/\lambda_\beta = 0.123$. Welche Fehlerquellen können auftreten?

9.8 In 100 g eines uranhaltigen Minerals werden 0.06 cm^{-3} Helium (unter Normalbedingungen) gefunden. Der Urangehalt beträgt 3 ppm. Welches Alter hat das Mineral unter alleiniger Berücksichtigung der Uranium-Reihe und vernachlässigbarer Emanation von Gasen.

9.9 Wie groß ist das Alter eines Minerals, das 22.4 mg $^{206}\mathrm{Pb}$ pro g Uran enthält, wenn im Massenspektrometer für das Verhältnis $^{204}\mathrm{Pb}/^{206}\mathrm{Pb}$ der Wert 1:35.7 gefunden wurde?

10. Ausblick

Die Erforschung der Phänomene der submikroskopischen Welt hat uns gelehrt, daß stets dann, wenn ein Spektrum an einem der submikroskopischen Systeme (Atome, Kerne, Nukleonen) gemessen wird, mit diesem Spekrum eine Substruktur des Systems verbunden ist. Atomspektren haben auf das Atommodell geführt, Spektren von Übergängen in Kernen zeigten, daß im Kern eine Struktur existiert, bestehend aus Protonen und Neutronen, mit der die meisten Daten der Kernphysik erklärt werden können. Auch Nukleonen besitzen eine Substruktur, denn in hochenergetischen Streuexperimenten konnten angeregte Zustände der Nukleonen gefunden werden. Diese Anregungszustände der Nukleonen sind als N- oder Δ-Resonanzen beobachtet worden. Diese Bezeichnungen stammen, wie so viele Nomenklaturen in der submikroskopischen Physik, zunächst aus dem experimentellen Befund. Erst später, als es zu spät war, die Bezeichnungen zu ändern, wurde der physikalische Charakter dieser kurzlebigen Energiezustände aufgeklärt. Es sind Resonanzzustände, denen Massen zugeordnet werden konnten. Die Analyse der experimentellen Daten führte zur Annahme einer Substruktur der Nukleonen. Allgemein werden die Konstituenten dieser Substruktur Partonen genannt. Auch hier sind angeregte Zustände durch Drehimpulse charakterisiert, ebenso wie die s-, p-, d-, ... Zustände in Atomen und Kernen. Obwohl das Konzept, Substrukturen mit weiteren „noch kleineren“ Teilchen gleichzusetzen, anschaulich zu nennen ist, verliert es dann seinen Sinn, wenn die Bindungsenergien zwischen den Teilchen deren Massenenergien um Größenordnungen übersteigen. Diese Modellvorstellungen haben Atomen und Kernen in einem gewissen Umfang zu einer „Anschaulichkeit“ verholfen. Die mögliche weitere Entwicklung der Aufgaben und Zielrichtungen der Kernphysik ist in einem Übersichtsartikel von Prof. A. Richter (TU Darmstadt) [RI05] zusammengefaßt.

Den Schritten von einem zum nächsten Modell waren stets Experimente mit Energien vorausgegangen, die höher waren als im zuvor untersuchten Gebiet. Mit der fundamentalen physikalischen Erkenntnis gingen beträchtliche technische Entwicklungen im Bereich der Teilchenbeschleuniger, der Meßtechnik und der Datenverarbeitung einher. Mit den experimentellen Ergebnissen wurden in internationaler Zusammenarbeit auch das theoretische Verständnis wesentlich verbessert und grundlegende neue theoretische Ansätze gefunden. Da es für die Lösungen bisher keine analytischen Wege gibt, sind auch beträchtliche Fortschritte in der Computerentwicklung zu verzeichnen. Die bisherigen, zwar sehr schnellen aber seriellen Computerstrukturen werden immer stärker in parallel arbeitende Anordnungen überführt.

Die Art der Partonen aufzuklären, die das subnukleonische System bilden, ist gegenwärtig Gegenstand der hochenergetischen kernphysikalischen Forschung. Eine denkbare Art, die Partonen zu charakterisieren, ist die, sie mit den Quarks zu identifizieren (vgl. Abschn. 8.4). Die gegenwärtig angestrebten Ziele bestehen in dem Versuch, die Substruktur der Nukleonen mit einem in sich konsistenten Partonenmodell beschreiben zu können.

Wie bereits in Abschn. 8.5 beim Nukleonenspin erörtert, bilden die Quarks einen Teil eines dynamischen Systems der Nukleonen. Quarks sind in diesem System stets eingeschlossen, als freie Teilchen d.h. mit großen Abständen gegeneinander können sie demzufolge nicht auftreten, weil die Kräfte mit wachsendem Abstand zunehmen. Innerhalb der Nukleonen, d.h. bei kleinen Abständen bewegen sie sich hingegen frei. Deshalb sollte in Experimenten versucht werden, Ensembles vieler Nukleonen, d.h. sehr schwere Kerne wie Gold- oder Bleikerne mit so hohen Energien aufeinanderzuschießen, daß sich bei den kurzen Abständen und den sehr kurzen Zeiten, in denen ein Stoß abläuft, ein Plasma aus Quarks und den Wechselwirkungsquanten, den Gluonen, bildet. Zwischen den Quarks können Gluonen ausgetauscht werden, wobei zu berücksichtigen ist, daß nicht nur Quarks mit Farbladung behaftet sind, sondern auch die Gluonen eine Farbladung tragen, die bewirkt, daß auch Gluonen untereinander wechselwirken können. Somit verhalten sie sich als Feldquan-

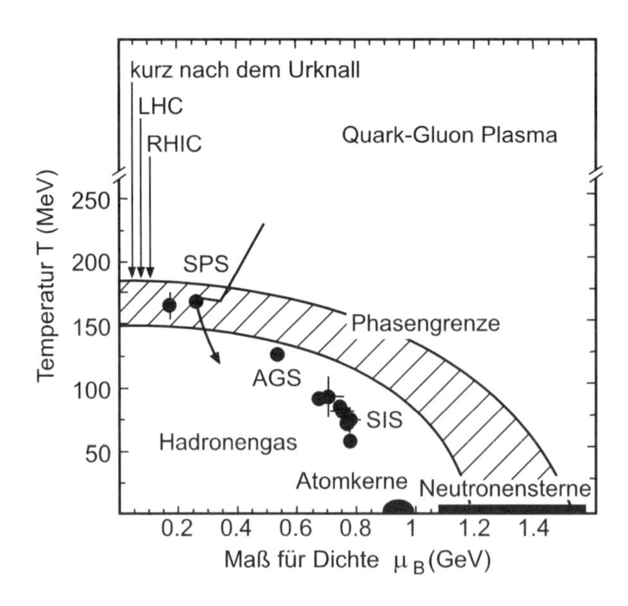

Bild 10.1. Phasendiagramm der Kernmaterie [BR98]

ten der starken Wechselwirkung anders als die Photonen, die Feldquanten der elektromagnetischen Wechselwirkung, die ungeladen sind und nicht miteinander wechselwirken.

Die Existenz eines solchen Quark-Gluon-Plasmas wird auch für erste Phase nach dem Urknall angenommen. Damit stellt die heutige kernphysikalische Forschung ein Verbindungsglied zur Kosmologie dar.

Experimente mit schweren Ionen (man spricht von Schwerionenphysik, obwohl damit die Physik mit schweren Kernen gemeint ist) werden bei höchsten Energien durchgeführt, die gegenwärtig mit Beschleunigern erreicht werden können. Der Übergang zum Plasmazustand ist ein Phasenübergang, der in den Experimenten beobachtet werden soll. Das entsprechende theoretisch vorhergesagte Verhalten ist in einem Phasendiagramm in Bild 10.1 dargestellt. In diesem Diagramm ist die bei der Anregung im Stoß erreichbare Temperatur der Kernmaterie (in Einheiten MeV) gegen das chemische Potential μ_{B} der Baryonen aufgetragen. Das chemischer Potential ist ein Maß für die Wechselwirkung der Teilchen einer großkanonischen Gesamtheit, also auch für deren Dichte. Somit ist μ_{B} ein Maß für die Nukleonendichte (0.166 GeV/fm^3). Die Dichte der Kernmaterie, mit der sich die bisherige Kernphysik befaßt hat, liegt bei ρ=1 (μ_{B} <1). Die Phasengrenze ist als Bereich angegeben, der die Schwankungsbreite der Werte aus theoretischen Modellen angibt. Dieses Diagramm ist analog dem eines aus der statistischen Physik von großkanonischen Gesamtheiten (Ensembles) bekannt, die dadurch charakterisiert sind, daß sie

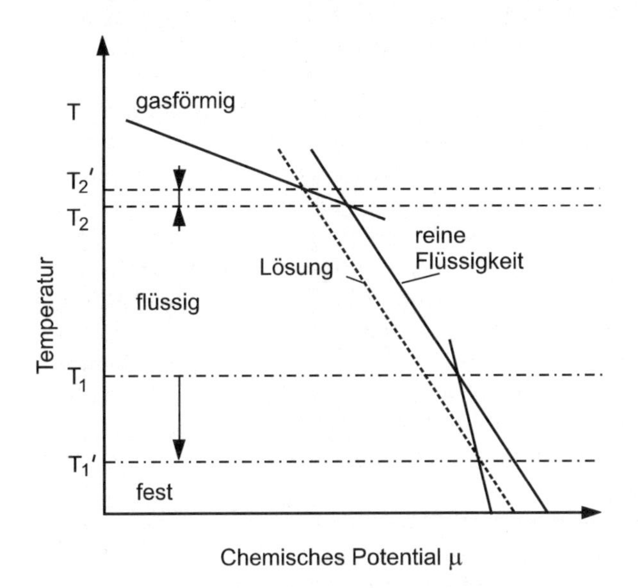

Bild 10.2. Phasendiagramm einer Lösung im Vergleich zur reinen Flüssigkeit [ATK98]. Die eingetragenen Temperaturwerte kennzeichnen die Phasenübergangstemperaturen flüssig-fest (Index 1) bzw. flüssig-gasförmig (Index 2). Somit gibt $\mathrm{T}_1 \rightarrow T_1'$ die Gefrierpunkterniedrigung und $\mathrm{T}_2 \rightarrow T_2'$ die Siedepunkterhöhung an

keine feste Teilchenzahl von allen vorhandenen Teilchenarten besitzen. Zum Vergleich ist in Bild 10.2 ein Phasendiagramm gezeigt, das die Gefrierpunkterniedrigung und die Siedepunkterhöhung einer Lösung im Vergleich zur reinen Flüssigkeit als Funktion der Temperatur aufzeigt [ATK98]. In Analogie dazu wurde das Phasendiagramm der Kernmaterie in Bild 10.1 entwickelt. Den Phasenübergang der Kernmaterie vom flüssigen in den gasförmigen Zustand (Übergang vom Atomkerne zum Hadronengas) haben wir bereits im Abschn. 6.3.3 kennengelernt. Der Übergang vom Hadronengas zum Quark-Gluon-Plasma ist als Bereich angegeben, weil unterschiedliche theoretische Modelle verschiedene Grenzen angeben. Im Bereich sehr hoher Temperaturen und kleiner Dichten ist auf das frühe Universum, d.h. gleich nach dem Urknall hingewiesen. Im gleichen Bereich liegen die Energien der Beschleuniger LHC (Large Hadron Collider) im CERN sowie des RHIC (Relativistic Heavy Ion Collider) im Brookhaven National Laboratory, mit denen künftig dieser Materiezustand detailliert untersucht werden soll. Im Grenzbereich niedriger Temperaturen und großer Werte von μ_{B}, d.h. bei großen Drücken oder hohen Dichten sind als Kondensat die Neutronensterne angesiedelt. Die Daten der bisherigen Experimente am SPS im CERN sind Teil eines Pfades aus dem Quark-Gluon-Plasma Zustand, der im Experiment zuerst erreicht wird, dann in den Bereich des Hadronengases übergeht. Die Daten, die am AGS (Alternating Gradient Synchrotron) in Bookhaven National Laboratorium und am SIS der GSI gemessen wurden liegen noch im Bereich des Hadron-Gases, hier wurde der Plasmazustand noch nicht erreicht. Bei Werten für μ_{B} zwischen den Atomkernen und den Neutronensternen wird vermutet, daß eine Kondensationsphase der Pionen auftritt.

Pionen sind Bosonen, sie tragen den Spin $1\hbar$. Die Quantenstatistik der Bosonen erlaubt es, daß viele von ihnen den gleichen Quantenzustand besetzen können. Hier läge im Bereich der Kernmaterie eine Bose-Einstein-Kondensation vor.

Die intensive Verkopplung von Vorstellungen und Methoden unterschiedlicher physikalischer Disziplinen erlaubt kaum noch eine abgegrenzte Einteilung in Kern-, Elementarteilchen- oder Astrophysik. Das Weltbild der Physik, das zu Beginn des 20. Jahrhunderts zunächst durch die Atomphysik revolutioniert wurde, erweiterte sich um viele neue Aspekte der Kernphysik. Dennoch konnte bisher kein einheitliches Modell einer universellen Kernkraft aufgestellt werden. Mit größer werdender Energie von Teilchen aus Beschleunigern verlagerte sich die Kernphysik auf die Erforschung der Elementarteilchen und deren Verhalten. Die in der Hochenergiephysik erarbeiteten Resultate werden heute auch herangezogen, um die Entwicklung des Kosmos zu verstehen, so daß als Ergebnis ein einheitliches physikalisches Bild erwartet wird, das zu entwerfen eine faszinierende Aufgabe physikalischer Forschung ist.

A. Physikalische Konstanten

Tabelle A.1. Naturkonstanten [MO05]

Lichtgeschwindigkeit des Vakuums	c	= 2.997 924 58	10^{8}	m s^{-1}
Plancksches Wirkungsquantum	h	= 6.626 069 3(11)	10^{-34}	J s
(reduziert)	$\hbar$	= 1.054 571 68(18)	10^{-34}	J s
		= 6.582 118 89(26)	10^{-22}	MeV s
Elementarladung	e	= 1.602 176 53(14)	10^{-19}	C
Atomare Masseneinheit	u	= 1.660 538 86(28)	10^{-27}	kg
	$m_{\mathrm{u}}c^2$	= 931.494 043(80)		MeV
Ruhemasse des Elektrons	m_{e}	= 9.109 382 6(16)	10^{-31}	kg
	$m_{\mathrm{e}}c^2$	= 0.510 998 918(44)		MeV
Ruhemasse des Protons	m_{p}	= 1.672 621 71(29)	10^{-27}	kg
	$m_{\mathrm{p}}c^2$	= 938.272 029(80)		MeV
Ruhemasse des Neutrons	m_{n}	= 1.674 927 28(29)	10^{-27}	kg
	$m_{\mathrm{n}}c^2$	= 939.565 360(81)		MeV
Ruhemasse des Deuterons	m_{d}	= 3.343 583 35(57)	10^{-27}	kg
	$m_{\mathrm{d}}c^2$	= 1875.612 82(16)		MeV
Ruhemasse des α-Teilchens	m_{α}	= 6.644 656 20(33)	10^{-27}	kg
	$m_{\alpha}c^2$	= 3727.379 109(93)		MeV
Avogadro-Konstante	N_{A}	= 6.022 141 5(10)	10^{23}	mol^{-1}
Boltzmann-Konstante	k	= 1.380 650 5(24)	10^{-23}	J K^{-1}
		= 8.617 343(15)	10^{-5}	eV K^{-1}
Elektrische Feldkonstante	ε_0	= 8.854 187 817	10^{-12}	F m^{-1}
Magnetische Feldkonstante	μ_0	= 12.566 370 614	10^{-7}	N A^{-2}
Gravitationskonstante	γ_{G}	= 6.674 2(10)	10^{-11}	m^3 kg^{-1} s^{-2}

Tabelle A.2. Zusammengesetzte Konstanten [MO05]

Feinstrukturkonstante	α	$= \dfrac{e^2}{4\pi\varepsilon_0\hbar c}$ $= 7.297\,352\,568 \cdot 10^{-3}$
klassischer Elektronenradius	r_{e}	$= \dfrac{e^2}{4\pi\varepsilon_0 m_{\mathrm{e}} c^2}$ $= 2.817\,940\,325(28) \cdot 10^{-15}$ m
spezifische Ladung des Elektrons	$\dfrac{e}{m_{\mathrm{e}}}$	$= -1.758\,820\,12(15) \cdot 10^{11}$ C kg^{-1}
Compton-Wellenlänge des Elektrons	$\lambda\!\!\!^{-}_{\mathrm{e}}$	$= \dfrac{\hbar}{m_{\mathrm{e}} c}$ $= 3.861\,592\,645\,9(53) \cdot 10^{-13}$ m
Bohrscher Radius ($m_{\mathrm{Kern}} = \infty$)	a_∞	$= \dfrac{4\pi\varepsilon_0\hbar^2}{m_{\mathrm{e}} e^2}$ $= 0.592\,177\,210\,8(18) \cdot 10^{-10}$ m
Rydberg-Konstante ($m_{\mathrm{Kern}} = \infty$)	R_∞	$= \dfrac{m_{\mathrm{e}} c \alpha^2}{2h}$ $= 1.097\,373\,156\,852\,5(73) \cdot 10^{-7}$ m^{-1}
Thomson-Wirkungsquerschnitt	σ_{T}	$= \dfrac{8\pi r_{\mathrm{e}}^2}{3}$ $= 0.665\,245\,873(13) \cdot 10^{-28}$ m^2
Bohrsches Magneton	μ_{B}	$= \dfrac{e\hbar}{2m_{\mathrm{e}}}$ $= 5.788\,381\,804(39) \cdot 10^{-11}$ MeV T^{-1}
Kernmagneton	μ_{K}	$= \dfrac{e\hbar}{2m_{\mathrm{p}}}$ $= 3.152\,451\,232\,6(45) \cdot 10^{-14}$ MeV T^{-1}

B. Nützliche Internet-Adressen

Im folgenden sind die kernphysikalischen Institute/Arbeitsgruppen an deutschen Universitäten sowie Forschungseinrichtungen mit ihren Internet-Adressen aufgelistet.

- **Augsburg:** Universität Augsburg, Institut für Physik, Experimentalphysik IV
  http://www.physik.uni-augsburg.de/exp4
- **Berlin:** Hahn-Meitner-Institut (HMI)
  http://www.hmi.de
- **Berlin:** Berliner Elektronen-Speicherringgesellschaft für Synchrotronstrahlung (BESSY)
  http://www.bessy.de
- **Berlin:** Humboldt Universität, Institut für Physik
  http://www.physik.hu-berlin.de
- **Bochum:** Ruhr-Universität, Kern- und Teilchenphysik
  http://www.ep1.ruhr-uni-bochum.de
- **Bonn:** Rheinische Friedrich-Wilhelms-Universität, Institut für Strahlen- und Kernphysik
  http://www.iskp.uni-bonn.de
- **Braunschweig:** Physikalisch Technische Bundesanastalt
  http://www.ptb.de
- **Darmstadt:** Gesellschaft für Schwerionenforschung (GSI)
  http://www.gsi.de
- **Darmstadt:** Technische Universität, Institut für Kernphysik
  http://www.ikp.physik.tu-darmstadt.de/
- **Dortmund:** Universität Dortmund, Experimentelle Teilchenphysik
  http://www.physik.uni-dortmund.de
- **Dresden:** Forschungszentrum Rossendorf (FZR)
  http://www.fz-rossendorf.de
- **Dresden:** Technische Universität, Institut für Kern- und Teilchenphysik
  http://iktp.tu-dresden.de/iktp/default.html
- **Erlangen:** Friedrich-Alexander-Universität Erlangen-Nürnberg, Physikalische Institue II und IV
  http://pi2.physik.uni-erlangen.de/
  http://www.pi4.physik.uni-erlangen.de/

- **Frankfurt:** Johann Wolfgang Goethe-Universität, Institut für Kernphysik
  http://www.ikf.physik.uni-frankfurt.de
- **Freiberg:** Technische Universität Bergakademie, Institut für Angewandte Physik
  http://www.physik.tu-freiberg.de
- **Freiburg:** Albert-Ludwigs-Universität, Teilchenphysik
  http://www.physik.uni-freiburg.de
- **Gießen:** Justus-Liebig-Universität, Strahlenzentrum
  http://www.strz.uni-giessen.de/
- **Göttingen:** Georg-August-Universität, II. Physikalisches Institut
  http://www.physik2.uni-goettingen.de
- **Hamburg:** Deutsches Elektronen Synchrotron (DESY)
  http://www.desy.de/html/home/index.html
- **Hamburg:** Universität Hamburg, I. und II. Institut für Experimentalphysik
  http://www.physnet.uni-hamburg.de/institute.htm
- **Hannover:** Universität Hannover, Zentrum für Strahlenschutz und Radioökologie (ZSR)
  http://sun1.rrzn-user.uni-hannover.de/zsr
- **Heidelberg:** Ruprecht-Karls-Universität, Physikalisches Institut
  http://www.physi.uni-heidelberg.de
- **Heidelberg:** Max-Planck-Institut für Kernphysik
  http://mpi-hd.mpg.de
- **Jülich:** Forschungszentrum Jülich
  http://www.fz-juelich.de/portal/
- **Karlsruhe:** Forschungszentrum Karlsruhe
  http://www.fzk.de
- **Karlsruhe:** Universität Karlsruhe, Institut für Experimentelle Kernphysik
  http://www-ekp.physik.uni-karlsruhe.de
- **Kiel:** Christian-Albrechts-Universität, Leibniz-Labor für Altersbestimmung und Isotopenforschung
  http://www.uni-kiel.de/leibniz
- **Köln:** Universität Köln, Institut für Kernphysik
  http://www.ikp.uni-koeln.de
- **Leipzig:** Universität Leipzig, Institut für Experimentelle Physik II, Abteilung Nukleare Festkörperphysik
  http://www.uni-leipzig.de/~nfp
- **Mainz:** Johannes Gutenberg-Universität, Institut für Kernphysik
  http://www.kph.uni-mainz.de
- **München:** Ludwig-Maximiliam-Universität, Fakultät für Physik, Kern- und Teilchenphysik
  http://www.physik.uni-muenchen.de
- **München:** Max-Planck-Institut für Physik (Werner-Heisenberg-Institut)
  http://www.mppmu.mpg.de/

- **München:** Technische Universität München, Physik-Department E18
  http://www.e18.physik.tu-muenchen.de/
- **Münster:** Westfälische Wilhelms-Universität, Institut für Kernphysik
  http://www.uni-muenster.de/Physik/KP/index.shtml
- **Rostock:** Fachbereich Physik, Arbeitsgruppe Elementarteilchenphysik
  http://topas.physik2.uni-rostock.de
- **Siegen:** Universität-Siegen, Experimentelle Teilchenphysik
  http://www.physik.uni-siegen.de/
- **Tübingen:** Eberhard Karls Universität, Physikalisches Institut, Subatomare Physik
  http://www.pit.physik.uni-tuebingen.de
- **Wuppertal:** Bergische Universität, Teilchenphysik
  http://www.physik.uni-wuppertal.de/Forschung/Teilchenphysik/
- **Zeuthen:** Deutsches Elektronen-Synchrotron (DESY Zeuthen)
  http://www.ifh.de

Weitere Internet-Adressen:

- **Bundesministerium für Bildung und Forschung** (BMBF)
  http://www.bmbf.de
- **Deutsche Forschungsgemeinschaft** (DFG)
  http://www.dfg.de
- **Deutsche Physikalische Gesellschaft** (DPG)
  http://www.dpgphysik.de
- **European Organization for Nuclear Research** (CERN)
  http://www.cern.ch/
- **European Physical Society** (EPS)
  http://www.eps.org
- **High Energy Physics Information Center**
  http://www-spires.fnal.gov/spires/hep/
- **Lund Nuclear Data WWW Service** (Hier finden sich eine Reihe weiterer Verweise auf kernphysikalische Datenbanken.)
  http://nucleardata.nuclear.lu.se/nucleardata
- **Nuklid-Karte**
  http://www.nndc.bnl.gov/nudat2/
- **Periodensystem der Elemente**
  http://www.pse-online.de/
- **PhysNet**, The Physics Department and Document Network
  http://www.physik.uni-oldenburg.de/PhysNet/physnet.html
  http://www.physnet.de/PhysNet/
- **PhysicsWeb**
  http://physicsweb.org

C. Lösungen zu den Übungen

Kapitel 2

2.1 Die Geschwindigkeit von 20 keV ^{40}Ar mit $m(^{40}\mathrm{Ar}) = 39.962384$ u beträgt $v = 3.1 \cdot 10^5$ m/s. Mit dem elektrischen Feld der Stärke $E = 2 \cdot 10^5$ V/m und der Beziehung $B = E/v$ folgt dann für die magnetische Flußdichte des Wien-Filters $B = 6.45 \cdot 10^{-1}$ T.

2.2 Die magnetische Flußdichte $B = (2mT)^{1/2}/(rq)$ beträgt $B = 1.49 \cdot 10^{-1}$ T für $m(^{107}\mathrm{Ag}) \simeq 107$ u, den Hauptkrümmungsradius $r(^{107}\mathrm{Ag}) = 1$ m und $q = 1.6 \cdot 10^{-19}$ C . Die maximale Schlitzweite führt auf $d_{\max} = 2[r(^{109}\mathrm{Ag}) - r(^{107}\mathrm{Ag})] = 1.86 \cdot 10^{-2}$ m.

2.3 Für geladene Teilchen mit dem Impuls $p = mv = (2mT)^{1/2}$ und der Ladung q folgt im Massenspektrometer mit der magnetischen Flußdichte B der Hauptkrümmungsradius r aus der Beziehung $p = qrB$. Bei gleichem Hauptkrümmungsradius gilt für die α-Teilchen und Deuteronen mit den Ladungen $q = 2e$ bzw. $q = e$ die Beziehung $(m_\alpha T_\alpha)^{1/2}/(m_\mathrm{d} T_\mathrm{d})^{1/2} = 2B_\alpha/B_\mathrm{d}$. Mit der Flußdichte $B_\mathrm{d} = 2.3 B_\alpha$ und $T_\alpha = 5.30$ MeV beträgt die kinetische Energie T der selektierten Deuteronen $T_\mathrm{d} = 14.0$ MeV.

2.4 Unter Berücksichtigung der Massenunsicherheiten von ^{1}H, ^{2}H, ^{12}C und ^{16}O führen die gemessenen Massendubletts mit $\Delta m_1 = (41\,922.2 \pm 0.3) \cdot 10^{-6}$ u, $\Delta m_2 = (123\,436.5 \pm 0.1) \cdot 10^{-6}$ u und $\Delta m_3 = (104\,974.24 \pm 0.08) \cdot 10^{-6}$ u über die Massenbilanzen $m(^1\mathrm{H}) + 3m(^{12}\mathrm{C}) - m(^{37}\mathrm{Cl}) = \Delta m_1$, $-3m(^1\mathrm{H}) + 8m(^2\mathrm{H}) + 2m(^{12}\mathrm{C}) - m(^{37}\mathrm{Cl}) = \Delta m_2$ und $6m(^1\mathrm{H}) + 3m(^{12}\mathrm{C}) + 2m(^{16}\mathrm{O}) - 2m(^{37}\mathrm{Cl}) = \Delta m_3$ auf die gesuchte Masse $m(^{37}\mathrm{Cl}) = m(^1\mathrm{H}) + 2m(^2\mathrm{H}) + 2m(^{12}\mathrm{C}) + \frac{1}{2}m(^{16}\mathrm{O}) - (\Delta m_1 + \Delta m_2 + \Delta m_3)/4 = (36.965\,903\,27 \pm 1.2 \cdot 10^{-7})$ u.

2.5 Es ist der Gesamtstrom $J_\mathrm{g} = 34.5$ mA einwertiger ^{54}Fe-Ionen mit der Masse $m(^{54}\mathrm{Fe}) = 53.939613$ u erforderlich, um in 24 h 60 % der Gesamtmasse $m_\mathrm{g} = 1.67$ g des Isotops ^{54}Fe im Auffänger zu sammeln. Bei natürlicher Isotopenverteilung (^{54}Fe: 5.8%) ist der Gesamtstrom $J_\mathrm{g} = 595.1$ mA einwertiger Fe-Ionen nötig.

2.6 Die α-Teilchen müssen mit einer der Coulomb-Abstoßungsenergie E_C bei Berührung der $^4_2$He- und $^{107}_{47}$Ag-Kerne entsprechenden kinetischen

Energie von $T_\alpha \simeq T = E_\mathrm{C} = 1.44$ MeV $Z_\mathrm{He} Z_\mathrm{Ag}/[1.4(A_\mathrm{He}^{1/3} + A_\mathrm{Ag}^{1/3})] =$ 15.3 MeV eingeschossen werden.

2.7 Für den Streuwinkel ϕ und den minimalen Abstand d im zentralen Stoß folgt bei der Rutherford-Streuung im Schwerpunktsystem für den nichtzentralen Stoß der minimale Abstand $r_\mathrm{min} = d/2\{1+[1+\cot^2(\phi/2)]^{1/2}\}$. Mit $\phi = 60°$ und der Summe aus $^{16}_{8}$O- und $^{197}_{79}$Au-Kernradius $R = R_\mathrm{O} + R_\mathrm{Au} = 1.4$ fm $\cdot$ $[(A_\mathrm{O})^{1/3} + (A_\mathrm{Au})^{1/3}] = 11.67$ fm als minimalen Abstand ergibt sich $d = 2/3 r_\mathrm{min} = 2/3R = 7.78$ fm. Die maximale kinetische Energie von $^{16}_{8}$O-Projektil- und $^{197}_{79}$Au-Targetkern ist $T = [m_\mathrm{Au} m_\mathrm{O}/(m_\mathrm{Au} + m_\mathrm{O})]v^2/2 = E_\mathrm{C} = 1.44$ fm MeV $Z_\mathrm{O} Z_\mathrm{Au}/d =$ 116.94 MeV. Demzufolge treten für das Projektil bis zu einer maximalen kinetischen Energie $T_\mathrm{O} = (m_\mathrm{Au} + m_\mathrm{O})T/m_\mathrm{Au} = 126.44$ MeV und $\phi = 60°$ keine Abweichungen vom Rutherford-Streuquerschnitt infolge von Kernkräften auf.

2.8 Aus $T_\mathrm{p} \simeq T = E_\mathrm{C} = 1.44$ MeV fm $Z_\mathrm{p} Z_\mathrm{Th}/d = 4.3$ MeV folgt mit $Z_\mathrm{p} = 1$ und $Z_\mathrm{Th} = 90$ der Abstand $d = 30.1$ fm. Die Reichweite der Kernkräfte muß kleiner d sein.

2.9 Mit der Coulomb-Energie $E_\mathrm{C} = (3Z^2e^2/5)/(4\pi\varepsilon_0 R)$ folgt für $^{238}_{92}$U das Verhältnis von Coulomb- und Gravitationsenergie zu $E_\mathrm{C}/E_\mathrm{G} = Z^2e^2/(4\pi\varepsilon_0\gamma_\mathrm{G} m^2) = 1.87 \cdot 10^{35}$.

2.10 Mit dem Bohrschen Elektronenradius $a_0 = 5.29 \cdot 10^{-11}$ m folgt eine Coulomb-Kraft zwischen Proton und Elektron von $F_\mathrm{C} = 8.23 \cdot 10^{-8}$ N und ein Verhältnis dieser Kraft zur Gravitationskraft von $F_\mathrm{C}/F_\mathrm{G} = 2.27 \cdot 10^{39}$.

2.11 Bei einer Energie von $T_\alpha = 6$ MeV beträgt die de Broglie-Wellenlänge für α-Teilchen $\lambda_\alpha = hc/[T_\alpha(T_\alpha + 2m_\alpha c^2)]^{1/2} = 5.86$ fm. Für Elektronen wird die gleiche de Broglie-Wellenlänge $\lambda_\mathrm{e} = \lambda_\alpha$ bei einer Energie von $T_\mathrm{e} = 211$ MeV erreicht. Da der ^{197}Au-Kernradius $R_\mathrm{Au} = 1.4A^{1/3}$ fm $=$ 8.15 fm beträgt, treten in der Diffraktionsstruktur vier Maxima auf.

2.12 Die Integration von $\mathrm{d}\sigma/\mathrm{d}\Omega$ (Gl. 9.9) über den Raumwinkel Ω führt für den Rückstreuwinkel θ_R von 90° bis 180° auf eine Anreicherung von ^{6}Li gegenüber ^{7}Li für Be von 1.4. Bei der Au-Folie findet keine merkliche Anreicherung statt.

Kapitel 3

3.1 Für die nachfolgend aufgeführten gg- und gu-Kerne von Ba und Ce in der Umgebung von $N = 82$ belegen Massendefekt $\Delta m = [m(^A_Z\mathrm{X_N}) - A]c^2$ und Separationsenergie für Neutronen $S_\mathrm{n} = [m(^{A-1}_{Z}\mathrm{X_{N\text{-}1}}) - m(^A_Z\mathrm{X_N}) + m_\mathrm{n}]c^2$ durch relative Extrema die Stabilität der gg-Kerne. Dagegen nimmt die Separationsenergie für Protonen von $N = 81$ bis

$N = 83$ aufgrund abnehmender Coulomb-Energie für die Ba- und Ce-Kerne monoton zu.

Kern	Δm[MeV]	S_n[MeV]	S_p[MeV]
$^{137}_{56}Ba_{81}$	−87.74	6.90	8.66
$^{138}_{56}Ba_{82}$	−88.28	8.61	9.00
$^{139}_{56}Ba_{83}$	−84.93	4.72	9.32
$^{139}_{58}Ce_{81}$	−86.97	7.47	7.78
$^{140}_{58}Ce_{82}$	−88.09	9.19	8.14
$^{141}_{58}Ce_{83}$	−85.45	5.43	8.41

3.2 Die relativen Abweichungen im differentiellen Mott-Streuquerschnitt betragen bei einer Spinänderung von 2 nach 1 bzw. von 2 nach 3 für die festen Streuwinkel $\theta = 90°$: 0.11 bzw. −0.05; $\theta = 80°$: 0.11 bzw. −0.05; $\theta = 70°$: 0.09 bzw. −0.04 und $\theta = 60°$: 0.07 bzw. −0.03. Das Streuexperiment ist deshalb mit einer Präzision von ±3% auszuführen.

3.3 (a) $E_B = [12m(^1H) + 13m_n - m(^{12}C) - m(^{13}C)]c^2 = 189.27$ MeV,
(b) $E_B = [12m(^1H) + 13m_n - m(^{25}Mg)]c^2 = 205.59$ MeV.

3.4 $S_\alpha - (S_{2n} + S_{2p}) = [m(^4_2He) - 2(m_n + m(^1H))]c^2 = -28.30$ MeV.

3.5 Unter Berücksichtigung von $R_K = r_0 A^{1/3}$ folgt für die Massendichte der Kernmaterie $\varrho_K = 1.44 \cdot 10^{17}$ kg/m^3. Die Masse einer Kugel mit dem Radius $R = 1.5$ mm beträgt demzufolge $m = (R/r_0)^3 u = 2.04 \cdot 10^9$ kg. ($r_0 = 1.4$ fm, 1 u $= 1.66 \cdot 10^{-27}$ kg).

3.6 Für Spiegelkerne beträgt die Differenz der Coulomb-Energie $\Delta E_C = 3 \cdot 1.44(2Z-1)/(5R)$ MeVfm. Weiterhin gelten für die Massenzahl und die Differenz der Bindungsenergien $A = 2Z - 1$ bzw. $\Delta E_C = \Delta E_B$. Mit $\Delta E_B = [m(^{15}O) - m(^{15}N) - m(^1H) + m_n]c^2 = 3.80 \cdot 10^{-3}$ u $c^2 =$ 3.54 MeV und dem Kernradius $R = r_0 A^{1/3}$ folgt schließlich $r_0 = 3 \cdot 1.44\, A^{2/3}/(5\Delta E_B)$ MeV fm $= 1.48$ fm.

3.7 Für die Komponenten eines elektrostatischen Feldes existiert wegen $\varepsilon_{ijk}E_{j,k} = 0$ ein Potentialfeld $\phi(x_j)$, für das $E_i = -\phi(x_j)_{,i}$ gilt. Aus der Bewegungsgleichung $mx_{i,t,t} = qE_i = -q\phi_{,i}$ folgt als erstes Integral der Impulserhaltungssatz $[\frac{1}{2}mx^2_{i,t} + q\phi(x_j)]_t = mx_{i,t}(0)$ und als zweites Integral der Energieerhaltungssatz $\frac{1}{2}mx^2_{i,t} + q\phi(x_j) = \frac{1}{2}mx^2_{i,t}(0) + q\phi(x_j(0))$. Wegen $x_j(0) = 0$ und $x_{j,t}(0) = 0$ bewegen sich alle Ionen gleicher Ladung auf ihren Trajektorien mit konstanter Energie $E_0 = q\phi(x_j(0))$, die allein durch das Potential beim Eintritt in das elektrostatischen Feld festgelegt wird.

3.8 Es gilt für den β^--Zerfall $Q_- = [m(^A_Z X_N) - m(_{Z+1}^{\ \ A}X'_{N-1})]c^2$, für den β^+-Zerfall $Q_+ = [m(^A_Z X_N) - m(_{Z-1}^{\ \ A}X'_{N+1}) - 2m_e]c^2$ und für Elektroneneinfang $Q_{EK} = [m(^A_Z X_N) - m(_{Z-1}^{\ \ A}X'_{N+1})]c^2 - E_{B,n}$. $E_{B,n}$ ist die Bindungsenergie der Hüllenelektronen für $n =$ K, L, M, … in $_{Z-1}^{\ \ A}X'_{N+1}$.

Im einzelnen sind aufgrund positiver $Q_{-,+,\mathrm{E_K}}$-Werte für die Isobaren-Paare ^{113}(Cd–In) nur β^--Zerfall ($Q_- = 0.316$ MeV), ^{123}(Te–Sb) nur Elektroneneinfang ($Q_{\mathrm{E_K}} = 0.051\text{MeV} - E_{\mathrm{B},n}$) und ^{187}(Re–Os) nur β^--Zerfall ($Q_- = 0.003$ MeV) möglich.

3.9 $S_\mathrm{n} = [m(^{50}_{21}\mathrm{Sc}) - m(^{51}_{21}\mathrm{Sc}) + m_\mathrm{n}]c^2 = E_\mathrm{B}(^{50}_{21}\mathrm{Sc}) - E_\mathrm{B}(^{51}_{21}\mathrm{Sc}) = 437.90\ \mathrm{MeV} - 433.74\ \mathrm{MeV} = 4.16\ \mathrm{MeV}$.

3.10 Das elektrische Quadrupolmoment Q hängt wie folgt von den Hauptachsen a und b ab: $Q = (2/3)Z(b^2 - a^2)$. Mit $a = 1.4\ \mathrm{fm} \cdot A^{1/3}$ und $Q = 7 \cdot 10^{-24}\ \mathrm{cm}^2$ für $^{176}_{71}$Lu führt die Rechnung auf $a = 7.85$ fm, $b = 8.74$ fm und $b/a = 1.11$. Der $^{176}_{71}$Lu-Kern ist demzufolge prolat.

3.11 In einem statischen Feld B parallel zur z-Achse ist der Spin des Protons parallel $m_I = +\frac{1}{2}$ oder antiparallel $m_I = -\frac{1}{2}$ ausgerichtet. Die Energie beträgt bei paralleler Spinausrichtung $E_{+1/2} = -\mu_\mathrm{p}B$ und bei antiparalleler Ausrichtung $E_{-1/2} = +\mu_\mathrm{p}B$. Der Spin präzediert mit der Lamor-Frequenz $\nu_\mathrm{L} = 2\mu_\mathrm{p}B/h$ um das B-Feld. Die Anzahl der Protonen ist in jeder der beiden Spinorientierungen mit der Energiedifferenz $\Delta E = 2\mu_\mathrm{p}B$ durch die Boltzmann-Verteilung $N_{+1/2}/N_{-1/2} = \exp[-\Delta E/(kT)]$ festgelegt. Einer Lamor-Frequenz von $\nu_\mathrm{L} = 40$ MHz entspricht $B = 0.94$ T. Bei einem statischen B-Feld dieser Stärke, $\Delta E = h\nu_\mathrm{L} = 2\mu_\mathrm{p}B = 2.65 \cdot 10^{-26}\ \mathrm{J} = 1.65 \cdot 10^{-7}$ eV und Raumtemperatur $kT = 1/40$ eV folgt ein Überschußanteil von $(N_{+1/2} - N_{-1/2})/N_{+1/2} \simeq 6.62 \cdot 10^{-6}$ für parallele Spinausrichtung aus der Boltzmann-Verteilung für $\Delta E/(kT) \ll 1$. Wirkt senkrecht zur z-Achse ein zusätzliches hochfrequentes B-Feld auf die Protonen ein, so wird beim einmaligen Durchfahren der Resonanzkurve über die Resonanzfrequenz $\nu = \nu_\mathrm{L}$ hinweg ein Umklappen der Protonenspins erreicht und die beiden magnetischen Unterzustände $m_I = \pm\frac{1}{2}$ gleichmäßig besetzt. Dabei nimmt ein Proton mit paralleler Spinausrichtung Energie auf und gibt ein Proton mit antiparalleler Spinausrichtung die gleiche Energie $\Delta E = 2\mu_\mathrm{p}B$ ab. Von den $N = 10^{20}$ Protonen einer Erdöl-Probe, die sich im Inneren einer Hochfrequenz-Spule befinden, wird eine Energie von $E_A = (N_{+1/2} - N_{-1/2})h\nu_\mathrm{L} = 8.77 \cdot 10^{-12}\ \mathrm{J} = 5.46 \cdot 10^7$ eV absorbiert. In einem Hochfrequenz-Schwingkreis aus Kapazität C und Selbstinduktion L pendelt die Energie zwischen Kondensator und Spule hin und her und läßt sich mit der Amplitude $U_0 = 2$ V und einer Kapazität von $C = 50$ pF durch den Maximalwert der elektrischen Energie $W_\mathrm{E} = \langle CU_0^2 \cos^2(\omega t)\rangle_T = \frac{1}{2}CU_0^2 = 10^{-10}\ \mathrm{J} = 6.24 \cdot 10^8$ eV erfassen.

3.12 Der Term $^M L_J$ kennzeichnet den Bahndrehimpuls L, den Gesamtdrehimpuls J und die Multiplizität $M = 2J + 1$ der Elektronenhülle. Für Kernspin $I \leq J$ bzw. $J < I$ werden die Aufspaltungen $2I + 1$ bzw. $2J + 1$ berücksichtigt. ^{3}H ($^2\mathrm{S}_{1/2}$: $J = \frac{1}{2}$, $I = \frac{1}{2}$): Zwei Komponenten $F = 1, 0$; ^{6}Li ($^2\mathrm{S}_{1/2}$: $J = \frac{1}{2}$, $I = 1$): Zwei Komponenten $F = \frac{3}{2}, \frac{1}{2}$; ^{9}Be ($^1\mathrm{S}_0$: $J = 0$, $I = \frac{3}{2}$): Eine Komponente $F = \frac{3}{2}$; ^{14}N ($^4\mathrm{S}_{3/2}$: $J = \frac{3}{2}$,

$I = 1$): Drei Komponenten $F = \frac{5}{2}, \frac{3}{2}, \frac{1}{2}$; ^{15}N ($^4S_{3/2}$: $J = \frac{3}{2}$, $I = \frac{1}{2}$): Vier Komponenten $F = 3, 2, 1, 0$.

3.13 Für das magnetische Moment gilt die Beziehung $\boldsymbol{\mu} = \mu_K(g_\ell \boldsymbol{\ell} + g_s \boldsymbol{s}) = \mu_K g_j \boldsymbol{j}$. Darin bedeuten ℓ, s und j die Quantenzahlen für Bahndrehimpuls, Spin und Gesamtdrehimpuls. Es ist nur die Projektion von $\boldsymbol{\mu}$ auf $\boldsymbol{j}$ meßbar. Die skalare Multiplikation von $\boldsymbol{\mu}$ mit dem Einheitsvektor $\boldsymbol{j}/|\boldsymbol{j}|$ führt unter Verwendung von $j^2 = j(j+1)$ und den Beziehungen $\boldsymbol{s} = \boldsymbol{j} - \boldsymbol{\ell}$ bzw. $\boldsymbol{\ell} = \boldsymbol{j} - \boldsymbol{s}$ auf $\boldsymbol{\mu}_j = \mu_K[(g_\ell \boldsymbol{\ell} + g_s \boldsymbol{s})\boldsymbol{j}/|\boldsymbol{j}|]\boldsymbol{j}/|\boldsymbol{j}|$ mit $g_j = \{g_j[j(j+1)+\ell(\ell+1)-\frac{3}{4}]+g_s[j(j+1)-\ell(\ell+1)+\frac{3}{4}]/[2j(j+1)]\}$. „Schmidt-Werte" entsprechen den beiden Fällen $g = g_\ell \pm (g_s - g_\ell)/(2\ell+1)$ für $j = \ell \pm \frac{1}{2}$.

Kapitel 4

4.1 (a) Mittels $\Theta = \hbar^2 I(I+1)/(2E_I)$ und E_I läßt sich nachfolgende Tabelle erstellen:

	^{184}Pt		^{238}U		^{170}Hf	
I	E_I [MeV]	Θ [$\hbar^2$/MeV]	E_I [MeV]	Θ [$\hbar^2$/MeV]	E_I [MeV]	Θ [$\hbar^2$/MeV]
0	0		0		0	
2	0.1632	18.382	0.0449	66.815	0.1	30.0
4	0.4364	22.915	0.1484	67.385	0.321	31.15
6	0.7989	26.286	0.3072	68.359	0.642	32.71
8	1.2312	29.24	0.5178	69.525	1.042	34.55
10	1.7074	32.213	0.7757	70.904	1.504	36.57
12	2.205	35.374	1.0765	72.457	2.014	38.73
14	2.727	38.504	1.4157	74.168	2.565	40.94
16	3.282	41.438	1.7882	76.054	3.149	43.19
18	3.869	44.197	2.1907	78.057	3.764	45.43
20	4.493	46.739	2.6187	80.192	4.417	47.54

(b)
^{184}Pt: Θ_{eff} [$\hbar^2$/MeV] $= 20.437 + 6.26 E_I$ [MeV],
^{238}U: Θ_{eff} [$\hbar^2$/MeV] $= 66.752 + 5.182 E_I$ [MeV],
^{170}Hf: Θ_{eff} [$\hbar^2$/MeV] $= 30.107 + 4.085 E_I$ [MeV].

4.2 Mit $\delta = \Delta R/R << 1$ folgt:
(a) $ab^2 = R^3 - (3/4)\Delta R^2 R + (1/4)\Delta R^3 \simeq R^3$, $a^2 = R^2 + 2R\Delta R + \Delta R^2 \simeq R^2 + 2R\Delta R$, $b^2 = R^2 - R\Delta R + (1/4)\Delta R^2 \simeq R^2 - R\Delta R$, $a^2 + b^2 = 2R^2 + 2R\Delta R + (5/4)\Delta R^2 \simeq 2R^2 R\Delta R$, $\Theta = (1/5)m(2R^2 + 2R\Delta R + (5/4)\Delta R^2)$.
(b) $\Theta = (2/5)mR^2(1+\delta/2)$.
(c) $E_I = 5\hbar^2 I(I+1)/[(4mR^2)(1+\delta/2)]$.

4.3 Kernspin I und Parität π der Kerne $^A_Z X_N$ werden nachfolgend durch I^π gekennzeichnet und für das unpaarige Nukleon nach dem Schalenmodell

(Bild 4.10) ermittelt: ${}^{4}_{2}He_2$: $\frac{3}{2}^-$; ${}^{9}_{4}Be_5$: $\frac{3}{2}^-$; ${}^{17}_{8}O_9$: $\frac{5}{2}^+$; ${}^{35}_{16}S_{19}$: $\frac{3}{2}^+$; ${}^{41}_{21}Sc_{20}$: $\frac{7}{2}^-$; ${}^{59}_{27}Co_{32}$: $\frac{7}{2}^-$; ${}^{87}_{38}Sr_{49}$: $\frac{9}{2}^+$; ${}^{99}_{43}Tc_{56}$: $\frac{9}{2}^+$; ${}^{131}_{53}I_{78}$: $\frac{7}{2}^+$; ${}^{181}_{73}Ta_{108}$: $\frac{7}{2}^+$.

4.4 Die Meßwerte für Kernspin I und Parität π der Kerne werden durch ${}^{A}_{Z}X_N(I^\pi)$ gekennzeichnet. Diese lassen sich beispielsweise für die unpaarigen Nukleonen der nachfolgenden Kerne nach dem Schalenmodell (Bild 4.10) verifizieren: ${}^{3}He(\frac{1}{2}^+)$: Protonen gepaart, ein Neutron in $s_{1/2}$-Niveau; ${}^{21}Ne(\frac{3}{2}^+)$: Protonen gepaart, zwei Neutronen in $m_I = \frac{5}{2}$ Niveau, drittes Neutron in $m_I = \frac{3}{2}$ der $d_{5/2}$-Niveaus; ${}^{27}Al(\frac{5}{2}^+)$: Neutronen gepaart, ein Proton in $d_{5/2}$-Niveau; ${}^{38}K(3^+)$: uu-Kern Proton in $d_{3/2}$ und Neutron in $d_{3/2}$; ${}^{66}Ga(0^+)$: uu-Kern, drei Neutronen in $f_{5/2}$, drei Protonen in $p_{3/2}$; ${}^{69}Ga(\frac{3}{2}^-)$: zehn Neutronen gepaart, drei Protonen in $p_{3/2}$; ${}^{209}Bi(\frac{9}{2}^-)$: Neutronen in abgeschlossener 126-er Schale, Proton $h_{9/2}$-Niveau; ${}^{210}Bi(1^-)$: Proton in $h_{9/2}$-Niveau, Neutron in $g_{9/2}$-Niveau, Kopplung ergibt negative Parität.

4.5 Kernspin I und Parität π der Kerne ${}^{A}_{Z}X_N$ werden nachfolgend durch I^π gekennzeichnet und für unpaarige Nukleonen nach dem Schalenmodell ermittelt: ${}^{24}_{11}Na_{13}$ ($d_{5/2}$-p + $d_{5/2}$-n): 5^+; ${}^{26}_{11}Na_{15}$ ($d_{5/2}$-p + $s_{1/2}$-n): 3^+; ${}^{68}_{29}Cu_{37}$ ($p_{3/2}$-p + $p_{1/2}$-n): 2^-; ${}^{198}_{79}Au_{119}$ ($d_{3/2}$-p + $p_{1/2}$-n): 2^-.

4.6 Mittels $E_I = \hbar^2 I(I+1)/(2\Theta_1)$ für $I = 0, 1, 2, 4, \ldots$ bzw. $E_I = \hbar^2[I(I+1) - K^2]/(2\Theta_2)$ für $K = 2$ und $I{=}K, K{+}1, K{+}2, \ldots$ für die 1. bzw. 2. Bande und den Energien E_I läßt sich die nachfolgende Tabelle erstellen:

^{174}Hf I	1. Bande E_I[MeV]	$\Theta_1[\hbar^2/\text{MeV}]$	^{174}Hf I	2. Bande E_I[MeV]	$\Theta_2[\hbar^2/\text{MeV}]$
0	0		2	0.827	1.209
2	0.091	32.967	3	0.900	4.444
4	0.0297	33.67	4	1.063	7.526
6	0.608	34.539	5	1.307	9.946
8	1.010	35.644	6	1.630	11.656
10	1.486	37.012	7	2.026	12.833
12	2.021	38.595	8	2.489	13.660

4.7 Der ${}^{113}_{49}$In-Kern besitzt im Grundzustand einen Kernspin I und eine Parität π von $I^\pi = \frac{9}{2}^+$ und hat einen isomeren ersten angeregten Zustand, der mit der Halbwertszeit $t_{1/2} = 104$ min teilweise durch innere Konversion zerfällt. Aus den Gleichungen $E^2 = p^2c^2 + m_0^2c^4$ und $E^2 = T^2 + 2Tm_0c^2 + m_0^4c^4$ folgt für den Impuls $p^2c^2 = T^2 + 2Tm_0c^2 = r^2e^2B^2c^2$ mit der Steifigkeit $rB = 2.37 \cdot 10^{-3}$ Tm die kinetische Energie der Konversionselektronen zu $T = (r^2e^2B^2c^2 + m_0^2c^4)^{1/2} - m_0c^2 = 0.364$ MeV. Mit der Bindungsenergie $E_\mathrm{B} = 28$ keV der K-Elektronen beträgt die Anregungsenergie des isomeren ersten angeregten Zustands für den ${}^{113}_{49}$In-Kern $E_\gamma = T - E_\mathrm{B} = 0.392$ MeV. Kernspin I und Parität π des isomeren ersten Zustands betragen $I^\pi = \frac{1}{2}^-$. (Anmerkung: Grundzustand ist durch $I_g^\pi = \frac{9}{2}^+$ und erster angeregter Zustand durch $I_a^\pi = \frac{1}{2}^-$ charakterisiert. Mit Spin $I_g = \frac{9}{2}$ und $I_a = \frac{1}{2}$ folgen aus den Auswahlregeln für Drehimpuls $|I_a - I_g| \leq L \leq |I_a + I_g|$ und Parität $\pi(EL) = (-1)^L$ für elektrische und $\pi(ML) = (-1)^{L+1}$ für magnetische (2^L-)Multipolstrahlung die Bahndrehimpulse $L = 4$ und $L = 5$. Bei Paritätswechsel kann ein Übergang vom angeregten Zustand mit niedrigster Multipolordnung als M4-Strahlung auftreten. Die Rate läßt sich bei einer Energie in angeregten Zustand von $E_\gamma = 0.392$ MeV mit der Formel der Übergangswahrscheinlichkeit $\lambda(\mathrm{M4}) = 4.5 \cdot 10^{-6} A^2 E_\gamma^9$ mit E[MeV] und $\lambda[\mathrm{s}^{-1}]$ nach Weißkopf zu $\lambda(\mathrm{M4}) = 1.3 \cdot 10^{-5}\ \mathrm{s}^{-1}$ berechnen. Einer Gesamtrate von $\lambda = \lambda(\mathrm{M4})(1 + \alpha_\mathrm{K}) = 1.9 \cdot 10^{-5}\ \mathrm{s}^{-1}$ entspricht eine Halbwertszeit von $t_{1/2} = \ln 2/\lambda = 613$ min. Die Übergangswahrscheinlichkeit nach Weißkopf überschätzt die gemessene Halbwertszeit $t_{1/2} = 104$ min um den Faktor $F = 5.9$).

4.8 Im Kern $^{85}_{38}$Sr ist die $\mathrm{f}_{5/2}$-Protonenschale gefüllt. Eine ungerade Zahl von Neutronen besetzen Zustände in der $\mathrm{g}_{9/2}$-Schale, die zum Grundzustandsspin $I = \frac{9}{2}$ koppeln. Infolge Restwechselwirkung kann durch Einzelteilchenanregung eine Vakanz im $2\mathrm{p}_{1/2}$-Niveau auftreten, die zu einer Spindifferenz $\Delta I = 4$ führt. Ein Übergang ist mit einem Paritätswechsel verbunden, also tritt eine M4-Strahlung auf. Für diese Strahlung besteht eine sehr kleine Übergangswahrscheinlichkeit, woraus sich die Existenz des Isomers ergibt. Isomerie-Inseln finden sich dann, wenn ähnliche Konfigurationen bestehen.

4.9 (a) $\mathrm{d}E/\mathrm{d}\delta = 2\alpha(\delta - \delta_0) - \hbar^2/(b\delta^3) I(I+1)$,
$\delta^4 - \delta_0\delta^3 = \hbar^2/(2\alpha b) I(I+1)$.
(b) Taylor-Entwicklung von $E_I(\delta)$ nach δ_0; Einsetzen liefert $E_I = AI(I+1) + B(I(I+1))^2$ mit $A = \hbar^2/(2b\delta_0^2)$, $B = \hbar^4/(2\alpha b^2 \delta_0^6)$.
(c) Mit dem festen Trägheitsmoment Θ der Zustände mit $I = 2$ und $I = 4$ ergibt sich für die Koeffizienten: $A = 1.693 \cdot 10^{-2}$ MeV, $B = -4.404 \cdot 10^{-5}$ MeV. Damit liefert das Modell für ^{170}Hf:

I	$E_{I,\mathrm{Modell}}$ (MeV)	$E_{I,\mathrm{Experiment}}$ (MeV)
6	0.633	0.641
8	0.990	1.042
10	1.33	1.50
12	1.56	2.01

Mit zunehmendem Drehimpuls liefert diese Näherung zu kleine Energiewerte.

4.10 Mit $r_0 = 1.4$ fm und der Nukleonenmasse m beträgt die Fermi-Energie $E_\mathrm{F}(\mathrm{n}) = (9\pi/4)^{2/3}\hbar^2/(2mr_0^2)(N/A)^{2/3} = 25.13$ MeV der Neutronen im Kern $^{27}_{13}\mathrm{Al}_{14}$.

Kapitel 5

5.1 Mit $I_{1,2} = I_0 e^{-\mu_{1,2} d}$, den Absorptionskoeffizienten $\mu_1/\varrho = 6.0$ cm^2/g und $\mu_2/\varrho = 1.0$ cm^2/g für die γ-Energien $E_1 = 90$ keV und $E_2 = 85$ keV folgt mit $I_1/I_2 = 1/10$ die Dicke des Bleiabsorbers ($\varrho = 11.35$ g/cm^3) zu $d = 0.041$ cm. Die Schwächungen betragen $I_1/I_0 = 6.31 \cdot 10^{-2}$ und $I_2/I_0 = 6.31 \cdot 10^{-1}$.

5.2 Mit der Compton-Wellenlänge $\lambda_C = h/(m_e c)$ und dem Streuwinkel ϑ verhalten sich die Wellenlängenänderungen $\Delta\lambda$ bei einfacher Compton-Streuung wie $\Delta\lambda(\vartheta = 180°) : \Delta\lambda(\vartheta = 90°) : \Delta\lambda(\vartheta = 60°) = 2\lambda_C : \lambda_C : \lambda_C/2$. Das γ-Quant verliert bei dreifacher Streuung unter $\vartheta = 60°$ die kleinste und bei einfacher Streuung unter $\vartheta = 180°$ und zweifacher Streuung unter $\vartheta = 90°$ die größte Energie.

5.3 Mit der ersten, energiereichsten Linie $E_\gamma(^{60}\text{Co}) = 1332.513$ keV ist die erste Compton-Kante durch die Elektronenenergie $T_e(\vartheta = 180°) = 2E_\gamma^2/(m_e c^2 + 2E_\gamma) = 1118.12$ keV gegeben. Mit der zweiten Linie $E_\gamma(^{60}\text{Co}) = 1173.238$ keV ist die zweite Compton-Kante durch die Elektronenenergie $T_e(\vartheta = 180°) = 963.43$ gegeben.

5.4 Für Compton-Photonen der Energien E_γ, die unter einem Winkel $\vartheta = 90°$ an Elektronen gestreut werden, folgen die Energien nach Streuung aus der Beziehung $E'_\gamma = E_\gamma/[1 + 2E_\gamma/(m_e c^2)]$ zu:

E_γ [MeV]	0.01	0.1	1	10	100	1000
E'_γ [MeV]	0.009623	0.07187	0.2035	0.2491	0.2548	0.2554

5.5 Aus der Gleichheit von Zentripetal- und Lorentz-Kraft folgt mit der Ladungszahl z die Zyklotronresonanzfrequenz $\omega = zeB/m$. Für einen Bahnradius r läßt sich die kinetische Energie mit der Formel $T = mr^2\omega^2/2$ berechnen. Das Target wird bei $r = 0.37$ m (a) von Protonen mit $T_p = 6.55$ MeV, (b) von Deuteronen mit $T_d = 3.28$ MeV oder (c) von α-Teilchen mit $T_\alpha = 6.6$ MeV getroffen.

5.6 Für einen Protonen-Linearbeschleuniger folgt die Länge L_n der Driftröhre aus der Geschwindigkeit des Protons $v_n = (2enU_0/m_p)^{1/2}$ nach n-fachem Durchlaufen einer Beschleunigungsspannung U_0 und einer Laufzeit von $T/2$ zu $L_n = (2enU_0/m_p)^{1/2}T/2$. Die Driftlängen betragen bei einer Frequenz von $\nu = 1/T = 200$ MHz (a) $L = 3.5 \cdot 10^{-2}$ m für 1 MeV, (b) $L = 1.1 \cdot 10^{-1}$ m für 10 MeV und (c) $L = 3.5 \cdot 10^{-1}$ m für 100 MeV. Ein Protonenstrahl wird von einem Cockroft-Walton-Beschleuniger mit einer Energie von 0.75 MeV eingeschossen, so daß für $\nu = 200$ MHz als kleinste noch sinnvolle Driftlänge $L = 3 \cdot 10^{-2}$ m angesehen werden kann. Die größte noch sinnvolle Driftlänge folgt für $\nu = 200$ MHz und 200 MeV zu $L = 4.9 \cdot 10^{-1}$ m. Deshalb wird in Los

Alamos die Endenergie von 800 MeV bei einer höheren Energie von $\nu = 800$ MHz mit entsprechend verkürzten Driftröhren realisiert.

5.7 Für die de Broglie-Wellenlänge $\lambda = h/p$ der Elektronen muß $\lambda \leq 1$ fm gelten. Der Elektronenbeschleuniger muß demzufolge für kinetische Energien von $T = [(hc)^2/\lambda^2 + (m_0c^2)^2]^{1/2} - m_0c^2 \geq 1.24$ GeV ausgelegt werden.

5.8 Die elektrische Feldstärke E_{max} läßt nach dem Satz von Gauß eine Flächenladungsdichte von $\sigma_{\mathrm{max}} = \varepsilon_{\mathrm{r}}\varepsilon_0 E_{\mathrm{max}}$ zu. Mit der Bandbreite b und der Geschwindigkeit v folgt für $\varepsilon_{\mathrm{r}} \simeq 1$ ein Strom von $J = \varepsilon_{\mathrm{r}}\varepsilon_0 E_{\mathrm{max}} bv = 8.55 \cdot 10^{-4}$ A.

5.9 Mit der Ruheenergie $E_{\mathrm{e},0} = 0.511$ MeV der Elektronen und der Ruheenergie $E_{\mathrm{p},0} = 938.28$ MeV der Protonen folgt bei gleicher relativistischer Geschwindigkeit der Teilchen aus der Gesamtenergie $E_{\mathrm{e}} = 30$ GeV der Elektronen die Gesamtenergie $E_{\mathrm{p}} = E_{\mathrm{e}}E_{\mathrm{p},0}/E_{\mathrm{e},0} = 55.1$ TeV der Protonen. Bei relativistischen Geschwindigkeiten gilt näherungsweise $\beta = v/c \simeq 1 - 1/(2E_{\mathrm{e}}^2/E_{\mathrm{e},0}^2)$. Die Elektronen erreichen bei $E_{\mathrm{e}} = 30$ GeV eine Geschwindigkeit von $\beta = v/c \simeq 1 - 1/(2 \cdot 3.45 \cdot 10^9) = 0.99999999986$.

5.10 Für die Energie $E_0 = 10$ GeV des Elektrons ist der Energieverlust $\Delta E = 4\pi/(3r)[e^2/(4\pi\epsilon_0)][E_0^4/(m_0c^2)^4]$ in einem Kreisbeschleuniger pro Umlauf auf einer Kreisbahn mit dem Radius $r = 100$ m durch $\Delta E = 8.85$ MeV gegeben.

Kapitel 6

6.1 Für eine Kernreaktion A(a,b)B mit ruhendem Target A besteht zwischen kinetischer Energie T_{b} und dem auf die Bewegungsrichtung von a bezogenen Streuwinkel θ von b die Relation $(m_{\mathrm{B}} + m_{\mathrm{b}})T_{\mathrm{b}}^{1/2} = (m_{\mathrm{a}}m_{\mathrm{b}}T_{\mathrm{a}})^{1/2}\cos\theta \pm \{m_{\mathrm{a}}m_{\mathrm{b}}T_{\mathrm{a}}\cos^2\theta + (m_{\mathrm{B}} + m_{\mathrm{b}})[m_{\mathrm{B}}Q + (m_{\mathrm{B}} - m_{\mathrm{a}})T_{\mathrm{a}}]\}^{1/2}$. Dabei gelten für den Q-Wert der Reaktion $Q = (m_{\mathrm{A}} + m_{\mathrm{a}} - m_{\mathrm{B}} - m_{\mathrm{b}})c^2$ und $Q = T_{\mathrm{B}} + T_{\mathrm{b}} - T_{\mathrm{a}}$. Mit diesen Beziehungen folgt für die Reaktion ^{24}Mg(^{7}Li,t)^{28}Li mit einem berechneten Q-Wert von $Q = (m_{\mathrm{Mg}} + m_{\mathrm{Li}} - m_{\mathrm{Si}} - m_{\mathrm{t}})c^2 = 7.52$ MeV und einer kinetischen Energie der ^{7}Li-Kerne von $T_{\mathrm{Li}} = 20$ MeV (a) die kinetische Energie der unter einem Streuwinkel von $\theta = 30°$ detektierten Tritonen zu $T_{\mathrm{t}} = 26.2$ MeV sowie (b) die Rückstoßenergie der erzeugten ^{28}Si-Kerne zu $T_{\mathrm{Si}} = p_{\mathrm{Si}}^2/(2m_{\mathrm{Si}}) = Q + T_{\mathrm{Li}} - T_{\mathrm{t}} = 1.3$ MeV.

6.2 Aus der Beziehung $Q = [m(^1\mathrm{H}) + m_{\mathrm{n}} - m(^2\mathrm{H})]c^2 = (2.224 \pm 0.002)$ MeV zwischen Q-Wert und Neutronenmasse m_{n} folgt mit $m(^1\mathrm{H}) = 1.007825$ u, $m(^2\mathrm{H}) = 2.014102$ u und 1 u $= 931.502$ MeV/c^2 für $m_{\mathrm{n}} = (939.573 \pm 0.002)$ MeV/$c^2 = (1.0086645 \pm 0.0000021)$ u.

6.3 Mit der Geschwindigkeit v_n und der Masse m_n des Neutrons sowie der Masse eines vor dem Stoß ruhenden Kerns m_M folgen bei einem elastischen zentralen Stoß zwischen Neutron und Kern aus Impuls- und Energieerhaltungssatz (a) die Geschwindigkeit des Schwerpunktes $v_\mathrm{S} = m_\mathrm{n}v_\mathrm{n}/(m_\mathrm{M}+m_\mathrm{n})$, (b) die Geschwindigkeit des Kerns vor dem Stoß im Schwerpunktsystem $v_\mathrm{M}^\mathrm{CM} = -v_\mathrm{S}$, (c) die Geschwindigkeit des Kerns nach dem Stoß im Laborsystem $v_\mathrm{M} = 2m_\mathrm{n}v_\mathrm{n}/(m_\mathrm{n}+m_\mathrm{M})$ und (d) der relative Energieverlust des Neutrons $-\Delta E_\mathrm{n}/E_\mathrm{n} = -\Delta T_\mathrm{n}/T_\mathrm{n} = 4m_\mathrm{n}m_\mathrm{M}/(m_\mathrm{M}+m_\mathrm{n})^2$ nach dem Stoß.

6.4 Die Energie eines Neutrons beträgt nach N elastischen zentralen Stößen mit ruhenden Kohlenstoffkernen ($m_\mathrm{M} = 12$ u) $T_N = [1 - 4m_\mathrm{n}m_\mathrm{M}/(m_\mathrm{M}+m_\mathrm{n})^2]^N T_0 = 0.714121^N T_0$.

6.5 Ein Neutron wird von seiner ursprünglichen Energie $T_0 = 2$ MeV durch eine Anzahl $N = \ln(T_N/T_0)/\ln[4m_\mathrm{n}m_\mathrm{M}/(m_\mathrm{M}+m_\mathrm{n})^2] = 54$ elastische zentrale Stöße mit Kohlenstoffkernen ($m_\mathrm{M} = 12$ u) auf thermische Energie $T_N = 0.025$ eV abgebremst.

6.6 Für die in Fusionsreaktionen entstehenden Reaktionsprodukte b und B gelten nähererungsweise für die Impulse $p_\mathrm{b} + p_\mathrm{B} \simeq 0$ und für die kinetischen Energien $T_\mathrm{b} + T_\mathrm{B} \simeq Q$. Die kinetischen Energien sind deshalb annäherend durch $T_\mathrm{b} \simeq Q/(1 + m_\mathrm{b}/m_\mathrm{B})$ und $T_\mathrm{B} \simeq Q/(1 + m_\mathrm{B}/m_\mathrm{b})$ gegeben.

6.7 Zur Berechnung der Schwelle der Energie E_γ der Kernreaktion $^{14}\mathrm{N}(\gamma,\mathrm{n})^{13}\mathrm{N}$ fehlt die Masse des Positronenstrahlers $^{13}\mathrm{N}$. Diese folgt aus der Kernreaktion $^{13}\mathrm{N} \longrightarrow {}^{13}\mathrm{C} + \mathrm{e}^+ + \nu_\mathrm{e}$, deren Q-Wert durch die Maximalenergie des Positronen-Strahlers $^{13}\mathrm{N}$ zu $Q_{\beta^+} = [m(^{13}\mathrm{N}) - m(^{13}\mathrm{C}) - 2m_\mathrm{e}]c^2 = 1.2$ MeV gegeben ist, mit der Elektronenmasse und $m(^{13}\mathrm{C}) = 13.003355$ u zu $m(^{13}\mathrm{N}) = 13.005740$ u. Aus der berechneten und angegebenen Masse $m(^{13}\mathrm{N}) = 13.005740$ u und $m(^{14}\mathrm{N}) = 14.003074$ u läßt sich mit $m_\mathrm{n} = 1.00866501$ u eine Separationsenergie für Neutronen von $S_\mathrm{n} = [m(^{13}\mathrm{N}) + m_\mathrm{n} - m(^{14}\mathrm{N})]c^2 = 10.55$ MeV berechnen. Der Q-Wert der Kernreaktion $^{14}\mathrm{N}(\gamma,\mathrm{n})^{13}\mathrm{N}$ ist deshalb negativ und beträgt $Q = -S_\mathrm{n} = -10.55$ MeV. Die Energieschwelle für die $^{14}\mathrm{N}(\gamma,\mathrm{n})^{13}\mathrm{N}$-Reaktion folgt damit zu $E_{\gamma,\mathrm{Schwelle}} = 10.55$ MeV.

6.8 Für den Q-Wert der Reaktionsgleichung $^{23}\mathrm{Na} + \mathrm{p} \longrightarrow {}^{23}\mathrm{Mg} + \mathrm{n}$ folgt zunächst die Beziehung $Q = [m(^{23}\mathrm{Na}) + m_\mathrm{p} - m(^{23}\mathrm{Mg}) - m_\mathrm{n}]c^2$. Mit dem Q_+-Wert des β^+-Zerfalls $^{23}\mathrm{Mg} \longrightarrow {}^{23}\mathrm{Na} + \mathrm{e}^+ + \nu_\mathrm{e}$ von $Q_+ = [m(^{23}\mathrm{Mg}) - m(^{23}\mathrm{Na}) - 2m_e]c^2 = 3.0$ MeV folgt schließlich der Q-Wert der Reaktion $^{23}\mathrm{Na}(\mathrm{p,n})^{23}\mathrm{Mg}$ zu $Q = [-2m_\mathrm{e} + m_\mathrm{p} - m_\mathrm{n}]c^2 - Q_+ = -5.315$ MeV. Damit läßt sich die Schwelle der Protonenenergie T_p zu $T_\mathrm{p} = (-Q)[m(^{23}\mathrm{Mg}) + m_\mathrm{n}]/[m(^{23}\mathrm{Mg}) + m_\mathrm{n} - m_\mathrm{p}] = 5.548$ MeV berechnen.

6.9 Die vier Compoundkernreaktionen (a) $^{26}\mathrm{Mg}(\mathrm{p,n})$, (b) $^{23}\mathrm{Na}(\alpha,\mathrm{n})$, (c) $^{13}\mathrm{C}(^{14}\mathrm{N,n})$ und (d) $^{7}\mathrm{Li}(^{20}\mathrm{Ne,n})$ führen auf angeregte ^{27}Al-Kerne, die unter Aussendung eines Neutrons in ^{26}Al zerfallen. Der Q-Wert für die Einfangreaktion der Compoundkernreaktion A(a,n) beträgt demzufolge $Q = [m_\mathrm{A} + m_\mathrm{a} - m(^{27}\mathrm{Al})]c^2$. Die Q-Werte und die kinetischen Energien der einfallenden Teilchen von $T_\mathrm{a} = 6$ MeV/u betragen im einzelnen (a) $Q = 7.76$ MeV, $T_\mathrm{p} = 6$ MeV, (b) $Q = 10.093$ MeV, $T_\alpha = 24$ MeV, (c) $Q = 23.185$ MeV, $T_\mathrm{N} = 84$ MeV und (d) $Q = 25.057$ MeV, $T_\mathrm{Ne} = 120$ MeV. Die Anregungsenergien E^* der Compoundkerne entsprechen im Schwerpunktsystem den Energien im Ausgangskanal. Somit gilt $E^* = Q + [1 - m_\mathrm{a}/m(^{27}\mathrm{Al})]T_\mathrm{a}$. Die Anregungsenergien der Compoundkerne $^{27}\mathrm{Al}^*$ betragen (a) $E^* = 14.05$ MeV, (b) $E^* = 30.54$ MeV, (c) $E^* = 63.63$ MeV und (d) $E^* = 56.17$ MeV.

6.10 Mit $T_\mathrm{n} = E_\mathrm{R} = 0.178$ MeV, $\Gamma_\gamma = 0.113$ eV, $\Gamma_\mathrm{n} = 0.00065$ eV und $\lambda\!\!\!^{-2} = (\hbar c)^2/[T_\mathrm{n}(T_\mathrm{n} + 2m_\mathrm{n}c^2)]$ beträgt $\sigma(\mathrm{n},\gamma) = \pi\lambda\!\!\!^{-2}\Gamma_\gamma\Gamma_\mathrm{n}/[(T_\mathrm{n} - E_\mathrm{R})^2 + (\Gamma_\gamma + \Gamma_\mathrm{n})^2/4] = 83\,189 \cdot 10^{-28}\ \mathrm{m}^2 = 83189$ b für den $^{113}_{48}$Cd-Kern.

6.11 Für die Reaktion $^{27}\mathrm{Al}(\mathrm{p},\alpha)^{24}\mathrm{Mg}$ folgt aufgrund des positiven Q-Wertes von $Q = [m(^{27}\mathrm{Al}) + m(^1\mathrm{H}) - m(^{24}\mathrm{Mg}) - m(^4\mathrm{He})]c^2 = 1.601$ MeV kein Schwellenwert für die kinetische Energie des Protons T_p. Der negative Q-Wert der inversen Reaktion $^{24}\mathrm{Mg}(\alpha,\mathrm{p})^{27}\mathrm{Al}$ von $Q = -1.601$ MeV führt auf einen Schwellenwert der kinetischen Energie des α-Teilchens $T_{\alpha,\mathrm{Schwelle}} = (-Q)[m(^{27}\mathrm{Al}) + m_\mathrm{p}]/[m(^{27}\mathrm{Al}) + m_\mathrm{p} - m_\alpha] = 28/24 \cdot 1.601\ \mathrm{MeV} = 1.868$ MeV.

6.12 Da die Anregungsfunktion der Reaktion $^{27}\mathrm{Al}(\mathrm{p},\alpha)^{24}\mathrm{Mg}$ im Energiebereich des Protons $T_\mathrm{p} = 10\ldots15$ MeV unter einem Streuwinkel von $\theta = 170°$ gemessen wird, folgt im Laborsystem für die inverse Reaktion $^{24}\mathrm{Mg}(\alpha,\mathrm{p})^{27}\mathrm{Al}$ unter gleichem Streuwinkel ein entsprechender Energiebereich des α-Teilchens von $T_\alpha = 13.12\ldots18.74$ MeV gemäß der Relation $T_\alpha = (1 + m_\alpha/m(^{24}\mathrm{Mg}))\{Q + [1 - m_\mathrm{p}/(m(^{24}\mathrm{Mg}) + m_\alpha)]T_\mathrm{p}\}$ mit dem Q-Wert der Reaktion $^{27}\mathrm{Al}(\mathrm{p},\alpha)^{24}\mathrm{Mg}$ von $Q = 1.601$ MeV.

6.13 Für die direkte Reaktion $^{45}\mathrm{Sc}(\mathrm{d},\mathrm{p})^{46}\mathrm{Sc}$ mit der Bezeichnung A(d,p)B, den Q-Werten $Q_0 = 6.541$ MeV bzw. $Q_1 = Q_0 - 1.394\ \mathrm{MeV} = 5.147$ MeV und $Q_2 = Q_0 - 1.648\ \mathrm{MeV} = 4.893$ MeV im Grundzustand bzw. in angeregten Zuständen folgen bei einer Energie des Deuterons im Labor-System von $T_\mathrm{d,L} = 7$ MeV die Energien des Deuterons und des Protons im Schwerpunktsystem zu $T_{\mathrm{d},S} = [m_\mathrm{A}/(m_\mathrm{A} + m_\mathrm{d})]^2 T_{\mathrm{d},L}$ und $T_{\mathrm{p},i,S} = [m_\mathrm{B}/(m_\mathrm{B} + m_\mathrm{p})]\{Q_i + [1 - m_\mathrm{d}/(m_\mathrm{B} + m_\mathrm{p})]T_{\mathrm{d},L}\}$ für $i = 0, 1, 2$ zu $T_\mathrm{d,S} = 6.413$ MeV und $T_{\mathrm{p},0,S} = 12.957$ MeV, $T_{\mathrm{p},1,S} = 11.593$ MeV bzw. $T_{\mathrm{p},2,S} = 11.344$ MeV. Hierbei sind die Massen $m(^{45}\mathrm{Sc}) = m_\mathrm{A} = 44.955910$ u, $m(^{46}\mathrm{Sc}) = m_\mathrm{B} = 45.955170$ u, $m_\mathrm{p} = 1.00727647$ u und $m_\mathrm{d} = 2.01355321$ u. Mit dem ^{45}Sc-Kernradius $R_A = r_0 A^{1/3} = 4.98$ fm und dem durch das in die äußere Schale eingebaute Neutron auf den ^{45}Sc-Kern übertragenen Bahndrehimpuls $L = [\ell(\ell + 1)]^{1/2}\hbar$ folgt aus der Impulsbilanz für den Streuwinkel im Schwerpunktsystem $\cos\theta_{\mathrm{i},S} = [k_{\mathrm{p},i}^2 + k_\mathrm{d}^2 - \ell(\ell+1)/R_\mathrm{A}^2]/[2k_{\mathrm{p},i}k_\mathrm{d}]$. Für die Bahndrehimpulsquantenzahlen $\ell = 0, 1, 2$ betragen die Streuwinkel für den Grundzustand $\theta_{0,S} = 0°$, $20.8°$, $36.4°$ und die angeregten Zustände $\theta_{1,S} = 0°$, $21.2°$, $37.3°$ bzw. $\theta_{2,S} = 0°$, $21.2°$, $37.5°$. Es wurde mit $\hbar = 6.58217 \cdot 10^{-16}$ eVs und 1 u $= 931.502$ MeV$/c^2$ gerechnet.

6.14 Mit dem Streuquerschnitt $\sigma = 13 \cdot 10^{-28}$ m^2 und der Wahrscheinlichkeit $W = \sigma/(4\pi R^2) = 10^{-3}$ folgt ein Reaktionsradius von $R = 322$ fm für die Streuung des langsameren Neutrons durch das schnellere Proton. Aus der Neutronen- bzw. Protonenenergie im Schwerpunktsystem $T_\mathrm{n} = m(^{12}\mathrm{C})/(m(^{13}\mathrm{N}) + m_\mathrm{n})\{Q_1 + [1 - m_\mathrm{d}/(m(^{13}\mathrm{N}) + m_\mathrm{n})]T_\mathrm{d}\} = 0.6812238$ MeV bzw. $T_\mathrm{p} = m(^{12}\mathrm{C})/(m(^{12}\mathrm{C}) + m_\mathrm{p})\{m_\mathrm{n}/(m(^{13}\mathrm{N}) + m_\mathrm{n})[Q_1 + [1 - m_\mathrm{d}/(m(^{13}\mathrm{N}) + m_\mathrm{n})]T_\mathrm{d}] + Q_2\} = 1.5196976$ MeV im Schwerpunktsystem lassen sich die zugehörigen Geschwindigkeiten $v_\mathrm{n} = 1.1416033 \cdot 10^7$ m/s bzw. $v_\mathrm{p} = 1.7062711 \cdot 10^7$ m/s berechnen. Die Lebensdauer τ und die Breite Γ des angeregten Zustandes von ^{13}N folgen aus den Gleichungen $\tau = R/v_\mathrm{n} - R/v_\mathrm{p}$ und $\Gamma = \hbar/\tau$ zu $\tau = 9.324 \cdot 10^{-21}$ s und $\Gamma = 70.59$ keV.

Kapitel 7

7.1 Der anfänglichen Masse ^{226}Ra von $m_0 = 1$ g entsprechen $N_0 = 2.6646 \cdot 10^{21}$ Ra-Kerne. Diese Ra-Kerne hatten 1921 eine Aktivität von $A_0 = 1$ Ci $= 3.7 \cdot 10^{10}$ s^{-1}. Mit diesen Angaben läßt sich die Zerfallskonstante $\lambda = A_0/N_0 = 1.3886 \cdot 10^{-11}$ s^{-1}, die Halbwertszeit $t_{1/2} = \ln 2/\lambda = 1583$ a und die im Jahre 2001 noch vorhandene Masse Ra von $m_1 = 0.96557$ g berechnen (1 a $= 3.1536 \cdot 10^7$ s).

7.2 Für den Impuls eines Neutrons von $p = m_\mathrm{n} v/[1-(v/c)^2]^{1/2} = 10$ GeV/c folgt eine Geschwindigkeit von $v = 0.9956c = 2.9848 \cdot 10^8$ m/s. Mit der mittleren Lebensdauer eines Neutrons $\tau = 887.4$ s beträgt die Halbwertszeit $t_{1/2} = \tau \ln 2 = 615.1$ s. Aufgrund der Zeitdilatation von $\gamma = [1 - (v/c)^2]^{-1/2} = 10.7$ beträgt die Halbwertszeit für bewegte Neutronen $t_{1/2,\mathrm{Dil.}} = \gamma t_{1/2} = 6582$ s. Nach dieser Zeit oder einer Flugstrecke von $s = v t_{1/2,\mathrm{Dil.}} = 1.96 \cdot 10^{12}$ m sind im Mittel 50% der Neutronen zerfallen.

7.3 Für die Anzahl der Ba-Kerne N_1 und die Anzahl der La-Kerne N_2 gelten die Beziehungen $N_1(t) = N_0 \exp(-\lambda_1 t)$ und $N_2(t) = N_0[(\lambda_2/(\lambda_2 - \lambda_1)][\exp(-\lambda_1 t) - \exp(-\lambda_2 t)]$ mit $N_1(t = 0) = N_0$ und $N_2(t = 0) = 0$. Aus der Halbwertszeit $t_{1/2}$ folgt die Zerfallskonstante $\lambda = \ln 2/t_{1/2}$ für die Mutterkerne zu $\lambda_1 = 6.418 \cdot 10^{-7}$ s^{-1} und die Tochterkerne zu $\lambda_2 = 4.7896 \cdot 10^{-6}$ s^{-1}. Für $\lambda_1 < \lambda_2$ erreicht die Aktivität $A_2 = \lambda_2 N_2$ nach einer Zeit t_SG das sekuläre Gleichgewicht $A_2 = A_1 = \lambda_1 N_1(t_\mathrm{SG})$. Aus dem Verhältnis der Aktivitäten $A_2/A_1 = \lambda_2 N_2/(\lambda_1 N_1) = \lambda_2/(\lambda_2 - \lambda_1)\{1 - \exp[-(\lambda_2 - \lambda_1)t]\}$ folgt diese Zeit zu $t_{SG} = [\ln(\lambda_2/\lambda_1)]/(\lambda_2 - \lambda_1) = 4.8458 \cdot 10^5$ s. Von der anfänglichen Aktivität der Mutterkerne $A_1 = A_0$ sinkt die Aktivität A_1 nach n Melk-Prozessen auf $A_1(n) = A_0 \exp(-\lambda_1 t_{SG} n)$. (a) Von $A_0 = 5$ mCi können $n = 5$ Proben hergestellt werden. (b) Im Augenblick der Probenseparation beträgt die Aktivität $A_2 = A_1(n) = A_0(0.73271)^n$ der Tochterkerne in der fünften Probe $A_2 = 1.056$ mCi. (c) Die Gesamtaktivität der Tochterkerne $A_2(n) \cong A_1(n)\lambda_2/(\lambda_2 - \lambda_1)$ beträgt nach $n = 5$ Melk-Prozessen im Augenblick der Probenseparation $A_2(5) = 1.219$ mCi.

7.4 Mit einer radioaktiven Quelle wurden in einer Zeit $\Delta t_Z = 10$ min $\Delta N_Z = 3861$ Pulse gemessen. Ohne die radioaktive Quelle wurde die Hintergrundzählrate $\Delta N_H = 2648$ Pulse in der $n = 3$-fachen Zeit $\Delta t_H = 30$ min gemessen. Aus diesen Meßergebnissen folgt die Nettozählrate zu $Z = (\Delta N_Z - \Delta N_H/n)/\Delta t_Z = 4.96\ \mathrm{s}^{-1}$ und die statistische Unsicherheit zu $\sigma = [(\Delta N_Z + \Delta N_H/n)]^{1/2}/\Delta t_Z = 0.11\ \mathrm{s}^{-1}$.

7.5 Für ein Barrieren-Potential (1) $V(x) = 0$, $x < 0$; (2) $V(x) = V_0$, $0 \leq x \leq a$; (3) $V(x) = 0$, $x > a$ gelten in den Gebieten 1, 2 und 3 die Lösungen der zeitunabhängigen Schrödinger-Gleichung $\psi_1 = A_1 \exp(\mathrm{i}k_1 x) + B_1 \exp(-\mathrm{i}k_1 x)$, $\psi_2 = A_2 \exp(\mathrm{i}k_2 x) + B_2 \exp(-\mathrm{i}k_2 x)$, $\psi_3 = A_3 \exp(\mathrm{i}k_3 x) + B_3 \exp(-\mathrm{i}k_3 x)$ mit $k = k_1 = k_3 = (2m_0 E/\hbar^2)^{1/2}$ und $k_2 = \mathrm{i}[2m_0(V_0 - E)/\hbar^2]^{1/2}$. Die Definition $\sin^2\beta = E/V_0$ führt auf $k_2 = \mathrm{i}k \cot\beta$. Die Grenzbedingungen erfordern die Stetigkeit dieser Lösungen und deren Ableitungen nach x für $x = 0$ und $x = a$. Gefragt ist nach der Wahrscheinlichkeit für das Antreffen eines von $x = -\infty$ in das Gebiet 1 einfallenden Quantenteilchens der Energie E im Gebiet 3. Da im Gebiet 3 keine einlaufende Welle existiert, gilt $B_3 = 0$. Die Koeffizienten B_1 und A_3 beschreiben Reflexion bzw. Transmission. Mit den Abkürzungen $K = \exp(ak\cot\beta)$, $L = \exp(\mathrm{i}ak)$ und $M = (1 - K^2)\cos(2\beta) + \mathrm{i}(1 + K^2)\sin(2\beta)$ sowie A_1, der Amplitude der einlaufenden Welle $\psi_E = A_1 \exp(\mathrm{i}kx)$ lassen sich die Amplituden der reflektierten Welle $\psi_R = B_1 \exp(-\mathrm{i}kx)$ und transmittierten Welle $\psi_T = A_3 \exp(\mathrm{i}kx)$ nach kurzer Rechnung zu $B_1 = A_1(K^2 - 1)/M$ und $A_3 = 2\mathrm{i}KA_1 \sin(2\beta)/(LM)$ angeben. Mit den Definitionen für das Reflexionsvermögen $\gamma_R = |B_1|^2/|A_1|^2$ und das Transmissionsvermögen $\gamma_T = |A_3|^2/|A_1|^2$, für die $\gamma_T + \gamma_R = 1$ gilt, folgt $\gamma_R = (K^2 - 1)^2/|M|^2)$ und $\gamma_T = 4K^2 \sin^2(2\beta)/|M|^2$. Für große Energien, d.h. große Werte für k und damit auch K, folgt für das gesuchte Transmissionsvermögen die Näherung $\gamma_T = 4\sin^2(2\beta)/K^2 = (16E/V_0)(1 - E/V_0)\exp\{-2a[2m_0(V_0 - E)/\hbar^2]^{1/2}\}$. Für $V_0 = 2E$ und $a = \lambda = h(2m_0 E)^{1/2}$ folgt beispielsweise $\gamma_T \simeq 0.000014$.

7.6 Im Schwerpunktsystem nähert sich ein α-Teilchen im zentralen Stoß einem $^{208}_{82}$Pb-Kern der Protonenzahl $Z' = 82$ mit der kinetischen Energie $T = T_\alpha/(1 + m_\alpha/m_{\mathrm{Pb}}) = 8.61$ MeV bis auf einen minimalen Abstand $b = 1.44$ MeV fm $2Z'/T = 27.4$ fm. Mit dem Kontaktradius $R = 1.4$ fm $(A_{\mathrm{Pb}}^{1/3} + A_{\alpha}^{1/3}) = 10.52$ fm und $x = R/b$ folgt der Gamov-Faktor mit $m = m_{\alpha} m_{\mathrm{Pb}}/(m_{\alpha} + m_{\mathrm{Pb}})$ zu $G = (2mc^2/T)^{1/2}[2Z'e^2/(4\pi\varepsilon_0 \hbar c)]\{\arccos(x^{1/2}) - [x(1-x)]^{1/2}\} = 14.5$. Damit läßt sich für das Transmissionsvermögen $\gamma_{\mathrm{T}} \simeq \exp(-2G) = 2.5 \cdot 10^{-13}$ angeben.

7.7 Die Zerfallskonstante eines α-Emitters ${}^{A}_{Z}\mathrm{X} \longrightarrow {}^{A-4}_{Z-2}\mathrm{X} + \alpha$ ist nach der Theorie des α-Zerfalls durch $\lambda \simeq f\gamma_{\mathrm{T}}$ gegeben. Darin bedeuten f die Frequenz, mit der sich das α-Teilchen an der Potentialbarriere aufhält und $\gamma_{\mathrm{T}} \simeq \exp(-2G)$ die Wahrscheinlichkeit für die Transmission des α-Teilchens durch die Barriere. Halbklassisch und quantenmechanisch ist die Frequenz näherungsweise durch $f \simeq v/R$ gegeben. Darin bedeutet v die Geschwindigkeit des α-Teilchens innerhalb des Kerns ${}^{216}_{84}\mathrm{Po}$ mit dem Radius R, die für $r \leq R$ von der kinetischen Energie $T = T_{\alpha}/(1 + m_{\alpha}/m_{\mathrm{Pb}}) = 6.654$ MeV und der Tiefe des Potentialwalls V_0 abhängt. Für die Halbwertszeit gilt $t_{1/2} \simeq \ln 2/[f \exp(-2G)]$ mit $f \simeq v/R = c[2(V_0 + T)/(mc^2)]^{1/2}/R$ und dem Gamov-Faktor $G = (2mc^2/T)^{1/2}[2(Z-2)e^2/(4\pi\varepsilon_0 \hbar c)]\{\arccos(x^{1/2}) - [x(1-x)]^{1/2}\}$ für $x = R/b = T/E_{\mathrm{C}}$. Da für die Coulomb-Barriere im allgemeinen $E_{\mathrm{C}} \gg T$ gilt, kann der Klammerausdruck $\{\arccos(x^{1/2}) - [x(1-x)]^{1/2}\}$ im Gamov-Faktor durch $\{\pi/2 - 2x^{1/2}\}$ ersetzt werden. Unter der Annahme $V_0 = 35$ MeV folgt mit $t_{1/2} = 0.15$ s, $b = 1.44$ MeV fm $2(Z-2)/T = 35.5$ fm und der reduzierten Masse $m = m_{\alpha} m_{\mathrm{Pb}}/(m_{\alpha} + m_{\mathrm{Pb}})$ nach kurzer Rechnung $R \simeq 8$ fm.

7.8 Die kinetische Energie eines von einem ruhenden ${}^{235}\mathrm{U}$-Kern emittierten α-Teilchens beträgt $T_{\alpha} \simeq Q = [m({}^{235}\mathrm{U}) - m({}^{231}\mathrm{Th}) - m({}^{4}\mathrm{He})]c^2 = 4.68$ MeV. Das experimentelle Ergebnis folgt aus der Nuklid-Karte zu $T_{\alpha} = 4.40$ MeV. Die Separationsenergie beträgt für ein Proton p bzw. ein Neutron n in einem ${}^{235}\mathrm{U}$-Kern $S_{\mathrm{p}} = -Q = [m_{\mathrm{p}} + m({}^{234}\mathrm{Pa}) - m({}^{235}\mathrm{U})]c^2 = 6.21$ MeV bzw. $S_{\mathrm{n}} = -Q = [m_{\mathrm{n}} + m({}^{234}\mathrm{U}) - m({}^{235}\mathrm{U})]c^2 = 5.30$ MeV.

7.9 Der α-Zerfall ${}^{233}\mathrm{U} \longrightarrow {}^{229}\mathrm{Th} + \alpha$ $(Q_0 = 4.909$ MeV) führt auf vier angeregte Zustände des ${}^{229}\mathrm{Th}$-Isotops bei $E(1) = 29$ keV, $E(2) = 42$ keV, $E(3) = 72$ keV und $E(4) = 97$ keV. Mit $E(0) = 0$ keV für den Grundzustand des ${}^{229}\mathrm{Th}$-Isotops und $Q(k) = Q_0 - E(k)$ ist kinetische Energie der fünf emittierten α-Teilchengruppen $T_{\alpha}(k) = Q(k)/[1 + 4/(A-4)] \simeq Q(k)[1 - 4/A]$ für k = 0, 1, 2, 3, 4 durch $T_{\alpha}(0) = 4.825$ keV, $T_{\alpha}(1) = 4.796$ keV, $T_{\alpha}(2) = 4.783$ keV, $T_{\alpha}(3) = 4.754$ keV und $T_{\alpha}(4) = 4.729$ keV.

7.10 Für $A = 142$ folgt das Minimum-Isobar $Z_0 = A/(1.98 + 0.015A^{2/3}) \simeq 59$. ${}^{142}_{54}\mathrm{Xe}$ ist deshalb instabil gegenüber einem β^--Zerfall.

7.11 Für die Reaktionsgleichung ${}^{62}_{30}\mathrm{Zn} \longrightarrow {}^{62}_{29}\mathrm{Cu} + \mathrm{e}^+ + \nu_{\mathrm{e}}$, $E_{\beta+} = 0.66$ MeV folgt (a) unmittelbar die maximale Neutrinoenergie im Positronenzerfall zu $E_{\nu_{\mathrm{e}}} = 0.66$ MeV und (b) unter Vernachlässigung der Rückstoß-

und Elektronen-Bindungsenergie die Neutrinoenergie im Elektroneneinfang $E_{\nu_e} = E_{\beta^+} + 2m_e c^2 = 1.682$ MeV.

7.12 Die Q-Werte der nachfolgend genannten β^--Zerfälle betragen für (a) $^{11}\mathrm{Be} \longrightarrow {}^{11}\mathrm{B} + \mathrm{e}^- + \bar{\nu}_e + Q_-$: $Q_- = 11.51$ MeV, für (b) $^{65}\mathrm{Ni} \longrightarrow {}^{65}\mathrm{Cu} + \mathrm{e}^- + \bar{\nu}_e + Q_-$: $Q_- = 2.14$ MeV und für (c) $^{193}\mathrm{Os} \longrightarrow {}^{193}\mathrm{Ir} + \mathrm{e}^- + \bar{\nu}_e + Q_-$: $Q_- = 1.14$ MeV.

7.13 Die Q_+- und $Q_{\mathrm{E_K}}$-Werte der nachfolgend genannten β^+-Zerfälle bzw. Elektroneneinfänge betragen für (a) $^{10}\mathrm{C} \longrightarrow {}^{10}\mathrm{B} + \mathrm{e}^+ + \nu_e + Q_+$: $Q_+ = 2.63$ MeV, $Q_{\mathrm{E_K}} = 3.65$ MeV, für (b) $^{89}\mathrm{Zr} \longrightarrow {}^{89}\mathrm{Y} + \mathrm{e}^+ + \nu_e + Q_+$: $Q_+ = 1.81$ MeV und $Q_{\mathrm{E_K}} = 2.83$ MeV und für (c) $^{152}\mathrm{Eu} \longrightarrow {}^{152}\mathrm{Sm} + \mathrm{e}^+ + \nu_e + Q_+$: $Q_+ = 0.85$ MeV und $Q_{\mathrm{E_K}} = 1.88$ MeV.

7.14 Die Energie des emittierten Elektrons T_e ist gleich der Differenz aus der Anregungsenergie E_γ des Kerns und Bindungsenergie $E_{\mathrm{B,e}}$ des betreffenden Hüllenelektrons $T_e = E_\gamma - E_{\mathrm{B,e}}$. Mit den aus dem Linienspektrum der emittierten Elektronen entnommenen Energien $T_e = 32.9$ keV, 78.0 keV, 84.7 keV, 86.1 keV und 143 keV sowie den Bindungsenergien $E_{\mathrm{B,e}}$ der K-, L-, M- und N-Schale von $E_{\mathrm{B,e}} = 53.4$ keV (K), $E_{\mathrm{B,e}} = 8.6$ keV (L), $E_{\mathrm{B,e}} = 1.9$ keV (M), $E_{\mathrm{B,e}} = 0.4$ keV (N) folgen die beiden Anregungsenergien E_γ des Kerns zu $E_{\gamma 1} = 86.5$ keV (K, L, M, N) und $E_{\gamma 2} = 196.4$ keV (K).

7.15 Der Kern $^{60}_{28}\mathrm{Ni}$ ist im Grundzustand ($I^\pi = 0^+$) durch den Spin $I = 0$ und die Parität $\pi = +$ gekennzeichnet. Elektrische (E) (2^L)-Multipolstrahlung EL läßt sich durch einen Bahndrehimpuls L und eine Parität $\pi(EL) = (-1)^L$ charakterisieren. Die beiden sukzessiv ausgesandten E2-γ-Quanten ($L = 2$) überführen deshalb den Kern von einem angeregten Zustand über einen angeregten Zwischenzustand mit $I_z^\pi = 2^+$ unter Verringerung des Spins I um $L = 2$ und ohne Paritätsänderung in den Grundzustand g mit $I^\pi = 0^+$. Vom angeregten Zwischenzustand mit $I_z^\pi = 2^+$ sind durch Kopplung mit einem E2-γ-Quant für den angeregten Zustand $I_a^\pi = 0^+$ (antiparallele Drehimpulse), $I_a^\pi = 2^+$ und $I_a^\pi = 4^+$ (parallele Drehimpulse) möglich. Aus Gründen der Symmetrie scheiden $I^\pi = 1^+$ und $I^\pi = 3^+$ für den angeregten Zustand aus.

7.16 Der ^{7}Li-Kern emittiert von einem angeregten Zustand $I_a^\pi = \frac{1}{2}^-$ eine γ-Strahlung der Energie $E_\gamma = 0.48$ MeV und geht dabei ohne Paritätsänderung in den Grundzustand $I_g^\pi = \frac{3}{2}^-$ über. Mit Spin $I_a = \frac{3}{2}$ und $I_g = \frac{1}{2}$ folgen aus den Auswahlregeln für den Drehimpuls $|I_a - I_g| \leq L \leq |I_a + I_g|$ und die Parität $\pi(EL) = (-1)^L$ für elektrische und $\pi(ML) = (-1)^{L+1}$ für magnetische (2^L)-Multipolstrahlung die Bahndrehimpulse $L = 1$ und $L = 2$. Ohne Paritätsänderung sind (a) magnetische Dipolstrahlung $M1$ und elektrische Quadrupolstrahlung $E2$ möglich. Mit den Formeln der Übergangswahrscheinlichkeiten $\lambda(M1) = 5.6 \cdot 10^{13} E_\gamma^3$ und $\lambda(E2) = 7.3 \cdot 10^7 A^{4/3} E_\gamma^5$ mit E [MeV] und λ [s^{-1}] nach Weißkopf folgen $\lambda(M1) = 6.2 \cdot 10^{12}$ s^{-1} und $\lambda(E2) = 2.5 \cdot 10^7$ s^{-1}. Demnach ist die wahrscheinlichste Multipolordnung (b) die magnetische Dipolstrahlung $M1$. Die Lebensdauer des angeregten Zustands beträgt dieser Abschätzung zufolge (c) $\tau(M1) = 1/\lambda(M1) = 1.6 \cdot 10^{-13}$ s.

7.17 ^{89}Y ist im Grundzustand durch $I_\mathrm{g}^\pi = \frac{1}{2}^-$ charakterisiert, so daß bei einem Paritätswechsel und Spin $I_\mathrm{a} = \frac{9}{2}$ für den angeregten Zustand $I_\mathrm{a}^\pi = \frac{9}{2}^+$ gilt. Mit Spin $I_\mathrm{a} = \frac{9}{2}$ und $I_\mathrm{g} = \frac{1}{2}$ folgen aus den Auswahlregeln für Drehimpuls $|I_\mathrm{a} - I_\mathrm{g}| \le L \le |I_\mathrm{a} + I_\mathrm{g}|$ und Parität $\pi(EL) = (-1)^L$ für elektrische und $\pi(ML) = (-1)^{L+1}$ für magnetische (2^L)-Multipolstrahlung die Bahndrehimpulse $L = 4$ und $L = 5$. Bei Paritätswechsel kann ein Übergang vom angeregten Zustand mit niedrigster Multipolordnung (a) als $M4$-Strahlung auftreten. Die Rate läßt sich bei einer Energie im angeregten Zustand von $E_\gamma = 0.915$ MeV mit der Formel der Übergangswahrscheinlichkeit $\lambda(M4) = 4.5 \cdot 10^{-6} A^2 E_\gamma^9$ mit E_γ[MeV] und λ[s^{-1}] nach Weißkopf zu $\lambda(M4) = 1.6 \cdot 10^{-2}$ s^{-1} berechnen. Dieser Rate entspricht eine Halbwertszeit von $t_{1/2} = \ln 2/\lambda(M4) = 43$ s. (b) Strenge Paritätserhaltung und Spin $I = \frac{3}{2}$ entspricht der Beimischung einer Komponente $I_\mathrm{g}^\pi = \frac{3}{2}^+$ zum Grundzustand. Die Auswahlregeln für Drehimpuls und Parität führen dann auf mögliche $M3$-, $E4$-, $M5$- und $E6$-Strahlung. Davon kann die niedrigste Multipolarität $M3$ nach Weißkopf mit einer Rate von $\lambda(M3) = 16 A^{4/3} E_\gamma^7 = 3.41 \cdot 10^3$ s^{-1} oder mit einer Halbwertszeit $t_{1/2} = \ln 2/\lambda(M3) = 2 \cdot 10^{-4}$ s erwartet werden. Die experimentelle Halbwertszeit $t_{1/2} = 0.16$ s entspricht einer Rate von $\lambda_\mathrm{exp} = 4.33$ s^{-1}. Die maximale Beimischung beträgt demzufolge $b = \lambda_\mathrm{exp}/\lambda(M3) = 1.3 \cdot 10^{-3}$.

7.18 Durch Einfang langsamer Neutronen wird ^{197}Au in ^{198}Au umgewandelt. Mit der Anzahl N_0 der ^{197}Au-Kerne, dem Absorptionsquerschnitt σ und der Neutronenflußdichte I läßt sich die Produktionsrate von ^{198}Au zu $R = N_0 \sigma I$ berechnen. ^{198}Au unterliegt mit einer Halbwertszeit von $t_{1/2} = 2.3328 \cdot 10^5$ s und Energie von $E_\gamma = 0.421$ MeV (95%) einem γ-Zerfall. Die Aktivität der Probe beträgt für $\lambda_1 = \ln 2/t_{1/2} = 2.971 \cdot 10^{-6}$ s^{-1} während der Bestrahlung $A_1(t_\mathrm{B}) = N_1(t_\mathrm{B})\lambda_1 = R[1 - \exp(-\lambda_1 t_\mathrm{B})]$. Für die Zeit nach der Bestrahlung gilt für die Aktivität $A_1(t_\mathrm{A}) = R[1 - \exp(-\lambda_1 t_\mathrm{B})] \exp(-\lambda_1 t_\mathrm{A})$. Mit $\varrho = 19.3$ g/cm^3, $d = 0.1$ cm, $F = 1$ cm^2, $m(^{197}\mathrm{Au})$, $\sigma = 99 \cdot 10^{-24}$ cm^2 und $I = 10^6$ n/(s cm^2) beträgt die Produktionsrate $R = 5.9 \cdot 10^{21} \cdot 99 \cdot 10^{24} \cdot 10^6 = 5.84 \cdot 10^5$ s^{-1} und nach einer Bestrahlungszeit $t_\mathrm{B} = 5.4 \cdot 10^4$ s die maximale Aktivität der Probe $A_1(t_\mathrm{A}) = 8.66 \cdot 10^4$ s^{-1}. Nach einer Abklingzeit von $t_\mathrm{A} = 8.64 \cdot 10^4$ s beträgt die Aktivität $A_1(t_\mathrm{A}) = 6.7 \cdot 10^4$ s^{-1}. Demzufolge haben nach der Bestrahlung $\Delta N_1 = [A_1(t_B) - A_1(t_A)]/\lambda_1 = 6.5996 \cdot 10^9$ γ-Zerfälle stattgefunden.

7.19 Bei β-Strahlen mit der maximalen Energie E_{max}[MeV] gilt als Faustregel für einen zuverlässigen Wert der maximalen Reichweite d[cm] bzw. der zur Abschirmung erforderlichen Massenbelegung m[g/cm^2] eines leichten Materials mit der Dichte ϱ[g/cm^3] die Gleichung $d = E_{max}/(2\varrho)$ bzw. $m = E_{max}/2$. Da β-Strahlen in gewissem Umfang auch Bremsstrahlung erzeugen, die bevorzugt an schweren Materialien mit hoher Kernladungszahlen entsteht, werden zur Abschirmung von β-Strahlen leichte Materialien mit niedriger Kernladungszahl, z.B. Holz, Wasser, Plexiglas oder Aluminium eingesetzt. Mit $E_{max} = 2$ MeV und der Dichte für Aluminium $\varrho_{Al} = 2.6$ g/cm^3 beträgt die maximale Reichweite für β-Strahlen beispielsweise $d = 0.4$ cm. Physikalisch günstiger ist Graphit.

7.20 Der Q-Wert $Q = [m(^{113}\mathrm{Cd}) + m_n - m(^{114}\mathrm{Cd})]c^2 = (112.904400 \cdot 931.502 + 939.573 - 113.903357 \cdot 931.502)$ MeV $= 9.04$ MeV entspricht der Energie $E_a - E_g = Q$ des γ-Übergangs. Unter Vernachlässigung der Rückstoßenergie $E_R \simeq 0$ folgt die Energie E_γ des emittierten Photons aus der Beziehung $E_a - E_g = E_\gamma + E_R = Q$ zu $E_\gamma = Q$. Damit wird die Rückstoßenergie $E_R = E_\gamma^2/(2Mc^2) = 385$ eV abgeschätzt.

7.21 Mit den Energien E_a und E_g im angeregten Zustand bzw. Grundzustand des γ-Übergangs, der Energie E_γ des emittierten Photons und der Masse M des Kerns ist die Energie im angeregten Zustand durch $E_a - E_g = E_\gamma + E_\gamma^2/(2Mc^2)$ und die Rückstoßenergie des Kerns durch $E_R = E_\gamma^2/(2Mc^2)$ gegeben. Aus diesen Gleichungen folgen E_a und E_R der Kerne in der Aufgabenstellung zu 1274.585 keV, 0.040 keV für ^{22}Ne; 320.08527 keV, 0.00108 keV für ^{51}V; 3451.266 keV, 0.114 keV für ^{56}Fe; 1475.797 keV, 0.011 keV für ^{110}Cd; 884.54393 keV, 0.00219 keV für ^{192}Ir. E_R ist in allen Fällen größer als die in der Aufgabenstellung für E_γ angegebene Meßunsicherheit.

7.22 Mit der Masse M der Atomkerne, der Energie E_γ und der mittleren Lebensdauer τ wird die natürlichen Linienbreite durch $\Gamma = h/(2\pi\tau)$, die Doppler-Linienbreite durch $\Gamma_T = 2(\ln 2)^{1/2} E_\gamma [2kT/(Mc^2)]^{1/2}$ und die Rückstoßenergie durch $E_R = (E_\gamma)^2/(2Mc^2)$ berechnet. Die berechneten Ergebnisse sind für die Mößbauer-Isotope der Aufgabenstellung wie Γ, Γ_{300K}, Γ_{4K} und E_R aufgeführt: $4.67 \cdot 10^{-9}$ eV, $2.37 \cdot 10^{-2}$ eV, $2.73 \cdot 10^{-3}$ eV, $1.95 \cdot 10^{-3}$ eV für ^{57}Fe; $2.06 \cdot 10^{-5}$ eV, $9.18 \cdot 10^{-2}$ eV, $1.06 \cdot 10^{-2}$ eV, $2.94 \cdot 10^{-2}$ eV für ^{165}Ho; $2.56 \cdot 10^{-8}$ eV, $2.72 \cdot 10^{-2}$ eV, $3.14 \cdot 10^{-3}$ eV, $2.58 \cdot 10^{-3}$ eV für ^{119}Sn; $6.72 \cdot 10^{-11}$ eV, $5.72 \cdot 10^{-3}$ eV, $6.60 \cdot 10^{-4}$ eV, $1.14 \cdot 10^{-4}$ eV für ^{181}Ta; $2.72 \cdot 10^{-8}$ eV, $6.52 \cdot 10^{-2}$ eV, $7.53 \cdot 10^{-4}$ eV, $1.48 \cdot 10^{-2}$ eV für ^{193}Ir.

7.23 Die Doppler-Geschwindigkeit $v = \Gamma c/E_\gamma = 0.098$ mm/s entspricht im Mößbauer-Experiment der natürlichen Linienbreite $\Gamma = 4.7$ neV von

^{57}Fe. $E_\gamma = 14.4$ keV ist die Energie des emittierten Photons und c die Lichtgeschwindigkeit.

7.24 Die Doppler-Geschwindigkeit v der magnetischen Dipolaufspaltung Δ des Mößbauer-Isotops ^{57}Fe wird mit der Energie $E_\gamma = 14.4$ keV des emittierten Photons, dem magnetischen Dipolmoment $\mu_\mathrm{a} = -0.153\mu_\mathrm{K}$ im angeregten Zustand bei $j_\mathrm{a} = 3/2$, dem magnetischen Dipolmoment $\mu_\mathrm{g} = 0.0903\mu_\mathrm{K}$ im Grundzustand bei $j_\mathrm{g} = 1/2$, der magnetischen Flußdichte am Kernort $B = 33.3$ T, $\mu_\mathrm{K} = 3.15 \cdot 10^{-8}$ eV/T und $c = 3 \cdot 10^{11}$ mm/s zu $v = c\Delta/E_\gamma = 2B(-\mu_\mathrm{a} + \mu_\mathrm{g})c/E_\gamma = 10.63$ mm/s abgeschätzt.

Kapitel 8

8.1 Für einen gebundenen Triplett-Zustand ($S = 1$) mit $V_{0,\mathrm{T}} = 38.5$ MeV und $R_{0,T} = b_\mathrm{T} = 1.93$ fm beträgt $V_{0,\mathrm{T}} R_{0,\mathrm{T}}^2 = 143.41$ MeV fm^2. Läßt sich ein ungebundener Singulett-Zustand ($S = 0$) bei einer Neutron-Proton-Streuung mit $V_{0,\mathrm{S}} = 14.3$ MeV und $R_{0,\mathrm{S}} = b_\mathrm{S} = 2.5$ fm beschreiben, dann müßte bei gleicher Reichweite $R_{0,\mathrm{S}}$ das Potential für einen gebundenen Triplett-Zustand $V_{0,\mathrm{S}} = (R_{0,\mathrm{T}}/R_{0,\mathrm{S}})^2 V_{0,\mathrm{T}} = 22.95$ MeV betragen. Anmerkung: Für ein Potential $V(r) = \{-V_0$ für $r \leq R_0$ und 0 für $r > R_0\}$ und ein gebundenes Teilchen mit der reduzierten Masse μ, einem Bahndrehimpuls $L = 0$ besteht für einen gebundenen Triplett- und Singulett-Zustand die Beziehung $R_0 \cong (3\pi/2)[\hbar^2/(2\mu V_0)]^{1/2}$.

8.2 Der Term $^M L_I$ bezeichnet die Multiplizität $M = 2S + I$ mit dem Spin S, den Bahndrehimpuls L und den Kerndrehimpuls I. Für ein Neutron-Proton-System im $^3\mathrm{S}_1$-Zustand gilt deshalb $S = 1$, $L = 0$ und $I = 1$. Da sowohl ein Proton als auch ein Neutron kein elektrisches Quadrupolmoment besitzt, verschwindet das elektrische Quadrupolmoment eines Neutron-Proton-Systems im $^3\mathrm{S}_1$-Zustand ebenfalls.

8.3 Für das Deuteron im $^3\mathrm{S}_1$-Zustand gilt $S = 1$, $L = 0$ und $I = 1$. Mit $g_S(\mathrm{n}) = -3.8260837$ und $g_S(\mathrm{p}) = 5.5856912$ folgt für das magnetische Dipolmoment des Deuterons $\mu_I(\mathrm{d}) = \mu_I(\mathrm{n}) + \mu_I(\mathrm{p}) = \frac{1}{2}[g_S(\mathrm{n}) + g_S(\mathrm{p})]\mu_\mathrm{K}$ zu $\mu_I(\mathrm{d}) = 0.879804\mu_\mathrm{K}$.

8.4 Der $^3\mathrm{S}_1$-Zustand entspricht $S = 1$, $L = 0$ und $I = 1$. Dieser Zustand führt auf das magnetische Dipolmoment des Deuterons $\mu_I(\mathrm{d}) = 0.879804\,\mu_\mathrm{K}$ im $^3\mathrm{S}_1$-Zustand (Vergleiche Aufgabe 3). Der Zustand $^3\mathrm{D}_1$-Zustand entspricht $S = 1$, $L = 2$ und $I = 1$. Mit $g_S(\mathrm{n}) = -3.8260837$, $g_L(\mathrm{n}) = 0$, $g_S(\mathrm{p}) = 5.5856912$ und $g_L(\mathrm{p}) = 1$ folgt das magnetische Dipolmoment des Deuterons $\mu_I(\mathrm{d}) = \frac{1}{4}[3 - g_S(\mathrm{p}) - g_S(\mathrm{n})]\mu_\mathrm{K}$ im $^3\mathrm{D}_1$-Zustand zu $\mu_I(\mathrm{d}) = 0.310098\mu_\mathrm{K}$. Das berechneten magnetischem Dipolmoment beträgt für eine Wellenfunktion mit einer Mischung aus 96 % $^3\mathrm{S}_1$- und 4 % $^3\mathrm{D}_1$-Anteilen $\mu_I(\mathrm{d}) = 0.857016\mu_\mathrm{K}$

und ist mit dem experimentell bestimmten magnetische Dipolmoment $\mu_{I,\mathrm{exp}}(\mathrm{d}) = 0.8574373\mu_\mathrm{K}$ konsistent.

8.5 Der Term ${}^M L_I$ bezeichnet die Multiplizität $M = 2S + I$ mit dem Spin S, den Bahndrehimpuls L und den Kerndrehimpuls I. Zu dem Neutron-Proton-System mit dem ${}^1\mathrm{P}_1$-Zustand gehören $S = 0$, $L = 1$ und $I = 1$ und zu dem ${}^3\mathrm{P}_1$-Zustand entsprechend $S = 1$, $L = 1$ und $I = 1$. Für $\mu_I = \mu_\mathrm{K} g_S\{[I(I+1)+S(S+1)-L(L+1)]+g_L[I(I+1)+L(L+1)-S(S+1)]\}/[2I(I+1)]$ der Nukleonen. Mit $g_S(\mathrm{n}) = -3.826084$ und $g_L(\mathrm{n}) = 0$ für das Neutron sowie $g_S(\mathrm{p}) = 5.585691$ und $g_L(\mathrm{p}) = 1$ für das Proton betragen die magnetischen Momente des Deuterons $\mu_I(\mathrm{d}) = \mu_I(\mathrm{n}) + \mu_I(\mathrm{p}) = \frac{1}{2}\mu_\mathrm{K}[g_I(\mathrm{n})+g_I(\mathrm{p})$ im ${}^1\mathrm{P}_1$-Zustand $\mu_I(\mathrm{d}) = \frac{1}{2}g_L(\mathrm{p})\mu_\mathrm{K} = 0.5\mu_\mathrm{K}$ und im ${}^3\mathrm{P}_1$-Zustand $\mu_I(\mathrm{d}) = \frac{1}{4}[g_S(\mathrm{n})+g_S(\mathrm{p})+g_L(\mathrm{p})]\mu_\mathrm{K} = 0.689902\mu_\mathrm{K}$. Dabei gilt für das Kernmagneton $\mu_\mathrm{K} = e\hbar/(2m_\mathrm{p}) = 3.1525\cdot 10^{-8}$ eV/T.

8.6 Das Deuteron besitzt keinen angeregten Zustand und im Grundzustand den Drehimpuls $\ell = 0$. Nur in den radialabhängigen Anteil der Wellenfunktion $\chi(r)$ geht das Potential $V(r) = \{-V_0$ für $r \leq R_0$ und 0 für $r > R_0\}$ ein. Der übliche Ansatz $u(r) = r\chi(r)$ führt auf eine eindimensionale Form der Schrödinger-Gleichung mit den Lösungen $u_1 = A\sin(k_1 r) + B\cos(k_1 r)$ für $r \leq R_0$ und $u_2(r) = C\exp(-k_2 r) + D\exp(k_2 r)$ für $r > b$ mit $k_1 = [2\mu(V_0+E)/\hbar^2]^{1/2}$ und $k_2 = [2\mu(-E)/\hbar^2]^{1/2}$. Für den Grundzustand gilt $E = -E_\mathrm{B}$. Damit $\chi(r) = u(r)/r$ für $r \to \infty$ und $r \to 0$ endlich bleibt, müssen $B = 0$ und $D = 0$ gelten. Aus den Stetigkeitsbedingungen $u_1(R_0) = u_1(R_0)$ und $\mathrm{d}u_1(R_0)/\mathrm{d}r = \mathrm{d}u_1(R_0)/\mathrm{d}r$ folgt nach Elimination der Konstanten A und B die Relation $k_1\cot(k_1 R_0) = -k_2$. Wegen $\cot(k_1 R_0) \leq 0$ muß im Grundzustand für das Argument des Cotangens $\pi/2 \leq k_1 R_0 < 3\pi/2$ und mit der Definition für k_1 die äquivalente Beziehung $\pi^2/4 \leq 2\mu(V_0 - E_\mathrm{B})/\hbar^2 \cdot R_0^2 < 9\pi^2/4$ erfüllt sein. Mit der reduzierten Masse $\mu = m_\mathrm{n}m_\mathrm{p}/(m_\mathrm{n} + m_\mathrm{p}) \simeq m_\mathrm{d}/4$ und einer noch so kleinen Bindungsenergie E_B des Deuterons bedeutet die Umkehrung $2\mu(V_0 - E_\mathrm{B})/\hbar^2 \cdot R_0^2 < 9\pi^2/4$ ein zu kleines V_0 und damit das Nichtvorhandensein eines gebundenen Zustandes. In gleicher Weise wird durch die Relation $2\mu(V_0 - E_\mathrm{B})/\hbar^2 \cdot R_0^2 < \pi^2/4$ für ein nicht zu großes V_0 ein angeregter Zustand ausgeschlossen. Gilt für den Grundzustand $V_0 \gg E_\mathrm{B}$, dann ist E_B in k_1 gegenüber V_0 vernachlässigbar. Für den Grundzustand ist dann die Beziehung $k_2/k_1 \simeq (E_\mathrm{B}/V_0)^{1/2} \ll 1$ und somit $|\cot(k_1 R_0)| \ll 1$ erfüllt. Das Argument des Cotangens $k_1 R_0 \simeq \pi/2$ liefert zwischen Reichweite R_0 und Stärke V_0 des oben angenommenen Kernpotentials $R_0 \simeq (\pi/2)[\hbar^2/(2\mu V_0)]^{1/2}$. Für $r > R_0$ klingt die Wellenfunktion $u_2(r) = C\exp(-k_2 r)$ ab. Wird der Radius des Deuterons durch $k_2 R = 1$ definiert, so gilt zwischen Radius und Bindungsenergie E_B des Deuterons die Beziehung $R = [\hbar^2/(2\mu E_\mathrm{B})]^{1/2}$. Das Verhältnis zwischen Radius R des Deuterons und Reichweite R_0 des Potentials führt schließlich auf $R/R_0 \simeq (2/\pi)(V_0/E_\mathrm{B})^{1/2}$.

8.7 Die Höhe des Potentialwalls beträgt für zwei Deuteronen im Abstand von $r = 10$ fm $E_C = 1.44$ fm MeV$/r = 0.14$ MeV.

8.8 Die Temperatur folgt aus der Beziehung für die mittlere kinetische Energie $E_T = (3/2)kT = (3/2)(1.38 \cdot 10^{-23}$ J/K$) \cdot T = 0.14$ MeV zu $T = 1.1 \cdot 10^9$ K. Bereits bei einer Temperatur von $T = 5.5 \cdot 10^8$ K reicht die mittlere kinetische Energie der Deuteronen aus, die in Aufgabe 8.5 berechnete Höhe des Potentialwalls $E_C = 0.14$ MeV zu überwinden.

Kapitel 9

9.1 (a) $^{235}\mathrm{U} + \mathrm{n} \longrightarrow {}^{90}\mathrm{Kr} + {}^{144}\mathrm{Ba} + \mathrm{n}$, ($Q_a = 180.1$ MeV);
(b) $^{239}\mathrm{Pu} + \gamma \longrightarrow {}^{92}\mathrm{Sr} + {}^{144}\mathrm{Ba} + 3\mathrm{n}$, ($Q_b = 179.4$ MeV);
(c) $^{252}\mathrm{Cf} \longrightarrow {}^{106}\mathrm{Nb} + {}^{142}\mathrm{La} + 4\mathrm{n}$, ($Q_c = 190.8$ MeV).
Es wurden die Massen $m_n = 1.00866501$ u, $m(^{235}\mathrm{U}) = 235.043924$ u, $m(^{90}\mathrm{Kr}) = 89.91929$ u, $m(^{239}\mathrm{Pu}) = 239.05258$ u, $m(^{92}\mathrm{Sr}) = 91.910944$ u, $m(^{252}\mathrm{Cf}) = 252.081621$ u, $m(^{106}\mathrm{Nb}) = 105.928090$ u, $m(^{144}\mathrm{Ba}) = 143.92267$ u und $m(^{142}\mathrm{La}) = 141.914090$ u verwendet.

9.2 Der Reziprozitätssatz $\sigma_{if}/\sigma_{fi} = (2I_b + 1)(2I_B + 1)k_{f,S}^2/[(2I_a + 1)(2I_A + 1)k_{i,S}^2]$ gibt das Verhältnis des Reaktionsquerschnitts σ_{if} der Kernreaktion A(a,b)B zum Reaktionsquerschnitt σ_{fi} der inversen Reaktion B(b,a)A an. Dabei steht i bzw. f für den Eingangs- bzw. Ausgangskanal der Reaktion A(a,b)B, I für den Kernspin und k für die Wellenzahl $k = p/\hbar$. Für die d-d-Reaktion ^{2}H(d,p)^{3}H mit dem Reaktionsquerschnitt $\sigma_{dd} = 2.8 \cdot 10^{-30}$ m^2 gilt für σ_{pt} der inversen Fusionsreaktion ^{3}H(p,d)^{2}H die Beziehung $\sigma_{pt} = \sigma_{dd}[(2I_d + 1)(2I_d + 1)k_i^2]/[(2I_t + 1)(2I_p + 1)k_k^2]$. Die Kernspin-Zahlen betragen für Deuteronen $I_d = 1$, Tritonen $T_t = \frac{1}{2}$ und s-Wellen Protonen $I_p = \frac{1}{2}$. Mit einem Q-Wert von $Q = 4.0329$ MeV und einer kinetischen Energie von $T_d = 100$ keV im Laborsystem folgt die kinetische Energie im Schwerpunktsystem für den Eingangs- bzw. Ausgangskanal zu $T_{i,S} = [m_d/(m_d + m_d)]T_{d,L} = 50$ keV bzw. $T_{f,S} = \{Q + [1 - m_d/(m_p + m_t)]T_{d,L}\} = 4.0829$ MeV. Mit den reduzierten Massen $\mu_i = m_d m_d/(m_d + m_d) = 1$ u und $\mu_f = m_p m_t/(m_t + m_p) = 0.75$ u lassen sich die Quadrate der Wellenzahlen $k_i^2 = 2\mu_i T_{i,S}/\hbar^2$ und $k_f^2 = 2\mu_f T_{f,S}/\hbar^2$ berechnen. Der Reaktionsquerschnitt der Umkehrreaktion folgt dann zu $\sigma_{pt} = 1.03 \cdot 10^{-31}$ m^2.

9.3 Mit dem Q-Wert der thermonuklearen Reaktion $Q = [2m_d - m(^3\mathrm{He}) - m_n]c^2 = 2.247$ MeV folgen (a) die kinetischen Energien $T(^3\mathrm{He}) = Q[m_n/(m_n + m(^3\mathrm{He}))] = 0.563$ MeV, $T_n = 1.684$ MeV, (b) die Impulse $p(^3\mathrm{He}) = 56.253$ MeV$/c$, $p_n = 56.253$ MeV$/c$, (c) die Coulomb-Abstoßungsenergie beider Deuteronen $E_C = 1.44$ fm MeV$/10^{-13}$ m $= 1.44 \cdot 10^{-2}$ MeV und (d) mit der thermischen Energie eines Deuterons $E_T = E_C/2$ die erforderliche Temperatur $T = 2E_T/(3k) = 5.6 \cdot 10^7$ K zur Überwindung der Coulomb-Barriere.

9.4 Mit der Halbwertszeit $t_{1/2} = 5730$ a und der Aktivität $A_0 = 15$ min^{-1} für ^{14}C pro Gramm Kohlenstoff in biologischem Material sind anfänglich $N_0 = A_0 t_{1/2}/\ln 2 = 6.51 \cdot 10^{10}$ ^{14}C-Kerne pro Gramm Kohlenstoff vorhanden. Diesem Wert entspricht ein ^{14}C/^{12}C-Verhältnis von $1.3 \cdot 10^{-12}$.

9.5 Mit den ^{14}C-Aktivitäten $A_1 = 2.1$ min^{-1} für den Holzbalken und $A_2 = 5.3$ min^{-1} für die rezente Probe beträgt das Alter des Holzbalkens mit der Radio-Kohlenstoffmethode $\Delta t = \ln(A_2/A_1)t_{1/2}/\ln 2 = 7653$ a ($t_{1/2} = 5730$ a).

9.6 Den ^{14}C-Aktivitäten $A_1 = 0.0048$ μCi pro Kilogramm verkohlte Reste einer Feuerstelle eines alten Lagerplatzes und $A_2 = 0.007$ μCi pro Kilogramm organische Substanz zufolge wurde der Lagerplatz vor $\Delta t = \ln(A_2/A_1)t_{1/2}/\ln 2 = 3119$ a zuletzt benutzt.

9.7 Das K-Ar-Alter der Gesteinsprobe läßt sich unter Berücksichtigung der totalen Zerfallskonstante $\lambda = \lambda_{\beta^-} + \lambda_{\mathrm{EK}} = 5.32 \cdot 10^{-10}$ a^{-1}, dem Verhältnis $v = \lambda_{\mathrm{EK}}/\lambda_{\beta^-} = 0.123$ von Elektroneneinfang- und β^--Zerfallskonstante sowie der quantitativ ermittelten Anzahl der ^{40}K- und der durch Elektroneneinfang entstandenen ^{40}Ar-Kerne zu $\Delta t = (1/\lambda)\ln[1 + (1 + v)/v(N_{\mathrm{Ar}}/N_{\mathrm{K}})]$ bestimmen. Aus den Angaben pro Gramm Gestein $6.4 \cdot 10^{-8}$ cm^3 ^{40}Ar und $280 \cdot 10^{-9}$ g Kalium folgt nach Umrechnung die Anzahl der ^{40}Ar-Kerne zu $N_{\mathrm{Ar}} = 2.8444 \cdot 10^{-12}$ mol $= 1.7129 \cdot 10^{12}$ und mit einer Isotopen-Häufigkeit von 0.0118% für ^{40}K die Anzahl der ^{40}K-Kerne zu $N_{\mathrm{K}} = 8.2675 \cdot 10^{-13}$ mol $= 4.9787 \cdot 10^{11}$ pro Gramm Gestein. Daraus folgt ein Verhältnis von $N_{\mathrm{Ar}}/N_{\mathrm{K}} = 3.44$ und das Alter der Gesteinsprobe von $\Delta t = 6.54 \cdot 10^9$ a.

9.8 In der ^{238}U-Zerfallsreihe wird nach insgesamt acht α- und sechs β-Zerfällen als stabiles Endprodukt ^{206}Pb gebildet. Aus der Masse von $m_{\mathrm{U}} = 0.3$ mg Uran folgt mit $M_{\mathrm{U}} = 238.03$ g ($N_{\mathrm{A}} = 6.022 \cdot 10^{23}$ mol^{-1}) die Anzahl der ^{238}U-Kerne (^{238}U: 99.275%) von $N_1 = 7.5348 \cdot 10^{17}$ in dem uran- und heliumhaltigen Mineral. Unter Normalbedingungen hat das im Mineral gefundene Helium ein Volumen von $V_{\mathrm{He}} = 6 \cdot 10^{-5}$ l. Das sind $N_\alpha = 2.6786 \cdot 10^{-6}$ mol oder $N_\alpha = 1.6130 \cdot 10^{18}$ α-Teilchen, die in acht α-Zerfallsprozessen aus insgesamt $\Delta N = 2.0163 \cdot 10^{17}$ U-Kernen entstanden sind. Das Mineral enthielt demzufolge eine anfängliche Anzahl von $N_0 = N_1 + \Delta N = 9.5511 \cdot 10^{17}$ ^{238}U-Kerne. Das radioaktive Zerfallsgesetz führt bei einer Halbwertszeit von $t_{1/2} = 4.47 \cdot 10^9$ a auf $\Delta t = ln(N_0/N_1) \cdot t_{1/2}/ln2 = 1.53 \cdot 10^9$ a.

9.9 Mit dem massenspektrometrisch gemessenen und dem natürlichen Verhältnis ^{204}Pb/^{206}Pb von 1 zu 35.7 bzw. 1 zu 16.97 folgt zunächst der aus der Zerfallsreihe von ^{238}U stammende Überschußanteil an ^{206}Pb von $(N_1 - N_0)/N_1 = 0.52$. Aus den 22.4 mg ^{206}Pb pro Gramm Uran folgt damit die Masse der stabilen am Ende der Zerfallsreihe entstandenen ^{206}Pb-Kerne zu $m_{206} = 11.65$ mg. Die Anzahl pro Gramm

Uran gebildeter ^{206}Pb- oder zerfallener ^{238}U-Kerne beträgt demnach $\Delta N = m_{206}/206\ \mathrm{u} = 3.40 \cdot 10^{19}$. Da 1 g Uran $N_1 = 2.5108 \cdot 10^{21}$ ^{238}U-Kerne enthält, waren anfänglich $N_0 = N_1 + \Delta N = 2.5448 \cdot 10^{21}$ ^{238}U-Kerne vorhanden. Das Alter des Minerals folgt mit einer Halbwertszeit von $t_{1/2} = 4.47 \cdot 10^9$ a aus dem Zerfallsgesetz zu $\Delta t = \ln(N_0/N_1)t_{1/2}/\ln 2 = 8.67 \cdot 10^7$ a.

Literaturverzeichnis

Originalliteratur

[AB89] MARK II collaboration, G.S. Abrams et al.,
Phys. Rev. Lett. **63** (1989) 2173

[AB94] CDF collaboration, F. Abe et al., Phys. Rev. **D50** (1994) 2966

[AJ91] F. Ajzenberg-Selove, Nucl. Phys. **A523** (1991) 1

[AL37] L.W. Alvarez, Phys. Rev. **52** (1937) 134

[AL40] L.W. Alvarez, F. Bloch, Phys. Rev. **57** (1949) 111

[AL56] K. Alder et al., Coulomb excitation,
Rev. Mod. Phys. **28** (1956) 432

[AL59] L.W. Alvarez et al., Phys. Rev. Lett. **2** (1959) 215

[AN32] C.D. Anderson, Science **76** (1932) 238

[AN39] H.L. Anderson, E. Fermi, H.B. Hanstein,
Phys. Rev. **55** (1939) 797

[AN70] Yu.M. Antipow et al., Yad. Fiz. **12** (1970) 311
Sovj. J. Phys. **12** (1971) 197

[AN89] E. Anders, N. Grevesse, Chim. & Cosmochim. Acta **53** (1989) 197

[AR51] R. Armenteros et al., Nature **167** (1951) 501

[AR83] G. Arnison et al., Phys. Lett. **122B** (1993) 103

[AS19] F.W. Aston, Phil. Mag. **38** (1919) 707

[AS88] EMC collaboration, J. Ashman et al.,
Phys. Lett. **206B** (1988) 364

[AS94] W. Assmann et al.,
Nucl. Instr. & Meth. Phys. Res. **B85** (1994) 726

[AU76] J.J. Aubert et al., Phys. Rev. Lett. **33** (1976) 1404

[AU76a] J.E. Augustin et al., Phys. Rev. Lett. **33** (1976) 1406

[AU83] J.J. Aubert et al., Phys. Lett. **123B** (1983) 275

[BA59] E. Baldinger in Handbuch der Physik Bd. XLIV
(Herausg. S. Flügge), Springer Berlin Heidelberg 1959

[BA64] V.E. Barnes et al., Phys. Rev. Lett. **12** (1964) 204

[BA81] M. Basile et al., Lett. Nuovo Cim. **31** (1981) 97

[BE00] H. Becquerel, Compt. rend. **130** (1900) 809

[BE30] H.A. Bethe, Ann. Phys. **5** (1930) 325

[BE36] H. Bethe, R.F. Bacher, Rev. Mod. Phys. **8** (1936) 82

[BE38] H.A. Bethe, C.L. Critchfield, Phys. Rev. **54** (1938) 248

[BE67] K. Bethge et al., Z. Phys. **202** (1967) 70

[BE81] CLEO-collaboration, C. Bebek et al., Phys. Rev. Lett. **46** (1981) 84

[BE92] H.W. Becker et al., Z. Phys. **A343** (1992) 361

[BE96] H. Becquerel, Compt. rend. **122** (1896) 420, 501, 559, 689, 1086

[BI79] N.J. Bishop et al., Phys. Rev. **C20** (1979) 1221

[BJ69] J.D. Bjorken, Phys. Rev. **179** (1969) 1547

[BL25] P.M.S. Blackett, Proc. Roy. Soc. (London) **107** (1925) 349

[BL32] P.M.S. Blackett, G. Occhialini, Nature **130** (1932) 363

[BL06a] K. Blaum, H. Schatz, Phys. Journ. 5 **2** (2006) 35

[BL06b] K. Blaum, Phys. Rep. **425** (2006) 1

[BL33] F. Bloch, Ann. Phys. **16** (1933) 285

[BL46] F. Bloch, W.W. Hansen et al., Phys. Rev. **69** (1946) 127

[BL69] E.D. Bloom et al., Phys. Rev. Lett. **23** (1969) 930

[BL92] Th. Blaich et al., Nucl. Instr. & Meth. Phys. Res. **A314** (1992) 136

[BO13] N. Bohr, Phil. Mag. **26** (1913) 1, 476

[BO24] S. Bose, Ann. d. Phys. **26** (1924) 178

[BO29] W. Bothe, W. Kolhörster, Naturwiss. **17** (1929) 271

[BO36] N. Bohr, Nature **137** (1936) 344

[BO37] W. Bothe, W. Gentner, Naturwiss. **25** (1937) 90, 126, 191

[BO39] N. Bohr, J.A. Wheeler, Phys. Rev. **56** (1939) 426

[BO53] A. Bohr, B. Mottelson, Phys. Rev. **89** (1953) 316

[BO53a] A. Bonetti et al., Nuovo Cim. **10** (1953) 345

[BO57] F. Boehm, A.H. Wapstra, Phys. Rev. **106** (1957) 1364

[BO84] C. Borcea et al., Nucl. Phys. **A415** (1984) 169

[BO89] A. Bockisch, P. Ohr, Spektrum der Wissenschaft, **10** (1989) 74

[BR36] G. Breit, E. Wigner, Phys. Rev. **49** (1936) 519

[BR47] I. Broser, H. Kallmann, Z. Naturforsch. **2A** (1947) 439

[BR62] H.N. Brown et al., Phys. Rev. Lett. **8** (1962) 255

[BR79] R. Brandelik et al., Phys. Lett. **86B** (1979) 243

[BR80] TASSO-collaboration, R. Brandelik et al., Phys. Lett. **97B** (1980) 453

[BR91] A. Brown, Nucl. Phys. **C223** (1991) 522

[BR98] P. Braun-Munzinger, J. Stachel, Nucl. Phys. **A638** (1998) 3

[BU67] G.I. Budker, Atomnaya Energiya **22** (1967) 346

[BU76] G.I. Budker et al., PAAC **7** (1976) 197

[CA05] E. Caurier et. al. Rev. Mod. Phys. **77** (2005) 427

[CE34] P.A. Cerenkow, Ber. Akad. Wiss. (UdSSR) **8** (1934) 451

[CE70] J. Cerny et al., Phys. Rev. Lett. **24** (1979) 1128

[CH14] J. Chadwick, Verh. Phys. Ges. **16** (1914) 383

[CH32] J. Chadwick, Nature **129** (1932) 312

[CH34] J. Chadwick, M. Goldhaber, Nature **134** (1934) 237

[CH50] N.C. Christofilos, US Patent No. 2736799 (1950)

[CH55] O. Chamberlain, E. Segré et al., Phys. Rev. **100** (1955) 947

[CH64] J.H. Christenson et al., Phys. Rev. Lett. **13** (1964) 138

[CH64a] G.E. Chicovani et al., Zh. Eksp. Teor. Fiz. **46** (1964) 1228
JETP **19** (1964) 833

[CH68] G. Charpak et al., Nucl. Instr. & Meth. **62** (1968) 235

[CL38] K. Clusius, G. Dickel, Naturwiss. **26** (1938) 546

[CO23] A.H. Compton, Phys. Rev. **21** (1923) 483, **22** (1923) 409

[CO30] J.D. Cockroft, E.T.S. Walton,
Proc. Roy. Soc. (London) **A129** (1930) 477

[CO52] E.D. Courant, M.S. Livingston, H.S. Snyder,
Phys. Rev. **88** (1952) 119

[CO55] M. Conversi, A. Gozzoni, Nuovo Cim. **2** (1955) 189

[CO56] B. Cork et al., Phys. Rev. **104** (1956) 1193

[CO56a] C.L. Cowan, F. Reines, Science **124** (1956) 103

[CO63] P.L. Conolly et al., Phys. Rev. Lett. **10** (1963) 371

[CO68] D.H. Coward et al., Phys. Rev. Lett. **20** (1968) 292

[CU98] M. Skłodowska-Curie, Compt. rend. **126** (1898) 1101
M. Curie, P. Curie, Compt. rend. **127** (1898) 175

[DA52] R. Davis, Phys. Rev. **86** (1952) 967

[DA53] R.H. Dalitz, Phil. Mag. **44** (1953) 1068

[DA62] G.T. Danby et al., Phys. Rev. Lett. **9** (1962) 36

[DE23] L.V. de Broglie, Compt. rend. **177** (1923) 507

[DE27] D.M. Dennison, Proc. Roy. Soc. **45** (1927) 483

[DI26] P.A.M. Dirac, Proc. Roy. Soc. (London) **A112** (1926) 661

[DO64] B.A. Dolgoshein, B.I. Luchkov, Zh. Eksp. Teor. Fiz. **46** (1964) 392
JETP **19** (1964) 266

[DO65] D.E. Dorfan et al., Phys. Rev. Lett. **14** (1965) 1003

[DU51] R. Durbin et al., Phys. Rev. **83** (1951) 646
[EI05a] A. Einstein, Ann. d. Phys. **17** (1905) 132
[EI05b] A. Einstein, Ann. d. Phys. **17** (1905) 891
[EL98] J. Elster, H. Geitel, Ann. Phys. **66** (1898) 735
[EN95] Ch. Engelmann et al., Z. Phys. **A352** (1995) 351
[EN96] W. Engelhardt, Phys. Blätter **52** (1996) 874
[FA13] K. Fajans, Phys. Z. **14** (1913) 131, 136
[FA78] H. Faissner et al., Phys. Rev. Lett. **41** (1978) 213, 1083
[FA88] A. Faessler, Progr. in Part. and Nucl. Phys., **20** (1988) 151
[FE26] E. Fermi, Z. Phys. **36** (1926) 902
[FE34] E. Fermi, Z. Phys. **88** (1934) 161
[FE44] E. Fermi, Report MDDC-74 (1944)
[FE49] S. Fernbach, T.B. Taylor, R. Serber, Phys. Rev. **75** (1949) 1352
[FE49a] R.P. Feynman, Phys. Rev. **76** (1949) 769
[FI71] A. Firestone et al., Phys. Rev. Lett. **26** (1971) 410
[FL40] G.N. Flerov, K.A. Petrzhak, Phys. Rev. **58** (1940) 89
[FL64] G.N. Flerov et al., Atomnaya Energiya **17** (1964) 310
[FL68] G.N. Flerov et al., J. Phys. Soc. (Japan) Suppl. **24** (1968) 237
[FO78] H. Fortune et al., Nucl. Phys. **A301** (1979) 441
[FR57] H. Frauenfelder et al., Phys. Rev **106** (1957) 386
[GA28] G. Gamow, Z. Phys. **51** (1928) 204
[GA57] C. Gallagher, J.O. Rasmussen, J. Inorg, Nucl. Chem. **3** (1957) 333
[GA66] A. Gallmann et al., Nucl. Phys. **88** (1966) 654
[GE09] H. Geiger, E. Marsden, Proc. Roy. Soc. (London) **82** (1909) 495
[GE11] H. Geiger, J.M. Nutall, Phil. Mag. **22** (1911) 613
[GE28] H. Geiger, W. Müller, Phys. Z. **29** (1928) 839
[GE01] H. Geissel et. al. Nucl. Phys. **A685** (2001) 115c
[GE55] M. Gell-Mann, A. Pais, Phys. Rev. **97** (1955) 1387
[GE61] M. Gell-Mann, CTSL-20 (1961)
[GE64] M. Gell-Mann, Phys. Lett. **8** (1964) 214
[GH50] S.N. Ghoshal, Phys. Rev. **80** (1950) 939
[GH55] A. Ghiorso, S.G. Thompson et al., Report UCRL-3036 (1955)
[GH55a] A. Ghiorso et al., Phys. Rev. **98** (1955) 1518
[GH58] A. Ghiorso et al., Phys. Rev. Lett. **1** (1958) 17, 18
[GH61] A. Ghiorso et al., Phys. Rev. Lett. **6** (1961) 473
[GH69] A. Ghiorso et al., Phys. Rev. Lett. **22** (1969) 1317
[GH70] A. Ghiorso et al., Phys. Rev. Lett. **24** (1970) 1498

[GH74] A. Ghiorso et al., Phys. Rev. Lett. **33** (1970) 1490

[GI03] F. Giesel, Ber. Dt. Chem. Ges. **36** (1903) 342

[GL52] D.A. Glaser, Phys. Rev. **87** (1952) 665

[GL61] S.L. Glashow, Nucl. Phys. **22** (1961) 579

[GO48] M. Goeppert-Mayer, Phys. Rev. **74** (1948) 235

[GO58] M. Goldhaber, L. Grodzins, A. Sunyar, Phys. Rev. **109** (1958) 1015

[GO61] R.H. Good et al., Phys. Rev. **124** (1961) 1223

[GO76] G. Goldhaber et al., Phys. Rev. Lett. **37** (1976) 255

[GR00] D.E. Groom et al., Particle Data Group, Europ. Phys. J. **C15** (2000) 1

[GR20] H. Greinacher, Bull. schweiz. Elektrotechn. Ver. **11** (1920) 59

[GR31] R. van de Graaff, Phys. Rev. **38** (1931) 1919

[GR79] G.L. Greene, Phys. Rev. **D20** (1979) 2139

[GR84] M.B. Green, J.H. Schwarz, Phys. Lett. **149B** (1984) 117

[GU68] K. Gul et al., Nucl. Phys. A 122 (1968) 81

[HA05] O. Hahn, Jahrb. Radioaktiv. & Elektronik **2** (1905) 223

[HA06] O. Hahn, Phys. Z. **7** (1906) 557

[HA18] O. Hahn, L. Meitner, Phys. Z. **19** (1918) 324

[HA21] O. Hahn, Naturwiss. **9** (1921) 249

[HA39] O. Hahn, F. Straßmann, Naturwiss. **27** (1939) 11, 89, 163, 529

[HA39a] H. von Halban, F. Joliot, L. Kowarski, Nature **143** (1939) 939

[HA48] O. Haxel, J.H.D. Jensen, H.E. Sueß, Naturwiss. **35** (1948) 376

[HA73] F.J. Hasert et al., Phys. Lett. **46B** (1973) 121, 138

[HE11] V.F. Hess, Phys. Z. **12** (1911) 998

[HE27] W. Heisenberg, Z. Phys. **43** (1927) 172

[HE32] W. Heisenberg, Z. Phys. **77** (1932) 1, **78** (1932) 156

[HE32a] G. Hertz, Z. Phys. **79** (1932) 108

[HE69] J. Heisenberg et al., Phys. Rev. Lett. **23** (1969) 1402

[HE77] S.W. Herb et al., Phys. Rev. Lett. **39** (1977) 252

[HI64] P.W. Higgs, Phys. Lett. **12** (1964) 132

[HO03] S. Hofmann Journ. Nucl. Radiochem. Sci. **4** (2003) R 1

[HO04] S Hofmann et. al. Nucl. Phys. News **14** (2004) No 4

[HO06] S. Hofmann et.al. Journ. Nucl., Radiochem Sci **7** (2006) R25

[HO07] S. Hofmann, private Mitteilung

[HO53] R. Hofstadter, Phys. Rev. **92** (1953) 978

[HO57] R. Hofstadter, Ann. Rev. Nucl. Sci. **7** (1957) 231

[HO89] J. Hoste, C. Vandecasteele,
Nucl. Instr. & Meth. Phys. Res. **B40/41** (1989) 1182

[HO92] H. Homeyer,
Nucl. Instr. & Meth. Phys. Res. **B64** (1992) 301

[HO93] S. Hofmann, in: Handbook of Nuclear Decay Modes,
CRC Press 1993

[HO95] S. Hofmann et al., Z. Phys. **A350** (1995) 277, 281

[HO96] S. Hofmann et al., Z. Phys. **A354** (1996) 229

[HO96A] H. Homeyer, H.E. Mahnke,
Nucl. Instr. & Meth. Phys. Res. **B120** (1996) 301

[HU99] E.W. Hughes, R. Voss, Ann. Rev. Nucl. Part. Sci **49** (1999) 303

[ID01] E. Ideguchi et. al. Phys. Rev. Lett. **87** (2001) 222501-1

[JA70] K.P. Jackson et. al., Phys. Lett. **33B** (1970) 281

[JO33] F. Joliot, Compt. rend. **197** (1933) 1622

[JO34] I. Joliot-Curie, F. Joliot, Compt. rend. **198** (1934) 254

[JU92] M. Jung et al., Phys. Rev. Lett. **69** (1992) 2164

[KA60] W. Kang-Chang et al., Zh. Eksp. Teor. Fiz. **38** (1960) 1356

[KA61] E. Kankeleit, Z. Phys. **164** (1961) 442

[KA63] V.A. Karnaukhov et al., JETP (UdSSR) **45** (1963) 1280
engl. **18** (1964) 879

[KA70] I.M. Kapchinsky, V. Teplyakov,
Prib. Tekli. Eksp. **119** (1970) 17, 19

[KA81] Realisierungsstudie zur Spallations-Neutronenquelle
Jül-Spez-113, KfK 3175

[KE41] D.W. Kerst, Phys. Rev. **58** (1940) 841

[KE49] J.W. Keuffel, Rev. Sci. Instr. **20** (1949) 202

[KE99] E.G. Kessler et al., Phys. Lett. **A255** (1999) 221

[KN76] B. Knapp et al., Phys. Rev. Lett. **37** (1976) 882

[KO53] E.J. Konopinski, H.M. Mahmoud, Phys. Rev. **92** (1953) 1045

[KR00] G. Kraft, private Mitteilung (2000)

[KR98] G. Kraft, Phys. Blätter **54** (1998) 152

[KR99] G. Kraft, F. Maul, Nucl. Phys. **A654** (1999) 1058c

[KU85] W. Kutschera et al., Phys. Rev. **C32** (1985) 2036

[LA30] E.O. Lawrence, N.E. Edelfsen, Science **72** (1930) 376

[LA47] C.M. Lattes, C.F. Powell et al., Nature **160** (1947) 453, 486

[LA56] K. Lande et al., Phys. Rev. **103** (1956) 1901

[LE01] P.N. Lebedew, Ann. d. Phys. **6** (1901) 433

[LE44] L.M.E. Leprince-Ringuet, M. Lheritier, Compt. rend. **291** (1944) 618

[LE56] T.D. Lee, C.N. Yang, Phys. Rev. **104** (1956) 254

[LE64] L.L. Lee et al., Phs. Rev. **136** (1964) B971

[LE78] C.M. Lederer, V.S. Shirley, Table of Isotopes, 7. Aufl. 1978 N.Y.

[LI46] W.F. Libby, Phys. Rev. **69** (1946) 671

[LI63] J. Lindhard, M. Scharff, H.E. Schiøtt, Kgl. Danske Videnskab. Selskab, Mat.-Fys. Medd. **33** (1963) No. 14

[LI95] R. Lieder, in: Experimental Techniques in Nuclear Physics, (Herausg. D.N. Poenary, W. Greiner), de Gruyter, Berlin 1995

[LU54] G. Lüders, Dan. Mat. Fys. Medd. **28(5)** (1954) 1

[LU03] D. Lunney et. al. Rev. Mod. Phys. **75** (2003) 1021

[LU95] G. Lutz, A.S. Schwarz, Ann. Rev. Nucl. Part. Sci. **45** (1995) 295

[MA06] J. Magill et.al. Karlsruher Nuklidkarte (7. Auflage), Europ. Comm. 2006

[MA34] J. Mattauch, R. Herzog, Z. Phys. **89** (1934) 786

[MA34a] J. Mattauch, Z. Phys. **91** (1934) 361

[MA41] J. Mattauch, Z. Phys. **117** (1941) 246

[MA47] F. Marshall, J.W. Coltmann, Phys. Rev. **72** (1947) 528

[MA61] B.C. Maglic et al., Phys. Rev. Lett. **7** (1961) 178

[MA64] H.J. Mang, Ann. Rev. Nucl. Sci. **14** (1964) 1

[MA72] J. Maruhn, W. Greiner, Z. Phys. **251** (1972) 431

[MC40] E.M. McMillan, P.H. Abelson, Phys. Rev. **57** (1940) 1185

[MC45] E.M. McMillan, Phys. Rev. **68** (1945) 143

[MC49] K.G. McKay, Phys. Rev. **76** (1949) 1537

[ME24] L. Meitner, Z. Phys. **26** (1924) 169

[ME39] L. Meitner, R.O. Frisch, Nature **143** (1939) 239, 276, 471

[ME72] S. van der Meer, CERN ISR-PO/72-31 (1972)

[ME94] M. Meir, Diplomarbeit Univ. München 1994, mit freundlicher Genehmigung durch W. Assmann

[MI11] R.A. Millikan, Phys. Rev. **32** (1911) 349

[MI70] R. Middleton, in: Nuclear Reactions Induces by Heavy Ions, (Herausg. R. Bock, W. Hering), North Holland, Amsterdam 1970

[MO00] P.J. Mohr, B.N. Taylor, Rev. of. Mod. Phys. **72** (2000) 351

[MO69] U. Mosel, W. Greiner, Z. Phys. **222** (1969) 261

[MÖ58] R.L. Mößbauer, Z. Phys. **151** (1958) 124

[MÖ88] P. Möller, J.R. Nix, At. Data Nucl. Data Tables **39** (1988) 213

[MÜ81] G. Münzenberg et al., Z. Phys. **A300** (1981) 107

[MÜ84] G. Münzenberg et al., Z. Phys. **A315** (1984) 145

[MÜ85] G. Münzenberg et al., Z. Phys. **A322** (1985) 227

[MÜ86] G. Münzenberg et al., Z. Phys. **A324** (1986) 489

[NA99] NA 49-Kollaboration
Nucl. Instr. & Meth. Phys. Res. **A490** (1999) 210

[NA06] T. Nakamura et. al. Phys.Rev. Lett. **96** (2006) 252502-1

[NE37] C.D. Anderson, S.H. Neddermeyer, Phys. Rev. **51** (1937) 884

[NI55] S.G. Nilsson, Kgl. Danske Videnskab. Selskab.
Mat.-Fys. Medd **29** (1955) No. 16

[NI69] S.G. Nilsson et al., Nucl. Phys. **A131** (1969) 1

[NO34] I. Noddak, Angew. Chem. **47** (1934) 654

[OC48] G.P. Occhialini, C.F. Powell, Nature **162** (1948) 168

[OE95] W. von Oertzen et al., Nucl. Phys. **A588** (1995) 129c

[OE00] W. von Oertzen et. al. Europhys News **31** (2000) No. 2

[OG74] Yu.T. Oganessian et al., JETP Lett. **20** (1974) 265

[OG76] Yu.T. Oganessian et al., Report JINR-P7-9605 (1976)

[OG07] Yu.T. Oganessian et. al. J.Phys. G **34** (2007) R165

[OR76] Fa. Ortec, Benutzerhandbuch

[PA24] W. Pauli, Naturwiss. **12** (1924) 741

[PA25] W. Pauli, Z. Phys. **31** (1925) 765

[PA30] W. Pauli, Brief an die „Radioaktiven Damen und Herren“
vom 4.12.1930

[PA42] W. Pauli, S.M. Dancoff, Phys. Rev. **62** (1942) 85

[PE60] E.M. Pell, J. Appl. Phys. **31** (1960) 291

[PE61] A. Pevsner et al., Phys. Rev. Lett. **7** (1961) 421

[PE75] M.L. Perl et al., Phys. Rev. Lett. **35** (1975) 1489

[PE76] I. Peruzzi et al., Phys. Rev. Lett. **37** (1976) 569

[PE95] J.B. Perrin, Compt. rend. **121** (1895) 1130

[PI93] R.B. Piercy et al., J. Phys. **G19** (1993) 849

[PL00] M. Planck, Verh. Dt. Phys. Ges. **2** (1900) 202

[PO05] J.H. Poincaré, Compt. rend. **140** (1905) 1504

[PO59] B. Pontecorvo, Zh. Eksp. Teor. Fiz. **37** (1959) 1751
JETP **10** (1960) 1236

[PO86] D.N. Poenaru et al., At. Data Nucl. Data Tables **34** (1986) 423

[PO95] J. Pochodzalla et al., Phys. Rev. Lett. **75** (1995) 1040

[PR58] D.J. Prowse, M. Baldo-Ceolin, Phys. Rev. Lett. **1** (1958) 179

[PU46] E.M. Purcell, H.C. Torrey et al., Phys. Rev. **69** (1946) 37

[RA03] W. Ramsay, F. Soddy, Proc. Roy. Soc. (London) **72** (1903) 204

[RA32] C.V. Raman, S. Bhagavatan, Nature **129** (1932) 22

[RA50] J. Rainwater, Phys. Rev. **79** (1950) 432

[RA93] Radiocarbon (Journal of Cosmogenetic Isotope Research), Calibration 1993, **35** (1993)

[RE50] G.T. Reynolds et al., Phys. Rev. **78** (1950) 488

[RE59] F. Reines, C.L. Cowan, Phys. Rev. **113** (1959) 273

[RE59a] T. Regge, Nuovo Cim. **14** (1959) 951

[RI05] A. Richter, Nucl. Phys. A **751** (2005) 3c

[RI99] K. Rith, A. Schäfer, Spektrum der Wissenschaft **9** (1999) 28

[RO52] G.W. Rodeback, J.S. Allan, Phys. Rev. **86** (1952) 446

[RÖ95] W.C. Röntgen, Sitz Ber. Phys. Med. Ges. (Würzburg) **132** (1895)

[RU00] E. Rutherford, Phil. Mag. **49** (1900) 1, 161

[RU02] E. Rutherford, F. Soddy, Phil. Mag. **4** (1902) 370, 569

[RU08] E. Rutherford, H. Geiger, Roy. Proc. Soc. (London) **A81** (1908) 162

[RU11] E. Rutherford, Phil. Mag. **21** (1911) 669

[RU19] E. Rutherford, Phil. Mag. **37** (1919) 537, 581

[RU20] E. Rutherford, Proc. Roy. Soc. **A97** (1920) 324

[RU40] L.I. Rusinov, G.N. Flerov, Izv. Akad. Nauk. Ser. Fiz **4,2** (1940) 310

[RU98] D. Rudolph et. al. Phys. Rev. Lett. **80** (1998) 3018

[SA68] A. Salam, in: Elementary Particle Physics, Proc. 8th Nobel Symp. (Herausg. N. Svartholm) Almquist und Wiksell, Stockholm (1968) 367

[SC37] J. Schwinger, Phys. Rev. **52** (1937) 1250

[SC48] J. Schwinger, Phys. Rev. **73** (1948) 416

[SC49] J. Schwinger, Phys. Rev. **75** (1949) 651

[SC60] M. Schwartz, Phys. Rev. Lett. **4** (1960) 306

[SC93] A. Schempp, The RFQ Accelerator, in: Advances in Accelerator Physics and Technology, (Herausg. H. Schopper), World Scientific, Singapore 1993

[SC94] R. Schneider et al., Z. Phys. **A348** (1994) 241

[SC95] W. Schwab et al., Z. Phys. **A350** (1995) 283

[SE44] G.T. Seaborg, R.A. James, A. Ghiorso, Report CS-2135 (1944)

[SE45] G.T. Seaborg, R.A. James et al., Report AECD-2185 (1945)

[SE46] G.T. Seaborg, E.M. McMillan et al., Phys. Rev. **69** (1946) 367

[SE68] P.A. Seeger, Los Alamos Rep. LA-DC-**8950a** (1968)

[SM45] H.D. Smyth, Atomic Energy for Military Purposes, Princeton University Press, Princeton 1945

[SL31] D.H. Sloan, E.O. Lawrence, Phys. Rev. **38** (1931) 2021

[SN48] A.H. Snell et al., Phys. Rev. **74** (1948) 1217

[SO13] F. Soddy, Chem. News **107** (1913) 97

[ST00] A. Stolz, private Mitteilung (2000)

[ST50] J. Steinberger et al., Phys. Rev. **78** (1950) 802

[ST53] E.C.G. Stückelberg, A. Petermann, Helv. Phys. Acta **26** (1953) 499

[ST61] D.L. Stonehill et al., Phys. Rev. Lett. **6** (1961) 624

[ST95] T. Stammbach, PSI Villigen, mit freundlicher Genehmigung

[ST97] B. Stahl, E. Kankeleit, Nucl. Instr. & Meth. Phys. Res. **B122** (1997) 149

[SZ34] L. Szilard, T.A. Chalmers, Nature **134** (1934) 462

[SZ39] L. Szilard, W.H. Zinn, Phys. Rev. **55** (1939) 799

[TH97] J.J. Thomson, Phil. Mag. **44** (1897) 293
Nature **55** (1897) 453

[TH07] J.J. Thomson, Phil. Mag. **13** (1907) 561

[TH50] S.G. Thompson, A. Ghiorso, Report UCRL-669 (1950)

[TH50a] S.G. Thompson, A. Ghiorso et al., Phys. Rev. **77** (1950) 838
80 (1950) 781

[TO48] S. Tomonaga, Prog. Theoret. Phys. (Japan) **3** (1948) 391

[TR62] R.D. Tripp et al., Phys. Rev. Lett. **8** (1962) 175

[TR89] R. Trockel et al., Phys. Rev. **C39** (1989) 729

[TW94] P.J. Twin, Il Nuovo Cimento **107** (1994) 1145

[UR32] H.C. Urey, Phys. Rev. **39** (1932) 164, 864, **40** (1932) 464

[VA76] K. van der Borg et al., Nucl. Phys. **A273** (1976) 172

[VE45] V.I. Veksler, Journ. Phys. (UdSSR) **9** (1945) 153

[VE57] V.I. Veksler, Atomnaya Energiya **2** (1957) 525
engl. Sowj. J. Atom. En. **2** (1957) 525

[VI00] P. Villard, Compt. rend. **130** (1900) 1010, 1178

[VI74] V.K. Vischniewsky et al., Yad. Fiz. **20** (1974) 694
engl. Sov. Phys. **20** (1974) 371

[WE00] H. Weick et al., Phys. Rev. Lett. **85** (2000) 2725

[WE35] C.F. v. Weizsäcker, Z. Phys. **96** (1935) 431

[WE38] C.F. v. Weizsäcker, Phys. Z. **39** (1938) 633

[WE64] K.G. Wertheim, Mößbauer Effect: Principles and Applications, Acad. Press, New York 1964

[WE67] S. Weinberg, Phys. Rev. Lett. **19** (1967) 1264

[WE99] Ch. Weinheimer et al., Phys. Lett. **B 460** (1999) 219

[WI11] C.T.R. Wilson, Proc. Roy. Soc. **A85** (1911) 285
[WI28] R. Wideroe, Arch. Elektrotechn. **21** (1928) 387
[WI84] B.H. Wildenthal, Prog. in Part. and Nucl. Phys. **11** (1984) 5
[WU57] C.S. Wu et al., Phys. Rev. **105** (1957) 1413
[YU35] H. Yukawa, Proc. Phys. Math. Soc. (Japan) **17** (1935) 48
[ZI85] J.F. Ziegler, J.P. Biersack, W. Littmark, The Stopping and Range of Ions in Solids, Vol. 1, Pergamon Press, London 1985
[ZW64] G. Zweig, CERN-8182-TH-401 (1964) 1

Lehrbücher und weiterführende Literatur

[ATK98] P.W. Atkins, Physical Chemistry, Oxford University Press, Oxford 1998

[BAL63] A.M. Baldin, W.I. Goldanskii, L.L. Rosental, Kinematik der Kernreaktionen, Akademie Verlag, Berlin 1963

[BAS80] R. Bass, Nuclear Reactions with Heavy Ions, Springer, Heidelberg, Berlin 1980

[BET04] K. Bethge, G. Kraft, P. Kreisler, G. Walter, Medical Applications of Nuclear Physics, Springer, Berlin, Heidelberg, New York 2004

[BET05] K. Bethge, G. Gruber, Th. Stoehlker, Physik der Atome und Moleküle, VCH Weinheim 2005, 2. Aufl.

[BET06] K. Bethge, E.U. Schröder, Elementarteilchen, VCH Weinheim 2006, 3. Aufl.

[BLA59] J. Blatt, V. Weißkopf, Theoretische Kernphysik, Teubner, Leipzig 1959

[BOH75] A. Bohr, B. Mottelson, Struktur der Atomkerne, 2 Bde., Akademie Verlag, Berlin 1975

[BOC81] R. Bock (Herausg.), Heavy Ion Collisions, 3 Bde., North Holland, Amsterdam 1981/82

[BOC93] R. Bock, G. Herrmann, G. Siegert, Schwerionenforschung, Wiss. Buchges., Darmstadt 1993

[BUT90] H. v. Buttlar, M. Roth, Radioaktivität, Springer, Heidelberg, Berlin 1990

[EVA55] R.D. Evans, The Atomic Nucleus, McGraw-Hill, New York 1955

[GHO95] P.K. Ghosh, Ion traps, Oxford 1995

[GRO89] K. Grotz, H.V. Klapdor, Die schwache Wechselwirkung in Kern-, Teilchen- und Astrophysik, Teubner, Stuttgart 1989

[GRU93] C. Grupen, Teilchendetektoren, BI Wissenschaftsverlag, Mannheim 1993

[HER89] H.J. Hermann, Nuklearmedizin, 2. Auflage, Urban & Schwarzenberg, München 1989

[HOD71] P.E. Hodgson, Nuclear Reactions and Nuclear Structure, Clarendon Press, Oxford 1971

[HUM86] S. Humphries, Principles of Charged Particle Acceleration, Wiley, New York 1986

[JAC75] J.D. Jackson, Classical Elektrodynamics, 2. Auflage, Wiley, New York 1975

[KLE92] K. Kleinknecht, Detektoren für Teilchenstrahlung, 2. Auflage, Teubner, Stuttgart 1992

[KOP56] H. Kopfermann, Kernmomente, Akad. Verl. Ges., Wiesbaden 1956

[KRA88] K.S. Krane, Introduction to Nuclear Physics, Wiley, New York 1987

[LAP70] P. Lapostolle, A. Septier, Linear Accelerators, North Holland, Amsterdam 1970

[LEO94] W.R. Leo, Techniques for Nuclear and Particle Physics Experiments, 2. Auflage, Springer, Heidelberg, Berlin 1994

[LUE82] E. Lüscher, Kernenergie und Kerntechnik, Vieweg, Wiesbaden 1982

[MAR95] R.E. March, I.F.J. Todd, Practical aspects of Ion Trap Mass Spectrometers, CRC Press, Boca Raton, 1995

[MAC05] H. Machner, Einführung in die Kern- und Elementarteilchenphysik, VCH Weinheim 2005

[MAR69] P. Marmier, E. Sheldon, Physics of Nuclei and Particles, 2 Bde., Acad. Press, New York 1969

[MAY94] Th. Mayer-Kuckuk, Kernphysik, 6. Auflage, Teubner, Stuttgart 1994

[MOR95] H. Morneburg (Hrsg.), Bildgebende Systeme für die medizinische Diagnostik, 3. Auflage, Publicis MCD, Erlangen, München 1995

[MÜN96] G. Münzenberg, M. Schädel, Moderne Alchemie, Vieweg, Wiesbaden 1996

[MUS88] G. Musiol, J. Ranft, R. Reif, D. Seeliger, Kern- und Elementarteilchenphysik, VCH, Weinheim 1988

[NEU66] H. Neuert, Kernphysikalische Meßverfahren, Braun, Karlsruhe 1966

[PAU69] E.B. Paul, Nuclear and Particle Physics, North Holland, Amsterdam 1969

[POL92] W. Pohlit, Radioaktivität, BI Wissenschaftsverlag, Mannheim 1993

[POV99] B. Povh, K. Rith, Ch. Scholz, F. Zetsche, Teilchen und Kerne, 5. Auflage, Springer, Heidelberg, Berlin 1999

[RAE81] J. Raeder, Kontrollierte Kernfusion, Teubner, Stuttgart 1981

[SAT83] G.R. Satchler, Direct Nuclear Reactions, Oxford University Press, Oxford 1983

[SCH97] G. Schatz, A. Weidinger, Nukleare Festkörperphysik, 3. Auflage, Teubner, Stuttgart 1997

[SCH98] F. Schwabl, Quantenmechanik, 5. Auflage, Springer, Heidelberg, Berlin 1998

[SIE68] K. Siegbahn (Herausg.), Alpha-, Beta- und Gamma-Spectroscopy, 2 Bde., North Holland, Amsterdam 1968

[STE97] E.S. Sternick (Herausg.), The Theory and Practice of Intensity Modulated Radiation Therapy, Advanced Medical Publishing, Madison 1997

[TES95] J.R. Tesmer, M. Nastasi (Herausg.), Handbook of Modern Ion Beam Materials Analysis, MRC, Pittsburgh 1995

[VAN73] R. Vandenbosch, J.R. Huzenga, Nuclear Fission, Acad. Press, New York 1973

[WIL92] W.S.C. Williams, Nuclear and Particle Physics, Oxford University Press, Oxford 1992

Sachverzeichnis

Druck: Krips bv, Meppel, Niederlande
Verarbeitung: Stürtz, Würzburg, Deutschland